（全彩印刷）

神技达人炼成记

成为游戏世界的造物主：无需编程创造全新游戏世界

（日）广铁夫 著　王娜　李利 译

虽然“成为造物主”这个标题听起来有点狂妄，
但本书旨在让大家熟练运用和操作 Unity，
从而成为创造游戏世界的造物主（Creator）。

马上开始设计属于你自己的游戏世界吧！

中国青年出版社

To invent, you need a good imagination and a pile of junk.

要想发明，你需要出色的想象力和一堆垃圾。

Thomas Alva Edison (1847/2/11 - 1931/10/18)

前言

其实，本书作为单行本出版，是我时隔21年后的第二本。21年前写的拙作是对美国Macromedia公司（※现在与Adobe公司合并了）的Director软件脚本语言进行解说的书，当时这个软件才日语本地化不久。在那之前，我基本是在广告领域，从事纸面的平面设计或CF的分镜头创作等工作，因为当时的社长劝诱我说，可以自己自由研究封面设计和编辑内容，于是我开始写作。当时还没有相关的日语书，当然也没有互联网（那个时候并不是真的没有互联网，只是没有普及。就连手机都很少人有），要查找资料会很辛苦。得益于偶然间写的这本书，我更改了职业生涯。

当时我只是刚接触编程，之所以有很大热情来写那本厚达500页的书籍，其实是因为我发现那个软件帮我提供了一个阶梯，让我接触到前所未见的创意世界。正如我一样，算不上程序员的普通设计师，也能用自己做的视觉图像来制作应用程序、短视频或者游戏，并让别人看到这些作品！

可以做到以前自己认为做不到的事情！！

那是一场内心的革命。好像心在展翅翱翔，前方就是天堂的入口！那种感动至今难忘。当时虽然只有如NAMCO的Ridge Racer（山脊赛车）、SEGA的Virtua Fighter（VR战士）等有棱有角的多面体角色，但实时3D游戏刚开始出现在游戏中心，用Director做的游戏也只是入侵者类游戏，或者像我小时候用家庭游戏机玩的2次元位图游戏等廉价游戏。不过，这些也足够令我们兴奋不已了。站到这些游戏创作者的角度，在那之前是我想象不到的。“会画画的人，即擅长设计的人可以直接独立制作游戏”，并且通过写解说书能帮助到一些人，那种成就感是最棒的。之前在Macromedia公司做过讲座讲师等工作，这也让我拥有了越来越多的好朋友。

然后是Flash的时代，很多开发者将数不清的小游戏发布到网上。虽然曾经一段时间Flash作为事实标准而雄霸游戏市场，但正如大家所知道的，现在作为Web Player的Flash份额正在不断缩小。虽然Flash玩家的SPEC也能输出WebGL，并且Player的安装基数现在依然很强大，但由于它并不适用于iOS端的浏览器，在商业偏好越来越强的Web体验中，由HTML5和CSS3制作的动态内容成为主流，也是现如今不可避免的趋势了。我在工作中使用Flash，也渐渐变成只在AIR应用程序中使用了。

在这个时候，Unity登场了。

大概是从2011年Unity成立日本法人开始，纵观Web领域，日本的研究者急剧增加。原本就具有很高的编程技术、好奇心旺盛的先行者们纷纷解读英语文件，进行实验之后，现在更是毫不吝惜地对大众公开。原本3D建模知识也因为英语和编程等部分对开发者来说是很大障碍，现在也慢慢被破解了。

既然是手持本书的读者，对Unity当然感兴趣了。有可能是新安装了Unity或者打算安装。我在HANDSON上对初学者讲课，经常听到有学生提“虽然我安装了……但不知道要做什么，就那么放着了”。

这就是我要写本书的原因。我最终的目的，不是编程达人也不是熟练3D建模的人，而是那些甚至都不是在游戏制作环境中工作的人，在亲手尝试用Unity开发3D或2D游戏时，发现“咦？我做出来了”！不过，真的要学习的话，不要读这样的入门书籍（笑），Unity的官方网站上就有充足的教程视频，最好是一边看着那些一边试着操作。编写本书只是为了做补充，起到助跑的作用。章节设置上，并没有必要按照顺序阅读。“好像在那一部分写着的”，请根据需要翻看。

有的人虽然能编程，但对3D没有经验；有的人以前用过CG软件，但编程绝对做不到！我身边有很多有才华的人不仅擅长做平面设计，对仿佛另一个世界的Unity也有涉略，所以我可以断言，你也能做到。

即使完全没有编程知识或3D建模技术，也能开始使用Unity。束手束脚地认为“我控制不了吧~”，那对你的才能是浪费。请放心，随着阅读本书，试着做自己的作品，激情满满的你就会有很多想法，抑制不住想要用Unity做出来，成为游戏世界的造物主了。还有，请相信这背后隐藏的无限可能性吧。

如果能帮助你登上最初阶段的话，那是我的荣幸。

广　铁夫　from　福冈

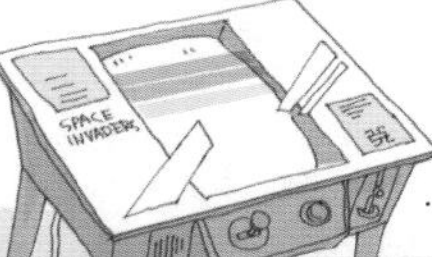

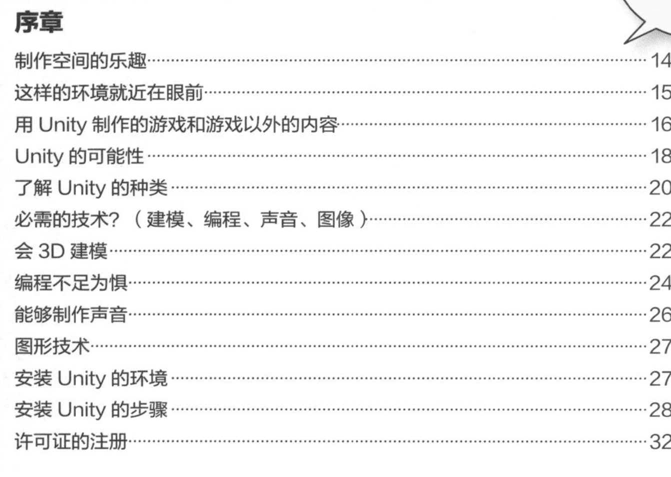

序章

第一章　开天辟地

先做做看。

第二章　思考方式与构造

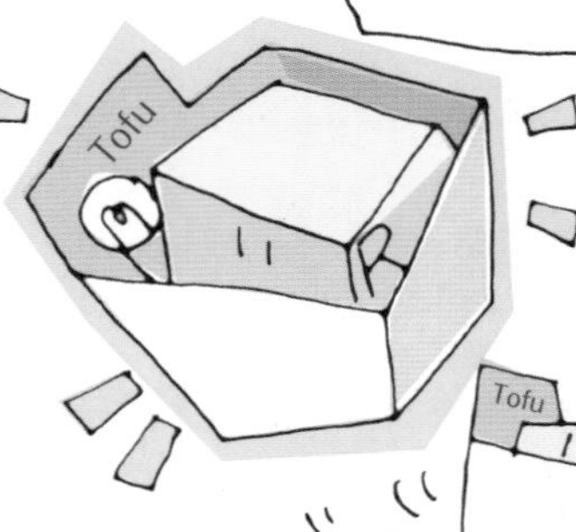

大致解释一下
做了什么。
GameManager
Tofu

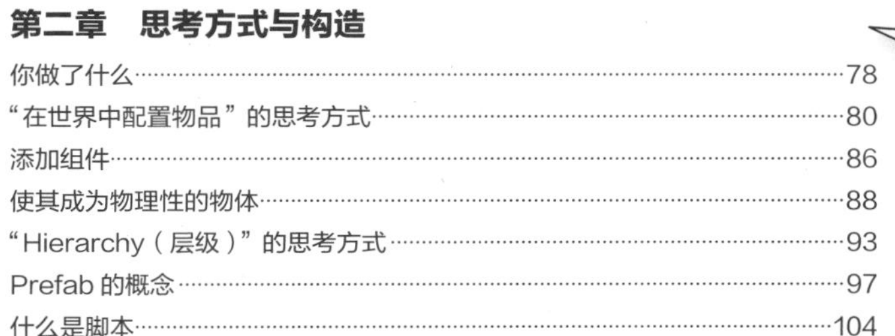

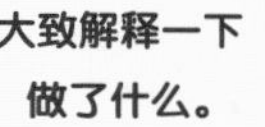

Tofu
Robot
C#
了解 Unity
世界中存在物体的
制作方法和意义。

第三章　世界的构成

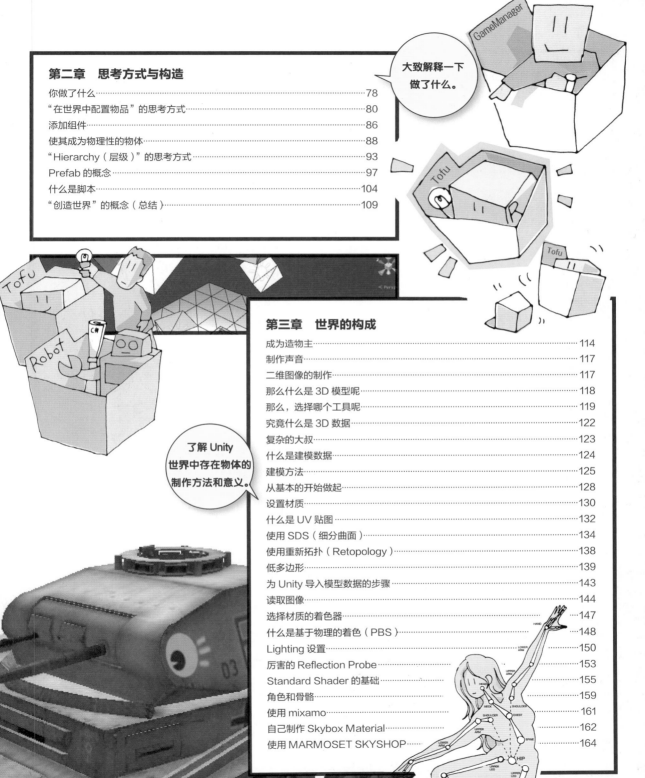

第四章　脚本基础知识

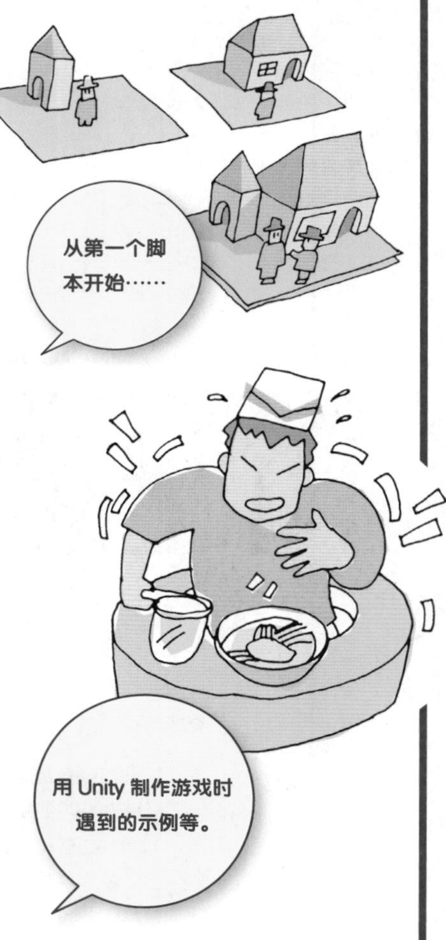
从第一个脚本开始……
用 Unity 制作游戏时遇到的示例等。

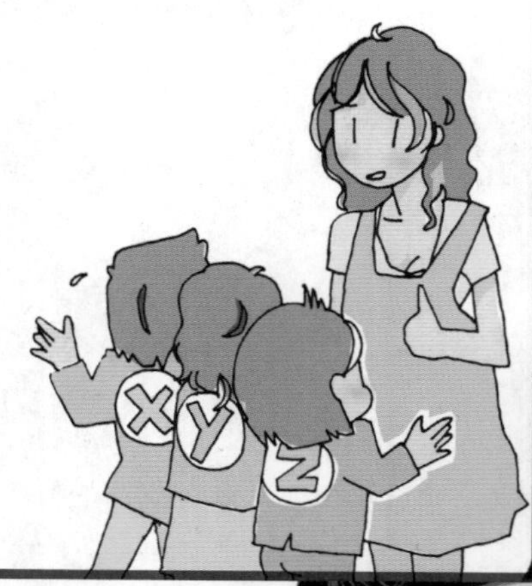
X
Y
Z

第五章　动画和角色

动画与 Mecanim 的基础。

第六章　GUI 与 Audio

遗产 GUI 与 uGUI。

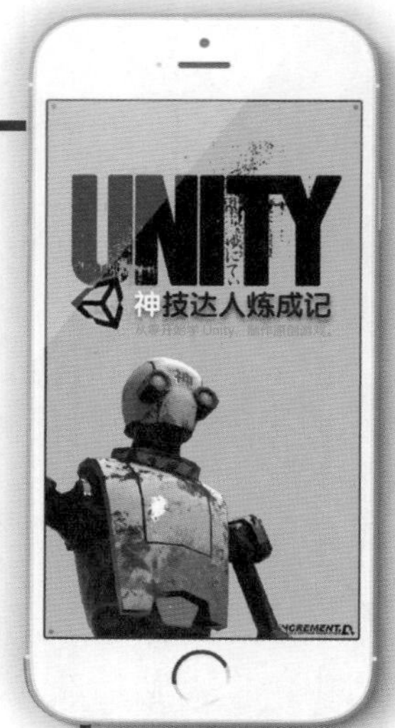

第七章　输出

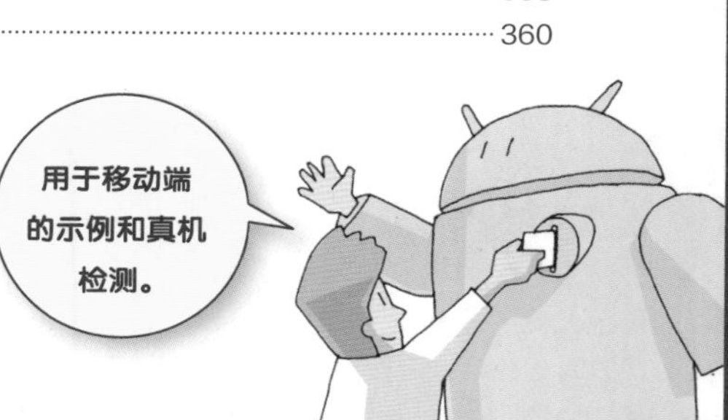
用于移动端的示例和真机检测。

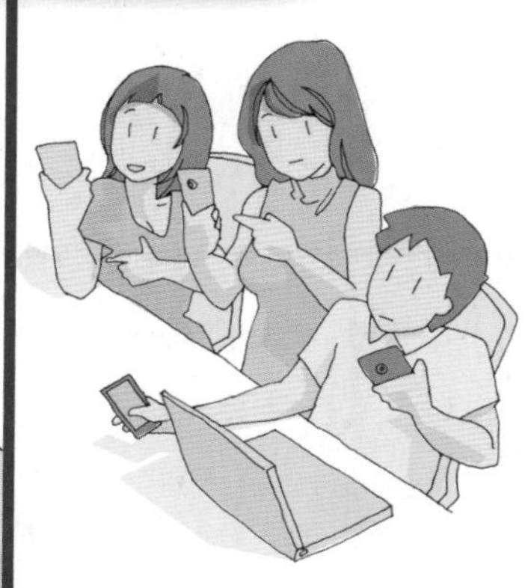

第八章　Unity 的可能性

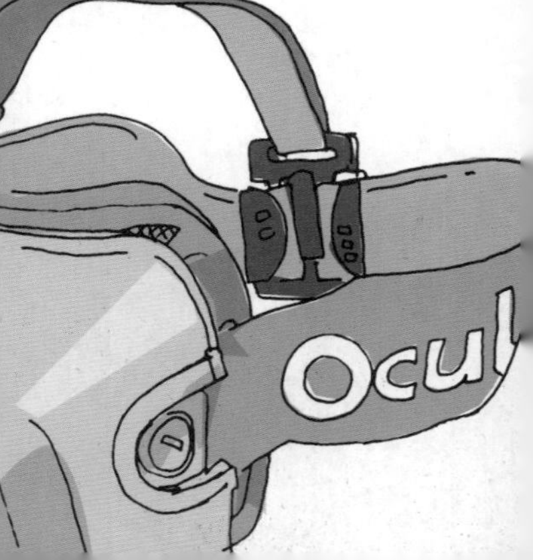
包括 Oculus、AR 等。

第九章　使用“玩 playMaker™”插件

无须编程！

第十章　优化和 Professional 版

优化技巧，
让你玩得
舒适惬意。

附录

推荐工具。

本书的使用方法

页面上方设有可以张贴便签纸的空间，方便遇到有卡壳或者想要回看的页时贴上便签。这些满满当当的便签是我认真学习的痕迹呀。

本书是以Unity小知识辞典的形式来呈现给各位的，因此并不是那种从头读过以后就能够制作出一个小游戏的书籍类型。如果想用一本书来详尽地讲解关于Unity的所有知识，那恐怕写多少页都是不够的，所以本书采用了以入门的基础知识+**可以完成的操作**示例（精华）为中心的结构进行撰写。所有内容完全都是面向初学者的，推荐初学者务必首先尝试一下第一章“天地创造”，基本上也只有第一章会让你跟着操作一下。其余的内容，你可以从任意一章读起，**脚本示例也无须一一去试做**。另外，可能你也发现了书中有一些散乱的随处可见的像是随意写写画画一样的内容存在，乍一看“咦？那儿好像写着什么”，这么做是为了能在你的脑海中留下点印象。而且，阅读本书的过程中可能有的读者会思考，既然能完成这样的操作，那么能不能完成那样的操作呢？我想以此为**契机**，激励各位在官网或Web上来查阅相关资料。

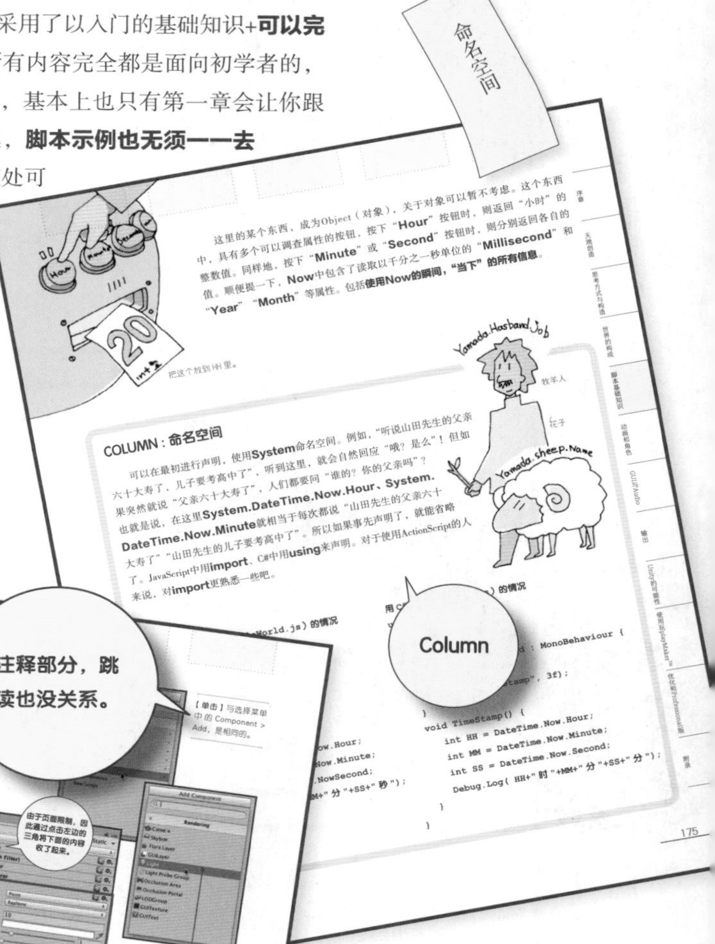

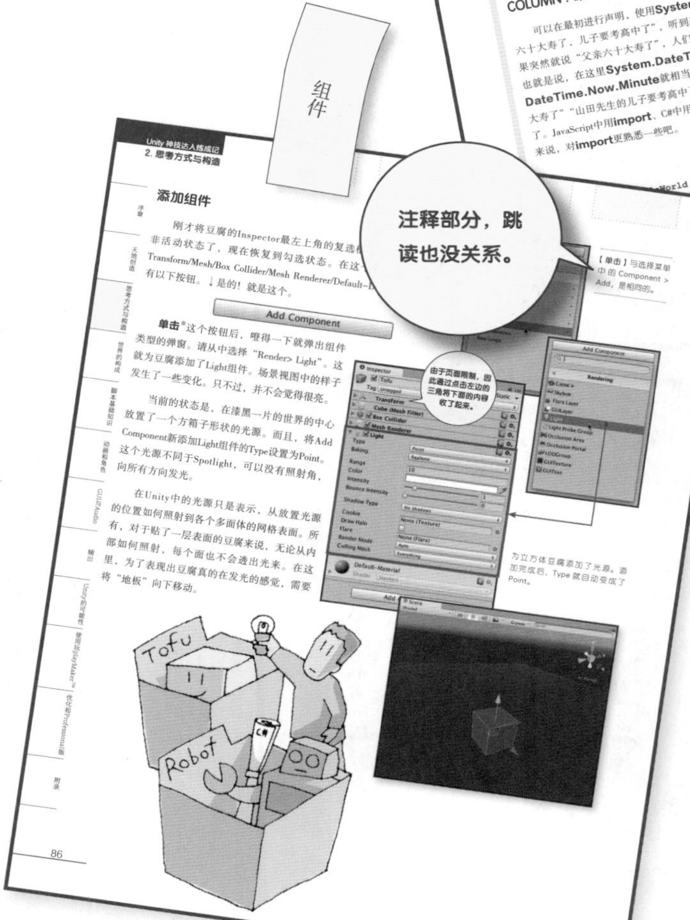

命名空间

组件

注释部分，跳读也没关系。

Column

序章

Unity是如何进行使用的呢?
Unity工具可能看起来是一种特别麻烦的工具，可能需要掌握自己专业特长之外的技术?

或者，你是3D艺术家? 抑或是程序员? 音乐家?
或者Web设计师? Flash工程师?
如果你是其中之一，那么你必定掌握着某种技术，这无疑对你来说非常有利。
但是，即便你一个也不会，也大可不必担心。
真正必要的是，你想制作什么，想要惊艳谁的眼睛。
这大概才是“制作”的灵魂所在。

制作空间的乐趣

我从孩提时代就非常喜欢3D游戏。好吧，其实我说的不是真的。那个时候游戏中心※还没有3D游戏。NAMCO的山脊赛车、VR战士都是在我成年之后才出现的。从最初的DooM（毁灭战士），到Mac上一度流行过的与喋喋不休的外星人对战的**Marathon**※，我都曾疯狂地迷恋过，甚至迷恋到曾使用过一个名为Mia的黑客工具创建了original map（甚至被捆绑到产品中）。曾在**Vette!**※游戏中驱车行驶在旧金山，在PS2的GT（Gran Turismo GT赛车）中创建了与当时自己的车相同的COOPER-S，并驱车漫游在纽博格林赛道的各种涂鸦中，在Xbox 360的FORZA MOTORSPORT（竞速飞驰）中奔走在新宿的街头，在Soulcalibur（刀魂）中恋上了IVY，在**BATTLEFIELD**（战地风云）里的德黑兰地铁战场历尽艰辛。现在呢……我沉迷于DICE公司（BF系列就是出自这个公司）推出的STAR WARS BATTLE FRONT※（星球大战：前线）。说起BATTLEFIELD（战地风云），对于这类**FPS**※，有时我连接到服务器时，里面一个人都没有，我可以尽情乘坐战车、武装直升机、练习使用战斗机。就像沉浸在电影《我是传奇》里的世界，因为一个人都没有，不用担心被杀害，还可以悠闲地漫步在制作精良的街景中，感受开发者创造这个世界时所拥有的创造力，有趣极了。不禁让人感慨，要是自己也能创建出这样的游戏世界，那该有多棒！

人的欲望是多种多样的，激发自己或他人内心的创造欲也是其中一个欲望，比如写小说、绘画、摄影等。

说起摄影，现在大家都在手机上使用一些以**Instagram**※为首的修图软件，在模拟时代只有一部分专业的人可以轻松将加工过的照片发布。再稍往前还流行过一阵儿Lomography，通过俄罗斯产的那种哈哈镜一样的镜头将出乎意料的图像留在胶片上，以此为乐，因为原始的照片单调乏味，而做出这种好看的图像之后就会让人有一种艺术创作的错觉。这究竟是在搞什么名堂呢？

其实就是从自己的生活中脱离出来，被**不曾见过的事物**撼动了心灵。啊，原来还有这样的世界啊！感受到了世界的广阔，人都是在无意识地追求这些。比如，没有看过的影像、没有听过的音乐、没有感受过的加速G、没有感受过的视野、没有品尝过的味道、没有体验过的快感（w）等，这些都是在扩展我们的人生啊。

【游戏中心】 SEGA（世嘉）的Out Run、Space Harrier（太空哈利）都是3D游戏。

【Marathon】 在Mac上销售Halo 3（光环3）等非常有名的美国Bungie公司早期的FPS。可以在LAN中实现对战。角色并不是复杂的多边形，而是将一幅画以广告牌的形式进行显示，现在看来完全是非常廉价的感觉，可在那个时候的粉丝眼里却是颇具魅力的。当时也发布了许多黑客工具，其中就流行使用一个叫Mia的工具来自制游戏场所。

【Vette！】 古典的游戏。开着单薄的快艇奔走在旧金山的街头，旧金山的街景都是依照实际的道路和建筑物来进行重现的，是一个有着简单多边形的驾车模拟。沿路都是旧金山著名的街景，虽然快艇略显单薄。

【STAR WARS BATTLE FRONT】 Digital Illusions Creative Entertainment（通称DICE）发布的，与BATTLEFIELD（战地风云）同为Frostbite3引擎所开发的STAR WARS（星球大战）的FPS。就像还原了电影一样。

【FPS】 First Person Shooting，即以第一人称的视角进行的游戏。游戏中通常只能看到手腕在使用武器，战斗模拟游戏等多使用这种方法。如果是以俯视角色的视角来进行游戏，即为Third Person Shooting（TPS第三人称射击）。在第一章的最后可以体验到这两种游戏方式。

【Instagram】 基本上就是修一下猫咪的照片。（说的是我自己）

BF3战场的某个地方会掉彩蛋般的恐龙玩具哦，主要在Weak Island。

【MINECRAFT】一种把立体形状的方块进行排列来创建世界的游戏。

创建3D空间——这才切切实实是自己来直观直接地创建“不曾见过的世界”。为什么连大人都沉迷于**MINECRAFT**※？开着自己调试的车子行驶在纽博格林赛道，还是在FPS对战？书名用了“创造全新游戏世界”这种标题，是想要向你传达“创造”世界是一件非常有趣的事情。

造物主的力量，而且是免费的哦！

创建世界的乐趣可能就如同制作庭院式盆景、铁路模型那样有趣吧。

爸爸，这里写着：“铁路”就是“失去金钱的道路”。
是哦！
铁
开

这样的环境就近在眼前

此前，只有专业人士才能制作出那样的游戏。现在，拥有一台电脑你就可以体验。总而言之，Unity是**免费**的。虽然也有付费的，需要有许可证的Pro版，但是免费版和Pro版基本上是没什么分别的。独立游戏人也可以用Unity开发游戏应用程序并以免费或收费的形式进行发布。最重要的首先还是技术，但也无须巨大的投资。Ver.4.2之前的版本需要高价有偿Add-on的移动设备写出模块现在也无偿化了，Unity5中也兼容了WebGL输出，所以，0投资就可以使用足够多的功能了。

作为Unity竞争对手的**Unreal Engine 4**※等也是如此。以学生为首，没有过多资金的业余程序员、希望公司引进Unity的年轻设计师、想尝试一些Web之外工作的创作者，对他们来说，较低的成本门槛是非常难得的。另外，还有一些想要挑战新世界的满怀热情的Flash工程师，特别是原本就掌握了编程技术的创作者，这对他们来说是一个不错的机会。为什么这么说呢？因为Unity中可以使用2种语言进行编程，这点是非常令人振奋的。JavaScript就是其中的书写语言之一，这对于那些一直努力提升技术的Web设计师，或者是能够熟练使用格式相似的ActionScript的Flash工程师来说，这样的技术门槛或者说较低的学习压力无疑是令人兴奋的。

【Unreal Engine 4】Epic Games开发的著名的3D引擎。自从在同名的FPS中运用以来，现在已经有很多游戏都在使用它。现在普遍开放的Unreal Development Kit（UDK）可能并不像Unity那样好上手。基本是免费的，支付游戏销售额的5%的版权费就可以使用。http://www.unrealengine.com/zh-CN/what-is-unreal-engine-4 另外，Unity中无论游戏的销量如何，都无须支付游戏本身的版权费。

当然，可能还会存在这种情况：这是你的第一次编程，而且还是用Unity的JavaScript。本书就是本着帮助初学者入门的思路来编撰的，会尽量不书写长的脚本以保证内容的简单。在第九章中，用了一定的篇幅来说明“**playMaker™**※”，它能够实现无编程开发。

【playMaker™】不用直接写脚本，连接GUI status就可以实现直观编程，这是Unity比较狡猾的，啊，不，应该说是非常方便的付费Asset。详细内容可以翻阅第九章。

玩 playMaker

用Unity制作的游戏和游戏以外的内容

所谓Unity是指游戏的制作环境，说得复杂点就是游戏的制作框架。所谓框架，简言之就是准备好的工具箱环境。例如，现在我们眼前有锯、凿子、刨子，如果要用这些工具来建个房子，熟练工会从搭脚手架和梯子开始，硬要建的话最后也许能够完成吧。但实际上这是不可行的，因为要建房子的话没有特定的工具是无法高效完成的。比如，添置一些电动圆锯等较为高级的工具，还有卡车、吊车之类的重型机械。

同样的道理，用Unity制作3D软件时，为了避免徒劳，在开发环境中加入了一些便利的接口。

Unity可以制作像BATTLEFIELD(战地风云)、FORZA MOTORSPORT（飞驰竞速）这种可以在三维空间自由活动的FPS、TPS※类的大规模游戏，同样也可以制作三维小游戏，例如迷宫游戏。实际上，用Unity制作2D游戏在Unity的开发中也占了很大一部分比例。Unity制作的2D游戏，可能也就是歪头这种程度的。例如“超级马里奥兄弟”、“星之卡比”这种横向滚动游戏……这样的游戏被称为平台型游戏，也是通过3D制作舞台，在此基础上，将相机从正旁边进行非透视表现，即排除了远近感的相机模式（设置为与Perspective相对的Orthographic），这样就变成了漂亮的2D游戏。

【TPS】Third Person Shooting（TPS 第三人称射击）。不同于 FPS，第三人称射击类游戏玩家的视线是俯瞰角色的，即从头顶向下看，犹如守护神般的视线。考虑到是从头顶位置的视角，所以当角色贴紧墙壁时，视角有时会进入到墙壁中，可能会带来一些麻烦。

并不限于3D空间，把Unity当成2维游戏或者2.5维※游戏的制作环境来使用也是没问题的。（本书中未对2D进行说明）

2D 的开发画面。
© 畠山刚一

要把3D的有真实世界观的游戏提升到具有商品性的游戏，是需要多方面的技术和美感的，本书中会进行说明。但2D游戏的话，如果你是能够绘制漂亮图形的图形设计师，那门槛就没有那么高。对使用Flash来制作游戏的人来说是没有任何问题的。

也就是说可以制作
所有游戏。

【2.5 维】没有完全设置为 Orthographic 相机，因此还留有一些立体感，这在当下属于主流。

【有多少个角色就要准备多少个图片】所谓的手翻漫画。在板状的多边形上贴上图片，通常以精灵表单的结构将多张图片汇总到一张图片文件中，并替换到其显示位置上来实现动画。

用Flash表现起来较为麻烦（当然了，是可行的）的粒子、物理引擎等，通过Unity也是可以简单实现的。还有，如果采用让实际的多边形角色进行演绎的方法，那么从**有多少个角色就要准备多少个图片**※的角度来看，其素材准备的时间、动作的自由度就会出现很大的差异。Unity从ver. 4.3起拥有了强大的2D工具，ver 4.6中添加了GUI工具，作为2D游戏的制作框架Unity是极其常用的。

接着我们来看看游戏以外的应用程序。其中有为了宣传商品或活动而制作的**AR**※内容等这样的宣传应用程序。还有在电脑上运行的单机应用程序，可用在博物馆展出物品等用途中。Unity可以把它们写出至Web Player或WebGL，因此可以直接通过浏览器来进行显示。

如果是电脑应用程序，可以通过串行通信或者利用Bluetooth所进行的无线通信来控制外部的机械。总而言之，Unity不仅可以制作游戏，以前用Flash来完成的应用程序用Unity也都可以轻松完成，而且是完全免费的哦。

也可以制作游戏以外的应用程序。

当Unity成为你的武器，那么无论你想制作什么领域的应用程序都将不在话下。

接下来我想说的话可能有点痴人说梦。将来Google Glass、Oculus Rift※甚至还有Microsoft HoloLens※等这些高级装置会得到普及，侦查者眼镜、电脑coil这种方便的眼镜将为虚拟世界提供3D接口。说不定更新过数版后的Unity未来能够成为写就这些的框架。为什么这么说呢？因为当下作为3D框架在普通大众中有着绝对占有率的就只有Unity了。

可能现在的你还是个学生或者爱好者用户，抑或是希望公司引进Unity的创作者，如果现在你能够掌握Unity技术，那么今后将会在各个方面发现它的意义所在，从而拓宽你的视野，是非常值得期待的。

【AR】Augmented Reality 的略称。很多时候也称为“增强现实”。举起智能手机，就可以在标示位置看到角色在跳舞，类似这样的。在Nintendo 3DS（任天堂 3DS）中起初是作为赠品赠送的。通过 Unity 制作 AR 应用程序是比较简单的。本书中也作了说明（第八章）。

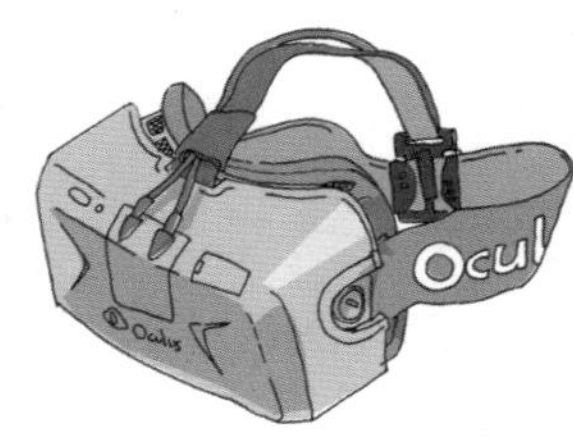

【Oculus Rift】不言自明，是一种 VR（虚拟现实）装置。详细内容将会在第八章提到。

【Microsoft HoloLens】在写本书的时候刚刚进行了发表，可以实现电影世界般的 VR/AR，值得期待的设备。

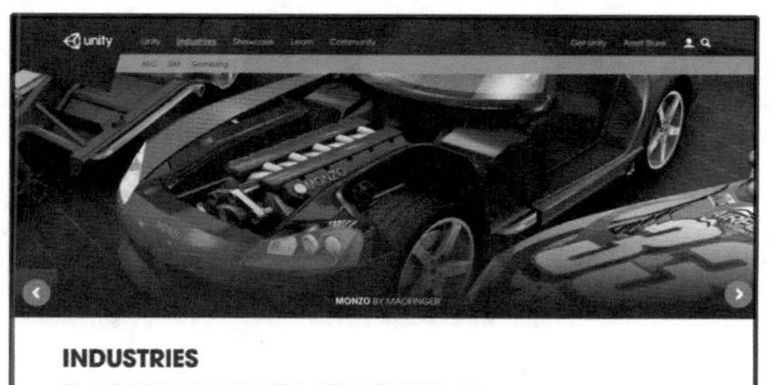

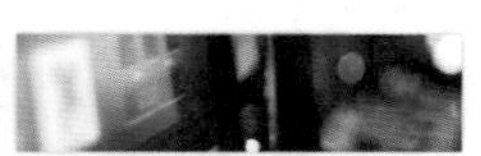

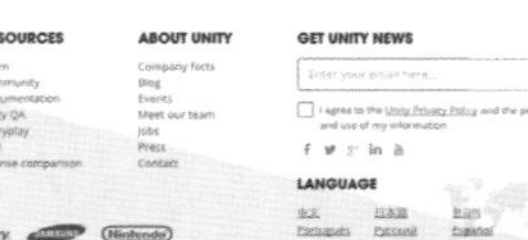

笔者所在小组的工作除了单纯的游戏开发之外，还有博物馆等场所的展示软件、活动宣传中所用到的内容、灾害模拟、手机应用程序、活动时的实时影像软件的制作等。以前用 Flash 制作的东西现在大部分都可以通过 Unity 来完成。

Unity 的可能性

Unity不仅仅可以开发游戏，它还可以作为所有软件的开发平台。本书中虽然未介绍，但Unity在以PS4、Xbox One为首的家庭游戏机的开发中都有被使用。

活动中用到的大型
AR 角色
使用了 GPS 和 AR market
的解决方案
DRAGON
GATE
CITY
与实时 CG 角色的联动
TV
HAKATA
NAVI
导航系统
2014 年春，Facebook 收购的 Oculus Rift 可以将 Unity 创建的世界轻松放入 VR 空间。
完全投入其中，简直棒呆惹！
“百闻不如一见”之声不绝于耳！！
新的世界现在就在你眼前……
与 KINECT 等手势输入装置的联动
KINECT
HD
VR
可能会成为电脑 coil 那样
的世界开发工具。
DENSUKE!!
WAU
ARDUINO!!
ARDUINO

而且，未来用于控制3D空间的软件的开发需求已经在所有方面成为绝对的刚需。那个时候，是否掌握了Unity技术可能会影响到你一生的事业。

了解 Unity 的种类

现在你是不是对Unity热情高涨呢？那么首先必须要了解哪些内容呢？

首先，Unity中有若干许可证。因为本书的内容都是针对初学者的，所以**基本上全部都使用的是免费的许可证**。设置专业版的意义第十章中会进行说明，虽然专业版在功能方面基本上并没有什么更改，也可以说是相同的。

Personal	 Plus	 Pro	Enterprise
免费	219 元 / 月	798 元 / 月	咨询

https://store.unity.com/cn/

详情请在上述URL中的对比表中进行确认。免费版确实看起来项目比较少，作为免费版的功能，可以说影响较大的似乎只有启动时的闪屏画面了。Made with Unity的logo会在一开始显示一下，无法移除。但是，我们看下当前正在发布的几个游戏，很多都直接傲娇地显示着logo，虽说logo没有移除，但也并没有给人留下“这是用免费版的Unity制作的游戏”的印象。只是，在外包手机应用程序的开发工作时可能你会想将它移除。当你的工作技能有所提升，可以接受一些工作时，请务必升级到Plus。

但是，如果你经营的是个人事业，并且已经达到10万美元的销售额（取决于汇率，大概将近人民币70万元），就不能使用这个免费的Personal版本了。要是翻倍达到20万美元以上的销售额的话，那就也不能使用Plus版本了，就得使用Pro版。要是能卖出那么多的话，那每年的销售额都差不了多少了。

	针对爱好者 Plus加强版 1年预付费为每月~¥ 160，每月付费为¥219 订阅加强版　了解更多 ›	对于团队和自由职业者 Pro专业版 每月¥ 798 订阅专业版　了解更多 ›	针对新手 Personal个人版 适用于年收入或启动资金（募集或自筹）不超过10万美元的用户。 尝试一下　了解更多 ›
经济资格	我或我的公司的年收入或募集资金不超过20万美元	对年收入或启动资金没有限制	我或我的公司的年度收入或募集的资金不到10万美元
限时优惠	仅针对1年预付费订阅 每个席位可从以下资源中选择一项资源： Amplify Shader Editor Behavior Designer Gaia Odin PuppetMaster UMotion Pro	每个席位从以下资源中选择三个资源： Amplify Shader Editor Behavior Designer Gaia Odin PuppetMaster UMotion Pro	
Unity Teams Advanced		✓ 最多三个席位 （价值¥720）	
25GB免费云存储空间	✓ 仅针对1年预付费计划 （价值¥420）	✓ 包含在Teams Advanced中	
Unity Success Advisor服务	✓ 有限访问	✓ 优先访问	
"Unity游戏开发课程"	✓ 仅针对1年预付费计划 （价值¥924）	针对初学者或中间级别设计。如果您希望访问，请在购买之后联系Unity成功顾问。	
Asset Store订阅用户8折活动	✓	✓	
实时虚拟培训八折优惠		✓ 每课节省¥510	
专家现场会议	✓ 每月一次 （价值¥1,536）	✓ 每月三次 （价值¥4,608）	
Multiplayer Game Server Hosting		✓	
客户服务优先排队		✓	
分析：核心分析	✓	✓	

购买Unity许可证后，允许安装到PC或者Mac这两种装置上。在办公室和家里的电脑上安装后将文件通过Dropbox等共享后，在办公室和家里都可以进行开发了。但是，使用者始终都只能有一个人。

免费，多好。
担心也没用
信者得救
免费什么的总觉得奇怪
天下没有免费的午餐啊。
然后又卖贵了，不是强卖吗?
首先，你手上这本书的名字就好奇怪。
什么嘛，难道你信了什么新出现的教?
UNITY

必需的技术?（建模、编程、声音、图像）

着手Unity：Unity是用于制作游戏的特定的框架。那么在开始Unity时需要哪些必要的技术呢？总觉得会很麻烦啊，但是完全不必担心。“了解Unity”，“掌握制作游戏的工作流程”是本书的目标和侧重点。从结论来看是需要很多技术，但是不用担心，因为“掌握Unity，一开始**没有任何技术也无妨**”。

会 3D 建模

Unity作为3D游戏的制作环境，3D建模素材的要素是不可或缺的，这是理所应当的事。在Unity内虽然可以创建出几个Primitive（基本的形状），但是复杂的建模无法完成，需要从别处拿来使用。如果你“此前一直做3D CG”的话那就比较幸运了。不抵触3D，理解也比较深刻，只是布局空间不同，所以Unity对你来说也不会那么陌生。使用自己制作的形状才是最令人感到开心的吧。但是**数据成本**※问题可能会是一个小小的障碍。使用CG的话多少会在渲染方面花费时间，但是渲染得漂亮细致，品质自然也是上乘的。不过，由于Unity是实时渲染，处理复杂的形状或者大的纹理的话会大大影响到处理速度。或许所谓的低多边形建模技巧等与影像CG情况不同吧。

其实，制作多边形角色是需要相当高超的技术力和经验值的。制作逼真的CG中，如果有作为原型的模型，可以努力进行加法计算以接近正确的结果，但低多边形为减法计算，不管多边形的数量多么少，能否使它看起来自然？还有，角色的手脚是弯曲的，如何张贴多边形比较好？要为多边形张贴什么样的UV贴图、什么样的法线贴图？什么样的骨骼绑定是最佳的？这都多少需要一些经验的。第三章中将会进行大致的说明。

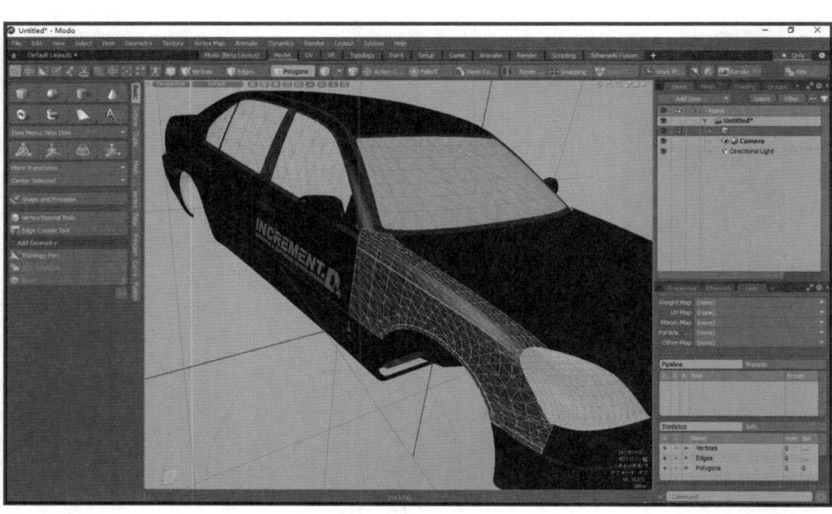

说一句极端的话，小学生如果拿出干劲，也可以用 Unity 制作出一些普通的游戏。我的儿子在小学 5 年级的时候，看着参考书制作出了迷宫游戏，虽然有点粗制滥造。他并不认为玩游戏的人是很难做出游戏的，可能是因为他是在这种特殊的环境下长大的吧。Unity 令人感动。但是，因为当时还是小学生，所以一点英文也不懂。编程的时候是逐字看着参考书进行输入的，看着很累，所以就为孩子购买了 playMaker™ 的许可证，本书中有介绍哦。

朋友的儿子在高中的文化节上发布了一个用 UDK 制作的 FPS。他现在的工作好像就会用到 Unity。2015 年秋天，Unity 面向高中生举办了校际比赛，没想到这些年轻人反而很有实力呢。

【数据成本】这里所说的成本是指运行程序时所消耗的 CPU、GPU、内存等的使用负荷。

【MODO】笔者很喜欢的3D软件。一直处于发展变化之中。无论什么工具都需要习惯，关于网格数据的编辑处理和自由度，在这个价格区域，这款软件大概是最好的。如果使用上一个版本MODO indie 10的话，会很便宜。详情请参考P121。

没有对UV贴图、法线贴图、骨骼绑定进行任何说明，有的读者可能会感到摸不着头脑。这部分内容会在第三章中进行简单的说明，因此不必在意。如果你明白这些词的含义，那可能你有过使用CG的经验。到现在都没有制作过3D，连工具都没有的人该怎么办呢？

【Blender】拥有强大的功能，完全免费的3D工具。虽然有些接口会有一些毛病，但是与在售的高价工具相比，免费这一点令人难以置信。http://www.blendercn.org/

不必担心。一句话，3D建模以后再另行学习就可以了。当然，那就无法将自己独创的角色添加到自己的项目中了。在你熟知Unity之前，可以下载在售的角色或者免费的模型来进行练习。3D软件很贵吧？可能你会有这样的担心。确实，有那种需要花高价才能使用的高级功能。笔者以前一直在使用The Foundry公司的**MODO**※工具，虽然用得也不是很熟练，编写本书时最新的801版本的售价对爱好者用户来说，可能是令人咋舌的金额，但是确实物有所值，是很棒的工具。（http://www.modo.coop/）在当下的Game建模产品中多次被使用到，经常可以听到它的名字。其他还有很多专业性的工具（Maya、3ds max、Lightwave 3D等），性能、擅长领域各有不同，价格也都还可以。

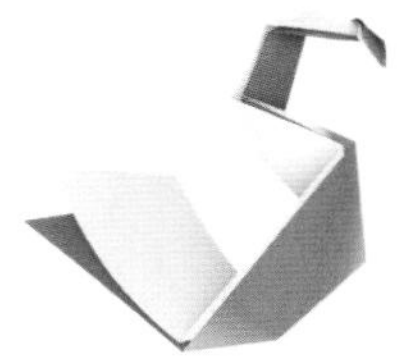

【Shade for Unity】可以处理多边形的Shade。在Mac App商店可以免费下载。

有一个叫“**Blender**※”的应用程序，功能多还免费。是不是令人振奋的好消息呢？免费的？不会有什么圈套吧。当然没有。而且Windows版和Mac版都有。为什么这么厉害的工具是免费的呢？不可思议。另外，Mac中还有Shade for Unity※这个面向Unity的免费应用程序。Unity中所需的模型还是以简单居多，因此不必是制作高价影像用的那种3D工具。所以从免费或便宜的工具开始慢慢学习就好。学习Unity的过程中，虽说在某种程度上3D建模是必需的，但是留到以后学习也是完全可以的，不要害怕，往下进行吧。

序章
开天辟地
思考方式与构造
世界的构成
脚本基础知识
动画和角色
GUI与Audio
输出
Unity的可能性
使用『玩playMaker™』插件
优化和Professional版
附录

编程不足为惧

可能读者中有没有编过程的，如果编程一点也不会的话就无法往后推进了。Unity的厉害之处就在于不必全部从1开始进行编程。例如，角色在世界中的特定位置、光的情况、墙壁的位置等这些完全可以像堆积木一样在GUI上进行创建。程序员只需要在必要的地方予以指示就可以了。这些后面会详细说明，只对存在于世界中的物品如何动作进行最低限度的编程就可以了。

例如，1分钟内秒针旋转一周，那么每一帧秒针旋转了多少度呢？※进行编程就可以了。

【**旋转了多少度呢？**】实际制作了时钟的情况下，时间是从系统获得的。

```
#pragma strict

function Update () {

  transform.Rotate(0,0, 360/60*Time.deltaTime);

}
```

仅此而已。如果你已经会写程序了，就没必要作说明了。如果你从来没写过程序，这个程度可能就会让你抗拒了，下面的内容你可以眯着眼睛看一眼。现在可以把它想成佛经听一下。

现在将这4行程序翻译成中文。……**“好，我们开始写了哦。Update是听到事件消息后，执行到{}结束。将自身的X轴设为0、Y轴设为0，然后Z轴上旋转60秒360度到达更新后的时间。”**简单吧？第四章中有面向程序初学者的讲座，所以不必担心。有的初学者认为写程序就像背外语一样难，没关系的。还有人拼命学习博多方言呢。所以，不用担心啦！

这个程序事实上是用JavaScript写的。Unity中可以使用两种语言，除了JavaScript之外，还可以使用“C#”。总觉得“C#”很难似的，像C语言一样令人闻之变色。可以自由选择用哪一种语言写程序。

JavaScript很慢吧？人们往往有这样的印象。Unity的这个JavaScript终归只是沿用了JavaScript的格式，执行时动作很快。基本上不管使用哪个语言，优秀的编译器都会同样进行编译。**笔者推荐C#**※，但本书是面向程序初学者，还有一些会Web、Flash编程的艺术家，**所以稍稍降低**※**入门的等级**，接下来用看起来不那么恐怖的JavaScript进行基本说明。

有趣的是项目中可以混有JavaScript、C#或者别的文件，如果是小组开发，掌握这两种语言的程序员都可以参加。但是，这种时候最好统一为其中一种语言，这样可能会比较清晰美观。即便初学时用的是JavaScript，但由于要做的是同样的作业，因此这个过程中慢慢地也会掌握C#的书写方式的。根据需要随后再变更语言也并不是那么难的事。后面也会时不时以COLUMN的形式对Java与C#的不同进行说明。

【推荐 C#】话虽如此并不是强力推荐的意思。C# 并不像 C 语言、C++ 那样难的格式，只是书写方式不同，对熟练运用 ActionScript3.0 的用户来说比较容易上手。为什么要推荐呢，首先，其一就是最终你在使用的过程中会出现使用他人写的 C#，或者使用从 AssetStore 购买的程序等情况，慢慢就会学会的。因此最初以最习惯的语言开始也没关系。有的人会问 JavaScript 不是不能写 Class 吗？稍安勿躁，可以的。（参考 P.178、P.258 的 column）

【降低】制作 Unity 的人们为什么要实现用 JavaScript 写程序呢？大概就是想让在 Web 和 Flash 等方面才华横溢的人接触 Unity 吧。

帅呆了有木有。
容量也很大。
Unity5 中不兼容 Boo。
Unity 的 Js 一点
也不慢。
还是用 C# 写出来
的流畅啊。
UNIT
C#
Js

能够制作声音

为了提升游戏品质，声音知识是必须要掌握的内容。自己能够制作原创的音效，为特定的场景设置特定的声音的话，游戏就会显得很逼真，有了这些经验就可以提升作品整体的品质，加入音乐也是如此。例如，制作一个**逃脱游戏**※，在找到一个重要道具的瞬间如果没有声音……该多么寂寞啊。

【**逃脱游戏**】逃脱游戏是指从封闭的房间寻找提示找到逃脱的方法，一种最低级的冒险游戏。“CRIMSON ROOM”等系列可以称作是鼻祖了，是用 Flash 制作而成的。笔者也参加了系列中“White Chamber”的制作。

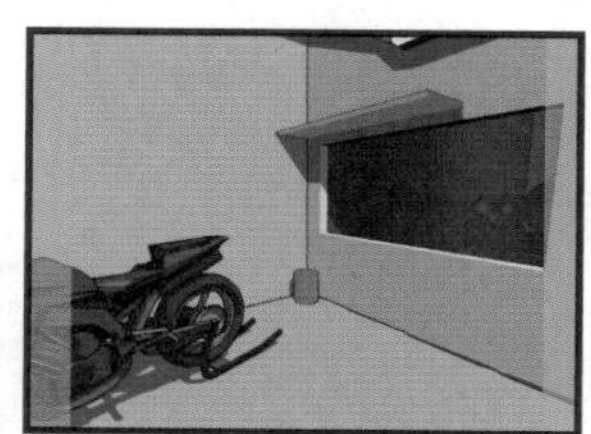

但是，不要因为自己不会制作声音就感到悲观。Unity中有一项Asset Store服务，用户可在应用程序内购买所有素材并可以在Unity内进行下载。不只是声音，从角色数据到各种小道具，所有的物品都陈列在内。其中有一些免费提供的物品，因此一开始的时候可以下载这些免费的进行使用。

Unity Asset Store 中有一个音乐专卖店 apm MUSIC STORE。输入关键字就可以购买你想要的曲目。

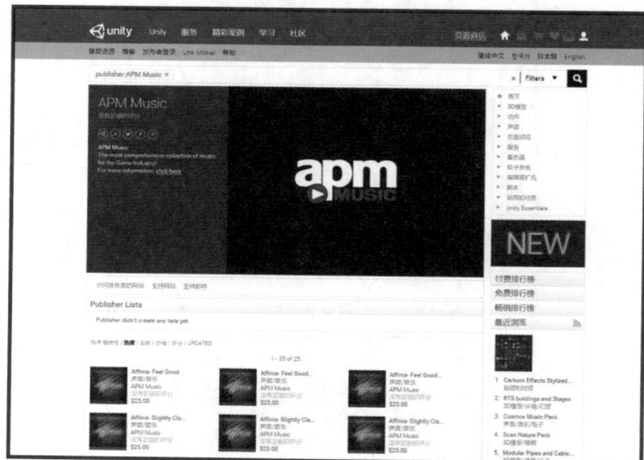

图形技术

大致懂得图形技术的人有很多。Unity为3D，在纹理和界面等部分大量使用位图图形，所以这方面无须担心。

安装 Unity 的环境

Unity有Mac版和Windows版，本书中使用哪个都可以。本书中的截图主要使用的是Mac版，两个版本基本上是一样的。但是只有一个重要的不同。用Windows版一般※是无法制作iOS版的应用程序的。iOS最终还是要使用Mac OS的Xcode来制作应用程序，写出材料的功能也只能搭载到Mac版本中。如果想制作iPhone或iPad的应用程序，Mac OS的环境是必需的。笔者基本上使用的是Mac OS版。根据不同的项目有时也会在Windows PC上使用Kinect，制作稼动连接至串行出入口的机械的应用程序，因此两种系统中都安装了Unity。ID@Xbox※的开发中Windows是必需的。考虑到今后兼容的DirectX12的进化速度、实时渲染的美观，装载了高规格的图形板的Windows在图像方面也是很有趣的。如果你对安装环境有所疑惑的话，考虑是否开发iOS程序这一点就可以了。

【一般】使用 Unity Cloud Build Pro 的话，就开发本身而言，使用 Windows 也可以制作 iOS 应用程序。但是如果你有打算制作 iOS 应用程序的话，Mac 是必需的。Microsoft 提供了 Visual Studio Tools for Unity 供 Windows 使用。关于 Unity Cloud Build Pro，在 P.359 的 column 中有少量说明。

【ID@Xbox】面向法人的，向 Micro-soft 申请用于 Xbox One 的开发套件得到认证后就可以使用 Unity 进行 Xbox One 的开发。可参考 P.360。

安装 Unity 的步骤

接下来，在你手头的环境下安装Unity吧。可能有的人拿到这本书的时候已经安装好了Unity，处于可以启动Unity的状态。那就可以直接进入下一章了。这里为要安装Unity的人介绍一下步骤，流程如下。

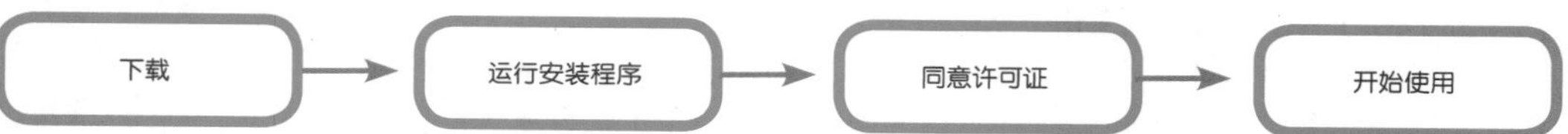

首先，在浏览器中打开Unity网页，就可以看到这个页面。Unity网页上在不断上传补充着一些样品、教程。稍微熟悉以后可以下载一些样品数据，研究一下是如何制作的，也不失为一种学习的捷径。但是，对现在才开始进行学习的人来说内容稍显庞大，有可能会削弱士气。本书的目的就是帮助你入门，避免这样的情况发生。

本书是针对 Unity5 之后的版本的，添加了时间线等功能的 Unity2017 正在发布中。

https://unity3d.com/cn

马上就要进入Unity的下载环节了。

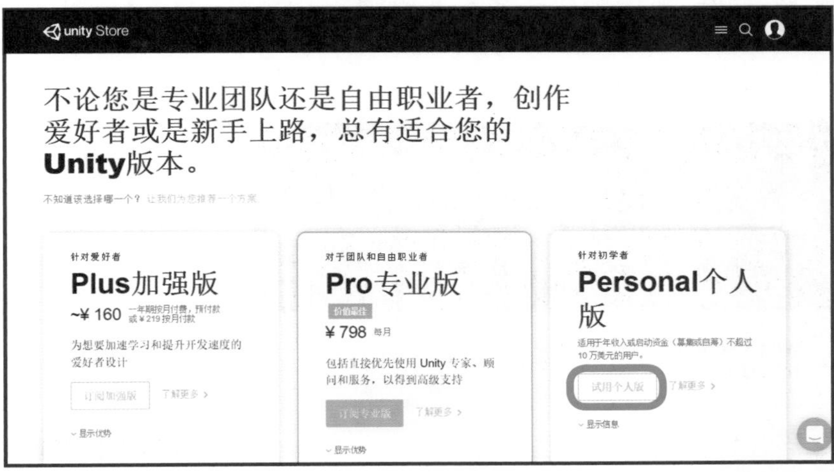

下载安装程序，启动。稍作等待，就会开始Unity主体的安装。指定保存位置，下载完成后，请看一下页面中显示的链接按钮。

下载完成后，点击“学习”选项中的“Tutorials”，进入教程部分。向下滚动该页面，会出现一些主题项目。说实话，如果能够掌握这些教程的话，Unity的基础知识基本上也就掌握了。因为各位已经买了我的书，所以实在是难说出口，实际上通过教程也是完全有可能全部掌握的。

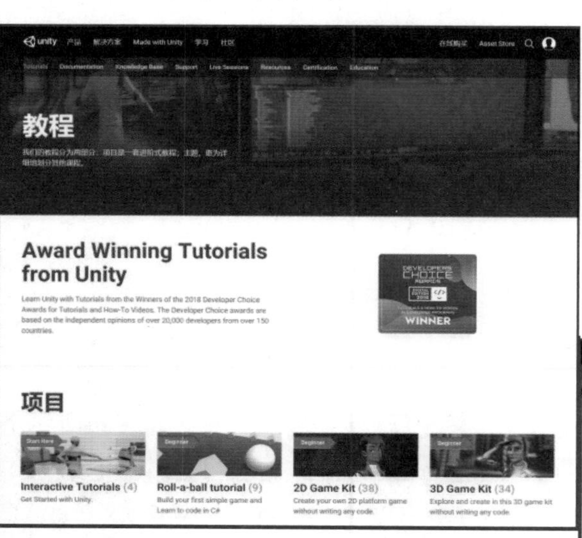

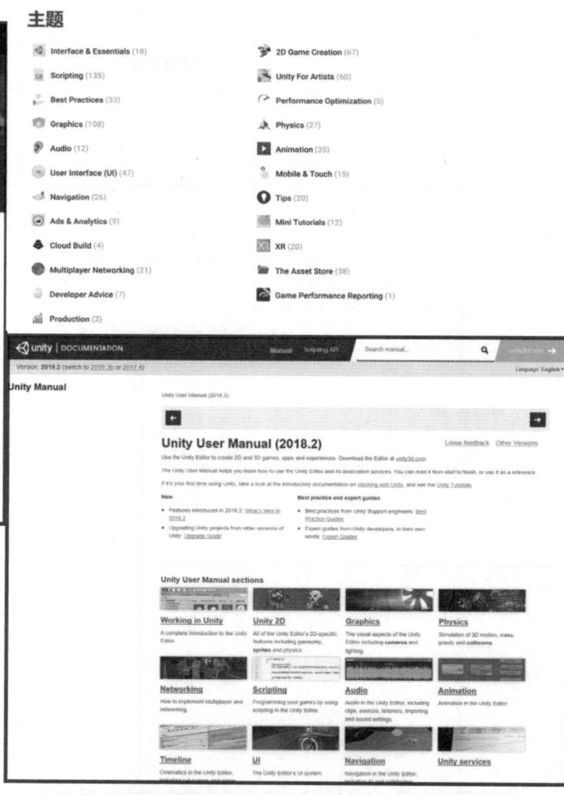

当你大致读过本书以后，再来看这里的教程，理解起来就比较容易了。“啊，原来是这样。”

“文档”中有英文版的手册，可以取代一些参考书。

“社区”基本上为英语，可以称之为信息宝库。如果有感到困惑的问题，可以在这里找到有相同问题的人。要利用社区是需要用户账户的，可以在完成注册后慢慢浏览。

接下来还有“Asset Store”。在这个在线商店里可以直接购买各种Unity应用程序内的各种数据。在这里购买的数据都会与用户账号关联，可在云端实现管理。

对了，下载应该快结束了吧？

现在，下载差不多结束了吧？

许可证的注册

安装顺利吧？接下来，启动Unity。初次启动Unity，要求输入许可证。本书中使用的是免费版的“Unity 5 Personal Edition”。

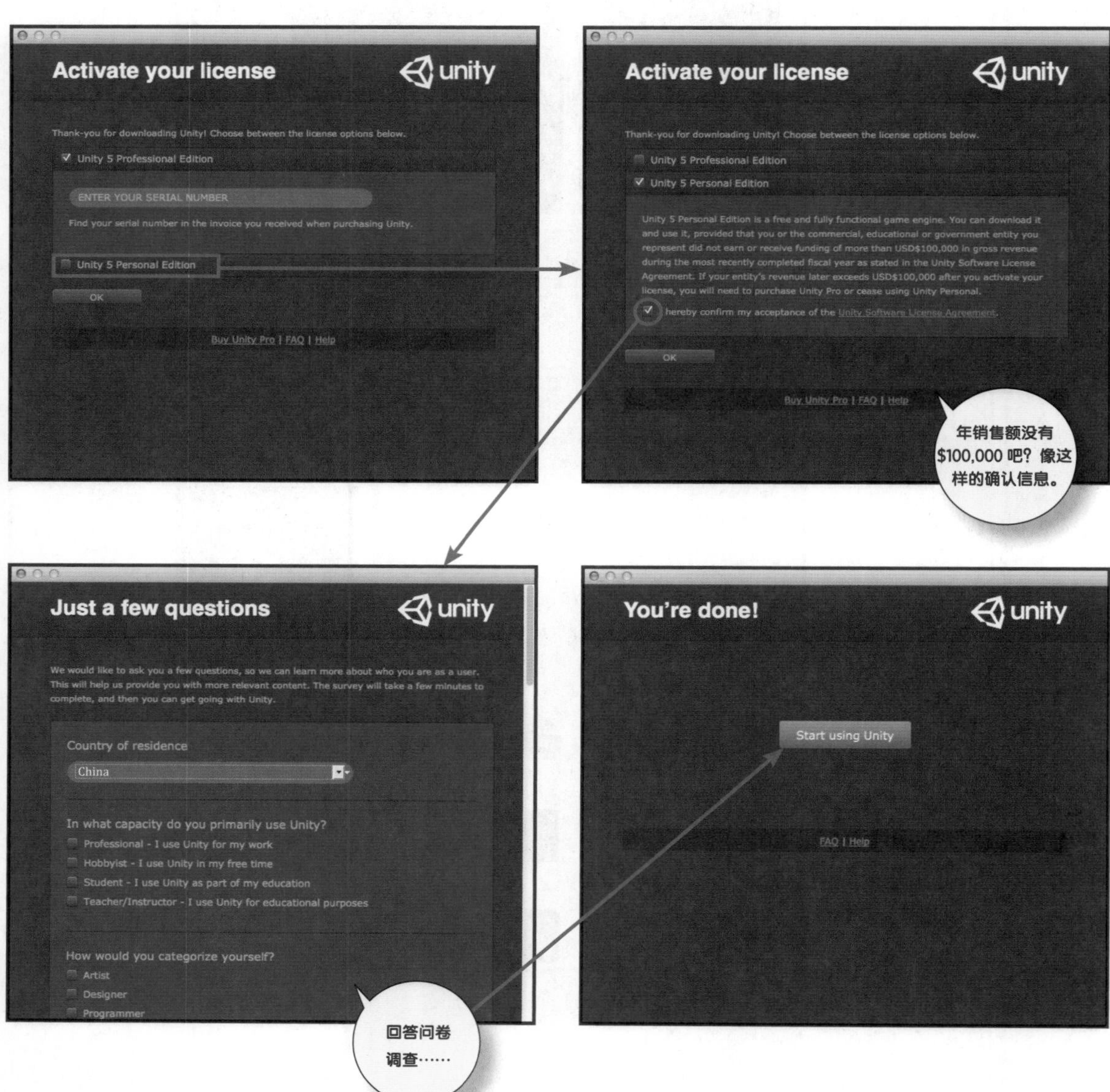

第一章
开天辟地

一开始神创造了天和地。
“要有光”，就有了光。

创建新项目

现在让我们开始进入世界吧。如果你已经使用过Unity多次，那么之前创建过的项目就会排列在Projects栏，处于可供选择的状态。首次启动的时就像下图中所显示的一样，什么也没有，选择右上角的NEW PROJECT。

设置保存位置。

选择 3D。

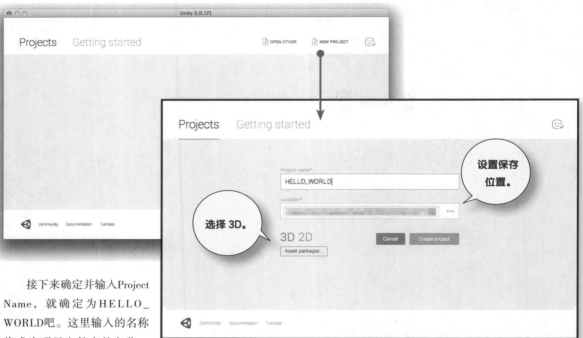

接下来确定并输入Project Name，就确定为HELLO_WORLD吧。这里输入的名称将成为项目文件夹的名称，最好输入半角英文数字且没有空格的名称。

Location是保存项目的目录。点击右侧的“…”按钮，选择想要保存的位置，只要自己清楚，可以是任意位置。

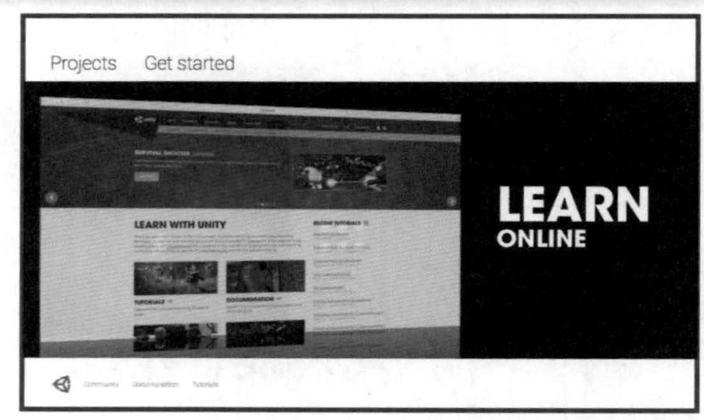

Get Started 是面向初学者所进行的介绍。这里显示的是英文，以短片的形式介绍了一下梗概，可以大致看看。

【你好，世界!】大部分编程语言的书中都会使用Hello World这一词，最先使用是在《The C Programming Language》(Brain Kernighan & Dennis Ritchie 著)一书中，取作者的首字母K&R来命名C语言，在这本C语言圣经中作为第一个例题来使用。这里就算作了解一个小知识吧。

你好，世界! ※真是为Unity而生的项目名称啊。那么我们来创造世界吧。点击"Create project"按钮。

Unity就好像结束了运行一样，在窗口关闭后会打开一个略显单调的窗口，这是HELLO_WORLD项目的应用程序窗口，从位于右上方的Layout下拉菜单中选择2 by 3。

Create project
这是可以成为造物主的按钮。
我可不是自报家门哦。
神

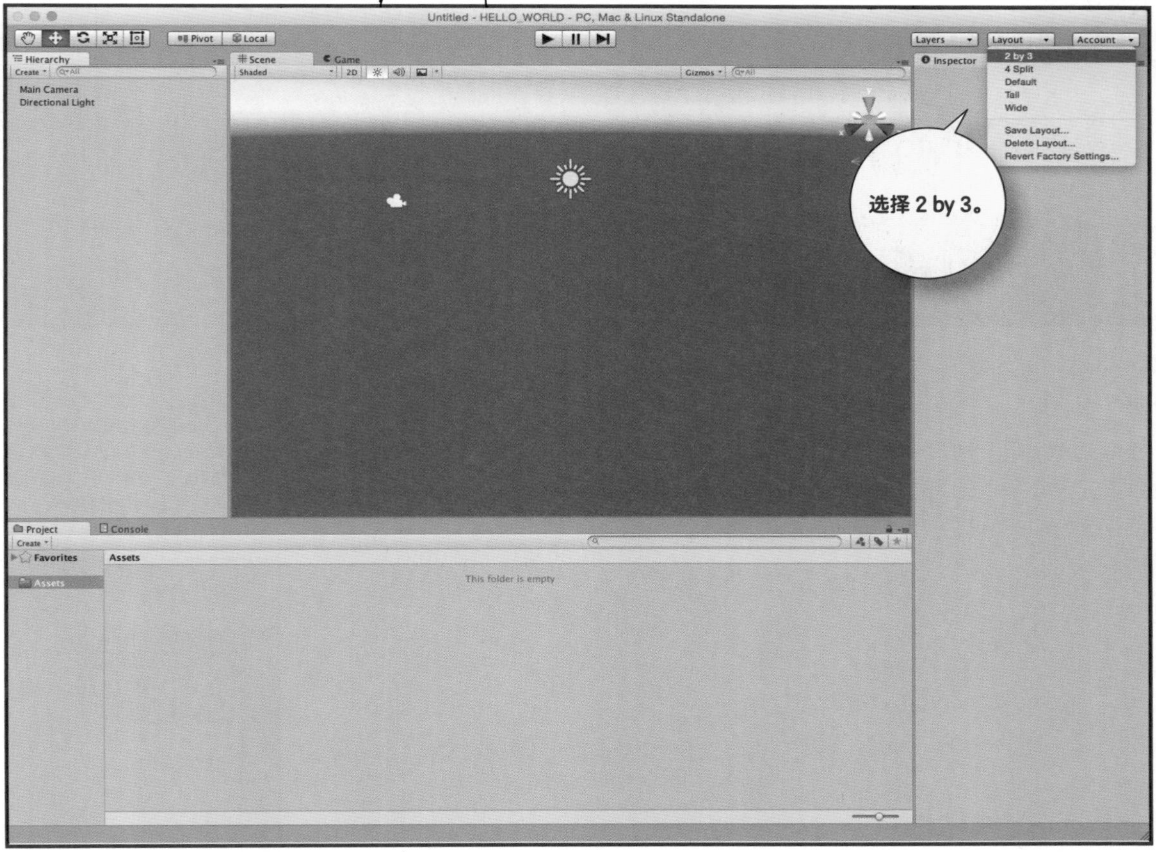

选择 2 by 3。

关于界面

那么我们首先来看一下界面。面板一个挨一个地排列着，这些面板看上去都略显单调而且都是空荡荡的。

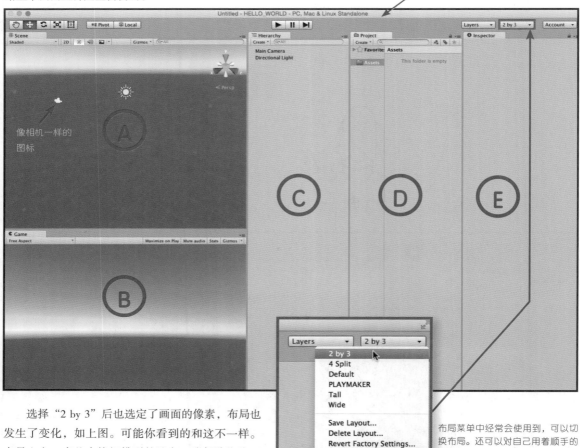

这里是工具栏。

选择“2 by 3”后也选定了画面的像素，布局也发生了变化，如上图。可能你看到的和这不一样。在最上方，有几个按钮排列的地方，我们称之为工具栏，现在我们把视线移到工具栏右侧的弹出菜单，接下来简单说明一下它们的作用。

布局菜单中经常会使用到，可以切换布局。还可以对自己用着顺手的布局进行命名并保存。左边第四行的“PLAYMAKER”是笔者追加的一栏。可能有人要问了，playMaker™ 是什么呢，第九章中会介绍到。

这些面板的布局和面积可以变更为方便自己使用的样子，用习惯后可以自定义为自己的风格。选择最右上方的弹出菜单，运行其中的 Save Layout…，命名并进行保存就可以调整为自己喜欢的风格。

大致可以划分为A~E这5个画面。记忆这些职责分工时，可以联想一下电影的摄影棚。

A Scene view（场景视图）

作业时所用的视野，也可以说是造物主创造世界时的视野，这个视野称为场景相机。在摄影棚中，那就是电影导演的视野。电影导演（也就是你）将这个视野作为界面在摄影棚或布景中自由移动，配置小道具、演员并予以指示。

B Game view（游戏视图）

这是应用程序实际动作时的视野。比作电影的话，这是摄像机放映出的影像。

C Hierarchy（层级视图）

Hierarchy即层级，以列表的形式对世界中都有什么、都放置在哪个层进行显示。在场景视图中有些细小的对象比较难以选择，可以在该视图中进行选择。

D Project Browser（项目浏览器）

比作电影的话，这就是幕后，也可以称之为大道具的仓库。事先准备好要往世界里放置的物品并想好位置。其下的**Assets文件夹**显示与实际的文件层次相同的内容。New Project中创建后，目录中也自动创建了Assets文件夹。现阶段应该是一个空文件夹。

E Inspector（检视面板）

显示当前场景视图中所选择的内容的信息，不仅包括放置到世界中的对象，还有各种设置、变更，大部分都可以在该面板中进行。

当仓库中增加了大量物品时，寻找必要的物品就变得非常不容易。此时，使用黄色的★标记下的项目按照种类就可以进行轻松的寻找了。

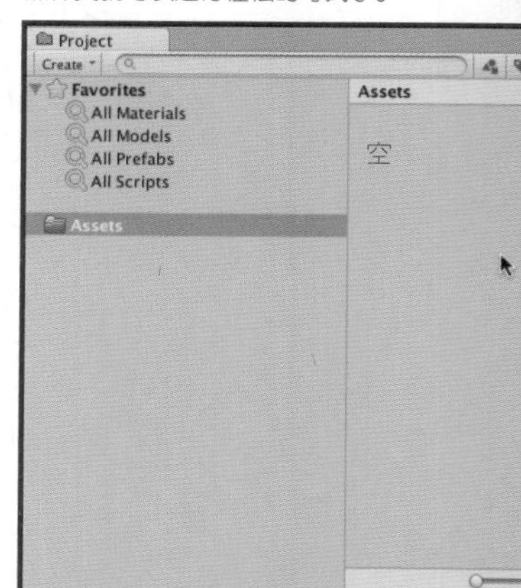

项目浏览器即 Assets 文件夹。就好像是幕后，可以为舞台准备一些必要物品。
ASSETS
D
PREFAB
SPOT
世界当前是如何进行摆放的，Hierarchy 以列表的形式对世界中的全部内容进行了显示。
C
聚光师
SKYBOX
Camera 中映出的影像即为游戏视图。
TREE
1
CAMERA
B
GOD
A
WIND
导演所看到的景色就是你现在在场景视图中所看到的视界。

那么，现在是什么状态呢？场景的正中间呈现出一个孤零零的白色放映机的图标，这就是相机，用鼠标碰触一下就会成为下图这样。

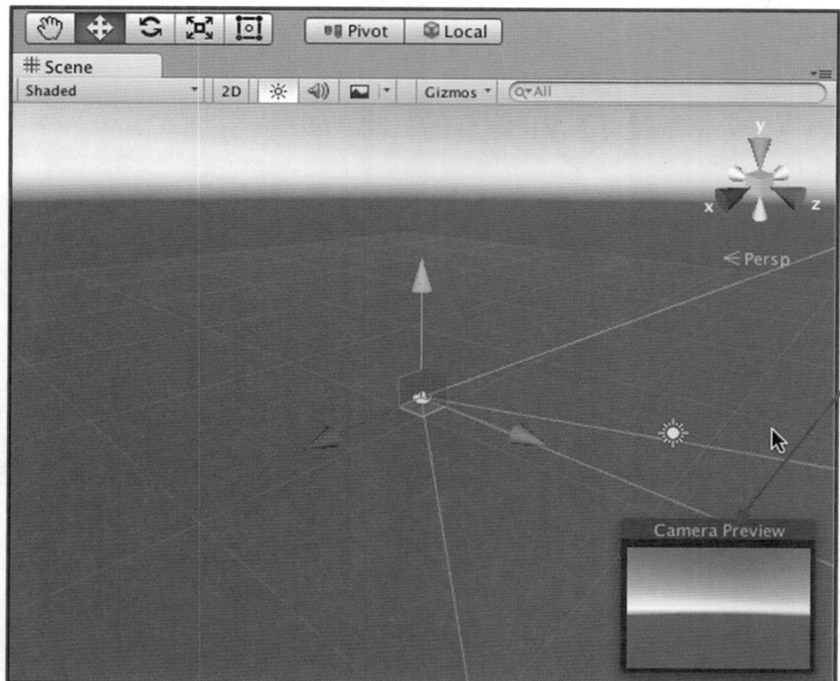

观察 Hierarchy，其中以列表的形式呈现了放置于世界中的物品，双击其中的 Main Camera，场景视图将移动至 Main Camera。

选中相机时出现的这个小窗口，与游戏视图基本上是一样的。

Inspector 显示所选中物品的信息。

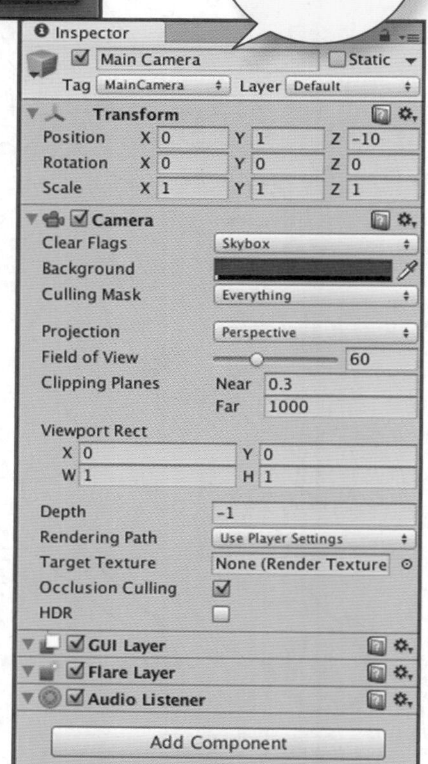

可能有的人会问如果场景中没有这个图标呢？现在是**造物主的视界的场景视图**，可是相机在哪儿却看不到。遇到这种情况，试着双击Hierarchy中的“Main Camera”，场景视图的正中央应该就会出现相机图标了。

双击Hierarchy中的项使之显示在场景视图中央，这个操作今后会经常用到，请牢记哦。那么，我们来看一下在选中状态下的Inspector吧，这里会显示相机的详细信息。

当前的状态并不完全是“空的状态”，是一个除了相机和太阳之外别无他物的世界。相机里显示出的只有一望无际的蓝色的天空和地面的阴影，连一片云都没有。

以为要从无开始，
没想到有我吧。
还有太阳呢。

顺便说一句，如果把这个相机和太阳删除以后，这个世界就什么都没有了，那就没有任何意义了。世界中如果连相机都没有的话，那就连看世界的眼睛都没有了。

现在除了Main Camera和太阳以外，就是空无一物的宇宙。世界也是存在中心的，这个中心是绝对的世界中心，是静止的。当然了，我们可以从这个宏大世界的角落开始，做一些事情，现在是什么都没有，所以没什么特别的意义。那么，哪里是世界中心呢？现在我们来选中“Main Camera”，在Inspector中看一下它的信息。可以看到写有Transform的有着3行3列的输入框。

最上面一行是**Camera放置的位置**。数值为“X:0 Y:1 Z:–10”，可能和大家看到的数值不同。这表示从世界中心起X轴（向右）的0位置、Y轴（向上）的1位置，Z轴（向里）的–10位置处只有相机。Z轴向里的–10位置是指向后降低10。可以这么认为，相机从世界中心起下降了10m。m这个单位并不一定是以米来定义的。这个数字可以是1cm，也可以是1mm，可以自行规定。**我们暂且将它定为1m吧**。

如大家所见，在 Transform 中不仅可以设置位置，还可以设置朝向、大小。

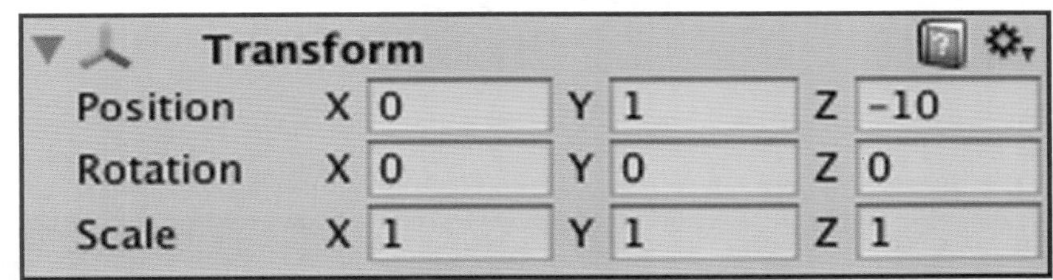

相机位于距世界中心 Z 轴方向 –10m、Y 轴方向高 1m 的位置。

我位于距世界中心 –10m 的位置，
相机的高度是 1m。那里就是世界
中心吧。我的造物主。
嗯，对，这里就是。
1m
10m

现在我们所说的**X轴向右、Y轴向上、Z轴向里**，这个方向在世界中是固定的。请注意一下场景视图右上方的这个符号。

现在一边按着Option（ALT）键，一边在场景视图的任意位置拖动鼠标，你会发现方向发生了变更。这个符号叫作**场景Gizmo**※，表示场景相机的方向。空无一物的宇宙空间确实连上下也没有，因此Unity中以此为标准进行定义。Y轴是向上、X轴是向右增加。如果你使用过Flash，应该很熟悉这个坐标。**不同的是Z轴**※。Z轴的正方向是朝里还是朝向我们面前呢？Unity中是朝里，称为**左手坐标系**※。场景Gizmo中**带颜色的喇叭的方向为正方向**。如果你使用过3D工具，有的工具以向上为Z轴，有的Z轴是朝向我们面前为+，也就是右手坐标系。是不是有点糊涂了呢，其实就是朝里是正方向还是负方向的问题。

【场景 Gizmo】表示当前的场景视图的朝向。

【不同的是 Z 轴】Flash 中的 Display Object 也有 Z 轴。

【左手坐标系】当然也有右手坐标系。只是 Z 轴不同而已。

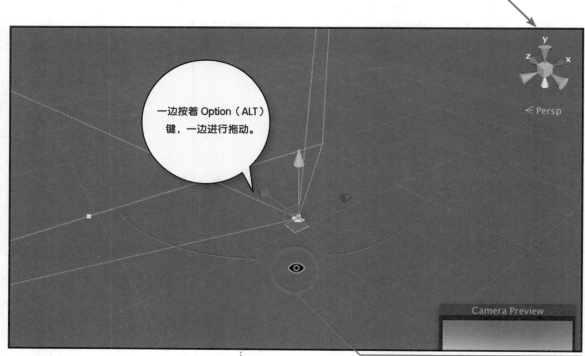

喇叭？

一边按着 Option（ALT）键，一边进行拖动。

在 Windows 中按下 ALT 键，Mac 中按下 Option 键，鼠标就变为眼睛的图标。通过鼠标左键就可以转动世界了。

为了便于后面的作业，使用Option（ALT）键转动世界使得场景Gizmo成为图中那样的朝向。

左上方的这个按钮也变为了眼睛图标。

神的第1日：要有光

那么，接下来我们就要像这本书的标题里说的那样，要开始造物主的工作了。首先就是“要有光”。接下来的内容可以称得上是**Unity创世纪**了。

但是，实际上太阳已经存在，就是我们所说的Directional Light。“要有光”的光源与太阳同为平行光源，无关距离，照亮世界的每个角落。

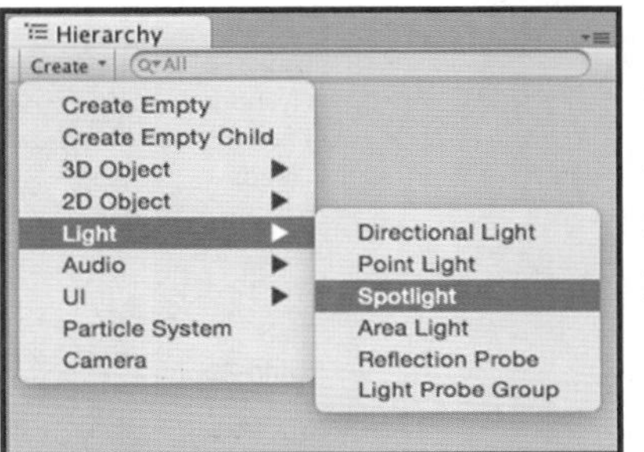

其他还有圆锥状照射出光的Spot Light，从特定的位置向四周发光的Point Light等。

为世界制造光，可以从Hierarchy左上角Create的下拉菜单中选择Light项※，将光放置到世界中。

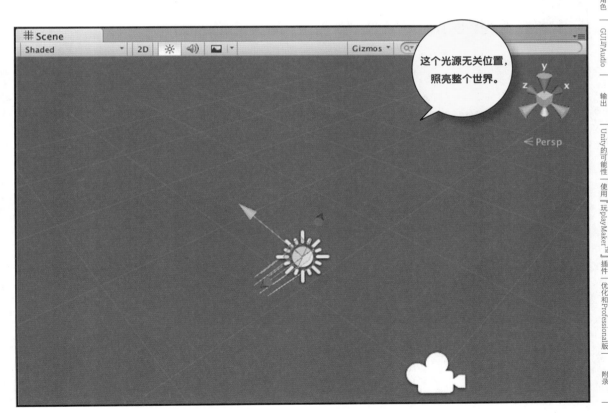

【从下拉菜单中选择 Light 项】也可以从 Menu 的 GameObject>Light>○○ Light 进行选择。

这个光源无关位置，照亮整个世界。

神的第 2 日：创造大地

有了太阳，接着我们来创造大地。Unity中的地面是由**Terrain（地形）**特制而成。选择菜单中的GameObject>3D Object>Terrain来放置作为基础的Terrain。

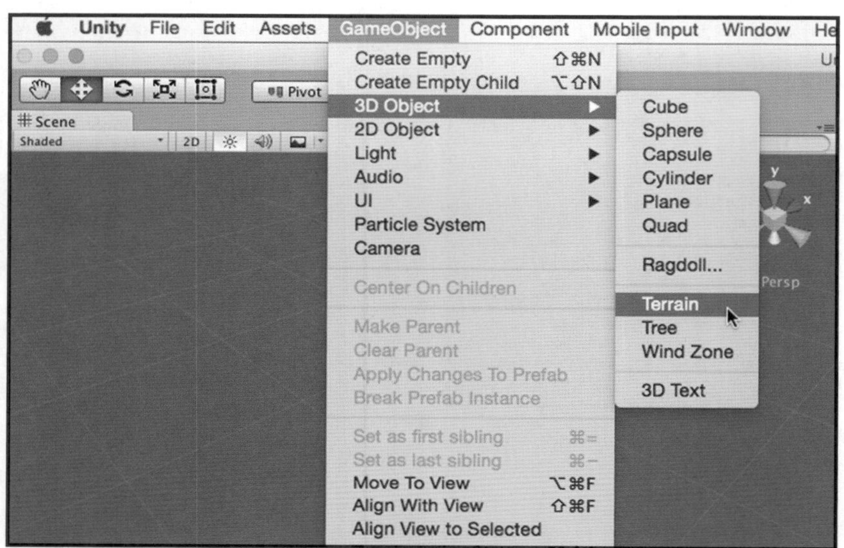

Hierarchy中将会显示第三个对象——“Terrain”。观察一下，场景视图中是不是可以看到一个非常平的四角物体出现在世界中。现在场景中放置有一个全新的Terrain，即一个以Unity单位计算的500×500※面积的地面。没有规定单位，本书中将1个单位定为了m，这里就可以认为是一个边长为500m的正方形被放置到了世界中。

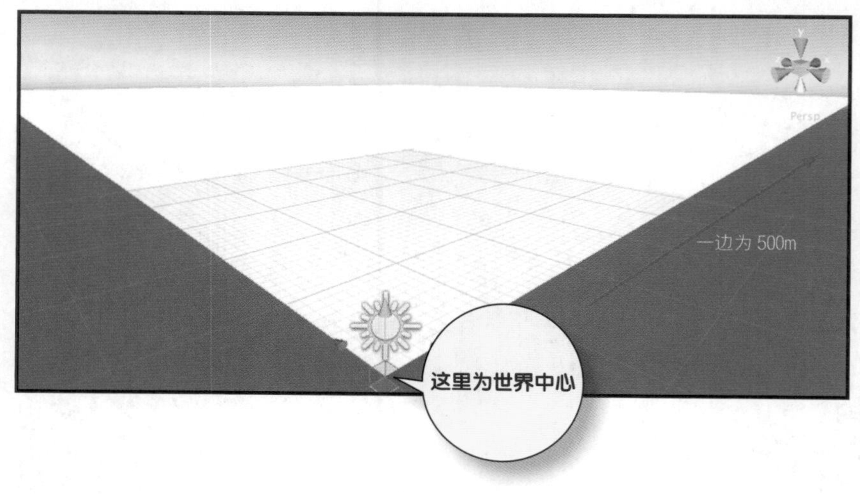

【500×500】如果你想制作别的大小的 Terrain，可以在制作 Terrain 后，在选中状态下通过 Inspector 中的齿轮标记打开 Resolution，对 Width 和 Length 进行变更。

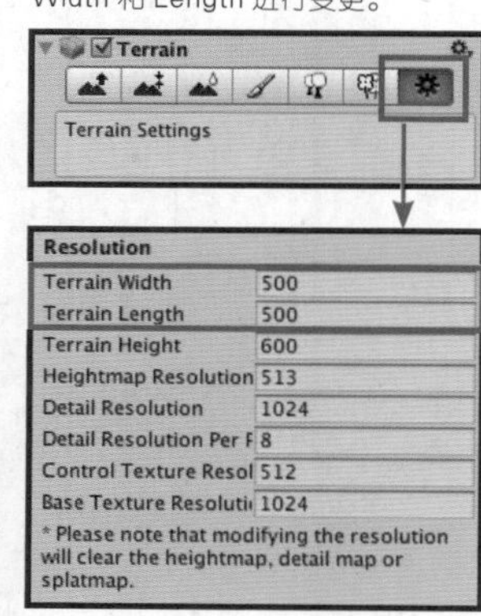

将世界中心放置到了 Terrain 的一角，这样也没什么问题，但是如果你看着不舒服的话，可以将世界的正中和地面的正中进行对准。

在Hierarchy中双击“Terrain”，场景视图中的相机就拉到了可以远眺500m正方形的位置。一边为500m，从上空可以看得很清楚。在Hierarchy中进行双击操作，场景相机就会移动至可以远眺所选对象整体的位置。

【放置】这不是绝对必要的操作。这个操作是想让世界中心就是大地中心而已。

这里将“大地”的一角放置到了世界中心，因此将X轴和Z轴各自向负方向移动一半，就可以将地面的中心放置※到世界的正中了。

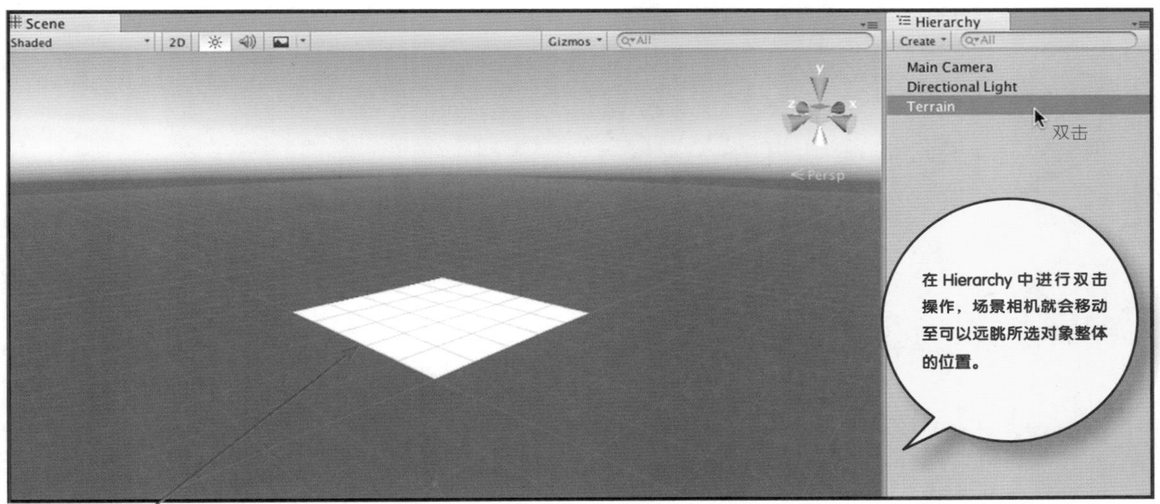

在上空可以完全俯瞰这片 500m 的大地。靠近你眼前的那一角刚好为世界中心。

在Hierarchy中选中Terrain，如右图中那样在Inspector中输入数值。在X轴和Z轴上分别挪动-250m，就可以将地面放置到世界的正中了。

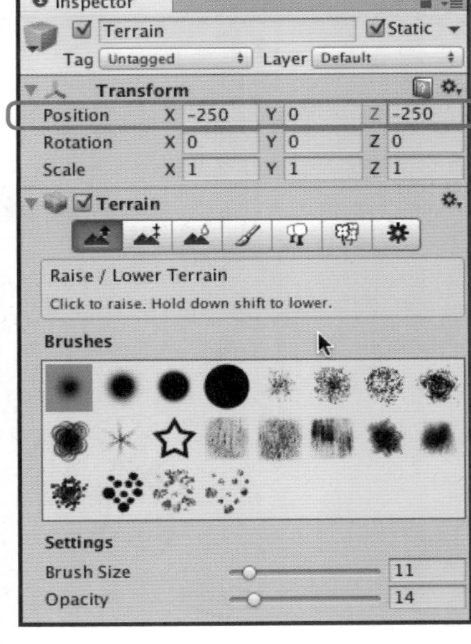

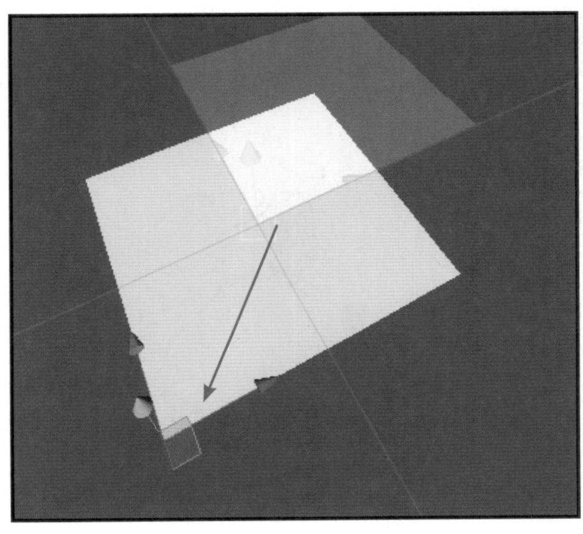

接下来我们要在地面上**制作山谷**，在此之前需要稍微熟悉一下场景视图的操作。按下Option（ALT）键，刚才我们操作过的，手掌形的光标就变成了眼睛图标。在此状态下拖动场景视图，你会发现场景视图以场景正中为中心进行转动。即以**造物主所看到的（也就是场景中央）为中心**进行转动。

场景自身以场景正中为中心进行动作

按下 ALT 进行转动时，造物主基于自己所看到的为中心进行转动。

这不是猫嘛
这不是猫嘛
这不是猫嘛
嗯！
稍等一下

接下来不按任何按键，单击窗口左上方的手掌按钮，场景视图中就又成为了手掌形的光标。在此状态下拖动场景视图会发现场景视图横向移动。可以认为是创造这个世界的造物主，也就是你所站的位置在横向移动。

感觉在相对于场景进行横向移动

嗯……那个……
唰~
唰~
唰~
我觉得世界在向右移动呢。

这次不按任何键仅用鼠标右键来进行拖动，视野以自身为中心进行转动，环视四周。造物主在原地东张西望。实际上，在这个模式下，按下键盘上的WASD键，就可以在东张西望的同时前后左右到处走了。E和Q可以实现上下移动。

此时光标变为如下的样子。
这就是这个符号所表示的意义。
W
A
S
D
可以简单进行排列
猫去哪了？
?
Box

还有，单击最左边的图标，手掌按钮处于激活状态后，在Mac中按下Control键，在Windows中按下ALT键后就切换成了变焦模式。在场景视图中上下或左右拖动，造物主就会前后移动。滚动鼠标滚轮可能来得更快些哦。

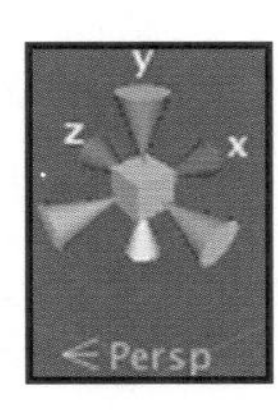
y
z
x
Persp

还有，场景Gizmo中也另有玄机。分别单击喇叭的话，就会使得场景相机移动到从喇叭方向看到的那个角度。单击正中间的立方体，就可以将视界变为透视或非透视视图。

哎呀，不对！

创建山谷

现在，场景相机已经从上空拍到了Terrain整体，通过变焦模式或者鼠标滚轮稍微靠近一下地面。这次我们在选中Terrain的状态下，单击Inspector中的如下按钮。这个工具叫作Raise/Lower Terrain工具，就是**地形高度工具**。选择后将会显示出Brushes部分，选择左上的brush。然后这次我们移动到场景视图上，在Terrain上进行拖动…发生了什么？地面隆起来了，就好像是绘图工具画出来的一样。

Raise / Lower Terrain

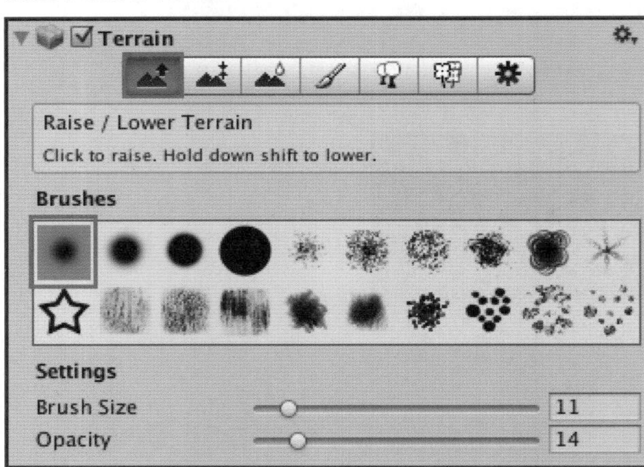

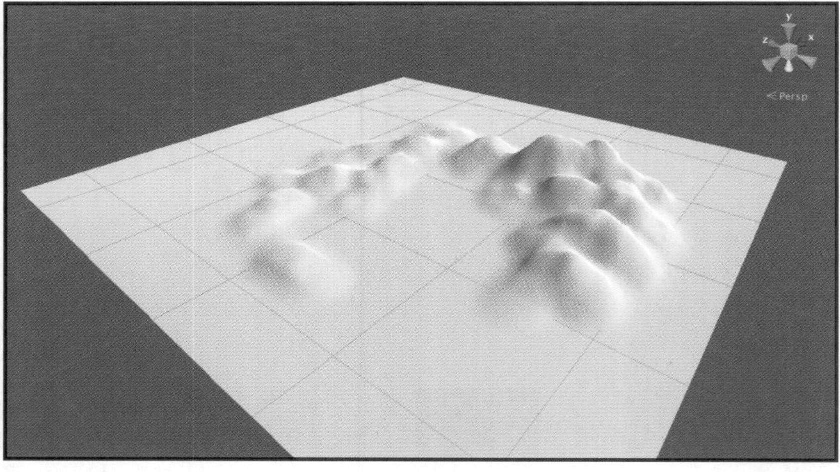

通过 Brush Size 可以调整面积，通过 Opacity 可以调整相关的效果。可以试着尝试一下多种效果。

选择其他的Brushes，随心所欲地创建一个地面。顺便说一下，这个地形高度工具在按下Shift的同时进行拖动的话就成为了**地形降低工具**（Lower）。

看！地形很容易就创建好了。在一边为500m的大地上创建出了一个稍微有高度的山。这也是**非造物主莫属的工作**。

那么，来使用其他工具按照自己的喜好来编辑地形吧。左起第二个工具是绘制特定高度的“Paint Height”工具，左起第三个工具是可以将一些尖角柔化使得地形平整的“Smooth Height”的工具。使用这3个按钮，来制作山野的形状。

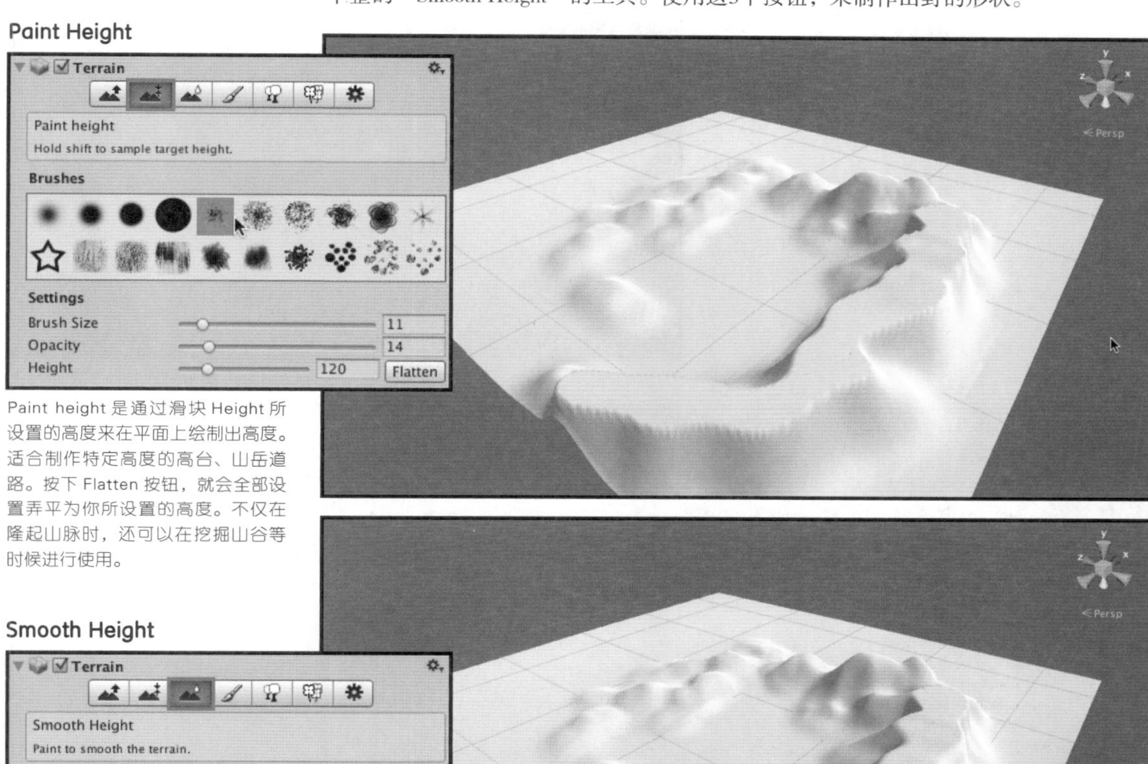

Paint height 是通过滑块 Height 所设置的高度来在平面上绘制出高度。适合制作特定高度的高台、山岳道路。按下 Flatten 按钮，就会全部设置弄平为你所设置的高度。不仅在隆起山脉时，还可以在挖掘山谷等时候进行使用。

Smooth Height 可以柔化尖角。

然后，制作出了这样的地形。

但是地面仍是白色的，那么接下来我们来为地面赋予一些逼真的质感吧，也就是为它加入纹理。

那么接下来给地面上色。

说起地面的颜色，或为土色或为草色。当前的项目中没有插入任何图像，所以一般不得不自己制作※。好在Unity中已经为我们准备了用于Terrain的简单的素材，可以进行读取使用。

从Assets>Import Package>Environment菜单进行选择。

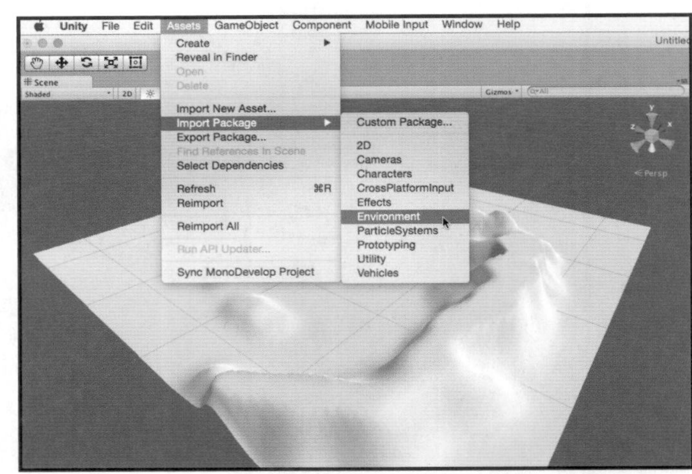

哪个是必需的物品，哪个是不需要的，如果能够判断得出的话可以去掉左边复选框的勾选，我们先全部选中吧。

【自己一般不制作】并不是要制作2平方千米的地面，而是要制作排列在地砖上看起来不那么奇怪的地面花纹。为此，有一个很方便的工具。请参考附录（P.434 Bitmap2Material）。

出来这样一个对话框，首先全部选中并单击Import。没有必要特意关注里面这些内容，这是Unity中一开始就附带的用于景观作业的**“样品”**包，接收、打开并展开，复制文件到自己的Assets目录的位置。

刚才只有New Terrain的Assets中导入了一些文件。

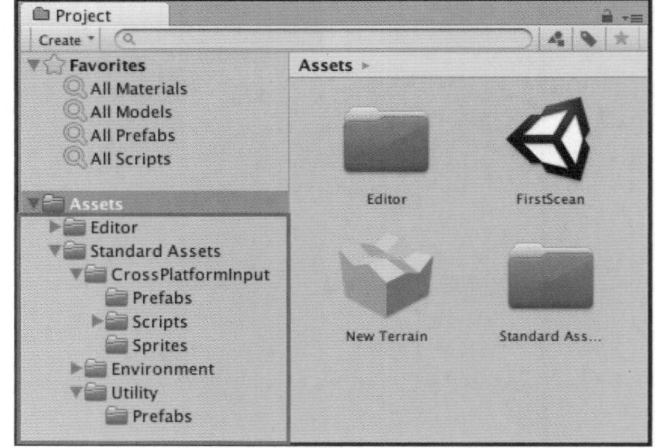

景观素材导入完成后，开始为地面上色吧。在选中Terrain的状态下，选择如左图的Inspector中的Terrain正中的按钮Paint Texture。和刚才的Raise工具相似。下方显示出一个Textures，但这里还没有任何内容。

该部分还没有添加可为地面着色的地面图像纹理。

单击Edit Textures按钮，添加地面颜色。单击后出现一个Add texture下拉菜单，进行选择，接着会出现一个小的对话框，有2个指定纹理的地方，这次我们只使用左侧※。

单击左框内右下方的Select，显示出一个选择图像的对话框，这里我们选择GrassRockyAlbedo图像。只是由于读取了大量不知道具体内容的图像，因此在窗口上方的搜索窗口中输入Gra…就会看到类似的文件名。确认Texture框中设置了该图像，单击Add按钮。

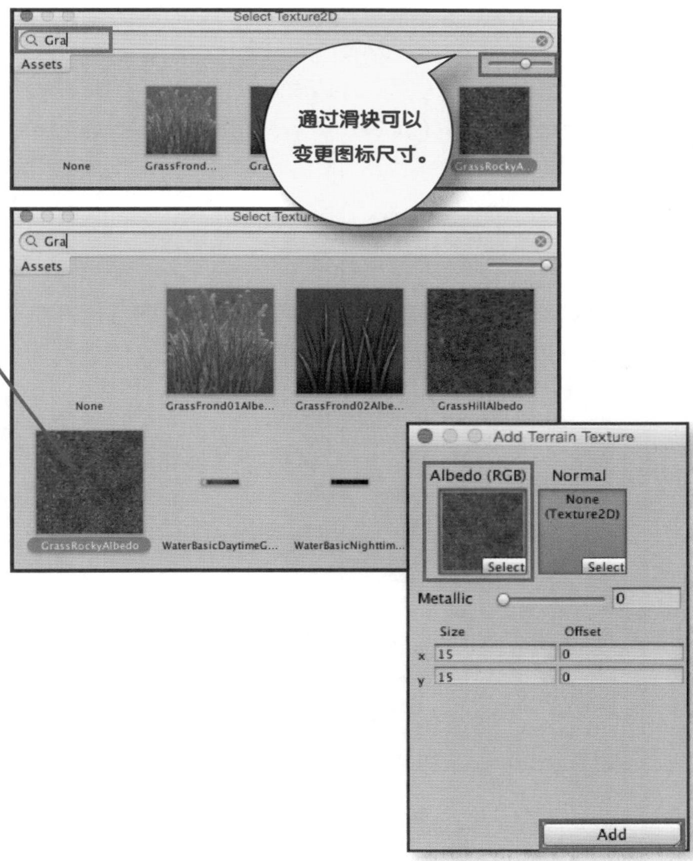

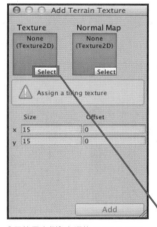

【只使用左侧】右框的Normal Map，可为纹理在外观上添加凹凸，换言之就是具有凹凸数据的特殊图像。现在不必关注这些内容。详细内容请参考第三章 P.139。

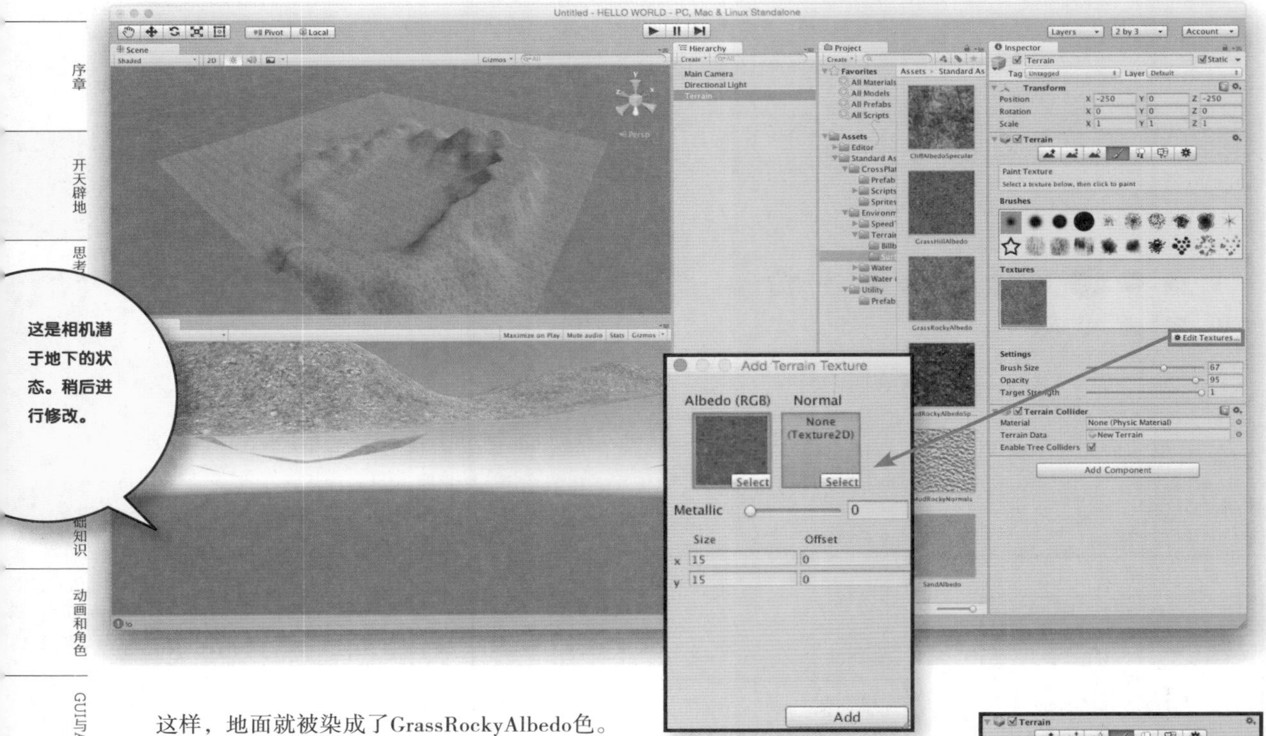

这是相机潜于地下的状态。稍后进行修改。

这样，地面就被染成了GrassRockyAlbedo色。Terrain的第1个纹理就这样实现了整体应用。按照同样的要领，来设置第2个纹理。这次我们来选择稍微带点绿色的GrassHillAlbedo。而且，选择后就直接涂抹至Terrain了，地面也会涂抹到。这样就多少开始有点地面的样子了。嗯……是不是有点像**铁路迷在制作火车轨道的立体模型**呢。

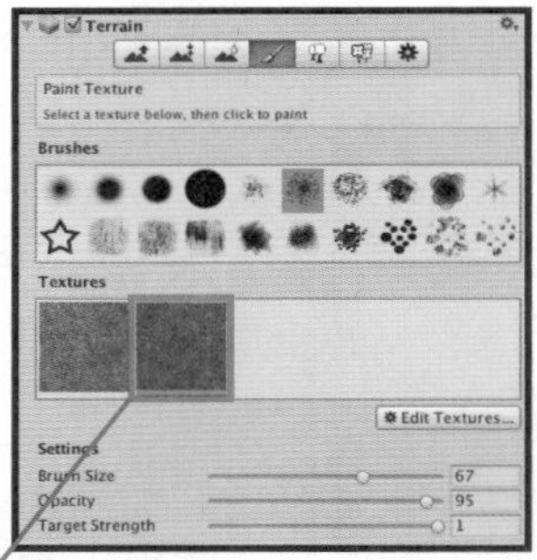

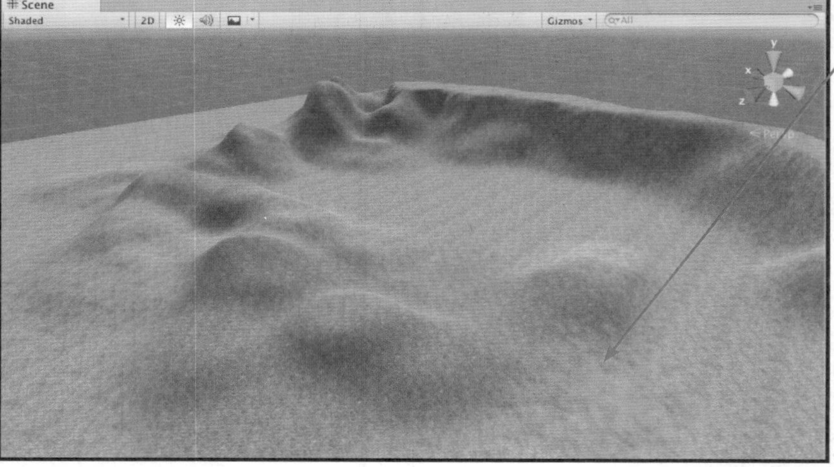

调整 Opacity 和 Target Strength 来设置纹理的使用量。

设置 Skybox

大地完工了，接下来造物主将拿出它的另一个本事，创造天空。用Unity创造天空，可以想成是在一个盒子上贴上九霄云外天空的纹理。就像是上古人所认为的地球的传说。

说是天球，但又说是一个四面贴有纹理的盒子，这样合适吗？可能大家会有此疑问。如果这个盒子是铺有4块半席的房间，因为人左右眼的视差能够识别空间，所以就一定会识破天空是四角的。但Unity世界中**相机通常为1个**※。无论是方形还是球体，都不会把无限远处的立方体的纹理识别为方形，大可以放心。

将这个盒子的构造命名为Skybox，正所谓盒如其名。在当前所创建的世界中，已经预先设置为了Unity5中的Default名称Skybox。连一朵云都没有，宛若置身于别的行星。我们来试着对天空进行一下修改吧。

【相机通常为1个】在场景中使用多个相机也是有可能的。当使用了Oculus Rift等VR器械时，有时候需要2双眼睛来进行表现。另外，在双人游戏时会进行画面分割，将2个相机的影像作为图层重叠，类似这样相机的使用方法是多种多样的。关于相机的其他使用方法在第四章（P.216）、第六章（P.301）中有少量说明。

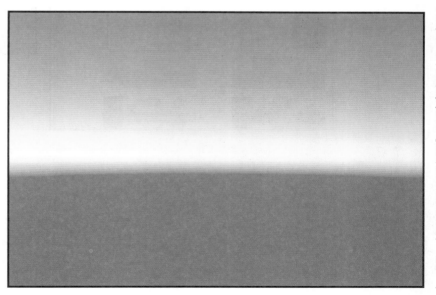

首先天空Skybox究竟应该设置在何处呢？答案是，Lighting中。选择菜单中的Window>Lighting将会出现右图的**Lighting选卡**。选择上方三个按钮中间的Scene。

Skybox就设置在Environment Lighting中。当前尚未读取Skybox的素材，那么该从哪里获取呢？

从哪里呢？

Asset Store。如果能找到免费又漂亮的天空那最好不过了。从Window菜单中选择Asset Store。然后①单击图标②贴图和材质③选择天空，最后④按照价格由低到高进行排序，免费的位于最上方。

我们来使用其中的Sky5X One资源。

其余项目本章中不作说明，将在第三章和第十章进行说明。

在Asset Store中进行购买（即便是免费）时，需要注册账号。在出现的对话框中进行注册，已经有账号的可以登录进入下一步。

免费创建账户。

Asset Store Log In
E-mail:
Password:
Forgot your password?
Keep me logged in
Log In　Cancel　Create Account
Please log in to continue

想要自己来制作独特的Skybox，也有多种方法。可以使用一些软件，比如使用Pano2VR（P.163）将实拍的全景景观照片进行分割，为Skybox所用，再比如使用Terragen3（P.435），设置各种条件通过CG来制作景观。

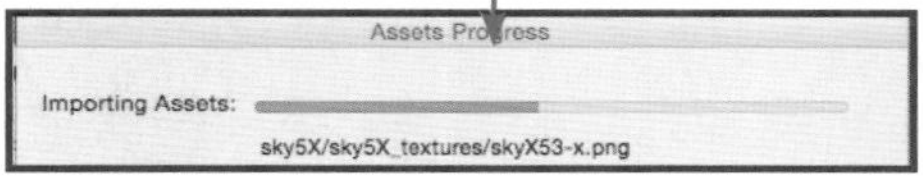

单击导入后稍作等待将会打开这样一个对话框。对话框提示是否读取从Asset Store所下载的文件包的全部内容？由于并没有需要特别选择的内容，因此直接选择全部进行读取。点击右下方的Import，读取完毕后准备工作就完成了，单击刚才的Lighting选卡Skybox框右侧的**圆点按钮**。

这是Unity独有的打开对话框按钮。

显示出一个Select Material对话框，在对话框上方的搜索栏中输入“sky5”以搜索刚才所读取的天空的素材，接着会搜索出5个包含有sky5名称的天空素材，双击选择你喜欢的。

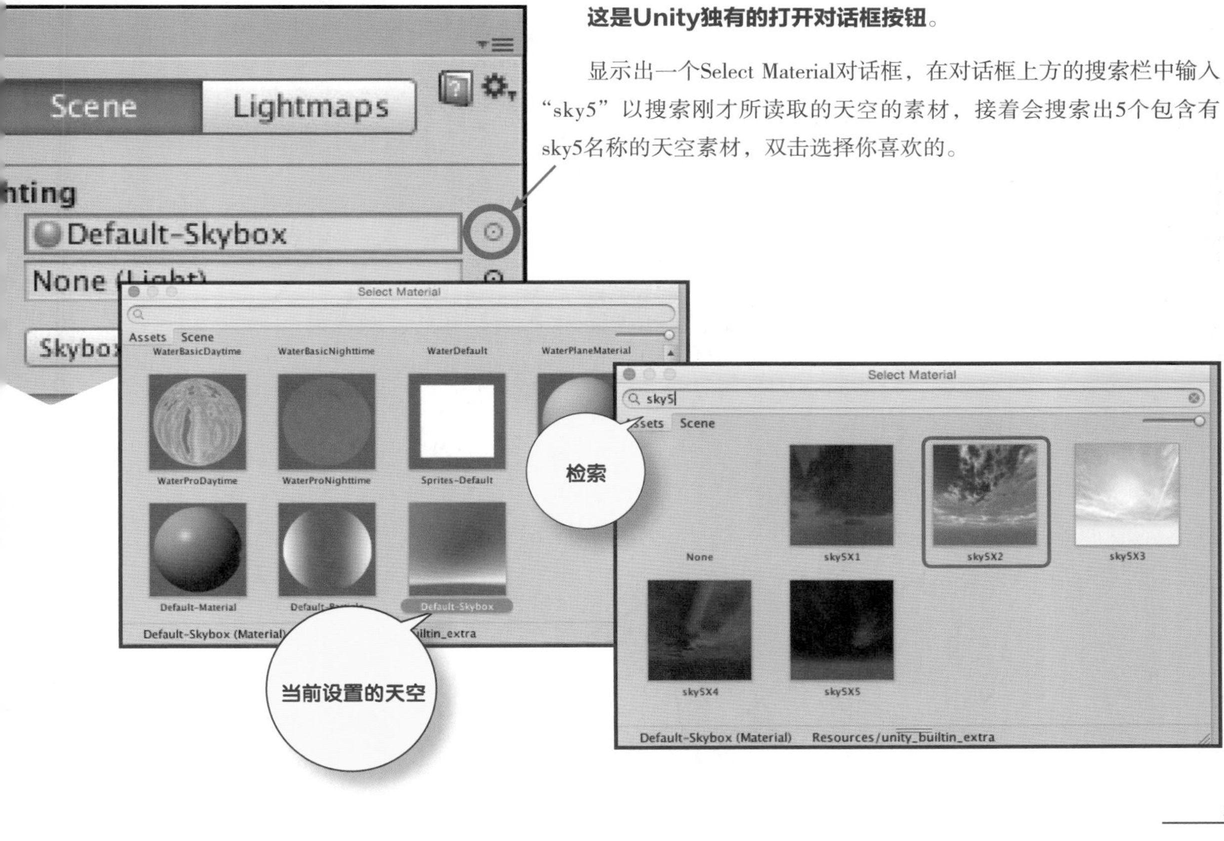

检索

当前设置的天空

可能看上去的感觉并不太好，这时确认一下是否按下了这个按钮。

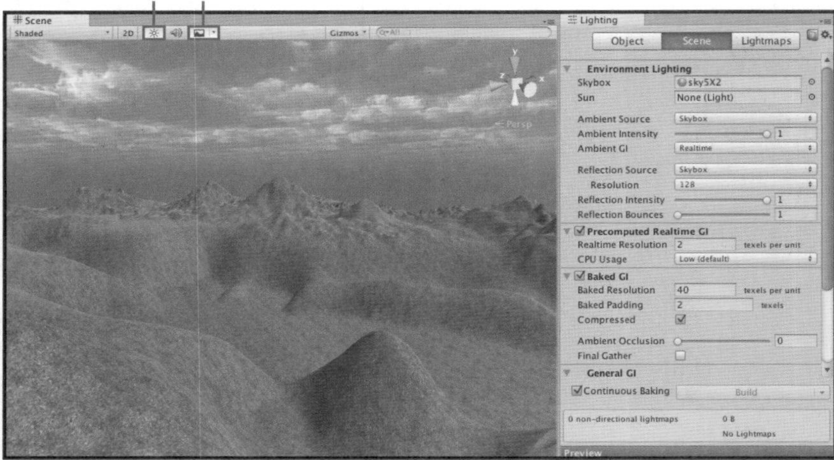

【**感觉不错的天空**】天空发生更改后，地面颜色也会发生更改，感觉非常棒。详细内容请参考第三章。

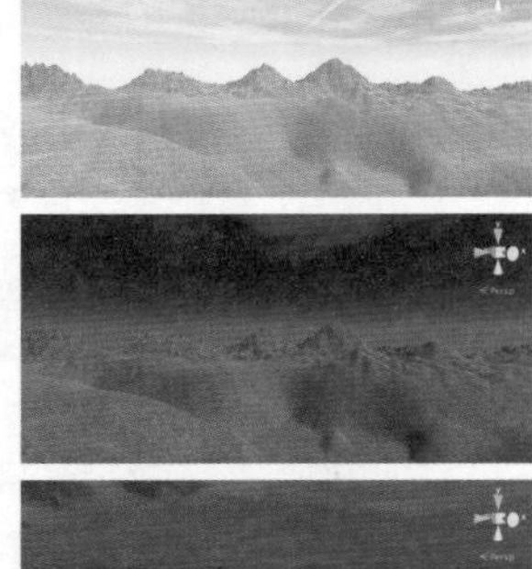

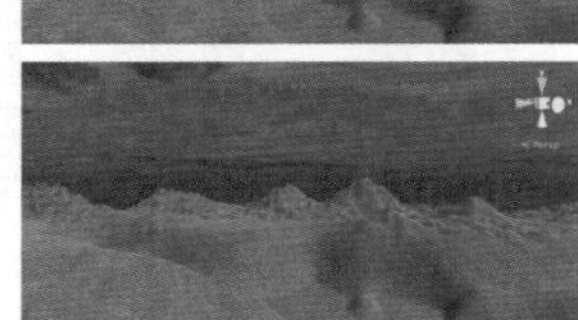

嗯！这样一个**感觉不错的天空**※就设置好了。在场景视图中环视一下四周，一个世界渐渐地形成了。

那么，或许游戏视图下看起来会**一团糟**？是的，但这并不是bug，是因为对Terrain使用了工具，使地面发生了隆起，而Main Camera潜在地面下，把Main Camera拉到地上就可以了。

Unity 中可以只为多边形的单面指定素材。从里面看那一面是什么也看不到的，因此就像左图那样，只看得到三三两两朝向为正面的多边形。

游戏视图。处于地面之中的相机所看到的状态。

这边的天空。

SKY BOX

让物体动起来

我们把相机从地下拉起来。首先在Hierarchy中选中Main Camera，双击并将其移动至场景视图的正中。然后就会出现下图中的3个箭头，如果没有的话，请确认是否选中了左上方那排按钮中的左数第二的移动工具。

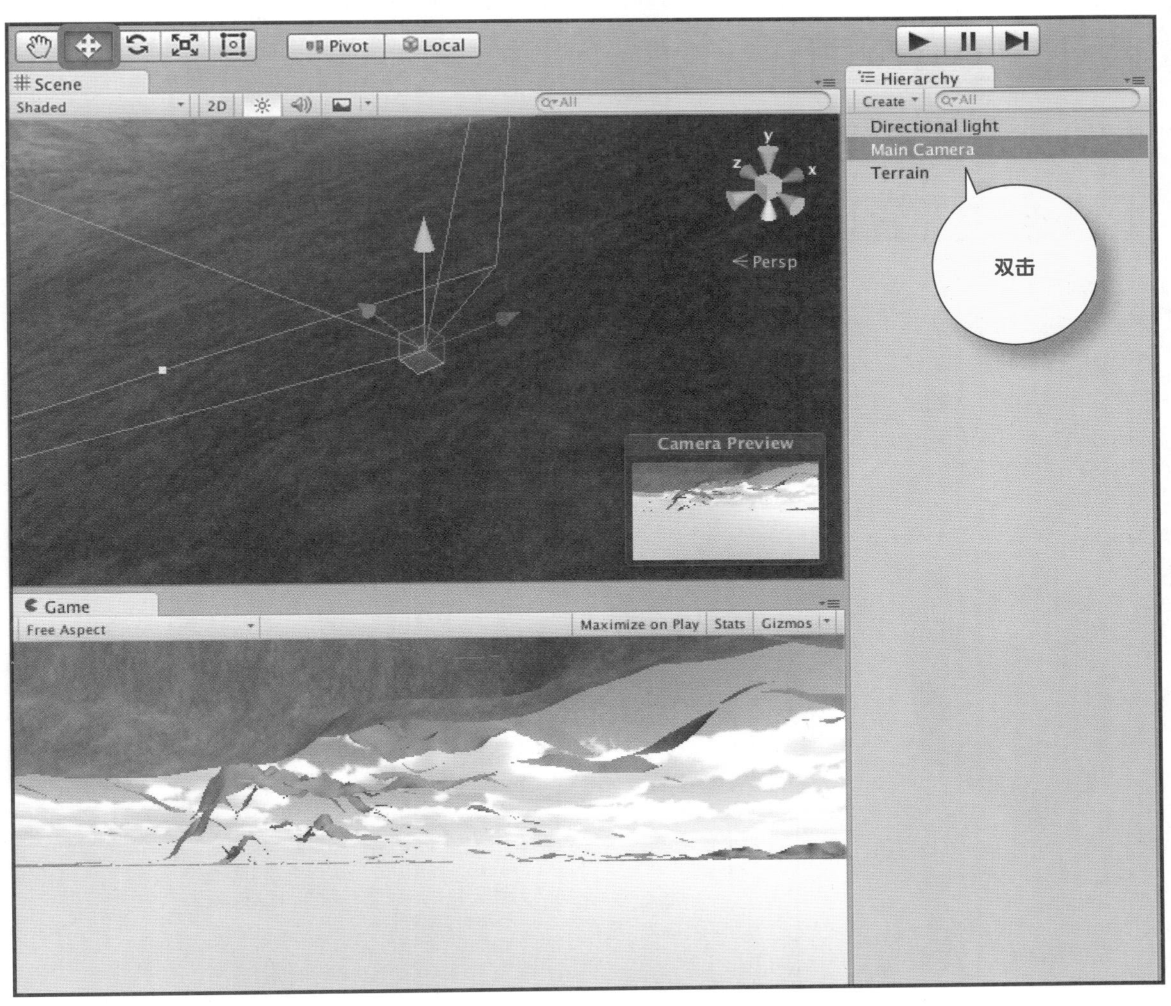

用鼠标拖拽黄绿色的箭头，也就是Y轴的箭头，稍微向上移动。拖拽的时候如果超出了画面上方，可以通过鼠标滚轮使场景相机稍微后退，确保相机完全露出地面。

像这样露出地面，很简单吧。刚才我们是用工具栏的移动工具来移动相机的，不仅限于相机，凡是选中的物体（即**GameObject**），都可以对它们进行**“移动”“旋转”“放大缩小”**的操作。这些工具的使用频率很高。

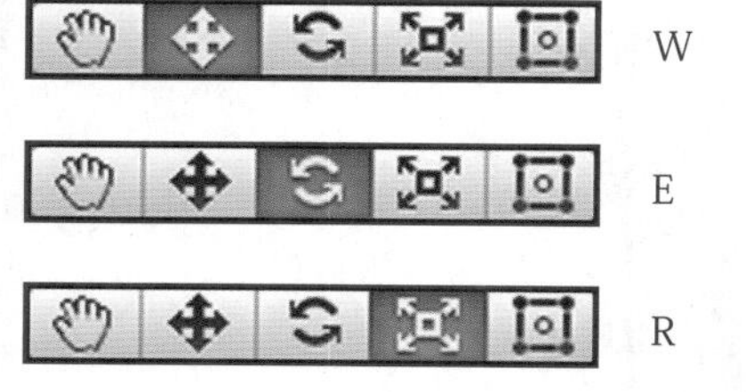

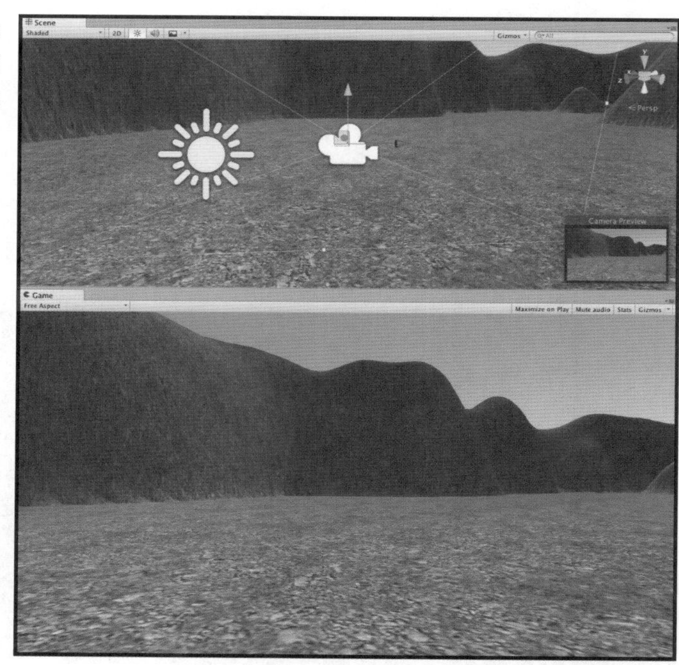

分别按下键盘上的“W”“E”“R”※就可以进行切换。键盘快捷键和建模工具的快捷键的设置往往是相同的，这一点模型作者们应该很熟悉吧。右端的**“矩形”**工具当然就通过T来选择了。矩形工具用于二维编辑和UI编辑※等。

【W·E·R】顺便说一下，如你所料，按下与W·E·R同列的Q键就可以切换至手掌工具，T可以切换至矩形工具。还有一个经常使用的按键，F键。为了能够在中心的适当位置观察选中的对象，可以通过F键来移动场景相机。

【UI的编辑】UI指用户界面。详细内容请参考第六章。

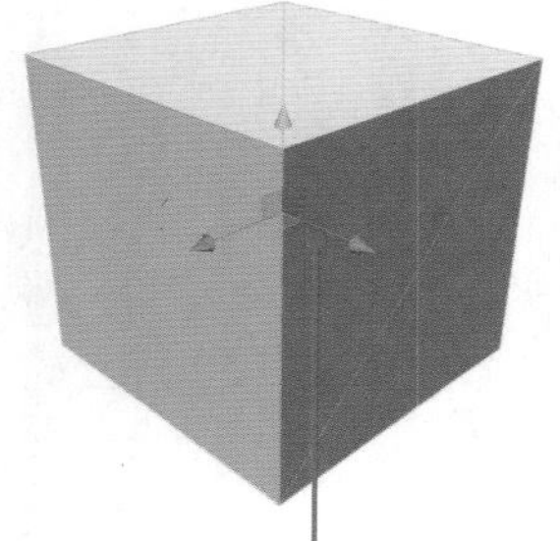

分别拖拽不同颜色的箭头，发现仅可移动所拖拽方向。
拖拽位于正中的比较小的面，发现仅可在其平面上的2个轴上进行移动。

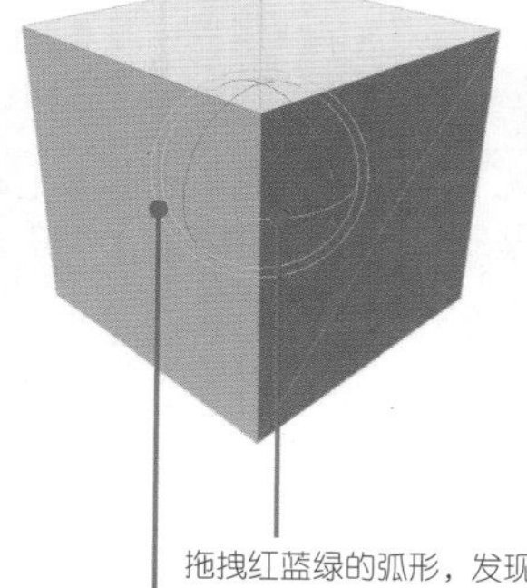

拖拽红蓝绿的弧形，发现仅可在所拖拽方向上进行旋转。

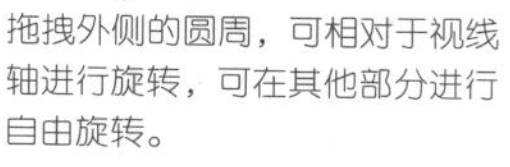

拖拽外侧的圆周，可相对于视线轴进行旋转，可在其他部分进行自由旋转。

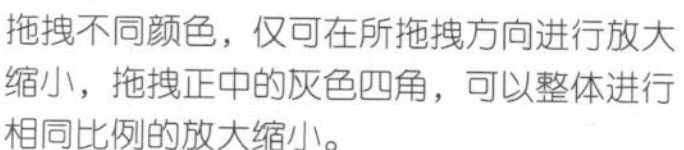

拖拽不同颜色，仅可在所拖拽方向进行放大缩小，拖拽正中的灰色四角，可以整体进行相同比例的放大缩小。

矩形工具无法像这样作为放大缩小工具使用，基本上在编辑2D时进行使用。

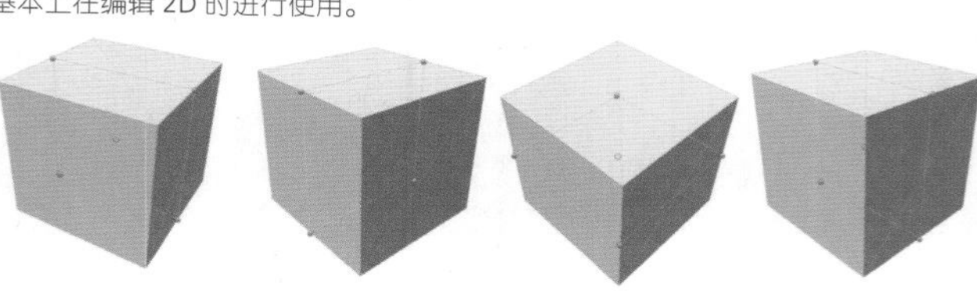

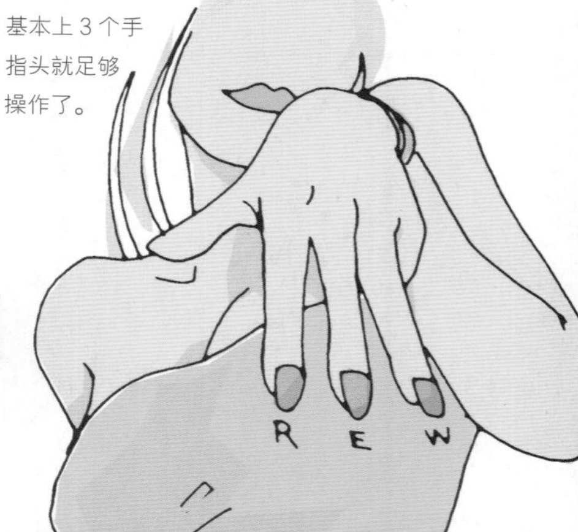

基本上3个手指头就足够操作了。
R E W

神的第 3 日：植树种草

我们已经为Terrain加上了纹理并使得地面隆起，现在我们来为地面植树种草吧。先前我们读取的Terrain**样品包**里包含有多种树木和“草”可供使用。

说是植树，但并不会像以前老百姓插秧那样一棵一棵地种。之前对Terrain所进行的设置，比如使得地面隆起并添加纹理，这些操作就好像用画笔画就的一样，植树种草也是一样。

在边长为500m地面的各处都种满树太费劲了，就暂且在中心附近造一片森林出来吧。用相机在中心附近进行特写，然后选中Terrain并选择“Place Trees”工具。

和纹理一样，还没有添加要绘制的树，单击Edit Trees按钮，选择Broadleaf_Desktop树木。

搜索和选择方法前面我们已经说明过。

对，使用方法如你所料。虽然没有地形形状的刷子，但是我们可以像为一定范围的椭圆形区域进行着色那样来种植树木。

可以通过下方的滑块来变更范围和密度的设置。如果想为Terrain全部植满树木，这样涂抹就很费劲了，可以使用Mass Place Trees按钮。

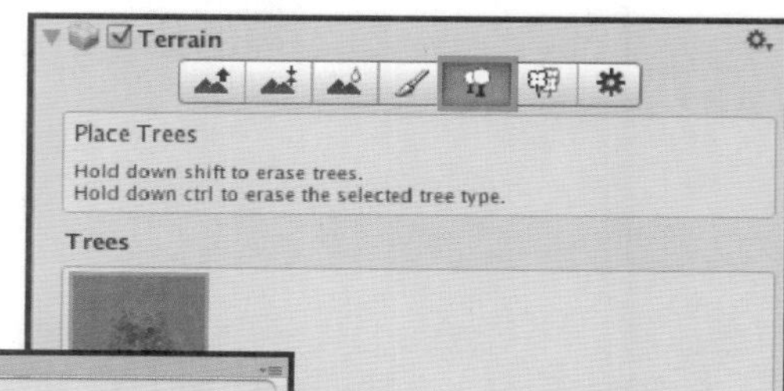

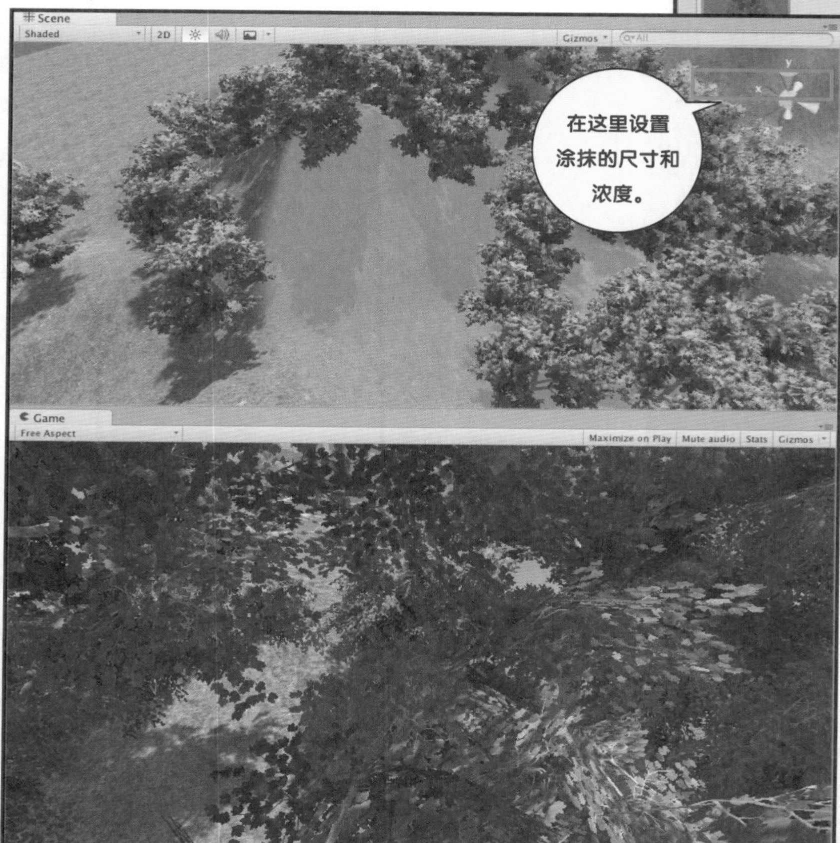

通过选择菜单的 GameObjects>3D Objects>Tree，可以自由制作自己喜欢的树木。
这些不带任何装饰的树木已放置到了场景中，将它们进行编辑后进行预设，就可以在该 Terrain 的 Place Trees 中进行使用了。关于预设，在第二章有说明。

勾选 Keep Existing Trees，是确认已经放置的树木仍保持原样。

单击Mass Place Trees按钮后将会弹出一个窗口，可以设置种植数目，输入数目，单击Place按钮。树**就像胡茬一样**，在比较平坦的地方**不停地**长出来。

500m 方形的地面上种植了一千棵树，大概就是这样的感觉。

在整体都种植了树木的状态下，按下Shift键进行涂抹就可以擦掉这些树木。

用同样的方法来涂抹出草地。用Place Trees右边的工具按照同样的步骤将GrassFrond01AlbedoAlpha和GrassFrond02AlbedoAlpha这两种“草”添加到Details中，在地面任意涂抹，是不是渐渐有模有样了呢。这个工具并不是只能用于种草，像石块儿、瓦砾那样的物品，想要把它们稀稀落落地放置于地面上时都可以使用该工具。这里有一点需要注意，这些**草与相机之间设置了一定的距离，以使草变得不可见**。不然的话就不得不在这个世界中显示最大500m开外※的草了，大量耗费了CPU开销。下图中靠里的地方虽然也铺设了草，但是看起来却宛如沙漠一般。

【最大500m开外】由于是对角线，事实上是500×√2m。不过，这都是一些无关紧要的小事了。

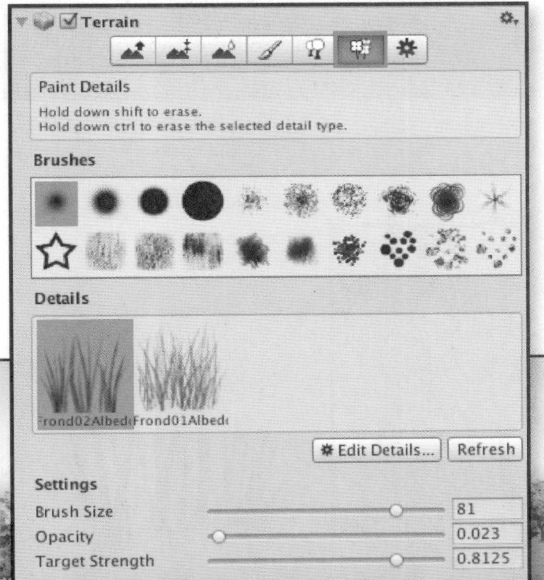

为了避免这样的情况，就需要对地面纹理下一番功夫了，以使交界线不那么明显。由于是用试用纹理所创建的，因此看上去不免有些**花架子**的感觉。如果能够对纹理进行调整，使得交界线变得不那么清晰的话就可以提升世界的真实感。这就到了制图专家露一手的时刻了。

如果想要自己制作草地该怎么办呢？刚才植树时，我们制作原创版树木时使用的是Unity专用的**Tree Creator**※，草地就比较简单了。实际上就是平面图像。所以可以将图像制作成Psd、Png格式，这些格式的图片背景是可以设置为透明的，这样就可以表现原始的草了。在制作草的图像时，如果能一并制作出草发芽的纹理进行涂抹的话，有可能会提高色彩的亲和性哦。如果你擅长绘画的话。

【Tree Creator】关于树木的创建，请参考https://docs.unity3d.com/2018.2/Documentation/Manual/class-Tree.html

只有这一个是画出来的。

【叶兰】如下图。便利店买的便当里就放有这样的叶兰。

用一张像**便当盒里的叶兰**※一样的平面图像平铺来表现草地。靠近一看会发现就是一张图片。而且，实际上所有的图片都朝向相机的方向。使平面不从倾斜的角度来展现，以达到尽量不露出“道具布景”板的目的。这种表现方法称为公告板技术。

使用了公告板

实际上，公告板技术是可以取消的。选中 Terrain 中 Details 的草，双击（或者单击 Edit Details…按钮），在显示出的参数的最下方有一个可供取消或选择的复选框。

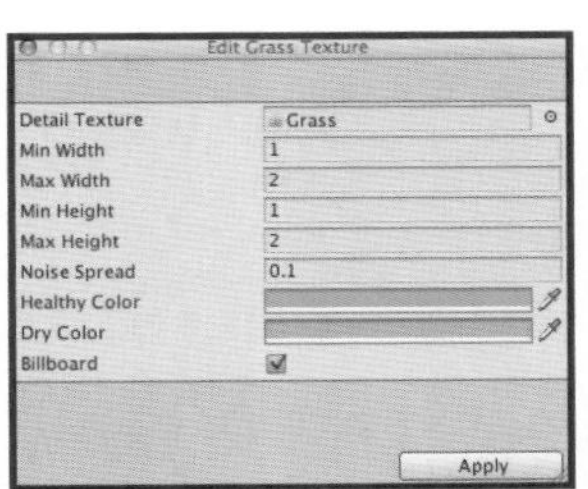

Edit Grass Texture

Detail Texture	Grass
Min Width	1
Max Width	2
Min Height	1
Max Height	2
Noise Spread	0.1
Healthy Color	
Dry Color	
Billboard	☑

Apply

试着看一下（PLAY）

感觉好像来到了一个好地方。我们来试着让世界动起来吧，虽然这显得有点性急了。可是，世界中只放置了1台相机，只能看到相机所朝的方向。相机本身并不能动，为了看到美妙的场景，让造物主自己来移动放置相机吧。为此，就得在场景视图中选中相机来进行移动了，意料之外的麻烦呢。

这时有一个非常方便的命令。不用移动相机。首先我们让造物主自己使用场景视图来到处走走看看※吧。

来到一个你认为不错的角度，选择Main Camera，然后从GameObject菜单中执行Align With View，这样Main Camera就移动到了场景视图也就是场景相机的位置※。**来，就在这里拍吧……**类似这样的感觉。

把相机拖动到一个好的位置，意料之外的难啊。

Move To View	⌥⌘F
Align With View	⇧⌘F
Align View to Selected	

都是对于所选中的对象来进行应用操作的。

【Move To View】将 GameObject 移动到场景相机看到的中心。一般不怎么使用，类似于“把那个稍微往这里拿一下”。

【Align With View】这个最多用于相机。将所选中的对象移动到当前所看到的场景相机位置。“来，就在这里拍吧。”

【Align View to Selected】与上面的相反，相对于所选择的对象，来移动场景相机。

“现在我们去那边”。

【到处走走看看】请参考 P.46-47

【场景相机的位置】即便相机来到相同的位置，镜头（Field of View）的设置可能也发生了更改，因此也可能做不到完全一样。

把相机调整到好的角度后，来播放一下世界。之前呕心沥血制作的一整套内容，现在终于可以转动相机来观看了。

也可以通过命令（ctrl）+ P

草在摇动

草在摇动，虽说是一幅画，但这就是Terrain的草。

可能你看到的画面会有所不同。实际上这是在笔者的环境下处于播放中的画面。我为界面进行了着色。可以通过菜单Unity>Preferences…的Colors来进行修改。

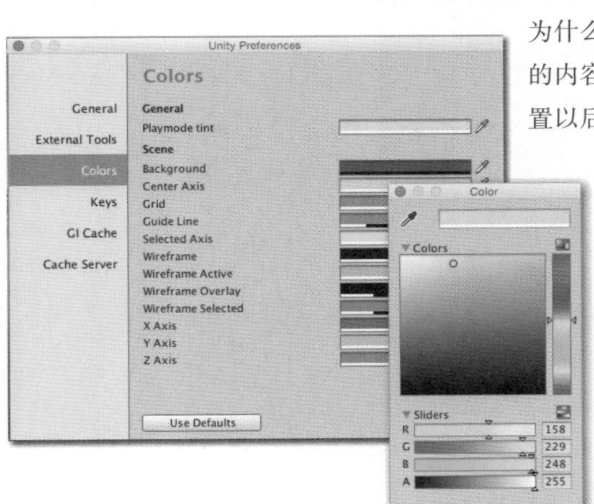

为什么要进行这个设置呢？因为Unity在播放过程中如果对场景视图中的内容进行了一些修改，播放完成后就会恢复到播放前的状态了，设置以后可以避免播放过程中加入的内容不小心全部丢失这样惨烈事故的发生。反过来，想在播放过程中进行改动时，这项设置也是非常有帮助的。

不管怎样，由你创建的世界第一次动起来了，接下来我们让它暂停播放吧。

神的第 4 日：创建海（湖）

接下来我们将地形的低洼处当成是海平面以下来创建海。

实际上之前（P.50）我们在安装Environment时就已经自动把海读取到了项目中。在项目浏览器所读取的文件群的右边有一个蓝色的椭圆"WaterProDaytime"，将它拖拽到场景中。咦？看着像湖一样小啊。那么就来扩大一下水的范围吧。有2种方法：在场景视图中按下R键，切换到放大工具，拖动中央的四角；或者在Inspector中修改X轴和Z轴的Scale。因为海是个平面，所以基本上和Y轴的数值没有关系。使地形低的地方有海的感觉就可以了。

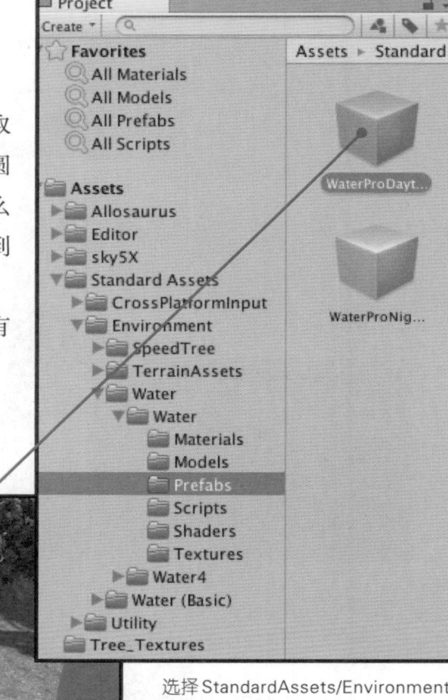

选择StandardAssets/Environment/Water/Water/Prefab/中的Water-ProDaytime。

顺便说一下，另一个文件为夜晚的海洋。

Standard Assets/Environment/Water（Basic）/Prefab 文件夹下的简单的水面。（上图）处理负荷比较小，在不太重要的场合或者手机中使用的话比较好。

Standard Assets/Environment/Water/Water4/Prefab 下的 Water4-Advanced 可以表现动态的波浪。（下图）

尝试各种规格的播放环境或表现方式，会非常有趣。

海就造好了。有些地方可能会有树木沉入，稍微调整一下气派的感觉立刻就出来了。调整相机角度，以期从岸边看过去，进行播放会看到海面在悠悠荡荡地摇晃。

神的第 5 日：放置动物

接下来我们来放置恐龙。样品包中并没有为我们准备恐龙。那么，该怎么办呢？我们去领取免费的恐龙吧。选择Menu的Windows>Asset Store，会打开一个如下的窗口，从右上方的Categories中选择3D Models来查找模型。当然不是恐龙也没关系。

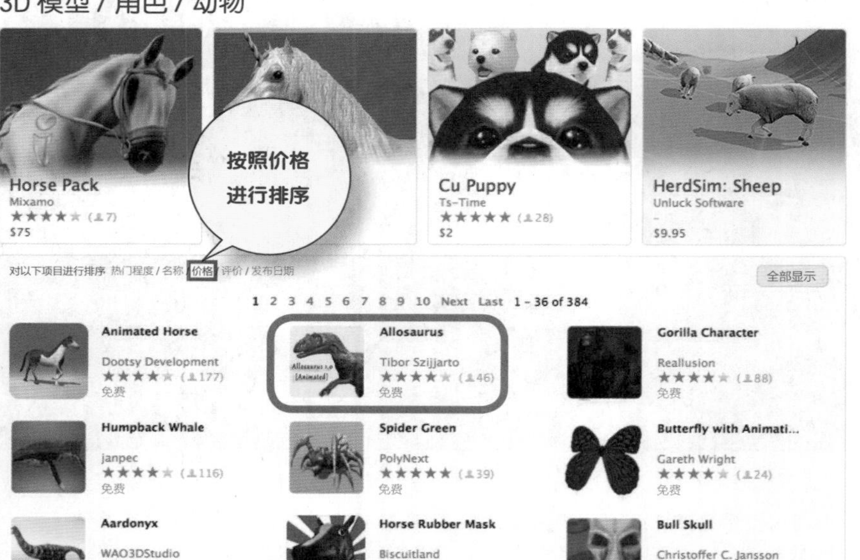

读取时可能会出现可能与 Unity5 不兼容，是否继续？这样的对话框，直接进入下一步。

对动物类别以价格进行排序，运气不错哦，找到了免费的素材。单击Import按钮进行下载。下载完成后出现如下对话框。

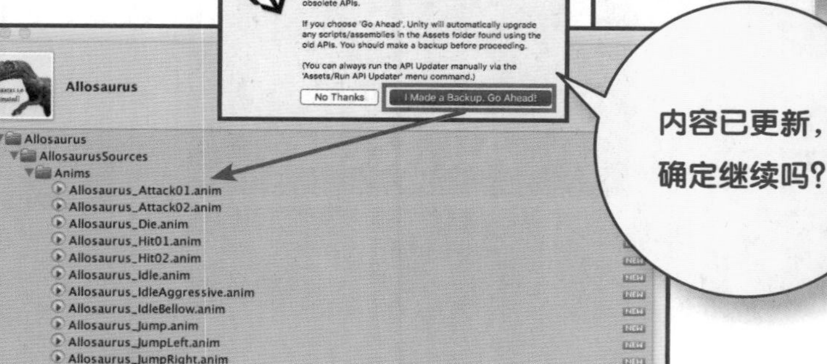

※ 本书执笔时，搜索到免费的动物后，将恐龙用到了示例中。因为是某个公司的商品，所以有时候可能店面没有这个商品了。此时可以寻找别的免费动物来进行替代。

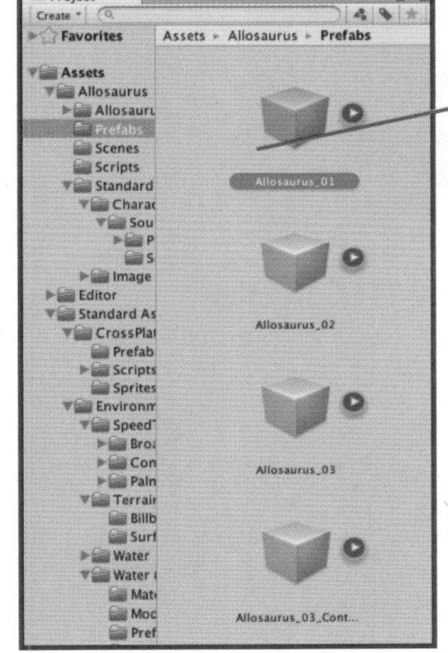

下载完成后项目浏览器中会创建相应的目录，其中有一个Prefabs目录，看一下里面，好像有恐龙，而且是几种颜色不同的种类，可以把它们适当地放置到地面上。

接下来的操作可以不进行。选中恐龙，观察Inspector，在Animation项目中设置有一个“Allosaurus_Walks”这样一个步行的动画文件。如此一来，在播放时就有可能出现虽然没有进行动作但是恐龙仍在行走的情况，将它的设置变更为“Allosaurus_Idle”，使其保持静止。变更可以通过如下两种方式进行，从项目的资源中寻找该文件并进行拖拽，或点击右侧的◎按钮，从对话框中进行搜索并设置。

这样，从Asset Store中下载的动物就被放置到世界中了。这是神的第五天，可能和旧约圣经中的流程稍有不同，不过没关系了。接下来将进入最后的创造日，第六天。

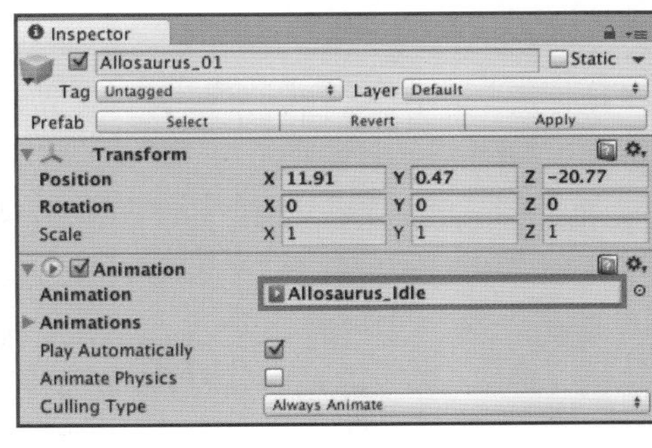

神的第 6 日：你们要生养众多，遍布大地

最后一项工作，这次我们来造人。那么人从哪里来呢？Asset Store吗？不，不用。“样品包”里就有。

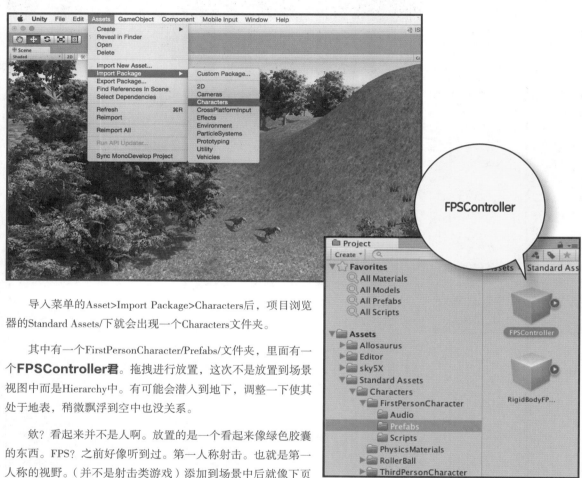

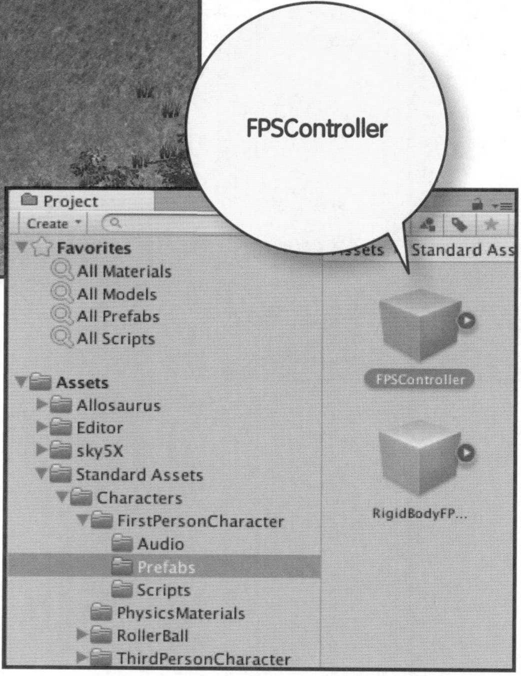

导入菜单的Asset>Import Package>Characters后，项目浏览器的Standard Assets/下就会出现一个Characters文件夹。

其中有一个FirstPersonCharacter/Prefabs/文件夹，里面有一个**FPSController君**。拖拽进行放置，这次不是放置到场景视图中而是Hierarchy中。有可能会潜入到地下，调整一下使其处于地表，稍微飘浮到空中也没关系。

欸？看起来并不是人啊。放置的是一个看起来像绿色胶囊的东西。FPS？之前好像听到过。第一人称射击。也就是第一人称的视野。（并不是射击类游戏）添加到场景中后就像下页中所示，看起来是相机和扬声器符号。

因此，之前我们一直使用的Main Camera就不需要了，选中右键单击，执行上下文菜单中的Delete，Main Camera就从世界中消失了。

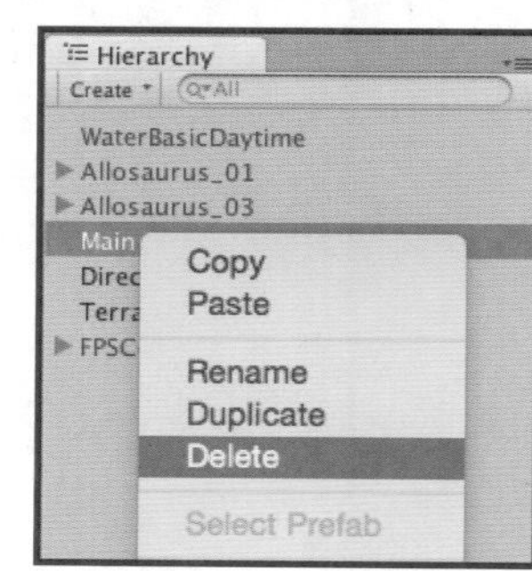

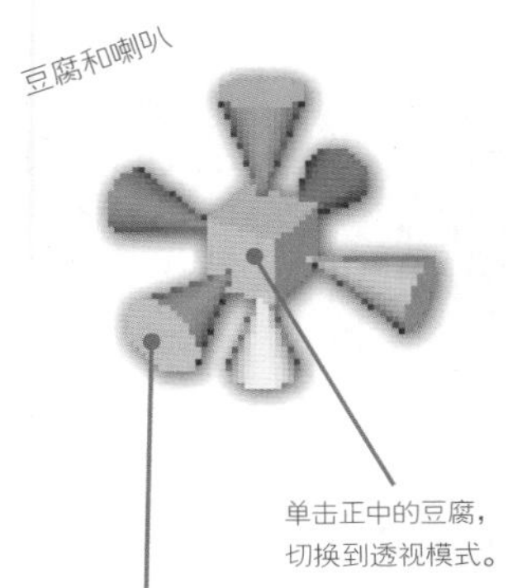

单击喇叭，场景相机会移动到该方向。

苦于往哪里放置FPSController的时候，可以调整场景相机，它可以从6个方向（左右、前后、上下）进行观看，非常方便。

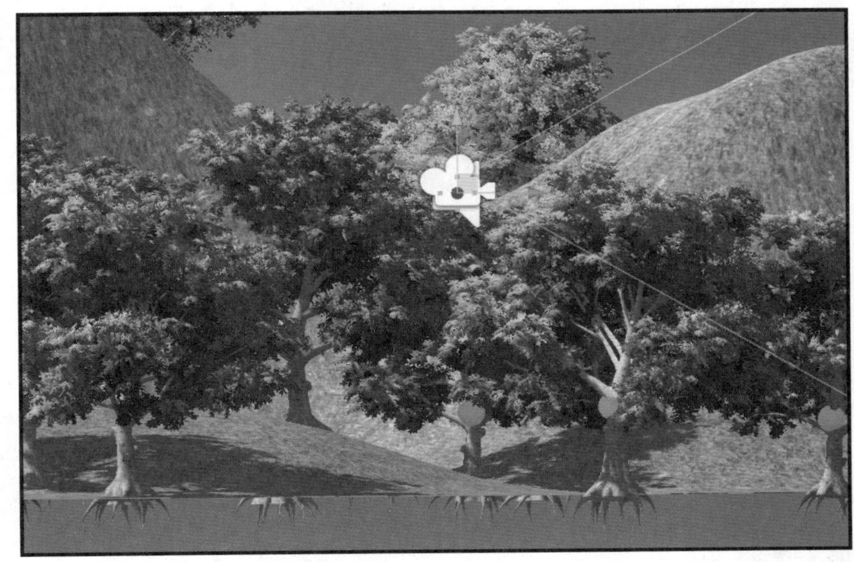

在Hierarchy中选中FPSController后进行双击，这样场景相机就会以他为中心移动以进行拍摄。单击场景Gizmos的**豆腐和喇叭**。

下方的图是从正侧面看到的图像，所以可以看到草地下方地面的交界线。就这样进行播放，啪嗒按下按钮。

按下 Shift 键速度会有所提升。按下空格键会实现跳跃。

原始人类开始奔走，还可以听到脚步声。在这样的状态下，按键盘上的W键则向前进，AD向左右移动，S向后退，在世界中走走看看。500m方形的大地，再怎么走也不会走到世界的角落的。（如果走到世界的角落就会掉入虚无的世界哦）

这样，你就可以在你创建的世界里来回走动了。怎么样？虽说是500m方形，但作为一个游乐园来说可能有点大了。能找到恐龙吗？到达海边了吗？

啊，忘记了一件非常重要的事，那就是保存世界。从File菜单中选择Save Scene。这是你自己第一次创建的世界，是非常值得纪念的。

在FPS视野下漫步一会儿后，我们来放置其他的角色吧。让先前的FPSController稍事休息吧。

去掉勾选

这样就消失了，要恢复也很简单。

在Hierarchy中选中之前添加的FPSController，然后去掉Inspector左上方的勾选。这样FPSController就不在世界中了。因为这个唯一的相机不见了，因此游戏视图就显示为一片黑暗了。

接下来，我们把位于Standard Assets/Characters/ThirdPersonCharacter/Prefabs/的ThirdPersonController君放到你的世界中吧。

什么嘛！这个白色的家伙。嗯，他叫伊桑（Ethan）。我们来按下播放键让他动起来吧。在键盘进行操作后，他动起来了！

呃……好像越走越远了呢……游戏视图还是一片黑暗呢。

这下不得不添加相机了。

来添加一些样品包内容吧。从Assets菜单的Import Package中选择Cameras。弹出Importing package菜单后直接点击Import。这次在Standard Assets中会创建一个Cameras目录。将其中的Prefabs/MultipurposeCameraRig放置到场景中。放置好的瞬间游戏视图就开始变亮了。这里面包含有相机。

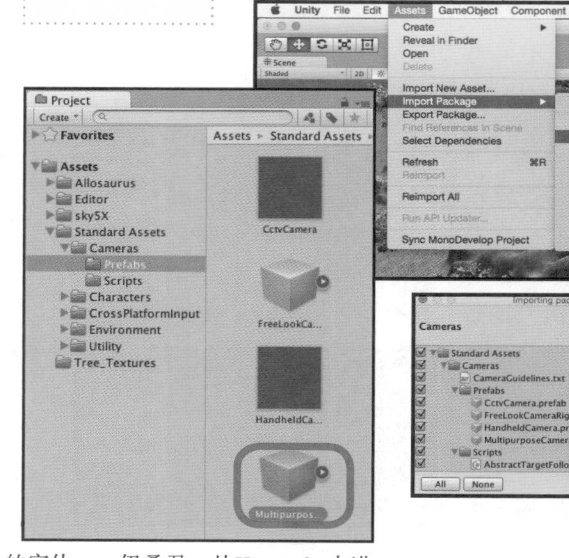

还有一项工作。

选中追加到场景中的MultipurposeCamera-Rig，看一下Inspector，在下方的Auto Cam（Script）的第2行的Target中设置先前那个白色的家伙——伊桑君。从Hierarchy中进行拖拽即可，触碰时Inspector※中将会出现伊桑君的信息，单击右侧的圆点按钮从该对话框中选择ThirdPersonController。

【触碰时 Inspector】实际上锁定这里这个小按键后，就能够固定 Inspector 的内容了。

完成这些后试着播放一下。伊桑君开始跑动了，相机追赶着前行。怎么样？动了吗？

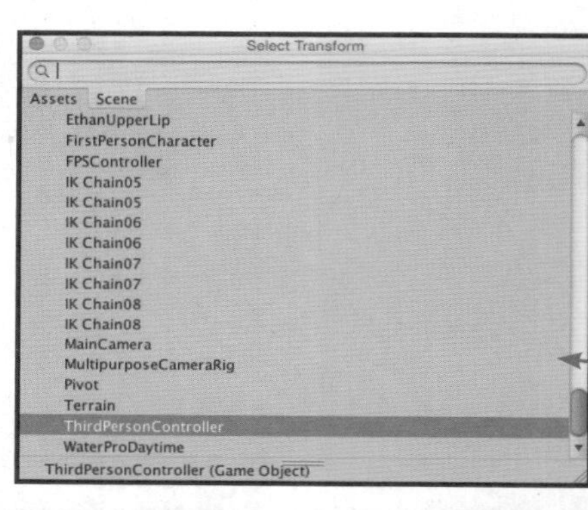

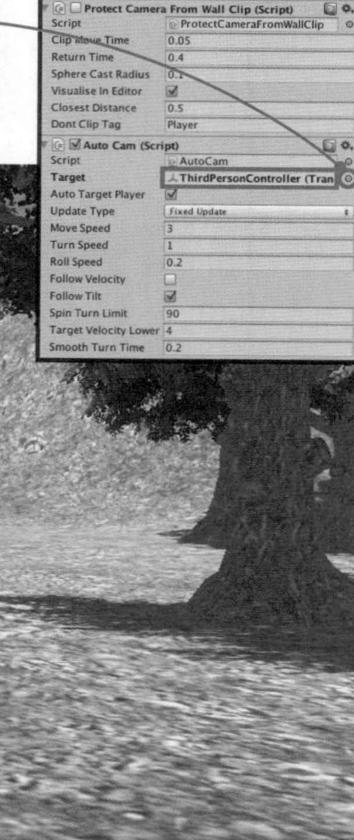

那么，你想让谁看看这个世界呢？如果朋友在你旁边的话把他叫到电脑旁边，吓他一大跳吧。

如果是想让远方的朋友看呢？让他来分享你独自创造这个世界的喜悦，可以在SNS上通知大家。

这时就轮到WebGL登场了。为此你就需要有一个可以进行发布的服务器了。

发布到 Web

首先选择Menu的File>Build Settings…，在显示出的对话框的最上方选择WebGL。

上方的**Scenes In Build**的栏中还是一片空白※，单击Add Open Scenes后将会添加当前的场景，这里添加的场景包含在写出的文件中。

按下**Build**后出现保存对话框，要求输入名称，比如输入helloworld进行保存。这样就会创建helloworld文件夹※，其中包含2个文件，即helloworld.html和helloworld.unity3d。将它上传至Web网站就可以在网页进行发布。日文原版书的样本发布在如下网站，有兴趣的读者可参考一下。

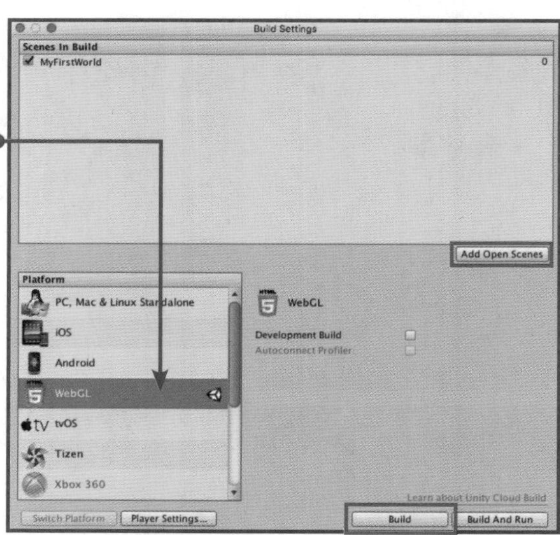

http://unity.incd2.jp/HellowWorldUnity/

这样世界就创建完成了。第七天是礼拜日，所以我们稍微休息一下吧。下一章中我们将说明Unity究竟可以做什么。

【**还是一片空白**】实际上如果只制作了一个场景，即使不按下 Add Open Scenes 也会添加当前的场景。

【**创建 helloworld 文件夹**】将 index.html 拖拽 & 释放到 Firefox 等浏览器上打开，就能不上传服务器也可查看。（有的服务器不适用此操作）

这样我们就成为了创造这个世界的造物主。到目前为止**我们没有进行过建模，代码也没有写过一行，**也没有使用过什么特别的技术，这就是Unity框架的魅力所在。

第二章
思考方式与构造

上帝的杰作。你做了什么？

你做了什么

在前一章中，提到了Unity中准备了示例数据，利用这些，一个有角色活动的初始天地就可以瞬间完成。那么，用Unity创造世界，究竟是怎么一回事呢?

在空无一物的空间中，最初只有Main Camera和作为太阳而起到照明作用的Directional Light。我们创造出了一片500m的地面，并种植了树木。虽然这个世界只是一个距离世界中心250m方圆的小世界，但你就是这个世界的创造者。

虽然现在已经创造了世界，但在Unity的世界中，这只不过是**创建了一个场景**而已。在Unity中，可以在1个项目中，构建多个场景。

在项目中构建多个场景，并将其放置于最终的Build中，就能通过脚本，在这些场景之间移动了。在上一章的最后，我们创建了Web玩家用的Build。只要在Build Setting的Dialog下的Scene in Build中注册，就可以了。在场景之间移动的话，需要运用脚本，我们之后会说明。

在项目中，也可以创建**不包含在最终Build中的场景**。为什么创建**不包含在Build中的场景**呢?例如，用于设置角色，用作测试照明的试验场所等，还有我们之后会介绍的用于编辑预设的场景。

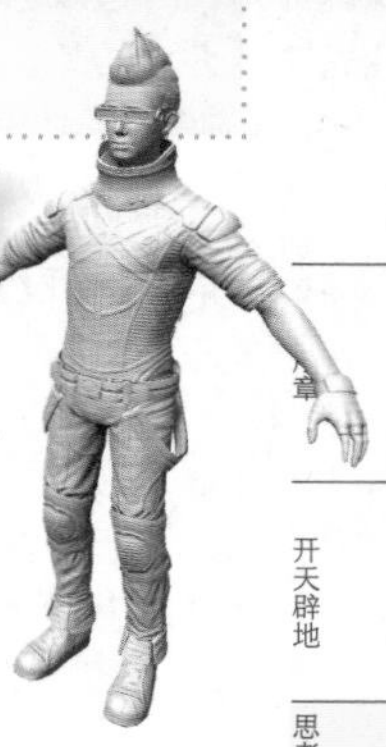

【摄像机和光源各一个】其实在场景内可以配置多个摄像机。以游戏为例，可以想象一下这样的场景，在同一个画面中，同时有不同玩家处在上下分割的画面中。所以，摄像机还有很多种用法，可以设置另外的摄像机来拍摄特定的内容，还可以将画面上的两个图像重叠等。详情请参考第四章 P.216。

我是伊桑

接下来，我们简单回顾一下上一章创世纪的内容。在创建新场景时，整个世界中只有**摄像机和光源各一个**※。如果没有这个摄像机的话，就不能在最终输出平台的Game View中显示影像。

在场景中配置Terrain，编辑地面，种植上草木。然后，放置圆板作为大海，从Asset Store中下载免费的恐龙，再将Character Controller下附带的**伊桑君**角色配置到场景中，在检视面板上调整其脚本设置，设置了动画。是的，其实这是运用**本身完成度就很高的东西**，来创建的“速食”世界，如果要掌握这背后真正发生了什么，还是有难度的。这只不过是使用半成品的元件，在世界中摆放而已。不过，请放心，我不会一边说着“很简单就能创造一个世界哦”，而让你们心怀不甘**“其实我想要的不仅仅如此”**。

我们一步一步地进行吧。

Ethan
你用的都是半成品呀！
ALLOSAURUS
不不
我又不想做
到那个程度
真英雄都是默默地
从零开始原创啊！

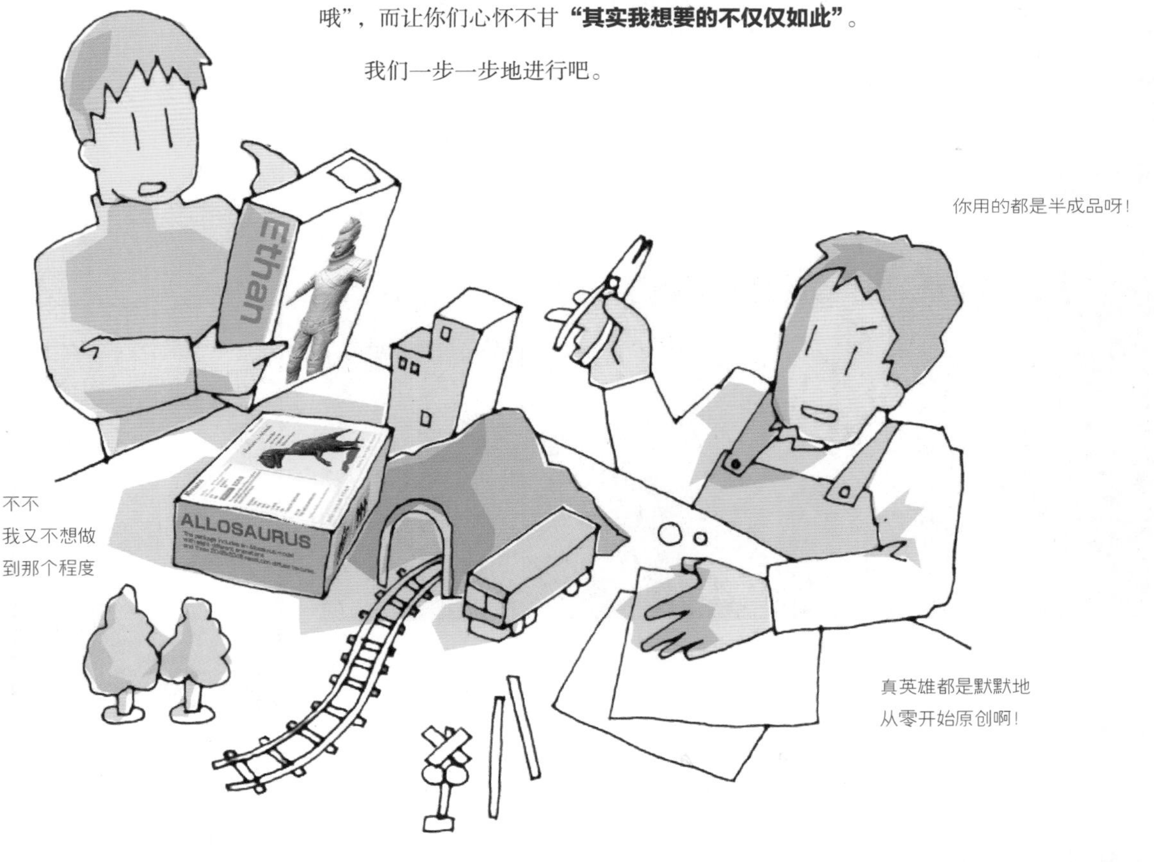

在这一章中，首先想要让大家试着思考在Unity的世界中，最原始的**“在世界中设置东西”**是怎么一回事。

在菜单中，通过New Scene创建一个新世界，除了摄像机和太阳之外，完全空旷的世界。然后，在这个世界中，只放置一个方形箱子。

“在世界中配置物品”的思考方式

首先，在世界中配置物品时，操作方法有很多种。这是因为所要放置的物品不同，选择不同的方法。

1. 如果是仓库Asset中已有的物品，则采用从Asset即项目浏览器中直接拖拽&释放的方法。之前放置恐龙时，我们就是采用从项目浏览器中拖拽&释放的方法。

2. 如果是**Unity中准备的基本GameObject**※，则可通过Hierarchy的Create弹窗或GameObject菜单添加。这两个方法是相同的。

【Unity 中准备的基本 GameObject】意思是，下方菜单中显示的内容。

那么，GameObject是什么呢？我们在上一章中，在世界中放置Terrain和其他对象的时候，也是从GameObject菜单中选择的。简单地说，GameObject就是在世界中放置的物品的基本集合。更进一步来说的话，可以将其看作是盛放**组件**的容器。

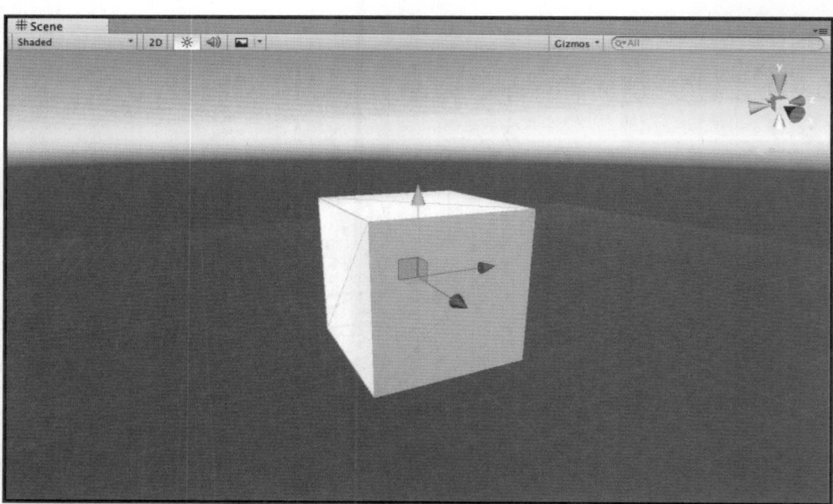

从 Hierachy 的 Create 中选择

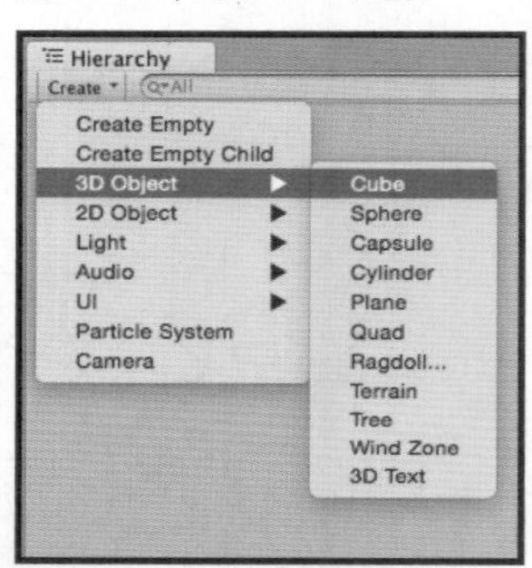

从主菜单中选择

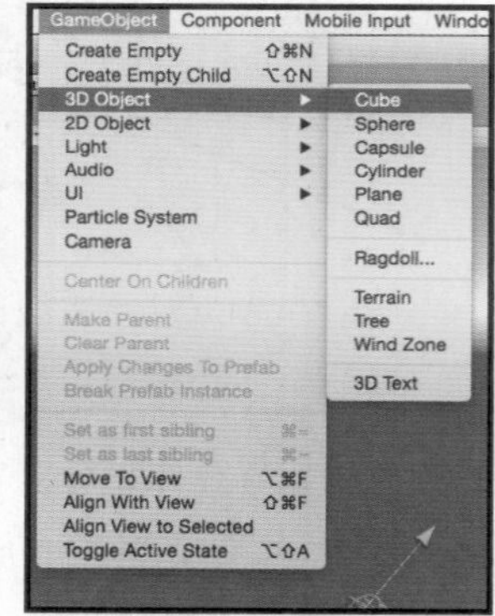

都是一样的。

组件？我们先试着在一无所有的世界中，放置一个立方体=Cube吧。通过右图中的两种方法的任一种，在世界中放置一个Cube。

这个立方体很有可能出现在场景视图的正中央。这个立方体出现的地方，虽然是位于**场景视图的正中央**，但实际上它是位于世界的什么位置呢？这取决于**场景摄像机从哪个角度来看**。

在选中这个立方体的状态下，看一下检视面板Inspector。可以看到与这个立方体信息相关的几个要素。这些要素就是**组件**。

Ⓐ 这个部分，大家已经看到过很多次了吧。这是为了设置GameObject的位置、方向、大小等Transform相关的组件。这个Transform是GameObject必带的。

如下图所示，当Position的各个值变成各种不规则的数值时，可以通过右上角的齿轮菜单，运行Reset（重置），就能让所有数值归0，也就是移动到世界中心。

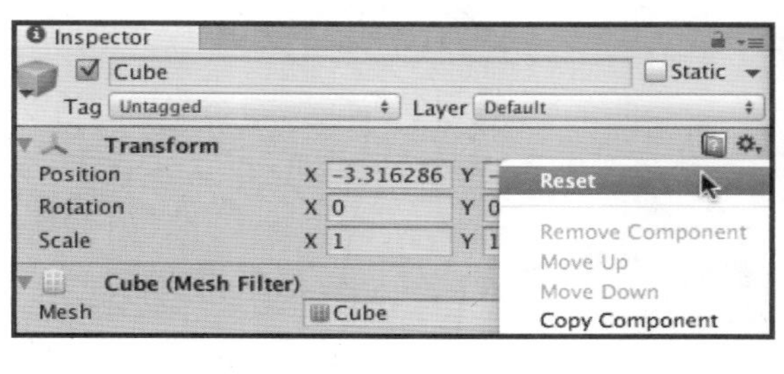

Ⓑ Cube（Mesh Filter），这是“对该GameObject使用名为Cube的Mesh，即形状”的意思，是一个设置组件。更改此处的设置，游戏对象就能变成完全不同的形状。

Ⓒ Box Collider，这是用于设定判定箱型的冲撞范围的组件。我们称之为是**碰撞器**。在GameObject上，只能添加1个碰撞器。这个碰撞器只是指定判定碰撞的区域范围，并不是执行本身去撞什么的动作。Box Collider正如其名，是箱型的，所以碰撞区域与Cube的形状大小一致。这个区域范围也可以通过更改Center和Size项的数值，来自由设置。当然，除了箱型的，还有其他形状的。例如，在角色上，就经常使用胶囊型的。此外，还有球状和板状等等。顺便说一下，如果觉得没必要使用碰撞器组件来判定碰撞的话，也是可以的。

Ⓓ Mesh Renderer 这是设置该形状如何显示的组件。其中，Materials项至少要设置1种**Material**※**=材质**。虽然材质是应该自己定义的，但因为我们尚未创建材质，所以先用基本材质Default-Material进行设置。设置Default-Material是在其下方的Ⓔ部分进行，但这种特殊的材质是不可编辑的。这仅作为“假设采用这样的材质”使用，有参考意义而已。原创材质的创建方法等，会在下一章中介绍。

【Material】材质。是一种设置数据，用于定义该网格是什么质感的。

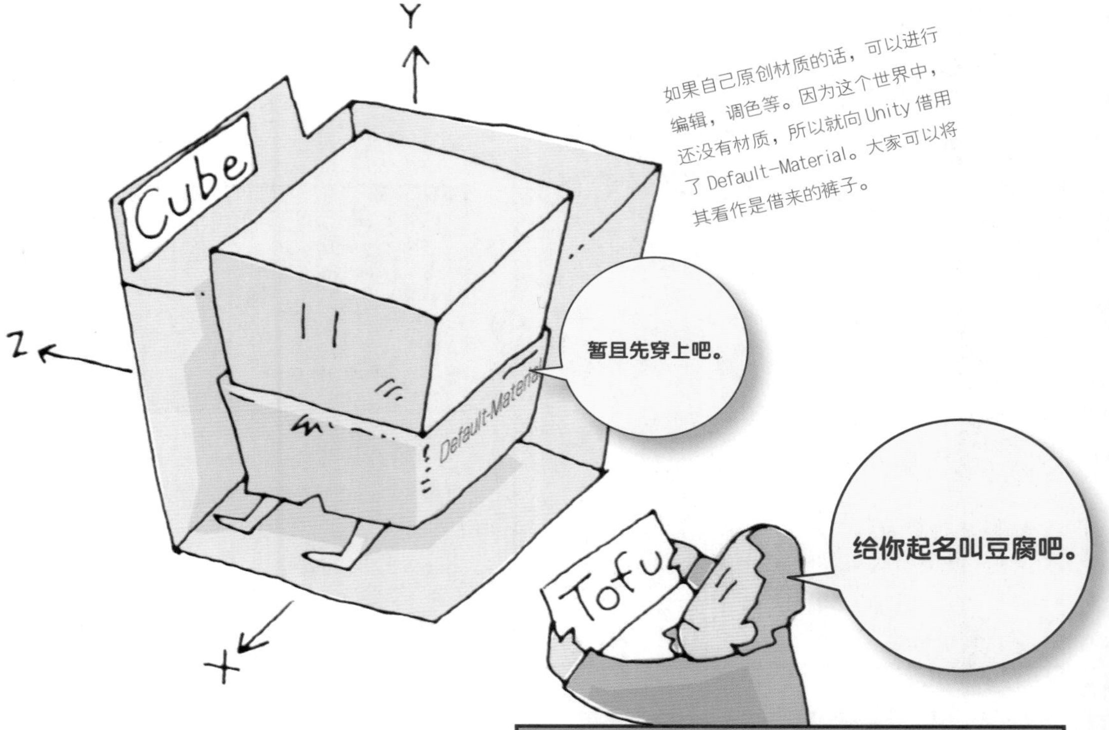

Y
Cube
Default-Material
Z
X
Tofu

如果自己原创材质的话，可以进行编辑，调色等。因为这个世界中，还没有材质，所以就向 Unity 借用了 Default-Material。大家可以将其看作是借来的裤子。

暂且先穿上吧。

给你起名叫豆腐吧。

光用语言来解释，可能大家还是觉得有点糊里糊涂，这其实是GameObject=Cube的内容。而相关的各个要素就是**组件**。

有的时候，会在名为“Cube”的物体上，添加Cube的形状，再添加与其形状相符的碰撞区域，和Default-Material的质感等组件。这就是通过刚才的菜单，所创建出的Cube的实体。名称呢？对了，所有的GameObject都可以**设置名称**。名称旁边的Static复选框、Tag和Layer的话题，我会在之后介绍，这里暂且不表述。

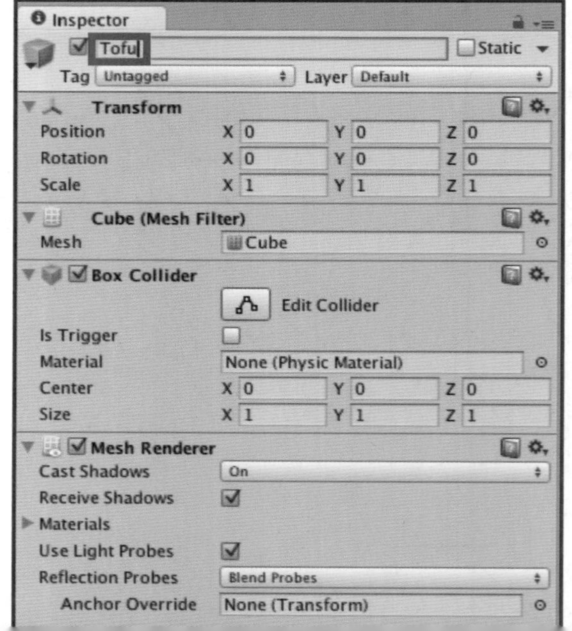

虽然其他GameObject的构成元素不同，但都由很多组件结合而成的。在这里，我们将作为光源的太阳光=Directional Light删除，放置Spotlight。

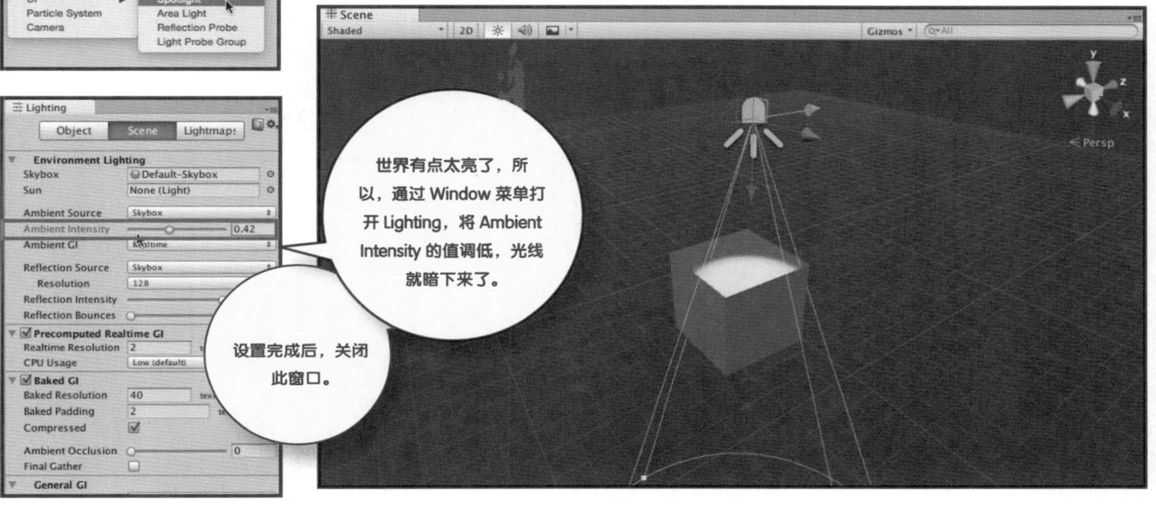

世界有点太亮了，所以，通过 Window 菜单打开 Lighting，将 Ambient Intensity 的值调低，光线就暗下来了。
设置完成后，关闭此窗口。

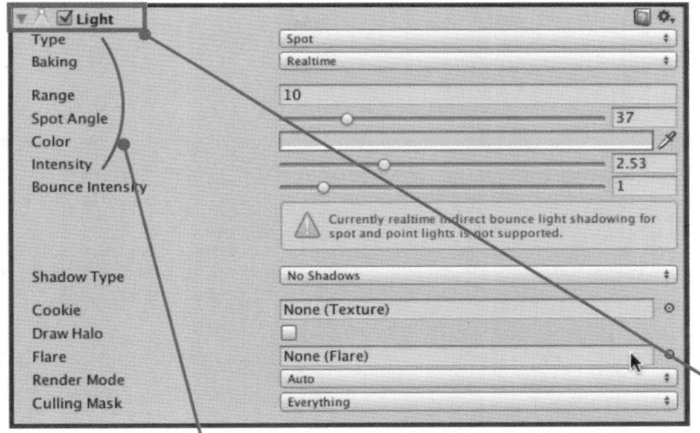

Type 代表光源的种类，Baking 是渲染的方法，Range 是光能到达的范围，Spot Angle 是光照的角度，Color 就代表颜色，Intensity 代表光的强度。这些内容，自己自由操作调试吧。

如上图，调整位置，让光源位于Cube上方。有种聚光灯的感觉吧。保持选中的状态，查看检视面板，能找到Light组件。

这上面只有Transform组件。也就是说，这个GameObject是**在特定位置的光源**。

我们来做个小实验。将现在这个聚光灯的左上角的复选框取消勾选。正如你所看到的，灯光消失了。所以，这个组件可以通过是否勾选复选框来自由调整开启/关闭状态。开启/关闭这个组件的意思，就是通过开启/关闭这个灯的光源属性，组件就从具有该光源属性的GameObject暂时成为只在空白位置特定存在的GameObject。

这次做个更极端的试验，将“Light”组件本身删除。组件的右上角有齿轮图标，**从齿轮图标的菜单中**※点击Remove Component。

【**从齿轮图标的菜单中**】右击组件名所在的行，就会弹出同样的菜单。

点击之后，就变成这样了。**这又是什么呢？**

“我是Spotlight，我就在这里哦！”“啥？你不伦不类的，并不像Spotlight呀！”变成了只有Transform信息的GameObject了。用行业术语来说，只是**标记站位点**※而已。对于GameObject来说，位置、方向、大小的信息是无论什么物体都必须具有的最小限度信息，所以**只有Transform组件**是无法通过齿轮图标的Remove Component删除的。

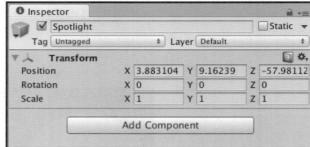

Inspector
Spotlight　Static
Tag Untagged　Layer Default
Transform
Position X 3.883104 Y 9.16239 Z -57.98112
Rotation X 0 Y 0 Z 0
Scale X 1 Y 1 Z 1
Add Component

虽然名字还是 Spotlight，但已经变得只包含 Transform 信息了。只有位置、方向、大小还存在。

灯光师请打在这里。
咦？灯光去哪了？

【**标记站位点**】指在舞台或摄影棚中，为了事先决定站立位置，先用胶带等在地上标出记号。

接下来，试着将刚才命名为“Tofu（豆腐）”的立方体名称左侧的复选框取消勾选。是的！豆腐就从场景中消失了。在Hierarchy中，文字就像这样，变成了灰色。

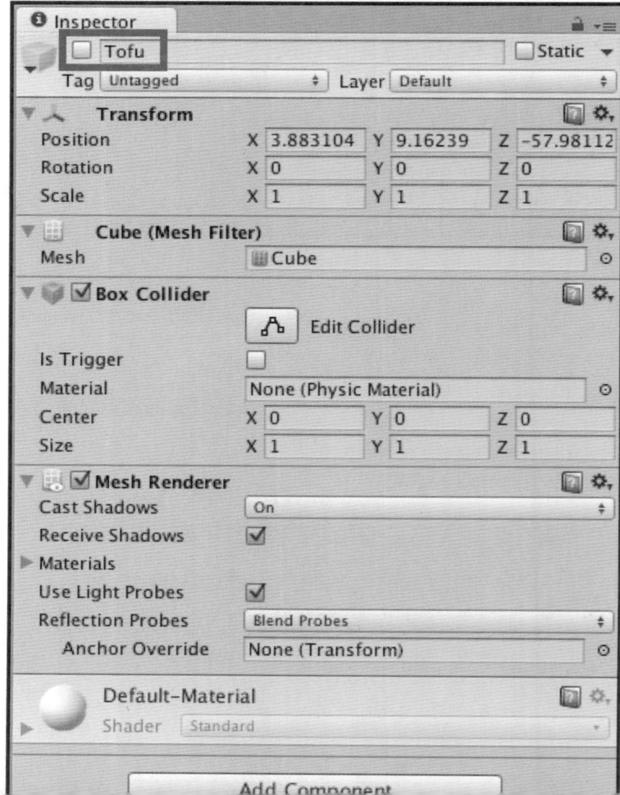

将GameObject本身的复选框取消勾选，意为让GameObject处于deactivate（非活动状态）。勾选上此复选框，意为使其处于activate（活动状态）。如果将其直译为非活性化活性化什么的，会让人摸不着头脑。在上一章的小世界中，我们是让所有GameObject以活动状态放置在场景中的，所以让世界都处于可视状态。关于运用GameObject属性活动与非活动的意义，我们在第四章的脚本部分也会接触。在这里就暂且在头脑中保留一点印象，知道**GameObject可以启动/取消**即可。

一开始我们就介绍过，GameObject其实是“为了能存在于场景中的一个**组件**容器”，而在这个容器中，只有Transform组件是必不可少的。将物体放置在世界中，就是为GameObject配置某些属性的组件。

并且，GameObject内的组件中，还可以**以组件为单位**※设置ON/OFF，正如刚才取消勾选Light组件，使之处于非活动状态一样。虽然是从菜单中选择了Cube和Spotlight，将这个组件组合放置到世界中的，但这就像在超市买便当和配菜一样。带着包装一起摆到餐桌上，并不算是故意偷懒。

是的，其实这其中的组件是可以自由更换的。当然有的组合方式也没有意义，例如，为光源设置判定碰撞的Box碰撞器，或者为豆腐添加光源，使之变成闪闪发光的豆腐。

对于已经占了位置，却并没有实际作用的Spotlight，可以选择Command+Delete键（Windows系统的话是Delete键）删除。接下来，我们故意给豆腐添加一下Light吧。

【**以组件为单位**】也有不能设置为非活动状态的类型。

【**闪闪发光的豆腐**】不过可惜的是，即使在豆腐中央放置光源，由于照射不到豆腐的外侧，所以看不出豆腐的发光效果。不过周围的物体能受到光照。

请享用吧～
炒苦瓜
麻婆豆腐
超级 UNITY 套餐
哇～
做了豆腐呢！
不过，至少也要
盛到盘子里吧。

添加组件

刚才将豆腐的Inspector最左上角的复选框取消勾选，使之成为非活动状态了，现在恢复到勾选状态。在这个Inspector上，位于Transform/Mesh/Box Collider/Mesh Renderer/Default-Diffuse组件的下方，有以下按钮。↓是的！就是这个。

Add Component

单击※这个按钮后，噔得一下就弹出组件类型的弹窗。请从中选择“Render> Light”。这就为豆腐添加了Light组件。场景视图中的样子发生了一些变化。只不过，并不会觉得很亮。

当前的状态是，在漆黑一片的世界的中心放置了一个方箱子形状的光源。而且，将Add Component新添加Light组件的Type设置为Point。这个光源不同于Spotlight，可以没有照射角，向所有方向发光。

在Unity中的光源只是表示，从放置光源的位置如何照射到各个多面体的网格表面。所有，对于贴了一层表面的豆腐来说，无论从内部如何照射，每个面也不会透出光来。在这里，为了表现出豆腐真的在发光的感觉，需要将“地板”向下移动。

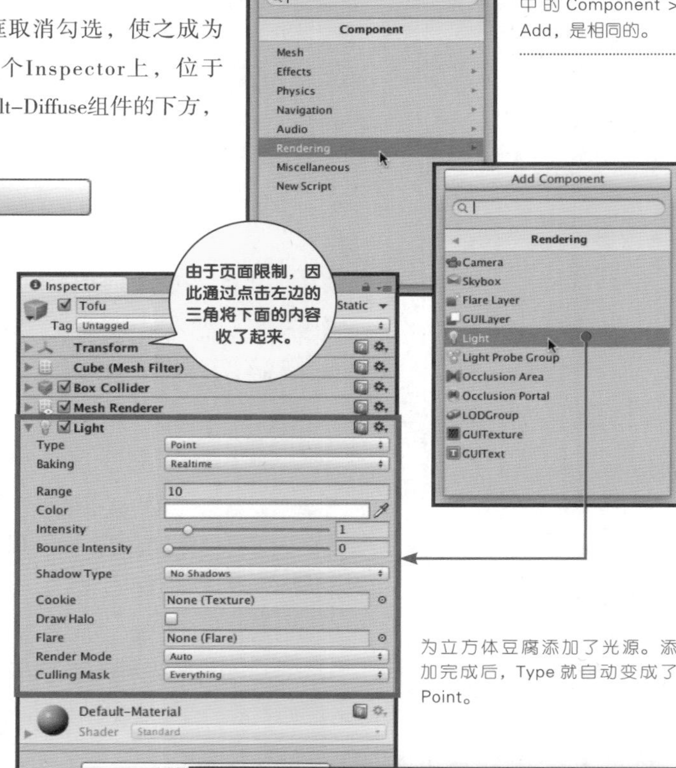

【单击】与选择菜单中的Component > Add，是相同的。

为立方体豆腐添加了光源。添加完成后，Type就自动变成了Point。

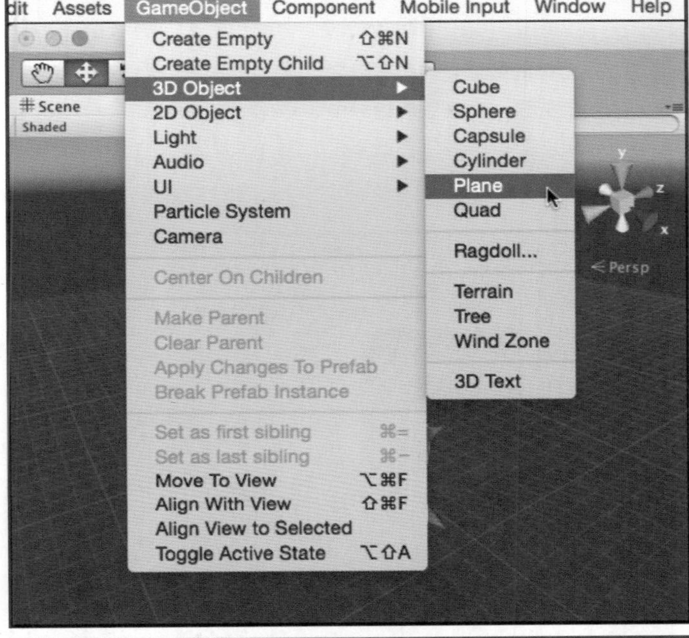

光线被地面挡住了，我们将地面稍微向下移吧
Persp

将 Plane（地面）从豆腐的中心向下移动，就有光线照射到地表面了。

请从菜单的GameObject > 3D Object中，选择Plane。这个“平面”和Cube一样，这也是Unity中最初自带形状之一。将刚创建的地板即Plane移到略低于豆腐的位置。于是，在豆腐中心创建的光源就位于地面上方了，可以照射Plane了。略带时尚的间接照明效果。虽然这是个有点怪异的例子，但我们通过实验证明了，可以在GameObject上进行组件的组合。

Unity中，一开始就准备了很多方便使用的组件，只要将这些放入GameObject这个容器中，就能轻松地喊一句“OK！开始吧！”，按下Play按钮，世界就启动了……这些事情，只要做就能做好。而且，在第一章中创建的世界也是如此，将各个组件组合起来，设置到各自的GameObject上，然后简单排列即可。

接下来，我们再次播放一下这个示例。再次播放要按这个Play按钮。

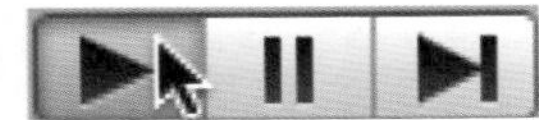

……咦？怎么不动呢？

其实这是理所当然的。就像是道具师在舞台上搭建了美丽的舞台装置，但是拉开幕布后，一直盯着它，却没有什么动作。这样光看着，还是挺无聊的吧。下面我们添加更多组件，给它加上动作吧。

使其成为物理性的物体

【全息影像】其实是指带有碰撞器，例如，Ethan 走路的话，会撞到头。

我们将豆腐放在了略高于地面的位置。现在它是**"立方体的网格，并带有与之形状相同的碰撞区域（碰撞器），中心带有Point Light的光源，名为豆腐的一个GameObject"**。如果这样点击播放的话，它不会下沉，只是依然漂浮在原来位置。换言之，看上去就像**全息影像**※一样。

我们要为豆腐添加组件。这个组件的名字是**Rigidbody=刚体**。这样，就能让豆腐具有物体属性了。设置内容如下：

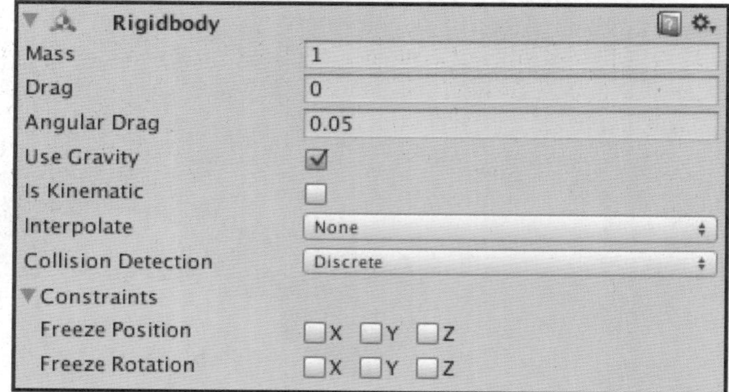

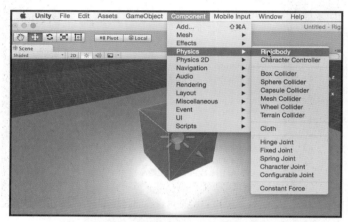

Mass：重量，单位是kg。

Drag：对于移动的阻力。也称为空气阻力。为0时，则完全没有空气阻力。相反，值越大，空气越像胶糖一样，具有很强的阻止移动的力量。

Angular Drag：对物体旋转的阻力。可以将其看作是阻止物体旋转的空气阻力。

Use Gravity：是否使用重力。当此项开启，物体会沿着Y轴下落。

Is Kinematic：添加此项的话，物体不会从被放置的位置下落。只有通过脚本编辑，才会移动。正如关节一样，使用在被固定在某处的情况下。

Interpolate：基于前一帧或后一帧来控制动作。用于让动作平滑的情况下来设置。

Collision Detection：如果物体移动的速度非常快，则可能在两次碰撞检测之间，产生未经碰撞检测而穿过其他物体的情况。这一项就是**为了防止这种情况**※的。

Constraints：可以设置对于移动和旋转的约束。

【为了防止这种情况】有时处理的工作量会很大，所以也有采用其他方法对策的情况。

可设置的项目有很多，我们暂且先进行这些。再次播放试试。咚的一下，豆腐就落到地面上了。虽然这很普通，但其实它是变成了1kg的立方体，在重力的作用下，加速度落下的。然后就静止了。为什么停下了呢？这是因为下面有地板，这么说来，你可能会觉得这是理所当然的喽！其实，这是因为作为地板的Plane GameObject上，设置了名为Mesh Collider的碰撞器。

这样一来，我觉得自己活过来了！

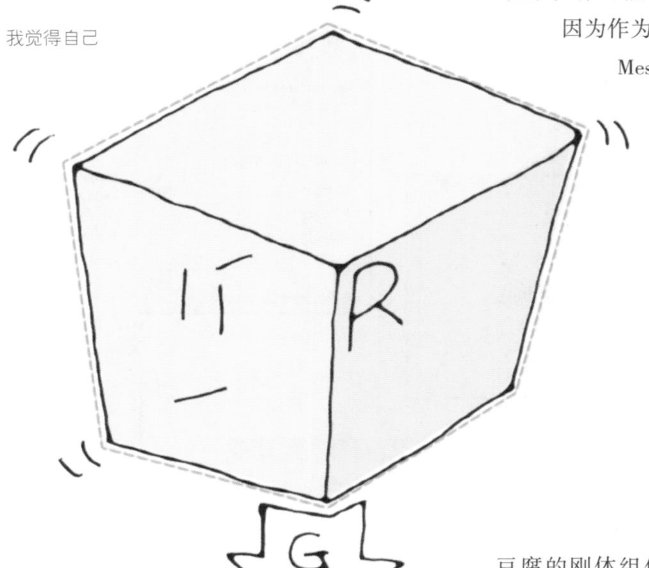

豆腐的刚体组件负责物理性的移动和旋转。因为豆腐和地板都设置了碰撞器，所以当发生碰撞时，会相应地发生移动和旋转。旋转？是的，如果直接落下来，太单调了，所以让豆腐适当加以旋转，带有角度，不均等地撞到地面。这样的下落感觉，会更加真实。

让它适度旋转后落下。

不过，我们试着让它更加真实一些吧。**刚体组件**负责移动和旋转，**碰撞器**起到辅助的作用，负责碰撞的状态。碰撞物体的质感。例如，物体是橡胶的？还是金属的？还是冰块呢？这些会导致动作的不同。

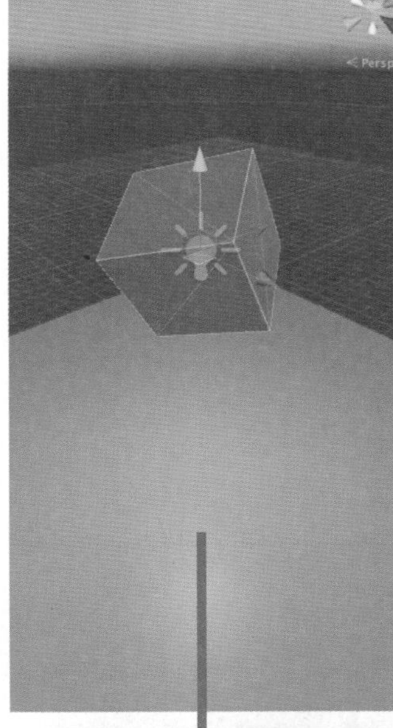

假设豆腐是橡胶材质的物体吧。这样一来，就需要有质感的信息了。我们称质感信息的数据为**物理材质（Physic Material）**。这需要在Assets文件夹（位于项目浏览器上）中，创建文件。

在项目浏览器的Assets文件夹下的任意处右击鼠标，从出现的下拉菜单中选择Create中的Physic Material。于是，项目浏览器中就出现了这样一个图标，将名称更改为Bouncy。

新建的这个文件就是**物理材质**。物理材质的主要设置元素是摩擦系数（Friction）、反弹系数（Bounciness）。在选中的状态下，查看Inspector，将相应数值按照右图所示修改。修改了这些值，就能决定GameObject是像弹力球一样弹跳，还是像棒球一样坚硬光滑却没有弹力。那么这些都分别具有什么作用呢?

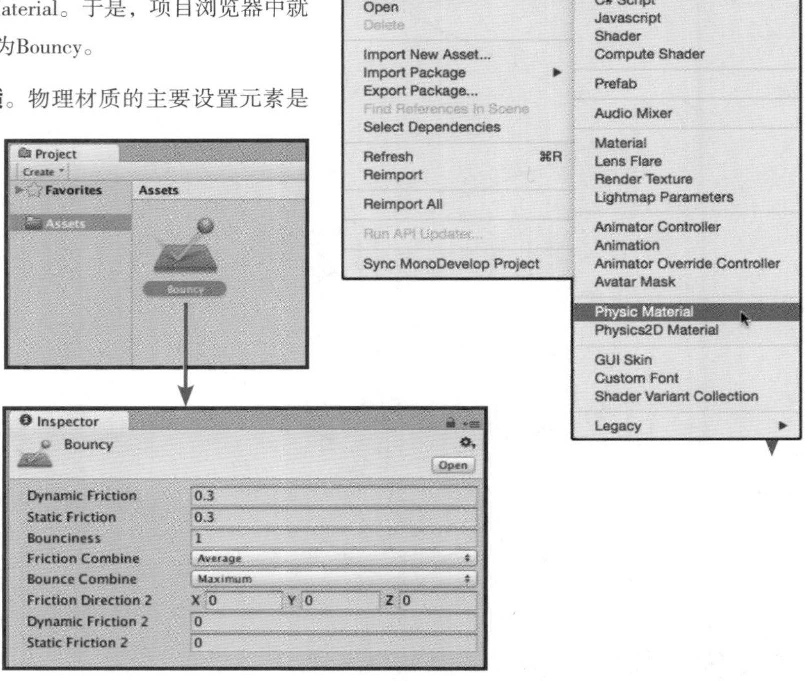

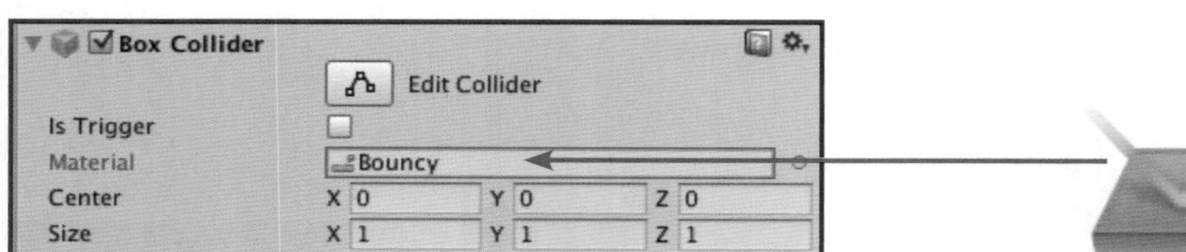

是的，这是用来设置碰撞器（Box Collider）的。碰撞器中也有Material的项目，试着将Bouncy拖拽&释放到其中。

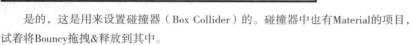

在这个状态下，重新播放试试看……豆腐在碰撞到地面时，弹跳的方式发生了更改。各个参数的设置请看下一页。

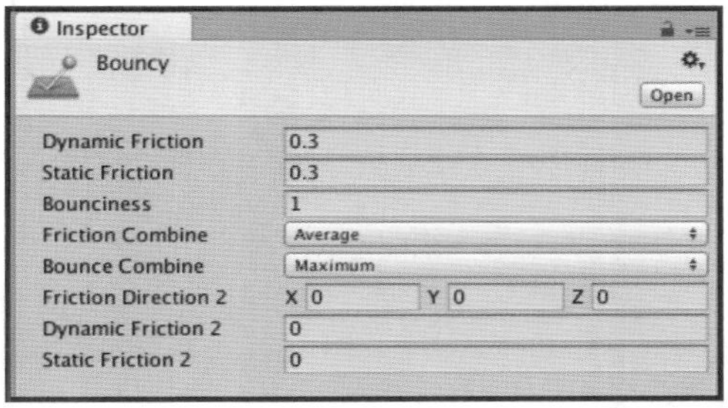

Inspector	
Bouncy	Open
Dynamic Friction	0.3
Static Friction	0.3
Bounciness	1
Friction Combine	Average
Bounce Combine	Maximum
Friction Direction 2	X 0 Y 0 Z 0
Dynamic Friction 2	0
Static Friction 2	0

物理材质的设置有很多，一一尝试感受一下当然最好，不过基本上就是**摩擦**和**反弹**。摩擦系数可以分为两种，运动过程中的摩擦力和从静止状态开始时的摩擦力。这次的豆腐只是跳动旋转，乍一看好像与摩擦并无关系，其实并非如此。微微倾斜的豆腐落下时，最先落地的角接触地面时是滑溜溜的？还是好像插入地面似的固定？对于之后的动作有很大关系。正如人跑步一样，带有防滑钉的鞋子能跑得更快。

Dynamic Friction：移动过程中的摩擦系数。以跑步为例，数值越接近0，越像是在光滑的油面上跑步。如果数值为1，就有很强的摩擦力，仿佛穿了带防滑钉的跑鞋跑步。

Static Friction：静止状态的摩擦系数。如果数值为0，则像游戏中心的空气曲棍球里飘浮的球一样，非常容易移动。如果数值为1的话，就好像粘上了强力胶一样，动不了。

Bounciness：反弹系数。如果数值为1，则通过碰撞获得的能量会全部反弹回去。如果数值为0，则完全不返弹。游戏对象是弹力球的跳动方法还是丢沙包的跳动方法，是由这个数值设置的。

Friction Combine：与其他碰撞器接触时，摩擦的计算方法。可以设置4种方式：Average（平均）、Multiply（相乘）、Minimum（使用二者之中的最小值）、Maximum（使用二者之中的最大值）。例如，用砂纸摩擦木头时当然比用两张砂纸相互摩擦要光滑了，所以选择Average即可。想象一下带着橡胶手套拿冰块的情景。即使橡胶手套本身的摩擦力很强，但是用不吸水的橡胶手套来拿冰块，可能反而比徒手拿更滑溜。这种情况下，就应该选择Minimum。

Bounce Combine：设置当物体与其他碰撞器碰撞时，如何计算反弹的模式。同样，也可以设置4个种类：Average（平均）、Multiply（相乘）、Minimum（使用二者之中的最小值）、Maximum（使用二者之中的最大值）。两个弹力球相互碰撞时，用Multiply模式；而当弹力球撞到弹力低的垫子时，就用Minimum模式等，需要根据假设的材质，来更改设置。

Friction Direction 2：这是碰撞之后，各个方向的动作的摩擦系数。例如，想象一下滑雪板。纵向是很容易滑动的，但横向设置了边缘，非常难滑动。这里的X轴、Y轴、Z轴是对GameObject本身的方向而言，所以，如果有不动的斜面，会因GameObject的放置方向不同而更改滑动的方向。在简单的汽车游戏中也能应用。在汽车漂移等动作中可以使用。

Dynamic Friction 2：在Friction Direction 2 中设置了数值时，动态物体的摩擦系数。

Static Friction 2：在Friction Direction 2中设置了数值时，静止状态的摩擦系数。

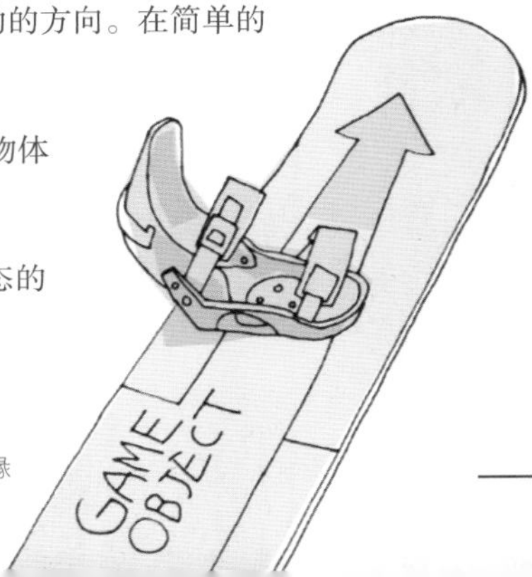

GAME OBJECT

设置了边缘

也就是说，将碰撞器和刚体这2个组件运用到GameObject上，就能模拟出真实世界中物体之间的碰撞效果。其实，在前一章中的小世界中，这些就已经应用在角色中了。

碰撞器和刚体，可能大家对这两个容易混淆。碰撞器是判断碰撞和知道在碰撞时应该如何行动的组件。刚体是使GameObject移动或旋转的组件。这两者商量对话之后，才决定了GameObject如何反应动作。

发生碰撞后，也需要考虑对方的碰撞器，将碰撞时的摩擦和反弹传递给刚体，再决定主体的动作。

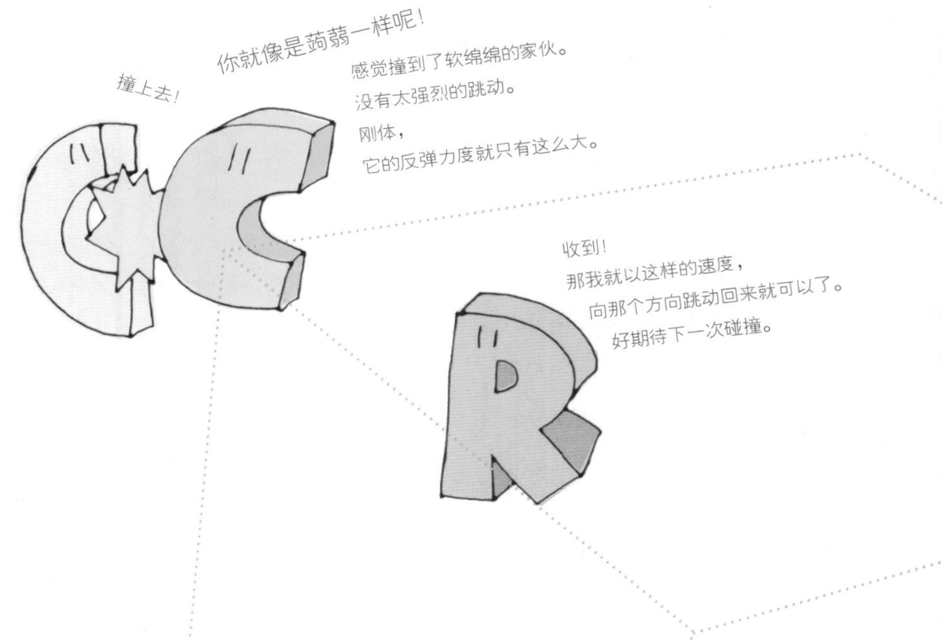

“Hierarchy（层级）”的思考方式

接下来要介绍的是GameObject的重要元素。让我们一起来想一下层级构造。虽然Hierarchy这个界面名称大家不太熟悉，但却正如其意思“层级”，世界是有层级结构的。

在前面一章的小世界中，创建时并没有特别在意这一点，不过当时放置的Ethan角色和恐龙是运用了层级结构的。其中的内容有点复杂，我们还是举个简单一些的例子，来介绍层级结构吧。

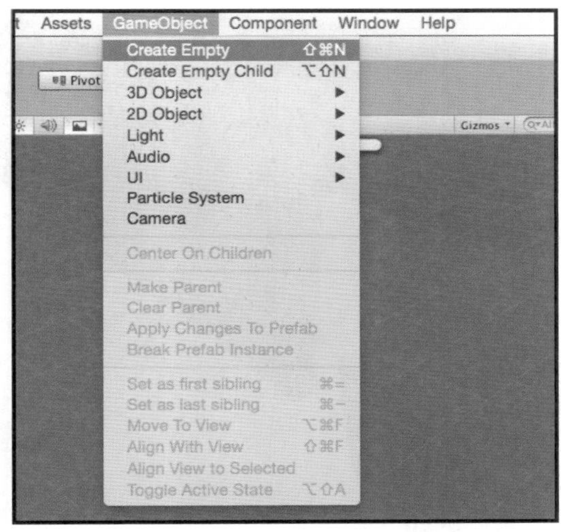

从菜单中选择GameObject > Create Empty。正如其名，我们**新建一个空的GameObject**。因为是空的，所以什么都看不到，只在Hierarchy上创建了一个名为“GameObject”的游戏对象。选中它后，看Inspector上，就会知道这是一个只有Transform组件的GameObject。咦？这个图，刚才我们见过吧。从SpotLight上删除Light组件后，就和这个完全一样了。这代表只有个地方。

将这个GameObject的名字改为“Basket”。点击开始后，豆腐会撞到地板上，弹起来，也可能向地板外侧滚落。为了阻止豆腐滚到外面，我们做一个简单的盒子吧。做盒子的模型比较麻烦，所以我们先用Unity内已有的简单形状=Primitive来组合而成。具体地说，就是让Cube变形，作为墙壁，结合起来作为盒子状。

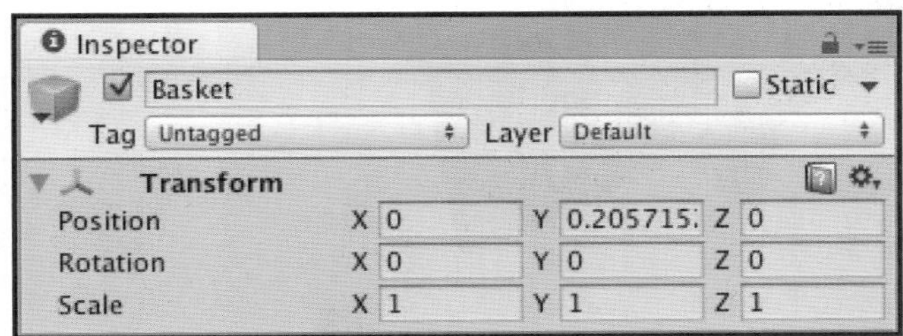

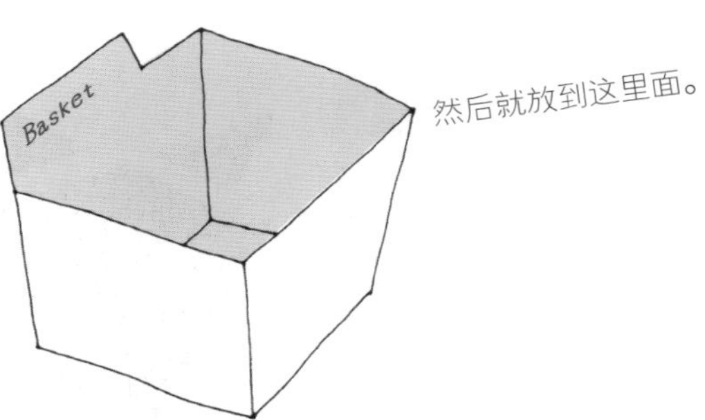

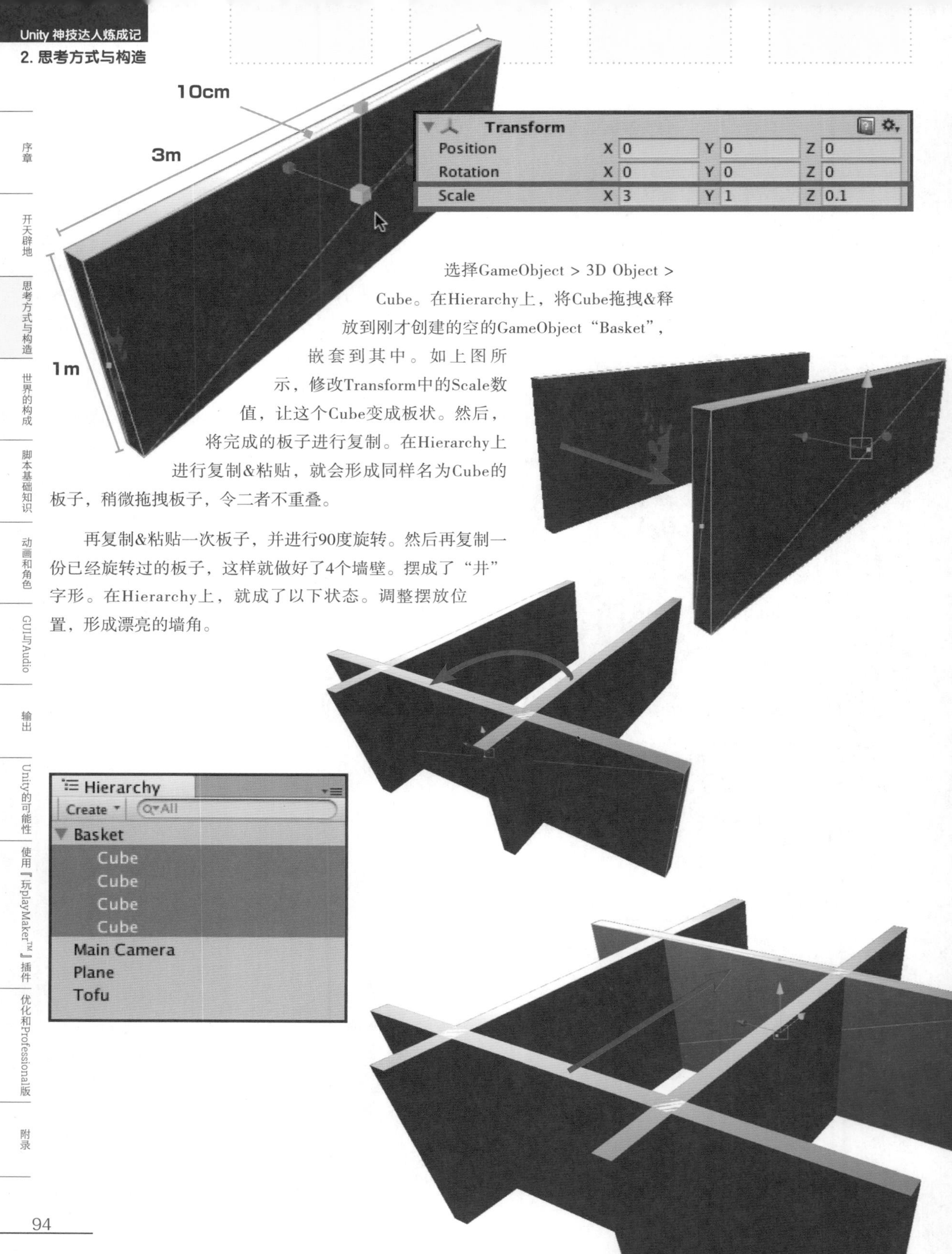

选择GameObject > 3D Object > Cube。在Hierarchy上，将Cube拖拽&释放到刚才创建的空的GameObject“Basket”，嵌套到其中。如上图所示，修改Transform中的Scale数值，让这个Cube变成板状。然后，将完成的板子进行复制。在Hierarchy上进行复制&粘贴，就会形成同样名为Cube的板子，稍微拖拽板子，令二者不重叠。

再复制&粘贴一次板子，并进行90度旋转。然后再复制一份已经旋转过的板子，这样就做好了4个墙壁。摆成了“井”字形。在Hierarchy上，就成了以下状态。调整摆放位置，形成漂亮的墙角。

按着 V 键的同时移动的话，就能捕捉边角，自动吸附到一起。

最开始创建的板子保持不动，移动其他板子，让角与角对接起来。通常的移动工具，如果对象是Cube的话，则在Cube中心位置会出现3色箭头，拖拽3色箭头就能移动了。现在要让角与角紧密对接，操作起来比较难。通过精密计算数值，在Inspector面板上修改数值也可以，不过比较麻烦。在这里告诉大家一个小Tips。试试**一边按着V键，一边移动。**这样就能捕捉到距离最近的角的3色箭头，并且拖拽的话，还能吸附到其他GameObject的角。

在3D世界中，经常有因为一点点移位而产生不协调的线条，这样捕捉并吸附的方式，能减少很多操作压力，是应该记住的捷径。

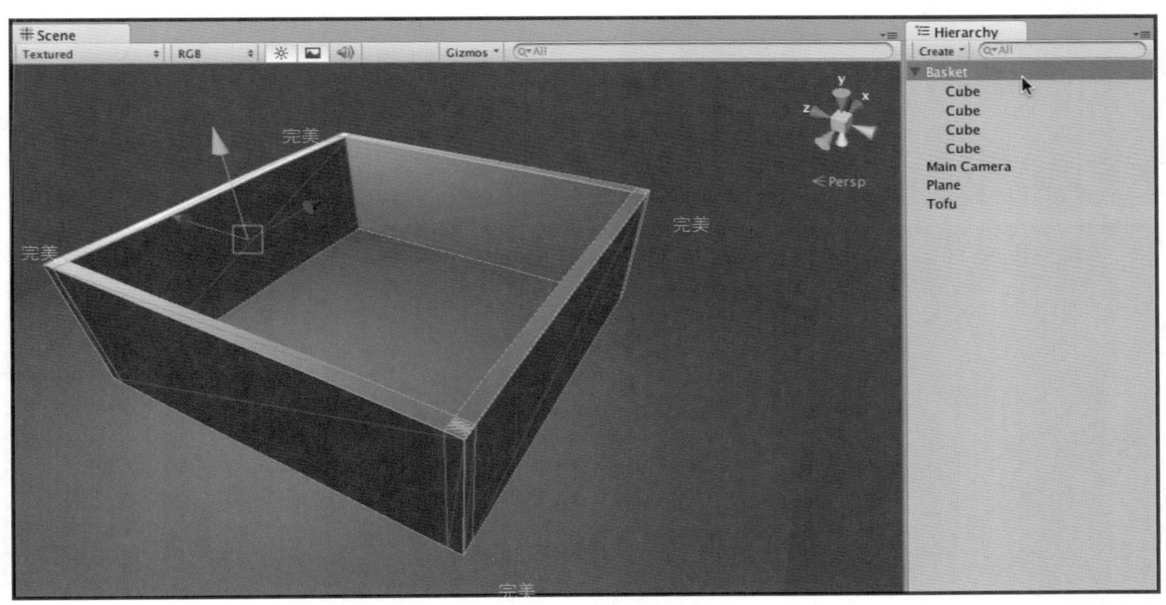

是的，这样就做好了收纳盒子。让这个盒子固定在地板Plane上。此时，选中Basket移动的话，就能所有一起移动。现在，用Cube做成了4个板子，以群组化的方式排列，将空的GameObject做成了一个容器。既然是容器没必要什么都不盛放。位置关系、方向、大小等Transform信息的父子关系，会在层级中体现。正如乌龟爸爸背上驮着乌龟宝宝一样，在有Mesh的物体中，只要爸爸移动了，宝宝也会随之移动；而宝宝移动，与爸爸没有关系。

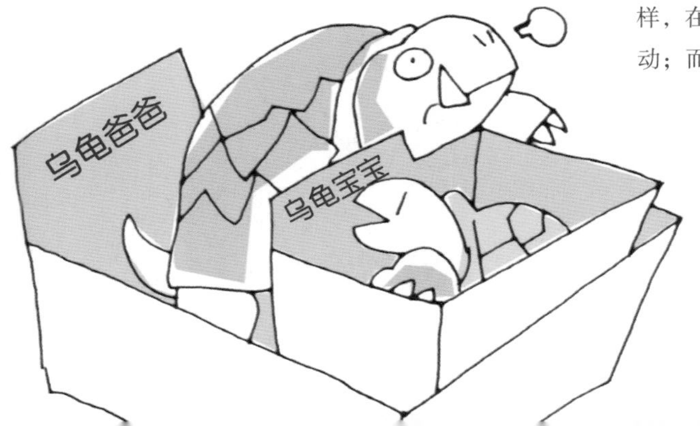

例如，房间里有桌子，桌子上有笔筒，笔筒里有圆珠笔。通过这样的层级结构来管理，会更加方便。角色也一样，正如人物的部位，若将眼睛放入头的GameObject中，在身体移动时，眼睛会跟着一起动。

如果将所有的 GameObject 都放在世界的最顶级层级中的话，就可能发生这种情况。

我们来试一试刚建成的盒子。

完美地将豆腐收纳起来了。

仅仅如此，还是有点单调。让豆腐陆陆续续地落下来，是不是更有趣呢？想要多少个？100个左右？要做这100个的话，反复复制豆腐，然后摆放到场景中就可以了吧。为了能陆陆续续地落下来，初始高度也需要不一样。好的，那么，就复制，然后粘贴。移动，复制，然后粘贴。再复制一个……

太麻烦了！

在这里需要介绍一个非常重要的概念。那就是Prefab。

你听过 Prefab House（活动板房）吗？也有预设工艺的说法。就是先在工厂里，按照规定规格生产出建筑用材，运输到现场后快速搭建起来的工艺。不用在现场从0开始切割、粘贴材料等，所以能大大缩短工期。

Prefab 的概念

Prefab又是一个很少听说的词。中文是预设的意思。

之前，我们是在场景中放置GameObject，再为游戏对象增加组件使其存在。当放置新游戏对象时，可以用这种方法放置GameObject，也可以将之前创建的GameObject以复制&粘贴的方式来增加数量。例如，试想一下陆续落下的**100个**※豆腐。虽然，有点麻烦，不过复制&粘贴100个豆腐，为了让落地时间有所不同，再一一调整豆腐的高度。调整之后，又觉得“再让豆腐的重量稍重一些吧”。于是又一个一个地选中豆腐，通过键盘修改刚体组件的Weight一项。这样的工作量非常大吧？

所以，接下来登场的就是Prefab。先**试着创建豆腐的Prefab**。将Hierarchy上的豆腐拖拽&释放到项目浏览器中。放在Assets之下的任何地方都可以。

【100个】为了更改100个豆腐的下落时间，更改每个的高度，通过重力加速度的作用，最后一个就会以非常快的速度落地。不过，在那之前，先摆放100个也是很费力的。

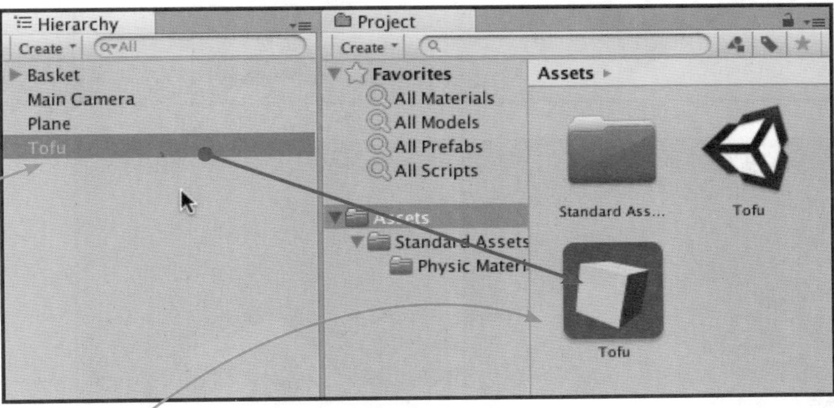

文字的颜色变成蓝色。

这就是Prefab了。在Hierarchy上，豆腐的颜色变成了蓝色。这就表示这个GameObject在场景中使用了Prefab。

这次**反向操作**，从项目浏览器上将已创建的Prefab（豆腐）拖拽&释放到场景视图中或者Hierarchy上。

如果是放到Hierarchy上，则视图中的游戏对象可能会重叠到一起，稍微移动，使位置分别错开。暂且放置8个。将豆腐们分别放在不同位置，点击播放的话，8个豆腐陆续落下，显得很热闹。

如果是直接释放到场景视图中，则豆腐会落到鼠标接触的位置。这是两个方法的区别之处。

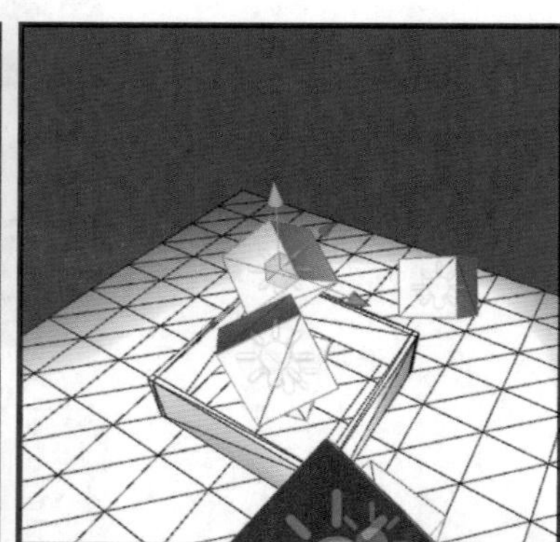

全部是白色物体，难以区分，在场景视图左上角的下拉菜单中，可以设置 Textured Wire。

将这个文件释放到项目浏览器上。这个就是**Prefab**。放在场景视图中的豆腐，我们称之为**Prefab的实例（Instance）**，可能没有听过实例这个词。简单地说，就是在场景视图中，最初从零开始创建的那个豆腐。将其作为Prefab保存到项目后，**这个保存的Prefab就成了母体。**而最初在场景中创建的豆腐，或者通过从Prefab拖拽到场景中的豆腐，就像是用了分身术的复制品。分身术就是这样的，当母体更新时，分身也会随之更改。

将 Prefab 母体的 Mesh 由 Cube 修改为 Capsule 后，全部实例都更改了。

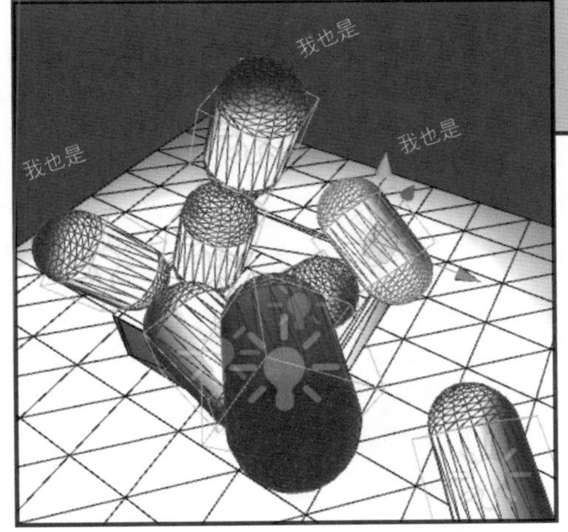

【所有 Prefab 的实例都变成了胶囊形状】不过，因为碰撞器还是 Box，所有滚动碰撞的样子还是和原来一样。

【这和 MovieClip 一样吧】MovieClip 只是实例，如果对 Stage 上的 MovieClip 之一进行编辑，原本的 MovieClip 也会更改。而 Prefab 的实例可以理解为是从原母体克隆过来的另一个物体。

和分身术稍有不同的是，这样创建的Prefab实例并不是像“影子”一样的东西。而是类似**克隆**产品一样，是从原来母体的Prefab配置过来的瞬间，也复制了属性的GameObject。与单纯的复制的不同之处是，该实例与自己的**母体Prefab之间具有关联**，如果母体Prefab更改了，则自己会跟随更改。上图是选中项目浏览器上的母体Prefab，在Inspector上将Mesh Filter中设置的Mesh从Cube改为Capsule。于是，场景中配置的**所有Prefab的实例都变成了胶囊形状**※。就是这个意思。

如果有用过Flash的人的话，可能会觉得“哦，**这和MovieClip一样吧**※”。确实有相似之处。只不过正如前面说过的，这个实例是克隆产品。其实是可以直接个别的修改实例的。

遇到喜欢的内容，可以在这里贴上便利贴。

乍一听，是有点难以理解的概念。即使听明白了，可能也觉得没什么大不了的。不过如果大家自己实际试过之后，可能就会突然有感觉了，“原来是这样啊！”。

觉得有用的话，可以以后再回来看。

我是大家的标准。

想象一下，你在场景中创建学生角色，拖拽到项目浏览器上之后，就生成了“学生Prefab”，他有这样的特征。

1.校服的颜色是黑色的

2.内衬是黑色的

3.扣子是金色的

4.头发是黑色的

在校园的场景中，拖拽&释放创建很多实例。一个个全是没有个性的……不，朴素的学生们都穿着同样的制服站成一排。

有的时候，对母体的“学生Prefab”是**“黑色的内衬”这个定义不满意，修改成“白色的内衬”**。朴素的全校学生因为发现“Prefab的内衬变成白色的喽”，所以**全部也变成了白色的内衬**。

叛逆的实例

但是，这里有一个问题学生。他偷偷在内衬上绣了“猫咪刺绣”，而且将头发也染成了“金色头发”。虽然他也是“白色内衬”，但炫耀自己进行了定制改良。

即使Prefab要求“头发颜色要红色！”，全校学生都变成了红色头发，也只有他是“金色头发”。

只是，没有特别定制的学生，校服颜色和扣子颜色都没有特点，与“学生Prefab”保持一致。

就像这样，一旦在Prefab的实例上修改过了属性，即使Prefab再有变化，该实例上也不会追随Prefab的这个变化了。例如，将8个豆腐中的一个，Mesh属性修改为Sphere（球体）。

然后，将母体的Prefab再修改为Cylinder（圆柱体）后，如左图，除了之前修改过的球体，其他的实例都变成了圆柱体。

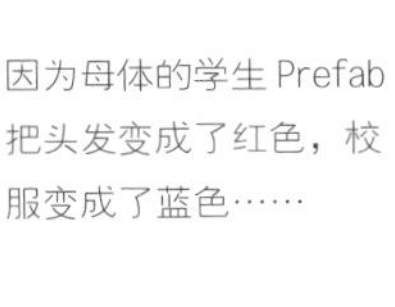

虽然他这么说，
但他的校服也随
着更改了。

让我们在Inspector上，再看一下这个实例的信息。需要关注这3个按钮。

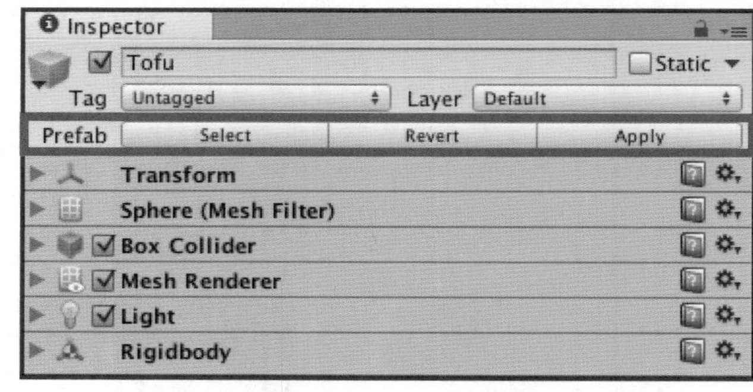

这是Prefab的实例专用的按钮，在之前的普通GameObject上是没有的。

从左向右，最先是**Select**。点击此按钮后，项目浏览器上，与此相关联的Prefab母体就变成了选中的状态。当然，Inspector上也切换成Prefab的信息。点击场景上的实例，思考“要不要将这个变成母体”的时候，使用这个按钮。

然后是**Revert**。这相当于是重置按钮。当修改完实例信息后，觉得“还是回到与Prefab相同的状态吧。请变回去”！这个按钮就会让选中的GameObject的**所有信息**※更新成原来Prefab的信息了。

最后是**Apply**。这是在实例上修改的属性，在母体Prefab上覆盖修改的恐怖按钮。并不是说有多么恐怖，而是可以改写母体Prefab，就等同于修改Prefab了。如果点击已变成球体的实例的Apply按钮，就会变成这样的结果。改写了母体Prefab，其他实例也全部响应了。

虽然Prefab的概念有点复杂，但大体上就是这样的感觉。不过，要灵活掌握个别实例的派生用法确实比较烦琐，刚开始学的话，可能也难以理解这些作用的必要性。

所以，刚开始的阶段只要知道，在Inspector上**编辑完之后，点击Apply！**※就可以了。不用费力气去修改Prefab的一个个实例了，当作编辑共同项（即Prefab）一样就可以。

接下来，还要说明一下，使用Prefab的另一个重要理由。

【所有信息】虽然说是所有信息，但只有Transform信息不同，不能更新。

【编辑完之后，点击Apply！】如果是使用Flash的人，可以将其看作与编辑MovieClip一样。

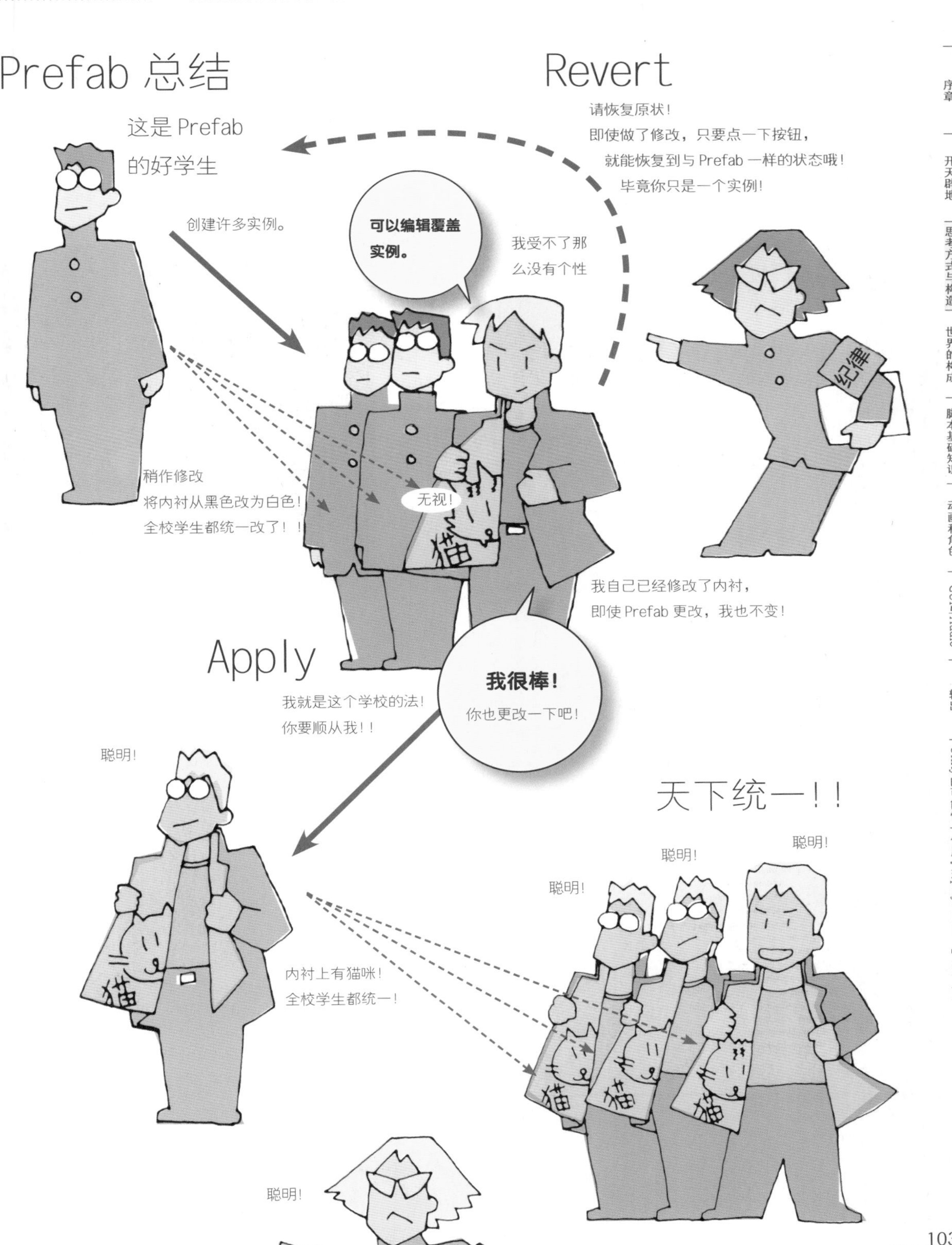
Prefab 总结
这是 Prefab
的好学生
创建许多实例。
稍作修改
将内衬从黑色改为白色！
全校学生都统一改了！！
可以编辑覆盖
实例。
无视！
我受不了那
么没有个性
Revert
请恢复原状！
即使做了修改，只要点一下按钮，
就能恢复到与 Prefab 一样的状态哦！
毕竟你只是一个实例！
纪律
我自己已经修改了内衬，
即使 Prefab 更改，我也不变！
猫
Apply
我就是这个学校的法！
你要顺从我！！
我很棒！
你也更改一下吧！
聪明！
内衬上有猫咪！
全校学生都统一！
天下统一！！
聪明！
聪明！
聪明！
聪明！
猫
猫
猫
猫
纪律

什么是脚本

对Prefab的概念有大概了解了。只要创建实例，排列在场景中就好了。相比复制然后排列的方式来说，将Prefab的实例排列到场景中，对于之后修改、变更动作等更简单方便。不过即便如此，要排100个依然工作量很大。而且，还要依次下落，就更麻烦了……

现在感觉还是孤零零的。

所以，为了有效利用Prefab，接下来介绍的是脚本。关于脚本的写法，在第四章中会有面向初学者的详细介绍，这里就快速告诉大家一些功能，**“哦~还能做这些呀~”**。介绍也尽量简洁一些。

首先，在Unity中，脚本究竟是什么呢？在上一章的小世界中，我们没有用过吧？是的，**确实你还没有写过**。不过，操作键盘让Ethan奔跑，这就是别人写好的脚本。通过键盘的输入状态，控制Ethan奔跑，加上适当的动画，并且他的脑后方还带有摄像机。我们一起来看一下这个脚本其中的一个部分ThirdPersonCharacter.js。

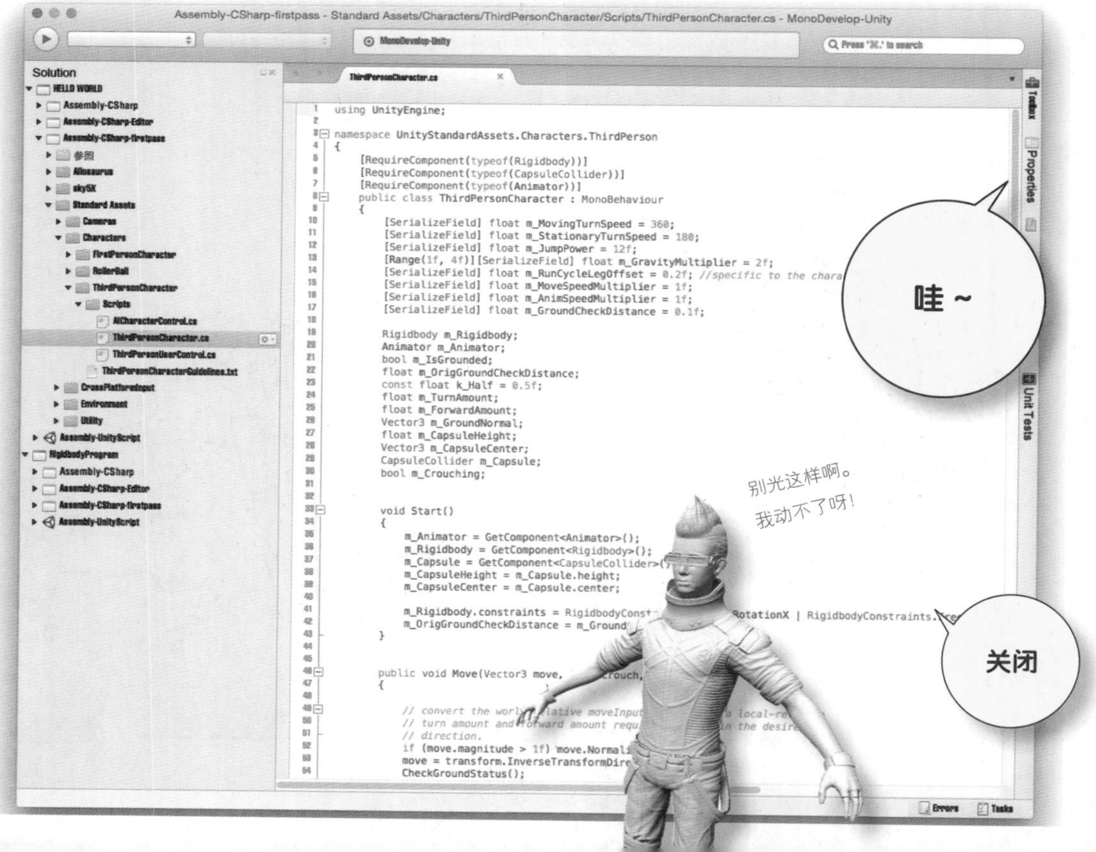

Assembly-CSharp-firstpass - Standard Assets/Characters/ThirdPersonCharacter/Scripts/ThirdPersonCharacter.cs - MonoDevelop-Unity

```
using UnityEngine;

namespace UnityStandardAssets.Characters.ThirdPerson
{
    [RequireComponent(typeof(Rigidbody))]
    [RequireComponent(typeof(CapsuleCollider))]
    [RequireComponent(typeof(Animator))]
    public class ThirdPersonCharacter : MonoBehaviour
    {
        [SerializeField] float m_MovingTurnSpeed = 360;
        [SerializeField] float m_StationaryTurnSpeed = 180;
        [SerializeField] float m_JumpPower = 12f;
        [Range(1f, 4f)][SerializeField] float m_GravityMultiplier = 2f;
        [SerializeField] float m_RunCycleLegOffset = 0.2f; //specific to the chara
        [SerializeField] float m_MoveSpeedMultiplier = 1f;
        [SerializeField] float m_AnimSpeedMultiplier = 1f;
        [SerializeField] float m_GroundCheckDistance = 0.1f;

        Rigidbody m_Rigidbody;
        Animator m_Animator;
        bool m_IsGrounded;
        float m_OrigGroundCheckDistance;
        const float k_Half = 0.5f;
        float m_TurnAmount;
        float m_ForwardAmount;
        Vector3 m_GroundNormal;
        float m_CapsuleHeight;
        Vector3 m_CapsuleCenter;
        CapsuleCollider m_Capsule;
        bool m_Crouching;


        void Start()
        {
            m_Animator = GetComponent<Animator>();
            m_Rigidbody = GetComponent<Rigidbody>();
            m_Capsule = GetComponent<CapsuleCollider>();
            m_CapsuleHeight = m_Capsule.height;
            m_CapsuleCenter = m_Capsule.center;
```

哇~

别光这样啊。我动不了呀!

关闭

你觉得有点摸不着头脑吧。对于没有编程经验的人来说，这就是一堆让人眼晕的代码。在这里不用觉得挫败，就当作没看到吧。在这里，我们试着写一个这样极其简单的程序。

开始后，每隔一秒，就在高5m的位置创建Prefab“豆腐”的实例。

到100个结束。

【为地板或摄像机添加脚本组件的意义】有的时候，可以进入到GameObject固有的组件属性或者进入到其下一层级的GameObject中。

仅此而已！这些能写出来吧。那么脚本要写在哪里呢？其实，在Unity中写脚本，就是为GameObject添加自创的**脚本组件**。所以，要为这个世界中存在的某个GameObject添加必要的组件。以这个场景为例，极端地讲，可以是“地板”也可以是“Main Camera”。不过在这种情况下，**为地板或摄像机添加脚本组件并没有意义**※，所以，我们新建一个空的GameObject，贴在那上面。

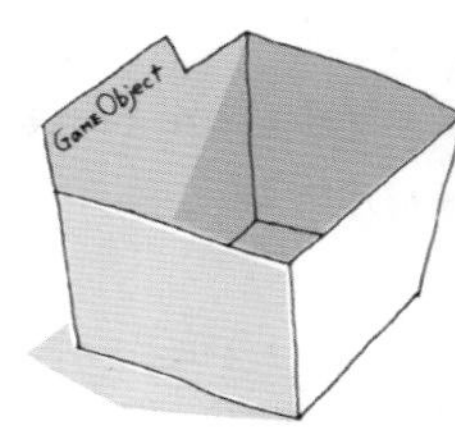

过一秒钟
豆腐Prefab的实例
就会从高于世界中心位置5m的地方
嘭地一下就产生了！

从Menu中选择GameObject > Create Empty，创建空的GameObject。将这个GameObject命名为“**GameManager**”。**名字是随意取的，没有要求。**然后，从Add Component最下方，选择New Script。这就是你创建的第一个脚本。

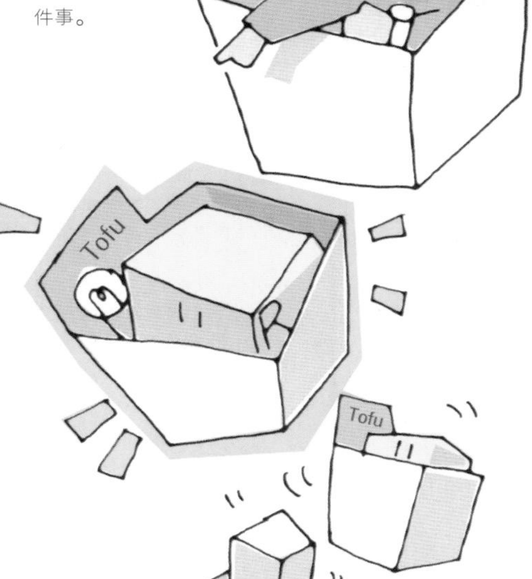

这个人就在做那件事。

这个GameObject放在哪里都可以，我放在了世界的正中间。

将该脚本命名为“**DropTofu**”，将Language更改为JavaScript。然后点击Create and Add，就为这个空GameObject添加了脚本组件，在项目浏览器的Assets中，自动添加了名为DropTofu.js的文件。这个脚本文件与Web的JavaScript文件等一样，所以可以使用普通的文本编辑器。不过，在安装Unity时，同时安装了**MonoDevelop**※这个最适合Unity输入的应用，所以，双击DropTofu就能启动。

在DropTofu.js中，事先写好了以下脚本。

```
#pragma strict
function Start () {
}
function Update () {
}
```

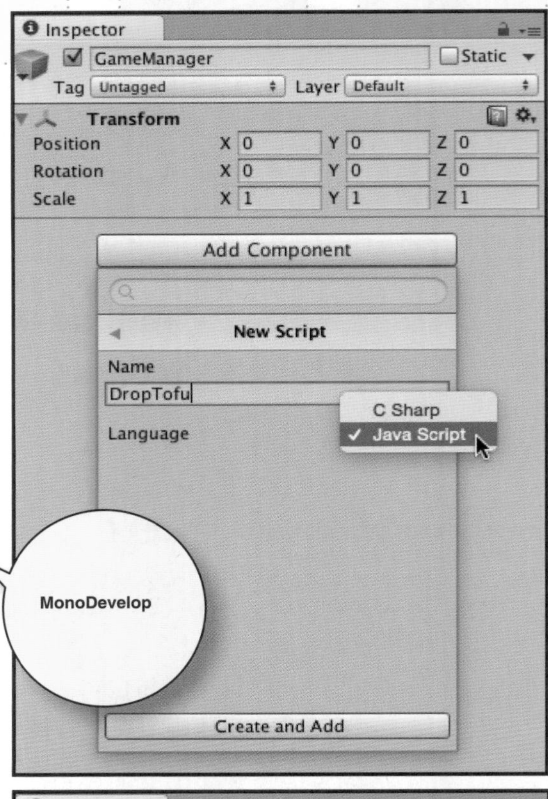

我们会在第四章中介绍详细内容，这段内容主要的意思是“我**即使听到了**Start或者Update的声音，我也不会有任何动作”。我们管这个声音叫作**事件**（Event）。

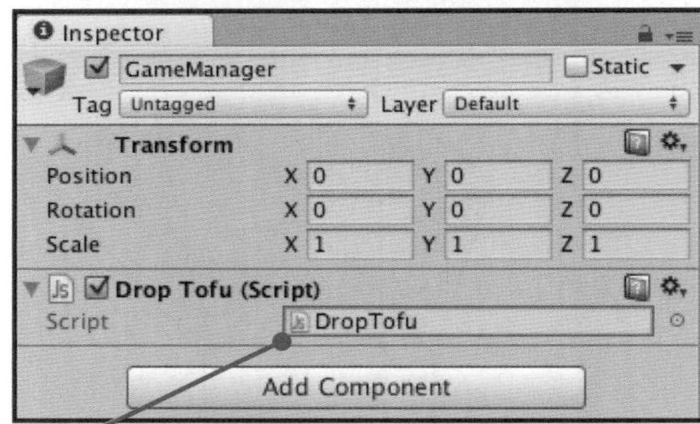

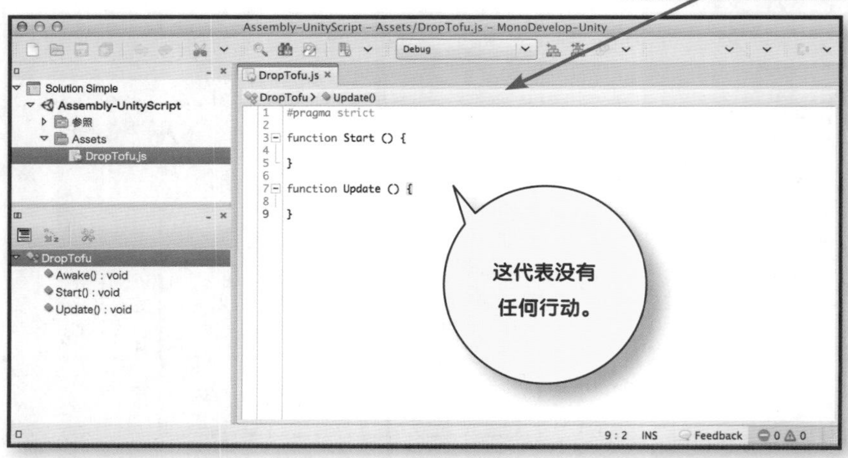

【MonoDevelop】与Unity一起安装的开发环境。现在也可以选择用Microsoft的Visual Basic Code了。还能通过菜单的Preferences项目来设置自己喜欢的编辑器，不过最好设置的编辑器支持显示Code hint（语法提示参考P.208）的输入辅助功能。笔者认为Sublime.Text很不错。

这个脚本可以替换为以下脚本。本章中对这个内容不会进行说明，在这里大家不试也没关系。循序渐进地学习，等大家习惯了，再返回来看这个脚本，就会觉得“原来是这样”！

```
#pragma strict
    用静态类型书写指令。
var MyTofu:GameObject;
    定义 Inspector 上显示的变量 My Tofu：类型为 GameObject
private var TofuCount:int = 0;
    定义内部变量 TofuCount：类型为整数  初始值为 0
function Start () {
    当发生 Start 事件时，执行以下指令
    InvokeRepeating("DropOne", 2f,1f);
    2 秒之后调用 DropOne 函数，然后每隔 1 秒调用一次
}
    结束
function DropOne(){
    DropOne 被调用后，执行以下指令
    TofuCount++;
    为 TofuCount 的值加 1
    Instantiate (MyTofu, Vector3( 0, 5, 0), Quaternion.identity);
            令变量 MyTofu 中设置的 GameObject，以 Y 轴 5m 的高度为基准值生成旋转实例
    if (TofuCount == 100){
    如果 TofuCount 等于 100 的话，则执行以下命令
            CancelInvoke();
            停止反复调用
    }
    结束
}
    结束
```

在 Script 中，字体的大小写关系重大，需要注意。

脚本基本上是英语单词编写的，但可以翻译成中文。灰色文字的部分就是翻译后的脚本内容。这短短13行JavaScript就是为了执行“**开始后，每隔一秒，就在高5m的位置创建Prefab“豆腐”**的实例。到100个结束。”的脚本组件。

用MonoDevelop编辑结束保存之后，就自动适用于Unity上※。接下来启动这个13行的程序试试。

【自动应用于 Unity 上】从 Mono-Develop 回到 Unity 界面，就能看到最右下角一个旋转的图标。这就代表了正在应用。

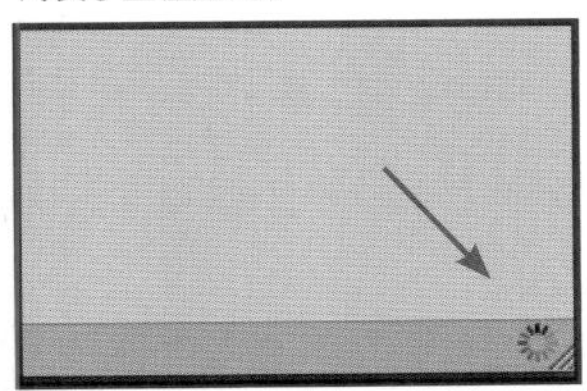

开始之前，需要对脚本进行一个设置。在MonoDevelop上应用程序编辑的话，脚本组件中就出现了**My Tofu**属性。程序中出现↓

```
var MyTofu : GameObject;
```

这样一行，就是自动反应※出的。将Tofu Prefab从项目浏览器拖拽&释放到该部分。我们再播放一次看看。

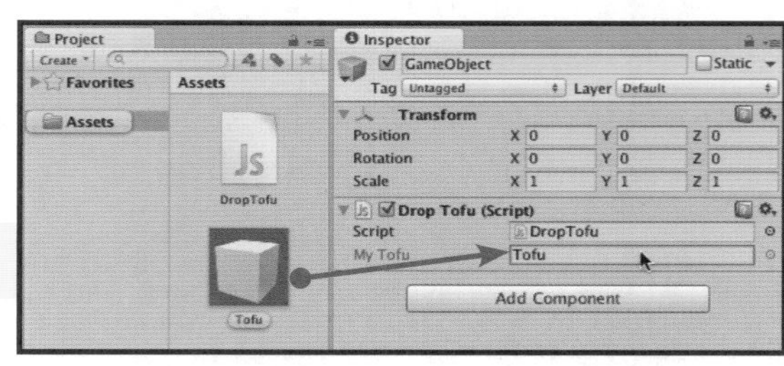

将设置项目显示在Inspector内，就有了自创组件的感觉了吧！

【这是自动反应】变量名区分文字大小写时，在Inspector内以半角空格显示。顺便说一下，这种书写方式被称为CamelCase驼峰式拼写法。

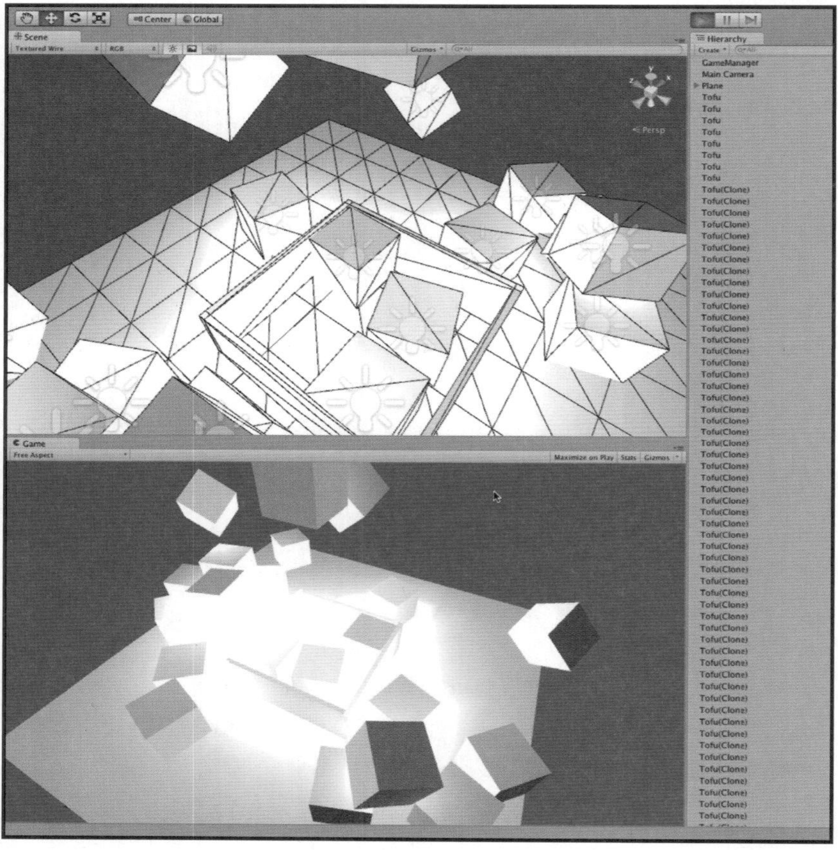

界面呈现蓝色，因为笔者在Preference中设置了。

播放起来很顺利吧。在最初手动放置的8个豆腐陆续掉落之后，每隔1秒产生新的豆腐掉落，直到第100个结束。从Hierarchy上看就能明白，在8个Tofu的下方，增加了一排Tofu（Clone）。从地面溢出的豆腐块应该是继续无限下落的，但仍然是存在的。如果让**不再需要的**※Tofu从世界上消失，则需要另下很多功夫。

【不再需要的】具体来说，因为摄像机是固定的，所以最好是与脚本结合，"超过摄像机的视角范围，则删除"。

“创造世界”的概念（总结）

解说的内容比较多，如果你还懵懵懂懂的话也没关系。对Unity更熟悉了之后，再回来重读一遍本章。其实，我们做的事情非常简单，所谓的创造世界，最终可以归纳为这一句：

在场景中放置GameObject。

那么，什么是GameObject呢？GameObject的最小单位就是通过菜单点击Create Empty创建出只有Transform组件的空游戏对象。它是**可以容纳各种组件的容器**。而且，还有一点很重要，**GameObject可以以层级的形式放置**。分层级放置GameObject，意思是以Transform为基准，在位置、方向、大小方面形成父子关系状态（即Hierarchy），在这里我们尚未涉略到，不过可以通过脚本组件，以父子层级为轴，来控制属性。

那么，众多的组件中，让我们一边回想一下都有哪些，再顺便介绍一下其他相关内容。

Mesh：设置游戏对象的形状使用哪种数据。这次我们选择的是Unity自带的原始形状，不过，这里还能设置通过模型软件等制作的Mesh Data。下一章我们将会介绍如何制作建模数据。

Mesh Renderer：该组件用于设置Mesh应如何显示的。在这里我们使用的Default-Material是Unity唯一自带的材质，但材质数据是可以自由创建的，能让世界更加丰富多彩。下一章也会介绍。

Box Collider：这是设置箱型碰撞区域。在这个碰撞属性中，可以添加数据来自由设置物理材质的摩擦系数和反弹系数。这些数据被称为物理材质。此外还有胶囊型、圆形、自定义建模的Mesh Collider等复杂形状。

Rigidbody：为物体赋予重量。带有这个组件，则游戏对象会受重力作用，沿着Y轴下降。

Light：这是光源。能设置可以当作太阳使用的Directional Light、Spot Light、Point Light等各种类型。

Scripts：最后的13行原创脚本是用JavaScript编写的，其实，所有组件都是别人（大部分是Unity中的人）努力创作的程序模块。虽然外观稍有不同，但在GameObject中添加的组件就是如此。我们用Unity创造世界就是“在别人做好的组件中，设置自己创建的Mesh（模型）数据、图像和声音，关于动作，则用MonoDevelop创建自己原创的程序，设置到Unity中”。

此外，还有动画类的组件、声音类、效果类等各种组件标准。

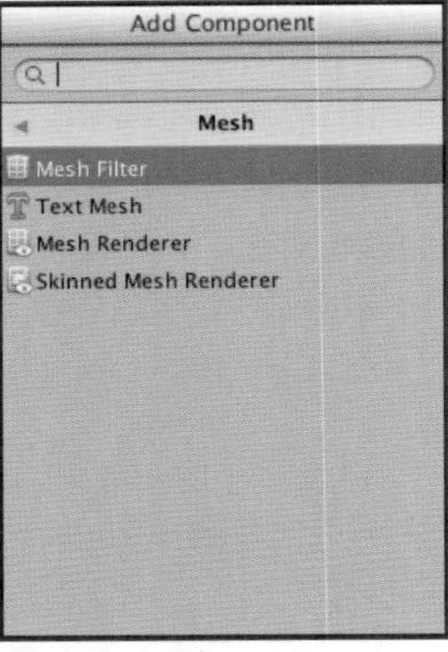

Mesh：形状和与显示形状相关的组件。

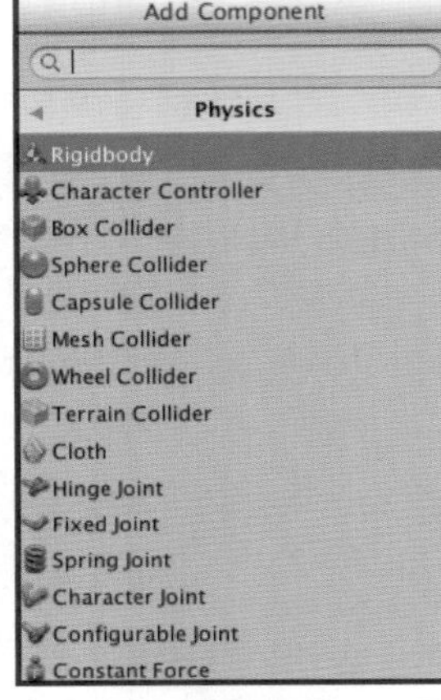

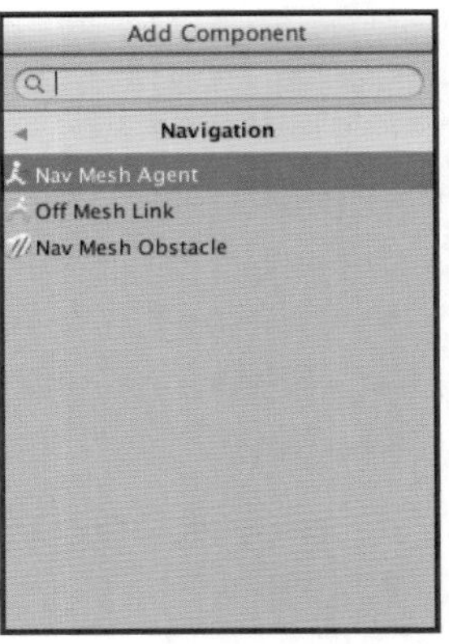

Navigation：探索路径等结构组件。

Audio：与声音相关的组件。

Effects：与视觉效果相关的组件。与Particle（粒子）相关的内容，会在下一章中稍作介绍。

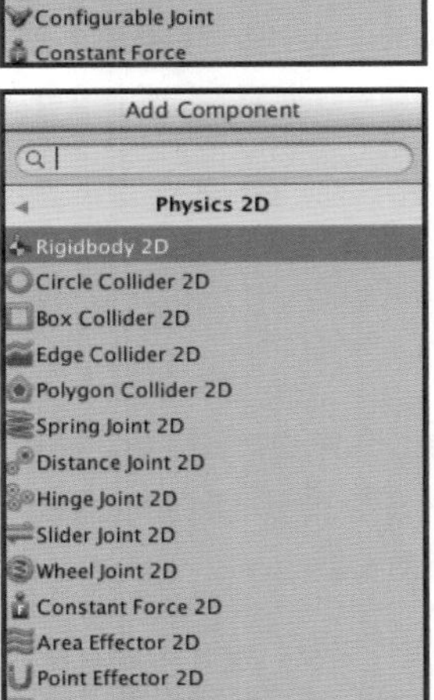
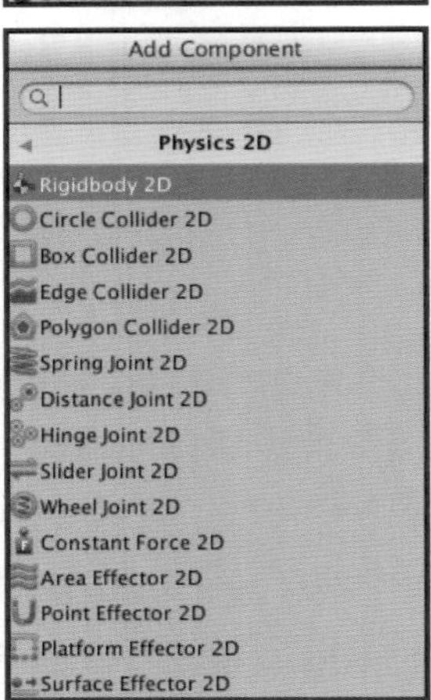

Physics：与物理引擎相关的组件。

Physics 2D：与 2D 的物理引擎相关的组件。

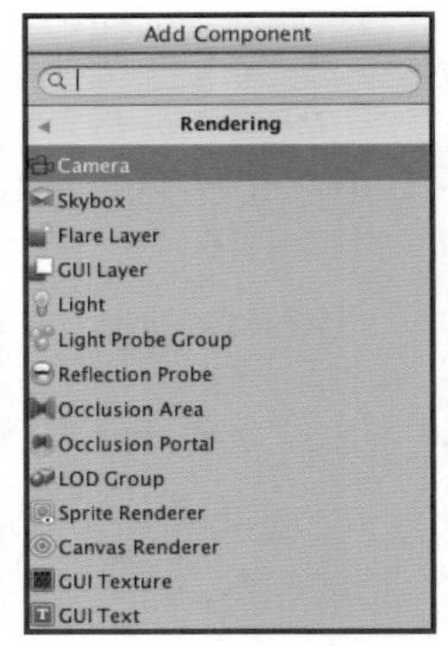

Rendering：与渲染相关的组件。

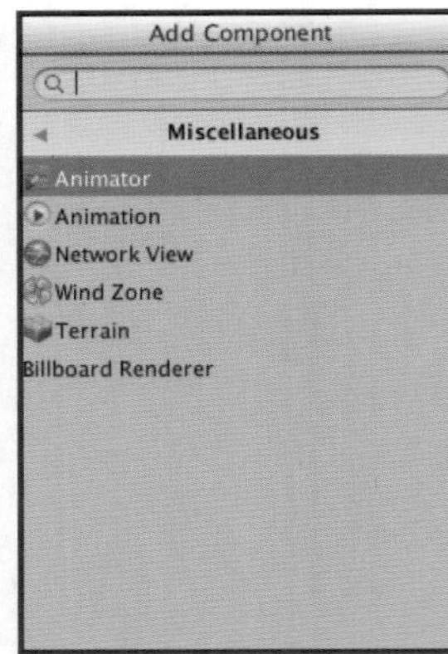

Miscellaneous：与动画或动作有关的组件。Network View 是制作网络游戏时使用的组件，Wind Zone 是让树木摇晃等增加特效的组件。

除了标准组件，进入Unity Asset Store的话，还能获得各种组件。你掌握脚本，自己编程的文件也是一个很好的组件。运用Unity创造世界，就是为GameObject添加必要的组件进行排列，如果没有合适的组件的话，就编写脚本或者去Asset Store等平台有偿或免费购买组件，在Project中读取使用即可。

※ 组件的种类可以通过安装新的资源来增加，但不仅限于此。
在本书中，无法详尽介绍，只能介绍主要的方法。

在原创世界中，光是这些还不够。在下一章中，我们会思考更多关于组件运用的数据。

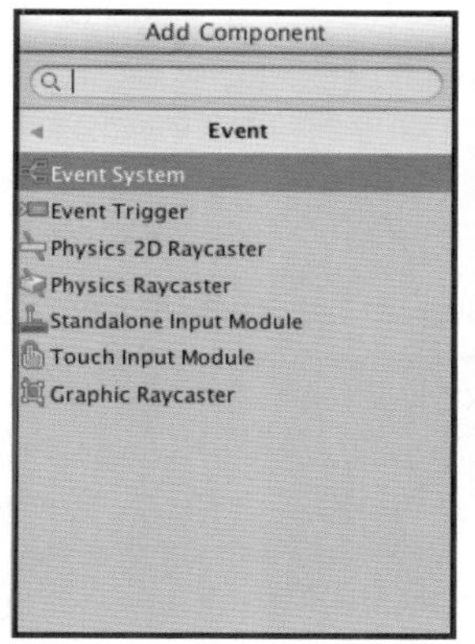

Event：在 UI 等交互界面使用的事件系统。

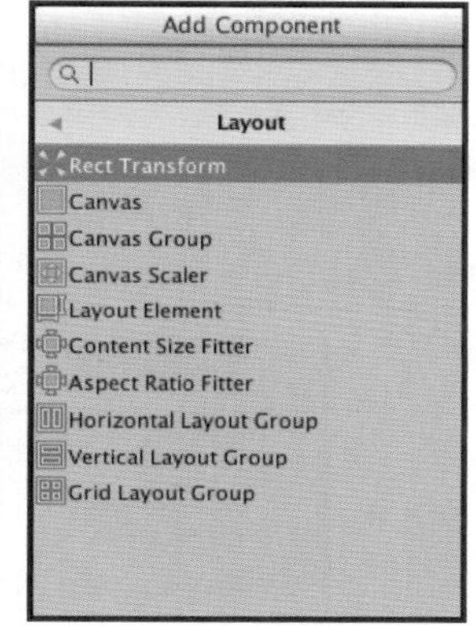

Layout：与 UI 等配置相关的模块。

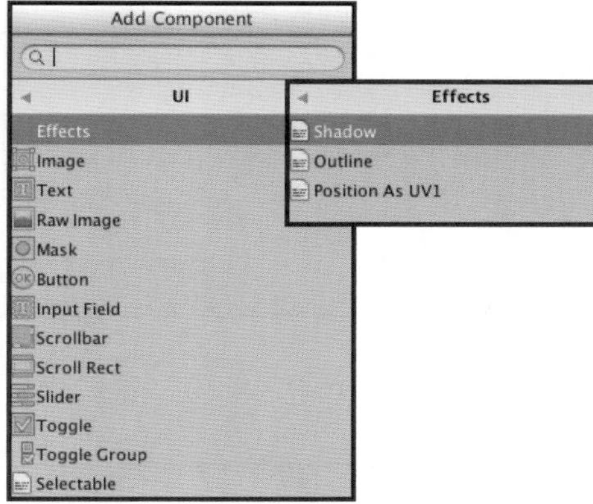

UI：UI 模块。

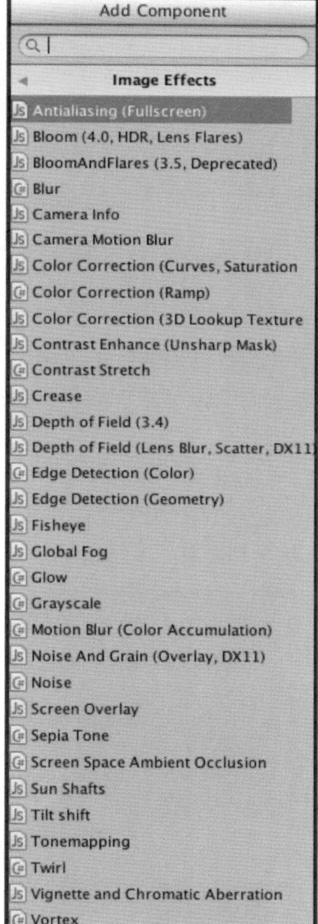

Image Effects：在 Unity 4 中，只有 Pro 版能使用后期的 Image Effect（图像特效）。与 Camera 组件一起使用。详情见第十章。

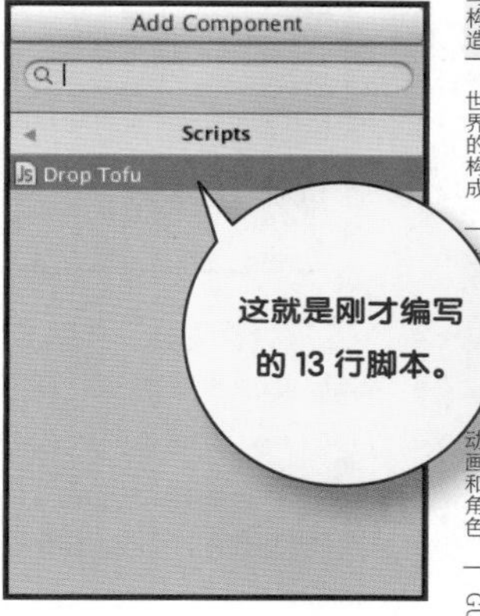

Scripts：可以选择 Asset 内的 Script 文件。自己曾经创建过的 Script 也会列在这里。

COLUMN：界面 TIPS 的那些事儿

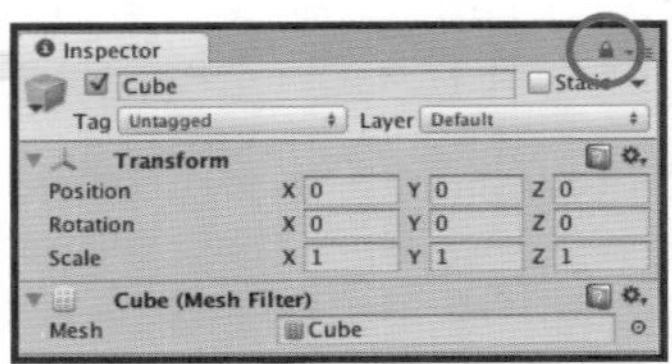

为大家介绍一些Unity的界面TIPS，知道之后会很方便。首先，是表锁。尤其是Inspector接触的内容不断切换，如果想要一个Game-Object的内容一直显示时，就点击右上角的锁形按钮。

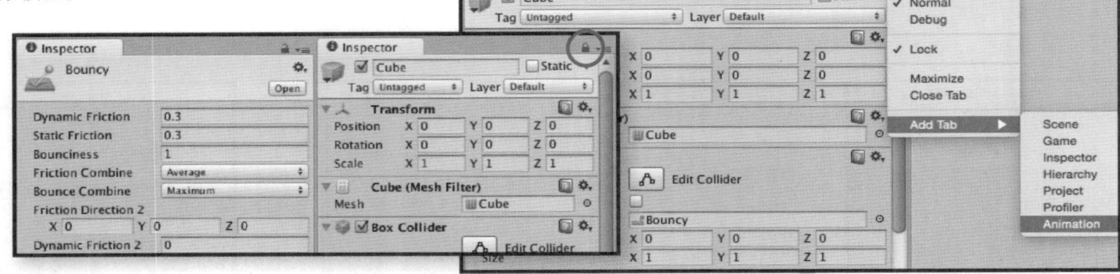

这样的话，可以显示多个Inspector，也能同时显示多个GameObject的信息。届时，就点击Inspector右上角的菜单，点击AddTab，再锁定即可。

接下来介绍的是组件的复制属性。例如，想要在与Cube A相同的位置放置Cube B的话，就复制Cube A的Transform信息，然后粘贴。

另一个是Game View（游戏视图）。从游戏视图的左上角，可以设置屏幕的长宽比例。还能添加自己喜欢的像素数。当Build Setting的目标是智能手机时，这个功能就非常重要了。

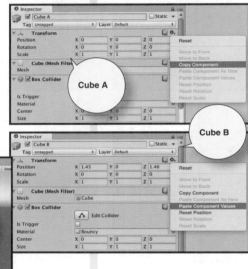

此外，事先选择Maximize on Play的话，操作时是小窗口，只要点击播放按钮，画面就会立即最大化，非常方便。

最后，在项目浏览器上查找内容时，也可以在Asset Store上找。通过资源名称或者部分名称进行检索，就可能找到包括相关内容的Asset Store商品。

第三章
世界的构成

用Unity创造世界，就是为GameObject添加组件然后再放置到世界中去。但是仅靠这样是无法创造出富有创造力的属于你的世界的。
那么，为了创造出我们向往的世界，需要做哪些必要的准备呢？

Full scratch？看起来好麻烦。

成为造物主

Unity像神一样创造世界，**往小的方面说**就像“创建铁道模型的布局”一样。创建方形的Terrain正有那样的感觉。

说起来，仅使用在Asset Store所购买的模型在Unity中创造世界，大概就是将成品电车或者已经涂好颜色的超小型汽车、图形进行排列。例如，下方战车的立体模型。实际上基本都是用Asset Store中收费或者免费的素材制作而成的。这里面唯一原创的大概就是下方的logo了吧。Logo是用Adobe Illustrator制作并用3D软件进行转换，然后放入其中。

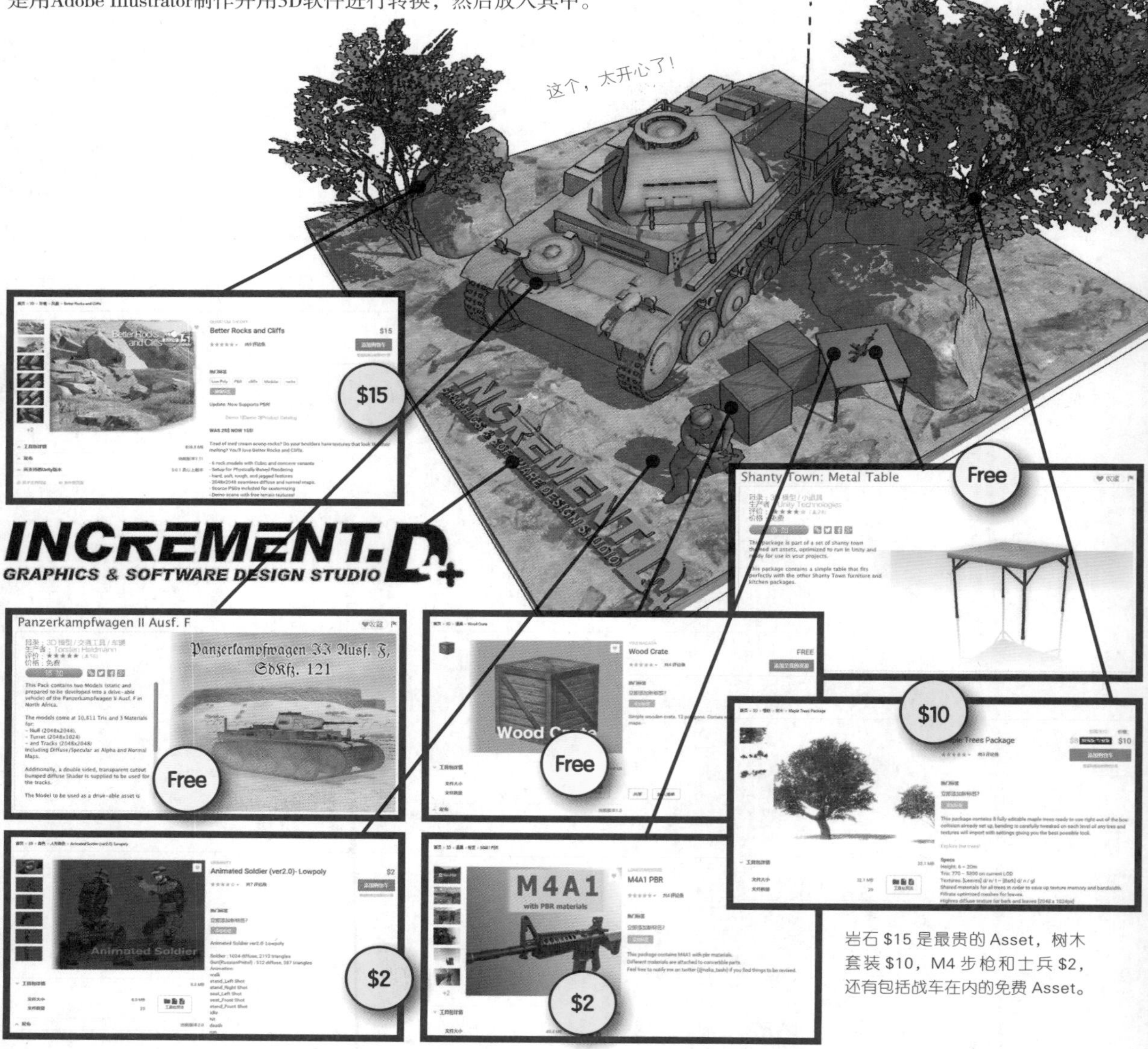

这个，太开心了！

Better Rocks and Cliffs $15

INCREMENT.D GRAPHICS & SOFTWARE DESIGN STUDIO

Shanty Town: Metal Table Free

Panzerkampfwagen II Ausf. F Free

Wood Crate Free

Maple Trees Package $10

Animated Soldier (ver2.0)- Lowpoly $2

M4A1 PBR $2

岩石 $15 是最贵的 Asset，树木套装 $10，M4 步枪和士兵 $2，还有包括战车在内的免费 Asset。

用现有的东西就好了啊。

我一开始使用Unity的时候认为“一定要做到全部原创！在此之前一定要好好掌握3D软件”！全部原创这份干劲儿是何其宝贵啊，就想要一直保持下去。但是如此一来，如果不能够成为3D专家的话好像就不具备接触Unity的资格了。但事实上，完全没有必要。况且本书就是从零基础开始的Unity读本。

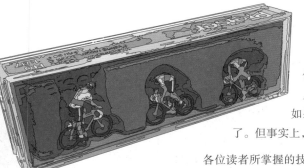

上图是铁道模型中所用到的如此精细的大概1cm左右的一组图样，如果追求铁道模型的逼真感的话，这个图样是非常优雅大气的。当然，有些高手会用 full scratch 制作出这种图样。

各位读者所掌握的技术种类和熟练度千差万别，如果是从零开始的话，我认为练习Unity（并不一定要说学习）时按照如下流程比较容易入门。

1. 无论如何，首先免费的都试一遍。

在Asset Store搜索免费（Free），可以找到一些免费的模型数据。从模型单体到一整套Unity教程项目等各式各样的数据。免费试用也是有意义的。不知道能不能成功的事情总不能从一开始就进行投资吧。当然也不是说从一开始就投入金钱、干劲儿十足不好。尚处于练习阶段，也不是要发布作品，所以还是怎么轻松怎么来吧。

2. 对素材是如何制作的这件事保有兴趣。

如此一来，一些简单的素材说不定自己也能做出来。Asset Store素材中有很多都提供源数据，也可以用3D软件对它们进行改造。例如，这个战车，它表面涂有标记和脏污，这是在哪里、如何做出来的？于是，我们在已读取的资源文件夹中找到了一些**奇怪的图片**，没错，它们就来自这里。

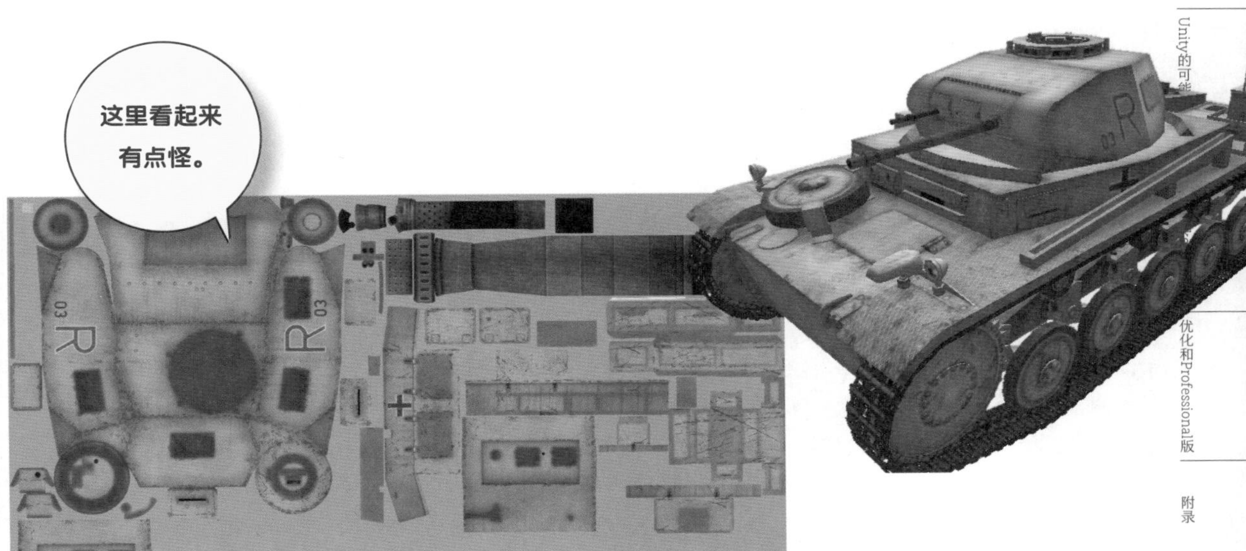

3. 试着稍微改造一下。

这张图片是炮塔上的**纹理**。文件格式为tga，可以用Photoshop打开并保存，试着涂改后覆盖保存。然后，就变成这样。

对这张**像展开图的图片**所进行的编辑反映到了战车的炮塔上。是不是有一种把自己的原创加入到世界中的感觉呢？在本章的后半部分将会进行说明。这是对**UV贴图**中使用到的**Albedo**※图片进行了编辑。模型尚不能进行随便改动，但是能对图片进行随意修改※的话就可以制作有个人特色涂装的战车。

【Albedo】反照率。使用过 Unity4x 之前版本的，同其中的 Diffuse。详细内容请参考本章的后半部分。

【随意修改】那么这个展开图是如何做出来的？（P.124），涂抹颜色的工具又是什么？（P.432）这些将会在后面进行说明。

4. 试着制作原创的素材。

到了这一步就该3D模具的专用工具出场了，如果不满足于只对目前为止现成的电车、建筑物进行使用作业，而是要成为full scratch专家的话……说起来，只依靠Asset Store的话，原本就有很多东西买不到，因此如果到了想要用Unity创造原创的世界这一阶段的话，就不能绕过自己制作原创素材这一步了。

5. 练习 Unity 的同时练习制作素材。

听起来真的是好忙碌啊。但是这两者的操作会帮助你加深理解。而且那些非现成的自己从零开始制作的素材操作处理起来是非常有乐趣的。从无到有的喜悦，光从心情上看你就已经达到了造物主的程度。是成为有一双巧手的造物主还是成为略显笨拙的造物主，这取决于你的练习。

这是最难的一关，所以本章将主要介绍模型，必要的素材也不仅仅只有3D模型，造物主还必须具备一些素材制作技术，比如制作声音、设计界面中所使用的二维图像。

搜索后可以看到各种叮咚声，或许能找到你想要的声音。推荐制作模型时使用。

制作声音

使用Unity制作3D游戏时声音是非常重要的元素，BGM、标题叮咚声、脚步声或者开门的声音等音效。是否注意这一点，会对作品质量有很大影响。即便没有原创的声音也可以暂且先进行Unity的练习。一开始对音效可以不必太过费心，有些网站可以免费下载免许可证的声音素材，还有一些可以购买BGM的服务。当然Asset Store中也有apm MUSIC STORE，分类中还有音乐流派，可以从中获取音乐或音效。

http://freesound.org/

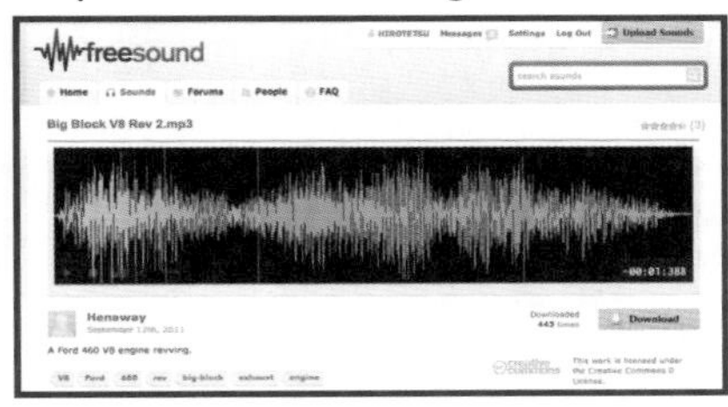

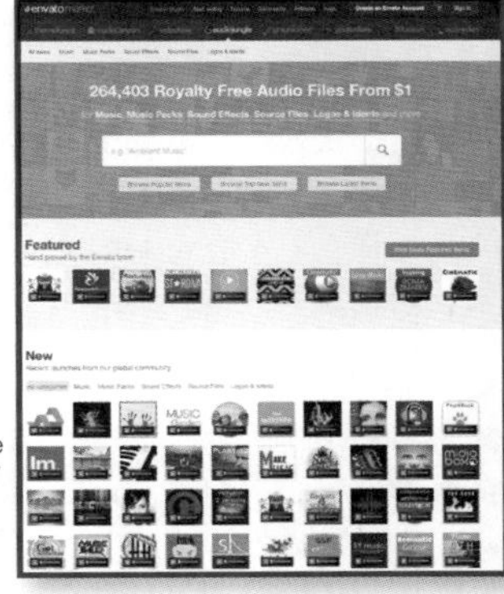

audiojungle
http://audiojungle.net/

二维图像的制作

关于二维图像的制作本书还没有提到过。Unity在制作执行文件时，会结合平台等对素材文件夹中的图像进行指定的**再压缩**※，因此无须事先缩小尺寸。如果会使用Adobe工具的话，可以使用Illustrator或Photoshop来制作。我一直都喜欢用Fireworks CS6。还有一些其他的工具，比如在Mac OS中，可以通过vector base来制作一些高阶功能的部分，非常简单就可以完成。手头没有Adobe工具的读者可以选择如下这些花费几百元就可以买到的工具。Sketch 3※具备手机应用程序开发的模板和写出选项，是很不错的选择。AFFINITY DESIGNER※也差不多这个价格，但却具有令人意想不到的强大功能，也值得推荐。

【再压缩】详细内容请参考 P.145。

【Sketch 3】Mac 用，是一种功能强大的图形应用程序。

【AFFINITY DESIGNER】在 MacAppStore 中可花 328 元购得（执笔阶段），是一款性价比超高的 Vector Base 工具。

那么什么是 3D 模型呢

比较遗憾的是，Unity单体是**无法制作和编辑有复杂形状的网格数据**※的。需要使用网格数据时，读取外部3D应用程序所制作的数据即可，这个在下一小节中将会进行说明。今后使用Unity制作世界时，"**全部只用在Asset Store**※**中所购买的模型数据来制作不就好了**"除非你有这种莫名的豪侠气概，否则建模工具的练习就是一个你无法避免的难关。和那种"只要掌握了使用方法就可以了"的软件不同，3D工具要求达到非常熟练的专业水准。开始使用Unity时，那些说自己"会建模"的人是具有绝对的优势的。不过，即便你无法做出很棒的模型，能够凭自己的力量做出哪怕是很微不足道的模型，也能大大减少压力。

【**无法制作和编辑有复杂形状的网格数据**】Asset Store 中有几个可在 Unity 内进行简单建模的工具。

【**全部在 Asset Store**】实际上也不是难以办到。是不是原创就另当别论了。但是如果把放置到场景中的石块一个一个地都弄成原创那就太费劲了。

Unity内读取模型数据的方法，大体可以分为2种。

通用模型数据

一种是从3D应用程序导出的通用格式的模型数据。其中主要使用的是.dae（COLLADA）、.obj文件和FBX导出文件（.fbx）。特别是FBX，不仅角色的模型和材质，Rig（骨骼）和动画数据这些都可以完全包括在内进行写出，可以说是最**具人气**※的格式。这些数据可以进行再次编辑，因此读取到Unity中以后，也可以用原先的3D工具读取并进行修改。

【**具人气**】话虽如此。从外部拿来的动画数据也是可以分配给 COLLADA 文件的。

以通用写出为前提制作，很多时候可以不用做无用功。
嗯……这样……可以嘛?
毛发无法输出啊。
FBX

所读取的FBX数据的动画设置等在读取至Unity后进行编辑也是常有的事，但是有一点需要注意，进行覆盖后该数据也还是会回到原始状态。后面当模型数据发生更改时，是从原始数据中读取每次写出的内容，还是直接用3D工具对读取后的FBX文件等进行修改和编辑，需要根据情况进行考量。

本地数据

每次都调用，有点受不了啊。

还有一种方法就是直接使用各建模工具的本地数据。将Unity所支持工具的原始保存数据导入项目中，就可以直接在场景中进行使用了。这种方法的好处在于3D应用程序中保存的数据可以立即进行使用，而且可以多次打开进行重新调整。但是要采用这种方法，Unity环境本身必须安装有该应用程序且处于可使用的状态。

那边还是显示不
出它的毛发……
每次都麻烦你，
MODO，拜托了～
打开本地数据时，
每次都要访问原来
的应用程序。
CAT

例如，多人作业的项目中包含有本地数据，别的作业人员打开该项目时，如果他的电脑环境中不存在兼容该建模数据的应用程序，就会发生错误。

本地数据用于一些小的测试，或者可以多次修改建模数据的prototype的制作中时，可以说没什么特别的缺点了。可以使用本地数据的3D应用程序有Maya、3ds max、MODO、Cheetah3D、SketchUp Pro等，详情请参考Unity官网的对应表。

http://docs.unity3d.com/Manual/HOWTO-ImportObjectSketchUp.html

但是，要想每次都原封不动，没有任何删减，还是使用本地数据比较方便啊。

那么，选择哪个工具呢

本地数据的可怕之处在于，将来如果不使用该软件时其项目可能也无法再打开了。

3D工具根据其价格、期望的使用难易度、功能及用户而各有不同，非要说推荐哪一种还是比较难的，你是只想用Unity进行建模？还是也想使用CG工具？是爱好还是工作要用？学习要花费多长时间等，很多因素都会影响模型作者的选择。

假如有一个选择的方向，比如本书是以Unity和3D初学者为对象的，因此就要尽可能地不花钱。请放心，我们会首先从免费的工具开始进行介绍的。

Blender

© TAKAGISM

绝对不是便宜没好货。

免费的3D工具里，Blender可以说是一条便捷之路。虽然它是免费的，可是却具有难以理解的非常强大的功能。如果你不仅想学习掌握Unity，还想制作掌握CG影像，还想**免费**，那么Blender绝对是首推的工具。但是，因为它功能过于强大，所以界面上按钮很多，可能需要花费一定的时间去熟悉。Blender的功能稍显强大，你还可以选择下面要介绍到的免费工具。但是它们都拥有各具特色的UI，免费从0开始的话还是首推Blender。

SketchUp Make（美国 Trimble 公司）

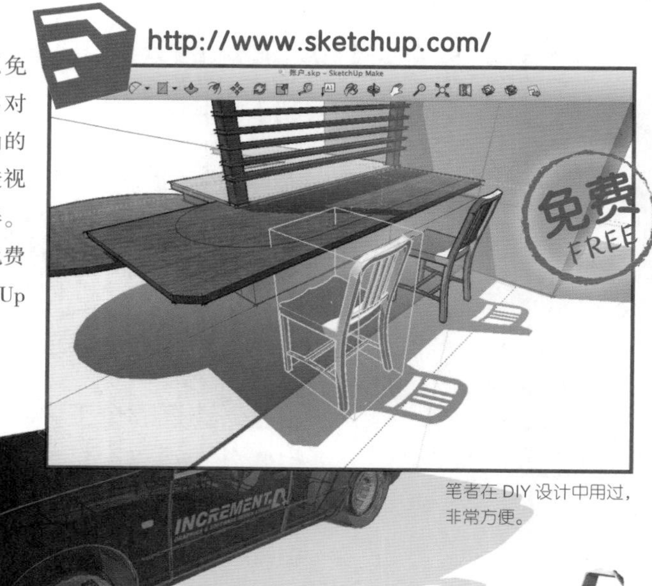

笔者在 DIY 设计中用过，非常方便。

SketchUp Make工具如果不做商业用途是可以免费使用的。就好像作画一样在画面上直观地绘制出对象，而且中途还可以键入数值以切实地制作出正确的尺寸。总的来说，倾向于CAD、室内装饰、建筑透视图等。从Unity5.1开始安装有本地.skp文件的导入器。在该工具中，可以访问3D Warehouse，这是一种可免费下载的模型数据库。如果是结构简单的对象，SketchUp的作业速度或许可以成为你的武器。

Shade 3D for Unity（Mac OS）

很早以前就有的样条线建模Shade的免费版。界面独特，可能会有点难以下手，适合将来想要入门商业版的读者（建筑方面？）。以前是免费的，但现在只有Shade 3Dver.15用户才能免费使用。

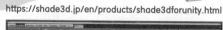

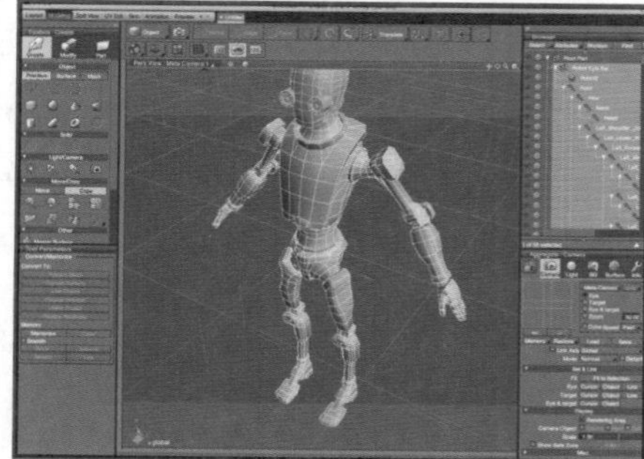

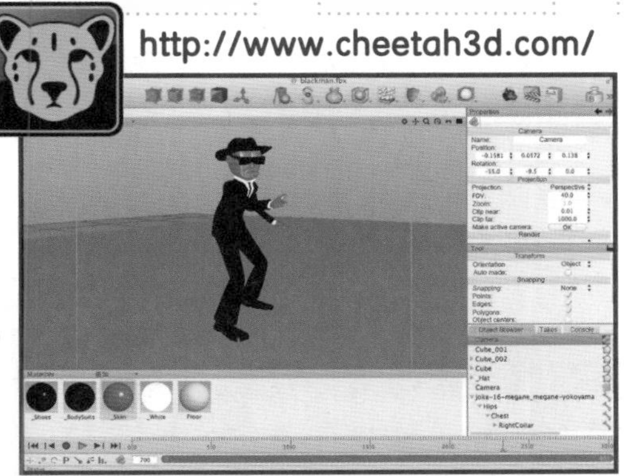

http://www.cheetah3d.com/

© TAKAGISM

Cheetah3D（Mac OS）

如果要推荐不超过1000元比较便宜的工具，当属Cheetah3D。在这个价位的工具里功能是非常强大的，作为CG工具性价比可以说很高。

Metasequoia 4（Windows）

metasequoia4

http://metaseq.net/en/

作为Windows用户所使用的低价建模工具，Metasequoia可谓是首屈一指的。虽然价格低，但是在一线的游戏角色制作中也有所运用。由于为角色加入了骨骼，要输入输出FBX文件就需要EX版。还有这个工具终归是个建模工具，并不支持动画，因此要使用角色动画需要通过Unity来合成动画数据，或者通过别的工具（Blender等）来创建动作。根据许可证形态的不同，价格也不同。Standard版为5400日元，EX版为19980日元（2015/春当前时间），价格并不贵。

高度CG也能纯熟运用面向Pro的统一环境

https://www.foundry.com/zh-hans/products/modo

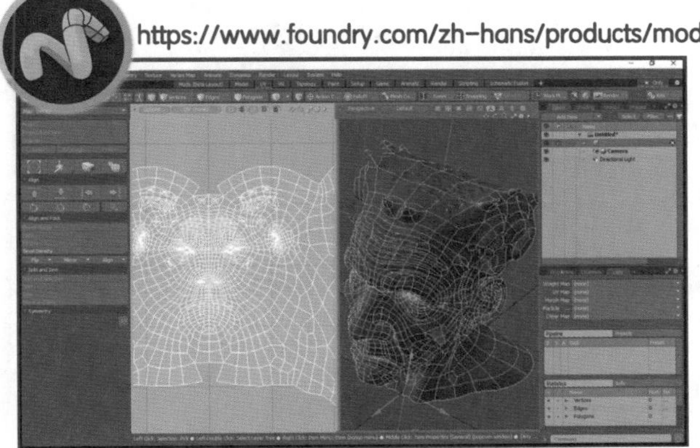

超过5000元的中等价位里也有很多不错的工具。比如7000元左右的ZBrush、Maya LT※、CINEMA 4D Prime，还有价格稍高的Lightwave、MODO，其功能和使用的便利性是它们的亮点所在。原本想买电动车的人，看到价格区间却涨到这么高，会觉得苦恼吧。关于价格还需考虑许可证形态、升级费用，单从购买价格是无法进行比较的。这个价位的工具都有很多功能。其中笔者个人推荐The Foundry MODO※。ZBrush也很不错。但是这里需要考虑的是，不管哪个工具（只是一些粗略的比较）熟练使用要比掌握费力气多了。用惯了就可以发挥作用。制作出理想中的世界是需要花费一些时间的。

【Maya LT】仅订阅版每年245美元,3年的话735美元。每月30美元，稍微有点高。https://www.autodesk.com/products/maya-lt/overview

【MODO】官网上有两种版本：MODO indie901 和 MODO indie901plus MARI indie，前者比后者价格低一些，订阅版的话，大概每月100元左右才能使用。http://store.steampowered.com/app/401090/MODO_indie/

AUTODESK MAYA LT

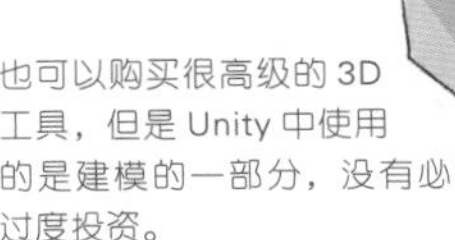

也可以购买很高级的3D工具，但是Unity中使用的是建模的一部分，没有必要过度投资。

究竟什么是 3D 数据

只是在笼统地说建模，那实际上究竟什么是建模呢？对于初次使用3D应用程序的人来说，不管选择哪个应用程序都需要首先理解什么是建模。接下来我们举例进行说明，对MODO 801的画面进行介绍。是不是觉得和Unity有点相似呢？

类似于场景视图

类似于 Hierarchy

类似于 Inspector

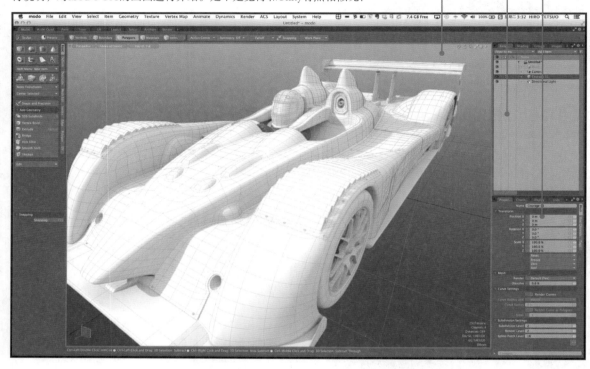

虽说是3D应用程序，但目的和输出方法各有不同，因此不能一概而论，但基本上都是用于制作CG的工具。也就是用于对CG的静止画面、影像进行**渲染**※并进行制作的工具。和Unity相同，将3D对象放置到场景中进行布局并赋予动作。与制作**实时3D**内容的Unity相比，目的虽然不同，但实际上是非常相似的。

【渲染】从 3D 的设置开始到计算生成图像的过程。Unity 中这一过程是实时进行的。

用于制作CG的3D应用程序，都是一帧一帧进行渲染来制作出图像的，是绝对可以达到奢华和逼真的程度的。越是对模型的细节部分下功夫网格就会越细，而且对质感的设置等越厚重，渲染的时间可能就会越长，如果你能够坚持到成像，你会发现成品动起来栩栩如生。Unity需要将CPU/GPU的能力全部调动起来使其尽量快速实时地进行动作，所以它是无法完成CG所用的模型数据这种程度的制作的。

和 Unity 的目的是
不同的哦。

【BATTLEFIELD 4（战地 4）】这个游戏中所使用的是一个叫作 Frostbite3 的游戏引擎。这个引擎并不像 Unity 那样是普通用户就能够轻松使用的，在游戏引擎中是赛车一样的存在。

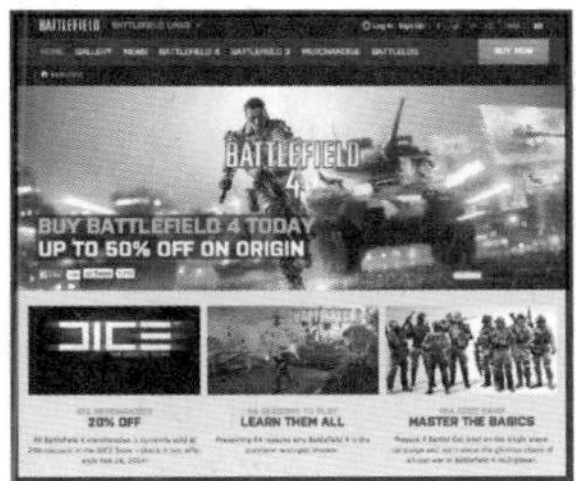

与游戏那样的实时3D画面相比，当然还是CG画面更显逼真。即便如此，如果能很好地使用它的实时3D引擎的话，现在也能够制作出宛如CG影像般的逼真的实时影像。本书的开头有稍微提到过著名的FPS游戏，BATTLEFIELD 4（战地 4）※、BATTLEFEILD HARDLINE（战地：硬仗）等，看游戏预告你会惊叹："这真的是实时影像吗？"

这个游戏使用的并不是Unity引擎，但却和Unity一样可根据你下功夫的程度，将美丽的影像实时进行显示的优秀的游戏引擎。要制作出实时动作并且好看的角色需要很多技巧，制作什么，怎么制作，该注意什么，是否准备好数据，对这些事先进行一个了解，对后面在Unity中使用素材是十分有帮助的。

复杂的大叔

Unity所制作的应用程序有可在PC和Mac中运行的，还有可以在手机环境下运行的。与手机相比，PC、Mac的CPU、GPU似乎是充满能量的，但根据使用的图形卡的种类和CPU的种类的不同，其性能也会发生更改。Unity的素材制作可能就是与性能的对决吧。画面是否逼真，动作是否流畅的对决。

比如这个令人不适的大叔，是用MODO制作的。表面疙疙瘩瘩、坑坑洼洼，数据应该很厚重。顺便说一下，这个模型用MODO渲染花费了大概50秒。如此一来，实时渲染看起来是非常不可能的。**那么，如此复杂的是不是就难以实现了？**不，并不是。在Unity中要让如此复杂的形状实现动作，使用很轻的数据就可以表现出来。

对此进行说明之前，我们首先来思考一下究竟什么是建模数据吧。

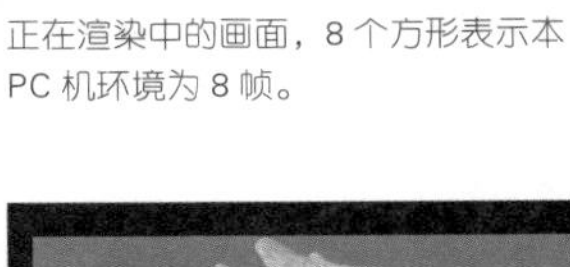

正在渲染中的画面，8 个方形表示本 PC 机环境为 8 帧。

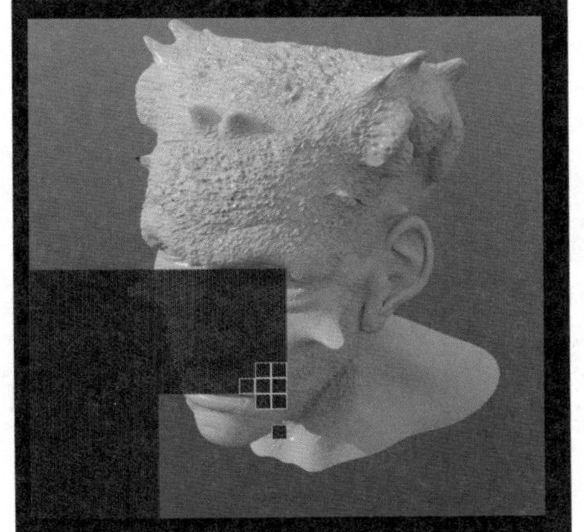

什么是建模数据

建模数据，详细说来就是**网格（形状）**和分配给它的**材质（素材）**数据。

首先是网格，换言之，形状的创建包括**点**，然后是点和点的**连线**，接着是3条（以上）的线所构成的**面**。分别称为**顶点、边、多边形**，不同的3D应用程序其叫法有时会有所不同。具有代表性的建模工具是通过切换各自的模式并编辑网格来进行作业的。

我只管线的事情。
面是我来操作的。

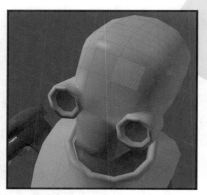

多边形

是指像三角形、方形等拥有多边形顶点的平面。多边形中有表面和内里，记住只有表面有面。3D应用程序有时会按照某些步骤将这个面翻过来，因此需要注意。还可以按照多边形单位来划分素材，也就是指定材质。

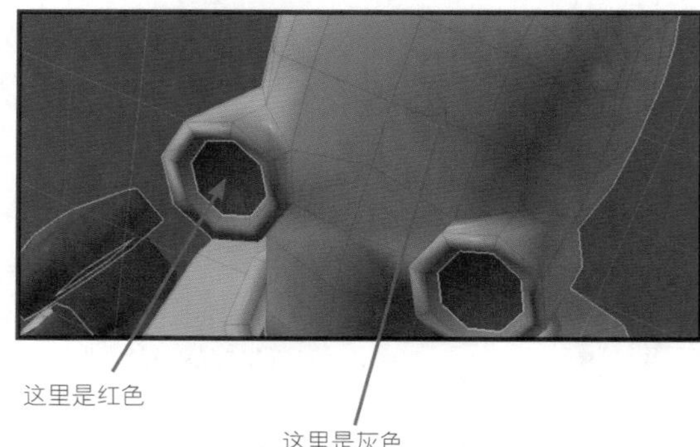
这里是红色
这里是灰色

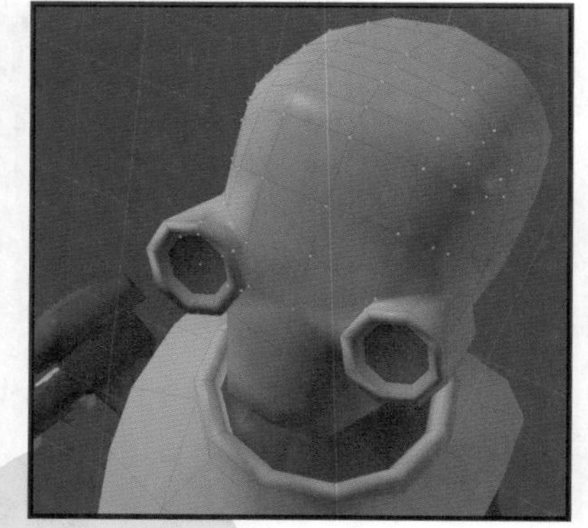

顶点

是指固定于该网格的局部坐标中的特定位置。

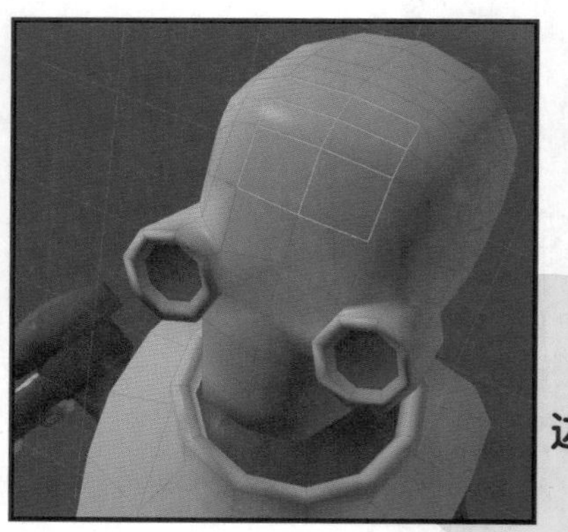

编辑这种角色时，多是在左右对称的模式下进行的。

边

连接顶点和顶点的线。

建模方法

首先，画好剖面后，从脸的一侧进行建模。

本书是关于Unity的，因此建模手法须在各软件中分别进行学习，但实际上都非常相似。无非是画线，然后绘制出面，进行拉拽复制来制作立体形状。

最容易想象的建模就像这张插图一样，沿着从正面、侧面或者上面3个方向所看到的设计图进行建模。**车的建模**※和熟练的低多边形角色作者们，最早都是用这个方法。但是对于初学者来说，这样作业实际上还是很难的，如何增加多边形，并把它立体化呢？能不能对这些立刻做出判断？这都是很难的。

还有一些别的方法。不是从绘制线和面开始的，而是从已有的形状开始的。从方形、球体等形状中割出多边形面，在必要的地方进行拉拽、拉伸，**像黏土**※一样进行造型。从原有的形状进行拉拽，可能总是达不到理想的形状，不管形状是好是坏都是一个熟练的过程，因此即便一开始形状并不理想，但是想把自己建的模放到自己的Unity世界里，这个方法可以说是很直截了当的了。

有时从一侧进行建模并复制，有时对称同时进行作业。

【车的建模】为想制作交通工具的读者推荐一个收费的网站The-Blueprints.com。可以购买各式各样的交通工具的三面图。

【像黏土】比捏黏土要简单。有质量的黏土工艺需要按压拉伸或者突出凹陷，实际上是很费神费脑的作业。多边形的作业中并没有这些。

http://www.the-blueprints.com

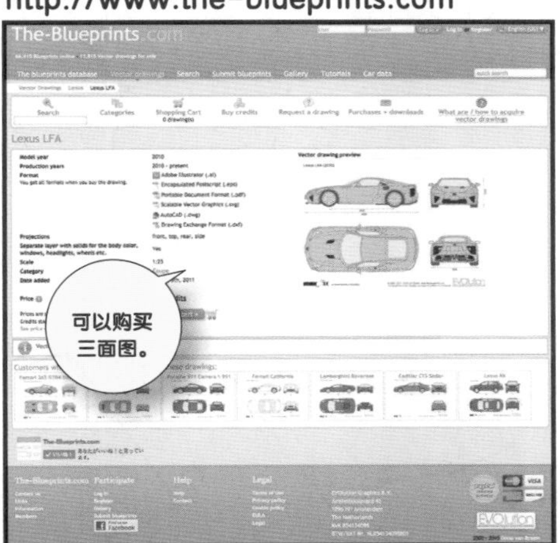

首先将立方体分割为所需数目的多边形。

移动和拉伸顶点、边、多边形来编辑形状。

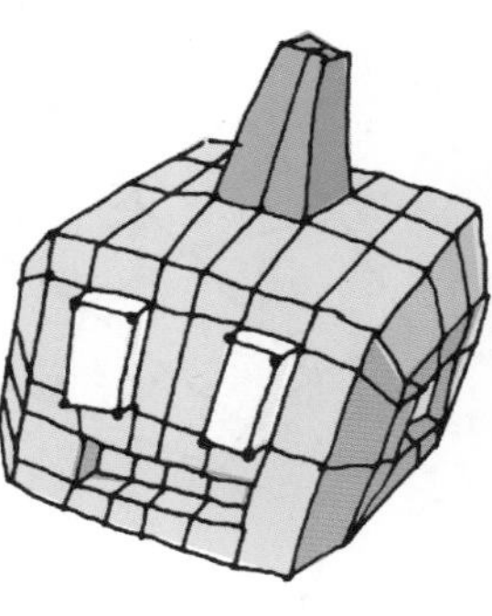

洋葱君

不同的工具，对顶点、边和多边形的处理方法也不尽相同。编辑网格有几种基本方法。首先，最基本的作业是在3条边所围出的范围内粘贴面也就是多边形。当然，如果不粘贴这个面，保持有洞的状态也是可以的。

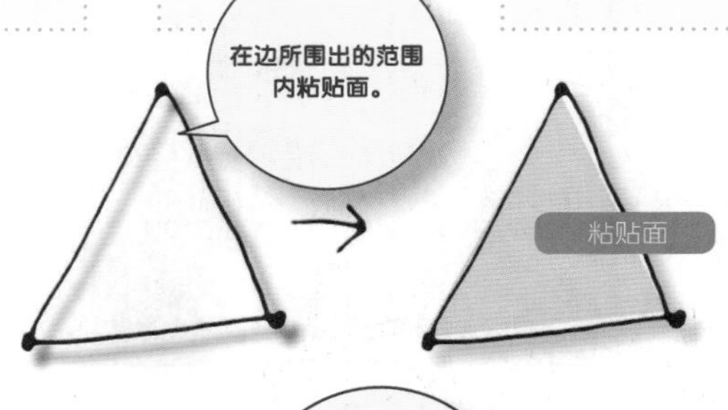

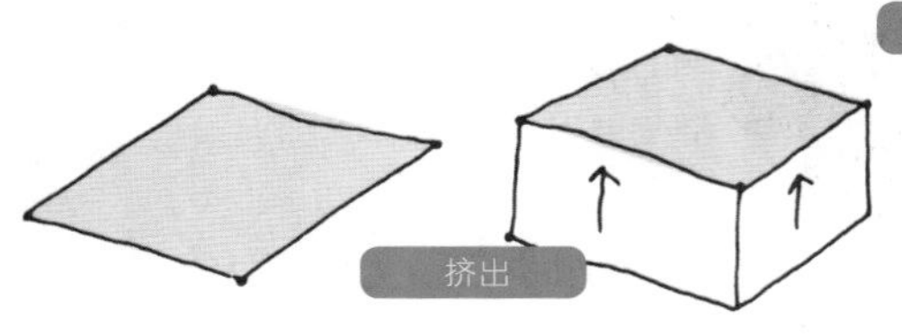

其次，还有一个经常使用的方法，就是倒角。可以将面堆高，使体积增加来追加形状，当然了使其凹下去也是相同的道理。堆高的面为“挤出”，变更面的大小为“倒角”。洋葱君模型的眼睛、角、口等都是将面进行倒角而成形的。

倒角也可以运用到边和顶点。

创建好的多边形也可以用边进行分割。像这样，对想制作出细节的部位就可以细致地进行修正了。

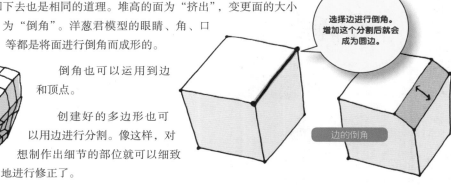

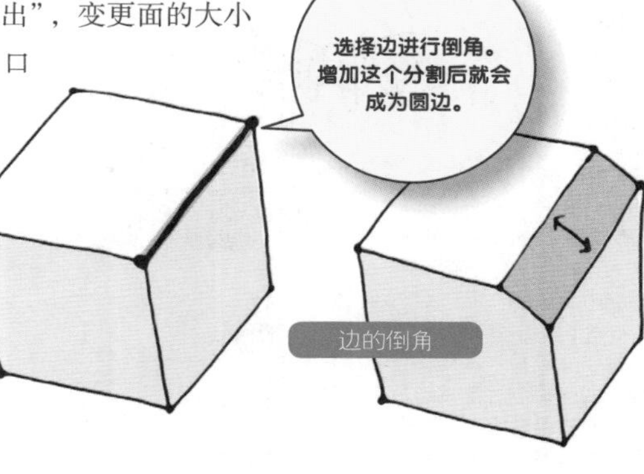

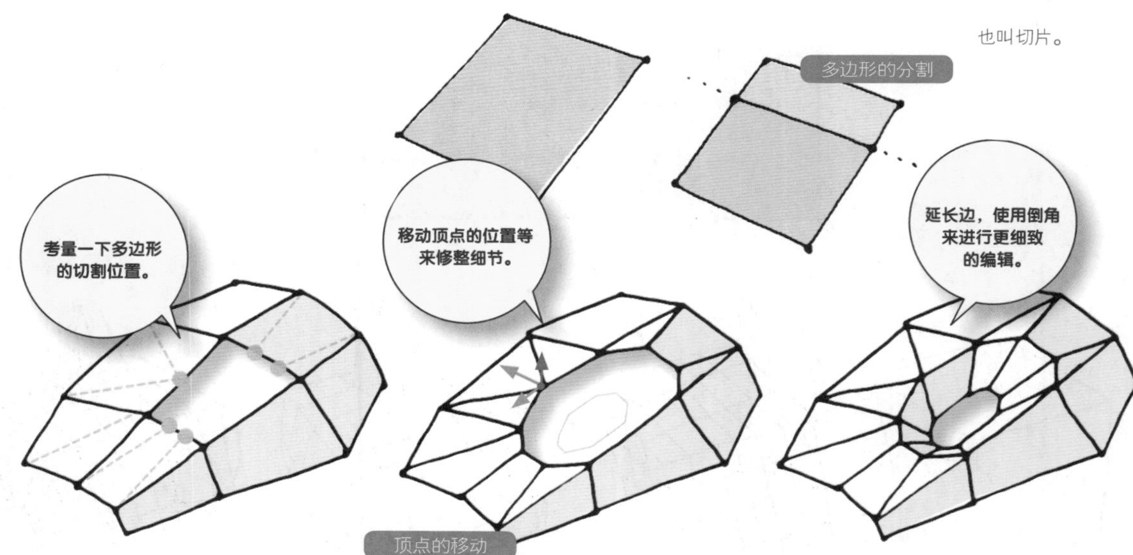

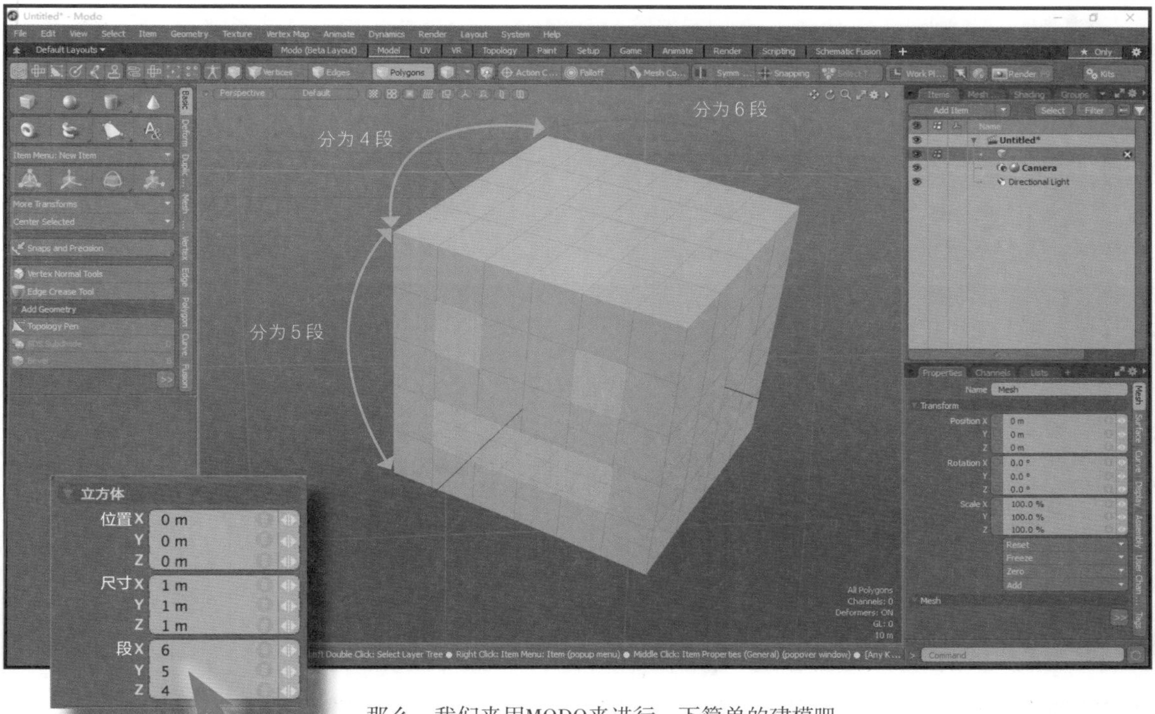

分为 6 段

分为 4 段

分为 5 段

立方体

位置X 0 m
Y 0 m
Z 0 m
尺寸X 1 m
Y 1 m
Z 1 m
段X 6
Y 5
Z 4

那么，我们来用MODO来进行一下简单的建模吧。

首先，一开始我们使用立方体工具在世界中心制作一个边长为1m的正六面体。这和在Unity中制作Cube的GameObject是非常相似的。但也稍有不同，这个立方体是以事先被分割的状态创建的，以使各面易于加工。这个例子中，将X轴（左右）分为了6个、Y轴（纵向）分为了5个、Z轴（朝里）分为了四个。这个工具可以像这样对各个方向和想分割的数目进行设置。这个分割点称为**段**。通过将它进行拉伸、移动，将细小的多边形努力进行分割就可以得到左图那样的模型。

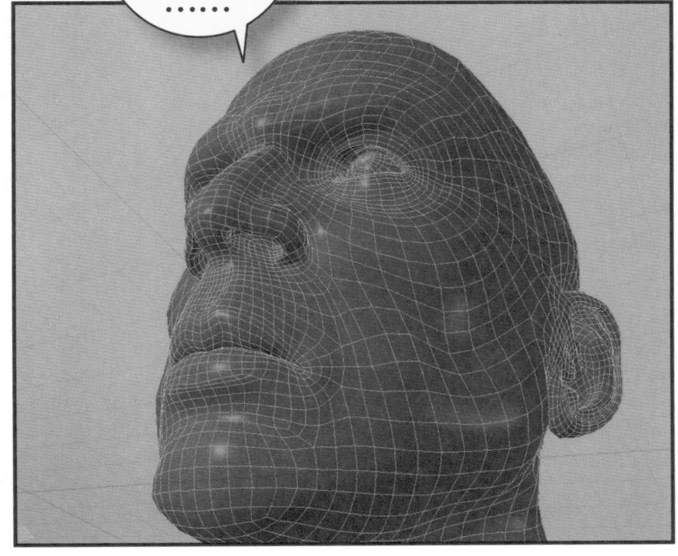

真的能够做到吗？当然，能够自如地作出这样具有逼真面部的模型的话，如果不是相当熟练的话是很难的。有绘画或雕刻才能的人能够纯熟地把握立体空间，这对于完成这项工作也是必不可少的环节。这个面部采用的是细分曲面手法，后面将会进行说明。

创建逼真的面部难度有些过高，一开始我们还是以洋葱君为目标吧。你将体会到，啊，建模原来是这样的。

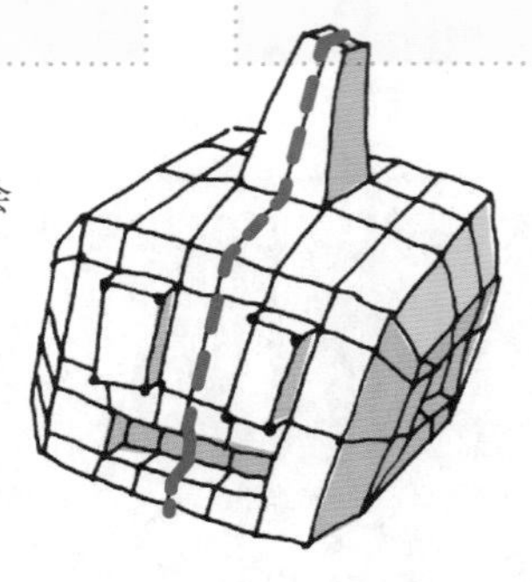

中心需要留一条线，因此将 X 轴设为偶数。

从基本的开始做起

将段分为Y:5、X:6、Z:4，是将洋葱君形象化。对眼睛和嘴巴做怎样的变形呢？可以自由决定分段数，将X轴设为偶数比较好，便于制作中心线。

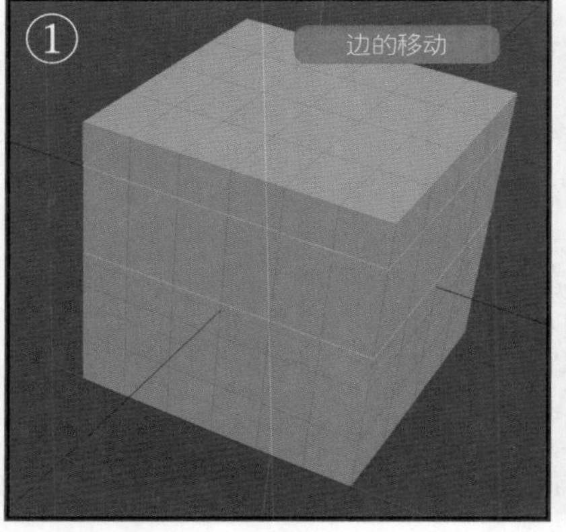

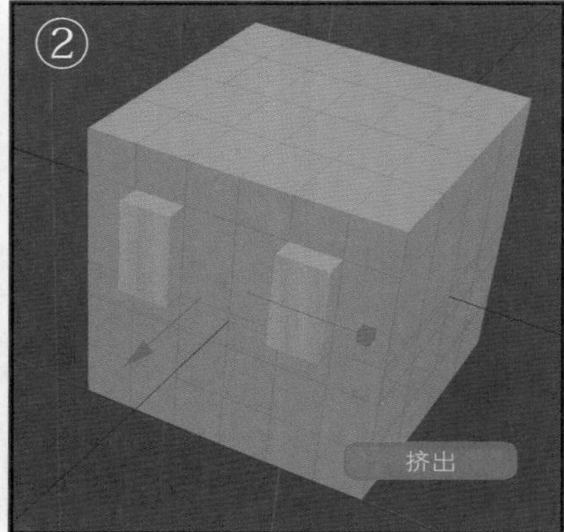

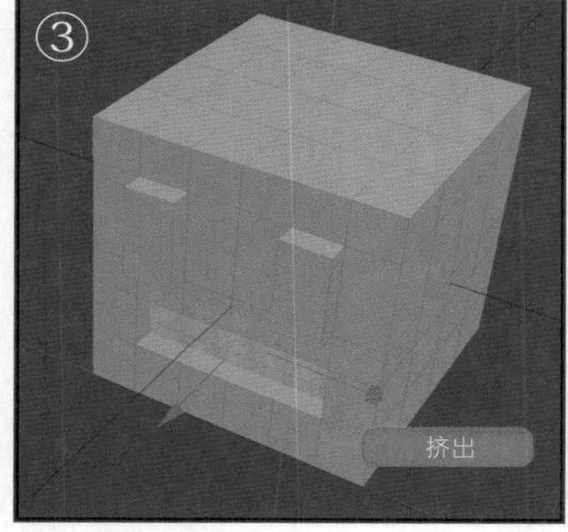

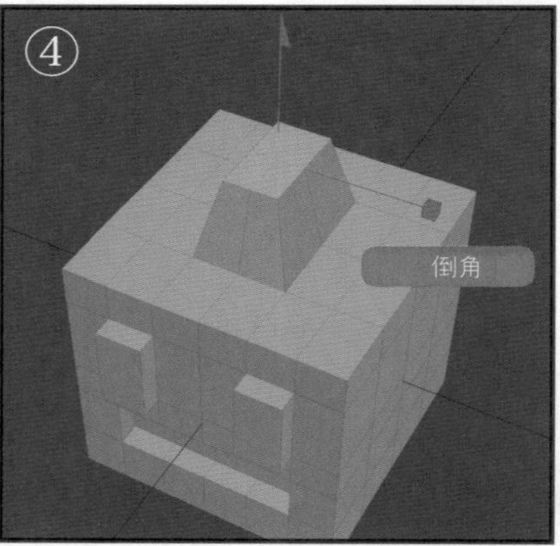

①根据竖长眼睛的位置，稍微变更 2 条边的高度。

②选择眼睛部分的多边形，利用倒角工具稍微向前拉。虽然使用倒角工具，但是拉伸后的尺寸并没有发生更改。

③同样的方法，将嘴巴部分的多边形向内拉至凹陷。

④将角向上进行倒角。像这样拉伸后的多边形的尺寸发生更改的就是进行了倒角操作。

嗯，就是这种感觉，基本上就成形了。眼睛为竖长的，因此将均等分段的Y轴的眼睛部分如图①上下扩散后，全部进行多边形挤出然后倒角，再稍微加一点细节吧。

⑤ 选择侧边进行倒角，角发生下落。

⑥ 耳朵部分是通过倒角创建的，使凹陷。

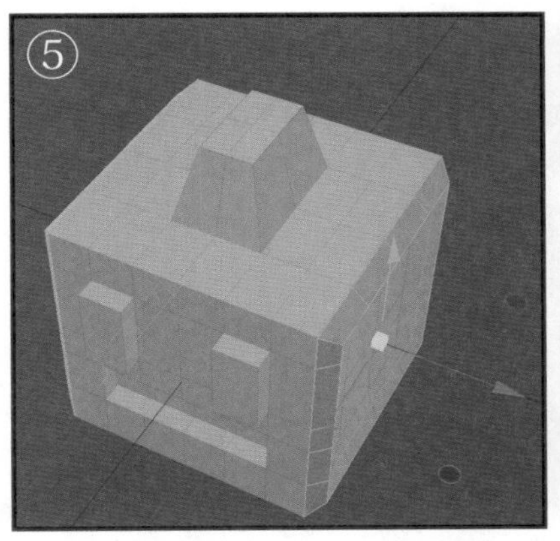

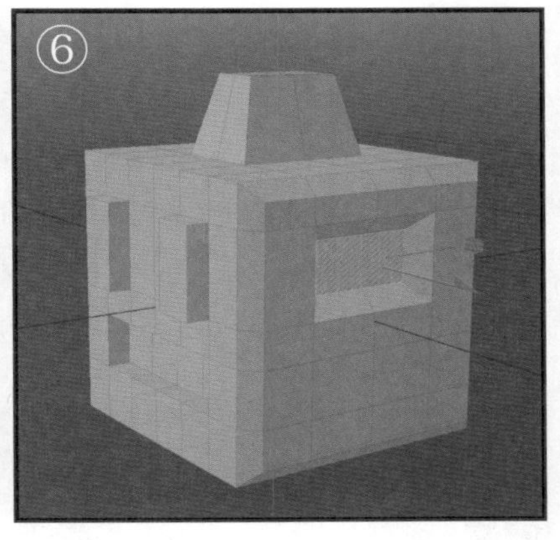

总觉得有点不流畅，来修正一下细节部分吧。让洋葱君像图中那样多一些圆润的感觉吧。一个一个地移动顶点并进行微调来使它圆润起来是非常难的，MODO中有一个选择辅助工具——衰减（Fall Off），用它缓缓选择后，变更尺寸后，各顶点也会根据变形的情况发生更改。

⑦ 使用衰减（Fall Off）进行缓缓选择，变更尺寸后，稍微变圆润了些。

⑧ 修整细节，洋葱君的头就完成了。

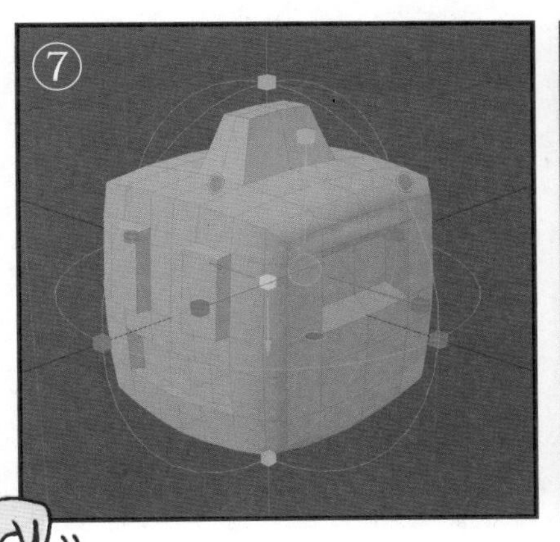

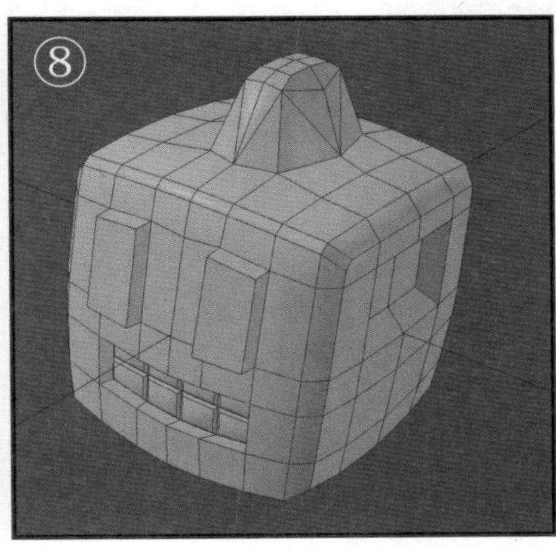

形状就暂时完成了，那么洋葱君的头实际看起来是什么样的呢？我们来设置一下吧。这个过程称为材质的设置。

设置材质

材质，直译就是素材，它本身有许多要素，“颜色”、“表面的反射”、“光的漫反射”等。例如，同样是蓝色的塑料，有的没有光泽，有的能够映出周围物体，表面光滑。金属的话，有铝制表面和不锈钢表面，区别非常大。如果不设置材质，就无法成为理想中的外观。而且可以以之前建模的多边形单位进行设置。

⑨ 在多边形选择模式下选中多边形来创建材质。

⑩ 为 4 种材质设置颜色，MODO 中可以按照所设置好的材质进行选择，这种模式非常方便。

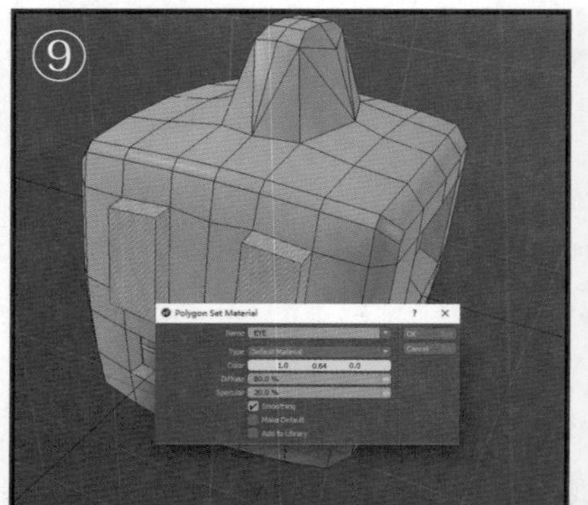

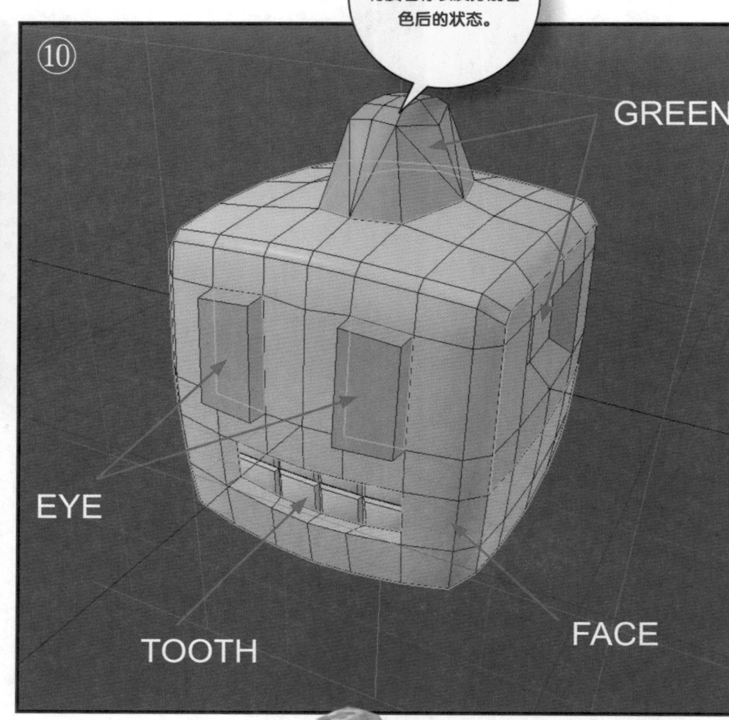

选择多边形，分别为其设置命名过的材质及颜色，如右图。通过3D工具分别对质感和外观显示方法进行详细设置，可以实现多种逼真的效果。

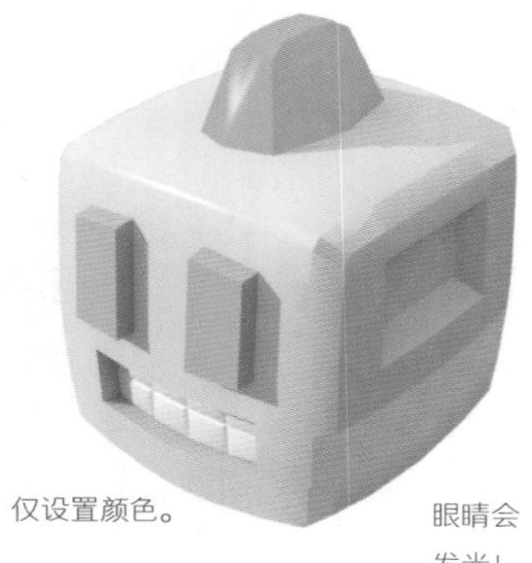

仅设置颜色。

为 GREEN 设置了像草地一样的纹理。

眼睛会发光！

一口银牙！

瓷砖般的感觉

3D 工具中可以进行材质的细项设置，以进行渲染。比如反射并能映出周围的物体，或通过纹理使得表面凹凸不平。

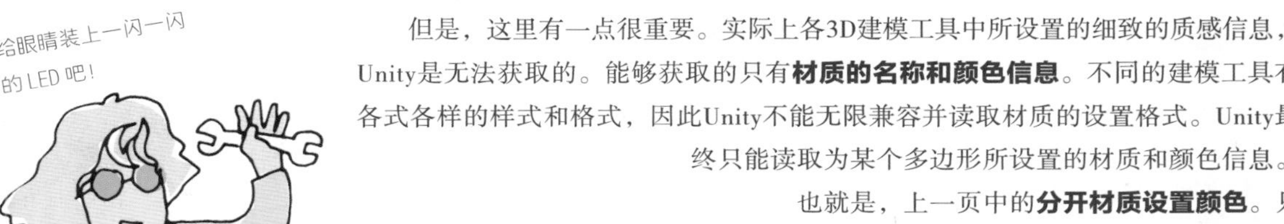

给眼睛装上一闪一闪
的LED吧！
没必要吧。
GRE
EYE
FACE

但是，这里有一点很重要。实际上各3D建模工具中所设置的细致的质感信息，Unity是无法获取的。能够获取的只有**材质的名称和颜色信息**。不同的建模工具有各式各样的样式和格式，因此Unity不能无限兼容并读取材质的设置格式。Unity最终只能读取为某个多边形所设置的材质和颜色信息。

也就是，上一页中的**分开材质设置颜色**。只是，这样的作业用建模工具进行基本上就够了。

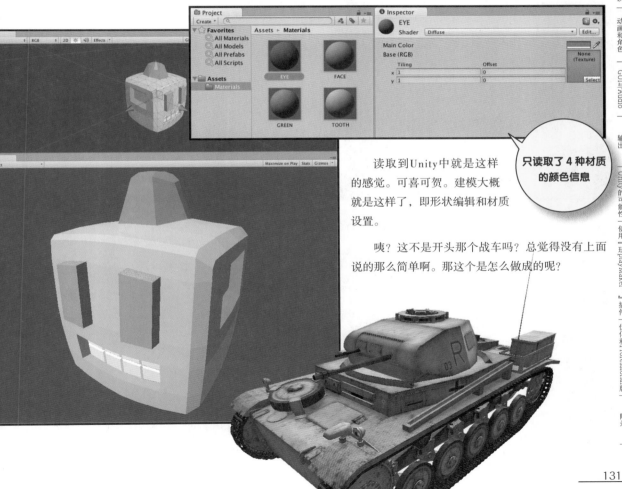

只读取了 4 种材质的颜色信息

读取到Unity中就是这样的感觉。可喜可贺。建模大概就是这样了，即形状编辑和材质设置。

咦？这不是开头那个战车吗？总觉得没有上面说的那么简单啊。那这个是怎么做成的呢？

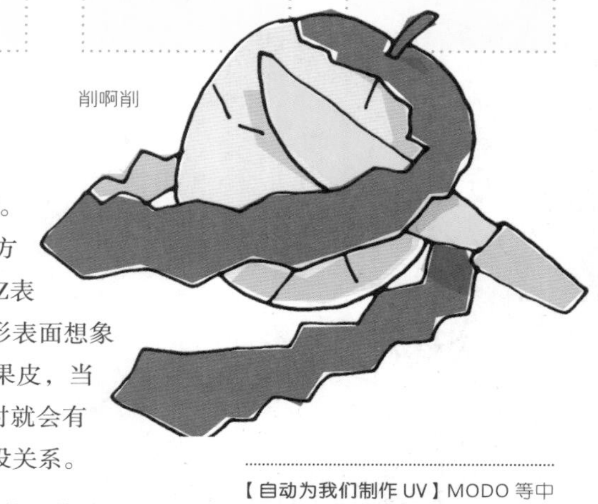

什么是 UV 贴图

接下来要介绍的是UV贴图，是一种二维坐标，不是紫外线哦。UV的U为左右方向坐标，V为纵向坐标。肯定有人要问了，纵横方向不是用XY来表示吗？通常在3D空间里加上Z（朝里）来用XYZ表现空间，为了避免混淆，就使用U和V来进行表示。将立体多边形表面想象成苹果的表面，UV贴图就是被削下来散乱地放置到平面上的苹果皮，当然橘子皮也是可以的。要把它摊开成平面，就不得不切开，这时就会有切痕。即便如此还是会有浮起的地方，使劲按下去稍微歪一点也没关系。

图像当然是二维的，UV贴图中保存的坐标信息，是将三维立体物体的皮切开后多少有点歪的状态下的坐标信息。建模时有的工具可以**自动为我们制作UV**※，通常模型作者会自己切开苹果皮来很好地处理成一片一片的果皮。

【自动为我们制作 UV】MODO 等中一开始会自动为我们进行创建，但是多数情况下基本上还是全部擦掉，自己来设置切痕。

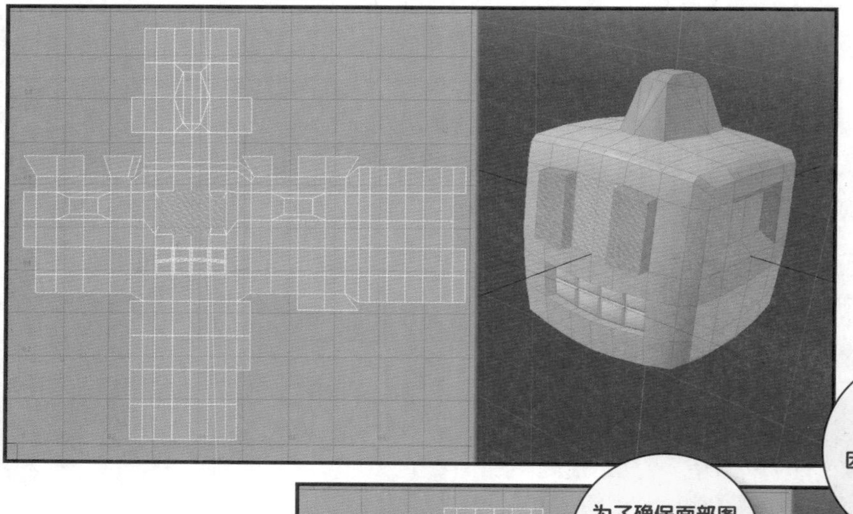

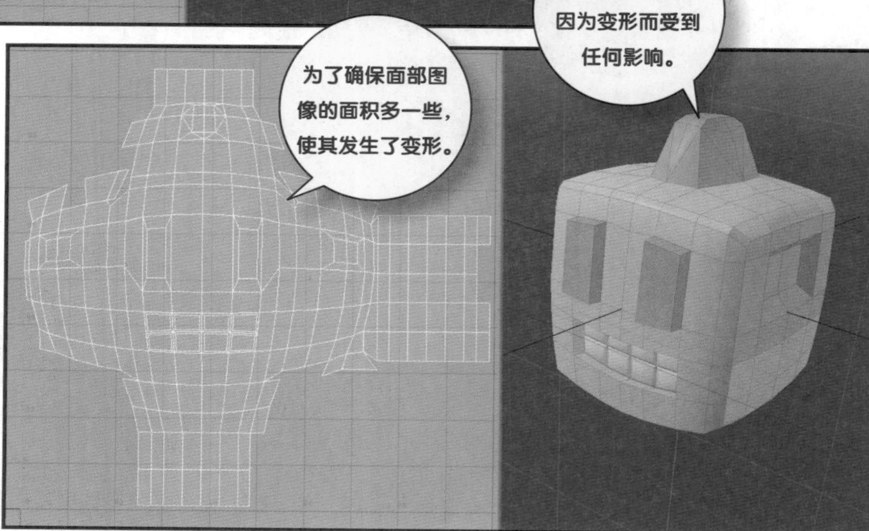

为了确保面部图像的面积多一些，使其发生了变形。
网格中并没有因为变形而受到任何影响。

UV贴图中展开的多边形发生变形，但完全不会影响原先网格的多边形，如果想将面部的图像做得细致一些，而脚掌的图像并没有那么重要的话，可以在UV贴图上自由更改尺寸。例如右图这种感觉。

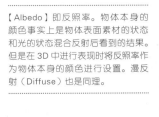

利用古德投影对橘子进行UV展开。

Island

UV贴图中，为橘子皮加入了切痕，没有必要为了使其成为完整的一片而制作成连续的。可以将各部分散乱的放置到UV贴图中。

3D中所使用的贴图图像的边长通常为256px、512px、1024px、2048px、4096px等，是固定尺寸的正方形。在正方形中，布局良好且不浪费图像，可以很好地提升品质。散乱放置的多边形称为Island。将Island整齐紧密地排列在正方形中。

绘图工具绘制为彩色后，将自动绘制成UV贴图中所设置的图像。

世界地图正是进行了投影。可使用多种方法将球体的地球表示为平面的地图。

【墨卡托投影】将两个极点距赤道进行等长拉伸，这样的表现方式使得接近北极点的格陵兰岛“看起来比美国还大”。

【摩尔威德投影】重视面积，纵向进行一次切分，感觉像是强行进行切割的，越往边缘，地形越歪斜。

【古德投影】像橘子皮一样，在地球的海的部分进行切分，变得七零八落。为了不使各地的地形破裂而进行的分割。就像UV贴图一样的感觉。

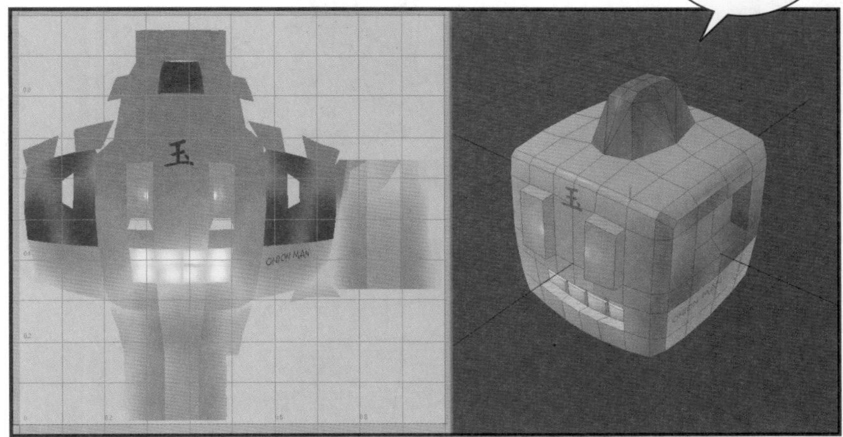

UV贴图设置完成后就该为其加入图像了。MODO中有3D绘图模式，可以进行3D绘图和上色。在3D画面中进行绘图后可以自动写入UV贴图中所设置的图像数据了。

【Albedo】即反照率。物体本身的颜色事实上是物体表面素材的状态和光的状态混合反射后看到的结果。但是在3D中进行表现时将反照率作为物体本身的颜色进行设置。漫反射（Diffuse）也是同理。

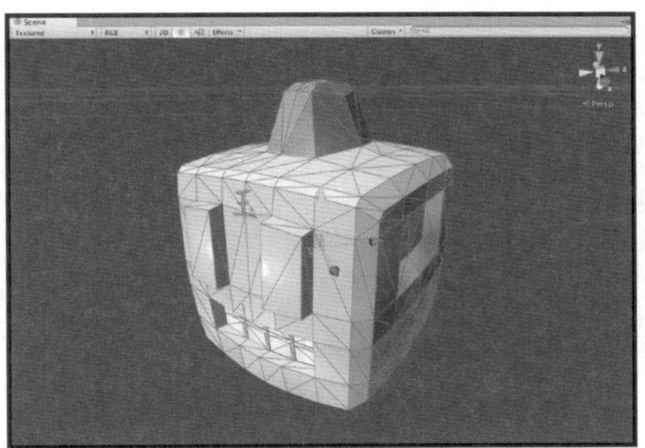

将洋葱君再次放入Unity中，之前只对多边形进行了上色，这次加入了UV贴图图像，通过设置材质的**Albedo**※，现在变成了设置有纹理的洋葱君。

使用 SDS（细分曲面）

使用不流畅的多边形很好地创建出了一个角色——洋葱君。在某些情况下，要在Unity中进行使用可能也是完全没有问题的。但是如果需要更真实一些，更庄重一些的角色或者需要更有机的表面，更流畅的角色时该怎么办呢？就需要像捏黏土那样用手来回捏了。

这时候要登场的建模手法就是细分曲面（下称SDS）了。原先的网格并没有那么多的多边形，从它的形状中将角弄圆“**是这样的形状吧？**[※]”，这一过程温和地诠释出了这一建模手法。像刚才制作洋葱君那样，一点一点地移动、拉伸和编辑顶点、边、多边形，制作出栩栩如生的、细致的造形，制作成自己想要的形状，说实话难度确实很高，可谓是一流的雕刻家才能达到的境界。

如果为如下几个已经分段的网格进行了SDS，将会是这样的感觉。

【**是这样的形状吧？**】SDS 表示出的形状就好像捏黏土的感觉。但是能抓住和移动的也只有网格的顶点、边和多边形。

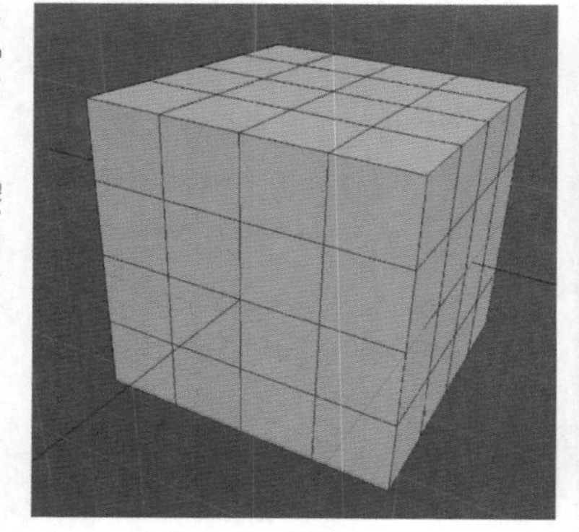

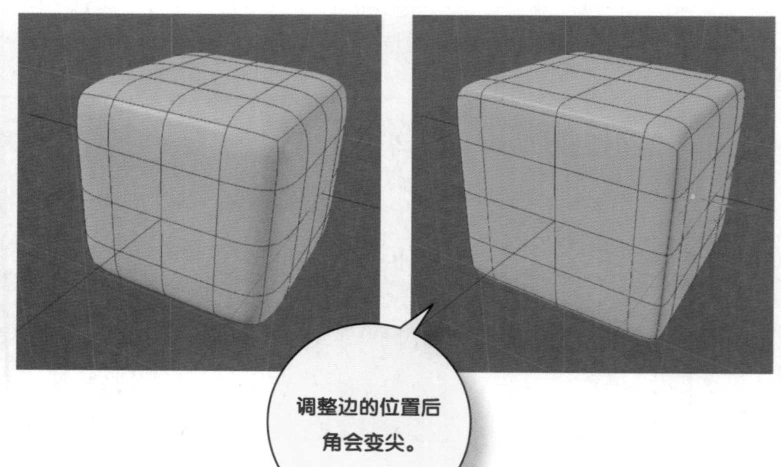

直接应用了
SDS。

于是我们试着制作了一下洋葱君ver.2版。只做微妙的更改就没什么意思了，因此挑选了一个SDS的面部模型进行复制粘贴并镶嵌其中。

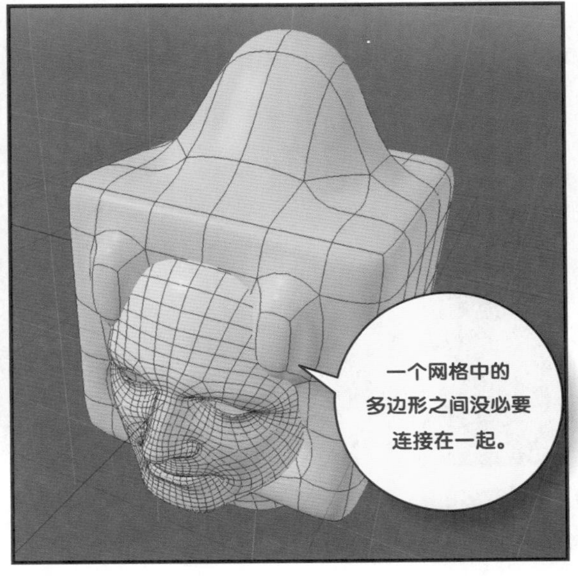
一个网格中的
多边形之间没必要
连接在一起。

制作出的UV贴图如下。面部比较复杂，排列Island时分割的缝隙尽量留得大一些。

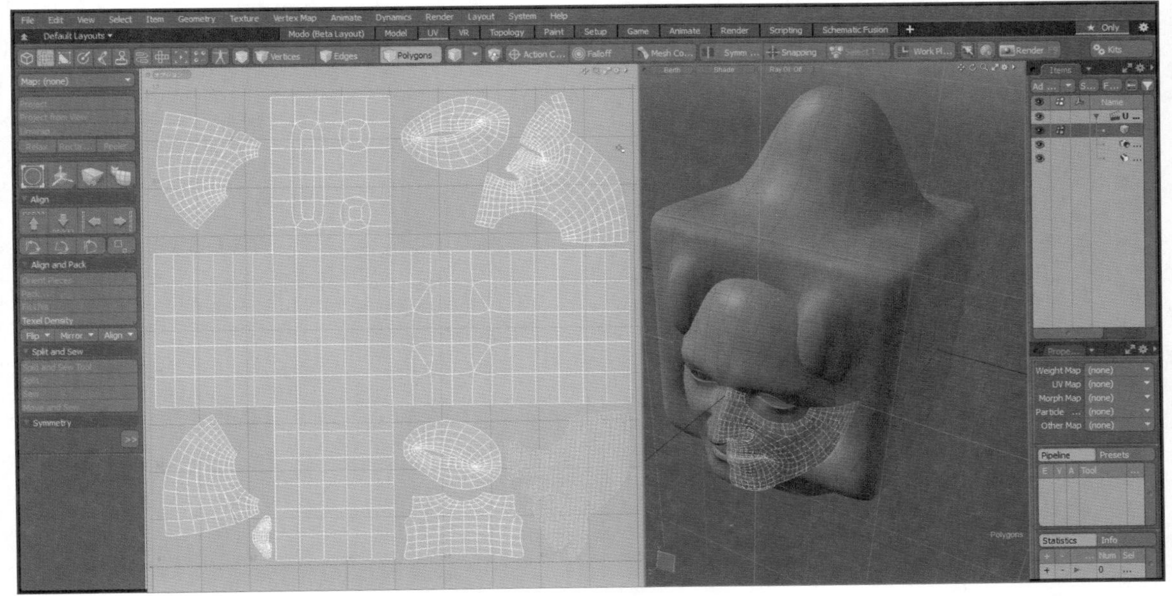

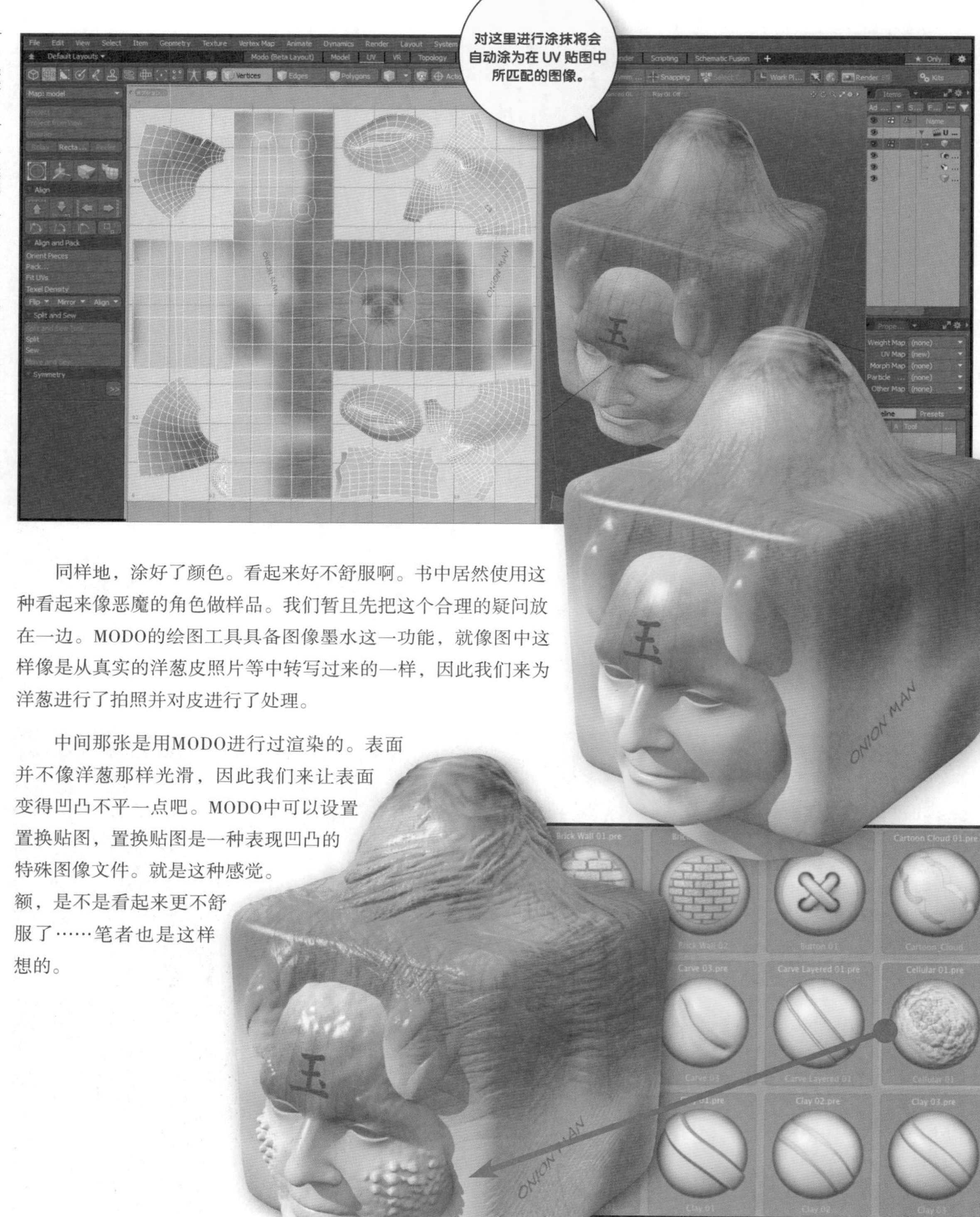

对这里进行涂抹将会自动涂为在 UV 贴图中所匹配的图像。
ONION MAN

同样地，涂好了颜色。看起来好不舒服啊。书中居然使用这种看起来像恶魔的角色做样品。我们暂且先把这个合理的疑问放在一边。MODO的绘图工具具备图像墨水这一功能，就像图中这样像是从真实的洋葱皮照片等中转写过来的一样，因此我们来为洋葱进行了拍照并对皮进行了处理。

中间那张是用MODO进行过渲染的。表面并不像洋葱那样光滑，因此我们来让表面变得凹凸不平一点吧。MODO中可以设置置换贴图，置换贴图是一种表现凹凸的特殊图像文件。就是这种感觉。额，是不是看起来更不舒服了……笔者也是这样想的。

MODO 的置换贴图将把凹凸信息记录到图像中，而不是颜色信息。也就是制作了上过色的纹理图像和置换图像这两个图像。

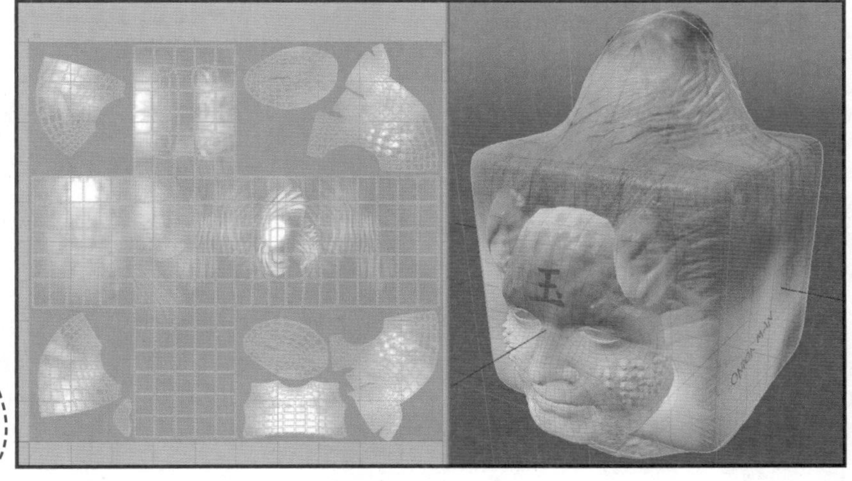

决定用 SDS 进行编辑后通常就不考虑直接使用原先的多边形了，因为网格就是编辑的目标。

就是这种感觉。在MODO上不用增加多边形的数目，将凹凸信息作为图像另行应用就可以表现出面部的疙疙瘩瘩和头部的皱皱巴巴。打算直接把它放入Unity中。

关闭 SDS 显示后所显示的样子。

发生了问题……首先，说起来，其实Unity并不兼容SDS细分曲面。能带入到Unity中的只有基础的网格形状。即便解除了SDS，与头部相比面部也并没有垮掉。这是因为和头部比起来，面部的网格比较细。那么，结合SDS的形状把头部的网格做细的话，可能多少就会接近理想的形状了。我们试着来执行一下SDS细分割命令，进行得还算顺利呢。但是，仅凭这步操作，虽然保留了凹凸不平的形状，表面的疙疙瘩瘩和皱皱巴巴却没有保留。而且多边形**越来越多越来越厚重**，所以它们并不适合作为Unity实时渲染的素材。

那么就该低多边形化出场了。

即便如此好像也不会保留疙疙瘩瘩和皱皱巴巴的样子。还要继续增加多边形吗？

不不，不要。

在这个多边形中表现不出疙疙瘩瘩的感觉。

使用重新拓扑（Retopology）

制作模型时没怎么考虑过是要在Unity中进行动作的，制作完成后才突然意识到是要在Unity中使用啊！**怎么办？**※不得不考虑将网格进行简化了。这就该**重新拓扑**手法出场了。不仅MODO中，Maya、ZBrush等雕刻系的建模工具中都搭载有这个功能。

以刚才制作的复杂
模型为基础，连续高效粘贴
出新的多边形。

用鼠标编辑后，为了吸附在位于后面的基础模型的表面，可以粘贴顶点。即便进行移动也是在基础模型的表面进行滑动移动，大可以放心地制作可高效使用的多边形。

【怎么办？】实际上从一开始制作模型时就要考虑到这点。

一点一点地绘出的多边形，完成后的网格是这样的。确实是简单的多边形了呢，好像Unity也可以读取。诶？怎么回事？

是，这就是重新拓扑的有趣之处。

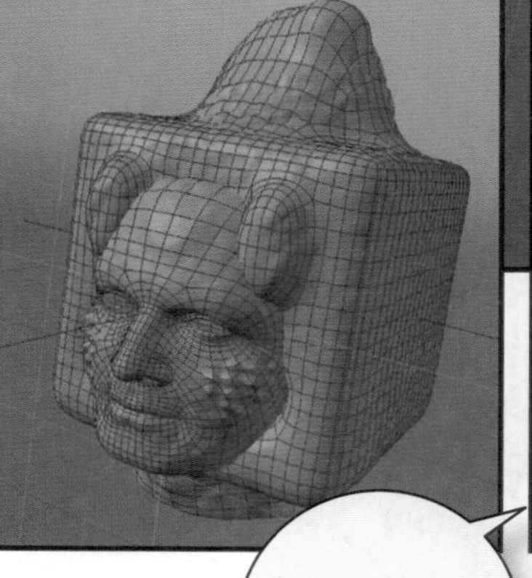

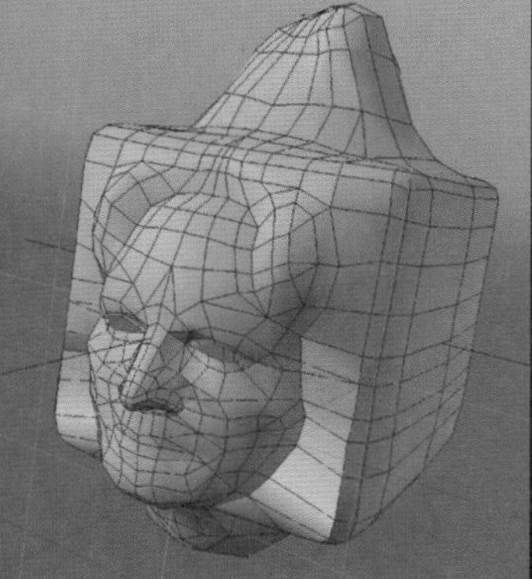

多边形变得简单了许多。

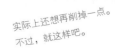

实际上还想再削掉一点。不过，就这样吧。

低多边形

为了沿袭所制作的基础模型，我们暂且通过重新拓扑制作了简单的多边形。要带到Unity中的就是它的网格。比起原先的网格，多边形的数量减少了很多。事实上，低多边形的确是更竭尽全力计算过的，最终能够减少浪费而制作出的结果……例如，**Unity-chan**※角色模型。这个洋葱君的重新拓扑也是低多边形化的手法之一。现在文件中高多边形和低多边形网格是重叠存在的状态。只是原先制作的网格和MODO自身的置换贴图（置换贴图创建了上色凹凸）不带入Unity中。多边形可以带入网格，那么颜色和凹凸如何才能带入这个低多边形的网格中呢？不同的工具有不同的方法，在MODO中可以通过使用“Bake From Object to Texture（从对象烘焙到纹理）”这个命令来实现。

真可爱

【Unity-chan】本名大鸟琥珀，生于8月13日，对此感兴趣的读者可参考日语网站。http://unity-chan.com/。这个角色在Asset Store中可以下载。看了它的网格和纹理后你会由衷地佩服，只使用了这么多数量的多边形就有如此的表现力，不愧是专业水准！

在使用之前，首先为所制作的低多边形设置UV贴图。制作时可以完全不必管原先高多边形的UV分割。UV分割完成后设置材质，然后为其设置两个纹理图像。其中一个是用于上色的纹理，称为**Diffuse Map**※**图像**。另一个是用于画出凹凸的法线贴图图像。法线即法线矢量，指从某个面垂直延伸的矢量。就是下方插图中的那种感觉。将该法线的信息图形化之后就是**Normal Map**※**图像**。

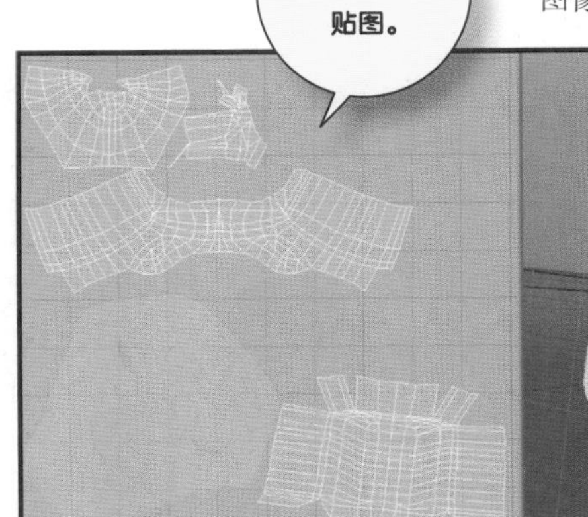

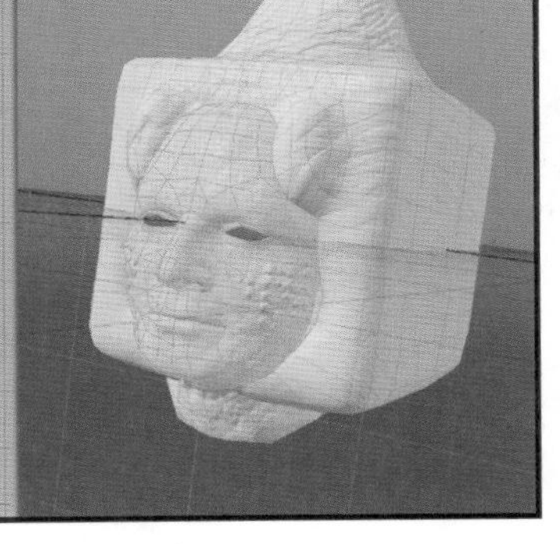

【Diffuse Map】从 Unity 5 起开始称为 Albedo。

【Normal Map】Normal Map 的信息是指在像素单位上用颜色表示该法线（相对于面垂直的矢量）正朝向哪个方向。其他还有凹凸贴图、高度贴图，这些只有256阶灰度、高度的信息，而 Normal Map 却可以绝对性地赋予网格类似的立体信息。

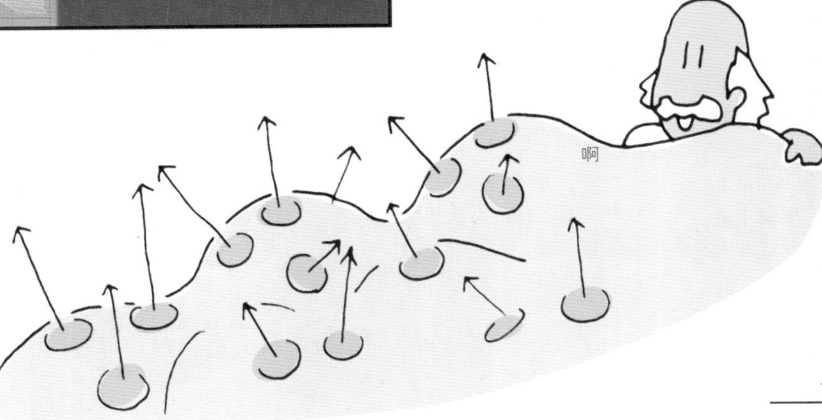

执行了MODO的“Bake From Object to Texture（从对象烘焙到纹理）”命令后，将会把所制作的高多边形的网格上的颜色和凹凸转印低至多边形的网格上。好像是一个带相机的无人机在空中进行拍摄，然后把高多边形的图像、凹凸誊至低多边形的图像中。完成的结果如以下两图。

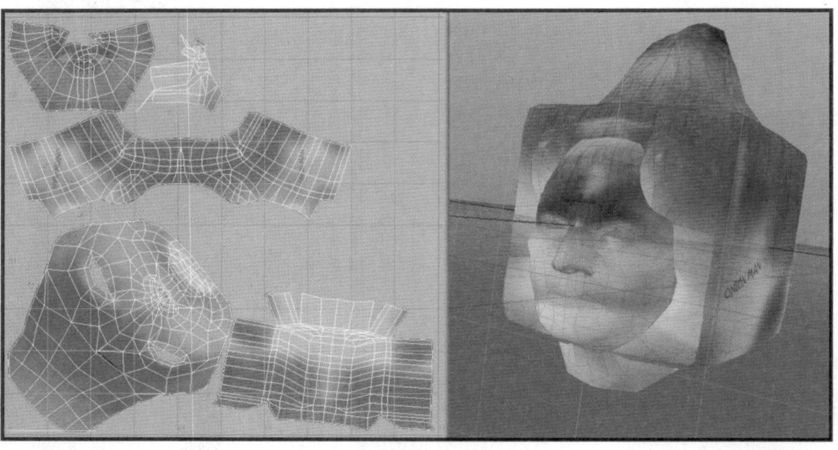

这是进行过 Diffuse 颜色转写后的结果。关于 Diffuse，可以从高多边形中进行转写，也可以在低多边形进行绘制。还可以在转写的基础上进行绘制。

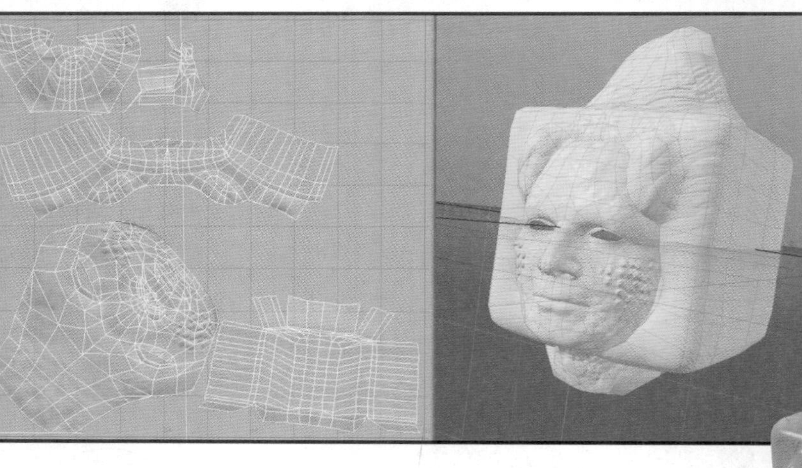

这是为 Normal Map 图像中转写了高多边形中的凹凸数据。将包含凹凸的置换贴图和细网格的细节作为这两者的凹凸数据进行记录。

低多边形保持不变，Diffuse Map Texture（图像）和Normal Map Texture（法线）这两个图像都是从原先的高多边形网格中誊写来的。如此一来，建模数据就完成了。虽然多边形数量很少，但也加入了原先的逼真的建模细节。

右图是在MODO中分别进行渲染后的结果，乍一看基本上是完全相同的。

这是原先的高多边形，看起来基本上一样。

先进行三角多边形化，然后调整对角线至任意朝向后就完成了。

需注意，FBX是三角多边形。右图的MODO编辑画面中为四角多边形，将它写出至FBX后将会自动转换为三角多边形。这样可以的话就完全没有问题。如果想明确指出对角线的朝向，最好在转换成三角形多边形后，预先在一定的位置手动更改朝向后再写出FBX。

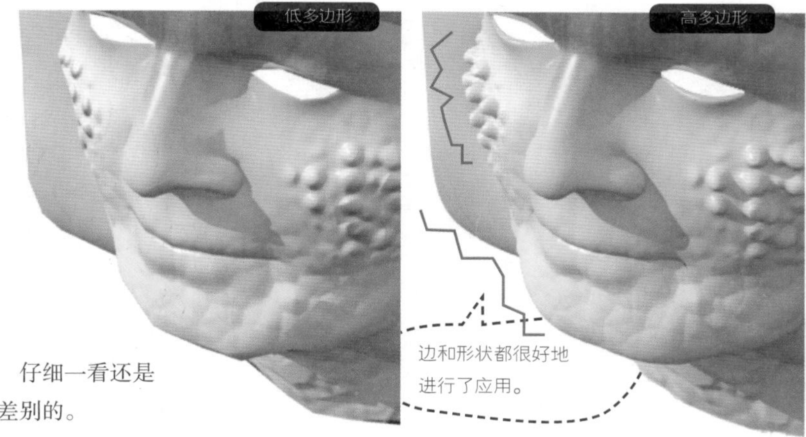

MODO中的置换贴图的形状的确发生了更改。脸颊的凹凸也变成了真的凹凸，Normal Map的凹凸终归是贴在多边形的面上的，因此边的部分就是多边形的边。另一方面，外观基本上可以直接导入Unity中的。下图是将Normal Map导入Unity后的结果。

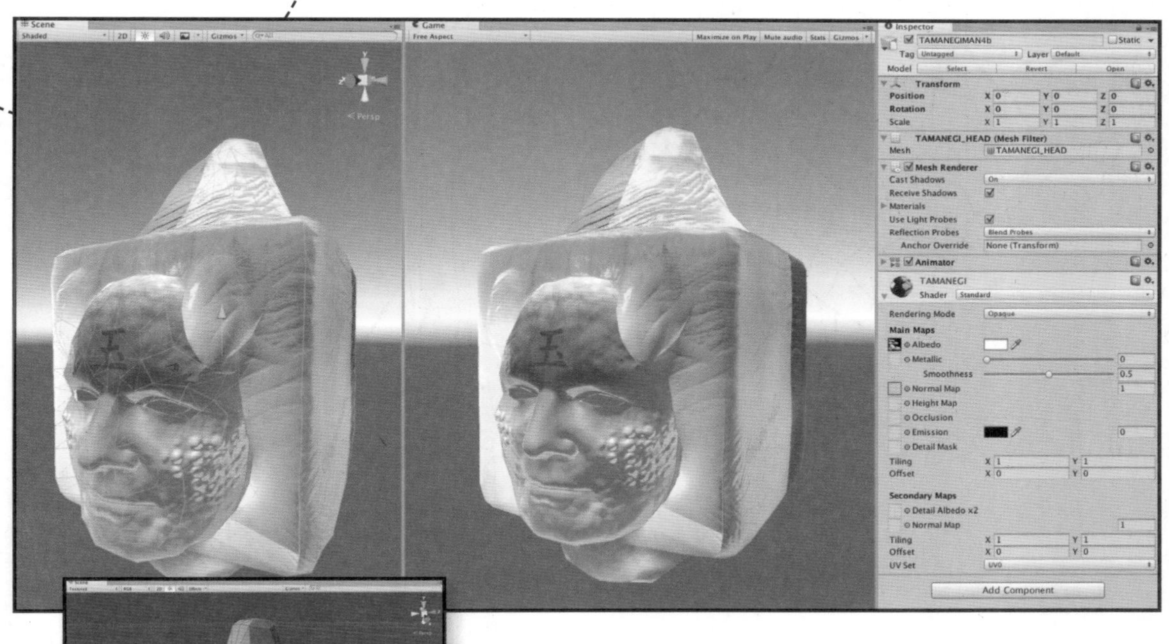

导入的详细步骤将在后面进行说明。简单的设置过后创建了材质，虽然和MODO中所创建的稍有不同，但和之前不太流畅的洋葱君相比栩栩如生了不少。多边形数量虽然不多，但使用Normal Map后可以有更细腻的表现力，请谨记这一点。

总结一下，制作基础模型时首先不用特意考虑实时渲染等，可以使用多边形和无法带入Unity中的工具的功能等来制作。

接着，**使用重新拓扑等**※在别的网格上制作沿袭了模型形状的低多边形形状，并准备其UV贴图。然后从逼真的原模型中誊写纹理和表面凹凸信息Normal Map，保存誊写后的图像。

【**使用重新拓扑等**】本章中是使用重新拓扑来制成低多边形的，也可以使用别的方法。像面部这种有机的部分使用重新拓扑是非常方便的。

UV-MAP

说是重新拓扑。

从原先的对象烘焙到多边形的纹理。

交货 ~Diffuse 和 Albedo 是同一个东西。

Normal

Albedo

Mesh

FACE

modo

FBX

Material

然后把制成的网格（包含UV贴图信息和材质的数据）和Diffuse Map（Albedo）图像、Normal Map图像读取到Unity中进行使用。

然后为Unity读取的Material的**Albedo**和**Normal**分别分配图像，这样在Unity中看起来像原先的高多边形的低多边形模型就可以使用了。

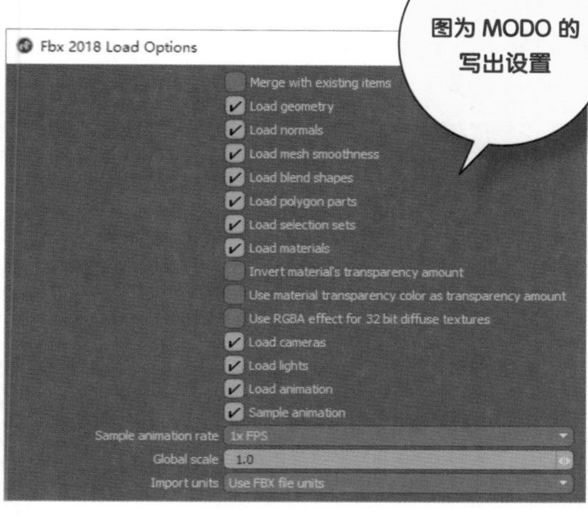

【多余的内容】相机和灯光等只是定位器，读取到 Unity 中也只是一个空游戏对象。

前面我们说过，能带入Unity中的只有3D软件所设置的材质名称和颜色，各3D软件中所设置的各种逼真的质感和素材信息是无法带入Unity中的，再稍微补充一下，可以带入的除了材质还有**附属于网格的UV贴图信息**。然后再另外带入3D软件所制成的Diffuse Map纹理和Normal Map，分配给网格后，在Unity中映射数据也会很好地附属于网格。

从3D工具中写出到FBX文件时，一定会有对写出到FBX的设置，进行设置以使导出时不导出多余的内容※。左图是MODO的FBX输出设置，进行设置，使输出时不一起输出相机和灯光等。此外，洋葱的头部没有设置动画，但是处于勾选状态，因此将会导出一个没有内容的动画文件。关于动画的写出，第五章中将会重新进行说明。

为 Unity 导入模型数据的步骤

Unity读取3D工具所制作的模型数据时可以通过选择Assets>Import New Asset…或者从右击项目浏览器后显示的菜单中选择Import New Asset来进行。在显示出的对话框中指定所创建的3D本地文件或者写出的FBX文件等。读取后将会像左图那样被读取到Assets中。旁边的Materials文件夹是自动创建的，文件夹中创建了所使用的材质（内容只有名称和颜色）。

单击读取后的FBX旁边的小三角可展开FBX的内容，可以看到网格数据、没有任何内容的动画数据、人形的头像数据。

头像数据实际上是指角色动画等中所使用到的骨骼信息数据，本次我们不进行使用。接着我们把所读取的角色放置到场景中，如下图所示。

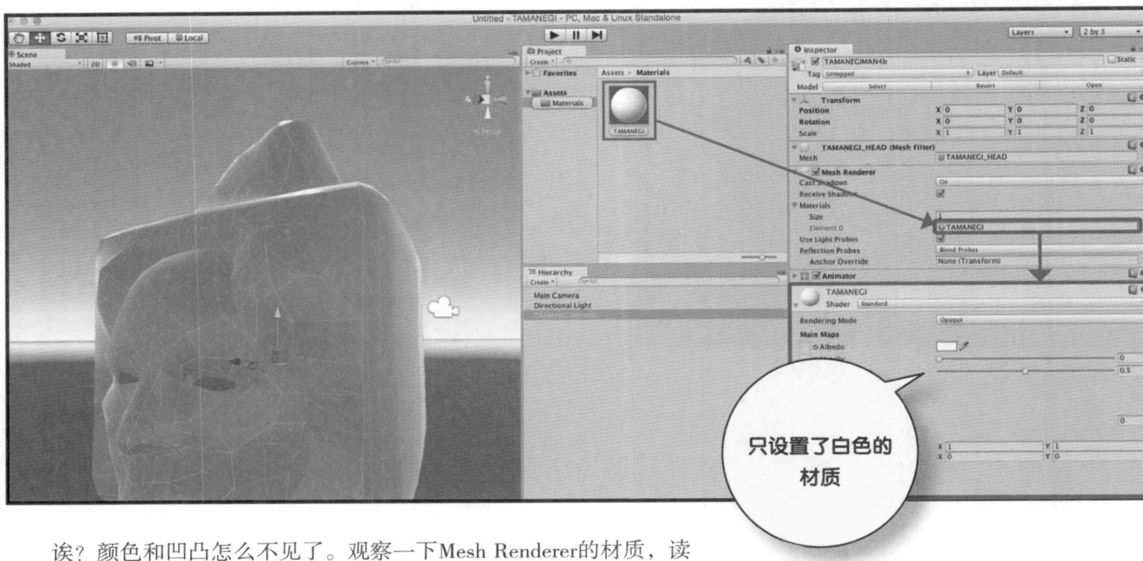

诶？颜色和凹凸怎么不见了。观察一下Mesh Renderer的材质，读取的“TAMANEGI”材质处于选中状态，只是特别设置为了白色。这就是**只带入了名称和颜色的状态**。

读取图像

我们来设置所读取的材质“TAMANEGI”。导入此前怎么也无法读取的Diffuse和Normal Map图像。模型数据及由它制成的图像数据在3D工具中是作为材质的属性来实现关联的。读取到Unity时，材质的属性里只读取了颜色，Diffuse和Normal Map都被排除在外，因此需要另行读取。

读取图像后，如右图会放置到Assets中。文件可以放置到任意位置，本例中把文件放置到了自动创建的Materials文件夹中。如果想管理得细致一些，则可以创建DiffuseMap或NormalMap文件夹进行管理。

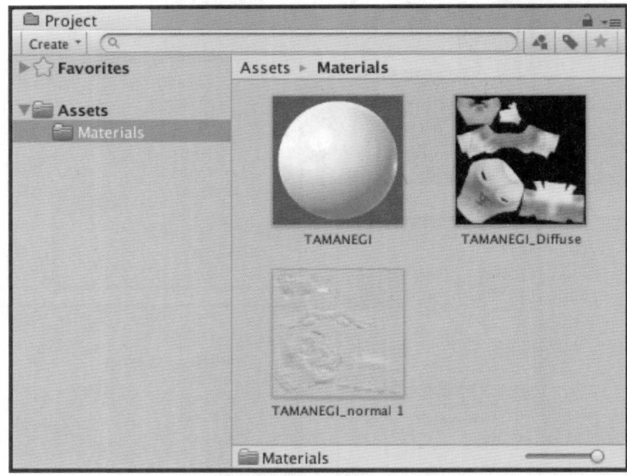

读取了 2 张图像。

在对所读取的材质进行设置之前还有一项工作。实际上，对于读取到Assets中的内容，Unity并不是直接进行使用的。**所读取的图像终归是项目的素材，要把它编入到应用程序中，需要先转换为其原文件中所指定的压缩设置等所定义的状态之后才可进行编入。**在项目浏览器中选中图像，观察Inspector中的信息。

也就是说 Assets 的内容不能直接进行使用，所以原先的纹理数据的分辨率大一些也没关系。

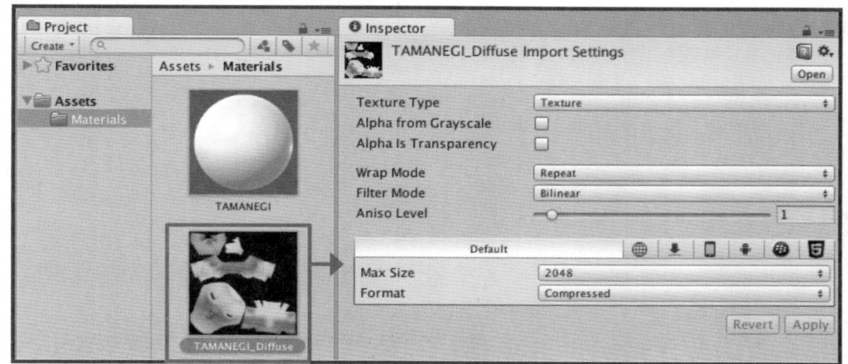

这是该图像的读取设置（Import Settings）。在该项目中如何进行使用呢？可以在最上方的Texture Type中首先对如何使用图像数据进行设置。

Texture	网格表面等中所使用的（主要是 Albedo 等）图像的转换设置。对设置了 UV 的网格应用 UV 贴图
Normal map	作为像素单位的法线贴图图像使用，作为类似立体图像使用
Editor GUI and Legacy GUI	GUI 中所使用图像的转换形式
Sprite（2D and UI）	2D 精灵、立体 GUI 中所使用的转换形式
Cursor	鼠标光标中所使用的转换模式
Cubemap	反射照射到物体的图像所使用的转换模式。比如映到弹珠上的就应该是游戏厅的景象
Cookie	应用于灯光的光的图像转换。可以想象成类似于手电筒镜片的花纹、蝙蝠侠的蝙蝠标志一类的内容
Lightmap	Lightmap 烘焙中所创建的图像数据
Advanced	更高级的设置

这里设置Albedo和Normal Map图像，分别应用上面的2个。在对各自的设置进行说明之前先看一下最下面的部分。这部分是用来设置基本的图像压缩尺寸的，旁边的地球仪是指写出到Web Player，旁边的箭头是用于PC的单机应用程序，紧接是Android，右边是BlackBerry的写出设置。各自的图像压缩率可以通过覆盖（Override）进行自定义设置。

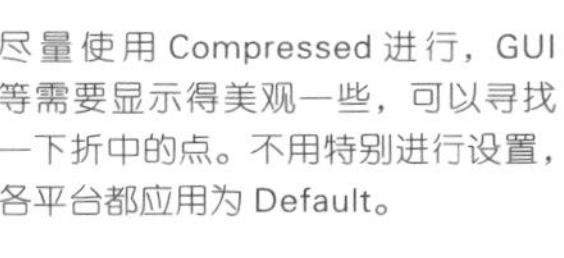
尽量使用 Compressed 进行，GUI 等需要显示得美观一些，可以寻找一下折中的点。不用特别进行设置，各平台都应用为 Default。

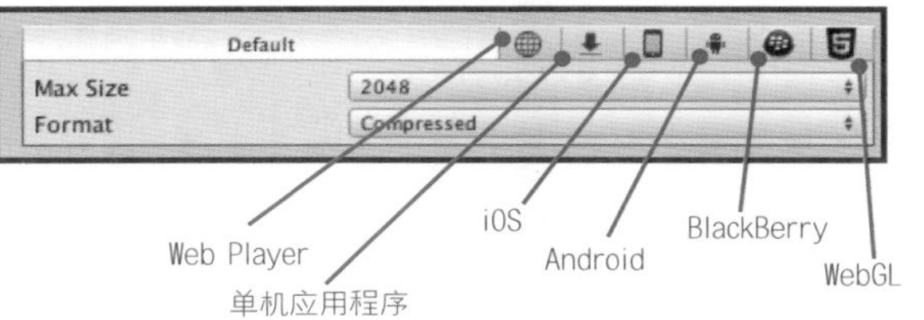

Albedo所用图像的设置内容如右图，有很多详细的参数，但需要注意的只有Filter Mode。为了节省内存需要设置低分辨率时，有近看是方块还是模糊之分。设置为Trilinear和设置为Bilinear是相同的，都是利用了MipMap系统，它是通过距离来变更像素的。

Texture Type：选择 Texture。Alpha from Grayscale 为适应灰度的透明度。勾选 Alpha Is Transparency 后就可以使用阿尔法通道。

Wrap Mode：设置为 Repeat，重复图像分配给网格。设置为 Clamp 时不重复。

Filter Mode：指定为 Point 的话特写时显示为块状。设置为 Bilinear 特写时显示为模糊状。设置为 Trilinear 会根据 MipMap 水平 ※ 来进行模糊。

Aniso Level：从倾斜程度比较大的角度看到纹理时的等级设置。Anisotropic filtering 功能可以使地板、道路的纹理等看起来更自然，当然等级提高后会消耗图形卡的成本。

MipMap：是根据到相机的距离来变更纹理像素的功能。

Inspector
TAMA_Normal Import Settings
Open
Texture Type　Normal map
Create from Grayscale
Wrap Mode　Clamp
Filter Mode　Bilinear
Aniso Level　1
Default
Max Size　1024
Format　Compressed
Revert　Apply
Asset Labels
Preview
TAMA_Normal
1024x1024 DXTnm 1.3 MB

Texture Type：选择 Normal Map。

Creat for Grayscale：从灰度制作 NormalMap。本示例中，MODO 读取并使用了正式的凹凸数据，因此事先去掉了勾选。如果是其他图像想稍微加入一些立体感的话，可以勾选此项。

图像准备完成，来设置材质TAMANEGI吧。

由于是从 5.x 之前的旧版本中继承而来的，所以还保留着旧的着色器，一般还是使用 Standard Shader 比较好。

选择材质的着色器

读取材质时只能读取名称和颜色。加入图像时材质还有一个非常重要的属性。那就是Shader（着色器），从Unity5开始它有了大幅的修改。默认为**Standard Shader**。对应基于物理的着色（Physically Based Shading=PBS），可以比较简单地表达出非常真实的感觉。**物理?** 关于这个问题下一页起将会进行简单说明。

在Inspector中看一下材质。位于材质名称下方的Shader PopUp菜单即为Standard。这是为该材质设置了**Standard Shader**。PopUp最下方的线下方有一个Legacy Shaders。其下有Unity5之前的版本中所使用过的内容，为了兼容保留了下来。

Diffuse

设置 Base 图像。

仅通过 Base 和上色，只有灯光的光受到了影响，显示发生了更改。

为了方便解说，这里我们选择Legacy Shaders中的“**Diffuse**”，可以说这是最简单的着色器了，只显示颜色和图像贴图要素。Base（RGB）纹理贴图中当前没有进行任何设置，可以点击框内的Select小按钮，或者直接从项目浏览器中拖拽刚才设置过纹理压缩等的图像。这样，就上好颜色了。

接下来选择“**Bumped Diffuse**”，这里要在另一个框中添加Normalmap图像，这样表面就出现了类似凹凸的样子。

接着选择“**Bumped Specular**”，如它的名称，凹凸加高光，也就是说有反射。像这样旋转的话反射也跟着移动。Ver. 4.x的Shader也可以逼真地再现低多边形模型，但是Unity 5之后可以更轻松地表现出真实感。

Bumped Diffuse

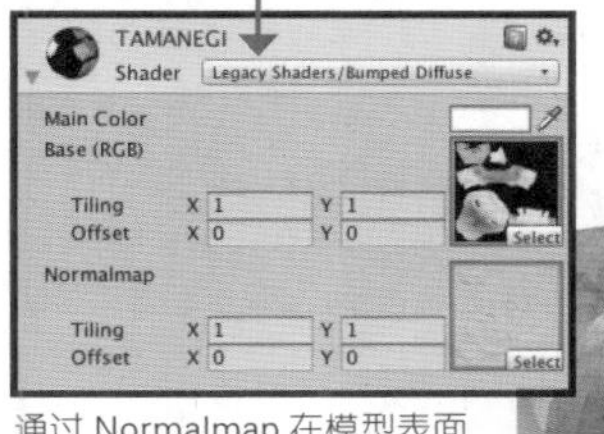

设置 Normalmap。

通过 Normalmap 在模型表面出现了类似凹凸的样子。

Bumped Specular

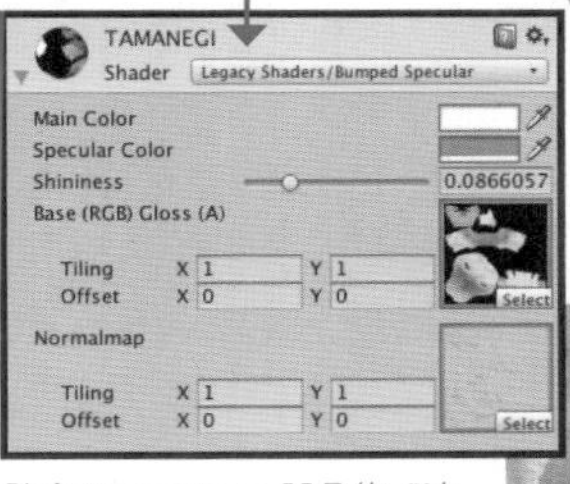

贴合 Normalmap 凹凸的“油光满面”就完成了，非常真实。可以通过 Shininess 的滑块来进行调整。

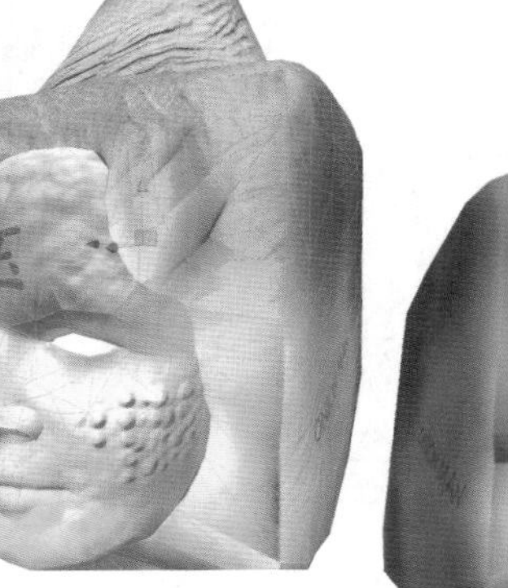

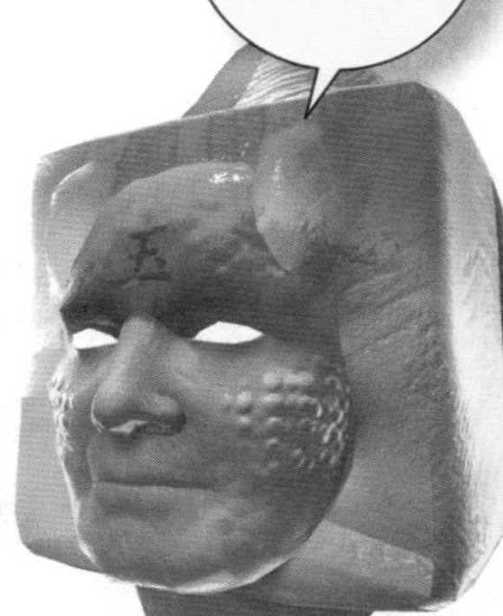

设置为 Standard Shader 后，如图，很真实的感觉。

什么是基于物理的着色（PBS）

前面我们说过Unity5中追加了基于物理的着色，那么究竟什么是基于物理呢？

简而言之就是，**做成这样的话实际就会这样显示**。说得有点过于笼统？那就不得不先从着色器开始说起了。这里有一个使用了Diffuse的箱子。呀，这里有个黄色的箱子啊。实际上这是Unity4.6的一个画面，使用聚光灯照向了箱子，因为除了这个箱子别的什么都没有，所以我们**设置了天空**※。

【设置了天空】设置主菜单的 Edit> Render Settings 所显示的 Inspector 的 Skybox。详细内容请参考第一章的 P.53。

Unity4.6 的画面。

天空发生了更改，Cube 的部分还是完全一样。

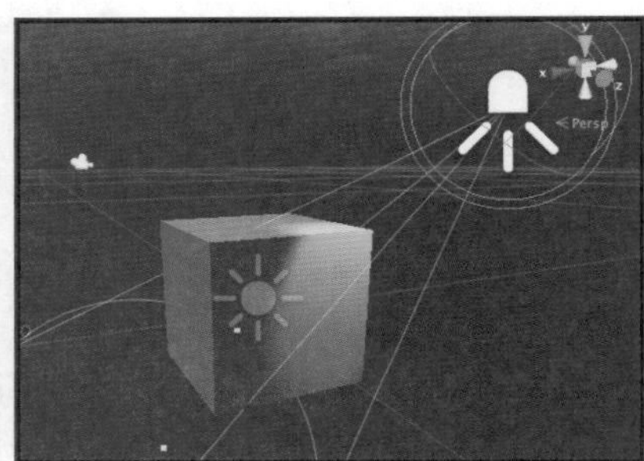

没有更改？白天天空当然是亮的，到了夜里变暗是理所当然的吧。这在**物理上有点古怪**了。

如果地板是耀眼的粉红色，**实际上**应该会反映到箱子的表面。Unity 4.x的版本中，还不支持这些。至于单个游戏对象看起来是什么样子，只能单独进行设置，然后作为相机的影像进行显示。目前这一点已经有了大的改善，从Unity 5开始称为基于物理的着色。

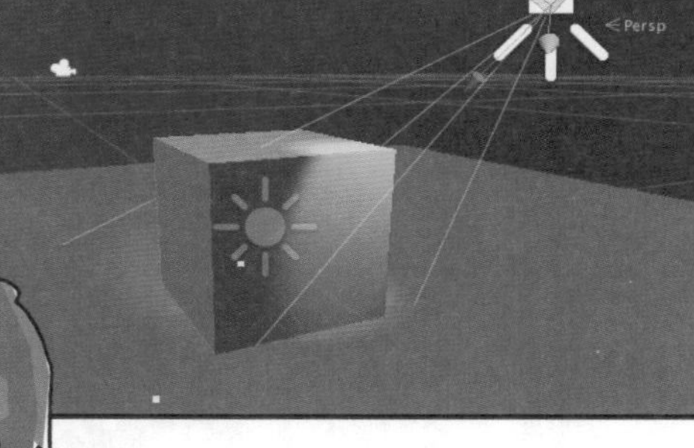

怎么样?

物理表现方面有点难……
我努力一下吧。

我们来思考一个最根本的问题，现实世界中物体看起来是什么样的？来想象一个**像镜子一样的球体**，在完全黑暗的地方当然看不到，但是如果是在有窗户有些淡淡的亮光，壁纸是粉色的房间里会怎么样呢？因为表面是镜面，当然会映出粉色房间的所有物品。如果墙壁上还张贴有动画片的海报，那么也会看到它映到球体的表面。

【全局光照：global illumination】也称为全域照明。Unity5 中安装了这一实时再现全局照明的技术“Enlighten”。

假设把镜面涂上白色的漆呢？虽然不能像镜子一样，但是还是可以映出房间的。说得极端一些，**物体能被看见**，是由于该物体对周围的景观进行了反射漫射。因为物体本身就有颜色，再加上表面是光滑的或者不同材质导致了反射率等的不同，因此人的眼睛就能看到各种颜色。现在你正读到的这一页，纸的表面较为粗糙，因此可能看起来并没有反射各角度的光，貌似没有映出周围的景象，而实际上本页是映出的了照明的光和壁纸的颜色的。其证据是只靠粉色的灯光照射房间的话，那么你眼睛看到的这页纸将只会是粉色。将这种模拟再现称为**全局光照**※（以下称为GI）。

不仅是 Body，周围的景色全部映了出来。

除了GI中所使用到的直接光照的信息外，还要把可能会投射到周围环境的光照投射至物体表面，这种方法称为**基于图像的光照**（Image Based Lighting=**IBL**）。上述的脚踏车的显示差异，是使用了MARMOSET公司的SKYSHOP※资源来实现的，这在Unity 4.x时代已经实现。先是从各个Skybox生成反射数据，然后用同样的着色器根据所生成的反射数据生成不同的光影效果。而在Unity5中，通过Standard Shader即可实现这种光影效果。

【SKYSHOP】在本章的最后将会有少量说明。

Lighting 设置

那么之前的黄色方形用Unity显示的话会是什么样子呢？结果如图。当Skybox发生更改时，它也会随之更改来进行正确的物理显示。

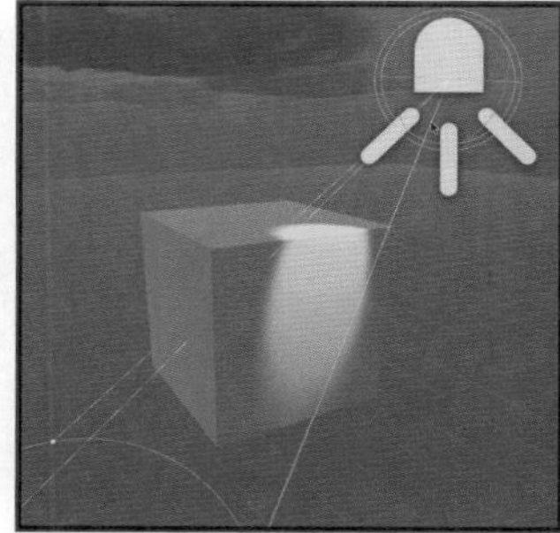
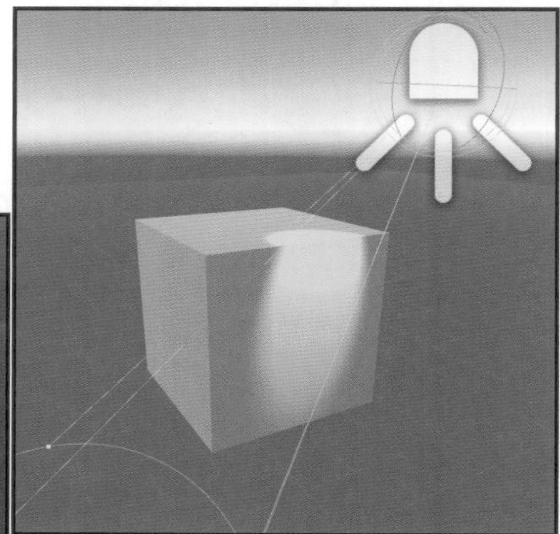

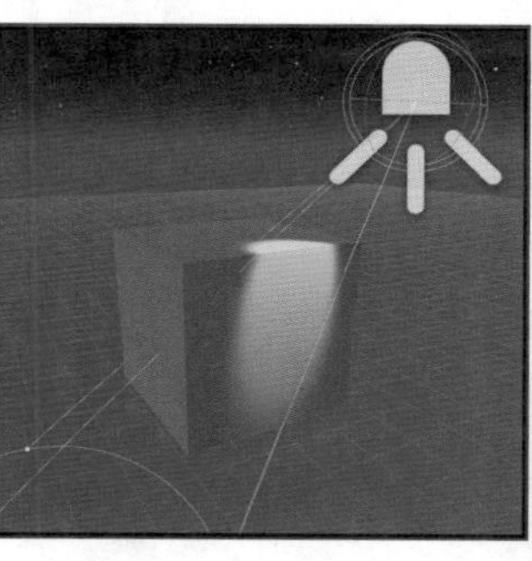

控制这个黄色箱子颜色的是Window菜单的Lighting中所显示的Lighting选卡中的项目。在选中中央的Scene的状态下，观察最上方的Environment Lighting的两个要素的设置。一个是① **Ambient Source**，通过它来设置环境光。这里设置为了Skybox，其上两行的Skybox中所选择的天空的颜色将会反映到环境光中。其他还可以指定为渐进和单一颜色。另一个是② **Reflection Source**，通过它来设置世界所反射的内容。这就是**IBL**。现在这个黄色的箱子没有光泽，很难看出它将进行什么样的反射，把箱子磨到闪闪发亮就是图中这个样子，上表面映出了天空的颜色。

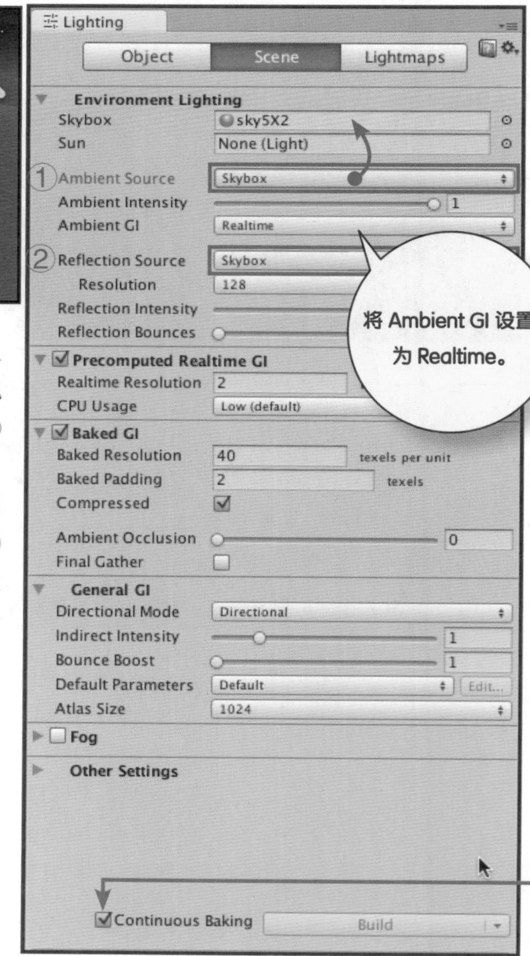

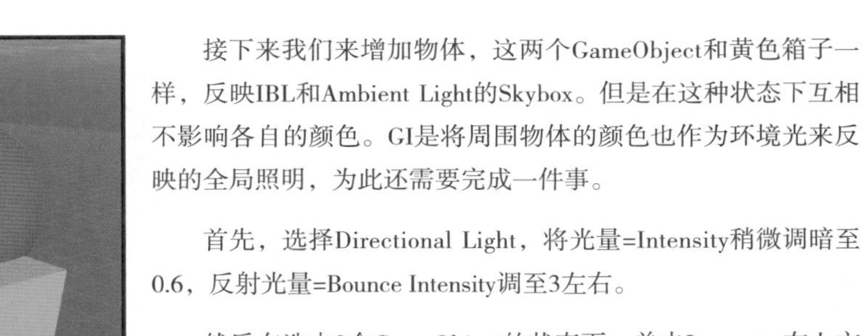

接下来我们来增加物体，这两个GameObject和黄色箱子一样，反映IBL和Ambient Light的Skybox。但是在这种状态下互相不影响各自的颜色。GI是将周围物体的颜色也作为环境光来反映的全局照明，为此还需要完成一件事。

首先，选择Directional Light，将光量=Intensity稍微调暗至0.6，反射光量=Bounce Intensity调至3左右。

然后在选中3个GameObject的状态下，单击Inspector右上方的Static复选框右侧的▼，显示出一个弹出菜单，从中选择Lightmap Static。然后**等待一瞬间**※后将会发生如下非常真实的变化。

在选中 3 个 GameObject 的状态下

变更 Directional Light 的参数。

【等待一瞬间】设置为 Lightmap Static 的用意就在于此，这样真实的光实际上并不是实时渲染出的，而是每当光的设置发生更改时 Bake（烘焙）而成的。是通过 Lighting 设置选卡最下方的复选框实现的。详细内容将会在第十章中进行补充。

这片区域是粉色的

这片区域是黄色的

这片区域受到了绿色箱子的影响。

为Bounce所设置的量略接近极限，可以看出彼此的颜色都受到了影响。

你有 Staic 属性，容易受到影响，要好好选择朋友哦！
没事的，妈妈

来让显示更清楚明白些吧。从场景视图的左上方的下拉菜单中选择Global Illuminations > Irradiance。**Irradiance**翻译成中文为辐射照度，该模式下仅显示物体辐射出的光芒所照射的部分。顺便说一下Irradiance往上数2个的**Albedo**※翻译成中文为反射光。反射？辐射？因为Reflection也是反射，翻译过来显得有些混乱了，就认为是该物体的基础色吧。之所以能看到物体是因为有光源，反射光源的基础色就是Albedo。上一页的处理中，也就是在变更为Lightmap Static之前，这些对象都处于未使用GI的状态，现在显示出的这些光处于混合状态。

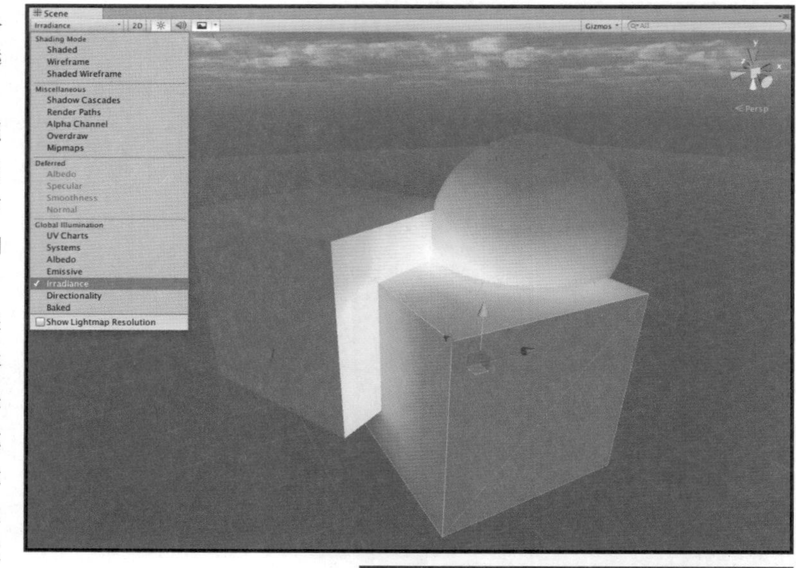

这个区域看得很清楚

【Albedo】Albedo在Unity4之后的版本中就没怎么听到过了，同Diffuse。

我们再来说说前3页里的“像镜子一样的球体”，映出了周围的物品，我们看到的就是那些物品的颜色。这实际上就是用CG软件所创建及渲染后的结果。我们再来看一下这个球体。

MODO

旁边的球体也同样映出了房间的样子，那么是和刚才所试过的三种颜色的物体一样吗？很遗憾，还是有点不一样的。右边是Unity中使用相同方法制作的球体，并使用GI进行显示的结果。球中**可以看到**的是Directional Light的光和Ambient的光照射到物体，反射Albedo中所设置的颜色，还重叠有旁边的球体所反射出的内容。并不像上方的CG球体那样把所有的对象通过反射映到表面。映到表面的只有Reflection Source中所设置的Skybox。CG软件中，要映出其他对象是需要进行复杂的光计算的，实时渲染也是很难的。我们来举个例子。

假设伊桑君走在这样一条道路上。为了看得清楚明白一些，我们为设置了单一白色的伊桑君的体表镀一层银光。由于墙壁和地板都设置了Lighting Static，彼此的颜色有没有因为照射而受到影响就显而易见了。但是伊桑君是到处活动的，设置为Static是不行的。也就是说不会受到GI放射的影响。是什么样的感觉呢？我们来实际看一下吧。

我们为伊桑君设置了EthanWhite材质，其中设置了Standard着色器，如果将其中的Metallic量设置为极限值1，伊桑君就会变得非常耀眼，并且映出Skybox。但是没有映出旁边的墙壁，就好像没有墙壁和地板一样。只有CG才能实时表现到这种程度。

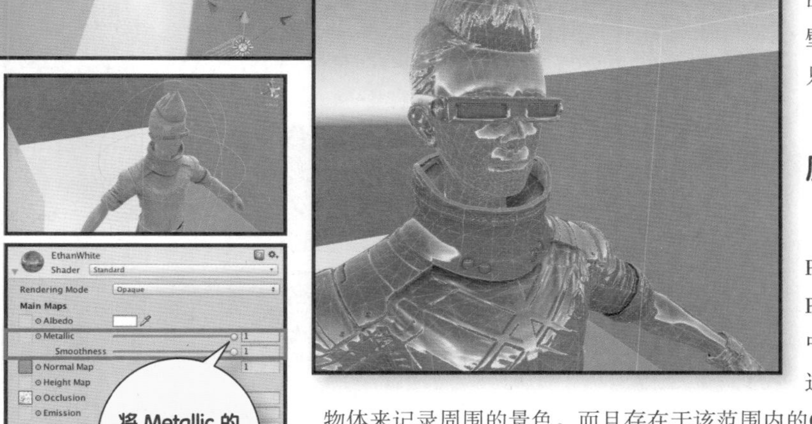

厉害的 Reflection Probe

接下来登场的是Reflection Probe。将Light分类中的Reflection Probe放置到场景中并放到道路的正中。这就是Reflection Probe。放在这个位置应该可以映出各种各样的物体来记录周围的景色。而且存在于该范围内的GameObject们的着色器“要是能和那个球体映出同样的内容就好了~”，在Lighting设置选卡的Reflection Source的设置中写“请反射Skybox”，将优先为其制作反射。

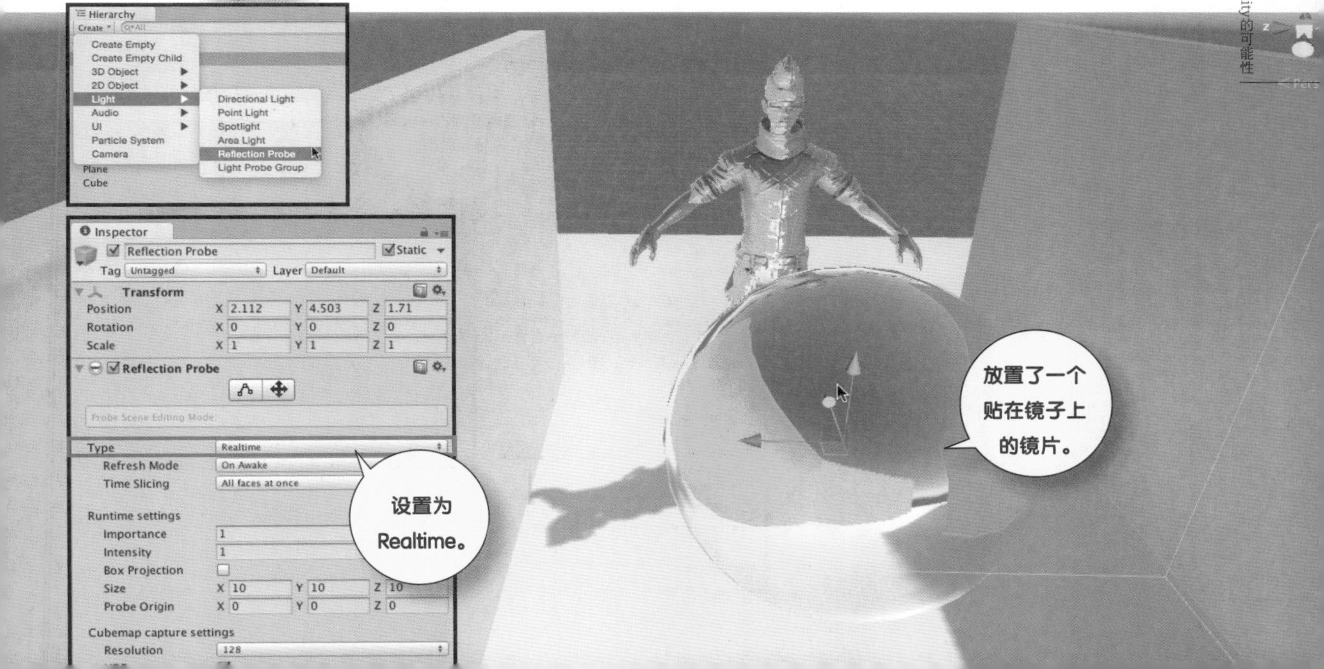

放置了一个贴在镜子上的镜片。

设置为Realtime。

Probe 有自己的范围。

Reflection Probe是有范围的，在其范围内Reflection会按照Reflection Probe进行，偏离范围后会依照Lighting设置的Reflection Source。也就是说现在这个Reflection移动至绿色墙壁的道路时，还会反射出粉色，这样一来就不符合情况了。实际上，可以在世界中放置多个Reflection Probe，它的范围是可以自由变更的。

这样伊桑君从①Reflection Probe移动到②后，在绿色墙壁的道路上反射出了绿色。两个范围重叠时，会根据双方的距离切换到离得近的一方。移动物体的Mesh Renderer的Reflection Probes的设置中如果设置了Blend Probes，反射就会混合得柔和一些。用稍暗些的银球来取代伊桑君的话就会明白是如何混合的了。

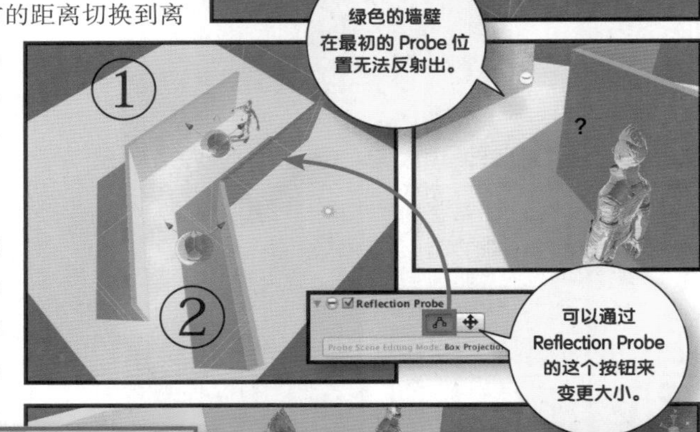

像这样将固定于世界中的物品设置为Lighting Static，反映出反射，四处走动的物体利用Reflection Probe来接受周围颜色的影响，Unity就是这样来实现GI的。之后如果设备允许的话，Reflection Probe的Type进行Realtime时，将**Refresh Mode**设置为**Every frame**时，就能够再现真正的实时反射了。伊桑君道路场景中除了他没有其他的移动物体，因此无须进行设置，例如，反射出旁边停靠的鲜红色的公交车、黄色的出租车的颜色。另外，设置为Via Scripting就可以从脚本中进行刷新。即使改变了也没什么影响，只有在这样的时候更新才算是精益求精吧。

Mesh Renderer
Cast Shadows On
Receive Shadows
Materials
Use Light Probes
Reflection Probes
Anchor Override None (Transform)
Off
Blend Probes
Blend Probes And Skybox
✓ Simple

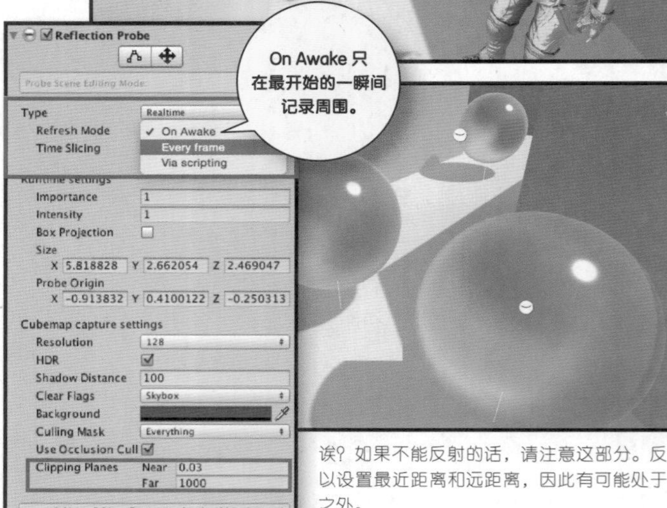

诶？如果不能反射的话，请注意这部分。反射可以设置最近距离和远距离，因此有可能处于范围之外。

Standard Shader 的基础

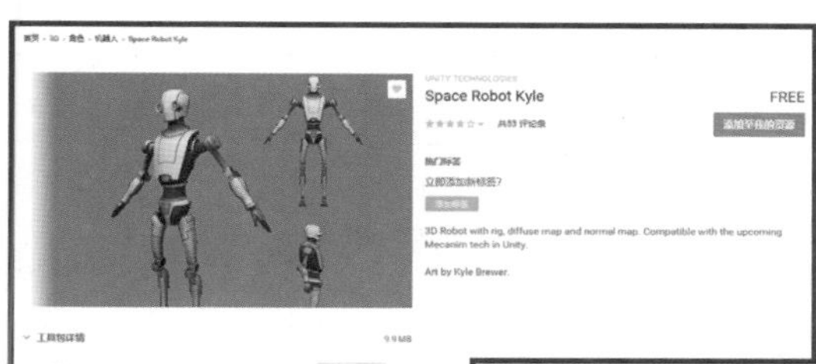

【使用 Bumped Diffuse】就笔者执笔时而言。将来可能会升级为 Standard Shader。

接下来我们来说明一下与GI对应的Standard Shader的内容。我们用免费的Asset机器人Kyle来进行说明吧。Kyle是Unity以前就有的一个简单的示例，只有一个材质“Robot_Color”的Shader使用了Legacy Shaders/Bumped Diffuse※。该Shader是一个只设置了Diffuse（即Albedo）这一表面UV贴图图像和Normal 贴图的一个简单的着色器。只把它变更为Standard Shader的结果为下方右图。可以看出不同之处吧。

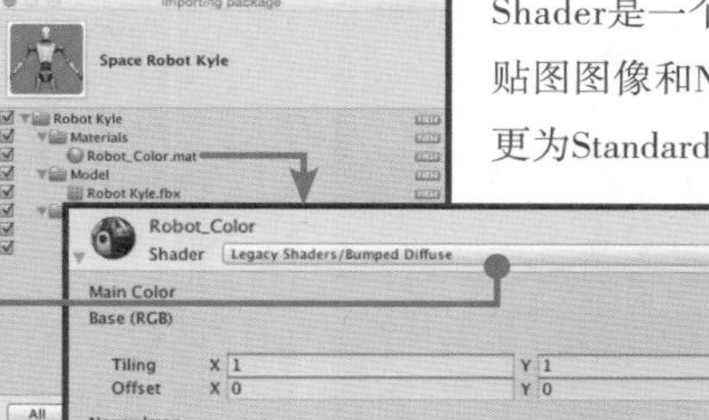

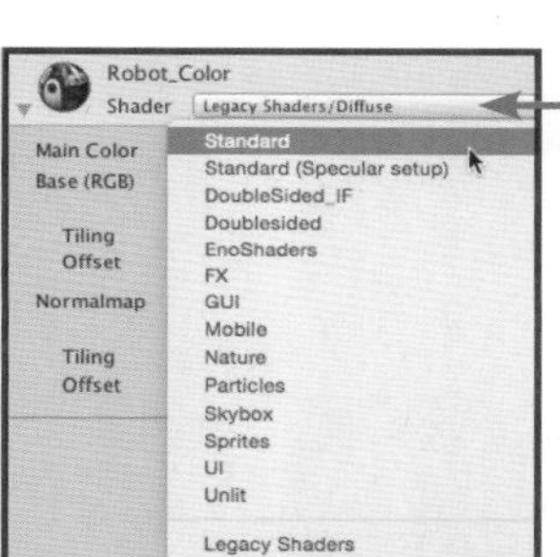

是不是变得稍微真实了一些呢。实际上是因为脚下设置了Reflection Probe，从而反射出了旁边的Cube颜色等。因为表面比较粗糙，很难看得出，不仅反射出了Cube的粉色和绿色，也反射出了天空的颜色。

顺便说一下，Reflection Probe反射出的内容可以通过层次进行限制。像左边那样为Kyle设置新创建的Kyle层，不对Kyle层进行反射，反射出的将是地板的黄色和两色的箱子还有天空。因为自己反射出自己是非常奇怪的。

这是Kyle的Standard Shader。原先的Bumped Diffuse中所设置的图像分别继承了**Albedo**和**Normal Map**※。Albedo是物体本身的颜色，是符合Kyle网格的UV贴图图像。**Normal Map**可以通过参数来对其进行相关设置，通常很少设置为1。左边的四角部分中**有因图像设置与否表现不同的项目**，这就是**Metallic**，即有金属感的设置。可以通过变更Reflection的强度、光滑度来设置表面，是想要成为闪闪发光的像镜子一样的金属呢？还是要成为像铝那样颜色暗沉的金属呢？这就是金属感。上面的滑块可以调整反射的强度，下面的滑块滑向1的方向的话，则会没有朦胧感，往0的方向就会产生朦胧感。我们设置成灰度图看一下，滑块就会不见了，成为合乎浓淡的、涂料发生剥落的纯素颜的金属。灰度图的白为强反射，黑为不反射状态。

Height Map是用于表现凹凸的灰度图，和Normal Map相似，显示时白色部分会稍微凸显。仔细一看还是会发现不自然，使用在什么地方很重要。

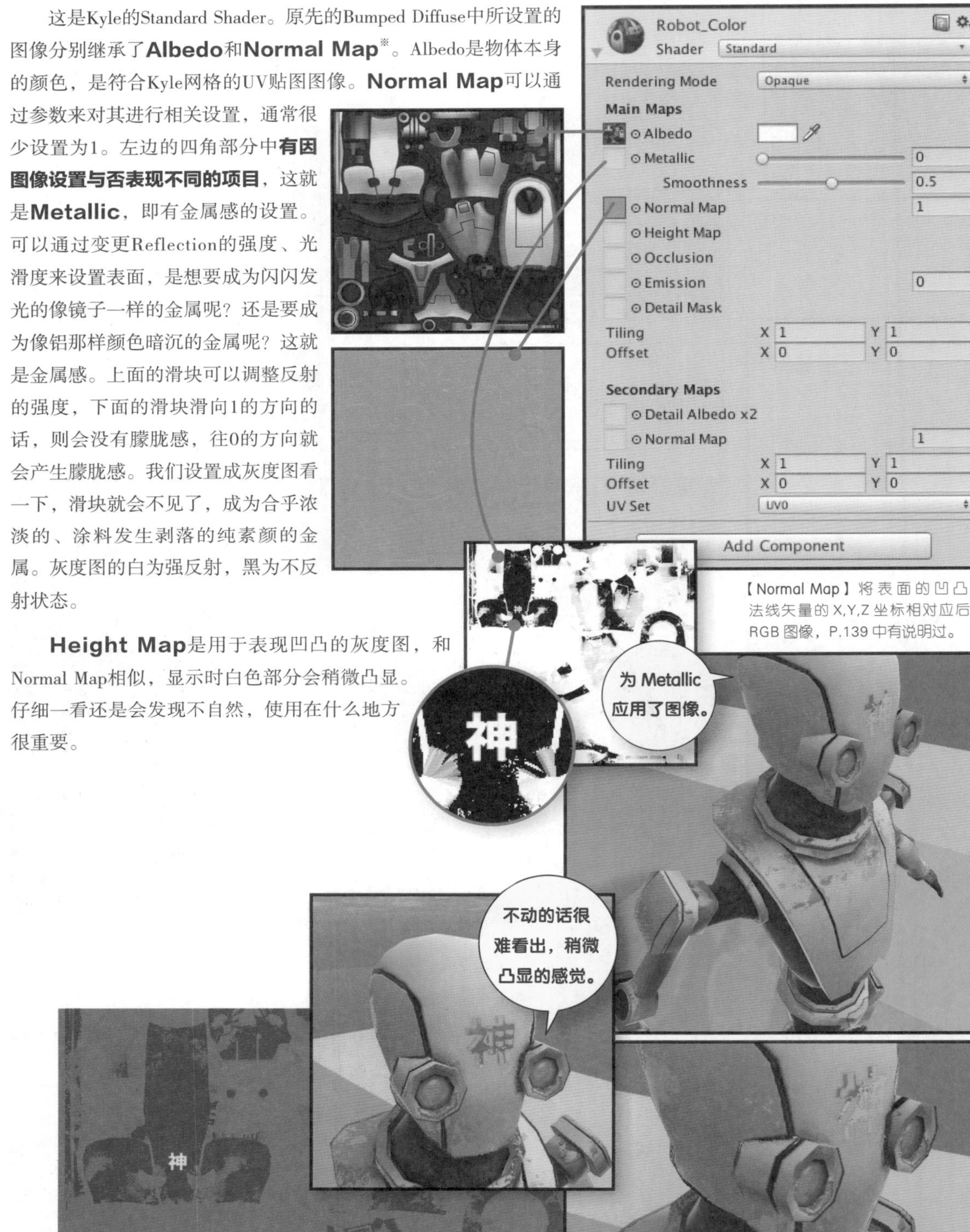

【Normal Map】将表面的凹凸与法线矢量的X,Y,Z坐标相对应后的RGB图像，P.139中有说明过。

Occlusion可以使最深处的角落变暗。Ambient Occlusion（环境光遮蔽），有时也简称A.O.。表现“光线到达不了最深处”是要进行实时计算的，属于比较重的处理，因此要事先制作为图像进行重叠。制作图像可以像左边那样用3D工具进行渲染制作，或者使用SUBSTANCE DESIGNER※这样的专用工具进行制作。

Emission为发光，这里不用设置图像，设置好颜色及0以上的值就会整体发光了。可以通过设置灰度图来限制发光的部位。

Detail Mask稍后进行说明，先来说明它下方的Secondary Maps。选择Assets菜单中的Import Assets>Effects作为素材，所读取的文件中有GlassStainedAlbedo.tif和GlassStainedNormals.tif这两张图像，让我们来实验一下。分别设置为**Detail Albedo x2**和**Normal Map**，就会成为这种有趣的素材。

【SUBSTANCE DESIGNER】allegorithmic公司的优秀的质感创建工具。https://www.allegorithmic.com/ 请参考附录P.433。

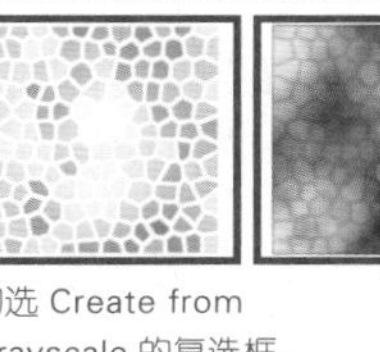

勾选 Create from Grayscale 的复选框。

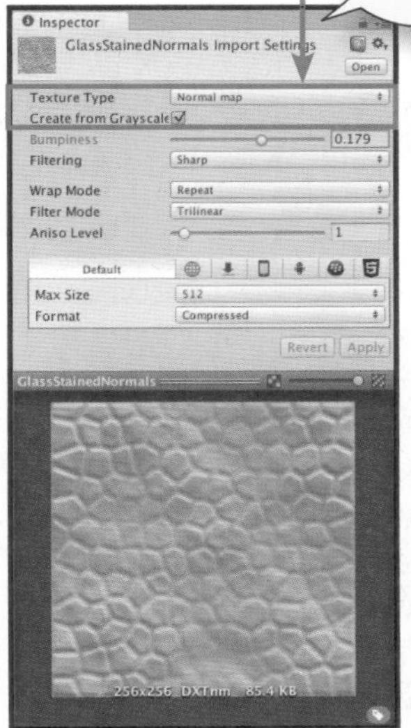

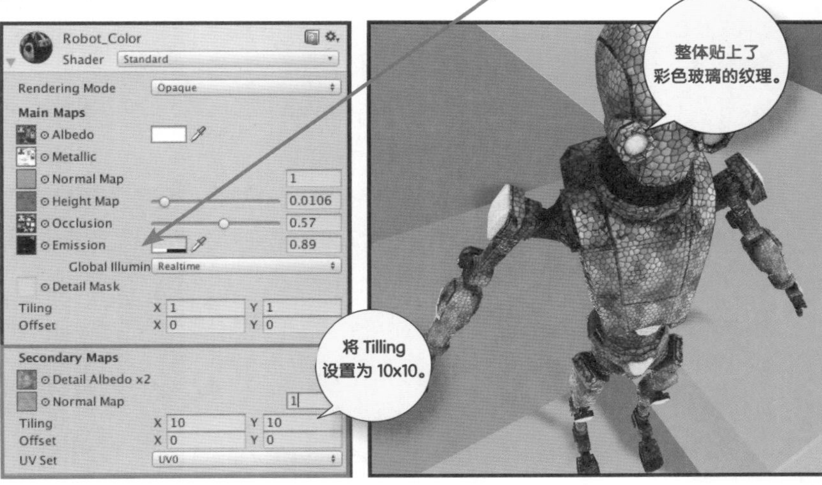

Detail Mask是用于遮罩其Secondary Map信息的功能。遮罩是使用Gray Scale灰度尺制成的。这是在Adobe Fireworks中基于原先的Albedo图像制成的。

头部和
胸甲部分

仅设置想要反映的部分。

参考Albedo图像，通过手动作业简单创建了面部和胸部，事实上使用SUBSTANCE PAINTER※这样的Texture制作工具就可以。

上面我们介绍了Standard Shader，还有一个需要重点说明的内容，那就是**Rendering Mode**。下拉菜单中存在有4种模式，当前设置为了**Opaque**（不透明）。

Robot_Color 3
Shader Standard
Rendering Mode Opaque
Main Maps
Albedo
Metallic
Normal Map 1
Height Map 0.0106
Occlusion 0.57
Emission 0.89
Global Illumin Realtime
Detail Mask
Tiling X 1 Y 1
Offset X 0 Y 0
Secondary Maps
Detail Albedo x2
Normal Map 1
Tiling X 10 Y 10
Offset X 0 Y 0
UV Set UV0

※关于【SUBSTANCE PAINTER】，附录（P.432）中有介绍。

原先是这个。

接下来是**Cutout（镂空）**，这种模式可将透明和不透明处设置得泾渭分明。其阈值可以通过图像的Alpha值的滑块进行设置。可在下面这些情况中使用：使叶子的纹理或者写在位图中的文字飘浮在空中，或者将对白框像这样以自由的形状板浮起时。

可以设置Cutout的透明不透明阈值。

Rendering Mode Cutout
Main Maps
Albedo
Alpha Cutoff 0.453

第三种为**Fade**。表现出来的话就如同右图中烟的部分（贴于3D Object的Quad板）。这种模式下，可以通过变更Albedo中所设置颜色的alpha值来实现完全透明。

第四种为**Transparent**，玻璃中使用的渲染模式。和其他不同，即便是完全透明的玻璃也可以很好地反映出Reflection的反射。

My Name is Kyle!
My Name is Kyle!

角色和骨骼

使用3D工具进行建模、创建材质和进行映射的纹理，然后放入Unity中，还有一个重要的建模要素，那就是**骨骼绑定**和**动画数据**。

仅执行上面的步骤网格数据不会发生变形。使角色的胳膊、腿、面部等发生变形并成为动画还需要被称为“skeleton”或者“armature”等的骨骼（bone）系统。使模型中的骨骼发生动作，来使其周围的肉（也就是多边形）随之动起来。各3D工具有多种操作方法来为网格添加骨骼，重要的是指定骨骼的构成以及各骨骼的影响范围，这个过程称为骨骼绑定（组织骨骼）。

拥有骨骼的角色不一定必须是人形和生物。我们来思考一下，在左图的茶壶的倒茶口处加入骨骼，让它像大象的鼻子那样动起来。但是，一动的话，茶壶的上部也会被鼻子的动作牵引而发生变形，这是因为没有对各骨骼所分配的影响范围进行很好的设置。MODO中可以使用一个叫作**权重贴图**的，像涂色那样进行编辑。

最下方的壶中，主体不会受到鼻骨的影响，因此可以自由地移动鼻子。

那么接下来要在3D工具中进行的就是让骨骼形成动画。设置特定的帧来制作动画，写出为FBX格式，就可以将动作带入到Unity中。关于动画的控制将在第五章中进行说明。

当需要表情动画时，要为眼睛或嘴巴加入骨骼。

我的身体上刻好了步骤。

为乳房加入骨骼的话，可以实现乳房的晃动。

那么，这次让我们来思考一下用两条腿走路的角色是如何创建的，也就是创建人形时骨骼的情况。并没有规定来约束骨骼该如何进行绑定，但是Unity中有最合适的骨骼制作方法，请参考左图。这是Unity用来识别特别的人形骨骼并可进行调整的**Mecanim**系统，可以恰到好处地绑定骨骼。关于Mecanim，第五章将会进行详细说明。事先调整好骨骼数量、位置等就可以调整为自然的姿势。

务必从骨骼的基准屁股（HIP）开始，再在这个层级下连接背骨、双肩及双腿的大腿根。

对3D工具的初学者来说，加入骨骼这一作业是稍微有些难度的。Asset Store中有很多收费或者免费的人形角色，可以试着进行参考。另外，如果手指没有特别的动作的话，不加入骨骼也没关系。

使用3D工具，边用手进行动作边加入人形动画当然也是可以的，但是效果最显逼真的还是要使用运动捕捉数据。

自己借用工作室是很难的，可以从Asset Store或者专门的Web商店获取收费或者免费的通用数据。

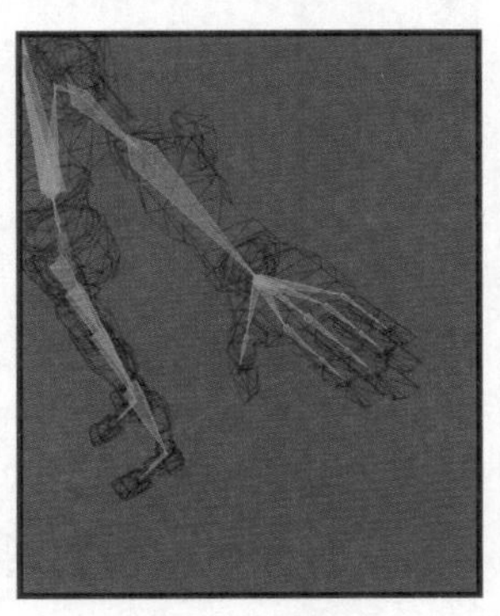

仔细观察机器人 Kyle，会发现大拇指省略了一个关节。

运动捕捉数据中也会有喷香水的动作哦。

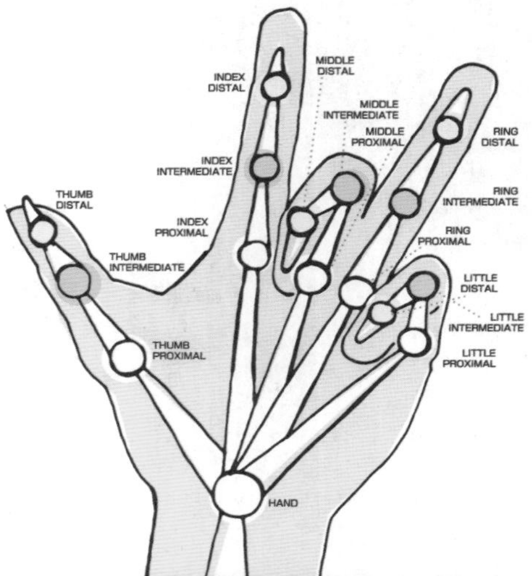

使用 mixamo

mixamo，一个像梦一样的服务。当我们把写出原创角色模型的FBX文件上传后，mixamo就会把复杂的骨骼绑定用简单的步骤进行组编并嵌入我们想要的动画之后返回给我们，自己的角色可以一直登记在其中。由于是有偿服务，所以绝不会很便宜。但是，mixamo中所具备的数据是十分全面的，群众演员（配角）一类角色的动作也一应俱全。和借用运动捕捉工作室进行拍摄相比，你就会觉得mixamo是很划算的。

www.mixamo.com

外部服务。

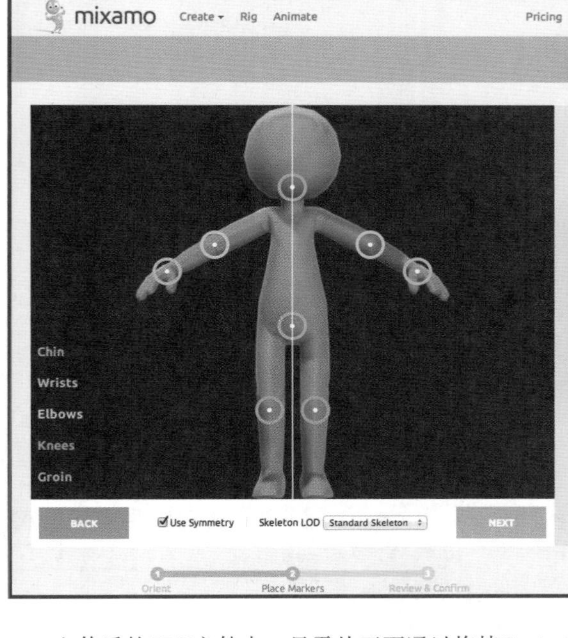

可以每次使用时进行购买，还可以每月花费 $25 进行有限制的购买，或者花费 $150 无限制的购买，多种使用方法，可以在网站进行确认。还有一种 Fuse 服务，自己不进行建模，而是通过各种组合来制作原创角色。对于不建模使用 Unity 来说，可谓是一种合适的服务。但是！角色非常洋气哦。

上传后的FBX文件中，只需从正面通过拖拽Groin（大腿根部）、Chin（下巴）、肘部、手腕、膝盖进行放置，就可以自动识别人形为其放入骨骼。

虽然下载时会产生费用，但是注册角色、加入动画并预览这些都是免费的，务必试一下哦。

有点洋气。
总算跳舞的这个是免费的

自己制作 Skybox Material

除建模数据、声音、图像之外，想要自己准备的世界的要素还有很多很多。其中有一个就是天空。Skybox中所设置的天空，当前我们只能使用在Asset Store中付费或免费购买的。要实现原创，首先需要能够进行全景摄影，现在全景摄影所用的器材用很便宜的价格就可以准备齐全，这样一来就可以自己进行拍摄了。把自己抱着相机转来转去拍到的照片使用Hugin※工具进行接合，或者使用景观制作软件※等通过CG来制作全景图像，或者在Web中进行下载※等，方法是多种多样的。这里准备了在Asset Store中所购买的全景图像。

GIGAPAN 或者 RICOH 的 RICOH THETA，动画的话 360heros

【Hugin】这个软件可以很好地把多张图像进行拼接。详细内容见下网站。http://hugin.sourceforge.net/

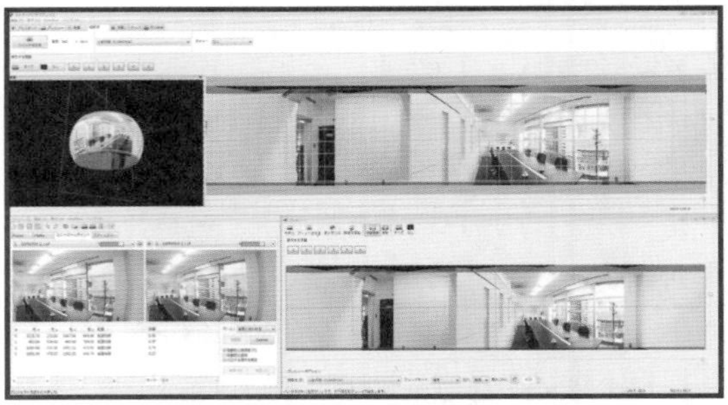

【景观制作软件】附录（P.435）中介绍了 Terragen 3。

【在 Web 中进行下载】有很多免费网站。搜索“HDR Download”。

将这张图像转换为Skybox所用的Cubemap。在项目浏览器中进行选择，将Inspector的Texture Type设置为Cubemap，并按下Apply按钮。接下来要创建的是Skybox材质。在Project中新建一个材质，将其着色器设置为**Skybox>Cubemap**。然后为Cubemap（HDR）项目设置刚才转换后的Cubemap，Skybox就完成了。很简单吧。

设置为 Cubemap。

Inspector
New Material
Shader Skybox/Cubemap
Tint Color
Exposure 1
Rotation 235
Cubemap (HDR)
Select

http://ggnome.com/pano2vr

【Pano2VR】价格为 149€，也有 Pro 版，售价为 349,00€。只在 Unity 中使用的话普通版本就可以了。此外，还带有水印，也有 Free 的试用版，可以首先进行一下试用。

这里我们来介绍一下Pano2VR※这个应用程序。只在Unity中进行使用的话，只需要左页中的步骤就足够了。这个应用程序非常棒，只要是全景图像，不仅可以分割为6张并写出为Unity所用，还可以创建用于Flash、HTML的等多种多样的全景内容。对于拍摄全景照片的人来说，这是一个非常有趣的工具。

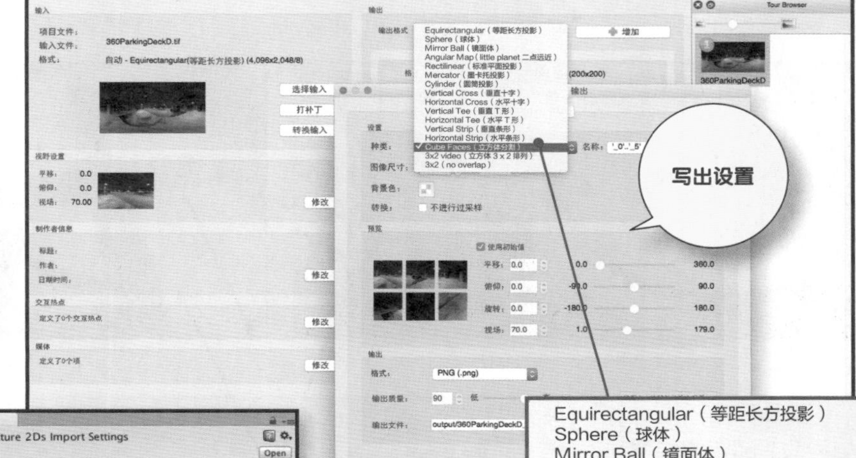

务必设置为 Clamp。

Pano2VR写出六张图片后，读取到Assets文件夹中。然后在项目浏览器中进行选择，在Inspector中打开图像的Import Setting，务必将Wrap Mode设置为Clamp，否则的话Skybox的连接处将出现条纹。

接下来创建Skybox所用到的材质，从Shader的弹出菜单中选择**Skybox > 6 Sided**，接着就会出现六张图像的方框。在这里设置Pano2VR所创建的各方向的图像，就可以制作出原创的Skybox了。六张图像的方法不只可以在Skybox中进行使用，还可以粘贴至多边形网格中进行使用。我们只需知道有这样一个工具就可以了。

全景照片也可以在iPhone中进行制作，可以尝试一下哦。

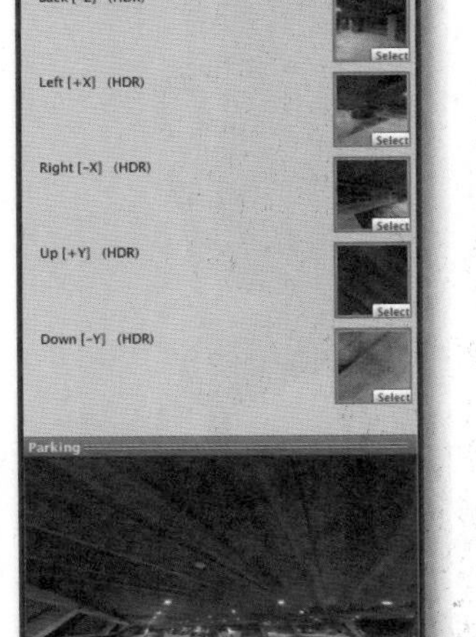

如果是自己拍摄的全景照片，应该会很有趣。这样的遥控支架市面上有卖的。

使用 MARMOSET SKYSHOP　　http://www.marmoset.co/skyshop

对，SKYSHOP。一度成为话题的SKYSHOP是基于图像的照明（Image Based Lighting）的付费Asset。Unity5中“基于物理的着色”成为了标配，因此它的出场机会可能有所减少，但有时还是会用到。使用方法为，SKYSHOP首先会在场景中放置一个加入了Sky组件的GameObject。可以放置多个，用Sky Manager组件进行管理。

与使用Standard Shader的区别在于，与物理的全局照明无关，可对局部进行有目的的照明控制（和Reflection Probe相似），在如下情况中，SKYSHOP可以轻松实现Skybox的切换：运用程序渲染由隧道暗处去到明处那一瞬间的晃眼般的场景时；或者想要渲染从白昼到黑夜的变化时；想要渲染同一个房间里只有某一角色因某件事受到冲击时而惊呼“啊!！”等。使用GI的话，反而变得很难。

宛如自然光般渲染的美丽，光看样品就已经让人入迷了。

美中不足的是，它毕竟不同于Standard Shader，终究是**只有SKYSHOP用的Shader**才能支持这种光的变化。因此，如果你想使用的话，可能需要在Shader方面下点功夫，如统一为SKYSHOP用的Shader等。

尽管如此，样品所附带的这个莱卡相机模型和纹理的美观就差强人意了……

第四章
脚本基础知识

完全从零开始学编程。
介绍掌握Unity编程的基础要点。

“编程”这个工作

在3D模型之后，再学习编程这章，就好像体育课后，学6个小时数学一样。初学者也能没有心理负担地开始学。之前介绍了一些Unity需要用到的脚本，在这里会重新学习。由于没有编程经验的人也是本书的对象，所以前面导入的部分对于有经验的人来说，也许会觉得冗长。

前面我们提到了，Unity编程有JavaScript和C#两种※编程语言。尤其是JavaScript，如果是与Web工作相关的人可能很多人都有相关经验，如果是Flash工程师的话，JavaScript的书写方式与ActionScript几乎相同。C#是另一种主要语言。对于使用Windows的WPF*等.NET Framework的应用开发人员，以及人数比较少，进行Web使用的Silverlight开发的人来说，C#是他们非常熟悉的语言。

其实，JavaScript也好，C#也好，只是编写的格式有各自的方式而已，最终都会形成执行文件。其实，例如“Unity的开发语言就是C#”规定这样一种也没关系，不过让开发者也可以用JavaScript编写，就好像降低了最初阶段的门槛，扩大了入口，从而激发了开发者们的热爱。

重申一遍，两种语言只是编写方式上不同，Unity的优秀编译器※，无论用哪种语言编写，结果都能同样运行。不用认为用哪种语言运行的速度会更快。只要用你自己容易上手的语言即可。因为本书基本上是以初学者为对象※，所以就采用看上去比较通俗易懂的JavaScript来做主要编写语言。

在真正开始编写程序之前，需要有意识地问一下“让编好的程序运行起来，究竟是什么意思”？编写程序就是“希望执行这样的动作”，类似于说明书。用电影来举例子的话，就是分镜头剧本。分镜头该如何设计，剧本该如何写，以及怎么让这些运行起来都是需要考虑的问题。

请问～
C#
C#？ JavaScript？
都可以哦。
啊？是 Boo 呀？
Boo 已经不能用了。

【两种】一直到 Unity 4.x 版本也能使用 Boo 语言。但太过小众了，所以从版本 5 开始就不支持了。

【WPF】Windows Presentation Foundation 由 Microsoft 开发，自 .NET Framework 3.0 之后的版本包含的用户接口子系统。

【编译器】C# 和 JavaScript 等编码是用人类可以懂的语言来编写的“高级语言”。要将其生成为电脑可以运行的程序，称之为编译。“编译耗时～”或者“应该没有漏洞，却显示编译出错”等时候使用。

【以初学者为对象】懂 C# 的人，看到 JavaScript 就能看明白。

Unity的脚本其实是在场景内为某个CameObject贴上的“脚本组件”。让我们重新编写一下一开始的脚本。

创建新的项目，在最初的场景中，即只有Main Camera和Directional Light的状态时，点击GameObject菜单 > 运行Create Empty，配置一个空的GameObject。Transform的位置信息等，对于仅作为脚本组件的GameObject来说，完全没有关系。如果觉得不舒服，就重新设置，将其放在世界的正中央吧。选中这个GameObject，在Inspector的Add Component最下方选择“New Script”，将名字改为“**HelloWorld**”，然后将Language选择为JavaScript，点击最下方的按钮“Create and Add”，贴上新的脚本。这个顺序，在第二章中也稍有介绍。

针对老年人的消息

“**Hello World**※（**Script**）”已经作为脚本组件被添加上了，双击看一下。于是就启动MonoDevelop，打开了源代码。

```
#pragma strict
```

第一章的这一条是JavaScript的编写声明。现在可不必太在意，将其理解为，“现在开始说的是类似**咒语**※的东西”即可。

之后定义了**Start**和**Update**两个**function**。**Function**翻译成**函数**。意思就是，在接受到**Start**或**Update**的**事件消息**之后，执行的是这里面的内容。

【Hello World】看上面Inspector，会发现Hello和World之间加入了空格。Unity用大小写组合拼写脚本文件的名称时，就会这样显示。

【咒语】如果不声明#pragma strict的话，比如在声明变量时即使不使用var也不会产生错误，虽然编写的条件变得宽松了，但因此运行的时候需要猜测变量，影响运行的速度。

本书从一开始就本着“严谨编写”的标准来介绍。

事件消息？可能听起来并不熟悉。在这里可以试着这样想。你是小学老师，想让不同班级轮流当值打扫工作。有的班打扫教室，有的班负责黑板、讲台和垃圾，有的班打扫走廊，有的班则负责打扫通往体育馆的那条走廊。将从幼稚园刚升为一年级的新生分好扫除班级后，你说“**好啦！大家开始大扫除吧！！**”，之后的情景会如何？可能大家都在那里发呆。因为他们还没有学，不知道要做什么。

这时候，老师给每个班分别写了“脚本组件”。

因为收到了这个脚本，所以一年级学生们听到老师说“**开始扫除**”后，一起执行各自的工作。

开始扫除！
# 大家好好干哦
function 开始扫除 ( ) {
将椅子放在桌子上之后；
用水桶打水；
拧干抹布，擦地板；
摆正桌椅；
}
# 大家好好干哦
function 开始扫除 ( ) {
擦黑板；
拍打黑板擦；
扔垃圾；
}
# 大家好好干哦
function 开始扫除 ( ) {
用水桶打水；
拧干抹布，擦走廊；
擦玻璃；
}
# 大家好好干哦
function 开始扫除 ( ) {
从体育仓库取出工具；
清扫走廊通道；
}

这里的“**开始扫除**”就是事件信息。Unity中没有“开始扫除”，却有很多“**Start**”或“**Update**”等事件。

运行程序就是说，调用该程序中的各个“事件信息”，GameObject上添加的“脚本组件”**听到后**，想到：“啊！现在调用了**Start**事件！”“当调用**Start**的时候，是怎么写的来着？”按照操作方式来执行。这个操作方式的部分就成为**function（函数）**，这个说明书就相当于用JavaScript或C#编写的程序。编写脚本也称为scripting（脚本编撰）。

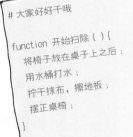

了解主要的事件消息

【MonoBehaviour】关于MonoBehaviour，请参考本章最后的专栏部分。当前，可不必在意。

那么，Unity中有哪些消息呢？在这里写一下代表性的消息。这些称为可接受**MonoBehaviour**※的事件。

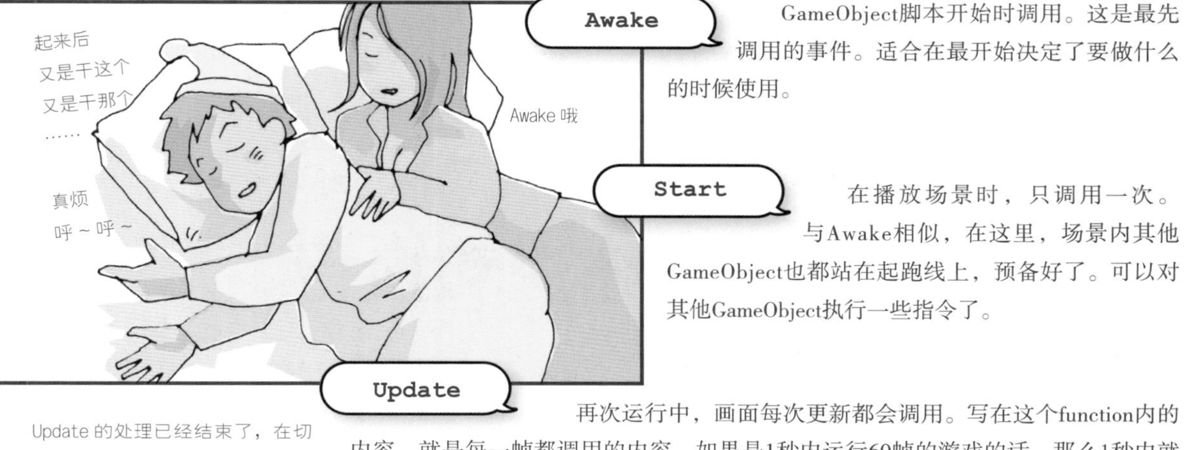

Awake

GameObject脚本开始时调用。这是最先调用的事件。适合在最开始决定了要做什么的时候使用。

Start

在播放场景时，只调用一次。与Awake相似，在这里，场景内其他GameObject也都站在起跑线上，预备好了。可以对其他GameObject执行一些指令了。

Update

再次运行中，画面每次更新都会调用。写在这个function内的内容，就是每一帧都调用的内容，如果是1秒内运行60帧的游戏的话，那么1秒内就会执行60次。

Update的处理已经结束了，在切换画面之前，还有什么要做的吗？

啊，还有啊？

LateUpdate

这是1帧中所有GameObject的状况都调用之后，在渲染之前调用。例如，摄像机在追拍特定目标，如果用Update事件处理移动状态的话，可能会慢1帧，所以在这样的情况下使用。

OnGUI

更新GUI（用户界面）时调用。关于GUI会在后面介绍，能将图像和文字等用户界面层可以放置在摄影机前面。在更新时使用。只不过，GUI的显示事件从Unity4.6开始就被uGUI取代了，很少使用了。详细内容请看第六章。

OnCollisionEnter

在GameObject的碰撞器区域与别的碰撞器碰撞的瞬间调用。此外还有**OnCollisionExit**（退出的瞬间）、**OnCollisionStay**（接触的过程中，每一帧）等与碰撞相关的事件。

OnTriggerEnter

与**OnCollisionEnter**相似，当碰撞器组件的设置项目isTrigger复选框被选中时，则会触发此事件。同样，还有**OnTriggerExit**（退出时）、**OnTriggerStay**（接触的过程中，每一帧）。

OnDestroy

当GameObject消失时调用。

只要碰到一点我的触发点，就灭了你！

写脚本的基本规则

在开始编程，即开始写脚本之前，初学编程的人，需要减轻心理压力。了解编程的原则，能很大程度上减轻精神痛苦，有助于推进学习。

脚本英文的大小写※**是不同的。**这一点很重要。编译器会把**HogeHoge**与**hogeHoge**当作不同内容。

区分大小写

【区分大小写】在编程中，经常有自己给变量或函数命名的情况。基本上可以大小写自由混用。例如，MyHeart 和 myHeart 等通常会用大小写来区分不同单词。这称为 CamelCase（驼峰式拼写法）。

缩进和换行是为了编辑看起来容易。例如下面的例子

```
function HogeHoge (){
——→hoge();
}
```

缩进和换行

```
function HogeHoge (){
hoge();
}
```

为了让自己之后看到容易明白，变量名和函数名起得很长也没关系。例如，看到 iLoveCatAndDog，一眼就能知道“啊，原来喜欢猫和狗”。顺便说一下，有的项目正相反，为了尽量防止逆向工程，要求将原本容易懂的源代码故意换成无意义的最低限度的短名称，使之难以读取。

这两个是完全相同的。此外还有

```
function HogeHoge ()
{
    hoge();
}
```

明确行的结尾；

```
function HogeHoge (){hoge();}
```

编译器将这两个也判断为完全相同的内容。

SPACE
TAB
A
;

反正你们几个都是一样的，只是文字符号而已。而本分号是编译器认识的，他知道我代表明确的语句结束。

原本在编辑器上换行，只是代表加入了一个与文字相同的换行符（特殊的看不见的文字）。TAB键和SPACE键也一样。只是有区分单词的意义，所以会被忽略。但有一点需要注意。因为编程是一行语句的集合，所以从行开始到行的结束是1个执行内容（也称为statement）。只不过，换行符和空格一样，会被编译器自动忽略，如果你认为**“这是本句的结束”**需要明确地输入“;”，如果没有这个分号，即使再明显的换行，也会被认为下一行与本行是同一statement。要注意输入时，容易**误输入**成“:”※。

【误输入】实际上输入错误的话，MonoDevelop 的界面会提示错误，所以不用太担心。

空格

保留字

半角英文数字

【没有被列入保留字】例如，"MoveObject" 很少会这样写。所以，用骆驼式拼写法区分大小写，单词开头大写，就很容易明白意思了。例如 MyProjectMoveObject。

单词只要区分开就好。空格会被自动忽略。如果单词和单词之间，误输入了2个空格呢？没关系。空格、换行、缩进，不论有几个只要将单词与单词之间区分开就好。只不过，全角空格会出现错误，需要注意。

不使用保留字。用Unity编程时，经常用自己起的名称。如果名称中用了保留字就会出现错误。所谓的保留字，就是Unity编译器将其作为关键字的单词。命名时，就使用绝对没有被列入保留字※的单词吧。

不使用双字节字符。可以说这是编程时的常识。只不过，在下面介绍的注释中，使用中文也没关系。

注释。写程序时，有时想要做一下记录。在代码中可以以注释的形式来记录。如下所示，使用注释关键词，就能让编译器忽略该部分。

```
// 单行注释，开头打 2 个 / 正斜杠符号。
/*
多行注释的话
就像这样用 /+* ~ *+/ 括起来。
*/
```

使用 Debug.Log

让大家久等了。我们将刚才自动输入的HelloWorld.js进行改造，体验一下编程吧。

```
#pragma strict
function Start(){
    Debug.Log("Hello World!");
}
```

好了，将脚本编辑成这样了。因为不需要**function Update**，所以删除了。这个4行的程序就是，当**Start**事件被调用时，则执行一行指令。

参数

Debug.Log（“字符串”），在后面括号中填写的字符串是用于发送到Unity控制台的**函数**。函数？一说到函数，最先想起的，恐怕是中学学过的三角函数了吧。sin、cos、tan之类的。函数也称之为**方法**。可以这么认为，只要传递（**或者不传递**※）一些值。就响应动作的东西就是函数。在这里传递了字符串“Hello World！”。传递给这个函数的值就称为**参数**。传递的字符串会如何呢？我们先保存这个脚本文件，再回到Unity。

【**或者不传递**】函数名后面的 () 是用于盛放传递内容的，即使不传递内容，这个括号也不能省略。

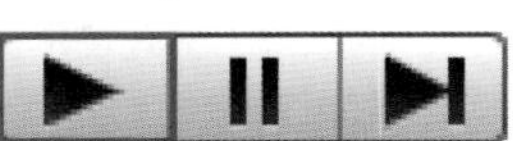

请直接按Unity的Play键。在场景和游戏视图上并没有发生特别变化，但是从Window菜单中选择**Console**，打开看看。则显示出弹出图标和Hello World。还写着Debug.Log运行正常。

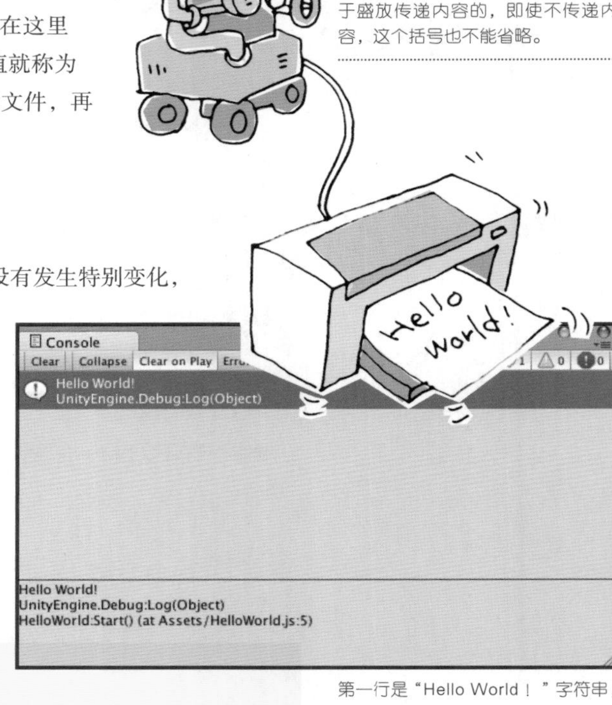

第一行是“Hello World！”字符串，第二行意思是这是从 UnityEngine 的 Debug.Log 函数输出的。点击呈高亮状态后，还会显示出这是哪个脚本组件的哪一行运行的结果。再双击的话，则切换到 MonoDevelop 上的此处位置，并呈高亮状态。

Console窗口就是负责这样显示**Debug.Log运行**※和参数的。控制台不仅仅是明确输出字符串，也是显示错误和提示警告的地方。

那么我们将脚本稍作改动，改为“**当前时刻运行3秒后，输出到控制台上**”。

```
#pragma strict
function Start () {
   Invoke("TimeStamp", 3f);
}
function TimeStamp(): void{
   var HH:int = System.DateTime.Now.Hour;
   var MM:int = System.DateTime.Now.Minute;
   var SS:int = System.DateTime.Now.Second;
   Debug.Log( HH+"時"+MM+"分"+SS+"秒");
}
```

【**运行Debug.Log**】对于 Flash 用户来说，相当于 Trace()；对使用 JavaScript 的人来说，就认为是 console.info() 吧。Print 函数也可以同样运行。

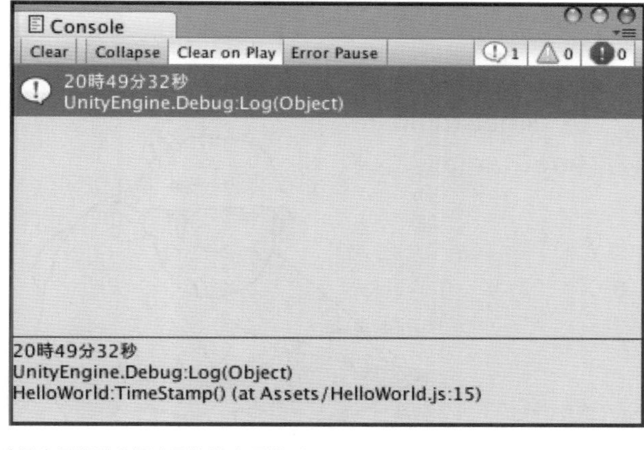

运行，数1、2、3后控制台上就显示了时间。在这里涉及几个新的要素。

使用 Invoke，延时调用

Invoke 是在一定时间之后调用其他函数的函数。括号内的参数包含两个信息。第一个是调用函数的名称，用**字符串**表示，第二个是延时的秒数，用**浮点型数值**表示，二者之间用逗号区分。在这里写的是

```
Invoke("TimeStamp", 3f);
```

【浮点型数值】浮点型数值也通常叫float型。在JavaScript中，带有小数点的数值就是"非整数=float型"，也可以省略。只不过，小数的数值也分为double型和decimal型，根据实际需要用d或f区分。

本书中用f明确浮点型数值。

这就是3秒后调用"**TimeStamp**"函数。因为已经限定了传递给**Invoke**的参数为（字符串，浮点型数值），所以如果输入其他类型数值则会出现错误。不过，第二个的时间，虽然也可以用整数值，但通常都是指定浮点型数值。**3f**后面的**f**，就代表了**浮点型数值**※的意思。关于**Invoke**的使用方法，网上操作手册中的介绍如下：

```
Invoke(methodName: string, time: float): void;
```

即第一个参数的**methodName**，请输入**string**即字符串，第二个**time**请输入**float**=浮点型数值。

最后还有一个：**void**；这究竟是什么呢？这是函数本身的返回值的**类型**。Void代表了**无类型**。值是void函数，代表了"没有任何返回值"。换言之就是说，并不利用运行的结果。类型？接下来我们再进一步介绍一下。

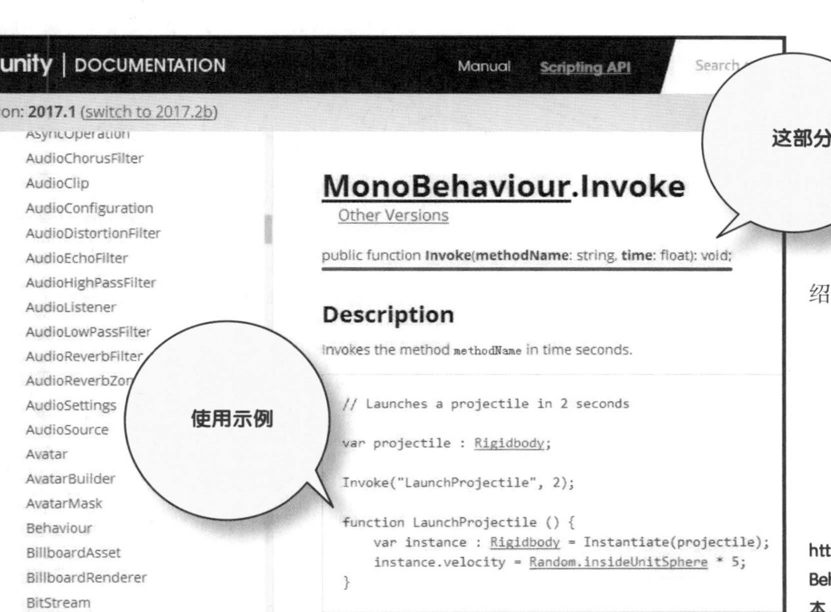

https://docs.vnity3d.com/ScriptReference/MonoBehaviour.Invoke.html 打开此网址，显示 2018.2 版本，供图为作者写作时版本。

自定义函数、变量与类型

现在大家明白了吧，在**Invoke**运行后的指定时间后，指定名称的函数就会被调用。在这个例子中，就是调用“**TimeStamp**”函数。这个**TimeStamp**的函数名称是随手起的名称，Unity脚本中没有这个保留字。对**TimeStamp**的定义如下所示。这称为**自定义函数**。这个的值也是**void**型的。

```
function TimeStamp():void{
TimeStamp 不需要参数，值为 void 的函数，定义如下
    var HH:int = System.DateTime.Now.Hour;
    为 int 型变量 HH 代入现在的小时
    var MM:int = System.DateTime.Now.Minute;
    为 int 型变量 MM 代入现在的分钟
    var SS:int = System.DateTime.Now.Second;
    为 int 型变量 SS 代入现在的秒
    Debug.Log( HH+"時"+MM+"分"+SS+"秒");
    在控制台上输出 HH 时 MM 分 SS 秒
}
结束
```

这里只能放 int 型吧。

已经把“小时”放进去了。
其实最后放入也没关系。
正雄，把“小时”取出来。

var是定义**变量**的声明。变量是在其中放入值的容器。就像“我要用变量HH喽~嘿哟”。“这里准备了**HH**、**MM**和**SS**3个容器。**HH:int**的**int**意思是这个变量里装入的数值类型需要是整数（**int**）。”也就是说类型就值的种类。字符串就是**String**型，浮点型数值就是**float**型。此外还有很多其他类型。

虽然这个容器中分别放入了小时、分钟和秒，但负责读取出来的是名为**System.DateTime.Now**的对象。这个用.连接起来的数据**System.DateTime.Now**究竟是什么呢？现在不用详细考虑。就当作是在名为**System**的房间（**命名空间**※）里，一个名为**DateTime**的钟表似的机器上有个“**Now**”按钮。按下这个按钮，弹出来的**某个东西**。

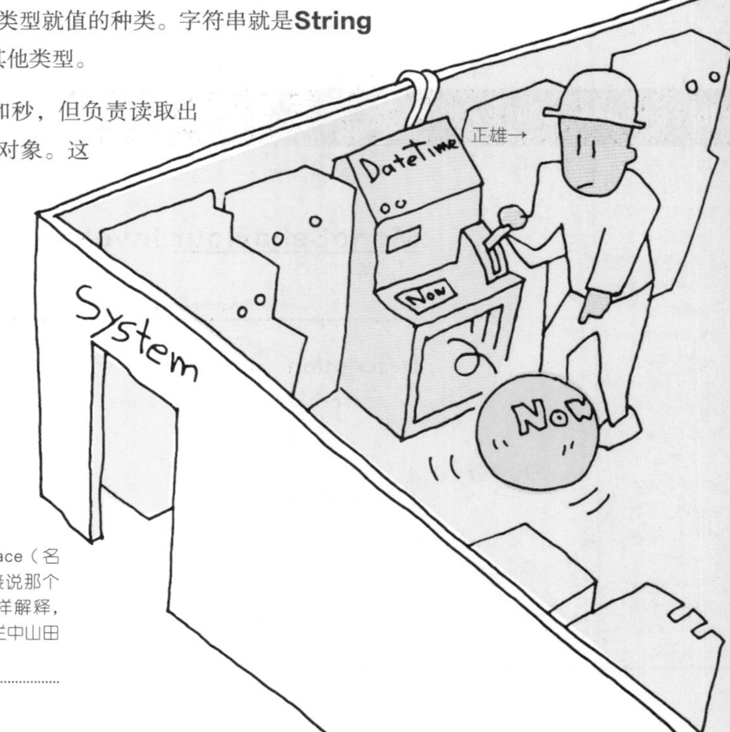

【**命名空间**】也称为 name space（名称空间）。简单地说，就是直接说那个“名字”就会到达的空间。这样解释，很难理解吧。请参考下一页专栏中山田先生的例子。

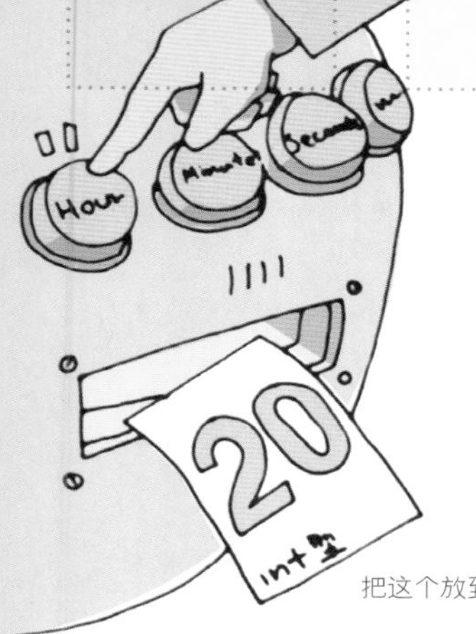

把这个放到HH里。

这里的某个东西，成为Object（对象），关于对象可以暂不考虑。这个东西中，具有多个可以调查属性的按钮，按下“**Hour**”按钮时，则返回“小时”的整数值。同样地，按下“**Minute**”或“**Second**”按钮时，则分别返回各自的值。顺便提一下，**Now**中包含了读取以千分之一秒单位的“**Millisecond**”和“**Year**”“**Month**”等属性。包括**使用Now的瞬间，“当下”的所有信息**。

Yamada.Hasband.Job

COLUMN：命名空间

牧羊人

花子

Yamada.sheep.Name

可以在最初进行声明，使用**System**命名空间。例如，“听说山田先生的父亲六十大寿了，儿子要考高中了”，听到这里，就会自然回应“哦？是么”！但如果突然就说“父亲六十大寿了”，人们都要问“谁的？你的父亲吗”？

也就是说，在这里**System.DateTime.Now.Hour**、**System.DateTime.Now.Minute**就相当于每次都说“山田先生的父亲六十大寿了”“山田先生的儿子要考高中了”。所以如果事先声明了，就能省略了。JavaScript中用**import**、C#中用**using**来声明。对于使用ActionScript的人来说，对**import**更熟悉一些吧。

用JavaScript（HelloWorld.js）的情况

```
#pragma strict
import System;

function Start () {
   Invoke("TimeStamp", 3f);
}
function TimeStamp(){
   var HH:int = DateTime.Now.Hour;
   var MM:int = DateTime.Now.Minute;
   var SS:int = DateTime.NowSecond;
   Debug.Log( HH+"时"+MM+"分"+SS+"秒");
}
```

用C#（HelloWorld.cs）的情况

```
using UnityEngine;
using System;

public class HelloWorld : MonoBehaviour {
   void Start () {
      Invoke("TimeStamp", 3f);
   }
   void TimeStamp() {
      int HH = DateTime.Now.Hour;
      int MM = DateTime.Now.Minute;
      int SS = DateTime.Now.Second;
      Debug.Log( HH+"时"+MM+"分"+SS+"分");
   }
}
```

```
var HH:int = System.DateTime.Now.Hour;
```

这个 = 叫作**运算符**。在算数中，3 + 4 = 7用于表示两边的数值相等，不过，在编程中，这代表将右侧的值代入左侧的变量，称为“**赋值运算符**※”。通过赋值运算符，为各个变量赋值。

【运算符】运算符分为赋值运算符、比较运算符、逻辑运算符等。

COLUMN：运算符（1）

赋值运算符与自增·自减运算符

=	直接赋予右侧数值。 a=3+7； // 为 a 赋值 10。
+=	加上右侧数值后赋值。 a=3； a+=7； // 为 a 赋值 10。
-=	减去右侧数值后赋值。 a=10； a-=7； // 为 a 赋值 3。
*=	乘上右侧数值后赋值。 a=3； a*=2； // 为 a 赋值 6。
/=	除以右侧数值后赋值。 a=10； a/=2； // 为 a 赋值 5。
%=	除以右侧数值，用所得余数赋值。 a=20； a%=7； // 为 a 赋值 6.

此外，还有 <<= 和 |= 等逐位运算的赋值运算符，暂且先学习以上常用的吧。

另外，经常使用的运算符中还有自增运算符和自减运算符。这些是只加减1的简单运算符。

++	自增运算符（加 1 后赋值）
	a=10;
	a++;
	// 为 a 赋值 11。
	a++;
	// 为 a 赋值 12。

--	自减运算符（减 1 后赋值）
	a=10;
	a--;
	// 为 a 赋值 9。
	a--;
	// 为 a 赋值 8。

自增运算符和自减运算符有前置和后置之分。例如，将这个自增运算符嵌套在另一个算式中使用的话，就能看出差别了。

计算变量x=10; 和a=10;时，如果是x+=a++; 的话，那么将a增量之后的11赋值代入，则x等于21、a等于11。但如果是x+=++a; 的话，则依然是10加上x，那么x就等于20、a等于11了。

还有连接字符串的运算符+和+=。

a=“早”+“晨”
// 为 a 赋值“早晨”。

最后一行是刚才试用的**Debug.Log**，在参数的括号中添加变量和字符串。将数字和文字做加法的话，数字（**int**型）也转变为文字（**String**型）后再结合起来。这个结合的公式返回的字符串就是“20时49分32秒”，再将这个字符串输出到控制台上的。所以说，这个**+**也可作为字符串和字符串的连接运算符。

题外话，虽然现在是将时、分、秒分别代入了变量，其实在这里不用变量，写成以下这种形式也可以。

```
Debug.Log( System.DateTime.Now.Hour+"时"+System.DateTime.Now.Minute+"分"+System.DateTime.NowSecond+"秒");
```

这样写的话，单行就能结束。全都放在一行中，字号太小，在页面上很难读，稍作处理是**没有问题**的。※只不过在编辑器上一定要横向排列，可以如下所示，中途进行换行。

【没有问题】与其说是没问题，倒不如说是因为这个例子中，即使放入变量，由于没有处理，也是浪费。如果有也只是几万分之一秒（具体数值需要测量之后才知道）之类的问题，所以对于初学者来说，还是以理解为首任吧。

【最好还是这样写】这样的话，不需要每次都调用 System.DateTime.Now 了，只要对已调用的对象读取时分秒就可以了，效率更高。3 页前的插图中，正雄也不用在 System 的房间里按好几次 Now 了。关于这一点，虽然对运行速度没有什么影响，但累计起来就会变得重要了。

```
Debug.Log(
        System.DateTime.Now.Hour+"时"
        +System.DateTime.Now.Minute+"分"
        +System.DateTime.Now.Second+"秒");
```

自始至终，都是分号负责程序性的换行任务

所以，这个例子中，只是可以添加到3个局部变量中，并不是必需的。但是，如果添加的内容在其他地方还需要使用，或者需要计算这个数值等，这样的处理在其他场合就有意义了。

只不过因为**System.DateTime.Now**是三个参数一起的，所以**最好还是这样写**※。

```
var d:System.DateTime = System.DateTime.Now;
Debug.Log(d.Hour+"时"+d.Minute+"分"+d.Second+"秒");
```

如果为命名空间**System**的**DateTime**型变量**d**赋予**Now**的值，就能写成这样短的语句了。

COLUMN：运算符（2）

算数运算符

四则运算当然也准备了。在编程语言中，稍微有点不同的就是×是*（星号）、÷是/，而求余数的话，就使用%。

+	加法
-	减法
*	乘法
/	除法
%	余数

COLUMN：Unity 的 JavaScript 与 C#

在JavaScript中，没有**DateTime**。在Flash的ActionScript中也没有。通常情况下，JavaScript的类中有**Date**()与DateTime有相同的意思。

```
var d = new Date();
var HH = d.getHours;
var MM = d.getMinites
var SS = d.getSeconds;
console.log(HH+" 时 "+MM+" 分 "+SS+" 秒 ");
```

可能你想写成这样。但在Unity中这样写是错误的。

其实**DateTime**在C#中是存在的。

```
int HH = DateTime.Now.Hour;
int MM = DateTime.Now.Minute;
int SS = DateTime.Now.Second;
  Console.WriteLine(HH+"时"+MM+"分"+SS+"秒");
```

（using System;结束声明）

也许已经在使用JavaScript或C#的程序员们经常会遇到这个问题。在Unity的JavaScript可以使用的类，是结合C#的类的名称做出来的。所以，也叫作UnityScript。是的。虽然用JavaScript和用C#都能写程序，但实际上需要符合各自的语法特点。而JavaScript与C#的库差别却很大，所以比较贴近C#。如果问Unity的C#与标准的C#完全一样吗？其实并不完全相同。例如，取出随机数值的函数等内容就与C#不一样。

用 JavaScript 的情况

```
var rnd = Math.random();
var Res = Math.floor(rnd * 1000);
```

是这样写的，而用 Unity 的话，则分别写成：

```
var Res = Random.Range(0,1000);
```

用 C# 的情况

```
Random rnd = new Random();
int Res = rnd.Next(1000);
```

```
int Res = Random.Range(0,1000);
```

带值的函数（闰年）

这次我们做一下其他的自定义函数。非常简单的计算。你知道闰年的定义吗？4年一次？可不仅如此哦。闰年是公历年份中，**可以被4整除**的年份、**但不能被100整除**的年份**和可以被400整除**的年份。2014年不能被4整除，所以不是闰年。可以被4整除的2016年却不能被100和400整除，但还是闰年。2000年虽然能被100整除，但因为能被400整除，所以是400年一次的特别的闰年。下面这查询函数※就是将公历年份（整数值int型）传递过去，判断是否是闰年的函数。

【**闰年查询函数**】查询闰年的函数其实是系统准备了标准的函数。System.DateTime.IsLeapYear（年）返回逻辑值。

```
function URUU(y:int):boolean{
    if (y % 4 == 0){
        if (y % 100 != 0){
            return true;
        } else {
            if (y % 400 == 0){
                return true;
            } else {
                return false;
            }
        }
    } else {
        return false;
    }
}
```

Return 是由函数返回的

闰年啊。
就是用 4 能整除的……

刚才定义**TimeStamp**函数时，后面的括号中什么都没写，这次写上（**y：int**）。这是能给参数传递**int**型值的自定义函数。被传递的整数值，在这个函数内部会代入**y**变量使用。

之前的**TimeStamp**定义成**void**型（没有任何返回值）的函数，这次定义成返回**boolean**型（逻辑值）。该函数本身就带有**真假值**。而且，无论进入哪个分支，都会用**return**中断。因为**return**之后的值是该函数本身的值，如果不用**return**中断，则该函数运行结束后，不返回值。

好了好了，2020 年是闰年吗？
只告诉我结果是真是假吧，用 boolean 型给我！

用 if 语句实现分支

接下来介绍的是条件分支的if语句。

```
if (条件){
    执行的内容;
}
```

这样一来，当条件符合时，则判断为真（**true**），执行下一行。如果执行内容**只有一行**的话，也可以写成以下格式。不需要**{}**了。

```
if (条件) 执行的内容;
```

或者…… ——半角空格

```
if (条件)
执行的内容;
```

开头缩进和换行只是为了看起来更方便。通常会按照后一种方式换行。如果条件不符合，则越过这一条if语句。

然后下一个条件是当假的时候，若有执行内容的话，则会按照如下方式，使用**else**。

```
if (条件) {
    为真时，执行的内容;
} else {
    为假时，执行的内容;
}
```

有else的话，则一定会执行二者之一的。

if 语句的条件是从一开始顺序判断的，如果最初为真的话，则执行。右侧的例子中，条件 1 和条件 2 都为真的话，则只执行最初条件 1 的内容。

如果条件更多的话，则使用**else if**，写法如下：

```
if （条件1） {
        条件 1 为真时，执行的内容；
} else if （条件2） {
        条件 2 为真时，执行的内容；
} else {
        条件 1 和条件 2 为假时，执行的内容；
}
```

条件越来越多的话，可以增加分支数。如果都不能符合else时，当然也可以省略else。

【 if 语句嵌套 】也称为 nesting。

我们再看一下刚才闰年函数的if语句。这个例文中，将3个if语句嵌套※起来了。这种写法是可以的。首先看能不能被4整除？如果能整除的话，再看看能否被100整除？如果能整除的话，最后不能被400整除的话，那就不是闰年。

不能被 100 整除的话，则为 ture

如果不是的话，能被 400 整除，则也为 ture

```
if (y % 4 == 0){
        if (y % 100 != 0){
                return true;
        }  else {
                if (y % 400 == 0){
                        return true;
                }  else {
                        return false;
                }
        }
}  else {
        return false;
}
```

%是求余数的运算符，所以余数为0的话，就代表能整除。顺便说一下 == 是**比较运算符**，如果左右相同，则结果为**真**。相反，如果使用 **!=** 的话，是在左右不同的时候为**真**。

用 return 返回值

关于输出时间的**TimeStamp**函数

```
function TimeStamp():void {
```

因为定义了**void**※，什么都没有返回。TimeStamp函数是通过**Invoke**在无参数的情况下执行的，没有特别使用其结果。这次写的**URUU**是**boolean**型，需要返回真假值。所以必须有**return**。因为是指定了**boolean**型的函数，所以必须返回**ture**或**false**之一。

【定义了】其实这个类型的定义部分是可以省略的。不过，我们还是尽量定义一下吧。

本书为了看上去舒适易读，省略了不必要的代码描述。

使用**URUU**函数的话，使用方法就可能如下所示：

```
if (URUU(System.DateTime.Now.Year)){
    Debug.Log(" 今年 ("+ System.DateTime.Now.Year +" 年 ) 是闰年。");
}
```

使用**URUU**函数的红色文字部分，代表了带有真值（true）或假值（false）。

```
if (URUU(System.DateTime.Now.Year) == true){
```

就没有必要写了。（当然写了也会执行）

回到**URUU**函数的内容，稍作改良。这个很长的if语句，其实可以使用**比较运算符**，变得很短。

```
function URUU2(y:int):boolean{
   if (y % 4 == 0 && (y % 100 != 0|| y % 400 == 0)){
     return true;
   }  else {
     return false;
   }
}
```

又出现了新的运算符&&和||。这叫**逻辑运算符**。很少见的符号，可能会觉得比较难读，其实仔细看就会发现很简单。这一条if语句中同时描述了多个条件。条件是**（能被4整除并且（不能被100整除或者能被400整除））**。&&在双方条件为真时返回真，||在二者有一个为真时返回真。上面这条语句就是组合使用了这两个运算符。

这样就能进一步缩短了。

变成一行了！

```
function URUU3(y:int):boolean{
    return y % 4 ==0 && (y % 100 != 0 ¦¦ y % 400 == 0);
}
```

【boolean 型的值】在 C# 中写作 bool，但在 Unity 中写作 boolean。

这样逻辑运算式本身就带有**boolean**型的值※，可以直接**return**。

COLUMN：运算符（3）

比较运算符

比较运算符可能没有必要特别说明。就是比较左右两侧的值，运算式本身带有 **true** 或 **false** 值。

==	等于（不仅是数值，也可以用于比较字符串）
<	小于
>	大于
<=	小于等于
>=	大于等于
!=	不等于

逻辑运算符

逻辑运算符的式子是，将左右的逻辑值（**true** 或者 **false**）进行比较，式子本身带有逻辑值。逻辑运算符有以下几种：

&, &&	并且（只有两边都为真时，这个式子才为真）
¦, ¦¦	或者（左右两边有一个为 true 时，则这个式子为 true）
!	不是~。

这个符号“¦”叫竖杠（Broken bar）。

a = 10；与为变量 **a** 赋值 **10** 的话，则（**a == 10 && a != 9**）两边都正确，所以为 **true**；而（**a == 2 ¦¦ a == 10**）中后者正确，所以为 **true**。此外，给逻辑值添加 !，就能让该逻辑值结果相反。例如，因为 **!(a == 10)** 是 true 的否定，所以为 **false**。

通常情况下，就用 **&&** 或者 **¦¦** 吧。**&** 和 **¦** 还能进行逐位运算，暂时没有必要用。

只有在用 C# 编写的时候，用 **&** 或 **¦** 则不必要的判定过程也不能省略。例如，假设我们编一个 if 语句来判断如果进入电影院的人是女性或者是 60 岁以上的老人的话，就有折扣。顺便想要计算一下，女性有多少人，60 岁以上的人有多少人。

```
int WomanNum = 0;
int SeniorNum = 0;
bool InComing(string _sex, int _age){
    return (isWoman(_sex) | isOlder(_age));
}
bool isWoman(string _sex){
    if (_sex == "Woman")
        WomanNum++;
    return _sex == "Woman";
}
bool isOlder(int _age){
    if (_age >= 60)
        SeniorNum++;
    return _age >= 60;
}
```

InComing 函数被调用，当 isWoman 为真时，是否判定 isOlder

如果是¦的话，那么每次一定要通过这一步。

如果是¦¦的话，那么只有 isWoman 为假时，才判定“那么他是否年龄超过 60 岁呢”？

在这个情况下，**Incoming** 的条件式中采用¦¦的话，如果来馆的人是女性的话，就已经“决定给折扣”了，就不用再特意执行判定年龄的函数了。所以，就不作为超过 60 岁的人被记录在人数中了。如果是用¦的话，那么两个函数都执行判定。

条件运算符（三目运算符）

运算符中还有一类条件运算符。如果不用 if 语句，单纯地想要用两个值之一用作表达式的值时，可以用以下方法。

条件表达式? true 时的值 : false 时的值

例如，变量 **MonthNum** 不超过 3 时，表达式的值为 0.5，如果超过 3 时，表达式的值为 0.8（**MonthNum <= 3 ? 0.5:0.8**），这样表达式的值就是二者选其一了。

正如上述所说，可以使用**if**语句或逻辑运算符，根据参数或状态，执行一些任务，然后返回各自的值。**void**型的函数并不使用值，但如果使用某个结果的话，可以用数值返回，或者可以判断成功与否，用**boolean**返回等，有很多方法。需要记住只要不是定义成**void**型的情况，无论通向哪个分支，都一定要用**return**中断。

用 for 语句循环

接下来试着用**URUU3()**函数，取出从1990年到2020年之间的闰年。在控制台上只输出闰年的注释，并且最后输出这些闰年的个数。

```
#pragma strict
var LeapYears : Array = new Array();
function Start () {
    for (var i:int = 1990; i<=2020; i++){
        if (URUU3(i)){
            LeapYears.push(i);
            Debug.Log( i + " is a Leap Year" );
        }
    }
    Debug.Log("-- " + LeapYears.length);
}
function URUU3(y:int):boolean{
    return y % 4 ==0 && (y % 100 != 0 || y % 400 == 0);
}
```

```
Console
Clear | Collapse | Clear on Play | Error Pause
1992 is a Leap Year
UnityEngine.Debug:Log(Object)
1996 is a Leap Year
UnityEngine.Debug:Log(Object)
2000 is a Leap Year
UnityEngine.Debug:Log(Object)
2004 is a Leap Year
UnityEngine.Debug:Log(Object)
2008 is a Leap Year
UnityEngine.Debug:Log(Object)
2012 is a Leap Year
UnityEngine.Debug:Log(Object)
2016 is a Leap Year
UnityEngine.Debug:Log(Object)
2020 is a Leap Year
UnityEngine.Debug:Log(Object)
-- 8
UnityEngine.Debug:Log(Object)
```

在这里使用的是名为for语句的循环结构。基本上for语句是由3个要素驱动的：**①初始化变量、②循环条件、③每次循环执行的表达式**。此时，让变量**i**的内容从1990开始，逐个加1一直到2020，循环判定这一年是否是闰年。此时，将所取数值**放入数组（Array）**中。

所谓**数组**，就是一定数量的变量的集合。可以用**push**函数为数组增加内容。

数组的使用方法

将数组声明为成员变量或局部变量后，无论是声明时，还是声明后都可以，一定要先放入初始值再使用。声明**var**时，创建空的数组可以这样写：

```
var myArray:Array = new Array();
var myArray:Array =[];
```

两种写法都可以用。如果一开始就放入初始值的话，则写成：

```
var myArray:Array = new Array(1,2,3,4);
var myArray:Array =[1,2,3,4];
```

如果要返回元素的个数，就像下面这样使用length属性。

```
Debug.Log(" 数组的内容有 "+myArray.length+" 个 ");
```

要读取数组中的某一个元素的话，需要指定下标（index）。

```
Debug.Log(" 数组的第 3 个是 "+myArray[2]+"");
```

因为下标是从0开始的，如果是**length**为4的数组的话，则指定下标0~3。可以如此使用，对数组中的元素进行取出、添加、删除等处理。关于使用数组的代表性函数，请参考下一页的表格。

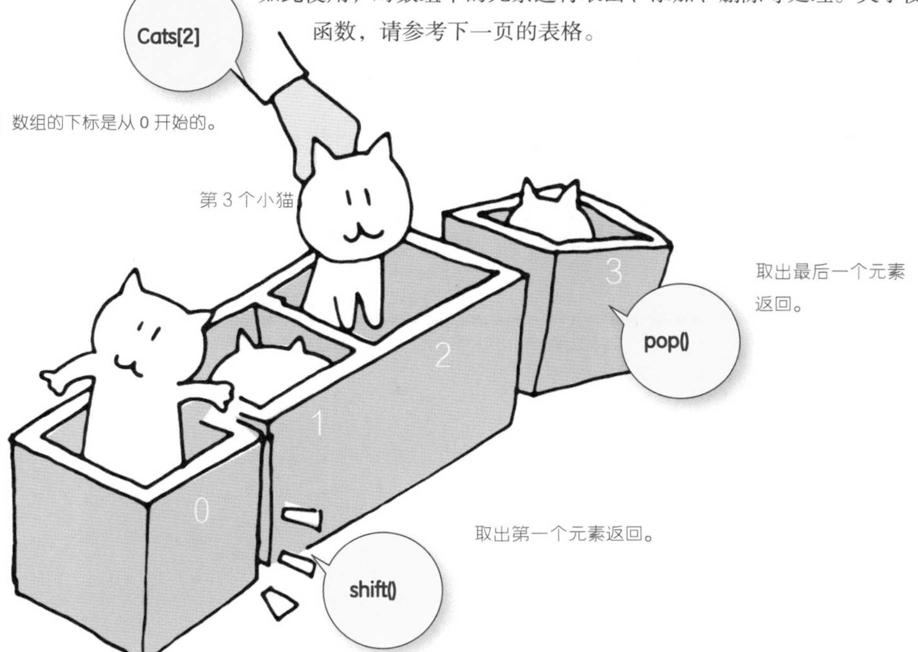

Cats[2]
要注意！数组的下标是从 0 开始的。
第 3 个小猫
0
1
2
3
pop()
取出最后一个元素返回。
shift()
取出第一个元素返回。

函数名（背景为■的部分，更改了元素组）	返回值	用法
数组 .toString()	String	将数组内的元素返回成字符串
数组 .Concat(数组 2) 数组 .Concat(数组 2, 数组 3, 数组 4……)	Array	将数组连接后，返回新数组。 例如，要连接 var a:Array = [1,2,3]; 和 var b:Array = [8,9,10] 的话，就是 var c:Array = a.Concat(b);。在 c 中创建了新数组 [1,2,3,8,9,10]
数组 .Pop()	Array	取出并返回数组的最后一个元素。原数组中删除了该元素。var a:Array = [1,2,3]; 时，var i:int = a.Pop(); 的话，则为变量 i 代入 3，原数组 a 变成 [1,2]，减少了一个元素
数组 .Shift()	Array	取出并返回数组的第一个元素。原数组中删除了该元素。var a:Array = [1,2,3]; 时，var i:int = a.Shift(); 的话，则为变量 i 代入 1，原数组 a 变成 [2,3]，减少了一个元素
数组 .Add(元素) 数组 .Add(元素 1, 元素 2……)	void	在数组最后添加元素。可以添加多个元素。元素的数量只增加添加的数量。var a:Array = [1,2,3]; 时，a.Add(5); 的话，则原数组 a 变成 [1,2,3,5]
数组 .Push(元素) 数组 .Push(元素 1, 元素 2……)	int	在数组最后添加元素。可以添加多个元素。元素的数量只增加添加的数量。var a:Array = [1,2,3]; 时，a.Push(5); 的话，则原数组 a 变成 [1,2,3,5]。与 Add 不同的地方是，这个函数会将最终的元素数量以 int 型返回
数组 .Unshift(item 1) 数组 .Unshift(item 1, item 2……)	int	在数组开始添加元素。可以添加多个元素。元素的数量只增加添加的数量。var a:Array = [1,2,3]; 时，a.Unshift(5); 的话，则原数组 a 变成 [5,1,2,3]。返回元素数量
数组 .RemoveAt(位置)	void	删除下标指定的元素
数组 .Reverse()	Array	将数组的顺序反转。这不是创建新的反转数组再返回，而是直接将原数组本身的顺序反转
数组 .Slice(最初的位置 , 最后的位置)	Array	从数组中取出一部分，返回新的数组。不更改原数组。例如 var b:Array = [“a” ,“b” ,“c” ,“d” .“e”]; 的话 ,b.Slice(2,4); 就返回 [“b” ,” c”]。(不包含第 4 个” d”)
数组 .Sort()	Array	对数组的元素进行排序。会更改原数组的顺序
数组 .Splice(最初的位置 , 最后的位置) 数组 .Splice(最初的位置 , 最后的位置 , add 1)	Array	删除数组中指定位置的元素。第一个参数是最初位置的下标，第二个参数是从那开始删除几个。而且，如果设置第三参数（可以是多个），则可以在删除的位置增加任意一个数组元素
数组 .Join(分割字符)	String	在数组元素中，用分割字符（可以为空，空的话写””）连接，返回字符串。例如，var a:Array = [1,2,3]; 时，a.Join(“–”) 就返回字符串的值“1–2–3”。a.Join(“ ”) 就返回” 123”

函数的首字母采用大写小写都可以，线上操作手册的首字母是大写的，所以以此为标准了。

Unity的数组种类※分为更接近JavaScript的灵活语言方式的**JavaScript型数组**和其他**内置数组**。JavaScript型的数组可以放入任何类型的元素，元素的数量也可以运用push等方法自由增加。本书中采用容易上手的JavaScript型数组进行介绍。不过请记住，实际上，在**元素类型和数量特定**，且重视运行速度的情况下，用内置数组更好。定义内置数组的时候，请按照如下方式记叙。

Inspector
GameManager Static
Tag Untagged Layer Default
Transform
Built In Array (Script)
Script BuiltInArray
My Array
Size 3
Element 0 0
Element 1 0
Element 2 0
Add Component

```
var myArray:  int[];
function Awake () {
    myArray = new int[10];
}
```

在Inspector中没有指定数组数量（Size）时，像这样先指定后，再使用。

用 for each 语句循环

既然接触了数组，就再试试其他的循环语句吧。for语句在指定变量内容，执行特定圈数时经常使用。所谓for each语句，就是将数组中的元素一个一个取出来，循环元素相应个数的圈数。下方是对刚才闰年的例子稍作修改。将闰年放入数组中，将数组用for each语句一个一个取出，输入到控制台上。

```
function Start () {
    for (var i:int = 1990; i<=2020; i++){
        if (URUU3(i)){
            LeapYears.push(i);
        }
    }
    for each (var y in LeapYears){
            Debug.Log(y + " is a Leap Year" );
    }
}
```

从1990~2020循环31次

放入了多少个LeapYears就循环多少次。

还可以将取出的元素放入到变量中，所以在循环的过程中，可以依次使用这些值，非常方便。

既然对**if语句和for语句**※有一些了解了，接下来我们开始写Unity用的Script吧。

【**种类**】除此之外还有HashTable（哈希表）和ArrayLists型等。在本书中就不做介绍了。

【**if语句和for语句**】此外，条件分支的语句结构还有switch case语句。在本章的最后（P.251）举例稍作说明。

更改材质（制作信号灯）

我们试着制作一下简单的信号灯。通过时间控制，点亮红灯或绿灯，非常简单的信号灯，只要用Cube就能完成。让信号灯时亮时灭其实**有很多方法**※，我们做了4个材质。红灯亮灯的状态和灭灯的状态，绿灯也是如此。创建一个Cube作为外壳，命名为Signal，在它的下一层级创建Red和Blue 2个Cube组合起来，做成行人信号灯似的样子。首先，从材质中分别拖拽相应的颜色到红灯和绿灯亮灯的状态上，设置颜色。

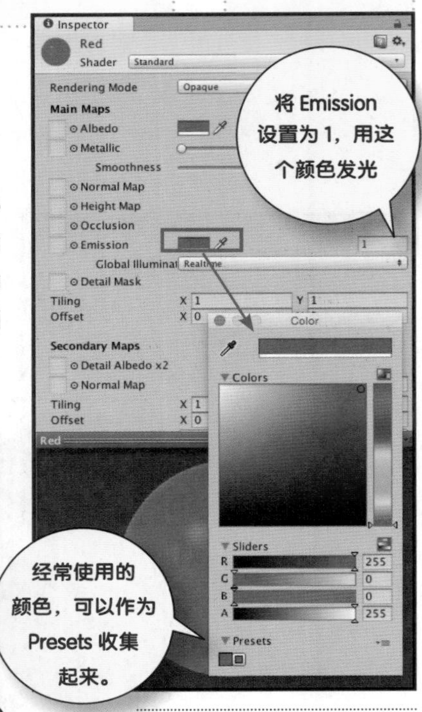

将 Emission
设置为 1，用这
个颜色发光
经常使用的
颜色，可以作为
Presets 收集
起来。

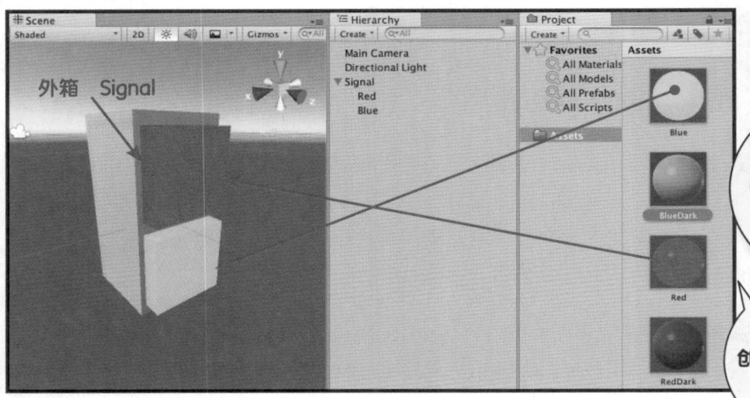

然后，添加Script组件。添加到哪个GameObject上呢？其实，**放到哪儿都行**※，不过为了醒目，就添加到这个叫Signal的外壳上吧。添加的方法，大家已经知道了吧。选中外壳Signal，在Inspector的最下方，点击按钮Add Component，添加New Script。这是一直以来我们采用的方法。还有另一个方法，在Project Panel（项目面板）的Assets文件夹下，可以直接创建文件。为创建的Script文件命名，然后拖拽&释放到想要使用的GameObject上，就添加了脚本组件。两种方法的结果是一样的。

【有很多方法】其他的方法还有：材质本身只准备 2 个，然后变更已设置的颜色 RGB 值；或者一开始就准备 4 个 GameObject，切换显示 / 不显示；再或者更改 Emission 的值等等，实现的方法有很多。还可以考虑使用灯光的方法。为什么我们采用这种区分材质的方法呢？原因之后会介绍到。

【放到哪儿都行】并不是说可以放到任何地方，而是无论添加到哪个 GameObject 上，只要固定变化的对象即可。

定义类

输入下一页的脚本。为了让红绿灯每隔5秒交替亮灯，将脚本命名为“Signal.js”。这也叫**定义Signal类**。用JavaScript定义类？？……这部分的详细内容也会在本章的最后MonoBehaviour栏目中介绍。

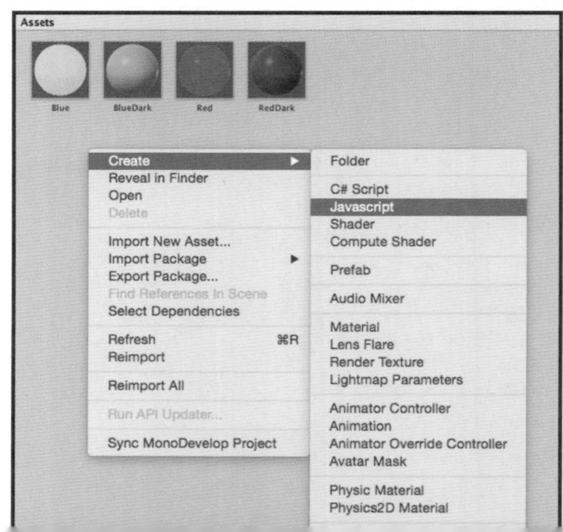

Signal 类的定义。

Signal.js

```
#pragma strict

var RedCube:GameObject;
var BlueCube:GameObject;

var MRed:Material;
var MRedDark:Material;
var MBlue:Material;
var MBlueDark:Material;

var ChangeCount:int = 0;

function Start () {
  RedCube.GetComponent(Renderer).material = MRed;
  BlueCube.GetComponent(Renderer).material = MBlueDark;
  InvokeRepeating("ChangeSignal", 3f, 5f);
}

function ChangeSignal () {
  ChangeCount++;
  if(ChangeCount % 2 == 0){
     RedCube.GetComponent(Renderer).material = MRedDark;
     BlueCube.GetComponent(Renderer).material = MBlue;
  } else {
     RedCube.GetComponent(Renderer).material = MRed;
     BlueCube.GetComponent(Renderer).material = MBlueDark;
  }
}
```

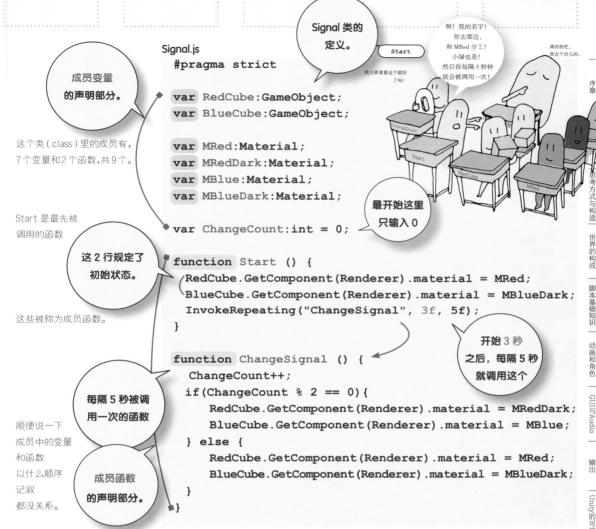

成员变量的声明部分。

这个类（class）里的成员有，7个变量和2个函数，共9个。

最开始这里只输入0

Start 是最先被调用的函数

这2行规定了初始状态。

这些被称为成员函数。

开始3秒之后，每隔5秒就调用这个

每隔5秒被调用一次的函数

顺便说一下成员中的变量和函数以什么顺序记叙都没关系。

成员函数的声明部分。

Start

我只要拿着这个就好了吗？

啊！我的名字！
你去那边，
和MRed分工！
小绿也是！
然后你每隔5秒钟
就会被调用一次！

调用我吧。
我会干活儿的。

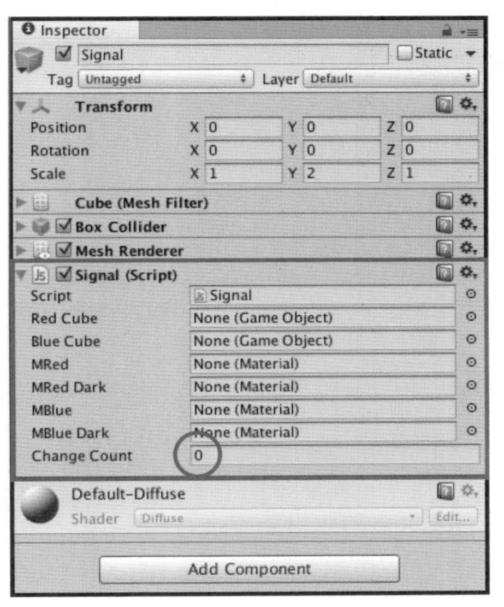

暂且不说内容，最开始声明的变量有7个。最初的2个是放入了GameObject的容器。之后的4个是放入了Material的容器。最后的**ChangeCount**是一直计算信号灯亮灭次数的，所以最开始代入的数值是0。用这些变量设置材质，可以想象成是换衣服。输入完成后，回到Unity中，查看Signal的Inspector。应该会如左图所示。在变量旁边，排列了同等数量的参数输入栏。**ChangeCount**中是预先设置的0。这是怎么回事呢？

Hoge 是为了方便解释说明，使用的虚构名字，在说明中这样使用，更显得“我是专家”吧。

关于变量（var）的声明

首先，请看var声明的位置。在之前的TimeStamp中，时分秒分别是在方法中定义的。就是这个感觉。

```
function HogeHoge():void{
    var Hoge:int;
}
```

不过这次我们在方法外面定义。

```
var Hege:int;
function HogeHoge():void{
    这里编写执行内容
}
```

这个在定义的Script里，其他函数可以访问或修改的变量叫**成员变量**※。在函数内定义的变量叫**局部变量**。局部变量是每次被函数调用时才被创建，只能在该函数内使用，类似于短时间的备忘录，但成员变量的值不会丢失，能保存下来。此外，成员变量作为field变量还能在Inspector中**编辑**※参数的初始值。在想要事先决定内容的情况下使用，非常方便。

【成员变量】关于全局变量，会在P.249的专栏中介绍。

【编辑】因为事先声明了var的类型，除了指定类型之外，其他值无法加入。

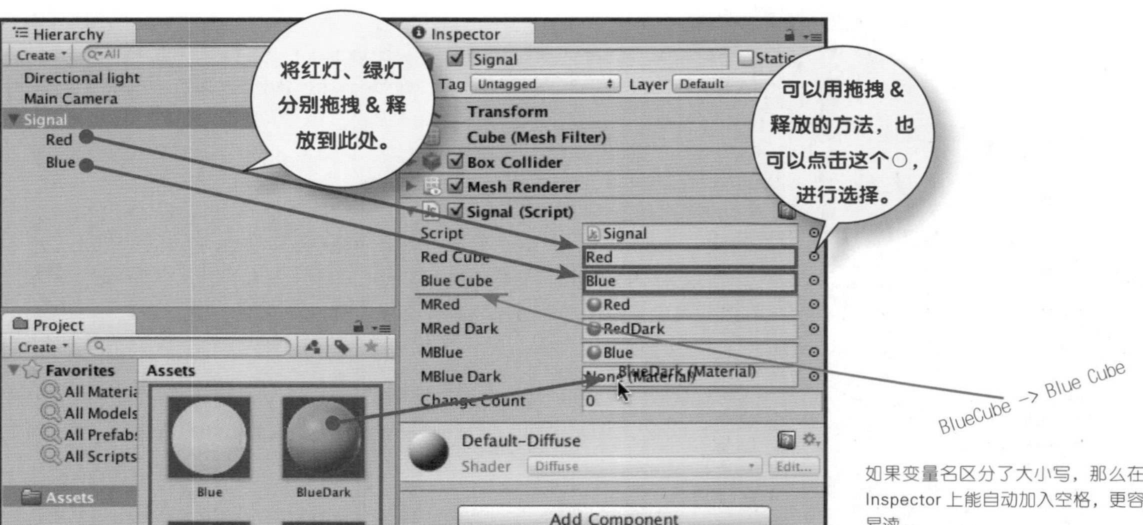

如果变量名区分了大小写，那么在Inspector上能自动加入空格，更容易读。

如果不想在Inspector上显示field（或没有必要显示）的话，正如下方所示，添加**private**，就不再显示了。

```
private var Hoge:int;
```

正如事先在脚本中设置，**ChangeCount**中填入了0一样，在var中，field的内容可以通过事先在Inspector上面手动定义，就能在最初显示时有初始内容。（当然，如果不会混淆的话，保持空白状态也没关系）。现在我们回到信号灯的脚本。

编写接收到Start信息时，首先制作最初的信号状态。

```
function Start () {
  RedCube.GetComponent(Renderer).material = MRed;
  BlueCube.GetComponent(Renderer).material = MBlueDark;
  InvokeRepeating("ChangeSignal", 3f, 5f);
}
```

红色显示亮灯
绿色显示灭灯

RedCube中放着的是从场景拖拽到Inspector上设置的红灯的GameObject。将**MRed**代入**GetComponent(Renderer).material**，即在这个变量中放入红灯亮时的材质。**RedCube.GetComponent(Renderer).material**是指，叫作**RedCube**的GameObject**的**Renderer（组件）**的material**属性。在这里代表更改这个属性。

GetComponent(Renderer) 虽然业界推荐用 GetComponent.<Renderer>() 的格式，但本书主要采用前一种格式记叙。此外，虽然写 GetComponent（“Renderer”）也不会出错，但基本上不写双引号。

这是在Unity编程中，做所有事情的基础。调整组件的内容，更改设置，修改组件等，这是演员开始在场景这个舞台上发出自己的声音了。

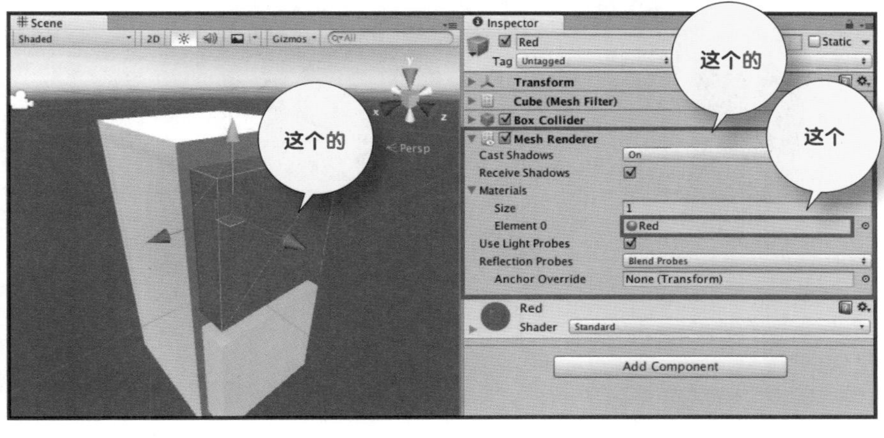

InvokeRepeating是**Invoke**的另一个版本。有3个参数，第一个是调用的函数名称，第二个参数是从开始到第一次调用之间的时间，第三个是调用的时间间隔，然后一直循环下去※。

红绿灯是永远都在运行的，所以很适合吧。

【一直循环下去】这个函数在第二章出现过。就是那个掉落100个豆腐的。可以用CancelInvoke来结束循环。此外还能用在CancelInvoke中，用字符串写出函数名，指定正在循环的函数，也能结束循环。

而每隔5秒调用一次的函数，就是这个自定义函数。

```
function ChangeSignal () {
   ChangeCount++;
  // 变量 ChangeCount 值增加。
   if(ChangeCount % 2 == 0){
   // 能被 2 整除时，绿灯亮
    RedCube.GetComponent(Renderer).material = MRedDark;
    BlueCube.GetComponent(Renderer).material = MBlue;
   } else {
   // 不能被 2 整除时，红灯亮
    RedCube.GetComponent(Renderer).material = MRed;
    BlueCube.GetComponent(Renderer).material = MBlueDark;
   }
}
```

变量值增加指的是数值加 1。

通过判断变量值为奇数还是偶数，信号灯执行红灯亮或绿灯亮。

每次调用这个函数，红灯和绿灯的Cube材质切换，形成信号灯交替。这很简单吧。

将 Signal 拖拽 & 释放到其所在层级的 Assets 中，创建 Prefab。Signal 的名字就变成蓝色了。

接下来，我们做一个十字路口吧。既然做了红绿灯，就先把它设为Prefab（预设）。然后将Prefab文件拖拽到场景中，建立另一个红绿灯，调整方向旋转90度。

转为 Prefab 文件

然后，再将这个 Prefab 拖拽 & 释放到场景中，创建另一个红绿灯。在 Hierarchy 上复制 Signal 也可以。

因为是相同的红绿灯，所以可以想象运行起来会是什么状态。红灯绿灯同时亮同时灭，会导致交通事故的。选择其中一个的Inspector，只要设置1处更改即可。是的，将最初设置为0的**ChangeCount**值，改为1的话，就更改数值的奇偶性了，这样两个红绿灯就相干无事了。

之前提到，我们选择用 4 个材质交替的方式，就是因为考虑到要做多个红绿灯。因为如果采用更改材质本身颜色的方法的话，会让使用该材质的 GameObject 全部变色。

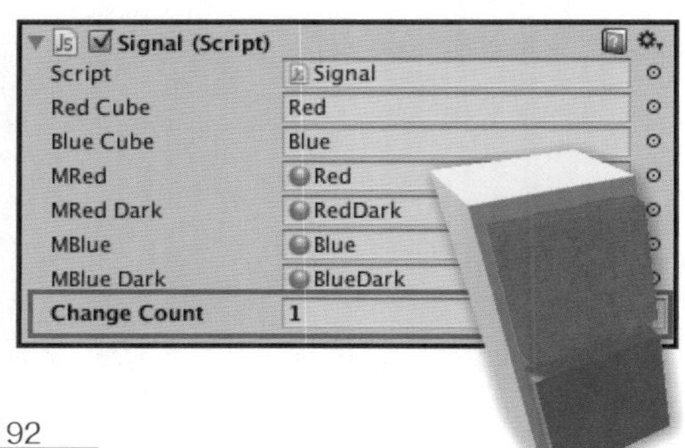

从脚本中指定 GameObject 的方法

引用

【引用 GameObject】这里的"引用"一词，有点难以理解吧。指的是指向 GameObject，访问该引用对象的意思。之后还会出现很多次。

在刚才的红绿灯例子中，利用**var**，在Inspector中设置2个红绿GameObject，并且更改了这些GameObject的属性。即使将红绿灯转变为Prefab，也保持了相对的层级关系，所以即使由Prefab创建新的实例（克隆），也能按照已指定的关系使用。接下来，我们思考一下指定GameObject的其他方法。

首先，是**引用**本身**GameObject**※的方法。可以说，从被添加到GameObject的时刻起，就知道自己进入到哪个箱子了。

例如，我们设计一个脚本，让**自身不停旋转**吧。

```
#pragma strict
                              x  y          z
function Update () {
      transform.Rotate(0,0,360/10*Time.deltaTime);
      // 绕着 Z 轴 10 秒钟转一圈 ※
}
```

【10 秒转 1 圈】意思是，1 秒转 36 度。Time.deltaTime 是从上一次 Update 被调用开始的秒数（可能只有 0.02 秒。取决于设备规格）所以，乘上这个差别，才能准确旋转。

这里使用的是**Update**消息。**Update**是在画面刷新时每一帧都调用的消息。**transform.Rotate**是该GameObject的**transform**的**Rotate**函数，代入3个参数**"x轴的旋转度数、Y轴的旋转度数、Z轴的旋转度数"**，游戏对象就会相应旋转。X轴和Y轴都是0，不会转动，而Z轴是，用**上一次Update消息调用后的秒数**叫作**Time.deltaTime**乘以**360/10**，即按10秒绕一圈360度的速度，计算出角度传递给Z轴。其实，也可以写成下面这种形式，能同样执行动作。

```
gameObject.transform.Rotate(0,0,360/10*Time.deltaTime);
```

在 Flash 中就相当于 this。如果是在 JavaScript 模式中，用 this 代替 gameObject 也是可以的。

"这个**gameObject**指自己所在的**GameObject**，这个可以省略"。所以，如果能引用其他GameObject代替引用自己的GameObject，就能控制其他GameObject的组件了。

COLUMN：大写字母和小写字母

大写开头的 **GameObject** 和小写开头的 **gameObject**。挺难区分的吧。开头大写指的是这个类，开头小写的话，指的是引用的实例。

所谓的类，正如P.188介绍的那样，是拥有变量或函数成员的定义。

你是谁呀
这是我家冰箱里的啤酒啊。
即使不说
也要引用一下我家呀。

通过名称指定自己的子游戏对象

接下来是引用自己所在GameObject之外的其他GameObject的方法。在场景中放置一个Cube，命名为“MyCube”。然后，再创建一个空的GameObject。从菜单中点击GameObject > Create Empty，名字就叫作“GameManager”。按照如下所述，配置脚本。

MyCube
怎么莫名其妙地转起来了呢～
GameManager
叫 MyCube 的家伙……
啊！找到了找到了。
旋转吧！

```
#pragma strict
private var TargetCube:GameObject;
function Start () {
     TargetCube = GameObject.Find("MyCube");
}
function Update () {
     TargetCube.transform.Rotate(0,0,360/10*Time.deltaTime);
}
```

G 要大写

这并不是事先设置好的，而是通过脚本查找对方。这个**Find(**“GameObject名”**)** 会查找场景中**最先找到的该名称**※的GameObject返回。所以，如果给GameObject起的名字不是独特※的，就可能找不到正确的对象，所以需要注意。

在这个脚本中，没有假设 **“MyCube”** 不存在的情况。如果不存在的话，调用第一次**Update**消息时，就会提示错误。为了避免这个问题，希望大家能确认变量**TargetCube**中填写的内容正确。

【该名称】就像 Find("Cat/tom") 一样，用斜杠 / 做区分及指定层级。

【独特】并不是要起个响当当的名称，而是不要和其他名称重复。让我们给 GameObject 起名的时候下点功夫吧。如果是说明性质的名称，长一些也没有关系。

```
#pragma strict
private var TargetCube:GameObject;
function Start () {
     TargetCube = GameObject.Find("MyCube");
}
function Update () {
     if (TargetCube)
          TargetCube.transform.Rotate(0,0,360/10*Time.deltaTime);
}
```

如果变量不是空的，则可通过逻辑值 true 来进行条件判断。

不过，如果偏要说场景中绝对有**MyCube**的话，当然就不需要这个了。

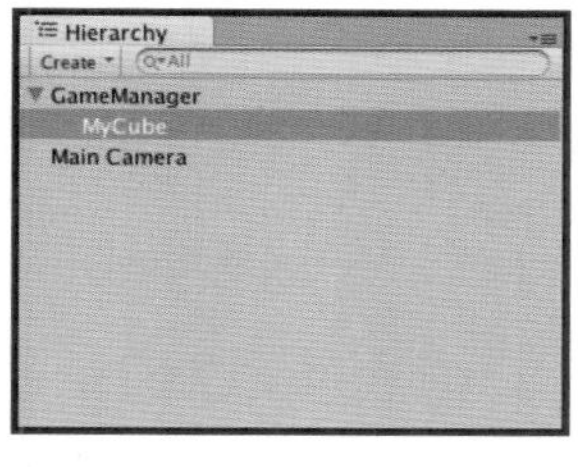

接下来介绍的是，在Hierarchy上，从自己的下一层级中进行名称检索的方法。这个检索方法不再是上一页中**Find**那样“叫这个名字的家伙，在场景中的哪里呢？”，而是首先要考虑自己所在层级的**Transform信息**，从中检索查找。说到**transform**，印象中只有Transform组件的Inspector上，只有位置、方向、尺寸的x、y、z值吧，其实**还可以调出层级结构等信息**※。

我家的孩子“球球”在这里吧?

```
#pragma strict
private var TargetCube:GameObject;
function Start () {
     TargetCube =  transform.Find("MyCube").gameObject;
}
function Update () {
     if (TargetCube)
          TargetCube.transform.Rotate(0,0,360/10*Time.deltaTime);
}
```

【还可以调出层级结构等信息】一览表请看接下来的 2 页内容。

对于**transform**使用**Find**函数，将名称作为参数执行的话，会搜索自己下一层级中有这个名称的子对象。在这里还有一点很重要。**返回的不是搜到的GameObject的引用，而是返回GameObject的Transform信息。**

针对这一点，上面的脚本中加入了.gameObject，则指定引用GameObject本身了。顺便说一下，**Rotate**是针对Transform信息执行的函数，所以没有必要一一从GameObject中读取出来，可以将找到的Transform信息直接使用。如下面这样：

因为知道从一开始就使用 transform，所以就令变量接受 Transform 信息

```
#pragma strict
private var TargetCubeTransform: Transform;
function Start () {
     TargetCubeTransform =  transform.Find("MyCube");
}
function Update () {
     if (TargetCubeTransform)
          TargetCubeTransform.Rotate(0,0,360/10*Time.deltaTime);
}
```

控制位置、方向和缩放（Transform 类）

Transform信息是所有GameObject都附带的，所以很重要。正如之前调出**System.DateTime.Now**，然后进一步调出信息一样，用**gameObject.transform**调取对象中已经定义完毕的**变量**或**函数**。对象所带的变量是**带有某个类型的值**，从中可以取出或修改东西。只不过有的可以修改值，有的只能读取不能修改。※

【可修改的和不可修改的】例如，你．衣服是可以替换修改的，但你．性别就是更改不了的。可能这个也可以改。

首先是变量

Transform 变量	类型	内容
root	Transform	层级位置最高（最高父级）的 Transform 对象
parent	Transform	Transform 对象的父对象。父级 Transform 对象可以更改，所以如果要更改层级结构，可以添加到该变量的父级 Transform 对象上
childCount	int	自己层级下方 GameObject 的数量，返回整数值
eulerAngles	Vector3	返回欧拉角的旋转值。（Inspector 上的信息就是这个）
right	Vector3	局部坐标的 X 轴
up	Vector3	局部坐标的 Y 轴
forward	Vector3	局部坐标的 Z 轴。面向前面施加力量等时候使用
rotation	Quaternion	局部坐标的旋转值
localEulerAngles	Vector3	相对于父级 Transform 对象的欧拉角旋转值
localPosition	Vector3	相对于父级 Transform 对象的位置
localRotation	Vector3	相对于父级 Transform 对象的旋转值
localScale	Vector3	相对于父级 Transform 对象的物体大小
lossyScale	Vector3	对象的全局坐标大小（只读） 当父级 GameObject 的大小变化了，返回变化程度乘相应比例的尺寸
position	Vector3	全局坐标系中对象的位置
localToWorldMatrix	Matrix4x4	矩阵坐标的点从局部坐标转换为全局坐标后的行列值（只读）
worldToLocalMatrix	Matrix4x4	矩阵坐标的点从全局坐标转换为局部坐标后的行列值（只读）
hasChanged	bool	从这个标记被设置为“false”的时间点起，判断 Transform 有没有发生更改。例如，发生了修改，是否要立即保存？等等，可以想象的一些类似的应用场景

上方这些是Transform类独有的变量。Transform也是一种组件，所以，所有组件所有的**Component类的变量**也是可以访问的。我们称之为继承。（详情请看下一页的专栏）

COLUMN：关于类的继承

Transform 类也可以使用父类 Component 类的变量。除了下表中介绍的函数，还有上一页表中的变量，Component 类及其从更上一级父类（Object 类）继承的变量（也叫作属性），都可以使用。这么说起来，初学者可能不容易理解。

其他变量	类型	内容
animation	Animation	返回附加的 Animation 信息
audio	AudioSource	返回附加的 AudioSource 信息
camera	Camera	返回附加的 Camera 信息
collider	Collider	返回附加的 Collider 信息
collider2D	Collider2D	返回附加的 Collider2D 信息
constantForce	ConstantForce	返回附加的 ConstantForce 信息
gameObject	GameObject	返回 GameObject 信息
guiText	GUIText	返回附加的 GUIText 信息
guiTexture	GUITexture	返回附加的 GUITexture 信息（只读）
hingeJoint	HingeJoint	返回附加的 HingeJoint 信息
light	Light	返回附加的 Light 信息
networkView	NetworkView	返回附加的 NetworkView 信息（只读）
particleEmitter	ParticleEmitter	返回附加的 ParticleEmitter 信息
particleSystem	ParticleSystem	返回附加的 ParticleSystem 信息
renderer	Renderer	返回附加的 Renderer 信息
rigidbody	Rigidbody	返回附加的 Rigidbody 信息
rigidbody2D	Rigidbody2D	返回附加的 Rigidbody2D 信息
tag	string	返回 GameObject 的标签信息
transform	Transform	返回 Transform 信息
hideFlags	HideFlags	设置用户修改是否保存到场景中
name	string	返回 GameObject 的名称

Component 类？简单地说，就是实现定义了所有 GameObject 上附加的组件的基本变量（属性）和函数的东西。Transform 组件也是其中之一，所以也会继承其属性。可能你会问为什么？例如，想一下猫和鱼。猫有“脚”的属性，“喉咙鸣叫”的函数。这对于鱼来说，并没有。相反，鱼有“用腮呼吸”和“产卵”等函数。但是猫和鱼都是地球上的生物吧。所以作为生物的话，他们有一些共同的函数，“用眼睛看”“能张嘴”和“会大便”。这就是变量和函数的继承（inheritance）。

所以如果问 GameObject 的 Component 之一 Transform，“你的 GameObject 的名字是什么”，也就能回答了。请大家这样理解吧。

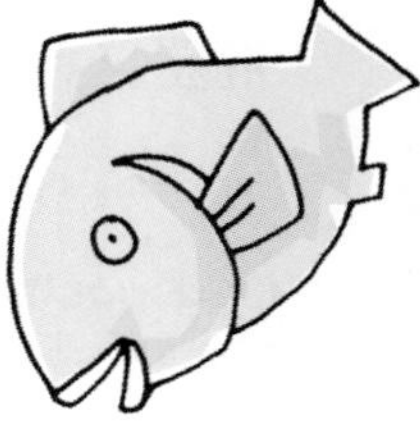

要访问变量，需要用.来区分，如GameObject的参考.transform.变量名。

下面是Transform类的函数。

然后是函数

函数名	返回值	内容
DetachChildren	Void	对自己下一层级的子对象，切断父子层级关系
Find	Transform	指定子级 GameObject 的名称，返回最先找到的 GameObject 的 Transform 信息
GetChild	Transform	指定子级 GameObject 的标号（Index），返回该 GameObject 的 Transform 信息。Index 从 0 开始
IsChildOf	bool	判断是否是子对象
InverseTransformDirection	Vector3	将方向从全局坐标转换为局部坐标
InverseTransformPoint	Vector3	将位置从全局坐标转换为局部坐标
LookAt	Void	设置对象的 Transform 对象，转向其所在方向
Rotate	Void	让对象相对旋转
RotateAround	Void	设置中心位置、轴的方向和速度，让对象旋转
TransformDirection	Void	返回从局部左边转换为全局坐标后的向量方向
TransformPoint	Vector3	将局部坐标的相对位置转换为全局坐标
Translate	Void	让对象做相对性移动的函数

这其中，移动位置的**Translate**和刚才让对象旋转时使用的**Rotate**，以后会经常用到。

```
#pragma strict
function Update () {
    transform.Translate(0,0,Time.deltaTime);
}
```

左侧的代码中 Translate 的参数 x、y、z 的值传递给 3 个参数，就可以作为一个 Vector3 的值传递。

用 Translate 更改位置

这个脚本是使用Translate函数，相对于全局坐标的Z轴移动，每秒移动1m。说到Z轴就是向里侧，即Scene Gizmo（场景手柄工具）的Z（蓝色）的方向前进。这也可以说是更改了前两页中的**position**。与下方动作相同，此脚本仅供参考。

```
#pragma strict
function Update () {
    transform.position.z += Time.deltaTime;
}
```

也就是说为**position.z**增加了移动距离。

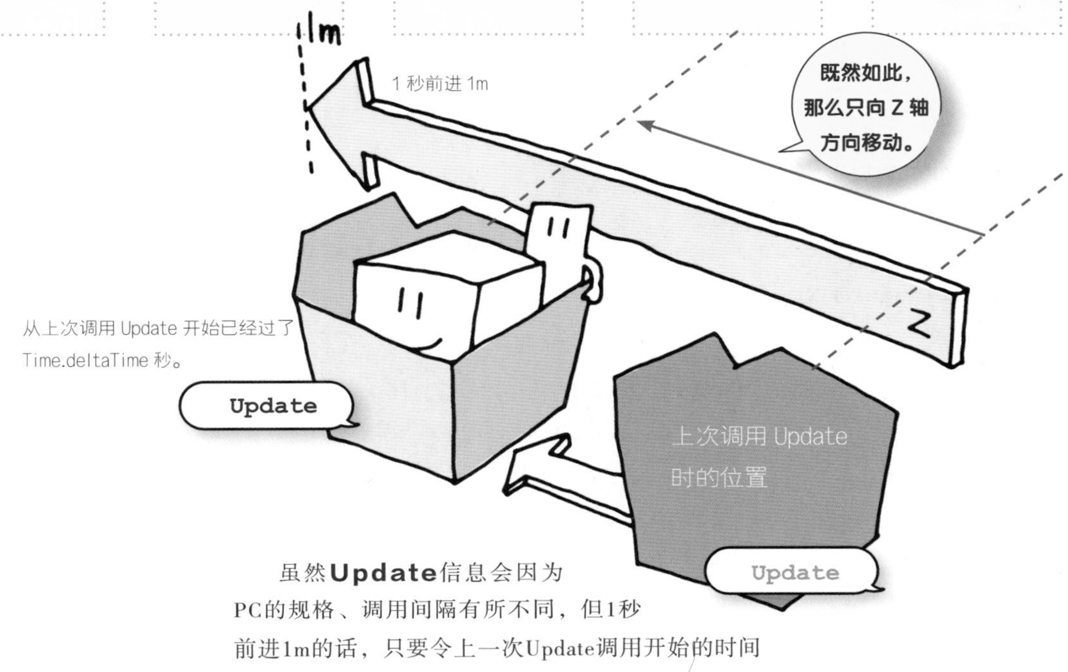
1m
1 秒前进 1m
既然如此，
那么只向 Z 轴
方向移动。
Z
从上次调用 Update 开始已经过了
Time.deltaTime 秒。
Update
上次调用 Update
时的位置
Update

虽然**Update**信息会因为PC的规格、调用间隔有所不同，但1秒前进1m的话，只要令上一次Update调用开始的时间=Time.deltaTime秒，以秒速1m推进相应距离即可。如果秒速是3m的话，就令Time.deltaTime＊3。

【Vector3 类型的方便数据】 加入了在 2 点间距离或移动等情况下使用的方便函数。此外，还有在二维空间使用的，处理 Vector2 或 W 元素的 Vector4 等数据。

向**transform.Translate**传递的参数，分别将X轴、Y轴、Z轴的数值传递给第一~第三参数。其实Translate还能采用另一个方法传递数据，那就是**Vector3类型的方便数据**※。不断有新类型出现，确实有点难。不过这一点暂时在头脑中留个印象即可。Vector3类型的数据带有方向或移动的向量值。

每秒沿 Y 轴前进 50cm，
沿 Z 轴前进 1m。

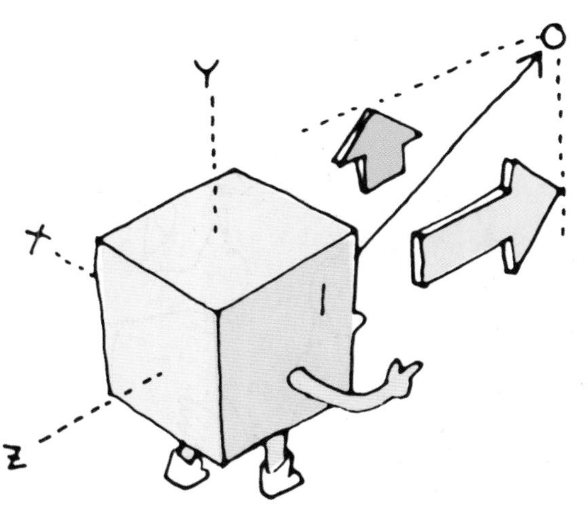
Y
X
Z

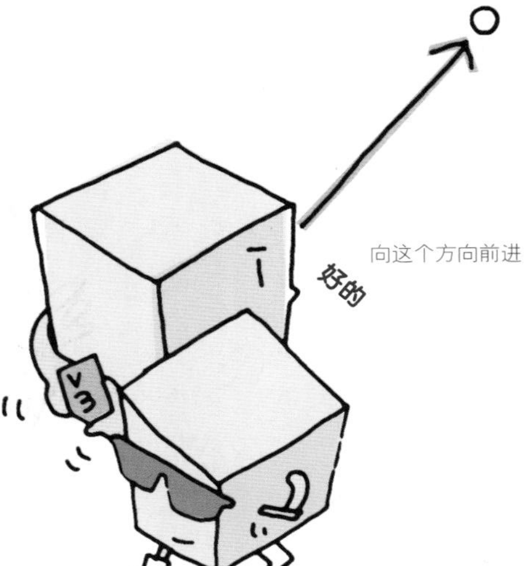
向这个方向前进
好的
V3

要生成Vector3类型数据，需要按如下方式，使用**new**※关键词。

```
#pragma strict
function Update () {
    var v3:Vector3 = new Vector3(0,0,Time.deltaTime);
    transform.Translate(v3);
}
```

【new】对于类来说，使用 new 就是运行类的 Constructor（构造器）。更进一步来讲，会返回该类的实例。要生成实例，使用实例的话，这是最开始的第一步。

将**Vector3类型**的数据代入变量**v3**。所以在作为参数传递的时候，只需要传递1个就可以了。当然不需要刻意将变量代入，也可以将上面的脚本写成一行，如下：

```
#pragma strict
function Update () {
  transform.Translate(new Vector3(0,0,Time.deltaTime));
}
```

使用Vector3类型的好处是，可以进行向量运算。当然也能将XYZ的值分别计算，但是比如向2个方向联合推进的时候，即合力时的方向，通过Vector3能完全计算出来，会很方便。

回到之前的话题

之前说过有2种方法，向**transform.Translate**传递**3个参数**和通过Vector3类型数据传递**1个参数**。其实，这2种方法中分别还有1个**参数**存在。只是我们一直将其省略了。

听到**Translate**（平移）这个名称，可能就会比较在意吧。如果是简单的移动的话，通常都会用Move做名字。使用这个函数，其实这个最后的参数起到了重要作用（否则，只是更新**position**变量即可，简单就能移动）。作为基准的**Space**数据会传递给最后这个参数。**Space**数据是简单的类，只有2个变量。

其实，一直没有告诉你们。
除了你们之外，还有……
X
Y
Z
妈妈
这是什么意思?

这就是场景手柄工具。

Space.World指的是**全局坐标**。即场景手柄工具显示的全局坐标轴。能指明要沿着全局坐标的哪个轴的方向前进。

```
#pragma strict
function Update () {
  transform.Translate(new Vector3(0,0,Time.deltaTime),Space.World);
}
```

【eulerAngles】读作欧拉角。这其中的数据显示在Inspector的Transform的rotation信息。

另一个就是**Space.Self**。在左手页的**Translate**中将这个参数省略了，就是默认指定了**Space.Self**。

例如，想让火箭前进时，GameObject火箭的前方会朝向某个方向吧。为了使用全局坐标让火箭向前移动，需要获取该方向的**transform.eulerAngles**※，转换为全局坐标，用三角函数计算出**x、y、z**的移动距离~~~等烦琐的步骤都化为**"啪"的一下**向前移动了1m。简单直接地实现了移动，确实是非常方便的函数。

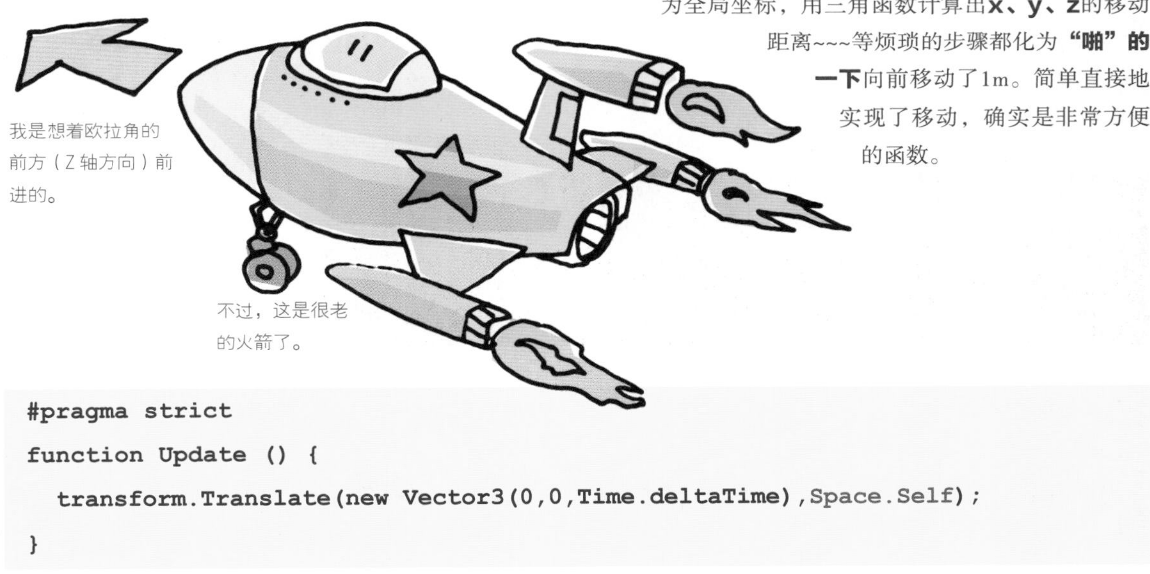
我是想着欧拉角的前方（Z轴方向）前进的。
不过，这是很老的火箭了。

```
#pragma strict
function Update () {
  transform.Translate(new Vector3(0,0,Time.deltaTime),Space.Self);
}
```

还可以将其他GameObject的**transform**传递给这个**Space**数据。例如摄像机。摄像机一直看着前方。前面带有镜头（当然了），可以设置Z轴作为镜头的前方。沿着摄像机朝着的方向移动时，可以这样写脚本。

```
#pragma strict
function Update () {
  transform.Translate(new Vector3(0,0,Time.deltaTime),Camera.main.transform);
}
```

Camera.main※是使用**Camera**类，成为主摄像机的组件。如果名称是"Main Camera"的话，就能引用使用**Find**查找该名称找到的GameObject。获取其transform，传递给第二参数的话，就能向着摄像机朝着的**方向和角度**平行※移动了。

【Camera.main】主摄像机是由标签指定的。其实，也可以为多个摄像机指定Main Camera的标签，但这么做没有意义，还容易造成混淆。所以通常只设置一个摄像机为主摄像机。

【平行】移动就是向着画面内侧移动。

利用 Rotate 旋转

其实，能让物体旋转的**Rotate**中，如同第二参数一样，也能指定方向。例如，物体本身已经倾斜的时候，应该向着哪个方向旋转的问题。同样，如果省略的话，就会以该GameObject本身的朝向为基础，以与Space.Self相同的动作旋转。如下方所示。

```
#pragma strict
function Update () {
  transform.Rotate(new Vector3(0,Time.deltaTime*(360/5),0) ,Space.World);
}
```

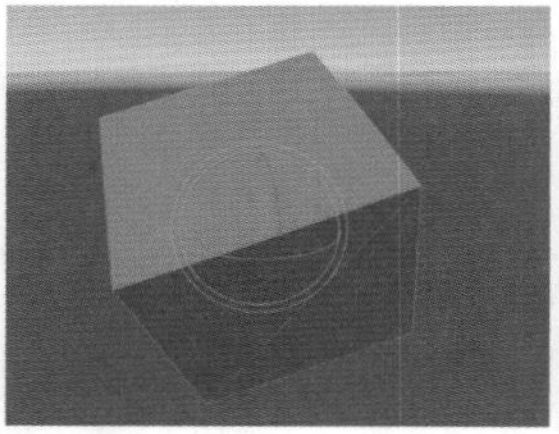

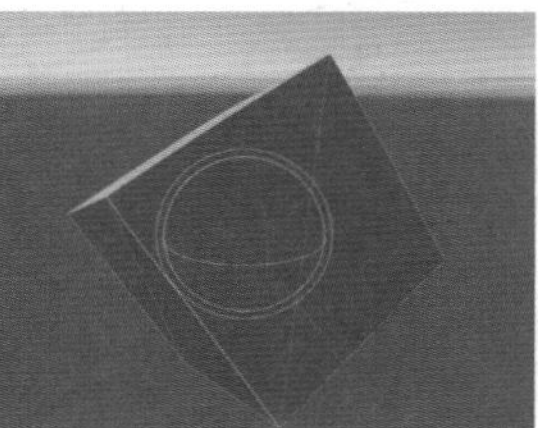

```
#pragma strict
function Update () {
  transform.Rotate(new Vector3(0,Time.deltaTime*(360/5),0) ,Space.Self);
}
```

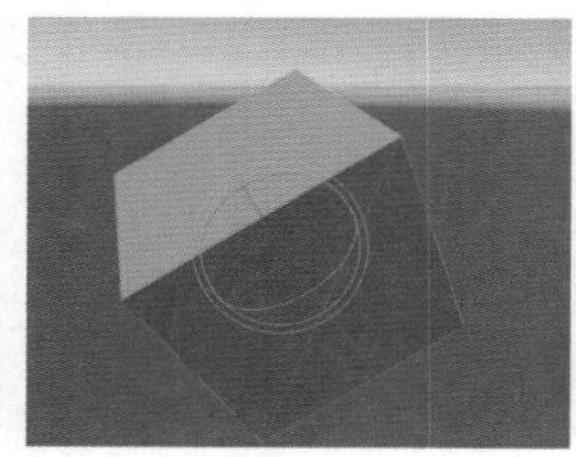
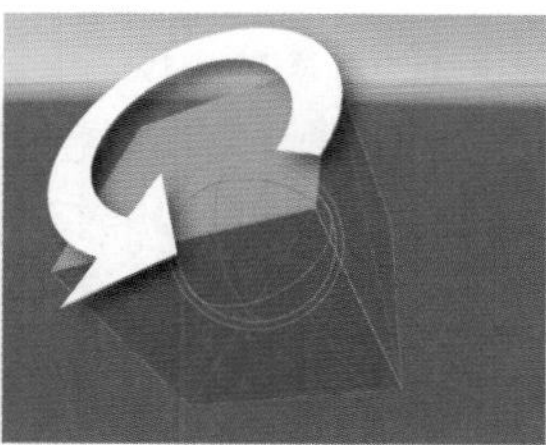
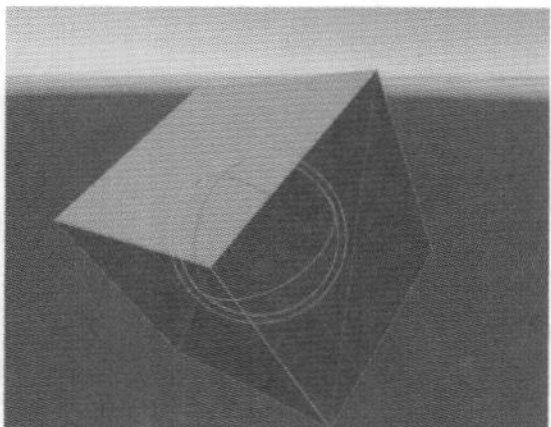

很简单吧。

COLUMN : Vector3 类型

之所以说 Vector3 类型数据很方便，不仅是因为它本身带有方向、大小等数据，还因为它带有函数和变量。也就是说可以计算、也可以转换。

固定变量	类型	内容
back	Vector3	与 Vector3(0,0,−1) 相同
down	Vector3	与 Vector3(0,−1,0) 相同
forward	Vector3	与 Vector3(0,0,1) 相同
left	Vector3	与 Vector3(−1,0,0) 相同
one	Vector3	与 Vector3(1,1,1) 相同
right	Vector3	与 Vector3(1,0,0) 相同
up	Vector3	与 Vector3(0,1,0) 相同
zero	Vector3	与 Vector3(0,0,0) 相同

例如，1 秒前进 1m！（即沿着 Z 轴正方向）可以按照下方的方式，编写脚本。没有必要用 new 来生成类的实例。

```
transform.position += Vector3.forward * Time.deltaTime;
```

变量	类型	内容
magnitude	float	返回向量的长度。即返回各 xyz 元素平方之后，所求的平方根
normalized	Vector3	将特定 Vector3 数据的向量大小（magnitude）设为 1 后，返回 Vector3 数据
sqrMagnitude	float	返回向量长度的平方值。因为不用计算平方根，所以在比较向量等时候，比用 Vector3.maginitude 的计算速度更快
(this)	float	不知道具体用在哪里（笑），x、y、z 的值可以通过 myVector3[0]、myVector3[1]、myVector3[2] 这三个带有下标形式访问。可能是用在 for 语句等情况下使用
x	float	X 轴方向的值
y	float	Y 轴方向的值
z	float	Z 轴方向的值

magnitude 返回向量本身的长度。可以根据勾股定理（也叫毕达哥拉斯定理）自己计算。x、y、z 各自的平方之和，再开平方。就求出其长度了。例如，可计算如下：

```
var myVector3:Vector3 = new Vector3(3,4,5);
Debug.Log("> "+ Mathf.Sqrt(3*3+4*4+5*5)); // 这个  > 7.071068
Debug.Log("> "+ myVector3.magnitude); // 这个也  > 7.071068
```

normalized 是指，如果向量的长度是 1 的话，那么它是多少呢？举个当向量与方向元素结合在一起的时候的例子比较恰当。例如，火箭的操作杆等方向信息通过 x、y、z 分别输入进去了，但推动力发动机的力量是一定的，需要求出按照操作杆的方向前进的方向和距离。nomalized 也叫作规范化，归根结底，这就是只提取出方向元素来加以使用。

这次介绍 Vector3 的函数。在这里有几个简单的函数，即使想不出怎么计算，不用勾股定理也能简单计算。如果一一举例子的话，解说篇幅太长，在这里就简略总结一下。

变量	类型	内容
Angle	float	特定向量与另一个向量比较，计算夹角是多少度。例如，自己想要转向特定空间上的某个方向时，从现在正面面对的方向到目标方向的角度是多少？这个变量能返回这个角度值
ClampMagnitude	Vector3	当向量超出特定半径范围时，剪掉超出的部分。返回向量的长度。
Cross	Vector3	返回 2 个向量结合（将各个元素相加）的新向量
Distance	float	返回 2 个空间上的点之间的距离
Dot	float	返回 2 个向量的点积
Lerp	float	连接参数 1（A）和参数 2（B）的 2 个坐标之间的直线作为第三参数，返回第三参数指定的特定位置。为 0 时返回 A 位置，为 1 时返回 B 位置，为 0.5 时返回 AB 的中点位置
Max	Vector3	返回一个由 2 个向量中最大元素合成的向量。XYZ 是（2,2,4）和（3,5,1）的 Max 是 Vector3（3.0,5.0,4.0）
Min	Vector3	与 Max 相反，返回一个由最小元素合成的向量。上方例子中的 Min 结果是（2.0,2.0,1.0）
MoveTowards	Vector3	与 Lerp 相似，传递给第三参数的值为距离 A 点的距离。即使指定超过 B 点的距离，返回的值也不会超过 B 点到 A 点的距离
Normalize	Vector3	返回长度为 1 的向量
OrthoNormalize	Vector3	返回与规范化的值垂直的向量
Project	Vector3	返回投影在法线上的向量
ProjectOnPlane	Vector3	将向量投影在于法线垂直的平面上
Reflect	Vector3	返回投影在法线上的向量。用于砖块崩塌，子弹反射等场合
RotateTowards	Vector3	在用最大旋转数和 2 点各自的角度（弧度）范围内，指定 2 点间的弧线上的位置并返回。与 Slerp 相似，都是在弧线上获取位置，只是方法不同
Scale	Vector3	返回 2 个向量之积
Slerp	Vector3	与 Lerp 相似，返回在 2 点间的弧线上指定的特定位置。画弧线时，向量的长度由第三参数确定
SmoothDamp	Vector3	在指定的事件里，在 2 点之间平滑移动

用物理引擎操控

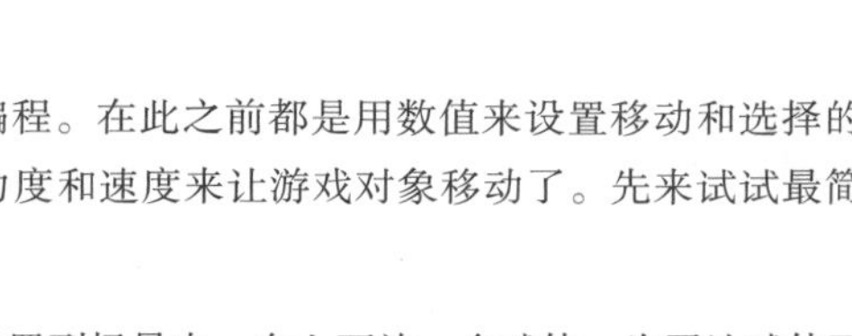

接下来试着用物理引擎编程。在此之前都是用数值来设置移动和选择的。使用物理引擎的话，就能通过力度和速度来让游戏对象移动了。先来试试最简单的移动。

首先，将Plane作为地面设置到场景中，在上面放一个球体。为了让球体不陷入地面，稍稍浮起一些。

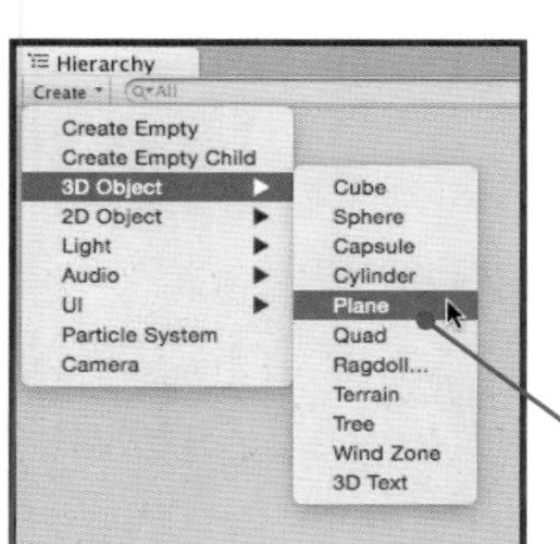

添加 Plane（平面），放在世界中心。

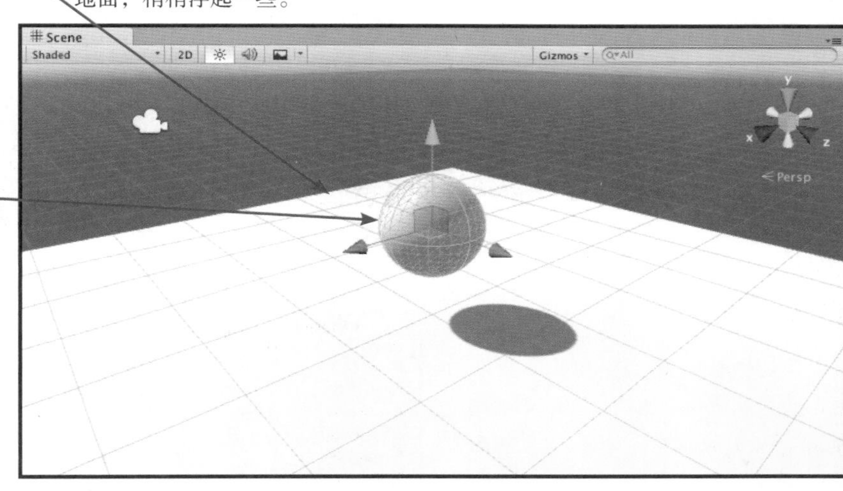

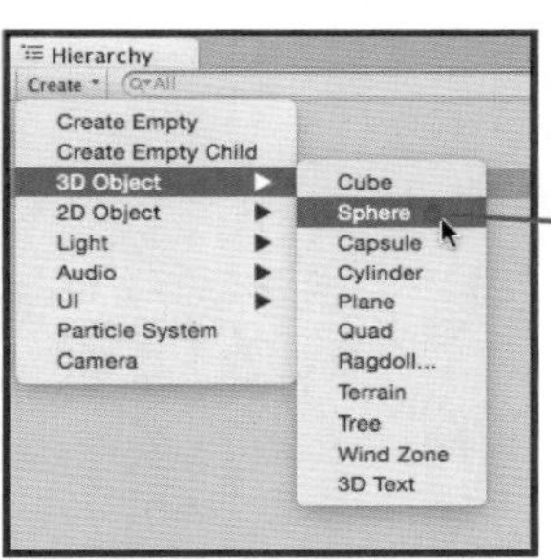

然后添加球体 Sphere，稍微移动 y 轴，使球体浮起来。

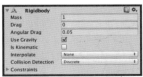

然后，为这个球体附加上Rigidbody。可以通过选中球体时，在Inspector中点击Add Component按钮的方法，或者在主菜单中选择Component > Physics > Rigidbody，为这个球体添加Rigidbody组件，它就成了具有物理性质的物体了。在这个状态下播放的话，飘浮的球体就会落到地面上，然后静止不动了。

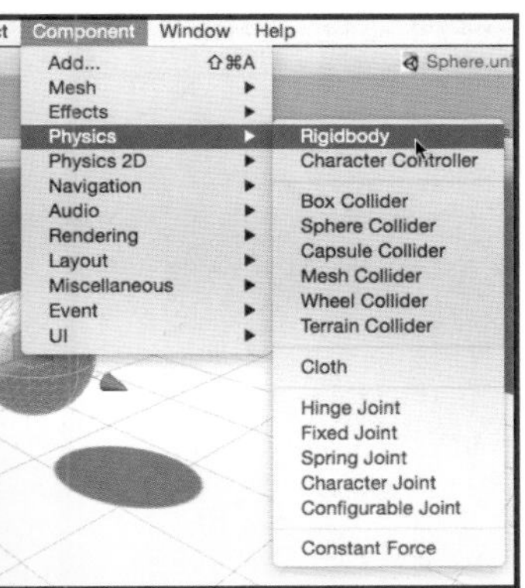

添加了组件 Rigidbody。参数保持现状即可。Mass 已经设置为 1 了。

为这个球体添加一个脚本。**Invoke**大家已经熟悉了吧。

```
#pragma strict
function Start () {
	Invoke("Shoot",3f);
}
function Shoot () {
	var myRB:Rigidbody = GetComponent(Rigidbody);
	myRB.AddForce( 0,500,0);
}
```

运行起来试试。

点击开始，3秒后球体飞起来了吗？

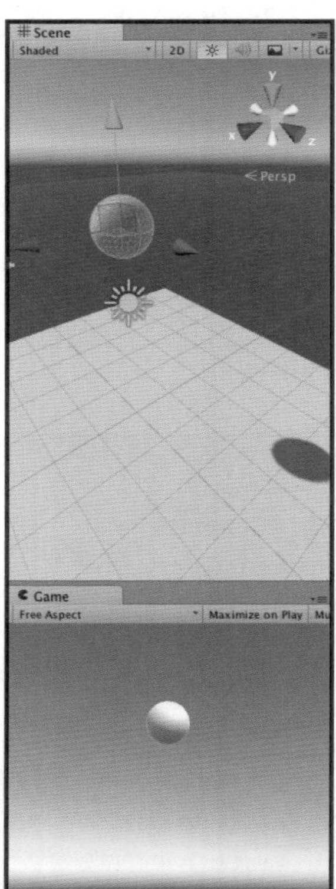

用 AddForce 施加作用力

这是因为对于物体（即Rigidbody组件）沿着Y轴施加了500的作用力。500的作用力能让球体向上空飞这么高。这次换一个方法，试着让这个球体弹跳。刚才的脚本中**AddForce**※部分，如下方所示，换一行。

```
function Shoot () {
    var myRB:Rigidbody = GetComponent(Rigidbody);
    //myRB.AddForce( 0,500,0);
    myRB.velocity = new Vector3( 0,10,0);
}
```

将 Mass 设置为 5 倍

Rigidbody	
Mass	5
Drag	0
Angular Drag	0.05
Use Gravity	☑
Is Kinematic	☐
Interpolate	None
Collision Detection	Discrete
Constraints	

结果，同样也飞起来了。

我们做个试验。Rigidbody组件的Mass就是这个球体的质量。将Mass设置为5倍。就好像原本相当于一个篮球的重量，变成了儿童用的6盎司保龄球的感觉。分别运行这两个脚本，就会发现也许是因为**AddForce**增加了重量，球体抖动了一下，但是上升的速度**velocity**没有变。

【AddForce】在这个例子中，为AddForce传递了x,y,z三个清晰的浮点型数据做参数，不过也可以传递Vector3的信息。这与tranform.Translate和transform.Rotate一样。

可能你觉得有点混乱，先从后者开始介绍吧。**velocity**是指Rigidbody已具有的速度向量。这与物体的重量等无关，可以说是为GameObject设定的速度，是一种使物体运动起来的简单粗暴的方法。不过，因为Rigidbody中Use Gravity的复选框已经勾选了，所以会受重力作用，缓慢下落。因为重力加速度是一定的，与重量无关，所以下降的速度与轻的球体是一样的。

因为**AddForce**是施加作用力，所以如果球体太重的话，当然就很难运动起来了。其实**AddForce**在“支配物体运动”这方面，是符合自然原理的。只不过，例如弹力球等，关于已经决定初始速度的物体，不需要特意用**AddForce**来施加作用力，可以设置**velocity**的反弹方向。

AddForce的用法其实还有其他选项。刚才向**x,y,z**轴分别传递了浮点型的数值。其实也可以传递1个**Vector3**数据来代替。这与**tranform.Translate**和**transform.Rotate**等是类似的。

其实吧～

```
myRB.AddForce( transform.up*500);
```

而且，与各自第4、第2参数也有相似之处。

啊？还有秘密吗？？

就**AddForce**而言，会传递**ForceMode**属性。**ForceMode**分为4种类型。

ForceMode.Force	考虑质量，传递作用力
ForceMode.Acceleration	忽略质量，进行加速
ForceMode.Impulse	考虑质量，添加瞬间攻击作用力
ForceMode.VelocityChange	忽略质量，添加瞬间进攻作用力

省略的话，就是默认**ForceMode.Force**。

要说这几种的区别，**Force**就好像是看不见的“气功球”，以非常快的速度（即刚才沿着Y轴直降的速度500）撞向**Rigidbody**。所以，即使以相当快的速度撞到，受重力的影响，只撞一次也不会有太大的移动幅度，而咣咣地陆续撞，物体才会慢慢加速度，而且会越来越快。

Acceleration，如果让“气功球”以特定的速度去撞，对Rigidbody施加的加速度与其质量无关。

Impulse，与其说是碰撞，倒不如说是命令Rigidbody“以这个速度移动起来！”。不过会根据质量，加速度的量而有所变化。

VelocityChange则是指，与Rigidbody的质量无关，令其以指定的速度移动。这与前面说过的修改**Rigidbody.velocity**是一样的。

在创作被踢飞的足球之类的物体时，适合使用**ForceMode.Force**，而在创作瞬间移动的爆炸性的冲击或炮弹发射等时候，适合使用**ForceMode.VelocityChange**。

COLUMN : Code Hint 你发现了吗？在使用 MonoDevelop 写代码时，会蹦出 Code Hint（代码提示）来辅助输入。

其中，输入了函数名，敲上了 (之后，就会有代码提示，显示可以向该函数传递的参数、种类和数量。并且，右上角有这

```
function Shoot () {

    var myRB:Rigidbody = GetComponent(Rigidbody);
     myRB.AddForce(
}

```

AddForce(force: UnityEngine.Vector3,mode: UnityEngine.ForceMode): void ▲ 1 of 4 ▼

id ▲ 1 of 4 ▼

个小的 AddForce 的时候，显示▲ 1 of 4 ▼。这代表了这是 4 种传递参数的方法中的一种。通过键盘的上下箭头，可以切换。

即使已经用习惯了的函数，也可以发现“还有这样传递参数的方法哪！”，是学习的一条捷径。

接下来，我们做一个大炮吧。

只要使用一个基本的Cube，就能准备一个**简易的大炮**※。将Cube提高1m，将Scale的y设置为5，X轴设置为-60度，使其倾斜。

【简易的大炮】如果不喜欢的话，可以从 Asset Store 中检索 Turret 等，会出现很多。

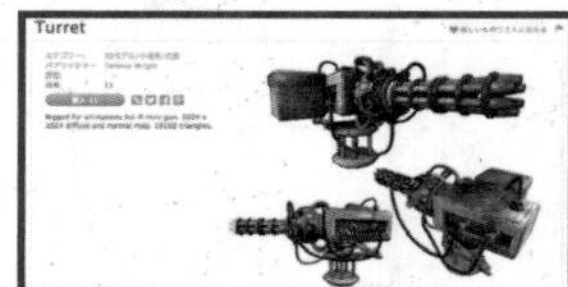

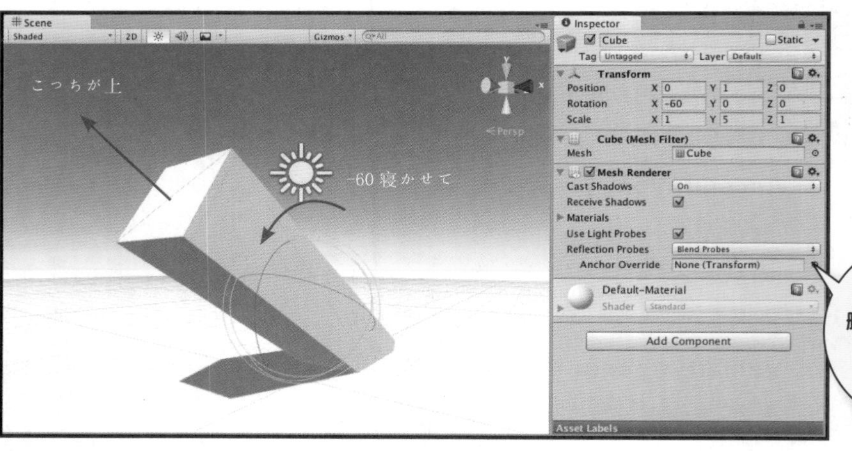

地面上还没有添加任何地形，只是有一片地面。

试着创建，从这个大炮中发射出的炮弹。之后再介绍炮筒的旋转和仰角的控制，先为炮筒装上弹药，沿着炮筒的方向，使用**AddForce**模拟发射。炮弹该怎么办呢？我们**先制作炮弹的预设**。

名称设置为Bullet

添加Rigidbody

在场景中添加Sphere，放在哪里都可以。为这个球体添加Rigidbody，参数保持不变。将GameObject的名称改为“Bullet”。然后，将Bullet进行Prefab，把Bullet拖拽&释放到项目浏览器中。

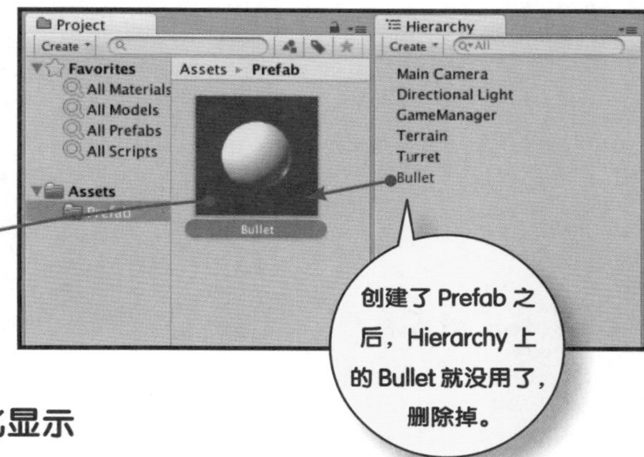

用鼠标输入与实例化显示

创建完炮弹的Prefab，开始用**Input**做发射机制。实际上，按下鼠标左键，炮弹在炮筒中就**生成**了，然后使用**AddForce**发射出去。在刚才创建的**简易大炮**的脚本中，添加Gun。因为可以通过Inspector设置变量**BulletPrefab**，所以现在做的弹药PrefabBullet就在这里设置。

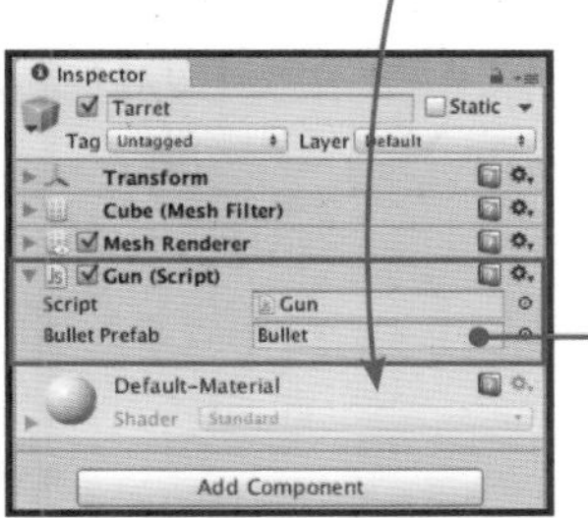

指定在 Inspector 上显示的 Prefab 方法虽然通俗易懂，但可以在 Inspector 上不显示的情况下，从 Asset 中读取。详情请参考 P211 右下方的专栏。

```
#pragma strict
var BulletPrefab:GameObject;
function Update () {
    if (Input.GetMouseButtonDown(0)){
        Fire();
    }
}
function Fire(){
    Instantiate (BulletPrefab);
}
```

参数为1时，就是指鼠标右键。

很简单。在**Update**事件中，添加每次都检查**Input.GetMouseButtonDown(0)**函数，如果鼠标被按下了，则调用**Fire()**。

Instantiate是由Prefab在场景中创建克隆物体的一种指令。将**BulletPrefab**传递给参数，让引用的Prefab生成炮弹。只要说一声“生成！”，在现在大炮的位置就会立即生成炮弹，如右图一样，呈奇怪的堆积状态※。

【奇怪的堆积状态】因为是球体，所以总会滚动到一旁，但因为数值设置的是位于完全相同的位置，所以这些球呈叠起的状态。

为了能打飞炮弹，按照如下脚本，修改**Fire**函数。在炮弹**实例化**的时候，将父级的**炮筒位置**和**角度**传递给参数，就克隆出与父级的大炮相同朝向的炮弹了。这次还在Instantiate返回的炮弹GameObject中，添加了**bullet**局部变量。因为大炮的炮筒口就是炮弹的顶端，所以对这个炮弹的Rigidbody向上施加作用力，即发出命令“向着炮口的方向以30的速度更改速度！”，这就是脚本最后一行代码的作用。

还能向 Instantiate
发送其他参数……

如果参数太长的话，可以像这样换行记述。

```
function Fire(){
     var bullet:GameObject = Instantiate (
                          BulletPrefab,
                          transform.position,
                          transform.rotation
      );
      var rb:Rigidbody = bullet.GetComponent(Rigidbody);
      rb.AddForce(transform.up*30,ForceMode.VelocityChange);
}
```

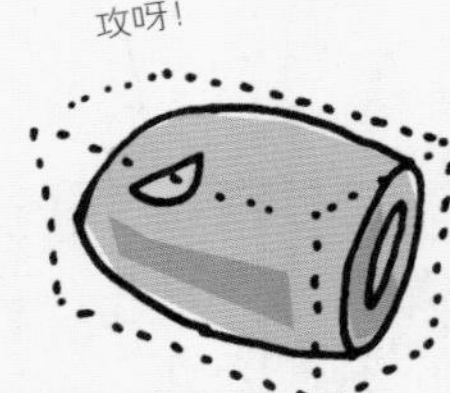

确认能够顺利发射。因为发射出去的炮弹只是带有Rigidbody的球体，所以落地之后会滚动，最终会停止。

我们为这个单调的大炮加入一些表演效果吧。需要用到表现爆炸和烟火的Particle（粒子）。选择Assets > Import Package > ParticleSystems，这里面刚好有中弹爆炸粒子，还有大炮发射时从炮筒口飞散出来的火花，可以拿来使用。

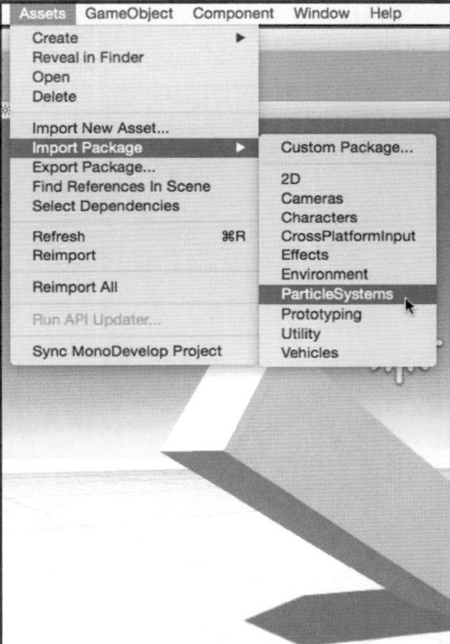

COLUMN : Resources 文件夹

Unity 的 Assets 文件夹中，有几个特别名称的文件夹，其中之一就是 Resources。例如，将炮弹的 Prefab 等文件放在这个文件夹内的话，就可以不使用 Inspector 而读取文件路径。下面首先将变量声明为 private，使其不显示在 Inspector 中。用 Start 函数初始化时，读取 Resources 文件夹下的 Prefab 文件夹内的 Bullet Prefab 作为 GameObject。

```
private var BulletPrefab:GameObject;
function Start(){
        BulletPrefab = Resources.Load ("Prefab/Bullet") as GameObject;
}
```

使用 Resources 类的话，读取的文件会从缓存中删除，也可能不同步（不停止其他脚本）读取。在本书中就不详述了，但如果进行严谨的编程时，使用的机会会更多。现在就在头脑中留下印象即可。想要详细了解的话，请参考官方网站的 Resources 类的文件。

首先让大炮发射炮弹时，从炮筒口喷出火星。其实还想表现出战舰大炮那样的黑烟效果，但在这里暂且只作为示范，介绍一下粒子的使用方法吧。

本书中，第一次涉及粒子的使用方法。首先新建粒子的Prefab，然后让粒子Prefab和炮弹一样，每次发射都在炮筒口**Instantiate**，放置克隆体。先在场景中**新建**Particle System吧，将这个粒子改名为“ShootSpark”。Particle System的内容可以暂时保持默认状态。这样就能看到初始设置的粒子，又在选择的过程中，确认模拟显示的效果了。假设已经设置了一个很不错的spark吧。粒子的设置项目数量众多，要想灵活运用还需更多练习。这个过程很有趣。

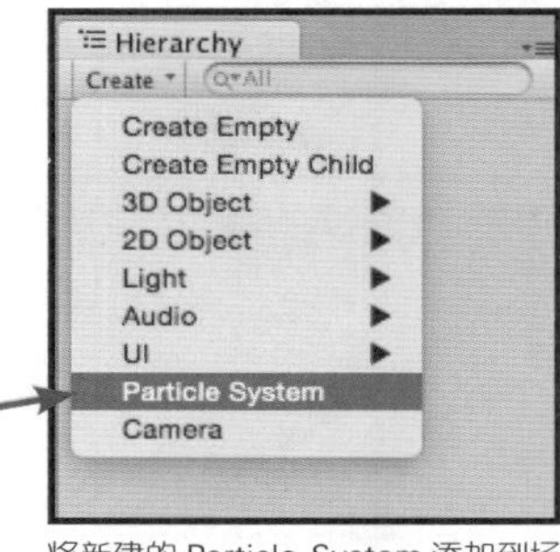

将新建的 Particle System 添加到场景中。

检查一下刚才导入的StandardAssets中，如右下图，有一个Sparks的Prefab文件，选中后，在Inspector上显示详细内容。

在写着ParticleSystem的地方右击鼠标，或者单击齿轮图标，在显示的下拉菜单中选择**Copy Component**。

然后，在Inspector中，粒子组件的相同位置，从下拉菜单中点击**Paste Component Value**。于是，通过复制&粘贴，就将组件设置成为火星效果的粒子了。

右击鼠标，显示下拉菜单，从中选择Paste Component Values。

放置新建粒子的位置。

重要Tips

不仅是粒子，大部分组件的参数，都可以用这个方法将内容复制&粘贴到其他相同组件上。

这次我们对噼里啪啦闪光的粒子，稍微进行一下调整。如果是当前的设置，火星会一直产生，所以，将设置更改为，只在最初的1秒内产生火星。将Duration设为1秒，Looping的复选框取消勾选。

然后，让这个只工作1秒的GameObject，在完成任务后就消失。将下面的脚本作为新建粒子的组件附加到GameObject上。这个脚本就是让GameObject生成在10秒后删除本身。

【LifeTime.js】其实Standard Assets/Utility中已经准备了Particle-SystemDestroyer脚本，用这个脚本也能删除粒子。

【空的GameObject】即使不是空的GameObject，在添加了Mesh和Renderer之后删除，或者结合脚本让重新播放时将renderer的enabled设置为false来删除，都很方便。

LifeTime.js※

```
#pragma strict
function Start () {
    Invoke("Death", 10f);
}
function Death () {
    Destroy(gameObject);
}
```

10秒让程序操作有充足时间。

因为虽然粒子喷出1秒就结束了，之后还会有火星闪烁。

将上面建好的这个粒子GameObject拖拽&释放到项目的Assets中，生成“ShootSpark”的Prefab文件，然后将场景中的原GameObject删除。接下来要修改大炮的脚本，加个标志表明火星在哪个位置产生。

将空的GameObject命名为SparkLoc，放在炮筒的顶端，作为炮筒GameObject Turret的子对象。这样，当炮筒自由旋转时，这个GameObject也一定会在炮筒口，在这个位置产生火星。

对于这个呈-60度倾斜的大炮来说，可以用Vector3型数据，单纯的指定从中心到炮筒顶端的位置。不过像这样用**空的GameObject**※等指定位置的话，看上去更清晰易懂，所以这个方法更方便。

然后，就为大炮的**Fire**函数添加火星吧。

```
#pragma strict
var BulletPrefab:GameObject;
var SparkPrefab:GameObject;
function Update () {
    if (Input.GetMouseButtonDown(0)){
        Fire();
    }
}
function Fire(){
    var tar: Transform = transform.Find("SparkLoc");
    Instantiate (
        SparkPrefab,
        tar.position,
        transform.rotation
    );
    var bullet:GameObject = Instantiate (
        BulletPrefab,
        transform.position,
        transform.rotation
    );
    var rb:Rigidbody = bullet.GetComponent(Rigidbody);
    rb.AddForce(transform.up*30,ForceMode.VelocityChange);
}
```

在自己的子对象中查找名为 SparkLoc 的 GameObject 的 transform。

发射炮弹的同时，火星也喷出来了。

使粒子产生的部分。

可以通过 Inspector 指定粒子的 Prefab 了。

将炮弹的 Instantiate 加入到 bullet 变量中，却没有将粒子加入到变量中，这是因为粒子没有特殊参考的必要。之所以将炮弹加入，是因为需要运用 Rigidbody，给炮弹施加作用力。

碰撞事件

这样就完成了炮弹发射。接下来要做的就是中弹了。现在地面只有Terrain，所以思考一下炮弹着地时爆炸的脚本该如何组织编写呢？这个程序要写在哪里呢，当然是附在炮弹上了。

需要编辑已创建的Prefab，**在项目浏览器中选中Bullet**，在Inspector上显示内容。

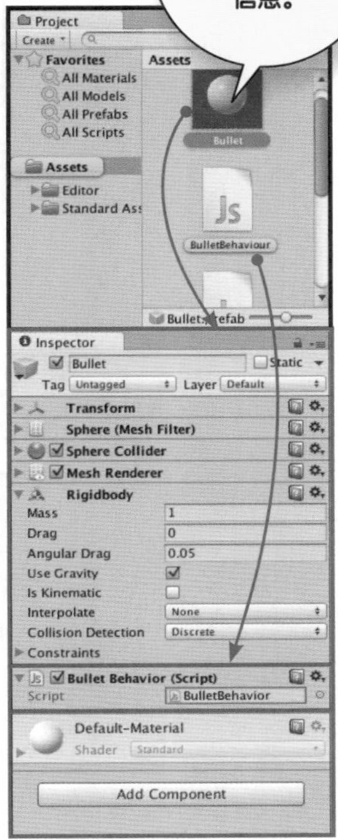

顺便说一下，Behaviour 是“行为”的意思。

为炮弹附加上脚本，让它在碰撞到其他物体时产生反应。创建脚本**Bullet-Behaviour.js**如下：

```
#pragma strict
var ExplosionPrefab:GameObject;
function  OnCollisionEnter (WHO : Collision) {
      Instantiate (
            ExplosionPrefab,
            transform.position,
            transform.rotation
      );
      Destroy(gameObject);
}
```

之后会进行说明。
当炮弹碰撞到其他物体时，当场产生爆炸粒子……
然后去死吧！
感觉这里写的东西比较危险。

回到Unity中，Inspector的BulletBehaviour组件中就出现了ExplosionPrefab项了。将之前导入的Standard Assets/ParticleSystem/Prefab/Explosion的Prefab添加到这项中。

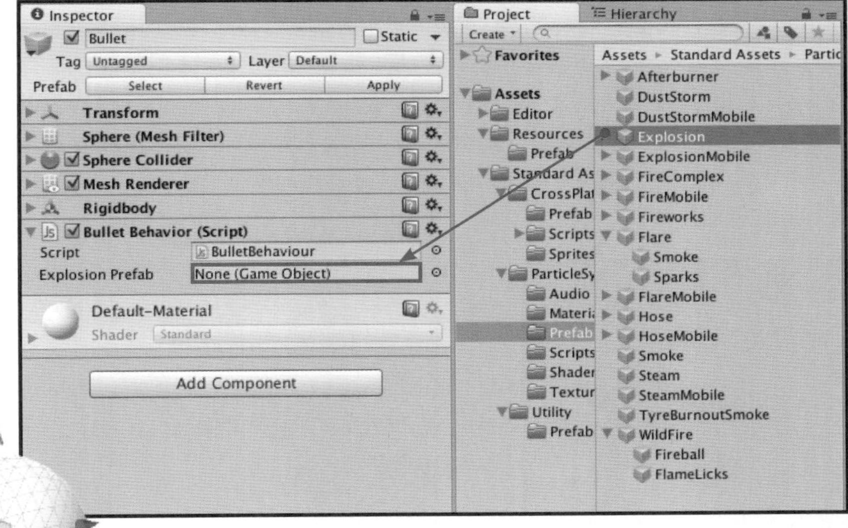

运行一下试试。

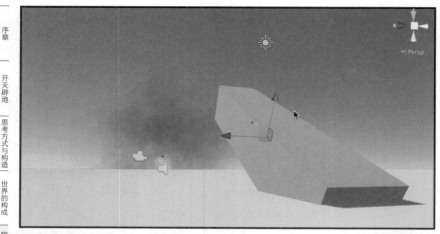

发射前	刚发射完毕	中弹	中弹 2
Main Camera Directional Light Terrain ▼ Turret SparkLoc	Main Camera Directional Light Terrain ▼ Turret SparkLoc Bullet(Clone) ShootSpark(Clone)	Main Camera Directional Light Terrain ▼ Turret SparkLoc ▶ Explosion(Clone)	Main Camera Directional Light Terrain ▼ Turret SparkLoc ▶ Explosion(Clone) ▶ Explosion(Clone) ▶ Explosion(Clone) ▶ Explosion(Clone) ▶ Explosion(Clone)

Wow！进行的很顺利呢！看Hierarchy就会很清楚，爆炸发生的瞬间，炮弹（Bullet的克隆体）从世界上消失不见了。但是，爆炸时**实例化**的标准资源Explosion（Clone）打出多少炮弹，场景中就留下了多少炮弹。把这个问题忘了。这个问题需要改善一下。应该怎么做呢，可以参考刚才发射时的火星。那时是将**LifeTime.js**脚本附加到火星上了，现在将这个脚本附加到原ExplosionPrefab上就好了。这样在爆炸后10秒钟※就消失了。

【**爆炸后 10 秒钟**】此时，粒子模拟的烟雾和火星等还有残留，10 秒后才会消失，所以需要相应调整时间。

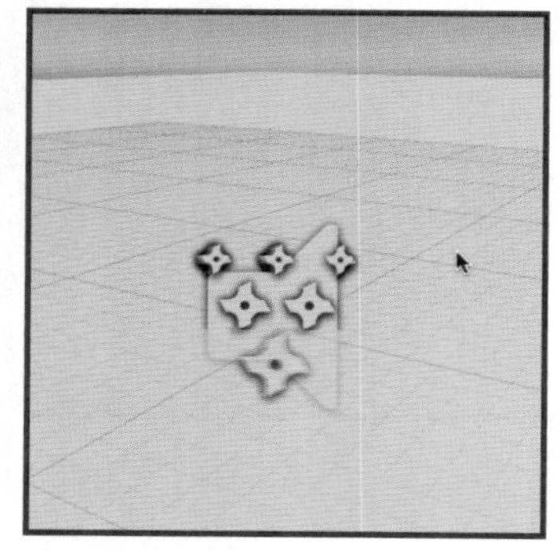

不过，爆炸的样子太远了，看不到。在爆炸现场，放一个摄像机吧？虽然猜着可能会落在哪里，在附近放置摄像机也可以，但是可以有效利用上面Explosion（Clone）留下的Bug，来找到落地地点。因为知道了炮弹落地的地点，就能在现场放置摄像机了。

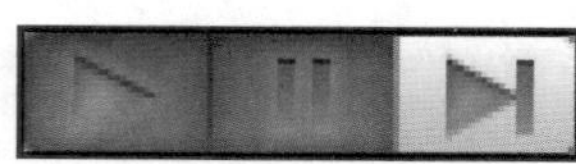

暂停播放，选择用于爆炸的 Explosion（Clone），从其 Transform 组件上能知道位置。

设置第二个摄像机

不是移动主摄像机，而是要在现场再设置一台摄像机。调整适当的角度，拍摄到中弹的位置。在场景视图中，选择摄像机后，从GameObject菜单中点击Align with View（Cmd+Opt+F）即可。播放一下看看。

咦？播放时，看不到拍摄大炮本身的主摄像机了！不过，点击画面的话，还会有炮弹发射出去，就在眼前爆炸。一开始的摄像机去哪儿了呢？这是本书中第一次涉及2个摄像机显示的问题。其实，第一个摄像机的映像被后添加的摄像机的映像重叠起来了。

我们来看一下摄像机的信息。左下方的两张图是在Inspector上点击Add Tab后，将2个标签并排放置，左侧是新添的摄像机，右侧是最初的主摄像机。仔细看二者的区别就能发现Tag和Depth（深度）是不同的。Depth的数字越小，摄像机的位置越靠里面，所以现在看不到主摄像机。如果将这个数字由-1改为2的话，就只能看到主摄像机了。

锁定

点击此处 AddTab

在这里将新添的摄像机以小窗的形式显示吧。

需要修改的是这个部分。

将X设为0.1、Y设为0.6、W和H设为0.3的话，画面显示就成了下面的比例了。很方便吧。

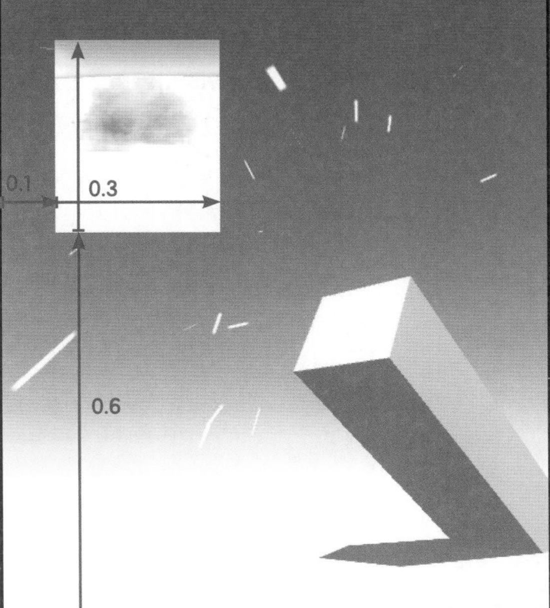

要站我前面的话，
你就变小一点

前辈～
你闪开
请别欺负我～

Audio Listener就是耳朵。
在世界中不能有2个，所以需要关闭一个。
如果不这么做的话，控制台窗口就会不断出现提示：
There are 2 audio listeners in the scene. Please ensure there is always exactly one audio listener in the scene.
其实，并没有出现其他的问题。

跟随相机（LookAt）

现在，在拍摄现场的小窗口中，炮弹会突然飞进来然后爆炸。其实还可以用摄像机跟随拍摄从炮弹发射到爆炸的全程。

为追加的摄像机增加以下脚本。

名称就叫作**LookBullet.js**吧。

一定会盯着你！

```
#pragma strict
var TargetBullet: Transform;
function Update () {
     if (TargetBullet){
          transform.LookAt(TargetBullet);
     }
}
public function ShowBullet(Target:GameObject){
     TargetBullet = Target.transform;
}
```

然后在大炮的Fire函数的最后，添加一行代码。

```
GameObject.Find("Camera").SendMessage("ShowBullet", bullet);
```

这样在发射的瞬间，大炮就会在世界中搜索名字中带有“Camera”的GameObject，然后向它发送**ShowBullet**的信息，将最后发射的炮弹引用附加到参数中。

被调用的摄像机上的LookBullet类将该炮弹的Transform信息输入到自己的变量中，使用**LookAt**，随时调整自己的朝向。在这里出现了一个关键词：**SendMessage**。回想一下本章P.194出现的脚本中，有一个咕噜咕噜旋转的GameObject。不论这个GameObject本身有没有脚本，都是通过外部来操控它的Transform信息，让它旋转的。这种做法虽然并不算错误，但自己的事情还是要自己管理，所以，要操控他人的时候，不是直接控制那个人，而是调用那个人准备的类的成员，这种做法会更好。这是因为，编程的前提就是除了自己以外，别人谁都不能操作。“咦？我怎么这么动了呢？谁干的？”就能避免这种情况发生了。

莫名其妙的“被旋转”~
拜托请对象精准一些吧~

MyCube

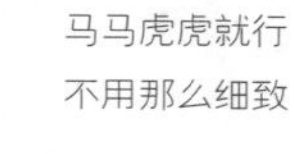
马马虎虎就行
不用那么细致

GameManager

关于 Tag

现在这个世界中只有一片白白的Terrain，假如有荒山、池塘、建筑物的话，该怎么办呢。全部同时爆炸的话，很奇怪吧。如果是落到池塘里的话，应该会扑通一声，喷出池塘独有的Particle水花。于是，有必要知道炮弹碰到的GameObject是什么。而且，碰到的对象应该如何坏掉？需要给对方带来影响，就必须知道对方的情况。

可以利用炮弹的脚本中使用的**OnCollisionEnter**事件中的参数。可以运用这个参数来探查。在刚才的爆炸过程中，完全没有用到这个信息。其实这里面包含的是什么呢？其实是对方的Collision的引用。

```
#pragma strict
var Exp:GameObject;
function  OnCollisionEnter (WHO : Collision) {
      Instantiate (
            Exp,
            transform.position,
            transform.rotation
      );
     Destroy(gameObject);
}
```

我的最后时刻
你们看好了！

利用它的引用，获取对方的tag，再按分支情况处理，就很方便了。什么是tag（标签）呢？之前忽略了这个概念，其实网格也好摄像机也好，所有GameObject中都必须要设置标签。在哪里呢？在这里。

如果没有特别指定的话，就会设置成Untagged标签。虽然已经内置了一些标签，如：Respawn、Finish、EditorOnly、MainCamera、Player、GameController等，这些只是一些可能会用到的标签，事先纳入了而已，并没有太大意义。可以自己分类整理使用，或者通过最下方的Add Tag…按钮，添加自己独创的标签。

这个标签可以通过字符串来获取。

在这个例子中，碰撞的瞬间，Collision的信息就会进入**WHO**函数，调出gameObject的引用，然后问这个gameObject"你的标签是？"，将其标签的名称以字符串的类型获取到。

选择Add Tag..后，会显示Tag / Sorting Layers / Layers三种编辑界面。Tag是为了方便区分、查找而自由使用的，Sorting Layers是在2D项目中控制前后层的显示顺序，Layers可以设置所有GameObject的层。Layer可以通过GameObject的检视面板右上方的下拉菜单设置，前7个是官方默认的，从第8个开始可以自由命名。Layer经常被用在摄像机拍摄的物体上。

你干吗？

告诉我，你的 gameObject 是谁？
那个家伙的 Tag 是什么？

通常 Unity 默认的单词中，不会出现 WHO、HE 等全部大写的单词，起这样的名字是为了表明这是自己命名的，所以本书中一部分变量名采用的是大写单词。

```
var HE = WHO.gameObject;
var HIS_TAG = HE.tag;
if (HIS_TAG == "Enemy"){
    HE.SendMessage("Add_Damage");
}
```

例如，上述脚本的作用是，当带有Enemy（敌人）标签的对象被炮弹打中时，就会向该GameObject发送“毁掉”的消息（即**SendMessage**）。

关于**WHO**的使用方法，稍后再进行说明。我们先来考虑炮台的控制方法。因为如果不考虑这个问题，就无法瞄准目标。

接受键盘事件

围绕着Y轴左右移动炮台的话，用键盘上的A键和D键来表示左右。需要添加脚本如下：

```
function Update () {
        if(Input.GetMouseButtonDown(0)){
                Fire();
        }
        var H:int = 0;
        if (Input.GetKey("a")){
                H=1;
        } else if (Input.GetKey("d")){
                H=-1;
        }
        transform. Rotate(
                new Vector3(0,H* 60.0 * Time.deltaTime,0) ,
                Space.World
        );
}}
```

用小写字母指定

transform.Rotate已经出现过很多次了，不过这次是作为第一参数传递给Y轴值，当键盘上按下a或者d键时，以1秒60度的速度旋转角度。这两个按键没有被按下时，则传递0。在这里我们试着升级为更方便一些的函数吧。

```
function Update () {
        if(Input.GetMouseButtonDown(0)){
                Fire();
        }
        transform. Rotate(
                new Vector3(0,Input.GetAxis("Horizontal")* 60.0 * Time.deltaTime,0) ,
                Space.World
        );
}
```

【boolean】是表示真假状态的数据类型。在闰年的介绍（P.182）中也涉略到了。

Input.GetKey是返回boolean※值的函数，用true或false判断指定按键是否被按下。这个**Input.GetAxis**就是使用InputManager的方法。选择菜单中的Edit > Project Settings > Input，Inspector上就显示InputManager。初次打开时，可能只显示▶Axes，单击这个三角形就会显示出已注册的列表。最上方有▶Horizontal，单击三角形则显示内容。

Input.GetAxis就是使用这里的内容。不同于**Input.GetKey**，Input.GetAxis是专门用于游戏输入的方法，使用方法很方便。不是通过启动或关闭来返回boolean值，而是从按下的瞬间开始返回从–1.0到1.0之间的模拟数值。按下后慢慢启动，松开按键后慢慢停止的感觉，更有操作感。开始有点打游戏的感觉了吧。如果想要启动时更沉重的话，就将①Sensitivity的数值设置为0.5等较小的数值。松开手指时，让数值慢慢归0的话，就将②Gravity的数值变小。还可以将Gravity的数值设置为0的话，则不会回到原值。

还有，如果勾选了③Snap的复选框，当反向按键输入时，则立即反转。如果不勾选这个复选框的话，则向着反方向，保持惯性力量，渐渐更改数值。

按键的任务分配，Positive（正方向）和Negative（负方向）主要是由箭头键的right键和left键来担当。并且，d和a键也是同样设置的。Joy Num项对应的是操纵杆。

④Dead的数值用于操纵杆等模拟控制。摒弃接近中立的数值，设置为0。制作游戏时，由于不知道玩家用什么设备玩，所以，这样使用**Input.GetAxis**会很方便。

同样地，还能使用Axes中纵轴的输入项Vertical来设置炮台动作，请看下一个脚本。

顺便说一下，这个Axes也可以自己增加关键词。当前size是18，可以新建添加。

在这个示例中，使用鼠标键发射炮弹，也许是分配给了这里的Fire1吧。

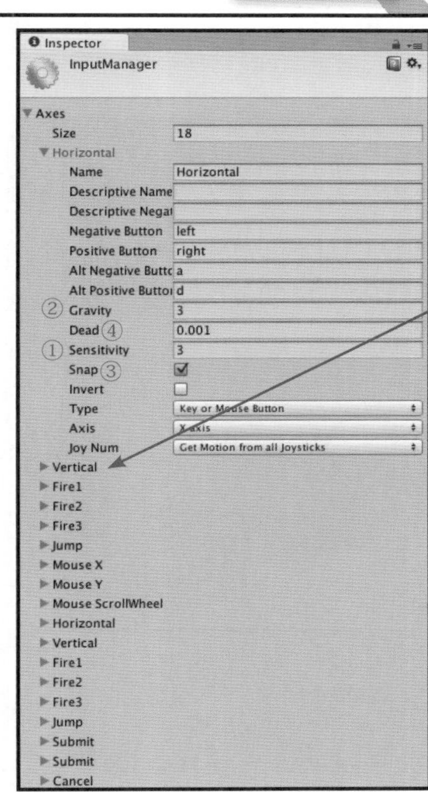

```
function Update () {
        if(Input.GetMouseButtonDown(0)){
                Fire();
        }
        transform. Rotate(
                new Vector3(
                        Input.GetAxis("Vertical")* 60.0 * Time.deltaTime,
                        Input.GetAxis("Horizontal")* 60.0 * Time.deltaTime,
                        0) ,
                Space.World
        );
}
```

想让炮台纵向和横向活动……

咦？？它在慢慢地滚动。

我们让它活动起来吧。让Y轴和Z轴活动……咦？炮筒变成滚动的了。是的。在**Space.World**中，旋转Y轴，就是旋转大炮的朝向。也就是说，在Y轴旋转之前，Z轴是负责大炮上下方向的，但如果让Y轴横向转动了，那么Z轴当然就更改了方向。所以，让Y轴和Z轴以各自独立的形式转动会比较好。我们来重新做炮塔吧。创建Cube，作为只用于Y轴方向旋转的基座，命名为“Base”。什么形状都可以，放在世界中心即可。这个对象的Scale设置为2。

Transform			
Position	X 0	Y 0	Z 0
Rotation	X 0	Y 0	Z 0
Scale	X 2	Y 2	Z 2

为了产生炮弹时，避免这个Base碰撞炮弹，去除Base的Box Collider。

然后，将刚才的大炮放在这个Base的子层级中。在Hierarchy中，将Gun拖拽&释放到Base中。然后按照下一页修改脚本，变成由Gun控制父级Base。

我只能纵向移动
父亲
ROTATE X
Rotate Y
让父亲做这个！

```
function Update () {
        if(Input.GetMouseButtonDown(0)){
                Fire();
        }
        transform. Rotate(
                new Vector3(Input.GetAxis("Vertical")* 60.0 * Time.deltaTime,0,0),
                Space.Self
        );
        var Base : Transform = transform.parent;
        Base. Rotate(
                new Vector3(0,Input.GetAxis("Horizontal")* 60.0 * Time.deltaTime,0),
                Space.World
        );
}
```

这是炮台的纵向（自己）动作。

Y 轴和 Z 轴不旋转

x 轴

这是大炮基座（父级）的 y 轴旋转动作。

y 轴

X 轴与 Z 轴不旋转

这样活动的效果就比较理想了。只能上下移动的大炮通过**transform.parent**指定大炮的父级对象Base的Transform，并用**Rotate**函数，使大炮的Y轴旋转。

如果炮弹不能顺利打出去的话，检查一下 Base 或 Gun 的 gameObject 是否附加了 Box Collider，从而妨碍了炮弹发射呢。要删除 Box Collider，可以从组件的齿轮图标中，选择 Remove Component。

在Asset Store中有免费的破旧车辆资源。汽车的Mesh形状模拟了破损程度越来越重的效果，我们使用这些车辆，来做出汽车中弹后的破损效果吧。如往常一样，从Asset Store中下载资源。因为这是作为中弹目标的，所以下载完成后，从Assets下面的文件夹中，将damaged_old_car_FBX.fbx的Prefab拖拽到场景中。仔细看的话，就会发现这是很多破旧车辆模型重叠放在同一个位置了。

在Hierarchy上，除了最新的汽车，选择level2~6的所有车辆，设置成非活动状态※。

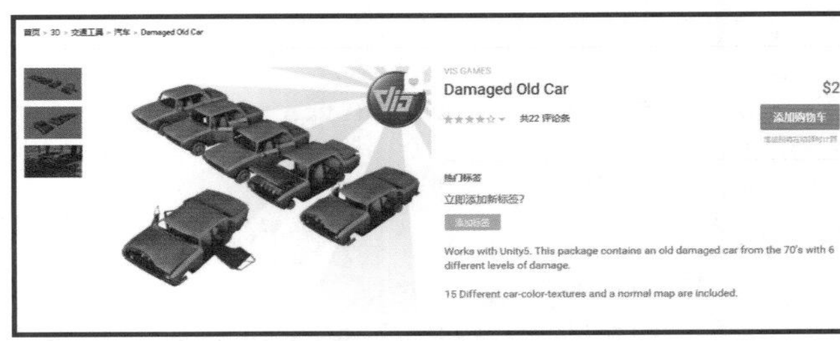

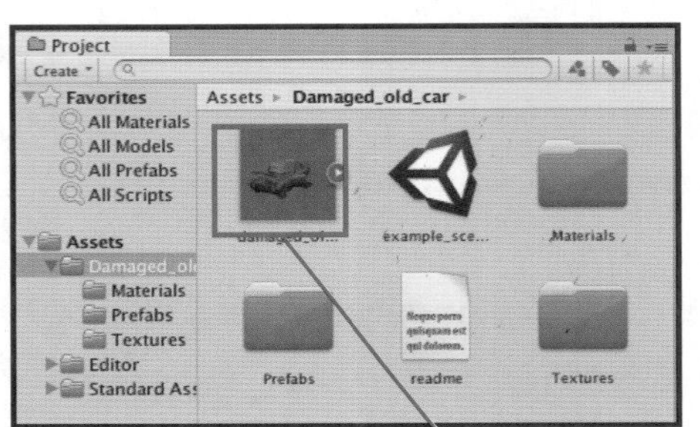

http://u3d.as/1uY
Damaged Old Car 是在一个 Prefab 中，破损程度渐渐加重的车辆模型，它是免费的资源。【现在是收费资源了，请查看截图】

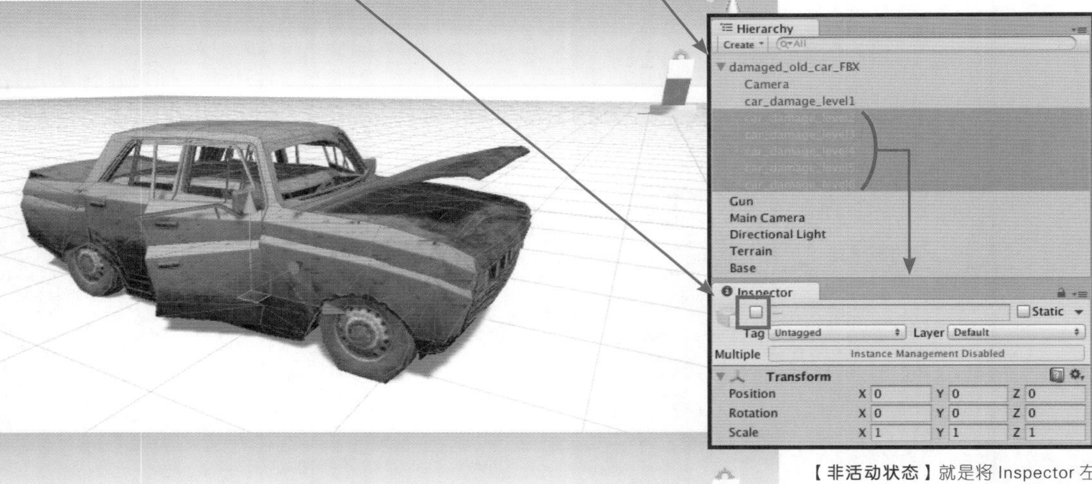

【**非活动状态**】就是将 Inspector 左上角的复选框取消勾选。从顶部菜单的 GameObject 中，运行 Toggle Active State 或者 Shift+ Opt（Alt）+A 键，可以切换状态。

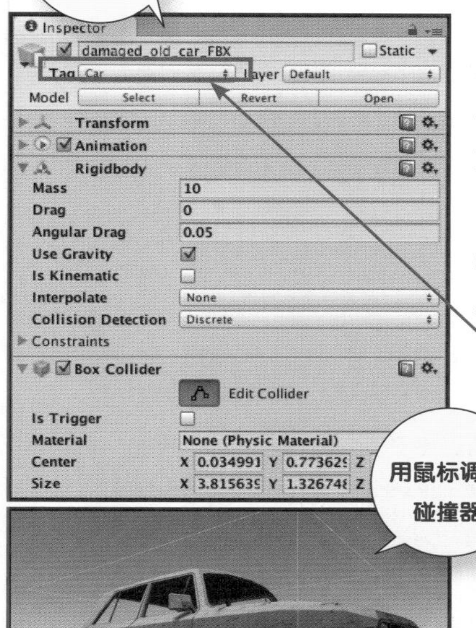
将 Tag 设置为 Car
用鼠标调整碰撞器

接下来，我们为这辆车的damaged_old_car_FBX.fbx添加Rigidbody组件和Box Collider。只不过这个GameObject本身没有形状数据Mesh（子对象car_damage_level1等却有Mesh），所以Box Collider不会自动调整为合适的大小。

这就需要使用Box Collider的Edit Collider按钮了。点击后，图中会显示绿色的点，可以用鼠标拖动调整大小。关闭这个按钮，就能调整碰撞体本身的位置了。将汽车的碰撞区域调整恰当。

然后，新创建一个“Car”的标签，**设置为标签**※。

这样就能让它成为炮弹目标了，我们来玩儿一下。控制炮塔，打出炮弹。你发现了吗？炮弹打中汽车或者打在附近，车身都会适当被吹跑。这个动作是什么呢？其实，在炮弹打中时，**实例化**的**粒子Prefab上，**附着**爆炸**※的脚本。因为这个脚本的内容是用C#编写的，我们在这里不做介绍了，将来对C#习惯一些后，或者还有一种能让爆炸周围物品吹起来的脚本的时候，再来看看它的源代码吧。

总之，保持现状这个状态，这个破车被吹动的感觉挺自然的。接下来，为这个破车添加原先预期的“越来越破”的效果。操作方法有很多，在这里就让炮弹传递出“**Add_Damage**”的消息，汽车接收到后，“好的，知道了”，然后损坏程度一级一级加重。其他方法还有，为车体添加**OnCollisionEnter**函数，如果对方是炮弹则接收损毁指令的方法。采用哪个方法都OK。

再让汽车中弹后，冒出黑烟吧。黑烟的Prefab，在粒子的集合中就有。

为这辆破车=damaged_old_car_FBX.fbx创建名为Destruction的脚本组件，按照如下内容记叙。

【设置为标签】在Tag&Layer中设置。方法参考P.220。

【粒子Prefab上，爆炸】Explosion的Prefab中附带的脚本组件ExplosionPhysicsForce.cs负责做这个工作。

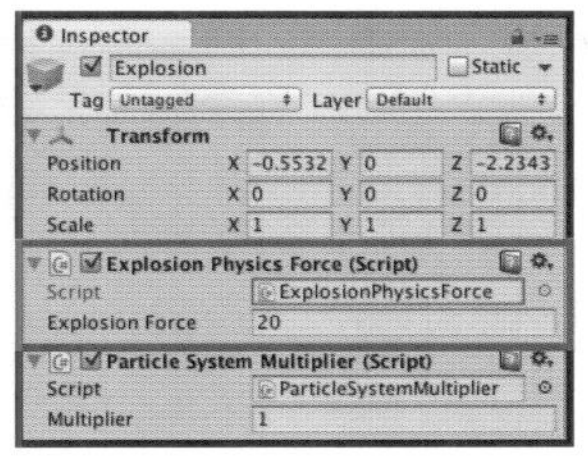

RigidBody中有爆炸专用的**Add-ExplosionForce**函数，非常有趣。

里面是浆糊
也没关系?
中弹的话，我就换。

```
#pragma strict
var hitCount:int = 0;
var rb:Rigidbody;
var DamageLevels : GameObject[];
function Start () {
	rb = GetComponent(Rigidbody);
	DamageLevels =  new GameObject[6];
	DamageLevels[0] = transform.Find("car_damage_level1").gameObject;
	DamageLevels[1] = transform.Find("car_damage_level2").gameObject;
	DamageLevels[2] = transform.Find("car_damage_level3").gameObject;
	DamageLevels[3] = transform.Find("car_damage_level4").gameObject;
	DamageLevels[4] = transform.Find("car_damage_level5").gameObject;
	DamageLevels[5] = transform.Find("car_damage_level6").gameObject;
}
```

定义 Build-in 数组

这里有3个成员变量。**hitCount**是用于记忆被炮弹打中的次数。**rb**是在Start之后立即盛放本身Rigidbody的引用。另一个**DamageLevels**比较少见。在指定变量类型之后，带有一个**[]**。这是指，该数组只盛放类型为GameObject的数值。这类数组叫作**Build-in（内置）数组**※。使用Build-in数组有一个原则，那就是必须在开始使用new，决定数组内数值的数量。在这里指定了6个。然后，从自己的子层级中，获取各个破损程度的GameObject加入到引用中。不过，这个**Start**函数有点冗长。使用**for**语句，可以缩短一些。像叙述起来就能省略同样句式反复出现的情况，还减少了区分类型的繁冗程序，理解起来也更容易。

【Build-in 数组】在本章 P.187 稍有涉略。在这里并不属于 JavaScript 类型数组。

```
function Start () {
	rb = GetComponent(Rigidbody);
	DamageLevels =  new GameObject[6];
	for (var n=0;n<6;n++){
		DamageLevels[n] = transform.Find("car_damage_level"+(n+1)).gameObject;
	}
}
```

简洁很多了

然后，添加中弹时炮弹调用的函数。先定义**SmokePt**变量，也在Inspector上指定黑烟的Prefab。这个Smoke的预设也附带了**10秒钟删除自身的功能**※。

【10秒钟删除自身的功能】看Smoke的Inspector就会发现，Smoke中附加了设置10秒删除自身的脚本ParticleSystemDestroyer。

```
var SmokePt:GameObject;
function  Add_Damage(){
    var sm : GameObject = Instantiate(SmokePt,
        transform.position,
        transform.rotation);
    sm.transform.parent = transform;
    if (hitCount > 4)
        return;
    DamageLevels[hitCount].active = false;
    hitCount++;
    DamageLevels[hitCount].active = true;
}
```

放出黑烟，成为自己的子级

这样每次炮弹打中，都会调用这个函数，释放Smoke，并且让破车成为父级对象。之所以一定要设置为父级，是因为若不这样设置，当受到暴风或碰撞时，只有车在移动，所以为了让烟雾追随车辆移动，需要将其设为父级。

超过4的话，会有**return**。用**return**返回函数值，这个**Add_Damage**函数的值（省略了※）因为是**Void**，所以什么都不返回。啊？难以理解呀。这就是说，如果这个return被执行了，那么函数结束。所以，**hitCount**超过4时，炮弹调用**Add_Damage**的话，虽然会添加一次Smoke的预设，但之后就不会了。

之后的话，**DamageLevels**中的Mesh就由显示切换为不显示了。现在的GameObject的**active**变成**false**，就和刚才统一设置为非活动状态的脚本作用一样了。

为什么是4？这是下标为4，因为数组的下标是从0开始分配的，到了第5个就删除Mesh，之后**增量**※，显示第6个也就是最后一个Mesh。即，当**hitCount**输入到整数值5时，车辆就彻底坏了。

【省略了】JavaScript的类型声明可以省略。变量的类型声明也一样，本书为了看上去简明易懂，描述了变量的类型，省略了函数的类型。即使省略了类型声明，Unity的编译器也会自动推测类型，如果从严密快速的处理速度上来说，应该所有的都进行声明。

【增量】n++; 指的是增数值加1。

接下来给炮弹编辑脚本，让它能送出**Add_Damage**的消息。

```
#pragma strict
var Exp:GameObject;
function  OnCollisionEnter (WHO : Collision) {
     if (WHO.gameObject.tag == "Car")
          WHO.gameObject.sendMessage("Add_Damage");
     Instantiate (
          Exp,
          transform.position,
          transform.rotation
     );
     Destroy(gameObject);
}
```

对方如果是"Car"组的话最好，但也有打错的时候。不过，如果打错了，那我就白白牺牲了。

铁炮弹

上面的脚本中添加了2行内容。只有当碰撞到的GameObject的标签为“Car”时，才向这个GameObject发送**Add_Damage**的消息。因为车辆上有**Add_Damage**函数，所以会执行这个命令。

其实，这2行可以用if语句来缩短。不管对方的标签是什么，都向对方喊“Add_Damage！”。如果对方有这个函数，就执行，如果没有，就不执行。咦？这么说，就不用查标签了吧？那该怎么办呢？可以采用其他写法。

```
if (WHO.gameObject.tag == "Car")
     WHO.gameObject.GetComponent(Destruction).Add_Damage();
```

这个是中弹的GameObject中的Destruction组件，即汽车上附加的Destruction.js脚本。取出这个，并且调用**Add_Damage()**。如果找不到Destruction的话，就会出错。感觉挺麻烦的吧？虽然麻烦，但操作起来简单。**SendMessage**可以发送“不提示错误”，所以可以放心，但是，正因为“不提示错误”所以也不会告诉你发生了错误。有利有弊。

此外，**SendMessage**中只有1个参数。想要附带2个以上的参数，就需要将参数转变为数组。这也是不便之处。

就这样，用大炮破坏汽车的一系列动作就完成了。如果将这些动作编辑到游戏中的话，首先是不规则的在很多位置**实例化**大量车辆，设置时间限制，在这期间摧毁到什么程度，每次得分多少，并且计算出数据显示出来，这样就越来越有游戏的感觉了吧。关于显示的内容，我们会在第六章中介绍。

COLUMN：Is Trigger 与撞没撞到

大家已经知道了，当车和炮弹发生 **OnCollisionEnter** 时，会发生碰撞。不过，设想一下，如果是类似迷宫游戏一样的游戏，可能会突然从墙壁中出现妖怪似的角色。像幽灵一样能穿透很多物体，但是只有被铅弹打中时才会被打散。也就是说，有的东西会撞到，有的东西却不会撞到，想要做出这样的角色时，该如何设置呢？

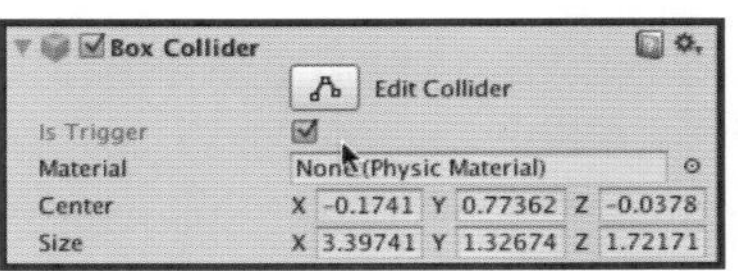

一个方法就是将碰撞器的 Is Trigger 的复选框勾选。之前我们的做法是，碰撞到带有 Rigidbody 的物体时，调出 **OnCollisionEnter** 吧。如果将这个 Is Trigger 的复选框选中的话，那么就无法调出 **OnCollisionEnter** 了。**OnCollision-Enter** 的好伙伴 OnCollisionStay 和 OnCollisionExit 也是如此。OnCollisionEnter、OnCollisionStay、OnCollisionExit 的作用就变成相同的了。这样当碰撞发生时，就会将对方弹走了，所以就能穿透物体了。

另一个方法是，用层来控制。在 Tages & Layers 中添加层，右侧是 GHOST（幽灵）和 LEAD（铅），然后选择菜单中的 Edit > Project Settings > Physics 的 PhysicManager 进行设置。

通过这个设置就能让幽灵穿透很多物体，却唯独会被铅弹打中，被这个碰撞的力度弹走。

我~来~了~呜~呜~

Inspector
PhysicsManager
Gravity X 0 Y -9.81 Z 0
Default Material None (Physic Material)
Bounce Threshold 2
Sleep Threshold 0.005
Default Contact Offset 0.01
Solver Iteration Count 6
Raycasts Hit Triggers
Enable Adaptive Force
Layer Collision Matrix

	LEAD	GHOST	UI	Water	Ignore Raycast	TransparentFX	Default
Default	☑	☐	☑	☑	☑	☑	☑
TransparentFX	☑	☐	☑	☑	☑	☑	
Ignore Raycast	☑	☐	☑	☑	☑		
Water	☑	☐	☑	☑			
UI	☑	☐	☑				
GHOST	☑	☑					
LEAD	☑						

使用 iTween

这次是在室内。例如，在制作密室逃脱类游戏时，点击物品然后会发生什么呢？我们来实验一下。

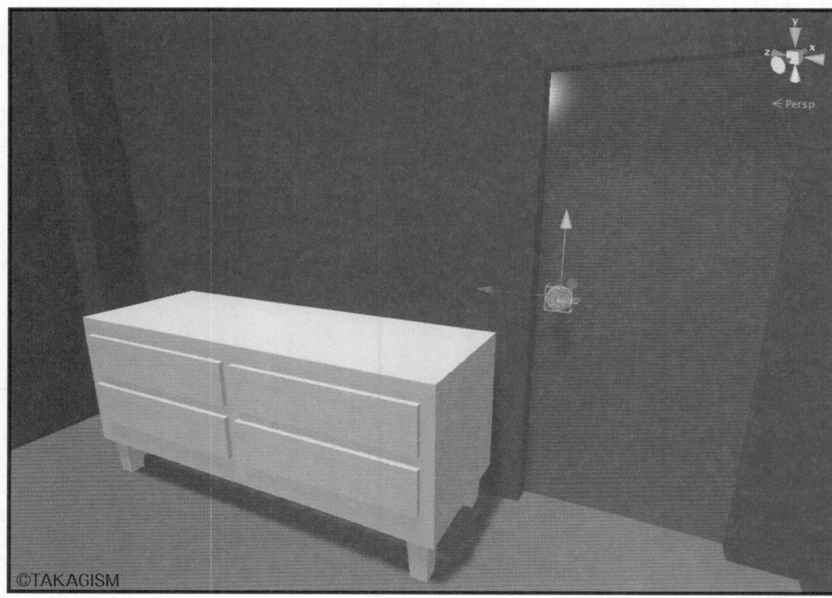
Persp
©TAKAGISM

可能有人见过这个红色的房间和蓝色的门。

Hierarchy
Create
Main Camera
Directional Light
CR_PROTO001
Joint
DOOR
Doorknob
CHEST
ROOM

从上方看这个空的 Game-Object Joint，正好位于门的铰链部分。

右手边的蓝色门上有个黄铜的球形把手，这个上面附加了Box Collider。这个球形把手的GameObject名称设置为“Doorknob”。摄像机是固定的，点击后，门就会打开，做出了这样的互动效果。Doorknob位于“DOOR”的子层级。

打开门的装置是，在门的铰链位置放置一个空的GameObject，命名为“Joint”，将DOOR放入Joint的子层级。这样，就能旋转Joint的Y轴，打开门了。在这个例子中，使用了**名为iTween的经典**※Asset，让门能平滑地打开。

Iso
虽然看不见，但是名为 Joint 的 GameObject 就在这里。

【名为 iTween 的经典】iTween 是经过计算来做出动作的。要做出更生动真实的动作，需要设置时间线动画，加上一些模拟的动作，才会更有趣。关于动画的制作和控制，在接下来的第五章中有介绍。

首先，从Asset Store下载iTween，然后为门的铰链Joint添加脚本。

从外部，只有调用**DoorKnobClick**时，才执行开关动作的函数。用**Opn**的值检测门是否打开，将自己的成员函数**RotateJoint**变成参数，调用该函数。

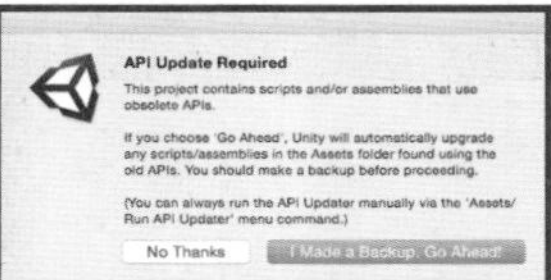

偶尔会出现上方的对话框。这是在询问，需要结合最新版本的 Unity 自动升级脚本吗？如果你觉得可以升级，那么就点 Go Ahead。

```
#pragma strict
var Opn:boolean = false;
function DoorKnobClick () {
    Opn = !Opn;
    if (Opn){
        RotateJoint(30f ,"easeOutBack");
    } else {
        RotateJoint(0f, "easeInQuad");
    }
}
private function RotateJoint(ANGLE:float,EASE:String){
    iTween.RotateTo(
①          gameObject,
②          iTween.Hash(
                "y",
                ANGLE,
                "time",
                2,
                "easetype",
                EASE
            )
    );
}
```

Opn 保持打开或关闭状态

如果在成员变量的开头，声明 private 的话，那么从外部就不能访问该成员。也叫作隐藏。

设置为 private 就是让界面简洁。比起机械上摆满了多余的按钮，还是外观简洁的机械更好吧？

在这里，第 2 个参数是成对儿的，要设置属性

因为这是最后，所以没有逗号

这个按钮只有我能按。你别按！

RotateJoint需要有2个参数**ANGLE**和**EASE**。以上脚本中虽然换行次数多，行数比较多，但是实际执行的只是下面1行函数。

iTween.RotateTo（①GameObject, ②iTween用的哈希表）；

iTween的第一参数是指定活动的GameObject，第二参数比较特殊。需要通过名为**hash table**（哈希表）※的构造来传递。要创建哈希表，就需要使用**iTween.Hash()**。传递的参数是成对儿的，用逗号将属性名和值分开。即参数的个数必须为偶数个，一对儿参数只要相邻即可，与数量和顺序无关。

【哈希表】是关键（key）与码值（value）组合的信息，通过 key 可以取放码值的映射数组，是数组的一种。

向iTween传递的哈希表项目有很多，见右图。在这里没必要全部传递，不需要传递的项目则以默认的设置值进行。例如，如果省略了**time**，则与1秒相同。同样地，详细内容，请参考右侧的iTween的官方网站上的DOCUMENTATION。

这里传递的是**y**的值、运行时间**time**、活动类型**easetype**※这3个参数项目。分别指定了传递类型（**float、float、String**）。

easetype也有很多种。打开门的时候，砰的一下很快打开，过了30度后稍微回弹。**easeOutBack**的设置，如果画成曲线的话，就如左侧示意图。

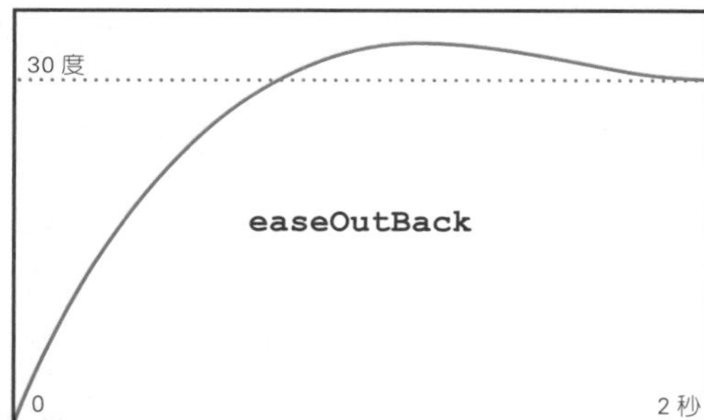

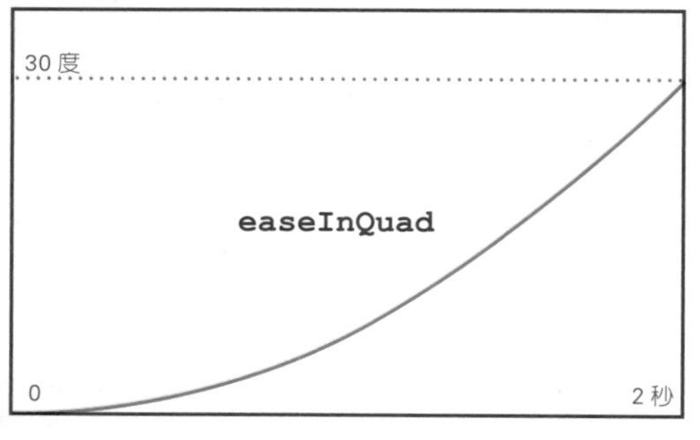

http://itween.pixelplacement.com/

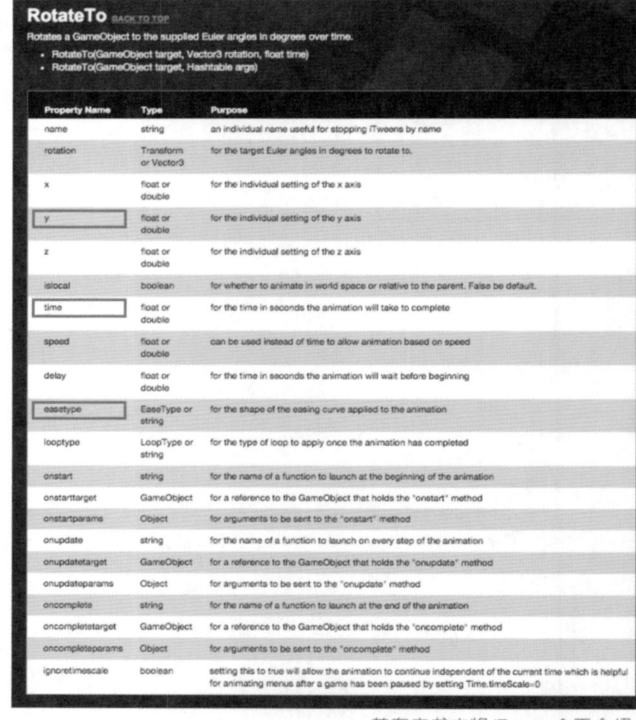

RotateTo BACK TO TOP

Rotates a GameObject to the supplied Euler angles in degrees over time.

- RotateTo(GameObject target, Vector3 rotation, float time)
- RotateTo(GameObject target, Hashtable args)

Property Name	Type	Purpose
name	string	an individual name useful for stopping iTweens by name
rotation	Transform or Vector3	for the target Euler angles in degrees to rotate to.
x	float or double	for the individual setting of the x axis
y	float or double	for the individual setting of the y axis
z	float or double	for the individual setting of the z axis
islocal	boolean	for whether to animate in world space or relative to the parent. False be default.
time	float or double	for the time in seconds the animation will take to complete
speed	float or double	can be used instead of time to allow animation based on speed
delay	float or double	for the time in seconds the animation will wait before beginning
easetype	EaseType or string	for the shape of the easing curve applied to the animation
looptype	LoopType or string	for the type of loop to apply once the animation has completed
onstart	string	for the name of a function to launch at the beginning of the animation
onstarttarget	GameObject	for a reference to the GameObject that holds the "onstart" method
onstartparams	Object	for arguments to be sent to the "onstart" method
onupdate	string	for the name of a function to launch on every step of the animation
onupdatetarget	GameObject	for a reference to the GameObject that holds the "onupdate" method
onupdateparams	Object	for arguments to be sent to the "onupdate" method
oncomplete	string	for the name of a function to launch at the end of the animation
oncompletetarget	GameObject	for a reference to the GameObject that holds the "oncomplete" method
oncompleteparams	Object	for arguments to be sent to the "oncomplete" method
ignoretimescale	boolean	setting this to true will allow the animation to continue independent of the current time which is helpful for animating menus after a game has been paused by setting Time.timeScale=0

若在本书中将 iTween 全面介绍的话，页数会太多，所以只介绍了基本的使用方法。

关上门的时候，会慢慢加速度，关门的感觉如左下方的曲线示意图。这个动作就是**easeInQuad**。动作一览表刊登在附录※中，可以自己多多尝试一下。

接下来介绍一下如何碰触门把手。

【easetype】使用过 Flash 的人可能也用过 Tweener。基本上是相同的。Easetype 的名称也一样，所以比较容易理解。传递给哈希表的字符串，无论写成"easeType"还是"easetype"都能执行动作。本书采用了后者的写法。

【附录】请参考 P.438。

使用 Raycast 触碰

在Unity中，点击世界中的物体这个动作，通过**附加碰撞器**很简单就能实现。我们为门把手的GameObject附加以下脚本。

```
#pragma strict
function OnMouseDown(){
  GameObject.Find("Joint").gameObject.SendMessage("DoorKnobClick");
}
```

这样就能执行动作了。很简单吧。

虽然不简单，不过在Unity中，还有另外一个使用**Raycast**的方法。**Raycast**就类似于激光柱一样，这个束状的物质能够探测到带有碰撞器的对象。下面这个例子是，在画面上，找到鼠标所指方向的对象。

```
function Update () {
  if(Input.GetMouseButtonDown(0)){
     var hit: RaycastHit;
     var ray: Ray = Camera.main.ScreenPointToRay (Input.mousePosition);
     if (Physics.Raycast(ray,hit,5)) {
        if (hit.transform.gameObject.name == "Doorknob"){
           GameObject.Find("Joint").gameObject.SendMessage("DoorKnobClick");
        }
     }
  }
}
```

这个脚本附加在哪个 GameObject 上都能执行动作。我们先附加到 MainCamera 上吧。
从我眼前的位置，向摄像机的位置即屏幕中鼠标的位置投射激光
福冈就好像是地狱之国。
不过要说真正恐怖的地方要数北九州和筑丰。
老大
你额头上
被激光瞄准了。

我们一起来看一下，这个脚本在做什么。用Update控制只有当鼠标键按下的瞬间执行。然后下一行。

```
var hit:RaycastHit;
```

这是**RaycastHit**类型数据的容器。将激光碰到的对象放入这里面。下一行，这是主Camera获取屏幕位置，射出激光即**Ray**。

```
var ray:Ray = Camera.main.ScreenPointToRay (Input.mousePosition);
```

然后是if语句的判断，**Physics.Raycast(ray,hit,5)** 是判断**激光射程5m范围内**是否碰撞到物体？并返回值的函数，如果有碰到则返回值为**true**，将该物体的引用放入**hit**中。

5m。是的，使用**Physics.Raycast**最方便的地方之一，那就是可以限定距离。让这个按钮不能触发距离太远的物体。

另一个方便之处是，为了获取**OnMouseDown**事件，需要让这个世界中放置的所有可触碰物体都带有脚本。如果使用了**Raycast**，物体本身就会自动带有碰撞器、名称或tag等。可以进行统一管理。听上去好像有点麻烦，其实这非常方便。

采用哪种方式，可能需要临机应变。接下来，我们思考如何从这个场景逃脱吧。

序章
开天辟地
思考方式与构造
世界的构成
脚本基础知识
动画和角色
GUI与Audio
输出
Unity的可能性
使用『玩playMaker™』插件
优化和Professional版
附录

因为这是逃脱游戏，所以最后的门没必要关闭，所以我们将Joint上附加的脚本稍微改造一下。在哈希表中添加**oncomplete**。

```
#pragma strict
function DoorKnobClick () {
     iTween.RotateTo(
          gameObject,
          iTween.Hash(
               "y",
                30f,
               "time",
               2,
               "easetype",
               "easeOutBack",
               "oncomplete",
               "ExitRoom"
          )
     );
 }
private function ExitRoom(){
     Application.LoadLevel ("Ending");
}
```

这个设置是让**Oncomplete**在开门这个**动画结束时**执行的**ExitRoom**。

那么最后的**Application.LoadLevel**是什么呢？

移动场景

Application.LoadLevel（场景名or下标）；

这是从当前场景进入到下一场景的函数。要在场景之间移动，需要在项目的Build中添加现在的场景和移动地的下一场景。我们来做2个非常简单的场景。

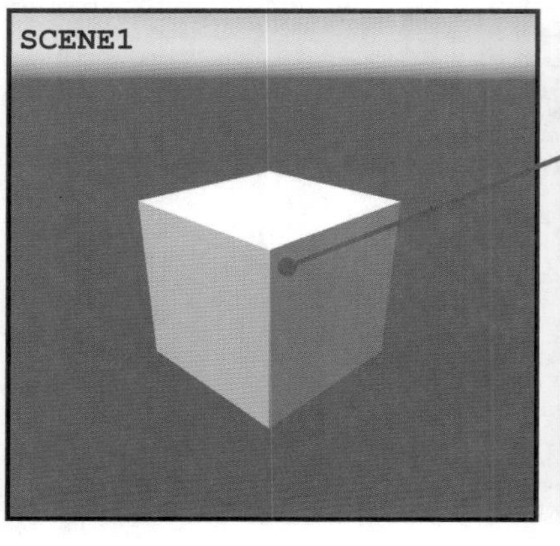

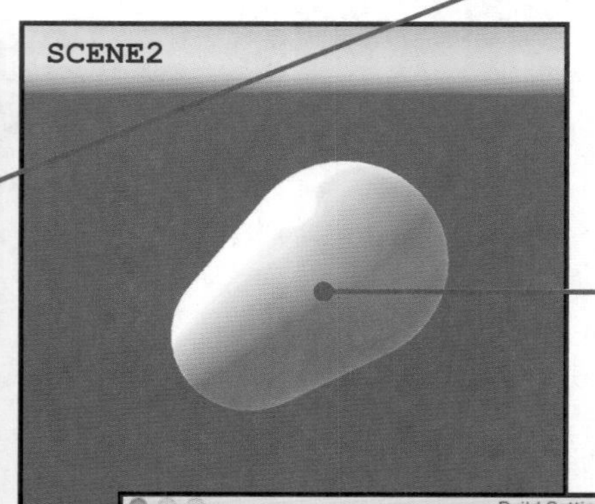

各自场景中的GameObject只是在不停地旋转。这个我们已经做过很多次了。只要能看出场景移动了即可，放什么都行。

打开菜单的File > Build Settings…，分别将两个场景添加到Scenes in Build中。

顺序是让SCENE 1.unity位于上方，如果顺序颠倒了，可以通过拖拽&释放来更改。

我们试试从SCENE 1开始，点击旋转的物体，进入到下一个场景中。

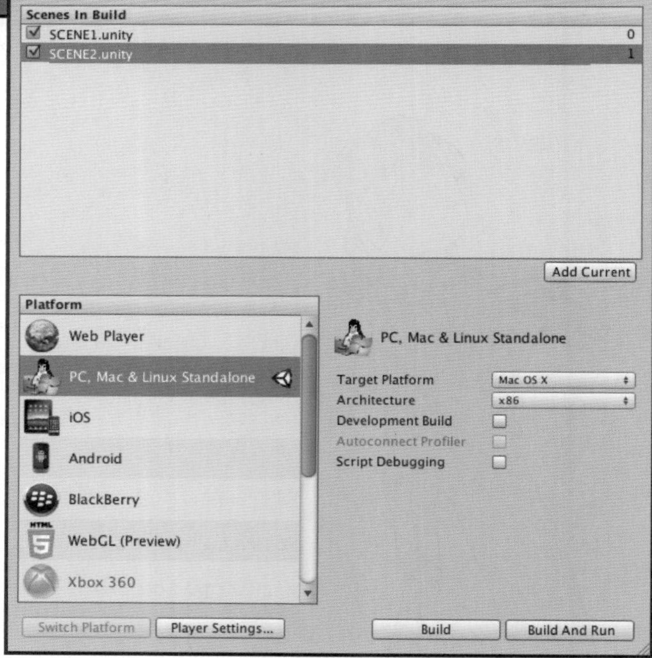

```
#pragma strict
private var myTransform:Transform;
function Start(){
     myTransform = GetComponent (Transform);
}
function Update () {
     myTransform.Rotate(0,Time.deltaTime*360/3,0);
}
function OnMouseDown(){
     Application.LoadLevel(1);
}
```

1是场景的下标编号。因为是从0开始的，所以这代表了第2个场景。

```
#pragma strict
private var myTransform:Transform;
function Start(){
     myTransform = GetComponent (Transform);
}
function Update () {
     myTransform.Rotate(Time.deltaTime*360/3,0,0);
}
function OnMouseDown(){
     Application.LoadLevel("SCENE1");
}
```

这是用场景名称来指定。用哪个都OK。

先把这个送出去吧
真麻烦

Transform

COLUMN：缓存 transform

本书中，为了减少行数、让内容简洁明了，在自身的脚本中获取 Transform 信息时，会写成 **transform.position** 的形式。不过，如果要频繁使用 transform 信息时，例如在 Update 等函数中的话，就会像上面 2 个例子中一样，在 **Start** 中将 **transform** 的成员变量进行缓存。不仅仅是 Transform，访问自己的 GameObject 上附加的组件的 GetComponent(transform); 如果每次都调用的话，则也是如此。

点击后，就会移动了。移动场景，就是由这一行脚本执行的。传递的参数，可以是场景的下标编号也可以是场景名称的字符串。

还记得之前的追恐龙吗？还有进入到地窖或者别人家里时，下台阶转移到其他楼层时，伴随着嚓嚓的声音，画面会淡出（变暗※）。那也是用这个做出来的。

【变暗】关于变暗，在第六章会稍有涉略。切换场景时，不是立即转换，而是暂时光线变暗，然后光线再明亮起来时，已经移动到了下一个场景中。这样的做法会比较好。

移动场景还有其他方法。在当前场景上添加另一个场景的方法。例如，刚才的逃脱游戏。在最开始的房间中时，不需要隔壁房间，所以暂时先不用加载隔壁房间。等到了开门之前的一段时间，再加载下一个场景。

```
Application.LoadLevelAdditive(1);
```

执行了这条指令之后，下一个场景就与当前场景重合了。因为世界的原点是相同的，所以读取完隔壁房间之后，可以稍微调整一下让场景连续。打开门，隔壁房间就完好地存在了。

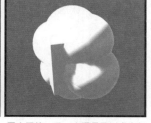

在这里需要注意的是，如果直接加载的话，新场景中也存在Main Camera和Directional Light，那会重复。所以在用Additive读取时，一定要先取消这两项。

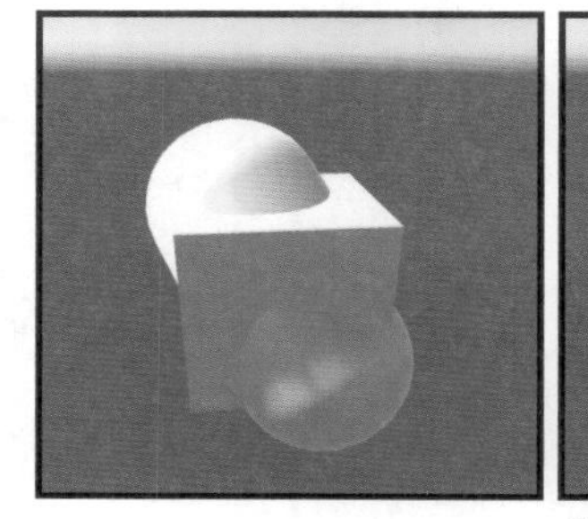

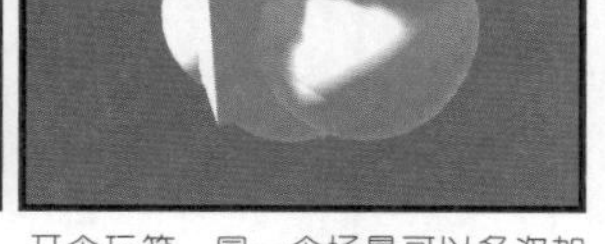

开个玩笑，同一个场景可以多次加载。那么是在什么情况下使用呢？

只不过，当下一个场景数据非常大的时候，在调出这个函数之前，会有短时间卡顿的现象。如果在出现卡顿之前，没有显示“加载中~”的字样，就会让人以为出错了。而且，没有反应也不好。这时候可以用到异步加载关卡。

```
function OnMouseDown(){
    Application.LoadLevelAdditiveAsync (1);
}
```

这是异步加载。即使执行这个指令，其他动作也不会停止。加载背景，加载结束后添加到当前的世界中。这样当然好，但是还会想知道加载的进度。例如，如果是逃脱游戏，从找到最后一扇门的钥匙时开始加载，尽量在打开门的时候加载完毕。如果，文件太大的话，也可能无法完成加载。此时，想要在打开门把手的瞬间，显示加载的进度条。

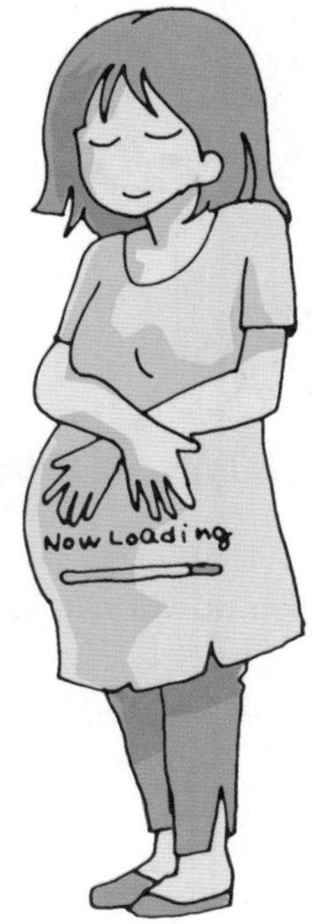

```
var nextRoom : AsyncOperation;
var loadStatus : boolean = false;
function OnMouseDown(){
    nextRoom = Application.LoadLevelAdditiveAsync (1);
    loadStatus = true;
}
function Update(){
    if (loadStatus){
        if (nextRoom.isDone){
            Debug.Log("OK!!");
            loadStatus = false;
        } else {
            Debug.Log(nextRoom.progress * 100 + "%");
        }
    }
}
```

已经结束了？

只用于向Console输出，在这里下点功夫就可以。

Console
Clear / Collapse / Clear on Play / Error Pause
0% UnityEngine.Debug:Log(Object)
17.6095% UnityEngine.Debug:Log(Object)
37.97107% UnityEngine.Debug:Log(Object)
53.33058% UnityEngine.Debug:Log(Object)
71.03306% UnityEngine.Debug:Log(Object)
90% UnityEngine.Debug:Log(Object)
90% UnityEngine.Debug:Log(Object)
90% UnityEngine.Debug:Log(Object)
90% UnityEngine.Debug:Log(Object)
90% UnityEngine.Debug:Log(Object)
90% UnityEngine.Debug:Log(Object)
OK!! UnityEngine.Debug:Log(Object)

乍一看，感觉有点复杂吧。其实这段脚本的作用非常简单。**loadStatus**是标志下一个场景是否正在加载的FLAG※。如果这个FLAG立起了，那么就是正在加载下一个场景，则用**Update**检查是否加载完毕。

这个**LoadLevelAdditiveAsync(1)**返回该场景异步加载状态的**AsyncOperation**型※的数据。为了之后能使用该数据，将其放入名为**nextRoom**的成员变量中。对于这个变量询问**.isDone**，判断是否加载完成则返回boolean（真假）值，如果没有完成，则询问**.progress**读取0~1.0的信息，返回float型数值。使用这个数值，用于显示进度条※。

这个加载，还有其他的记叙方式。那就是使用**Coroutine（协同程序）**的方式。

【FLAG】意思是旗帜。原本这是编程领域使用的词语，现在在电视剧或动画片里有衍生用法“立死亡FLAG”。

【AsyncOperation型】这个类型，就好像有2个大按钮。按一下，就返回相应内容。在类型中有这么一类包含函数或属性的，请在Unity的线上文件夹中查看相关内容，记住使用方法吧。https://docs.unity3d.com/ScriptReference/AsyncOperation.html

allowSceneActivation
priority
0
isDone
progress
还有哦
false

【进度条】是否显示进度条，可能会稍微抑制玩家的焦虑程度。也可能会产生反效果，需要自己考量判断。

使用 Coroutine（协同程序）

Coroutine听起来很陌生吧。在上一页的脚本中，用**LoadLe-velAdditiveAsync**异步加载下一场景后，还要用**Update自己确认**，看看加载是否完成了。例如，想象一下生意火爆的拉面馆。老板在服务顾客的间隙，亲自跑去隔壁的银行存款。将存折递交到窗口，不能在大堂等着，还要回到店里服务顾客，每次**Update**都要跑一趟银行去问“好了吗”？这就相当于上一页的脚本所作的事情。

这个时候，打工的山田登场了。老板呼叫Start-Coroutine**（“山田去银行存款”）**。于是，山田跑去银行，向柜台提交存折，在大堂等待，受理后回到店里，而老板就专注在店里照顾顾客。不用每次Update就自己跑一趟银行了。

山田作为协同程序，他的特殊技能就是，**可以在函数运行的过程中等待**。主程序的老板如果在循环中等待的话，整个程序就挂起了。所以，刚才每次**Update**都要跑去银行再回来。

yield可以让参数处理在函数内等待。

喂，山田！
你去一趟隔壁银行存款
好的
COROUTINE
MAIN ROUTINE
山田先生
请到那边就坐
请稍等
那个家伙真慢呀！
就在这里坐着
总而言之，这个协同程序就像是一个小伙计，可以单独行动。


```
function OnMouseDown(){
        StartCoroutine("LoadNextRoom");
}
function LoadNextRoom(){
        var nextRoom : AsyncOperation = Application.LoadLevelAdditiveAsync (1);
        while(!nextRoom.isDone){
                Debug.Log(nextRoom.progress * 100 + "%");
                yield WaitForSeconds(0.3f);
        }
        yield nextRoom;
        Debug.Log("OK!!");
}
```

用于显示进度条也不错。

在这里等待0.3秒，然后再次确认加载的程度。

While 语句的条件表达式为true时，循环。

Application.LoadLevel(1);

Application.LoadLevelAdditiveAsync (1);

地面被覆盖了。我不是说过嘛，不需要那么多地面！

位于**yield**后面的**WaitForSeconds(0.3f)**是Unity中准备的**延时函数**，将延迟秒数传递到参数。如果用在主程序上的话，那么在指定时间中程序就会挂起。虽然山田在银行的沙发上等待的时间，也算挂起，但店里不会受到影响。

像这样，在不知道何时结束的事情中，会比较多地使用到协同程序。不过，是在主程序之外的其他函数中继续执行动作，可以在例如**InvokeRepeating()**等隔一定时间循环调用的函数中使用。

我们的话题再回到场景移动。场景的移动还有其他方法，叫作**LoadLevelAsync()**的函数，虽然是非同步加载新场景，但不会累积保留之前的场景。通常这种方式使用的机会更多。此时需要注意的是，在后台非同步加载结束之后，就会直接跳转到下一个场景了。如果想要后台事先加载，但不要立即移动场景的话，需要按照如下编写脚本。

因为之后会引用，所以将 nextRoom 转换为成员变量

```
var nextRoom : AsyncOperation;
var LoadState:int = 0; //  0: 加载前 1: 开始加载 2: 加载完成
function OnMouseDown(){
	if (LoadState>0) return;
	StartCoroutine("LoadNextRoom");
}
function LoadNextRoom(){
	LoadState = 1;
	nextRoom = Application.LoadLevelAsync (1);
	nextRoom.allowSceneActivation = false;
	while(nextRoom.progress <0.9f){
		Debug.Log(nextRoom.progress * 100 + "%");
		yield WaitForSeconds(0);
	}
	LoadState = 2;
}
function Update(){
	if (LoadState==2 && Input.GetMouseButtonDown(0))
		nextRoom.allowSceneActivation = true ;
}
```

为了避免重复加载，利用 FLAG 标明加载状态。

progress 是 0.9 即 90%，就代表完成加载了。可以这么认为。※

【可以这么认为。】虽然没有明确的官方文件，但是如果 allowScene-Activation 不是 true 的话，isDone 就不会为 true。0.9 就是加载完成了，之后的进度就是显示了。

加载完成，只有当鼠标点击的瞬间才会执行。

这里为 true，则代表了想进入下个场景。

这样，即使在后台加载完毕了，也不会擅自跳转页面。如果加载结束，点击鼠标按钮，能流畅地移动。

我们来整理一下。在场景间移动，分为同步和非同步。再根据是移动还是附加累积，可以分为4类函数。

	移动	附加累积到当前场景上
同步	**LoadLevel**	**LoadLevelAdditive**
同步	**LoadLevelAsync**	**LoadLevelAdditiveAsync**

附加累积的函数会更方便。为什么方便呢？例如，想要播放背景音乐吧。移动类的函数，是场景本身迁移了，所以即使GameObject原本播放着音乐，随着该GameObject本身的消失，背景音乐等也就中断了。我们建议采用的方法是，在什么都没有的基础场景中，累积加载其他stage的方法。在基础场景中播放背景音乐，制作出管理整个游戏的脚本，那么即使在加载必要的场景时，背景音乐也不会停止，可以继续播放。那么，如果完全移动到另一个场景中的话，背景音乐会怎样呢？

适用于 Unity 5.3 之后的多场景编辑。在那之前的版本，用 LoadLevel-Additive 等累加其他场景的时候，也需要每个场景都进行编辑。不过，如果在项目视图上右击场景的话，就能在编辑器上加载了。结合这种情况，推荐使用新添加的 SceneManager 类的方法，而不是使用 Application 类的方法。可以事先加载多个场景，将每个场景设置为活动或非活动状态。详细情况请参考下方网址。

https://docs.unity3d.com/Manual/MultiSceneEditing.html

当然，并非必须使用 Application 类。

即使移动也会残留的 GameObject

单个GameObject以下的咒语（指令）开始念的话，那么即使场景已经移动了，这个GameObject也会像地缚灵一样存在。

```
function Start () {
    DontDestroyOnLoad (gameObject);
}
```

该GameObject会一直存在，即使不用Additive的场景移动，也会播放背景音乐，使用起来很方便。只不过，如果再次被同一个场景加载的话，会复制为多个，这一点需要注意。如果觉得不需要，就使用Destroy销毁即可。

你可以一直在。但请放开我，
别再鬼压床……

明明已经搬家了，却好像还有人在。

PlayerPrefs 保存数据

从刚才的逃脱游戏中引申一下，包括逃脱游戏在内的冒险游戏中，需要很多FLAG。拿到了这个物品，打开了那个箱子，得到了电池充电，将啤酒放入了冰箱等。获得的物品就会放到名为**Inventory**（库）※的容器中。不过，如果是在公交车上打游戏，到了目的地要下车，有时候就需要中途停止游戏吧。这个时候一定要保存吧。

【Inventory】盛放获取的物品，好像一个个小抽屉似的容器。玩Minecraft的人应该很熟悉吧。

Unity中有一个**PlayerPrefs**类，简单就能进行保存。**PlayerPrefs**可以保存的数据有整数值（int）、浮点型数值（**float**）、字符串（**String**）。只要决定各自的关键词就可以，很方便。下面是保存最高分数的函数。这个HighScore函数是如果赢得了分数，**HighScore**更新时返回true。

```
function HighScore(_score:int):boolean{
    var hs:int = PlayerPrefs.GetInt("HIGHSCORE");
    if (hs < _score){
        PlayerPrefs.SetInt("HIGHSCORE",_score);
        return true;
    } else {
        return false;
    }
}
```

其实，第一次使用GetInt获取关键词时，其中是有默认值的。有的情况下，需要注意这一点。GetInt和GetFloat的默认值为0，GetString的默认值为“”，即空的字符串。

上面是读取整数值并保存的例子。如果是浮点型数值的话，则为：

```
PlayerPrefs.GetFloat("KEY")
PlayerPrefs.SetFloat("KEY",数值)
```

如果是字符串的话，则为：

```
PlayerPrefs.GetString("KEY")
PlayerPrefs.SetString("KEY",字符串)
```

例如，如果物品已经放入Inventory中，那么怎样在游戏中保存呢？将Inventory用关键词分为多个，例如“**Item1**”“**Item2**”等，再用**SetInt**放入**1**或者**0**。这样的话，读取的所有物品的参数，都会使用**PlayerPrefs**访问，如果物品数量多的话，运行会很繁重。

使用字符串

我们做这样一个例子，假设这里有5个GameObject，名称分别为Cube0~Cube4。点击立方体，它就会消失，而且这个状态会被保存，即使停止播放后再启动，消失的立方体也不会再显示。这种情况下需要为5个立方体插上FLAG，“未消失”=0，“已消失”=1，与被逗号分割的字符串连接，如“0,0,0,1,0”，通过**PlayerPrefs.SetString**保存。


```
#pragma strict
function OnMouseDown () {
	var gm:GameObject = GameObject.Find("GameManager");
	gm.GetComponent(SaveData).GetItem(this.name.Substring(4,1));
}
```


这个脚本的意思是，点击立方体后，寻找到叫作GameManager的GameObject，对它附加的**SaveData**脚本组件调用**GetItem()**函数。注意一下这个参数。**This.name**※这是自己的名字，已经放入了“**Cube0**”~“**Cube4**”其中的一个。之后是**Substring(4,1)**。这个函数是从0开始数，将第4个字符之后1个字符，以字符串的形式返回。也就是说只返回GameObject名字中的数字，所以可以将同样的脚本贴在所有的GameObject上。接下来，我们看一下GameManager上附加的**SaveData**脚本吧。

【this.name】this 其实可以省略。就像是“名字是……嗯？谁的？当然是我的了”的感觉。作为 gameObject.name 也有着相同的意思。

```
#pragma strict
var Cubes:Array = new Array();
var Items:Array = new Array();
function Start(){
	var DataString:String  = PlayerPrefs.GetString ("ITEM");
	if(DataString == "") DataString = "0,0,0,0,0";
	for (var i=0;i<5;i++){
		Cubes.push(GameObject.Find("Cube"+i));
		Items.push(DataString.Split(","[0])[i]);
	}
	UpdateCube();
}
```


首先定义2个数组。在**Cubes**中有5个GameObject的引用。将**PlayerPrefs.Get-String(“ITEM”)**提取出的字符串分解，一一放入**Items**中。

用逗号分隔

这就是被保存的ITEM

首次访问字符串**DataString**时，里面放入的是 **"0,0,0,0,0"**。需要注意的是**DataString.Split("," [0])**的部分。这是用 "," 作为标点符号分解，**转换为数组**※的写法。可能这个**Split**函数对精通JavaScript和ActionScript的人来说，看起来有点**不习惯**※。谜之[0]，其实指的是将编号为0的字符进行分解。

例如，如果字符串 "**ABC_EFG,_HIJ,_KLM**" 用**Split(",_" [0])**分解的话，就成了包括①**ABC_EFG** ②**_HIJ** ③**_KLM**三个元素的数组；如果用**Split(",_" [1])**分解的话，就成了包括①**ABC** ②**EFG**, ③**HIJ**, ④**KLM**四个元素的数组了。大部分情况下，只要传递一个字符，用**[0]**来分解就可以了。最后是调用**UpdateCube();**函数。

```
function UpdateCube(){
    for (var i=0;i<5;i++){
        var cube:GameObject = Cubes[i] as GameObject;
        cube.SetActive(Items[i]=="0");
    }
    PlayerPrefs.SetString ("ITEM",Items.join(","));
}
```

刚才从放入GameObject的**Cubes**中，一一取出GameObject的引用。同样地，根据从**Items**中一一取出的字符是0还是1，决定了该**Item**是Activate还是Deactivate。

最后一行脚本是，将这些数字保存为字符信息。**Items.join(",")**是将数组用 "," 连接起来，返回字符串。

最后，介绍一下，点击各个GameObject时调用的**GetItem**函数。将GameObject名称最后的数字部分添加到参数，然后调用该函数。

```
function GetItem (_n:String) {
    Items[parseInt(_n)] = "1";
    UpdateCube();
}
```

参数**_n**虽然有数字，但其实不是数值而是字符，所以需要转换为int。**parseInt**就是这个作用。将**Items**的下标变为字符串 "1"，调用**UpdateCube();**函数。例如，点击Cube3，**Item[3]**即第4个就变成 "1"，组合成字符串 **"0,0,0,1,0"** 用**PlayerPrefs.SetString()**保存。

【转换为数组】使用这个 Split 的话，就会转换为内置型数组，而不是 JavaScript 型数组。

【不习惯】因为如果是 JavaScript 的话，只需要字符串 .split(",") 就可以了。

【as GameObject】是因为不知道 JavaScript 型数组 Cubes 中盛放的什么类型，所以指定一定要以 GameObject 型传递！如果没有这个也不会出错，但是在 Unity 的控制台上会有提示警告"没问题吗？"。WARNING:Implicit downcast from 'Object' to 'UnityEngine.GameObject'.

这个与可以明确指定盛放类型的内置数组不一样。在 P.187 和 P.228 中，涉及了内置型数组。

啊～好可惜
不是0啊～
你去死吧
0 1 2 3 4
Cube1

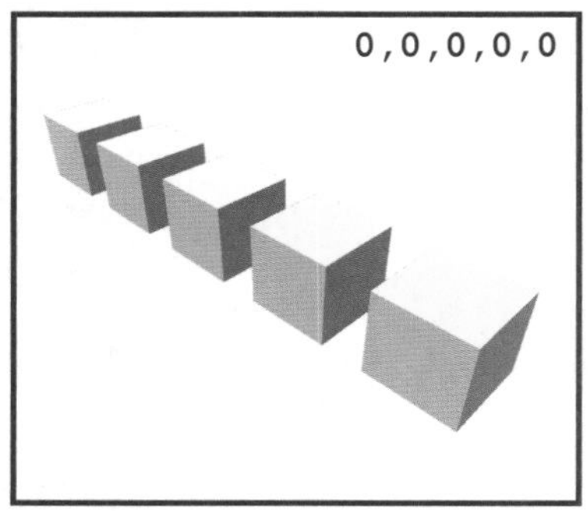
0,0,0,0,0
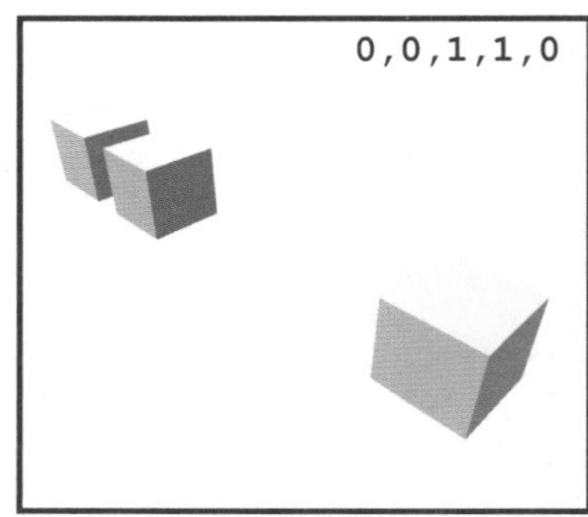
0,0,1,1,0
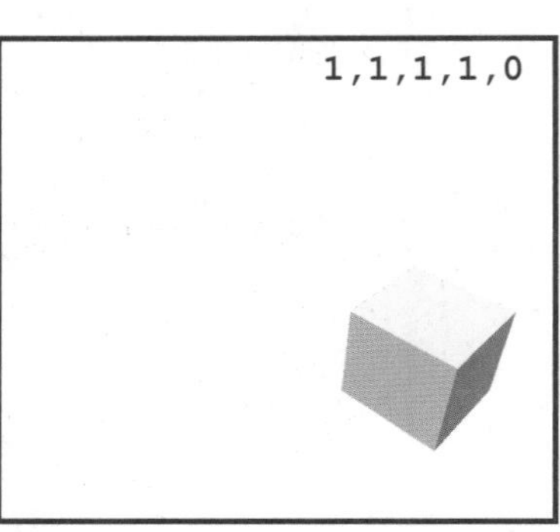
1,1,1,1,0

这样播放的话，随着每次点击，当前Cube就会消失，保存一次字符串。因为经过保存，所以停止播放后，再重新播放时，该状态也会继续。如果全部消失的话，就不会再出现了。想要重新玩一次的话，可以在脚本的开始部分，添加下面一行指令。

```
PlayerPrefs.DeleteAll();
```

这样就能进行重置了。现在关键字只设定了“ITEM”，有多个关键词的时候，需要重置特定关键词的话，则可按照

```
PlayerPrefs.DeleteKey("ITEM");
```

的方式执行。

通过使用这个**PlayerPrefs**，可以对简单的数据※进行保存。虽说是保存，但用**PlayerPrefs**时需要注意一点。使用**SetInt**或**SetString**时，看似当时就保存了，其实尚未保存。只在最终结束时，才写入驱动器。平常就保持现状也没关系。不过如果游戏突然掉线的话，可能会有没有保存的情况发生。为了避免没有保存，最好经常执行以下指令。

```
PlayerPrefs.Save();
```

只不过，执行上述指令时，可能会有暂时停顿的现象，所以建议在不会产生大的影响时进行。

【简单的数据】例如当将游戏暂停时，角色此时的 Transform 信息等，如果想要保存各种复杂状态数据的话，用这个 PlayerPrefs 的话，信息量过大，无法承载。这种情况下，需要用 XML 等结构化文件保存，却不能用 PlayerPrefs.SetString 完全保存。（也并不是绝对不能）

DeleteAll()?
意思是说
要全部忘掉吗?

COLUMN : static 变量（Global Member 变量）

例如，通常的游戏中，会有最开始的界面、之后的游戏选择界面等，会在各种舞台似的多个场景中移动。此时，整体管理游戏是很难的。如果不用 Additive 函数来添加场景，或者执行 **DontDestroyOnLoad** 让 GameObject 不能被消除等方法进行管理，很多都会忘得一干二净。

其实，还有其他的简单方法。那就是组建使用了 static 类成员的脚本。通常 GameObject 在跨场景时就会消失。其上附加的脚本组件中的成员，在重置的时候会消失。但是，带有 static 成员的脚本组件会一直保留到播放终止，所以可以作为全局变量使用，从其他任何地方都能引用。将我们之前试过的，控制 PlayerPrefs 的工作等，可以交给这个类。

即使反复进行多次，计数 Count 也不会被重置

HiscoreManager.js

```
#pragma strict
static var HighScore : int;
function Start(){
      HighScore = PlayerPrefs.GetInt("HIGHSCORE");
}
static function GetHighScore () {
      return HighScore;
}
static function HighScore(_score:int):boolean{
      if (HighScore < _score){

              PlayerPrefs.SetInt("HIGHSCORE",_score);
              HighScore = _score;
              return true;
      } else {
              return false;
      }
}
```

将附加了这个脚本的 GameObject 放在最初的场景中，然后用 **Application.LoadLevel** 等移动到其他场景中，再执行以下脚本的话，结果就很不可思议。竟然可以直接访问原本应该没有的 GameObject 上附加的 **HiscoreManager**。

```
HighScoreManager.HighScore( GetScoreNumber );
```

播放 Audio

不久之前，谈到了背景音乐，这次我们聊一聊用脚本播放Audio。首先是读取文件，可以附加到Assets上的形式有AIFF、WAV、MP3和Ogg形式。与其他资源一样，直接拖拽&释放到项目浏览器中，或者通过Inport New Asset…菜单添加。为了让读取的音频可以正常播放，需要**附加到GameObject上**※。换一个说法就是，添加AudioSource组件。将已读取的Audio资源拖拽&释放到GameObject的Inspector上，也能添加组件。

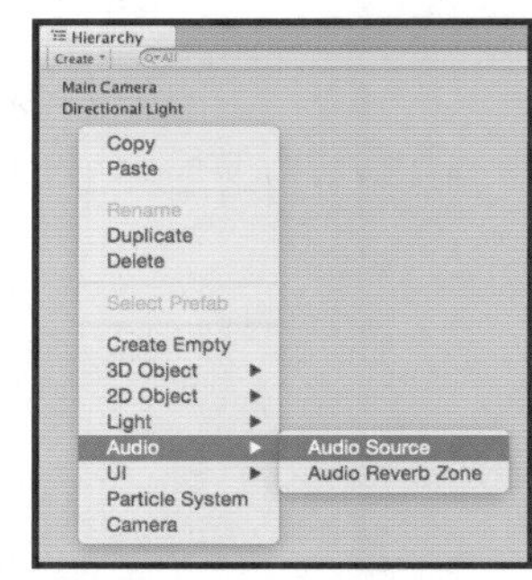

【附加到 GameObject 上】为 GameObject 添加 AudioSource 组件，或者像上面介绍的一样，作为单独的 GameObject 配置到场景中。两种方法都可以。

读取到AudioClip中的音频文件已经设置了，当**Play On Awake的复选框**为开启状态时，不需要任何脚本也可以播放。这次我们想通过脚本来控制，所以将这个复选框关闭。

然后为该GameObject配置以下脚本。按下键盘上的SPACE键，则播放音频。

```
#pragma strict
var ausrc:AudioSource;
function Start () {
    ausrc = GetComponent(AudioSource);
}
function Update () {
    if (Input.GetKeyDown("space")){
        if(ausrc.isPlaying){
            ausrc.Stop();
        } else {
            ausrc.Play();
        }
    }
}
```

在播放中，**isPlaying**返回的是**true**，所以执行**Stop()**；如果没有播放，则执行**Play()**。这是基础。

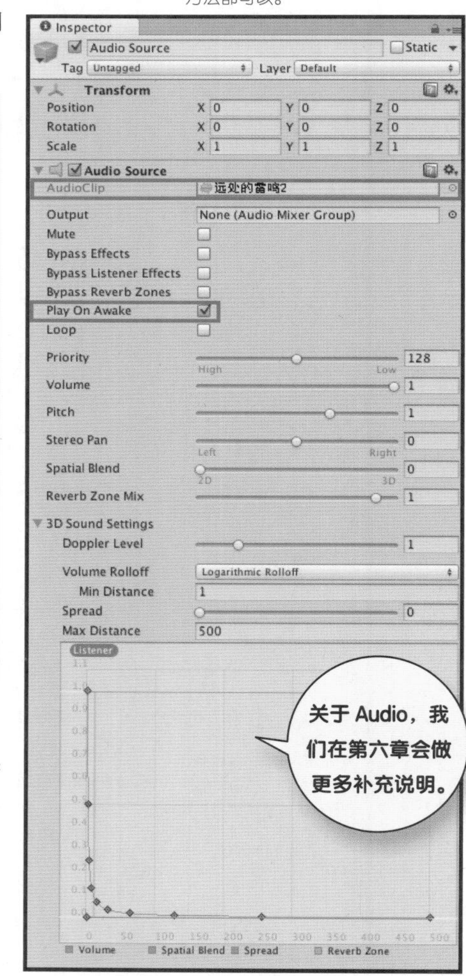

那么，如果想要替换组件中的声音，该怎么做呢？例如，换一下从收音机中播放出来的声音。

```
#pragma strict
private var ausrc:AudioSource;
private var keys: String[];
var clip1:AudioClip;
var clip2:AudioClip;
function Start () {
        ausrc = GetComponent(AudioSource);
        keys = new String[3];
        keys[0] = "space";
        keys[1] = "a";
        keys[2] = "b";
}
function Update () {
    if(Input.anyKeyDown){
        var kdIndex:int = 0;
        for each (var k in keys){
            if (Input.GetKeyDown(k)){
                break;
            } else {
                kdIndex++;
            }
        }
        switch (kdIndex){
            case 0:
                if(ausrc.isPlaying){
                    ausrc.Stop();
                } else {
                    ausrc.Play();
                }
                break;
            case 1:
                ausrc.clip = clip1;
                ausrc.Play();
                break;
            case 2:
                ausrc.clip = clip2;
                ausrc.Play();
                break;
            default:
                print ("Different key");
        }
    }
}
```

在 Inspector 上选择 Audio 文件。

写上想要辨别的按键。

当按下任何按键时

所按的按键如果在数组中有，则代入 0~2，如果没有，则代入 3。

如果是 1 或者 2 的话，那么按下的按键就是 a 或者 b，则切换 clip。

用 switch case 语句做分支结构

要替换声音，在AudioSource组件的**clip**属性中，设置Sound就可以做到。此外，还能附加多个AudioSource组件，来变更。这种情况下，可以分别进行声音的设置，所以必要的时候，可以用程序设置每个AudioSource组件设置ON/OFF。在这里，我们通过在Inspector上设置的方法，替换音频。

Play Space (Script)	
Script	PlaySpace
Clip 1	FM1
Clip 2	FM2

我们使用之前没有介绍过的**switch case语句**试试。虽然用if语句的话，可以书写的脚本行数更少，但在这里我们暂且作为练习使用。用**Input.anyKeyDown**探测到任何按键被按下的话，就用for each语句，**keys**数组中有几个数就依次核查几次，看看被按下的是不是**keys**数组中的3个关键词之一。如果是的话，就用**break**停止**for each**语句。所以，为**kdIndex**代入**0~2**，如果找不到的话，就代入**3**。

switch case语句是检测该值，再进行分支处理的结构性语句。不同于if语句，switch case语句需要在执行条件的最后部分配置**break**。和for语句一样，利用**break**终止循环。如果不加入**break**的话，那么下一个**case**也会执行，这一点也是与if语句的差异。大家觉得有点麻烦是吧。这样就设置AudioSource的**clip**，当按下a键的话，播放**clip1**，按下b键的话，播放**clip2**。切换后声音会停止，需要再用**Play()**进行播放。

咦？你的车载录音带不能听吗？

如果要讨论Switch cas语句和if语句，用哪个好呢？那么，以处理速度优先、检查条件的变量有1个的话，就建议选择switch case。如果有很多条件的话，if语句会从最开始依次进行检测，而switch语句会分成两路同时检测，各个分支是否符合，所以速度稍微快一些。虽然要添加**break**，有点烦琐，不过这种用法是可行的。

```
switch (friend) {
case "takashi":
case "masato":
     Debug.Log(" オッス！ ");
case "satomi":
     Debug.Log(" 今日もいい天気だな。");
     break;
case "rumiko":
     Debug.Log(" 今日も綺麗だね。");
     break;
default:
     Debug.Log(" おはよう。");
}
```

你老是这样～

这个场面是，对takashi和masato打招呼“早！今天天气挺好呢”，从背后靠近satomi，在耳边只说一句“今天天气挺好呢”。对rumiko说“今天你还是那么漂亮”，然后对其他朋友只是打招呼说一声“早上好”。

还有免费的声音资源，但声音会有些许不同。

麻烦的程序，就用脚本来做吧

既然学会播放音频了，接下来制作**能发出声音的钢琴键盘**吧。Grand Piano的键盘有很多。在Asset Store中，这个钢琴声音价格为$50※。从最低的哆（即C）到最高的西（即B），除了西和咪以外，其他黑色按键的#音都有7个八度音阶。因为要选择mp3和wav的文件，所以从读取列表中只选择带有（Mp3）的文件夹。

【$50】这个的价格是50美元，但这个生产者还推出了Choir Piano Sound Pack（7 Ocraves），这是用合音表现同样音阶的声音文件。文件名一样，所以如果想要免费试一下这个麻烦的代码，可以使用这个版本。

如果按照我们之前学习的顺序来制作这个钢琴键盘的话，就是先用4个方块做白色琴键，再做4个小一些方块作为黑色琴键，添加AudioSource组件，制成Prefab。然后在场景中，按照合适的比例排列84个黑键白键，一一为AudioSource的Audio Clip附加上声音……被搞得晕头转向了吧。一个一个设置完成，好累呀。然后接到了无情的通知！
YASH FUTURE TECH SOLUTION...
Not enough ratings
$50.00
Add to Cart
Requires Unity 4.5.3 or higher.
Grand Piano Sound files with 7 Octaves in High Quality Sound files with 7 Octaves in WAV & MP3 Format.
Sound Cloud Demo

GRAND PIANO
Complete Sound Pack

Set of 7 Octaves

这个嘛～之前我跟你说过，可能会有变化吧？

修改键盘的尺寸！声音也全部替换掉

是的！要全部重新做！手动一个一个做出来的内容，必须全部重新做。不要呀！

在容易发生这种问题的情况下，不如从一开始就费点劲用脚本来生成吧？之前做过用Prefab生成炮弹和火花，在这里键盘也可以用for语句来排列很多。附加AudioSource和脚本的操作也能自动完成。**首先需要准备Resources**※文件夹。

【Resources】如果不是在这个文件夹中的话，就不能从脚本中读取。请参考P.211的COLUMN。

在Assets中的任何位置都可以，以Resources的名字，创建文件夹，将包含钢琴声音的文件夹Grand Piano（Mp3）拖拽&释放到这个文件夹中。然后创建决定白色琴键和黑色琴键的材质（Black和White），以及在场景中通过菜单**3D Object > Cube**创建Cube，将Cube**转化为Prefab**再放入同一个文件夹。Prefab之后，删除场景中的Cube。

然后创建按下键盘时就播放声音的脚本**KeyTouch.js**。以前都是通过GameObject的Add Component按钮创建的，其实直接在项目浏览器中右击鼠标也能创建。因为想在脚本中使用iTween，所以也从Asset Store中安装iTween。在加载时，没必要的示例等，就删掉吧。（见左图）

附加的**KeyTouch.js**如下。这个脚本文件放在Assets的什么位置都可以。

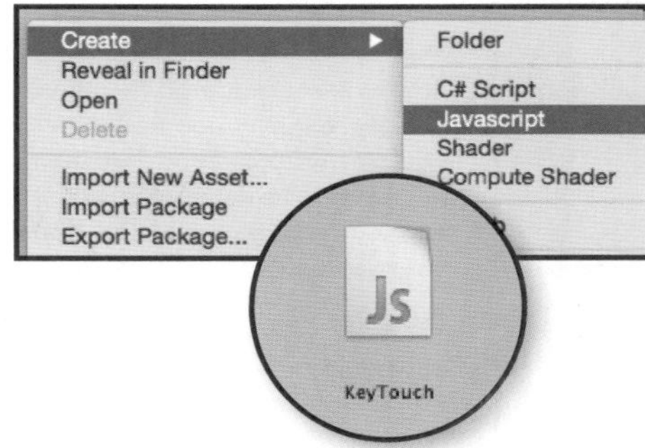


```
#pragma strict
var myY:float;
function Start(){
    myY = transform.position.y;
}
function OnMouseDown () {
    GetComponent(AudioSource).Play();
    iTween.MoveTo(gameObject,iTween.Hash("y",myY-0.005,"time",0.1,"oncomplete","keyBack"));
}
function keyBack(){
    iTween.MoveTo(gameObject,iTween.Hash("y",myY,"time",0.4));
}
```

这个脚本所做的动作就是，用Start记录自己最初的位置，当被按下时，播放自身附加的AudioSource，再利用iTween将y轴位置下移5mm，结束后回到原位置。

场景中已经放了一个空的GameObject，名为Piano。为这个GameObject附加以下长脚本PianoKeys。

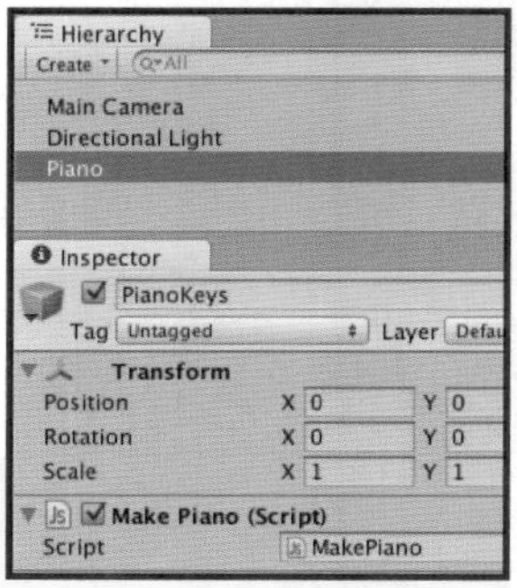

这个长脚本是干什么的呢？首先用**Start**调用**MakeKeys()**函数。八度音阶部分从哆到西的7个音①循环生成白色琴键，为琴键添加AudioSource组件，Clip读取与白色琴键同名的声音文件，最后再添加前一页的KeyTouch脚本。②必要的时候，也会生成黑色琴键。

让 for 语句包含2个条件，Octave 和 sc，这 2 个的整数值从 0 到 6 增加，平均分配出 X 的位置。

```
#pragma strict
private var MyTr:Transform;
private var Kcodes:String[]= ["C","D","E","F","G","A","B"];
function Start () {
    MyTr = transform; //缓存自己的 Transform
    MakeKeys();
}
private function MakeKeys () {
    var KeySpace:float = 0.021; //琴键宽度 2cm，与相邻琴键之间的距离 1mm
    for (var Octave=0; Octave<7; Octave++){//循环验证 7 个八度音阶
      for (var sc=0;sc<7;sc++){ //循环验证 7 个音阶
        //向侧面移动，同时放置 Cube 的引用
        var Xloc:float = Octave*(KeySpace*7)+sc*KeySpace;
        var theKey:GameObject = Instantiate(
            Resources.Load ("Cube") as GameObject,
            MyTr.position + new Vector3(Xloc,0,0),
            MyTr.rotation
        );
①      theKey.transform.localScale = new Vector3(0.02, 0.02, 0.1); //变成白色琴键的尺寸
        theKey.GetComponent(Renderer).material = Resources.Load ("White") as Material; //将颜色变为白色
        theKey.name = Kcodes[sc]+(Octave+1); //设置 GameObject 名称
        var ac:AudioSource = theKey.AddComponent(AudioSource); //添加 AudioSource 组件
        ac.clip = Resources.Load ("Grand Piano (Mp3)/"+theKey.name) as AudioClip;//为其附加声音
        theKey.AddComponent(KeyTouch); //添加 KeyTouch 脚本
        theKey.transform.parent = MyTr; //将该白色琴键的父级对象设为自身

        //同理，如果需要生成黑色按键的话，就稍微移动位置，更改大小。
        if (Kcodes[sc]!="B" && Kcodes[sc]!="E"){ //若不是 B 或者 E 即西或咪的话，则添加黑色琴键
            Xloc+=KeySpace/2; //位于此白色琴键与下一个白色琴键的正中间
            var theBKey:GameObject = Instantiate(
                Resources.Load ("Cube") as GameObject,
                MyTr.position + new Vector3(Xloc,0.01,0.02),
                MyTr.rotation
            );
②          theBKey.transform.localScale = new Vector3(0.015, 0.02, 0.06);
            theBKey.name = Kcodes[sc]+"#"+(Octave+1);//设置 GameObject 名称
            theBKey.GetComponent(Renderer).material = Resources.Load ("Black") as Material;
            var ac2:AudioSource = theBKey.AddComponent(AudioSource);
            ac2.clip = Resources.Load ("Grand Piano (Mp3)/"+theBKey.name) as AudioClip;
            theBKey.AddComponent(KeyTouch);
            theBKey.transform.parent = MyTr; //将该黑色琴键的父级对象设置为自身
        }
      }
    }
}
```

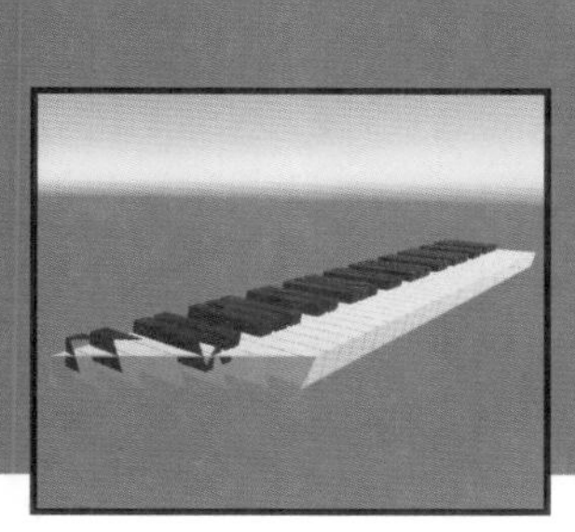

如果出现上图这样部分键盘看不到的话，可能是因为摄像机默认从距离30cm的位置开始的。需要如下修改设置。

Camera组件的Clipping Planes的Near可以设置为从0.01（即从眼前1cm的物体）开始。

这样再播放的话，场景中就发生了神奇的变化。瞬间生成了一幅键盘，点击还会活动并发出声音。这就是通过上一页中长长的脚本生成的。因为是通过脚本生成的，所以结合钢琴的模型，要求更改键盘尺寸~或者更改声音文件~等，面对任性的要求，只要稍微更改脚本的编写内容，就能搞定了。

这里的关键是可以用**Resources.Load()**，从Assets中调用。尤其是指定声音文件名称时，是有规律的名称，所以可以指定使用2个能循环增量的增数值（**Octave和sc**）。此时调用的东西一定要放在Resources文件夹中。

在AudioSource的Inspector上，手动地一个接一个贴上84个声音，操作单调还很容易出错。而且，以毫米为单位进行摆放，也肯定会出现错误。

如此不稳定的手动操作，还是用程序来处理为好。

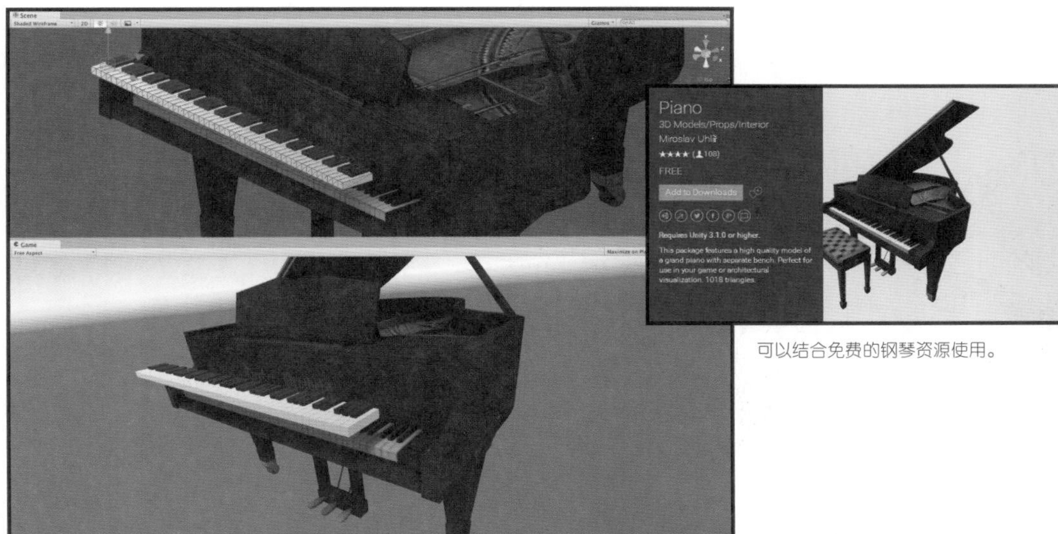

可以结合免费的钢琴资源使用。

总结与 GameManager

本章从面向初学者介绍了脚本的基础知识，到Transform、物理引擎、场景移动、游戏保存等，结合细节技巧和示例，洋洋洒洒地介绍了很多。但还是有很多内容没有涉略到，不过在下一章我们会学习动画，如果再在第六章中对GUI有所理解的话，就能制作简单的游戏了。

接下来，我们一起回顾一下本章内容。

刚开始学习Unity脚本的人，最先遇到的难题就是指定其他GameObject吧。首先，可以定义脚本的成员变量，然后在Inspector上手动指定。还有一种方法是，用**GameObject.Find(“Name”);**检索名称。第三个方法是，如果游戏对象位于自己的子层级，则用**transform.Find(“Name”).gameObject;**来检索名称。此外，如果发生碰撞的话，从附加在**OnColliderEnter**等上的**Collider**接受GameObject等方法。

从GameObject的脚本组件可以访问其他GameObject，意思是从教室角落的垃圾箱可以直接访问校园花坛中的郁金香，从自己的橡皮擦可以访问旁边女孩的鞋子。这样就容易乱了。

本章中，有时会在**名为GameManager**的空GameObject上附加脚本组件。GameManager的名称，虽然没有规定但却是经常使用的名称。

总的来说，不论在哪个游戏中（不仅是游戏），都需要准备一个游戏对象，这个游戏对象上面附带了能管理全局的脚本，所有的指挥系统都在这里进行，接收报告更改显示或分数时是很必要的。虽然一一操作每个GameObject也能应对，但还是需要有统率的脚本。

是人形的GameObject！！
中尉！指挥系统太混乱了。
有什么大惊小怪的
谁在命令我行动呢？

好的

你要好好做哟

这个GameManager大人在管理各种对象时，为了让GameManager大人了解世界的全部，需要将场景中的物体全部由这个人来生成**Instantiate**（实例）。这是怎么回事呢？

自己生的孩子，当然自己最了解。**Instantiate**是将由Prefab生成的克隆体（GameObject）的引用存入变量（数组等），来进行监视。管理敌人角色、炮弹、目标等就能变得更加明确※。

【明确】一开始在场景中就存在的敌人和破坏的物体，该怎么办呢？首先，在场景内，GameManager大人需要使用GameObject.Find搜索。当然，前提是知道该GameObject的名称。非常麻烦吧。

而且Prefab的生成也并不是每次都由GameMan-ager大人在程序中编写，而是用更加灵活的方式。通过读取XML文件、json文件或者csv等能制造结构的外部文件，结合其内容来构成世界。平面消除类的益智游戏等，比起在场景中制作出所有的平面，这样的文件化读取的方式会更加明智。这种情况也称为序列化・反序列化。本书针对初学者就不做详细介绍了，不过如果要读取XML文件的话，可以按照如下方式编写脚本。心里知道，脚本还能做这些事情即可。

```
<config>
  <Level>
    <name>STAGE 1</name>
    <enemy>12</enemy>
  </Level>
  <Level>
    <name>STAGE 2</name>
    <enemy>15</enemy>
  </Level>
  <Level>
    <name>STAGE 3</name>
    <enemy>20</enemy>
  </Level>
</config>
```

读取Assets文件夹中的config.xml

```
#pragma strict
import System.Xml;
function Start () {
   LoadLv ();
}
function LoadLv () {
    var  MyXml:XmlDocument = new XmlDocument();
    MyXml.Load( Application.dataPath + "/config.xml" );
    var config:XmlNodeList = MyXml.GetElementsByTagName("config");
    for each (var levelInfo:XmlNode in config){
        var levels:XmlNodeList = levelInfo.ChildNodes;
        for each (var levelItems:XmlNode in levels){
            print("--- "+levelItems.Name);
            var lvData:XmlNodeList = levelItems.ChildNodes;
            for each (var d:XmlNode in lvData){
                print(d.Name + ":" + d.InnerText);
            }
        }
    }
}
```

声明使用System.Xml的命名空间。

```
Console
Clear | Collapse | Clear on Play | Error Pause
--- Level
UnityEngine.MonoBehaviour:print(Object)
name:STAGE 1
UnityEngine.MonoBehaviour:print(Object)
enemy:12
UnityEngine.MonoBehaviour:print(Object)
--- Level
UnityEngine.MonoBehaviour:print(Object)
name:STAGE 2
UnityEngine.MonoBehaviour:print(Object)
enemy:15
UnityEngine.MonoBehaviour:print(Object)
--- Level
UnityEngine.MonoBehaviour:print(Object)
name:STAGE 3
UnityEngine.MonoBehaviour:print(Object)
enemy:20
UnityEngine.MonoBehaviour:print(Object)
```

控制台上会输出这些。其实，就是使用这个生成GameObject的。

COLUMN：MonoBehaviour

截至目前，我们做了多个脚本组件，总体而言，这些都是继承 MonoBehaviour，添加功能的。继承？也就是说，为动物的类添加用腮呼吸的功能，大便的时候也在游泳！之类的详细的功能，创建继承了动物的类的鱼类；而继承了用前腿洗脸、在猫砂上大小便、用四条腿走路的动物类，这个游戏对象就是猫咪了。这么说起来，太抽象了吧。

如果精通 Flash 的 ActionScript 的话，这与创建 MovieClip 的 Symbol 时定义的那个东西很像。

MonoBehaviour 是 GameObject 的脚本组件的基本类。除此之外，还定义了其他组件的 Transform 类（P.196）和 Vector3 类（P.203）等很多方便使用的函数和变量。

不过，这个 MonoBehavior 类。虽然准备了一些自己的函数，但并没有什么特殊的作用，而是响应很多事件。自身的函数中，有之前我们采用过的，利用时间差调用函数的 **Invoke 方法**和调用协同程序的 **StartCoroutine 方法**等。换言之，也只有一些这种程度的方法。但是能响应很多事件，所以重写事件处理器就是在 Unity 中写脚本。当然不仅如此，但这么说也不为过。我们将这种重写叫作 Overwrite。

JavaScript 里有类吗？虽然这是 Unity 的 JavaScript，但是这里的类是对于使用 Flash ActionScript3 的人来说非常熟悉的定义类的简称。例如，假设我们定义这样的 Hello 类。

```
#pragma strict
function Start(){
        Debug.Log("Hello");
}
```

将这个脚本写成如下方式也能执行动作。

```
#pragma strict
class Hello extends MonoBehaviour {
        function Start() {
                Debug.Log("Hello");
        }
}
```

顺便说一下，用 C# 写的话，就一定要这样写。

```
using UnityEngine;
using System.Collections;
public class Hello : MonoBehaviour {
        void Start () {
                Debug.Log("Hello");
        }
}
```

基本上是相同的。

Hello 的部分一定要与文件名一致。Extends 的部分就是继承的。C# 一定要如上方一样，明确记叙清楚。作用基本上是相同的。在 JavaScript 中，当然没必要记叙定义类的部分。如果需要的话，也是在同一个类中，定义想要使用的其他类。容易造成混淆，所以本书中不做涉略。

关于 MonoBehavior 的详细情况，请参考网上资料，网址如下：

https://docs.unity3d.com/ScriptReference/MonoBehaviour.html

无论是大众的甲壳虫还是这种 TYPE2 型客车都是用一样的底盘组成的。以 MonoBehavior 为基础，可以自定义编写各种脚本，这就是编程。

第五章
动画和角色

Unity 中的动画是如何定义的？

本章我们来学习 GameObject 所拥有的动画时间线的制作和多个动画的控制以及拥有骨骼的角色动画的控制。

动画的种类

我们可以看到画面上的物体在移动，如果把这个移动称之为动画的话，那么Unity中就存在多种多样的动画。像上一章那样，通过Script来控制Transform的属性并进行反映也是一种动画，第二章中开始创造世界时，伊桑君的奔跑也是一种动画，是通过脚本实现的动画。

如果你曾经使用过Flash，可以试着想象一下MovieClip。将Unity中Prefab的实例拖拽&释放到场景中，这与将MovieClip放置到舞台上是相似的※。MovieClip拥有自己的时间线，因此只需要放置到舞台上就可以进行播放。

Unity的话结构就稍有不同了，通常放置到世界中的对象都不具有时间线。但是，所有的GameObject都可以随后再添加时间线并可以拥有多个时间线。拥有多个时间线？这是怎么回事？我们来简单实验一下，在场景中制作一个Cube的GameObject。

【相似】虽说是制作实例，但在Unity中是制作克隆的感觉。

然后选择菜单Window > Animation，打开Animation窗口。这好像是我们第一次打开这个窗口哦。这个窗口是独立出来的，使用其他窗口时还得绕到它后面，作业起来有点复杂，还是把它作为选卡放置到界面中比较好。使用右上方的Layout弹出窗口Save Layout…来创建一个“Animation”项目即可。

接着在选中Cube的状态下，单击Animation窗口正中间的“Create”按钮，弹出Create New Animation对话框，以“CubeRotate.anim”名称将其保存到Asset的适当位置。

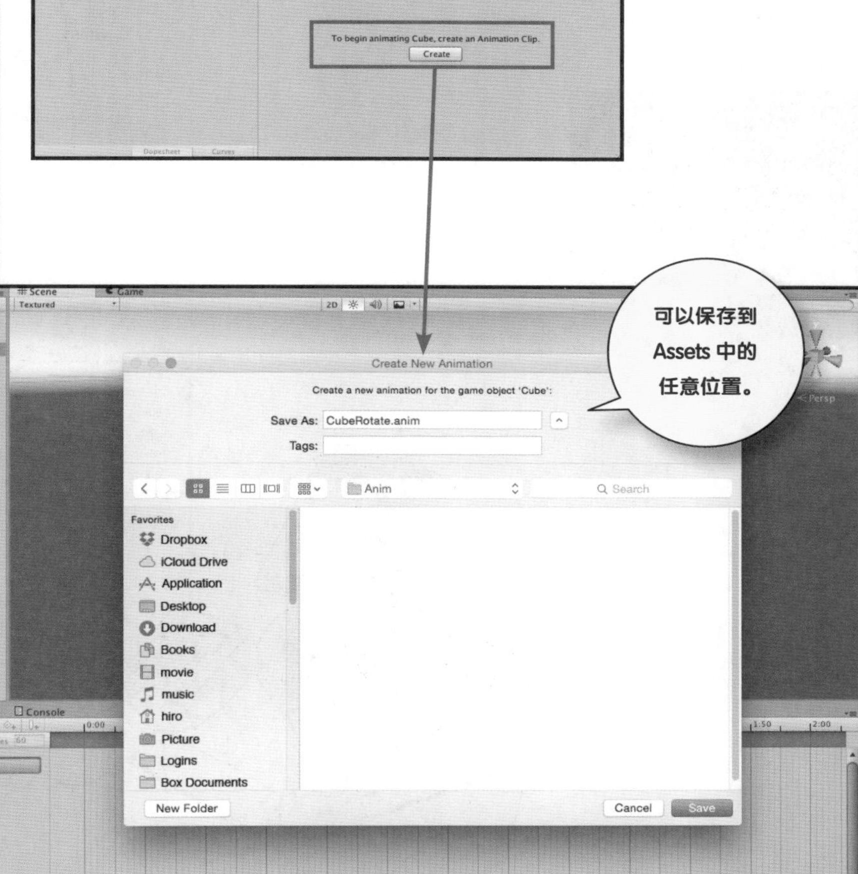

于是，在Project的Assets中的指定位置创建了2个文件。同样地，在Inspector中观察一下Cube的GameObject，可以发现多了一个**Animator**组件，它下面的第一个项目用于指定Controller，这里指定了创建好的Cube文件。Animator是用于控制GameObject的动画的组件，其条件的设置即为**Controller**。关于Controller将在后面进行说明。

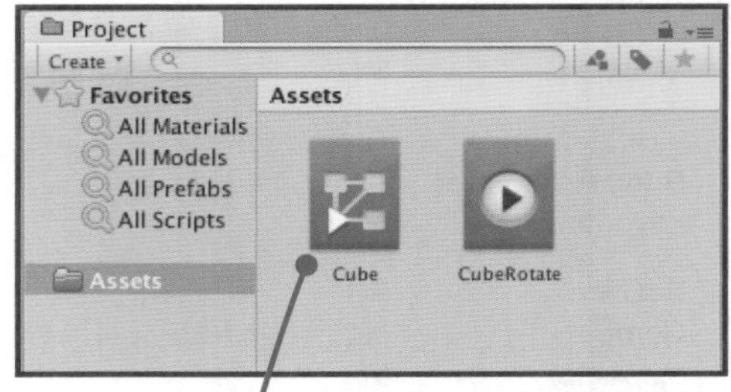

创建了2个文件。左边为动画控制器，右边为动画文件。

其下方的**Avatar**是编入角色等中的骨骼，通常没有角色的话也没有avatar，None即可。

勾选了**Apply Root Motion**时，当为动画数据加入了移动时就可以移动它的位置。未勾选时，动画中只反映各部位的动作。**Update Mode**，当动画的播放模式设置为Normal时，将会受到Unity内的时标的影响，因此用脚本将Time.TimeScale设置为0后动画也将停止。Animate Physics会影响到物理计算，Unscaled Time与Normal相反，不依存于Time.TimeScale。**Culling Mode**，设置消隐时是否发生动画。

试着制作动画

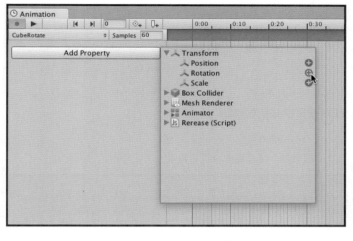

还有一个自己命名的文件，是动画动作的时间线。时间线拥有时间轴，可以更改游戏对象的状态。什么是状态？试着按下Animation窗口中的按钮，单击Add Property，会出现一个弹出菜单。

单击Transform左侧的三角，排列有Position、Rotation、Scale。按下Rotation右侧的加号，就会像下图中那样在时间线0:00 ~ 1:00的两端添加◇。这个过程是添加关键帧的过程。

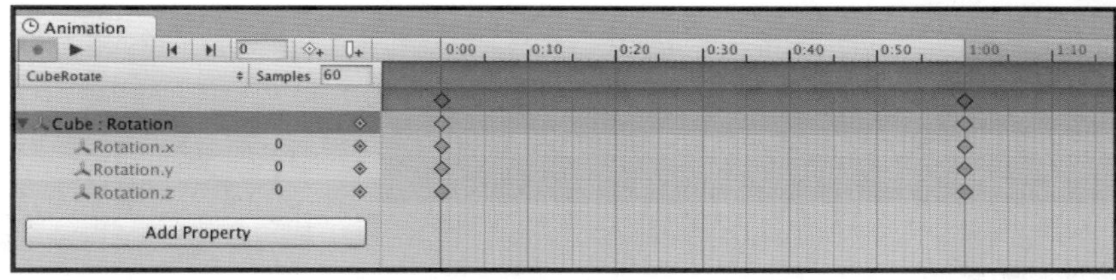

这是在每秒60帧的情况下，设置了1秒的动画。

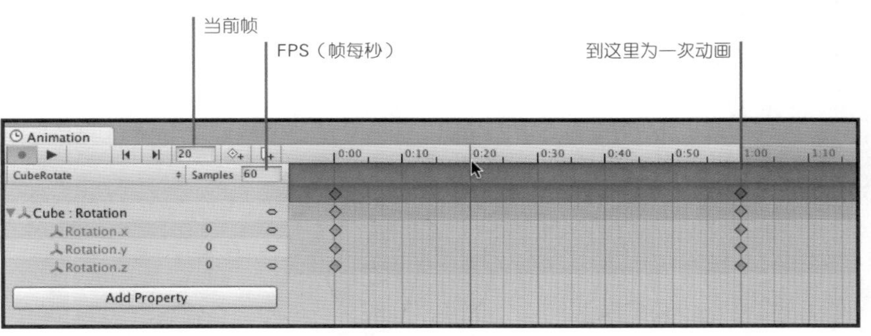

单击时间轴并左右拖动，当前的帧会发生移动。上图显示的是把1秒的动画整体作为60帧时的20/60秒的位置。数字为秒：帧。

一开始可能会稍微有点难懂。动画的关键帧终归是以帧为单位指定的，而且帧数可以自己来决定。例如动画所设置的帧数为120帧时，想让动画动作3秒的话，就可以设置为1秒40帧。同样的动画动作2秒的话，可以设置为1秒60帧，如此一来就可以更改动画的速度。

在时间线的动画设置过程中，播放按钮呈现这样的状态。

那么将120帧的动画设置为6帧10秒的话，1秒的时间只显示6帧，会不会不流畅呢？不，不会的。可以这么认为，**FPS的设置终归还是用来设置关键帧的**。

FPS保持不变，随后可以来规定尺（总帧数）。保持每秒60帧的设置不变，为Cube做一个旋转并回位的2秒动画。现在的总帧数为60帧每秒，将最后的◇直接用鼠标向右拖拽，这样这个动画就可以变更*为总120帧2秒的动画。接着还要对旋转进行设置，可以单击上方的数字栏，或者在当前帧的编号处输入60帧，并将播放头放置到1秒的位置。

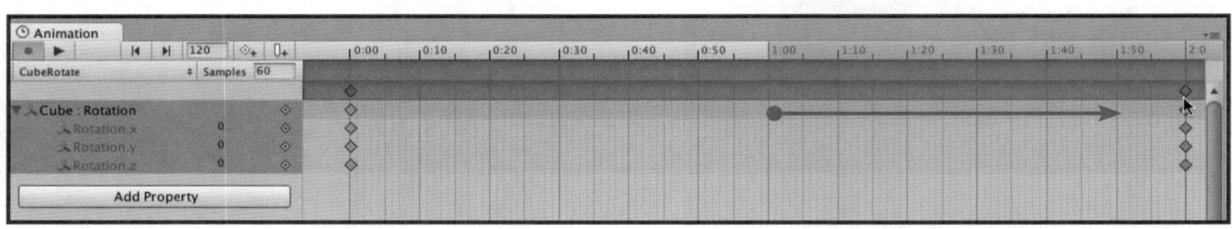

【变更】还想增加总帧数时，可以按下下方滚动条右边的三角。

然后，把Cube倒换到旋转工具进行旋转，这样的话，在1秒的位置将会创建一个新的◇。

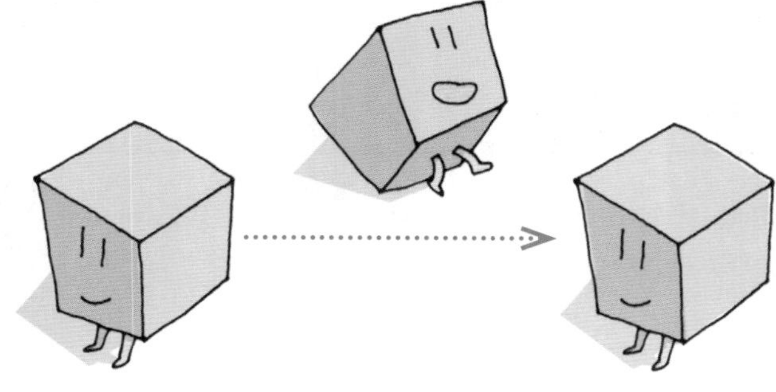

迅速旋转后，
自动添加了
关键帧。

单击时间线最左边的三角可以展开Cube Rotation的信息，所编辑的属性有所增加的话可以进行折叠。

如此就可以选择每个关键帧并变更数值。另外，还可以像下面这样为各轴在不同的时间点加入关键帧。

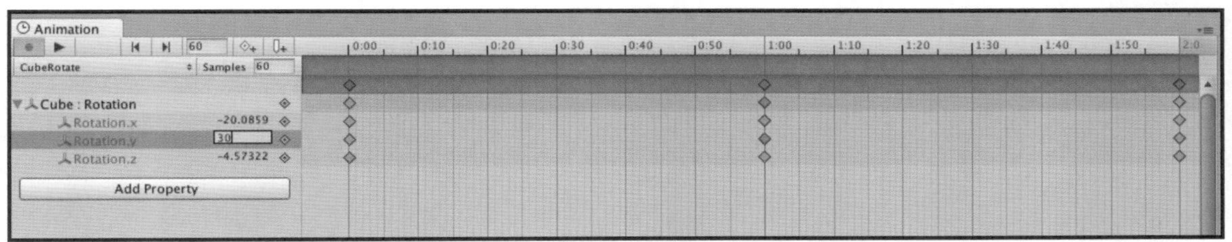

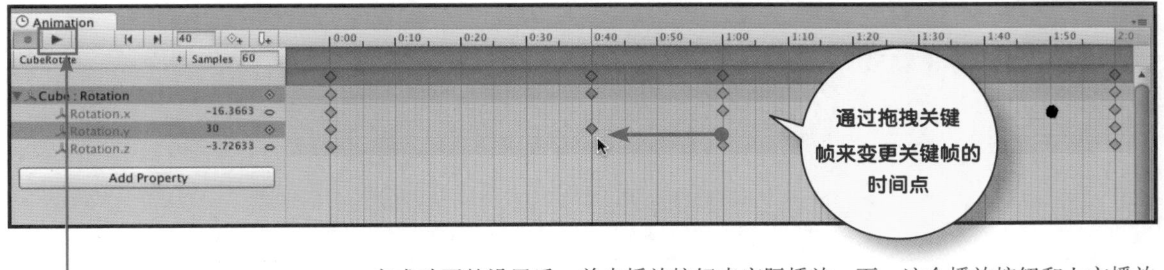

完成动画的设置后，单击播放按钮来实际播放一下。这个播放按钮和上方播放世界时的按钮不同，它只可用于对当前的动画中的游戏对象进行试播放。

从Y轴旋转而来

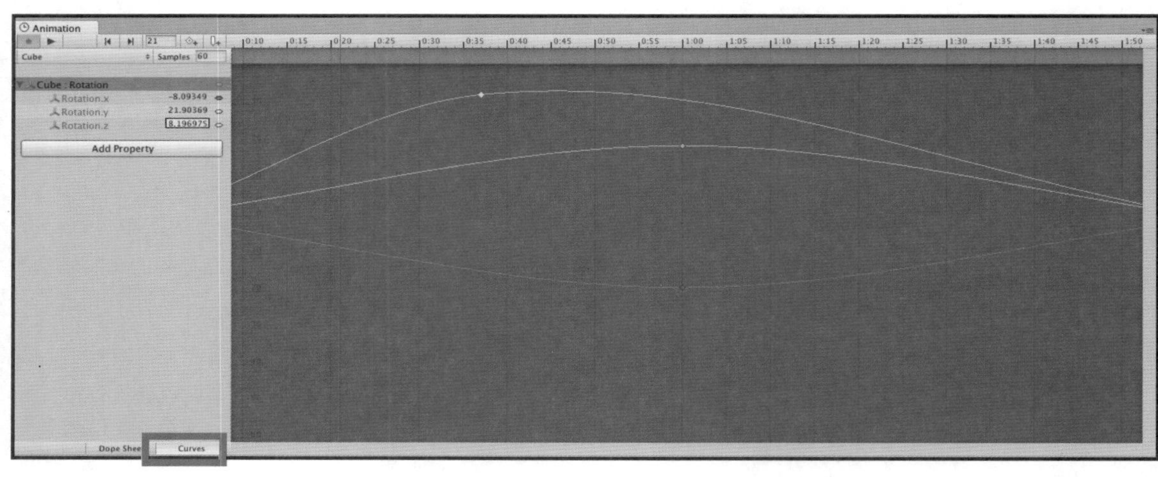

接着选择并查看Animation窗口左下方的Curves，外观发生了更改。在这种模式下，可以对参数的动态进行更细致的设置。分别点击拖拽各曲线的关键帧对动画进行编辑。另外，要从画面中为各曲线添加关键帧时，选择想要插入播放头和关键帧的参数，点击上部的Add Key或者选中曲线右击执行Add Key就可以完成添加。

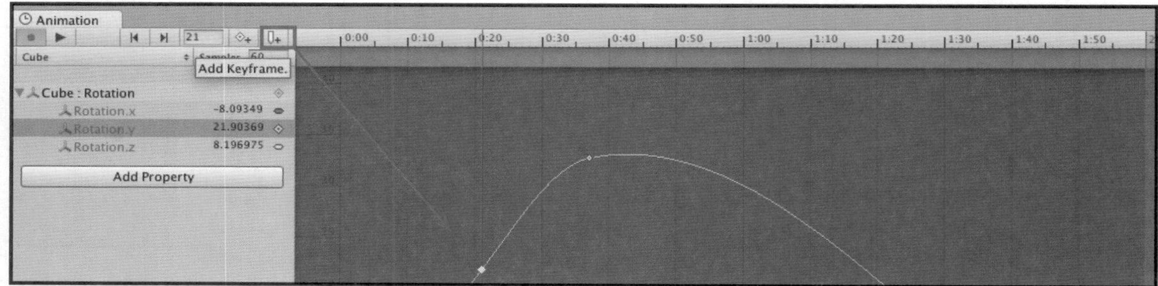

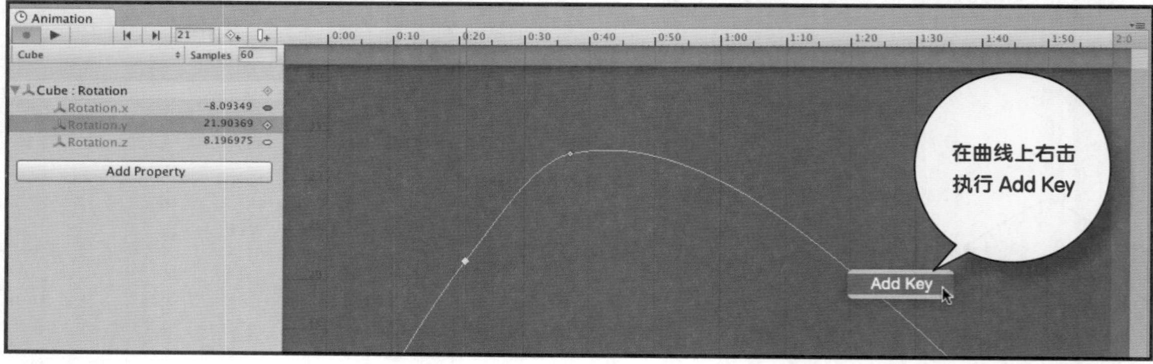

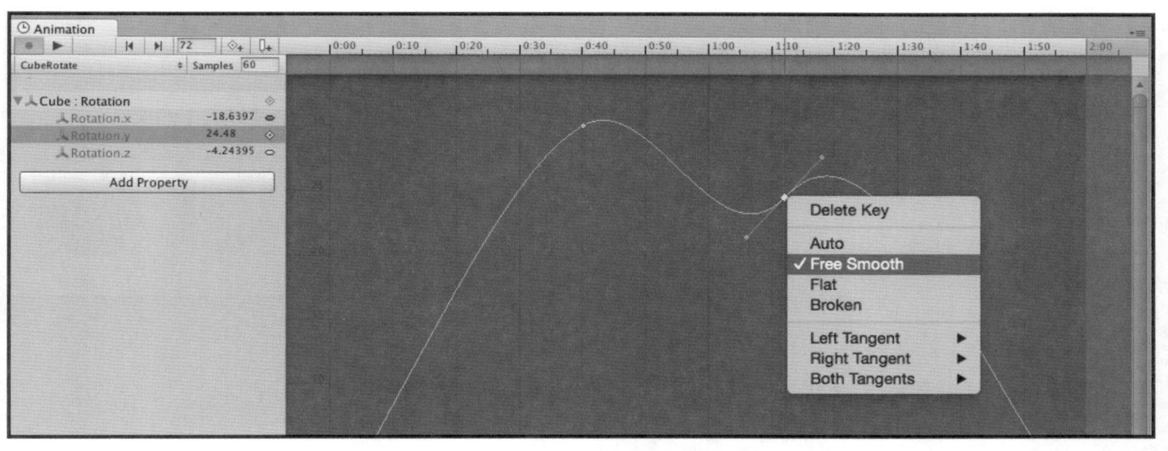

另外，右击关键帧将会弹出菜单，**Delete Key**可以删除关键帧，下方的4个菜单内容可以设置关键帧的属性。默认为**Auto**，可以根据前后的曲线**调整曲线到合适的状态**。想自己自由更改曲线状态时可以选择**Free Smooth**。会像Adobe Illustrator的贝塞尔曲线那样显示出控制线，可以变更曲线的朝向和强度。设置为**Flat**，则会将控制线变为水平朝向。设置为**Broken**后，可以独立编辑两侧的控制线。此时，关键帧会变为“角”，因此动作并不流畅，而是突然的咯噔一下，很生硬。

关于其下方的Left Tangent / Right Tangent /Both Tangent，是用来设置左右线的属性的。设置为Broken时，同样会出现角。可以分别对关键帧两侧的线进行**Free**（设置曲线）、**Linear**（到下一关键帧之前为直线）、**Constant**（到下一关键帧之前不发生更改，在下一关键帧发生瞬间更改）的设置。全部设置为Constant后，就可以实现咯噔咯噔的生硬的机械动作。

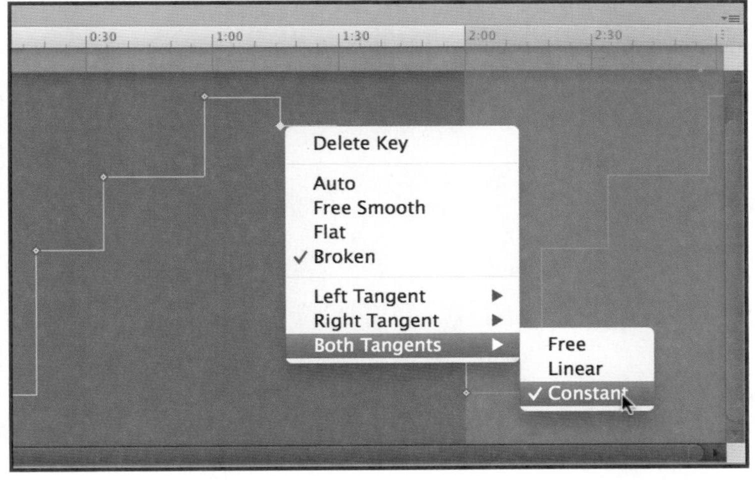

试着来播放一下吧，可以看到循环播放了旋转的动画。其他还可以进行移动position，变更scale等各种尝试。像这样，也可以将transform信息变为动画来更改外观的位置、朝向、尺寸。不仅如此，为对象GameObject加入其他组件后，也可以通过动画来变更它的参数。那么，作为尝试，我们来变更一下材质吧。动画的同时颜色也会发生更改。

为 Assets 中预备两种不同颜色的材质。

A　B

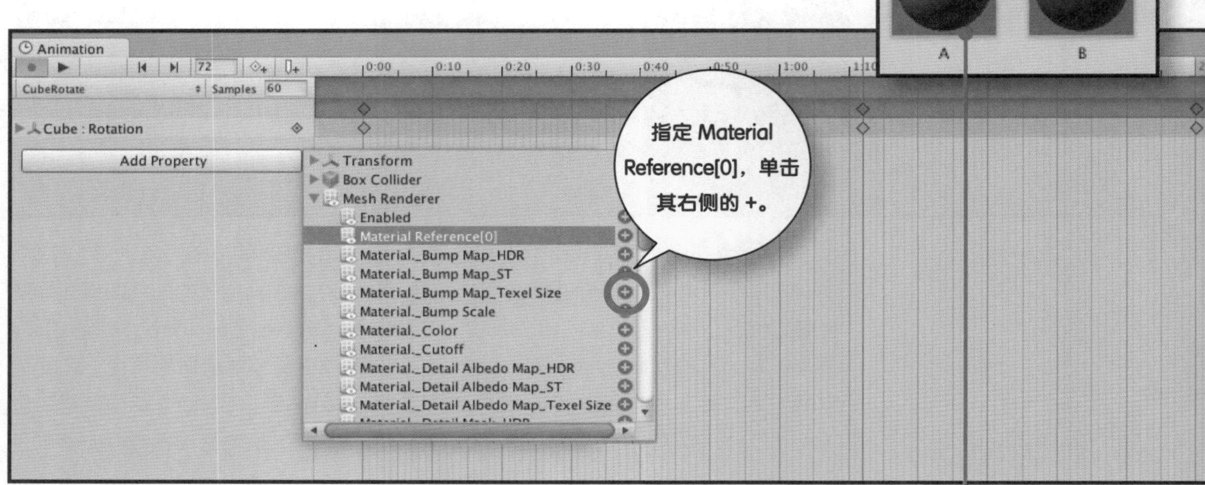

在相同Animation的时间线上选择Add Property，出现菜单，按下Mesh Renderer中Material Reference旁边的加号按钮，时间线下方将会添加1个属性。这样就可以切换Mesh Renderer中所设置的材质引用了。看一下Inspector，相应的位置显示为红色。由于该部分为动画的对象，试着移动帧并在这里设置材质。移动时间线的播放头并变更上述Element 0所指定的材质。

对象参数将会如图中那样显示为红色。

Mesh Renderer
Cast Shadows
Receive Shadows
Materials
Size 1
Element 0 A
Use Light Probes

选择Mesh Renderer的Enabled后，就可以完成组件自身的 On Off，因此就可以实现时隐时现这样的动画。

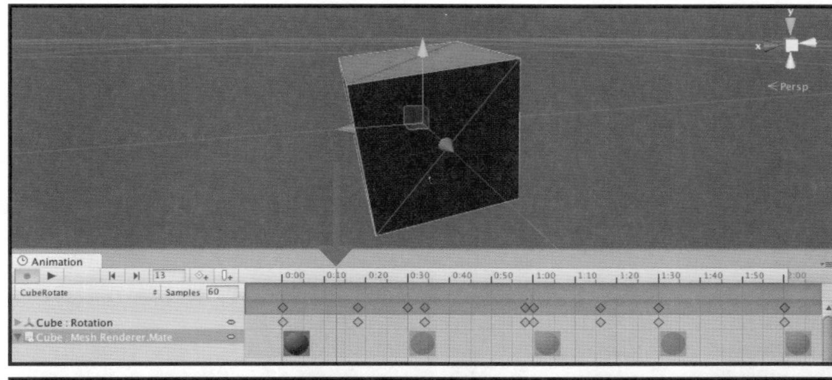

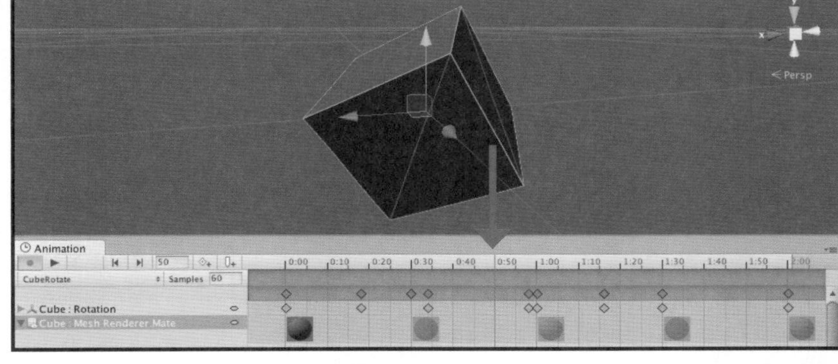

【材质的变更】替换了材质的时间线与材质内容发生更改的时间线无法共存。

对，就是这种感觉，材质就替换好了。接着我们来试着变换一下材质的颜色。想通过1个材质的设置来更改其颜色，那么当前所创建的**材质的变更**※就会消失。右击时间线就会显示出上下文菜单，然后选择Remove Property，接下来设置Material._Color。这些就不赘述了。

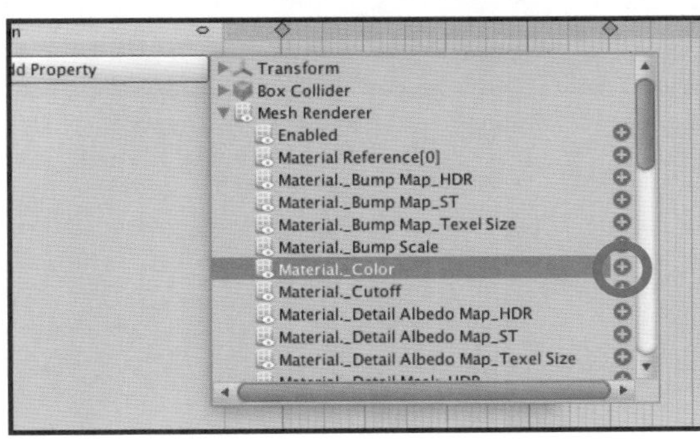

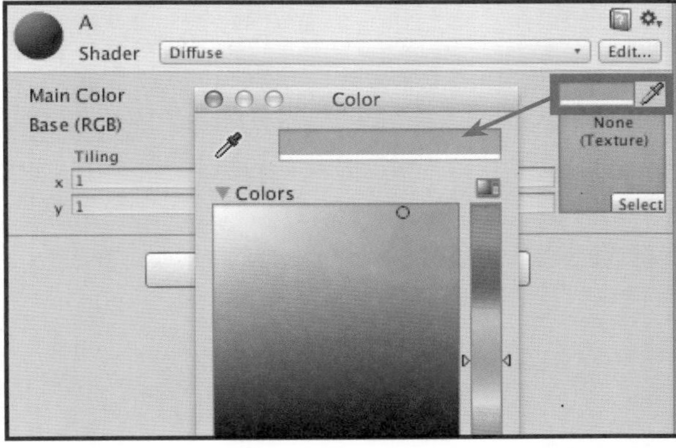

处于红蓝之间

变更 Material 的属性时，使用了该材质的其他 GameObject 的 Renderer 的颜色也会发生更改，需要注意。

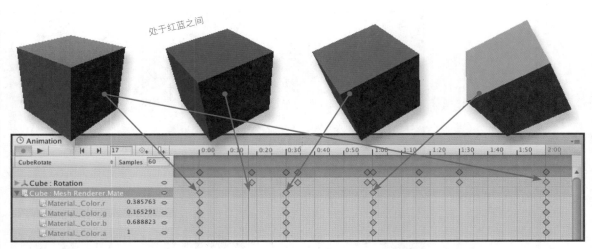

接下来还有一个组件。说到组件，自己写的脚本也属于组件的一种。那么，这其中所设置的变量等参数可以通过时间线来设置和变更吗？当然可以。下方是一个简单的脚本。

```
#pragma strict
var Num:float = 0;
function Start () {
      InvokeRepeating( "PushLog",  3f, 1.3f);
}
function PushLog () {
      Debug.Log("> " + Num );
}
```

脚本组件的参数。

简单吧，从开始经过三秒后，每隔1.3秒向控制台写出浮点型Num的内容。Inspector中预备有可以输入参数的区域，初始值为0。要在动画中变更该参数，同样可以在时间线中Add Property进行，同样来设置关键帧并播放动画，可以看到控制台写出了小数点数。因为可以通过时间线来控制脚本参数，所以对于那种不同于正弦曲线等中变化的**鲜活的变量***的变化，就可以通过时间线的曲线来设置了。

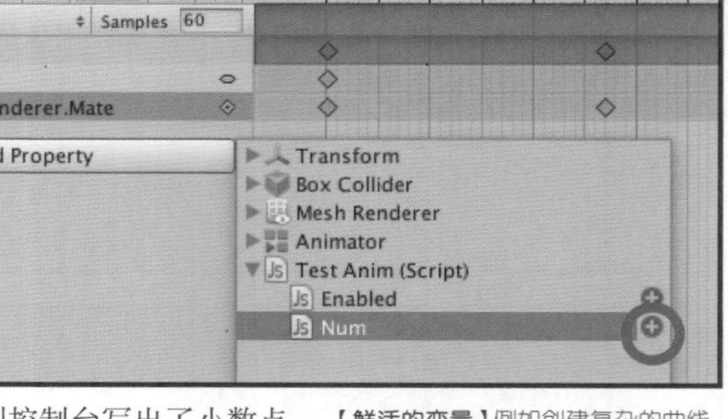

【鲜活的变量】例如创建复杂的曲线，一直循环随机的数字，制作不稳定举动的物品等。

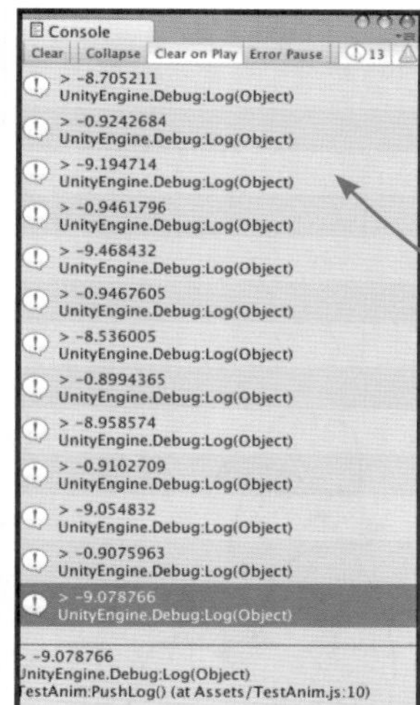

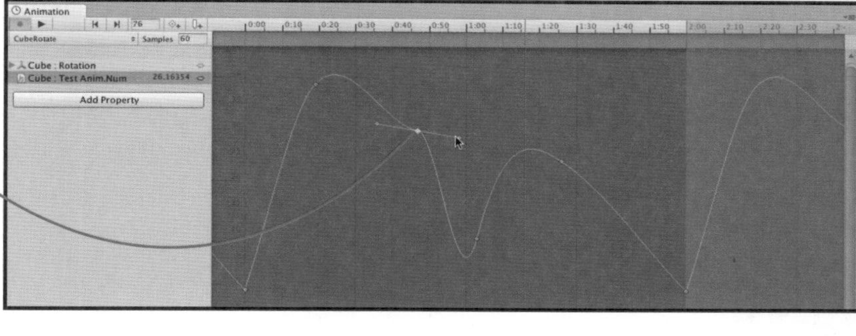

像这样动画可以自如地变化脚本组件的变量。将脚本内的参数制作成动画，使用它的值来变更其子级中的聚光灯的Light组件的光量。

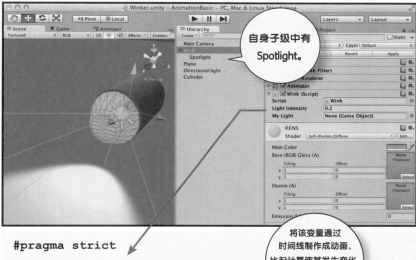

自身子级中有Spotlight。

将该变量通过时间线制作成动画，比起计算使其发生变化，可以为其赋予更自由的变化。

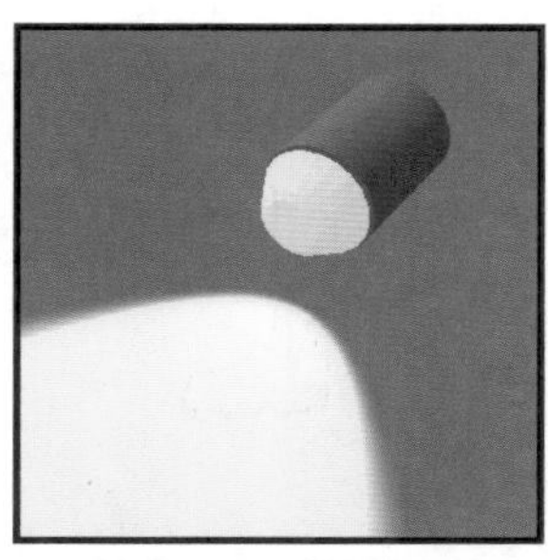

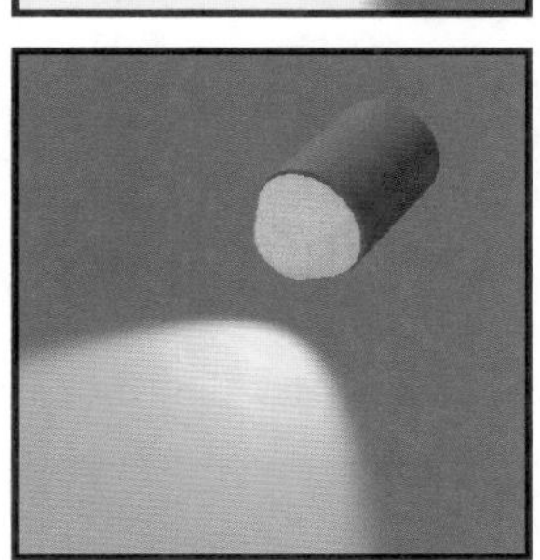

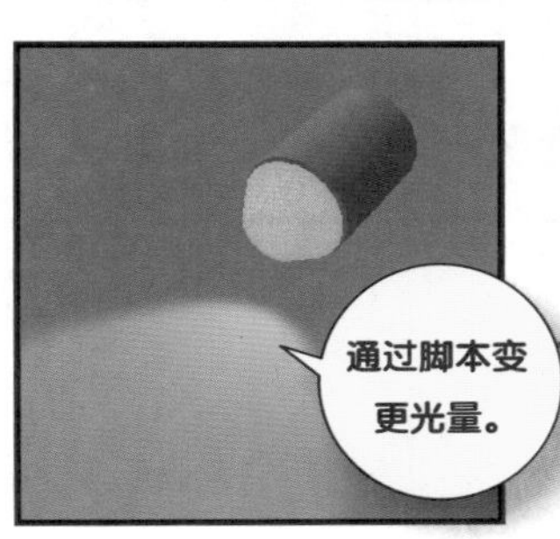


```
#pragma strict
var lightIntensity:float = 0.2;
var MyLight:GameObject;
function Start () {
    MyLight= transform.Find ("Spotlight").gameObject;
}
function Update () {
     if (MyLight){
          MyLight.light.intensity = lightIntensity ;
     }
}
```

在动画途中发生事件

可以在动画的时间线中加入事件，即对贴于GameObject上的脚本组件的**函数进行调用**※。适合在特定的时机进行使用，例如想要播放声音时，或者放出粒子时。其他还有后面将要说明的角色的动作之类中，比如投掷棒球的动作过程中，从指尖释放的瞬间，解除原本位于手这一GameObject的子级中的球GameObject本身的亲子关系，可以在“飞向对方的棒球手套”之类的触发器中进行使用。

【对函数进行调用】与其说创建SendMessage（函数名），不如说调用GetComponent后的Script组件的函数。

要加入触发器需要首先加入脚本组件。首先写好函数，以便在Animation的时间线上**单击Add Event**时可以选择该函数信息。

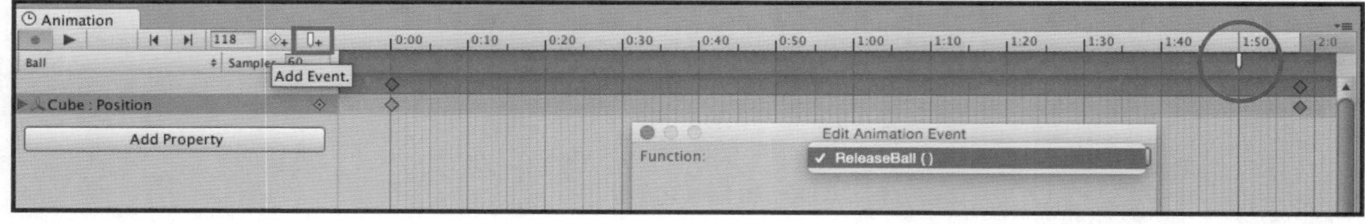

实际经常使用的是声音或者粒子触发器，和动画一并制作也非常方便。还有使用该功能来取代Invoke命令，用于调用1个或者多个消息，更简单易懂。

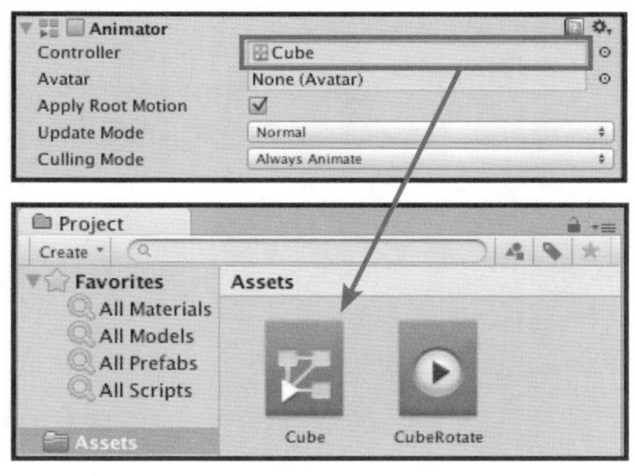

Mecanim 和多个动画

之前我们为Cube添加了一个动画。Cube组件中添加了一个Animator，那么这个Animator一定是动画的管理者了。不，与其说管理这个组件，不如说该组件中设置了Controller这一属性，其中指定的Cube即为管理者。

我们来看一下Cube动画控制器，双击，或者可以在Assets中双击Cube动画控制器。

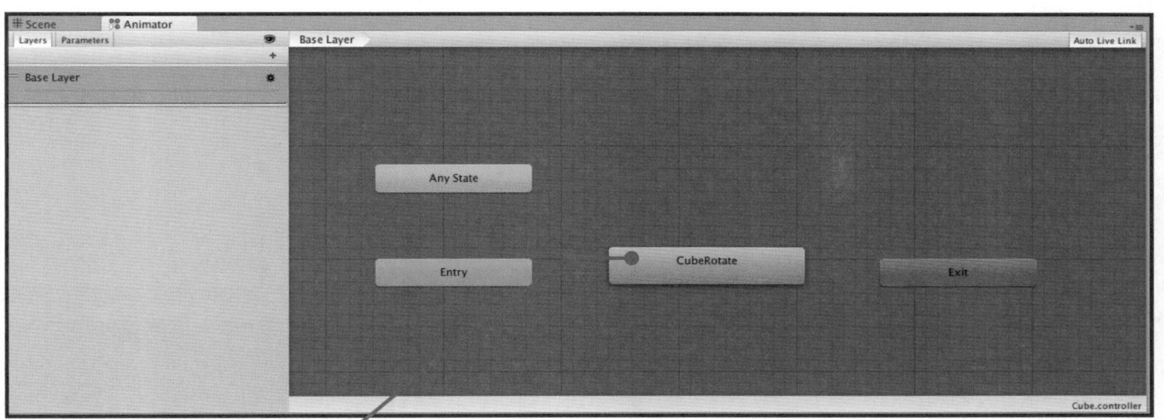

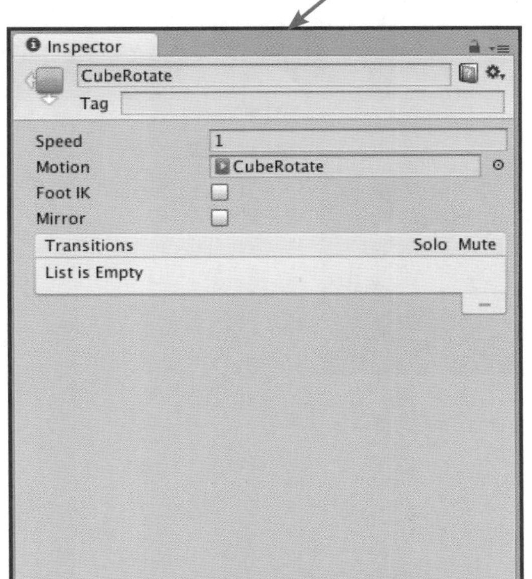

出来了！对，这就是Cube控制器的初始内容，有四种不同的颜色。看不到4个的话可以按下Option（Alt）键的同时进行拖拽。这个四角称为状态。所谓状态就是这个GameObject当前的状态。如果是角色的话即为“静止”、“步行”、“跑动”、“跳跃”等状态，某个时间发生什么样的动画，是用这个四角来指定的。现在只有一开始制作的CubeRotate这个旋转动画，它没有控制器，因此只能播放这一个动画。那么为它追加动画会怎么样呢？Animator这一GameObject所具备的Animator Controller携有多个动画，是怎么一回事呢。我们来实际操作一下吧。

在选中GameObject Cube的状态下打开Animation窗口，会显示出之前创建的时间线。然后，像右图那样单击Animation的名称部分，将会显示出动画选择菜单。当前只有一个，其下方有一个“Create New Clip”菜单项，执行后会显示出一个对话框，以“CubeMove”的名称进行保存。之前是旋转动画，这次的动画中让它发生空间位置上的移动。一个1秒的上下移动动画就创建好了。

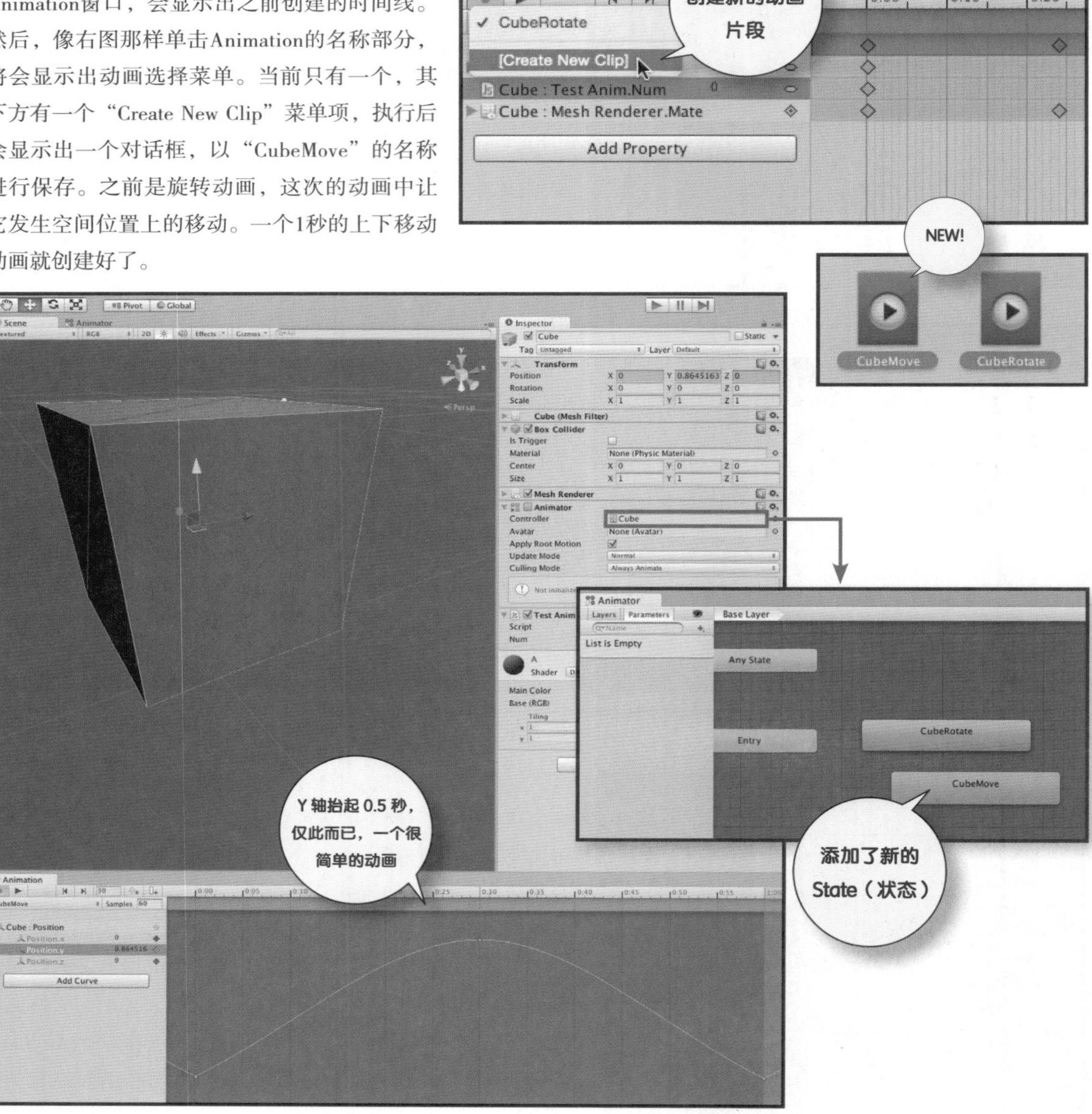

添加了新的动画，按下主播放按钮来执行动画，是2种动画混合进行还是按顺序播放呢？

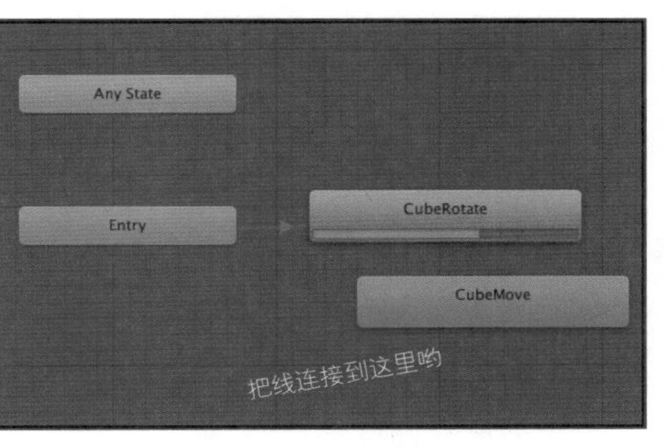

诶？不上下动啊。我们来看一下动画控制器的状态，一开始只设置了对CubeRotate动画进行循环，完全没有对上下移动的CubeMove动画进行设置。也就是说没有进行“状态”的转移。

顺便说一下，**橘色的状态为初始状态**。GameObject首先执行该状态中设置的动画。那么，想在执行完这个CubeRotate动画之后执行CubeMove的话该怎么做呢？

为此就不得不开辟一条道路了。右击，从显示出的上下文菜单中执行Make Transition，鼠标处会有一条**带箭头的线**，将它连接到目标状态。

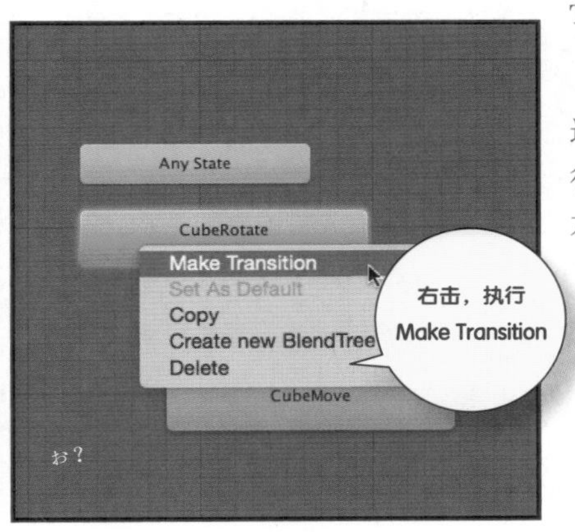

然后再执行一遍，旋转一圈后会流畅地切换至上下移动，然后循环进行上下移动。同样，试着加入返回动画，可以看到2个动画在交互执行。而且两个动画的开始和结束会产生遮盖，注意一下。这样的话，就不是咯噔一下切换动画了，而是流畅地连接了上下和旋转动画。

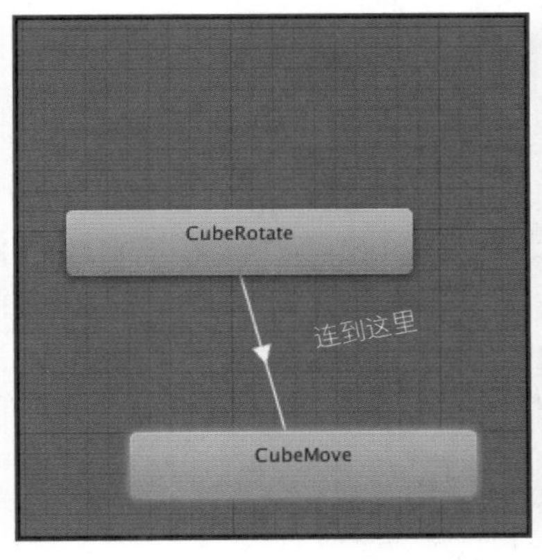

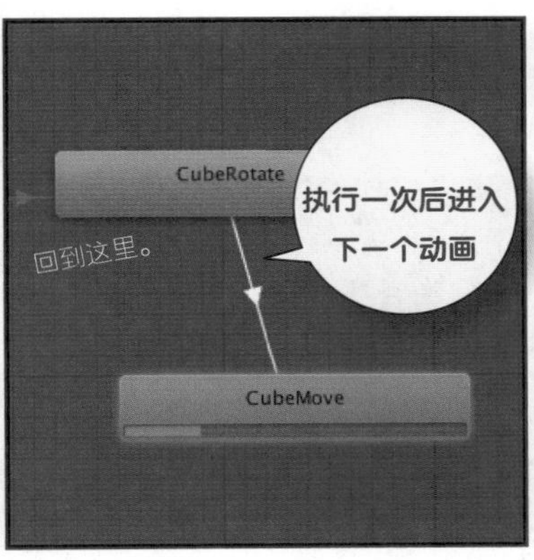

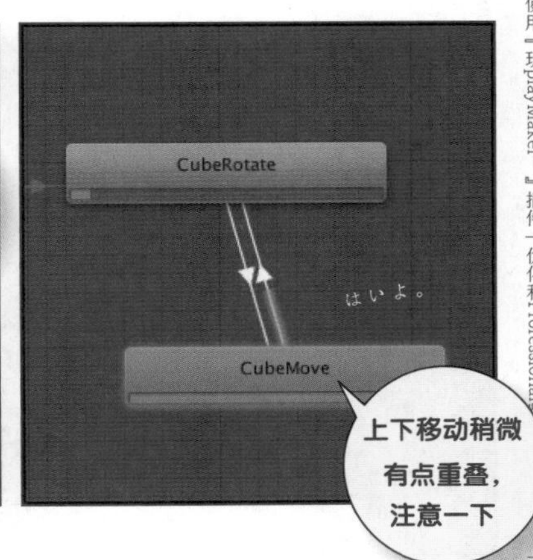

流畅连接的设置在哪里有写呢？**选择箭头线**来看一下Inspector吧。这个箭头=可以确认变更Transition的设置。

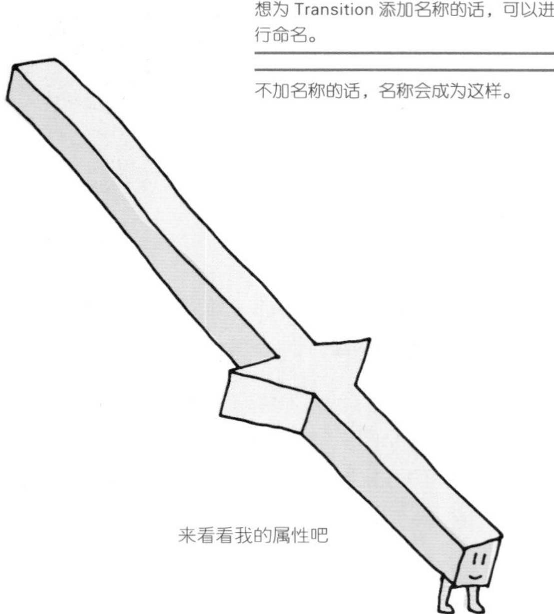

想为 Transition 添加名称的话，可以进行命名。
不加名称的话，名称会成为这样。
来看看我的属性吧

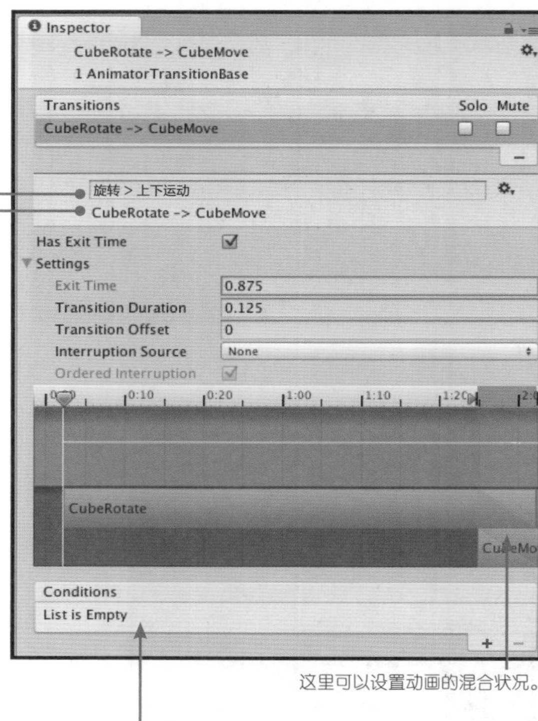

这里可以设置动画的混合状况。

Condition 用来设置该迁移何时进行动作。因为当前没有指定，Has Exit Time 处于勾选状态，所以当动画整体为 1 时，将会以小数点数来表示与下个动画开始重合的时间点，下图中对如何变更时间点进行了说明。

调整当前动画循环和下一个动画的重叠状况。那么，我们再来添加一个动画。在旋转、移动时们来添加一个缩放动画。制作一个1秒的动画里，0.5秒时放大并回到原样的动画。下图中没有连接的动画CubeScale就是新添加的，将它也和CubeRotate连接。

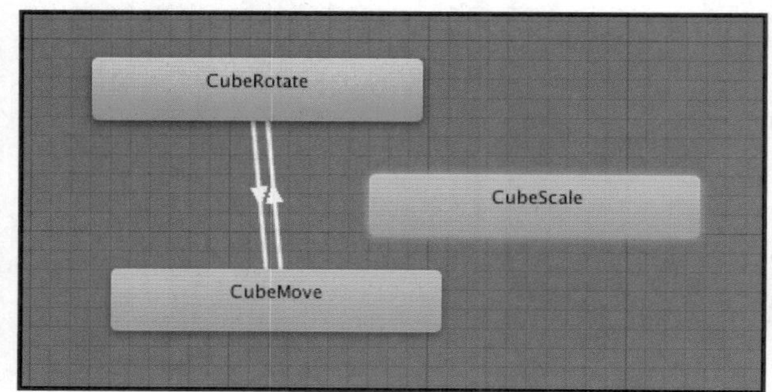

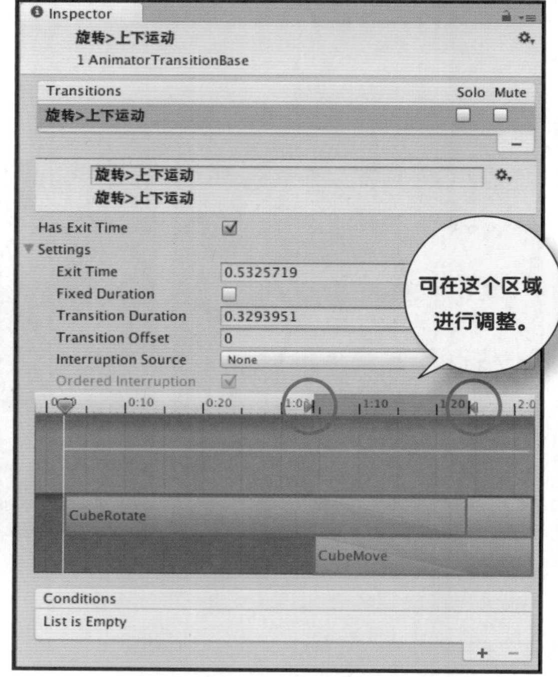

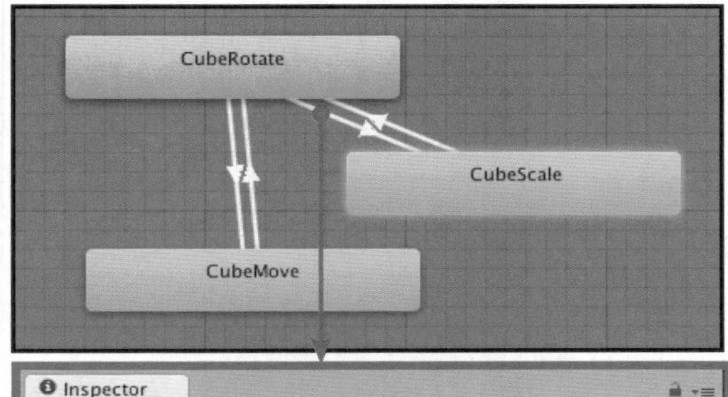

同样进行连接。刚才的动画的Conditions中所设置的迁移触发器为“Exit Time”，也指定了时间点。播放后会看到先执行时间点比较早的一方。接下来，我们来试一下按下鼠标按钮之后，转移至CubeScale状态吧。

为此，我们要为这控制器加入一个参数。点击位于画面左上方的Parameters选卡的+按钮看看。

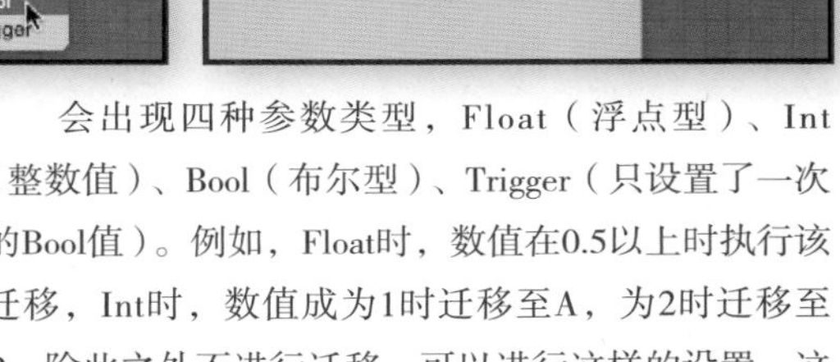

会出现四种参数类型，Float（浮点型）、Int（整数值）、Bool（布尔型）、Trigger（只设置了一次的Bool值）。例如，Float时，数值在0.5以上时执行该迁移，Int时，数值成为1时迁移至A，为2时迁移至B，除此之外不进行迁移，可以进行这样的设置。这里试着设置为Bool，命名为合适的名称**MouseOn**并去掉复选框的勾选。不勾选时为False（伪）的状态，勾选时为true（真）。

当前，只有这个控制器有一个名为**MouseOn**的Bool值，初始设置为了False。通过设置使得值为true时，向CubeScale迁移。为此，需要选中迁移的Transition（箭头），点击最下方右侧的+，MouseOn就设置好了。这样当MouseOn为true时，就会执行该迁移，那么如何把MouseOn设置为true呢？

接下来需要写一个使GameObject的动画控制器的**“MouseOn”**的Bool值变更为true的脚本。

```
#pragma strict
var a:Animator;
function Start () {
    a = GetComponent(Animator);
}
function Update () {
    a.SetBool("MouseOn", Input.GetMouseButton(0));
}
```

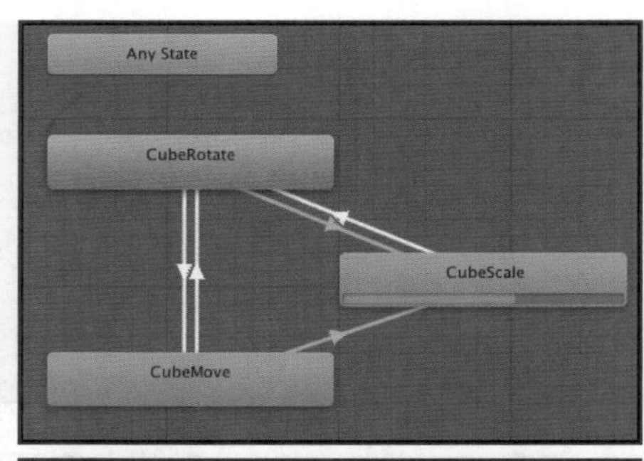

通过Start事件，为Animator型的变量“a”储存自身组件Animator的引用，每帧上是否按下了鼠标左键，都覆盖在了MouseOn这个参数上。试着执行一下，在旋转的过程中（CubeRotate的执行过程）中按下鼠标按钮，就会看到将转移到放大缩小（CubeScale）的状态。但是，有一个问题，随着时间的过去CubeRotate状态将会转移至CubeMove。Cube在该动画状态执行时并不会反应到鼠标。不过也不奇怪，因为该状态并没有迁移到CubeScale。不管从哪里，想通过鼠标转移至CubeScale然后呼地一下变大时，要像右上图中那样，也要为CubeMove加上转移至CubeScale的迁移。

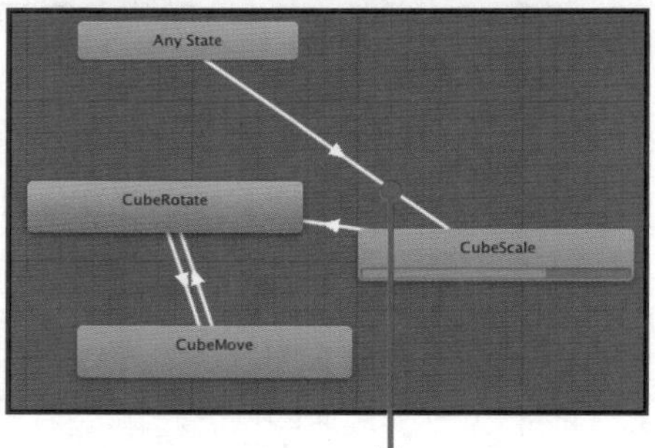

这里有一个便利之处。让我们把目光看向从一开始就存在的一个绿色的“Any State”，难免有人要问了，“它是谁？”。Any State=“不管从哪个状态而来”。事实上也可以画出来自它的迁移。也就是说不管从何而来，达到Condition所设置的状态的话就会转移至该动画。Any State可以完成这样的设置，是一种非常方便的“状态”。

如果是从Any State进行迁移的话，可在其设置中分别单独设置各种不同动画的混合情况。

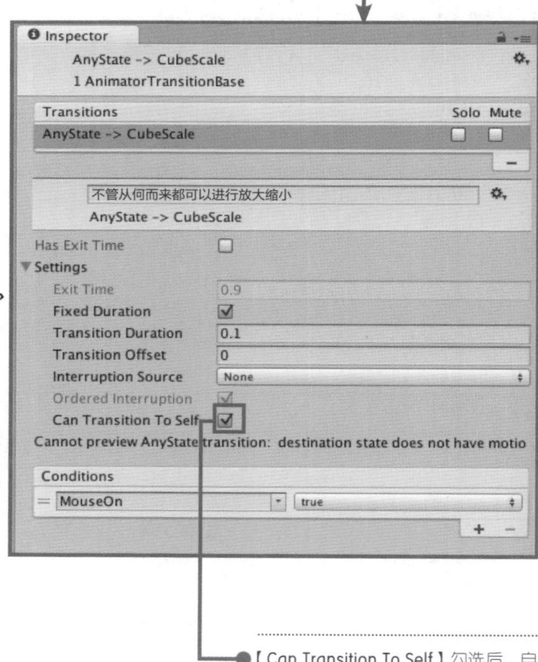

【Can Transition To Self】勾选后，自己播放动画，可以从自己的动画迁移到自身。

不管从何而来
都可以调用。

COLUMN：骨骼设置

第三章（P.159）中对3D工具中的角色建模和骨骼绑定进行了说明。加入骨骼并设置了对顶点产生影响的权重图。读取到Unity中后，还有一件应该做的事，那就是Rig的配置。

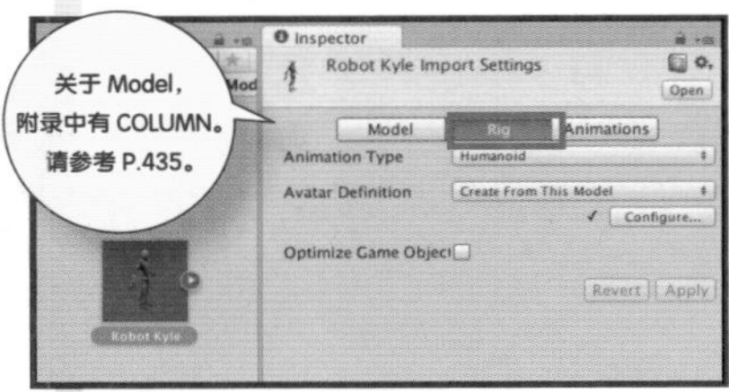

我们以出现过多次的Kyle为例进行作业。在项目浏览器上选中Kyle（实际上为FBX文件），在Inspector中选择Rig。

将Animation Type设置为Humanoid。如果不是人物角色，这里设置为Generic。Avatar Definition设置为Creat From This Model，然后会显示出Configure按钮，可以在这里对人型骨骼进行详细设置以进行调整。

点击Configure后，会出现一个对话框，提示是否保存到当前的场景中，保存后只有Kyle位于

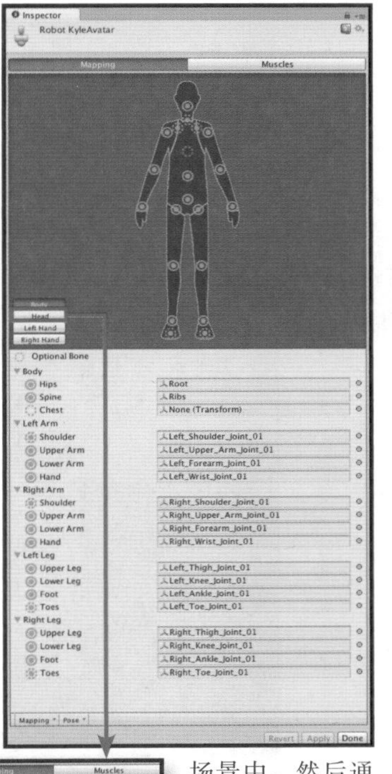

场景中。然后通过Mapping可以设置骨骼分配到那个部分。稍有部分漏掉也没关系。不仅可以设置身体，还可以对头、手腕等进行详细设置。分配完成后，可以对各关节进行测试。对关节的动作极限角度等分别进行设置，待完全可以接受后，单击右下方的Done按钮就可以将信息保存到该角色的Avatar中了。

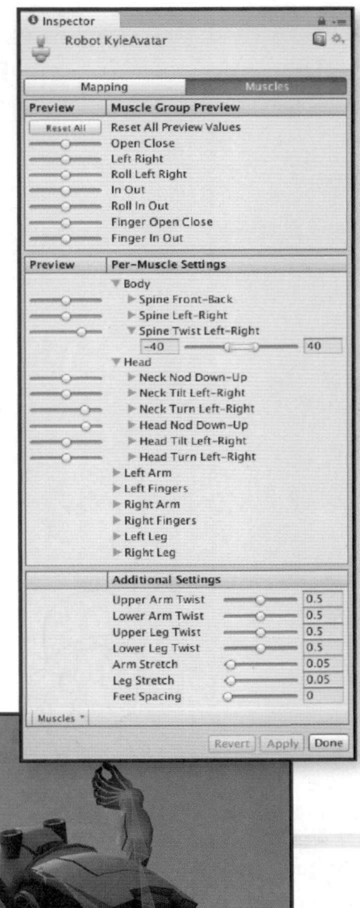

用笑容和Unity照出世界。

了解混合树

Mecanim的状态迁移的结构就大致了解到这里了。目前为止，从特定的动画到特定动画的迁移就完成了。但是Mecanim的乐趣才刚刚开始，可以在Mecanim中混合动画。混合动画？又是怎么回事。就是在当前制作的Cube中，移动、旋转、放大缩小的动画发生迁移时加入一些遮盖，也称为**Between**。动画混合是指在动画过程中可以执行混合的状态。比较好懂的是人形动画（后面将会说明到）。人形步行速度为每小时3公里，跑步速度为每小时9公里，如果只在这两种速度间进行切换的话，使用迁移即可。但也可以通过Parameters中所设置的时速4公里、时速7公里等步行速度，来将2种动画混合为“小跑”。

我们来看一下第一章最后来回走动的伊桑君的结构吧。新建一个项目，从Assets菜单中选择并读取Import Package > Characters。

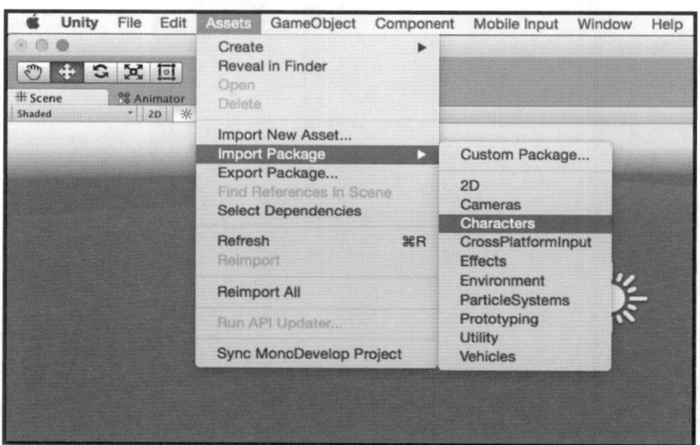

可以铺设Terrain，这次我们就以简单的Plane来取代地面吧。Plane的大小设置为比伊桑君的走动范围稍大一些，不至于使他掉落。

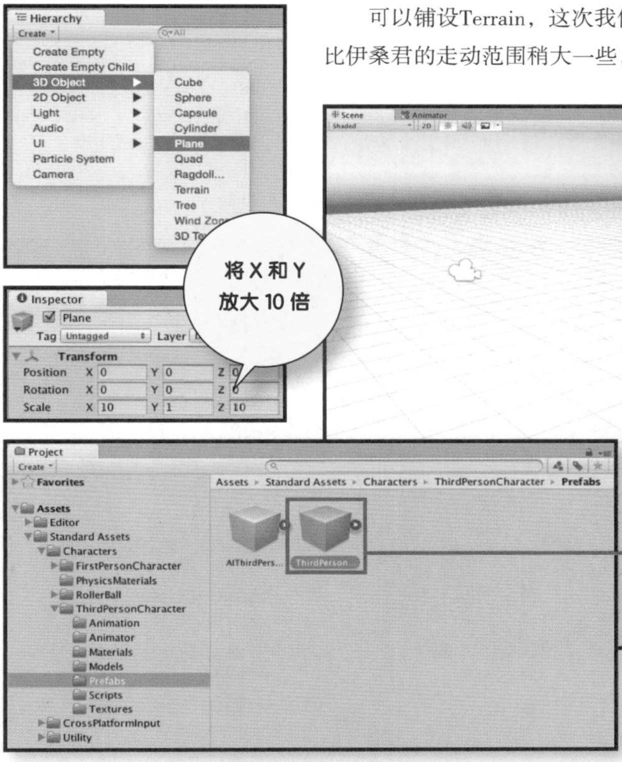

将X和Y放大10倍

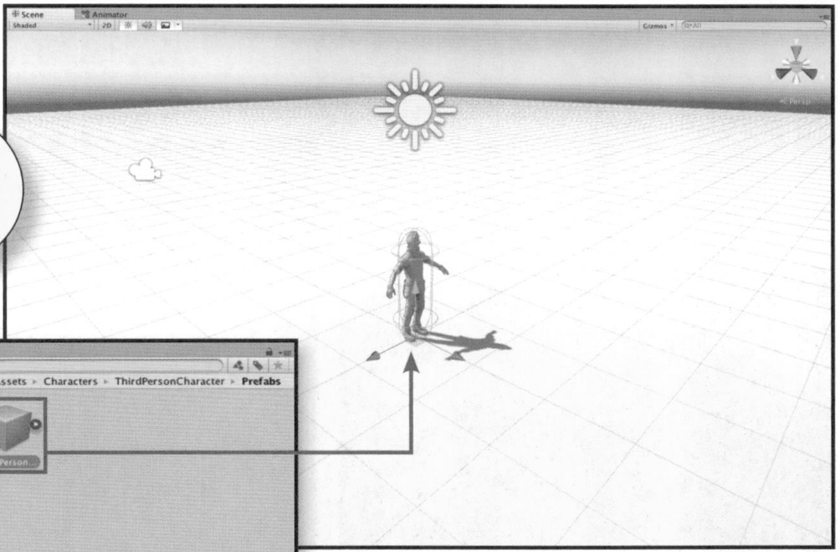

接下来放置已安装的伊桑君的预设ThirdPerson-AnimatorController。在hierarchy上选中并在Inspector中进行查看，发现有一个Animator组件，打开controller。大体上有三种状态：Grounded（地面上）、Airborne（空中）、Crouching（下蹲）状态。试着播放看看吧。

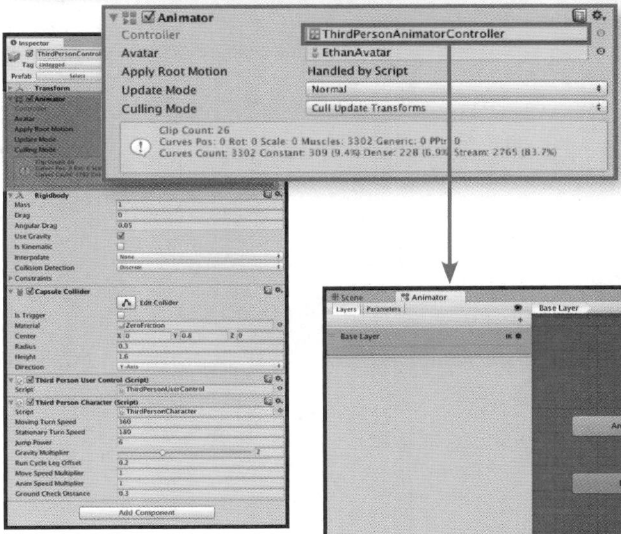

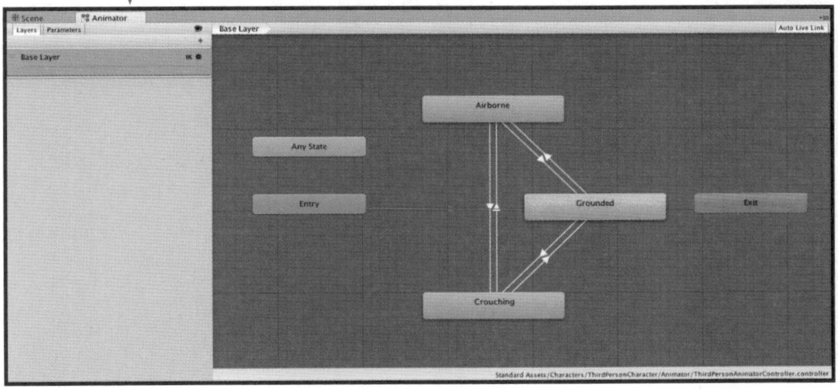

可以通过键盘使得伊桑君跑动，按下空格键可以使它跳跃※。按下空格键后状态变为Airborne，落地后变为Crouching。但是，用方向键或WASD键进行来回走动的动作时，却处于Grounded状态。这是怎么回事呢？前项的动画中，其状态上只有一个动画。伊桑君的Grounded是一种叫作混合树的东西。用项目来表示动画的分支的混合状况。混合状况？双击来看一下，进入混合树。浩浩荡荡放置有很多状态。浩浩荡荡？实际上是一个一个放置到动画中的。最上方的**HumanoidIdle**=这是人型的空闲状态。

【通过键盘使得伊桑君跑动，按下空格键可以使它跳跃】控制伊桑君的两个脚本 ThirdPersonUserControl.cs 和 ThirdPersonCharacters.cs 是用 C# 写的，稍微复杂一些。本书中不进行说明，只介绍一下思路。

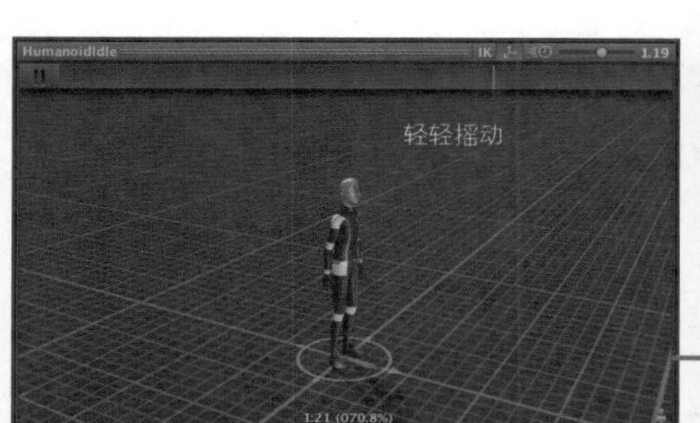

倒数第三个为**HumanoidRunLeftSharp**。就像它的名称，表示向左猛跑转弯的动画。

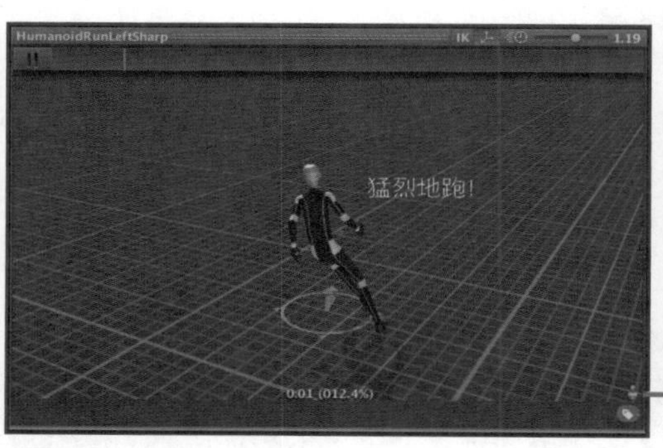

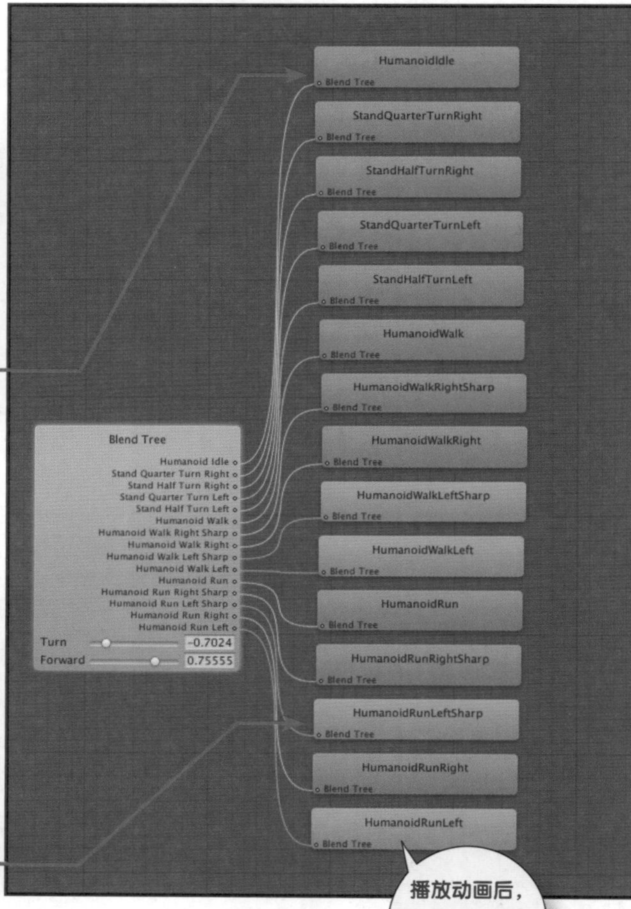

其他还设置了各种各样的“地上动作”。保持混合树的显示画面，再播放一次动画，让伊桑君动起来，会发现右边状态的颜色浓度在发生着变化，这就是浓度的混合状况。

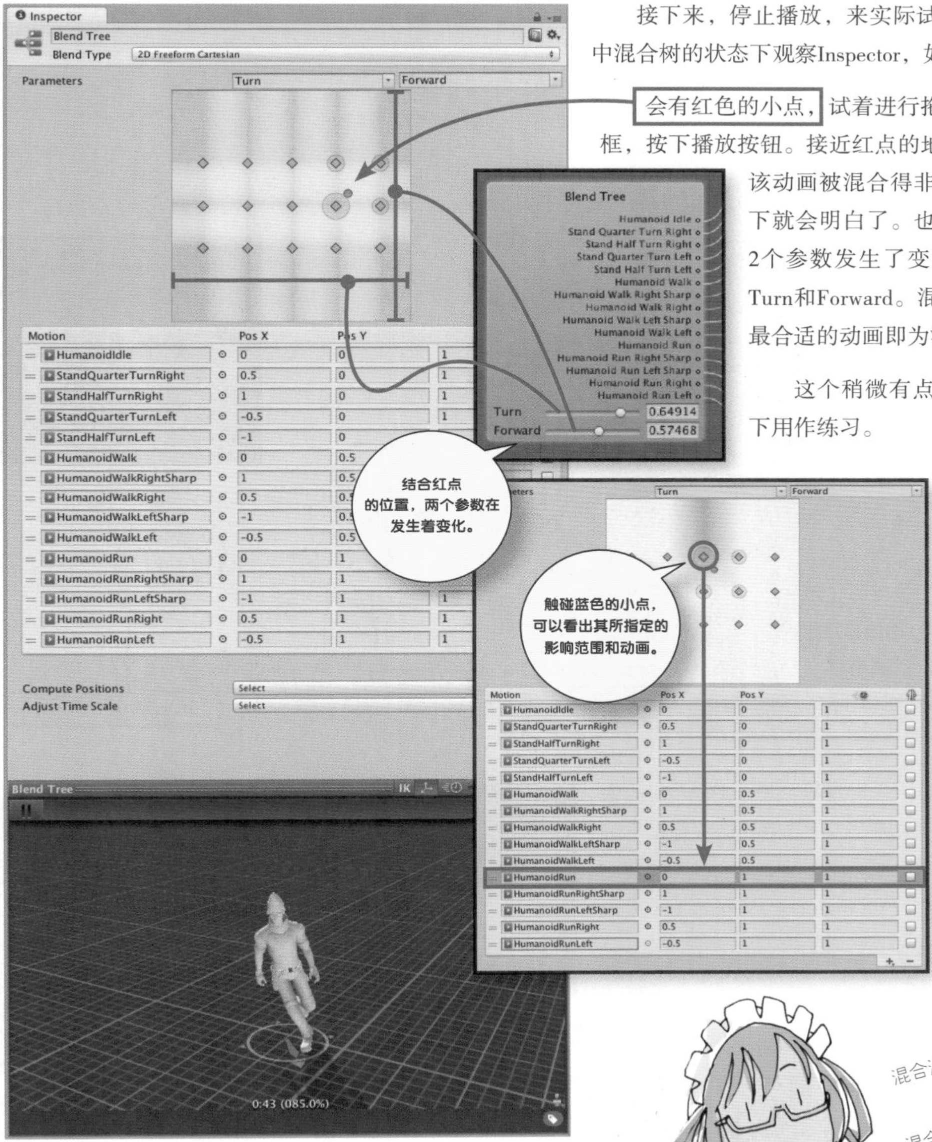

接下来，停止播放，来实际试一下混合状况。在选中混合树的状态下观察Inspector，如左图所示。

会有红色的小点，试着进行拖拽，下方有预览的方框，按下播放按钮。接近红点的地方的小圈变大，说明该动画被混合得非常之多。试着操作一下就会明白了。也就是说纵轴和横轴上2个参数发生了变化，具体到这里就是Turn和Forward。混合并执行两种状态中最合适的动画即为混合树的任务。

这个稍微有点复杂，我们来改造一下用作练习。

结合红点的位置，两个参数在发生着变化。

触碰蓝色的小点，可以看出其所指定的影响范围和动画。

混合混合

混合混合

跑、走、空转

伊桑君是从一开始所安装的试用数据中导入的，即便改造一下也不会破坏原来的文件，所以不必担心伊桑君的预设被破坏。如果想再次使用一个崭新的伊桑君，再进行导入即可。

从这个混合树中删掉不需要的动画，暂且只更改一下前后的部分吧。

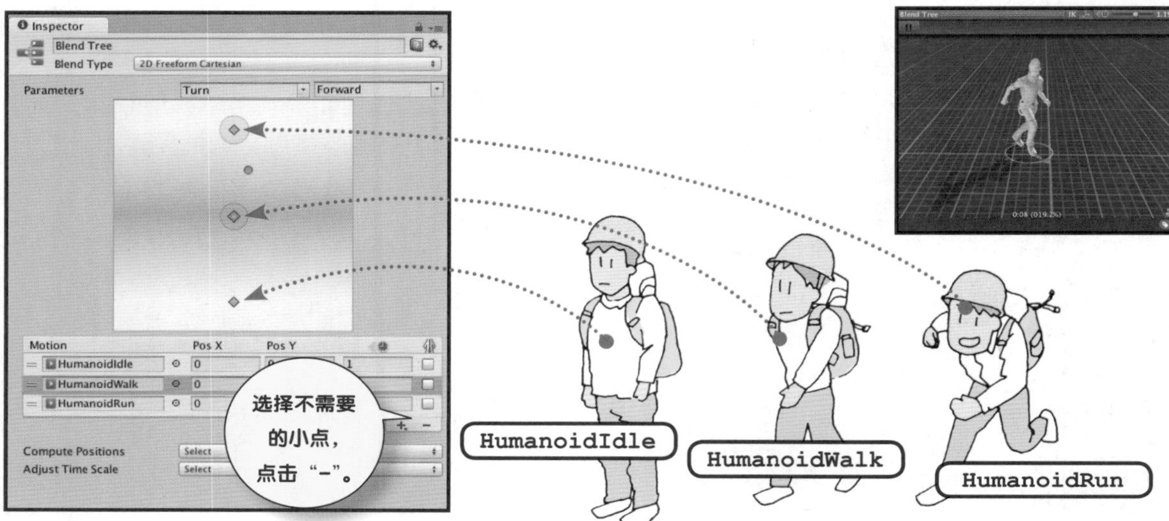

试着拖拽一下红点，会发现只反映了Forward的值（上下轴），混合了三个动画。不引用Turn的值好像也无妨。然后变更Blend Type。把当前的2D Freeform Cartesian变更为1D，Parameter项变更为Forward。外观发生了一些变化。

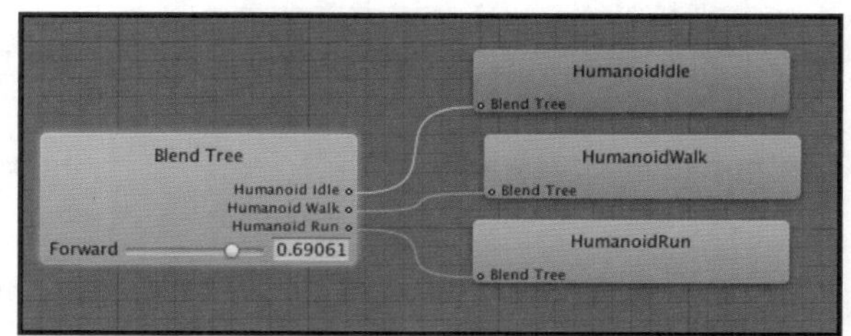

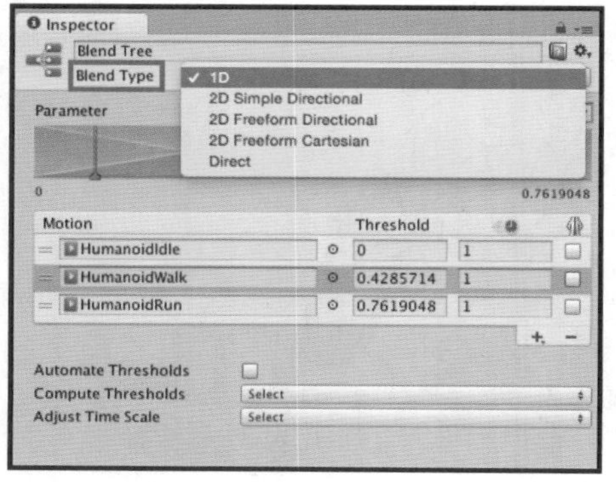

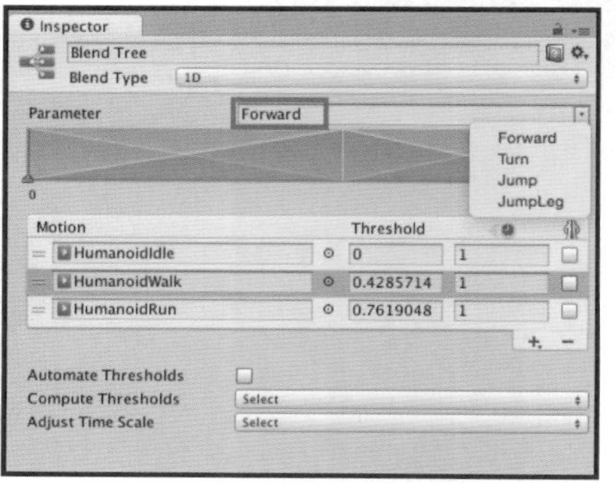

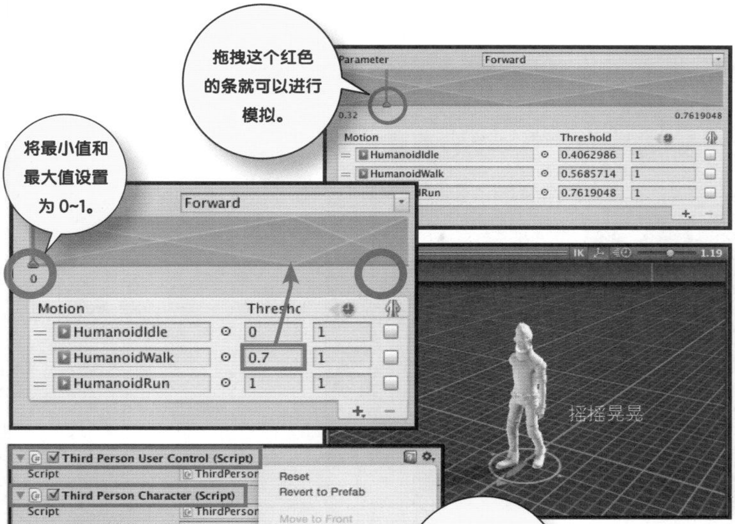

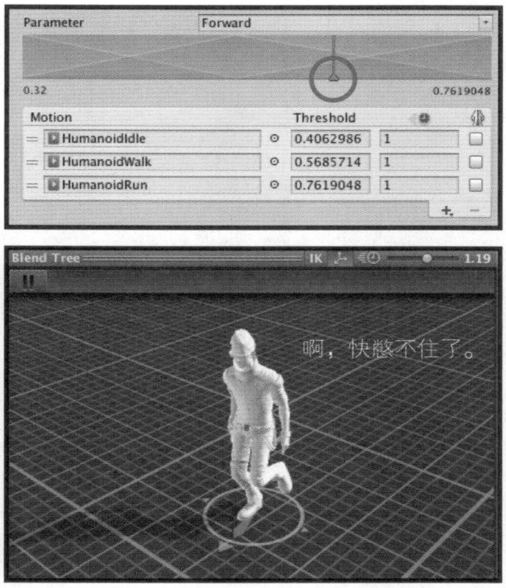

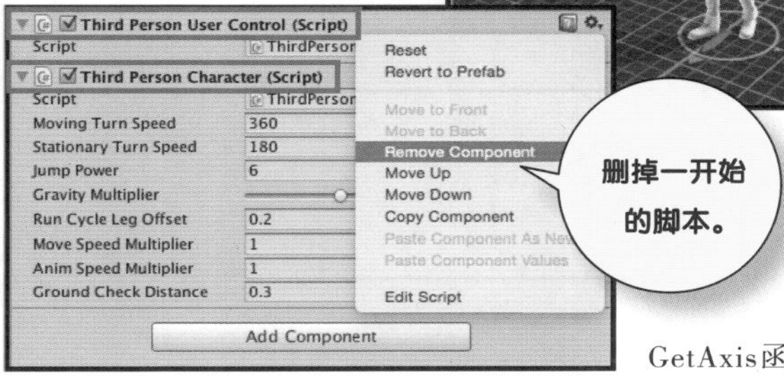

拖拽这个红色的条就可以进行模拟。

将最小值和最大值设置为0~1。

摇摇晃晃

啊，快撑不住了。

删掉一开始的脚本。

只有一个参数，比较好懂。试着通过脚本来控制一下。删掉当前的两个脚本。

使用GetAxis来控制参数，第四章※稍微说明过一些。GetAxis函数自身获取键盘的前后※输入，并平滑地返回模拟量值，位于-1~1之间。选择菜单的Edit > Project Settings > Input，InputManager将出现在Inspector中，可以在此设置平滑程度，设置为稍微平缓的反应。

【第四章】请参考 P.223

【前后】用左手的话前为 W 键，后为 S 键。用右手的话即为方向键的前后。

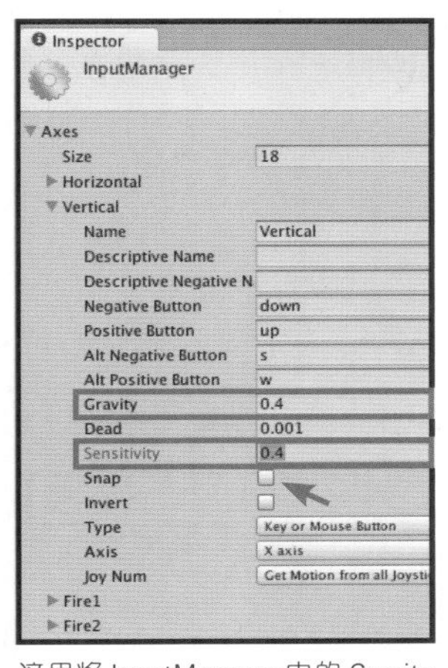

这里将 InputManager 中的 Gravity 和 Sensitivity 设置为了 0.4，另外去掉 Snap 的勾选。

只是做个实验，所以就让角色在原地进行动画吧。

```
#pragma strict
var a:Animator;
function Start () {
    a = GetComponent(Animator);
    a.SetFloat("Forward", 0f);
}
function Update () {
    var Speed:float = Input.GetAxis("Vertical");
    if(Speed<0)
        Speed=0;
    a.SetFloat("Forward", Speed);
}
```

由于返回的是-1~1的浮点型，所以0以下剔除了0。

这样，Forward的值就平滑设置为了0~1，动画可以在**跑**、**走**和**空转**之间流畅变化了。

通过 NavMesh 在迷宫中进行移动

为了让角色发生动画，我们让伊桑君走动起来。制作图中这样一个迷宫，只需在伊桑君的周围牵引拉伸Cube就可制成，非常简单。

而且成为墙壁的Cube全部放入了成为地面的Plane的层级下。然后选择Plane，在Inspector中将所有的地板和墙壁变更为Static。

接着就该让伊桑君在迷宫中进行走动了。移动的目标为鼠标所点击的地面位置。把这个考虑到障碍物的寻路探险称为NavMesh，是Unity中标配的功能。

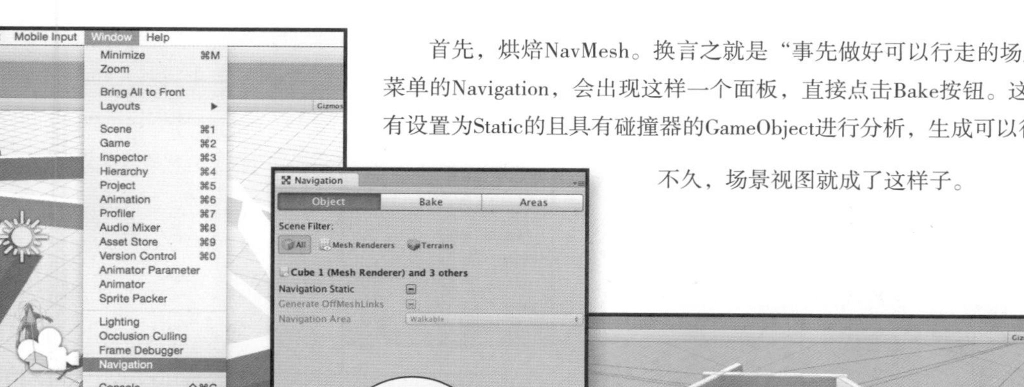

首先，烘焙NavMesh。换言之就是“事先做好可以行走的场所”。打开Windows菜单的Navigation，会出现这样一个面板，直接点击Bake按钮。这样就会对场景内所有设置为Static的且具有碰撞器的GameObject进行分析，生成可以行走的场所。

不久，场景视图就成了这样子。

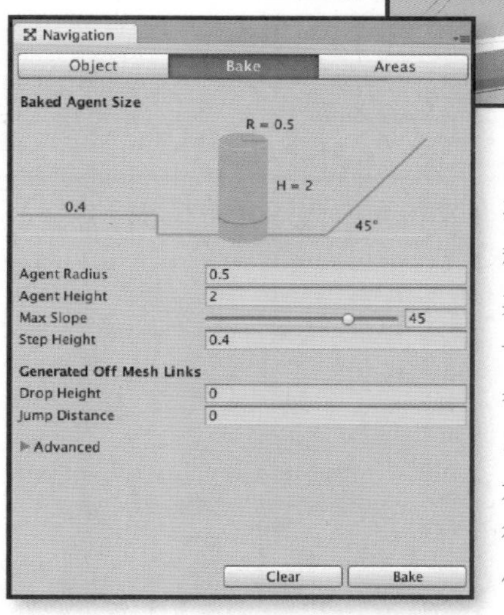

蓝色部分即为NavMesh的可行走的场所。是什么在行走呢？是Agent。准确一点来说是具有Nav Mesh Agent组件的GameObject。距离墙壁附近要稍微留一点缝隙，离墙壁多近可以通过设置组件来进行调整，即“要通过某宽度的角色，所以其GameObject的中心只能接近到这个位置”。宽度的设置是由**Agent Radius**的尺寸来决定的。来回走动的角色也举有碰撞器，因此并不是仅设置这些就能决定是否能通过，这点需要注意一下。可以在左图的设置中不只对宽度进行设置，对高度（**Agent Height**）、所走斜坡的倾斜程度（**Max Slope**）、台阶的高度（**Step Height**）等进行设置后，然后按下Clear按钮，重新Bake，重复这样的作业，来很好地制作这个通道。

仅这样还不能行走，要使角色在所设置的通道上行走，还要添加Nav Mesh Agent组件。选择伊桑君，从Add Component中选择Nav Mesh Agent。

Component
Mesh
Effects
Physics
Physics 2D
Navigation
Audio
Rendering
Layout
Miscellaneous
Event
UI
Scripts
New Script

Navigation
Nav Mesh Agent
Off Mesh Link
Nav Mesh Obstacle

Nav Mesh Agent	
Agent Size	
Radius	0.5
Height	2
Base Offset	0
Steering	
Speed	3.5
Angular Speed	512
Acceleration	4
Stopping Distance	0
Auto Braking	✓
Obstacle Avoidance	
Quality	High Quality
Priority	50
Path Finding	
Auto Traverse Off Mesh Link	✓
Auto Repath	✓
Area Mask	Everything

将 Angular Speed 设置的稍微大一些。

如右图中那样输入设置※。把回头速度Angular Speed设置的稍微大一些。接着将如下脚本粘贴至伊桑君※。

MyNavMesh.js

```
#pragma strict
private var navAgent:NavMeshAgent;
private var a:Animator;
private var lastPoint:Vector3;
function Start () {
    navAgent = GetComponent(NavMeshAgent);
    a = GetComponent(Animator);
    lastPoint = transform.position;
}
function Update () {
    if (Input.GetMouseButtonDown(0)){
        var ray:Ray = Camera.main.ScreenPointToRay(Input.mousePosition);
        var hit:RaycastHit;
        if (Physics.Raycast(ray,hit, 1000)){
            navAgent.SetDestination(hit.point);
        }
    }
    var dist: float = Vector3.Distance(lastPoint,transform.position)*(1/Time.deltaTime)/navAgent.speed;
    lastPoint = transform.position;
    a.SetFloat("Forward", dist);
}
```

将所点击的位置通知给navAgent。

根据1帧内所移动的距离计算出速度。

Nav Mesh Agent的Speed，上面设置为了3.5。

将动画的参数更新为0~1.0。

试着进行播放。在游戏视图中点击任意位置，伊桑君就会朝那个方向行走了。这个移动的动作并不是通过上面的脚本来实现的。

【设置】设置Steering。Speed用来设置移动的最大速度，Angular Speed用来设置行进在路线时的最大旋转速度（度/秒），Acceleration为最大加速度，单位为 m/s^2。Stopping Distance用来设置离目的地多远时停止，Auto Braking用于设置刹车，以使不超过目的地。

【粘贴至伊桑君】之前创建的按键事件中已经将变更动画的脚本禁用或移除。

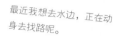

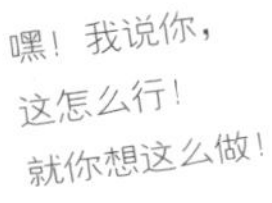

最近我想去水边，正在动身去找路呢。

嘿！我说你，这怎么行！就你想这么做！

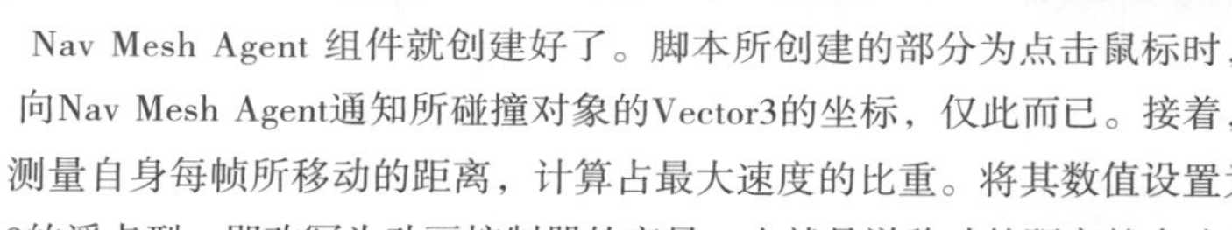

Nav Mesh Agent 组件就创建好了。脚本所创建的部分为点击鼠标时，向Nav Mesh Agent通知所碰撞对象的Vector3的坐标，仅此而已。接着，测量自身每帧所移动的距离，计算占最大速度的比重。将其数值设置为0~1.0的浮点型，即改写为动画控制器的变量。也就是说移动的距离越多速度越快，则为小跑，慢的话则为步行。

Nav Mesh Agent的设置中，勾选了Auto Baking时，可以实现靠近目的地时步行这样的动作。可以创建一个Flag，一开始时隐藏，点击后在点击位置出现。

在左页的此处传递 hit.point 并进行调用。

Flag.js

```
#pragma strict
private var navAgent:NavMeshAgent;
var myRendrer:Renderer;
var t:GameObject;
function Start () {
    t =  GameObject.Find("ThirdPersonController");
    navAgent = t.GetComponent(NavMeshAgent);
    myRendrer = GetComponent(Renderer);
    myRendrer.enabled = false; //隐藏
}
function Update () {
    if (myRendrer.enabled){ //角色靠近时，隐藏进行移动
        if(Vector3.Distance(t.transform.position,transform.position)<3){
            transform.position = Vector3(10000, 0, -10000);
            myRendrer.enabled = false;
        }
    }
}
public function SetLoc(_p:Vector3){ //移动到指定的位置，进行显示
    transform.position = Vector3(_p.x, 0, _p.z);
    myRendrer.enabled = true;
}
```

点击鼠标时调用。

```
GameObject.Find("Flag").GetComponent(Flag).SetLoc(hit.point);
```

NavMesh：添加门

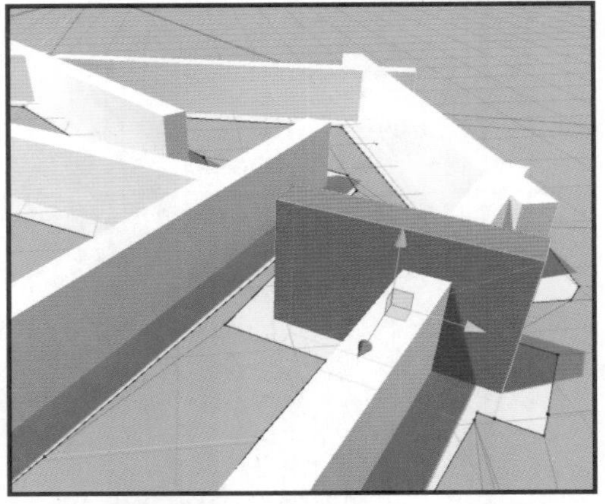

创建伊桑君的通行道路，从点击的位置进行通行移动。要是有门的话会怎么样？NavMesh已经事先进行了烘焙，仅适用了不能移动的Static的GameObject。但是，门是会动的，无法设置为Static。

这时需要的组件为Nav Mesh Obstacle。例如，没有特别写脚本，通过动画重复时开时闭，为门加入这个组件。

只需如此。勾选Carve，更改被拦住时角色的行动。去掉这个勾选时，角色就会站在门前等待“打不开嘛”，勾选后在意识到这里被拦住的瞬间就会去寻找别的路了。一个等待，一个聪明。当然后者的处理中要消耗CPU，多处使用时有可能会漏掉处理。在何处使用要慎重。

通过使用Nav Mesh Agent和动画控制器，是不是突然觉得做出了很棒的东西呢？

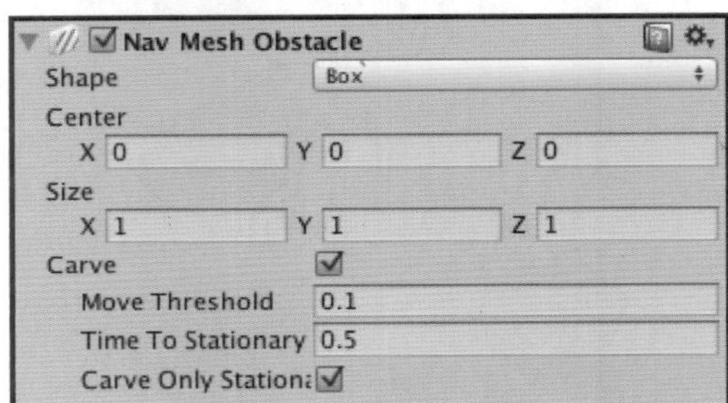

第六章
GUI 与 Audio

由 3D 物体构成的世界。
但只是如此，无法产生内容。
本章介绍制作界面与控制声音播放的技巧。

制作 GUI

用 Unity 制作游戏或者制作其他内容，基本上都需要用到图形用户界面 Graphic User Interface=GUI。在日本很多人将 GUI 读作“ji~ you~ ai~”，但在其他国家，还是念“gui（鬼）”更普遍※。GUI 是界面上带有指示器或按钮的东西，几乎在所有游戏中都有。例如，生命值还剩多少？或者显示地图看看现在所在位置等。

相对于透过摄像机看到的3D世界影像，好像固定地贴在前面的那部分叫作GUI。要制作GUI有多种方法。推荐使用的方法是利用自Unity4.6版本之后搭载的**Unity UI系**统来制作。基本上用它就都能做了。如果使用UI这个名称，容易与普通的UI（User Interface）混淆，所以本书中就使用其开发代码名称**uGUI**。

此外还有使用多个摄像机将3D空间的GameObject本身作为用户界面的方法，或者在ver.4.5版本及以前的版本中的遗产※工具——GUI用户界面层的方法。使用GUI用户界面层的方法虽然方便，但是一定要全部用脚本来编写。对于刚接触脚本的人来说，心理负担会比较大，就留作以后再了解吧。

【普遍】虽然说是比较普遍，但就像有的人把英国车 jaguar 读成 [ˈdʒæɡˌwar]，而有的人读成 [ˈdʒæɡjuər]；有的人将 Tiger 战车读作 [ˈtɪɡɚ]，有的人读作 [[ˈtaɪɡɚ] 一样。有的人将 uGUI 也读作“优鬼”。

【遗产】英文是 Legacy，指曾经的遗产，已经被新事物取代了，这里作为计算机用语。通常用作消极词义。

使用 GUI 用户界面层的方法（遗产）

在这里使用一个简单的示例。Cube随机地向各个方向旋转，以随机时间向不同方向旋转。对位于世界中央的Cube贴上自创的材质，将下一页的脚本附着其上。

播放之后的效果，随机地更改颜色，偶尔更改旋转的方向。

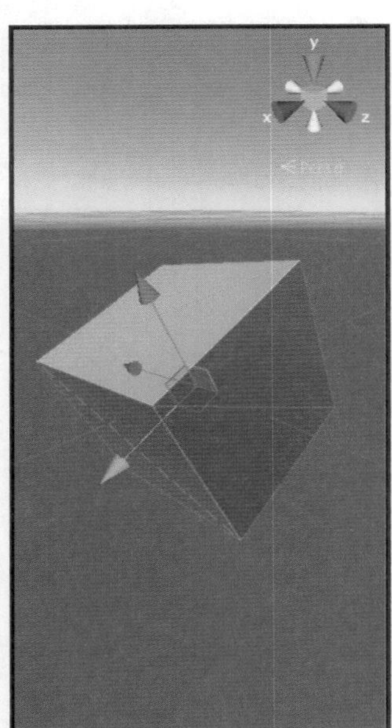

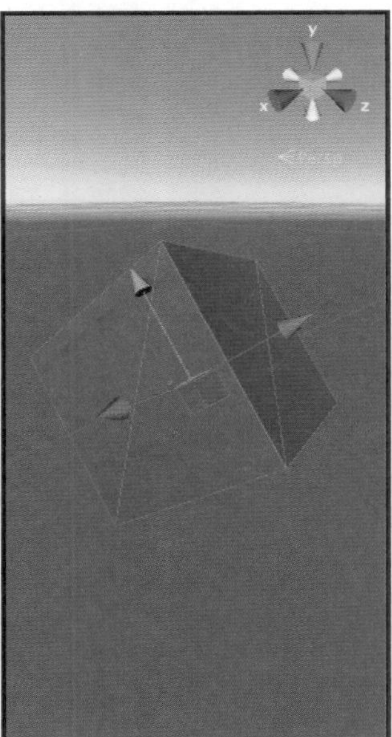

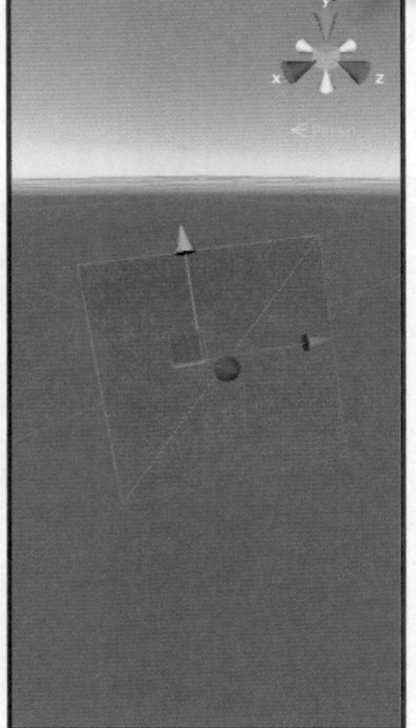

```
#pragma strict
var rValue:Vector3 = Vector3.zero;
var cList: Color[];
function Start () {
    Invoke("ChangeState",1f);
}
function Update () { //旋转
    transform.Rotate(rValue);
}
function ChangeState(){
    RotateChange();
    ColorChange();
    Invoke("ChangeState",Random.Range(1f,2f));
}
function RotateChange(){
    var rX : float = Random.Range(-1f,1f);
    var rY : float = Random.Range(-1f,1f);
    var rZ : float = Random.Range(-1f,1f);
    rValue = new Vector3(rX,rY,rZ);
}
function ColorChange(){
    var rColorIndex:int = Random.Range(0,cList.Length-1);
    GetComponent(Renderer).material.color = cList[rColorIndex];
}
```

Color型的内置数组。

第一次调用后1秒钟。

随机地决定更改旋转方向、更改颜色和下一次调用ChangeState的时间。

在-1~1的区间内，随机决定旋转方向。

虽然颜色的数量是4个，但数组的编号是从0开始的，所以为各个颜色设置0~3的整数值。

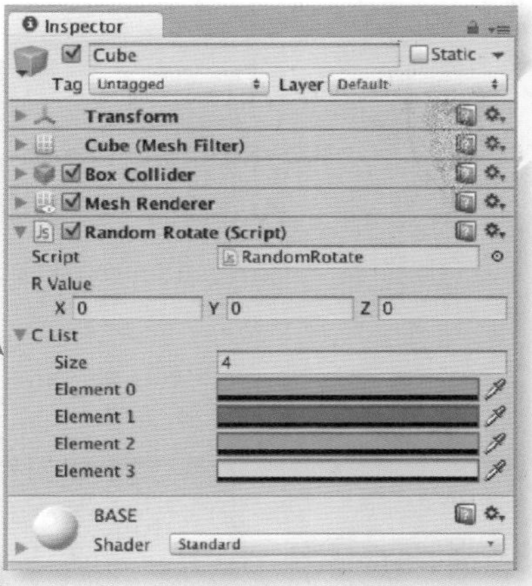

虽然写的内容很长，但这个脚本很简单。

Inspector
Cube　Static
Tag Untagged　Layer Default
Transform
Cube (Mesh Filter)
Box Collider
Mesh Renderer
Random Rotate (Script)
Script　RandomRotate
R Value
X 0　Y 0　Z 0
C List
Size　4
Element 0
Element 1
Element 2
Element 3
BASE
Shader　Standard

因为使用内置数组，所以现在 Inspector 上指定Size= 数量，设置各个颜色。

现在来添加界面吧。我们来配置一个Stop按钮，让旋转停下来。因此，除了上述的内容之外，还需要写一个捕捉OnGUI事件的函数。

看，这样就调用OnGUI了。

On~GUI~
OnGUI

```
function OnGUI(){
    if (GUI.Button (Rect (10,10, 150,30), "TimeStop")){
        rValue = Vector3.zero;
        CancelInvoke();
    }
}
```

将旋转方向设置为0，就是不旋转。

本章中为了区别于场景视图（scene view），为游戏视图（game view）添加了绿色边框。

一按这个按钮，旋转就会停止。这个脚本是每次用Update执行指定的旋转动作，所以将旋转设置为0，取消所调用的下一次**ChangeState()**的**Invoke**。

这样的话，就再也不能动了，所以我们需要稍微改造一下。

通过rValue的值，来判定对象是停止还是活动的状态。

```
function OnGUI(){
    if(rValue == Vector3.zero){
        if (GUI.Button (Rect (10,10, 150,30), "Start")){
            ChangeState();
        }
    } else {
        if (GUI.Button (Rect (10,10, 150,30), "Stop")){
            rValue = Vector3.zero;
            CancelInvoke();
        }
    }
}
```

按 GUI.Button()

这样的话，每次被按下，该按钮的标签就会切换“Stop”和“Start”，让动作重启或者再次停止。

调用OnGUI的话，会在if的条件中，调用下一个分支。

```
GUI.Button (Rect (10,10, 150,30), "Start")
```

If语句会返回该函数为**true**还是**false**，以此来辨识条件分支。首先为这个**GUI.Button**传递Rect型参数，即矩形的参数（矩形的左上角的X坐标、Y坐标，和矩形的宽度、高度）。之后的参数是矩形上显示的字符串。如上图所示。

渲染到每一帧画面上，任务相当繁重。

这是Unity 4.x之前的版本使用的GUI layer（用户界面层），是遗产性质的GUI系统。虽然是遗产性质，但并非不能使用。首先了解一下，这个GUI layer到底是什么呢？

其实，这是摄像机上附带的GUI Layer组件。可以理解为它是贴在摄像机拍摄的影像前面的东西。当每一帧OnGUI事件传递到这个GUI Layer上时，OnGUI函数就会开始工作。即使是位于同一个位置的同一个按钮，也会随着每次调用而被渲染。如果稍加处理修改，也会造成额外负担。所以，现在，在实际制作中，通常**尽量避免使用**※。你辛辛苦苦地学习，终于学会开发的时候，一定会经历优化的环节，当你学会使用第十章中介绍的Profiler之后，就会感觉不想使用复杂的遗产项目GUI了。只不过，在你有这种情绪之前，是**可以多多使用**的。而对于一定要用脚本来编写的初学者来说，**还有其他的难关**要攻克。索性不需要这些知识了！跳过几页看……NO！NO！**请稍等。**即便如此，在制作prototype、排出漏洞和测试等工作中也并非不能使用，所以，在这里只是简单介绍一些**知道了会很方便**的小知识。详细内容请参考Unity操作手册的遗产GUI脚本指导的内容吧。

【尽量避免使用】所以，在Unity4.6搭载uGUI之前，原则上是使用不用GUI层的NGUI。

https://docs.unity3d.com/Manual/GUIScriptingGuide.html

固定显示按钮宽度

例如这个按钮。从10px的位置开始宽度为150px，所以所占区域距离左边是160px。但如果在移动手机端的话，因为播放的设备分辨率是380px还是640px，而显示的效果大不相同。假设我们需要让按钮的宽度占满屏幕左右宽度。此时，应该使用的类是Screen。在Screen类中查找width和height，就会根据当前显示器的分辨率返回尺寸。我们来试着根据画面比例，配置按钮吧。

```
function  OnGUI () {
        var marginX:float = Screen.width*0.1;
        var buttonHeight:float = Screen.height*0.1;
        GUI.Button (Rect ( marginX,marginX,Screen.width-marginX*2,buttonHeight), "Start");
}
```

虽然因文字的大小而有差异，但即使使用不同分辨率的显示器，也能以相同的比例显示。

GUI.Label 与文字字体

刚才设置的按钮，这次我们试一下单纯的文字。在OnGUI中，通过以下脚本，在屏幕上方显示出了“Hello GUI!”的字符串。

```
GUI.Label (Rect (0,0,Screen.width,100), "Hello GUI!" );
```

与按钮一样，指定领域，显示字符串。但是，字符串只是在屏幕上方紧凑地显示出来。这是默认状态。GUI和Web的css一样，如果没有特别设置的话，就显示默认的字符串。在脚本的开始部分，先声明**GUIStyle**。

```
var MyStyle:GUIStyle;
function OnGUI(){
     GUI.Label (Rect (0,0,Screen.width,100), "Hello GUI!" ,MyStyle );
}
```

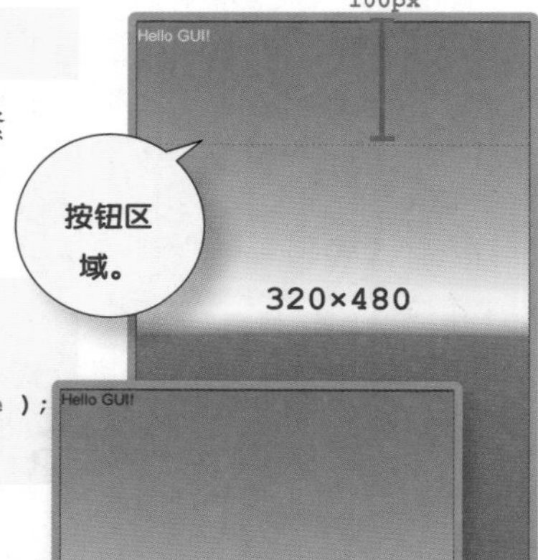

文字变黑了，却没有其他特别的变化。

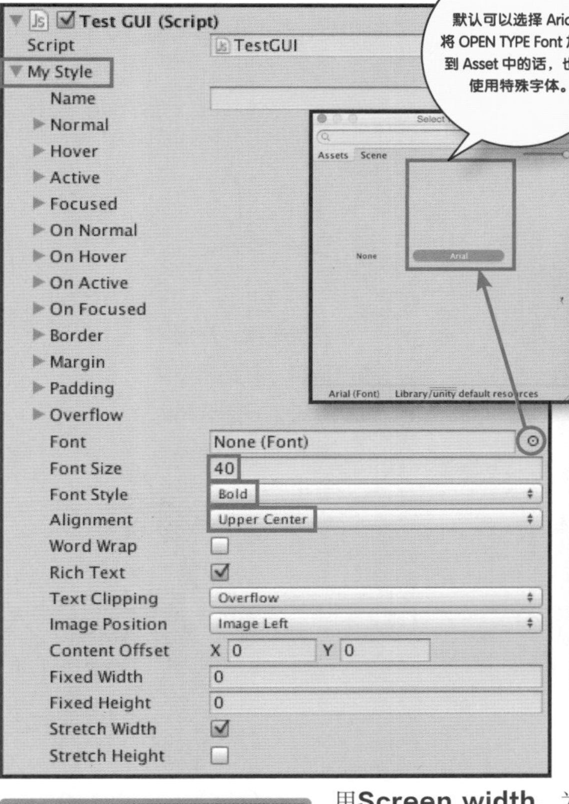

看一下这个脚本的Inspector，其中有一个My Style的项目。这就是刚才声明的GUIStyle信息。如左图所示，在这里面的下方输入Font、Font Size、Font Style，将Alignment设置为Upper Center。再播放试试看。

按照设置的样子显示出来了。然后将分辨率换成640×960试试看……

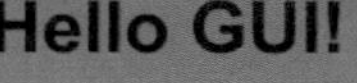

果然变成了这个样子。像之前一样，使用**Screen.width**，为**Start**的脚本编写如下内容。

```
function Start(){
    MyStyle.fontSize = Mathf.RoundToInt(40*(Screen.width/320));
}
```

再播放的话，显示的效果就一样了。根据宽度为320时的Font Size是40px，以此为基准进行放大。**Mathf.RoundToInt**※是将浮点型的小数进行四舍五入，转换为整数型的函数。即，**GUIStyle**的项目也全部可以通过脚本来控制。通过细致地设置**GUIStyle**，就能让界面接近自己设想的状态。

这个**GUI.Label**可以在开发中这样使用。随时监测播放过程中的帧率，每秒更新显示，变得很简单。

【Mathf.RoundToInt】Mathf是数学函数的类。本书中没有详细介绍，但这是进行数值计算时必须用到的类。详细内容请参考网上文件资料。http://docs.unity3d.com/ScriptReference/Mathf.html

```
#pragma strict
var MyStyle:GUIStyle;
function Start(){
        MyStyle.fontSize = Mathf.RoundToInt(40*(Screen.width/320));
}
var times:float = 0f;      //将每帧之间的时间加起来
var fps:int = 0;           //在 GUI.Label 上显示的文本
var fCount:int = 0;        //累加计算帧数
function Update(){
        times+=Time.deltaTime;
        fCount++;
        if (times > 1.0){
                fps = fCount;
                times = 0f;
                fCount = 0;
        }
}
function  OnGUI () {
        GUI.Label (Rect (0,0,Screen.width,100), fps+" fps" ,MyStyle );
}
```

1秒后将帧数代入到fps中，重置其他变量。

FPS 指的是 Frames Per Second。不过 First Person Shooting 的缩写也是 FPS，所以容易混淆。

获得 FPS 的方法有很多，普遍的用法就是像左侧的编码一样，计算 1 秒时间内经过了多少帧，返回数量的方法。

从结果来看，使用遗产项目 GUI 的方便之处就在于，只需要贴上脚本组件即可。

Fade In、Fade Out（淡入、淡出）

使用GUI，可以只利用脚本就能做出画面变暗的效果。为整个界面铺上纯黑的面板，将GUI自身颜色的阿尔法通道（Alpha Channel）值※ 设置为慢慢地由1变成0，让场景淡入。

【阿尔法通道值】即透明度，是从 0~1.0 的浮点型数值。

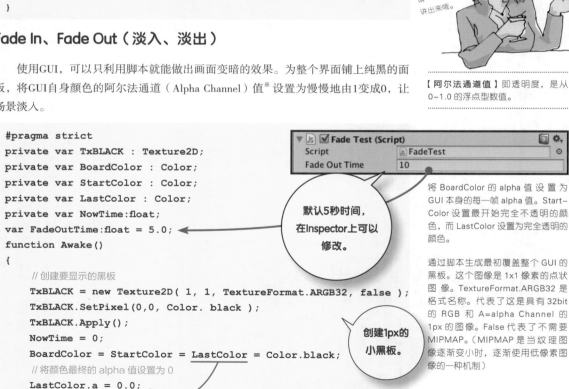

```
#pragma strict
private var TxBLACK : Texture2D;
private var BoardColor : Color;
private var StartColor : Color;
private var LastColor : Color;
private var NowTime:float;
var FadeOutTime:float = 5.0;
function Awake()
{
    //创建要显示的黑板
    TxBLACK = new Texture2D( 1, 1, TextureFormat.ARGB32, false );
    TxBLACK.SetPixel(0,0, Color. black );
    TxBLACK.Apply();
    NowTime = 0;
    BoardColor = StartColor = LastColor = Color.black;
    //将颜色最终的 alpha 值设置为 0
    LastColor.a = 0.0;
}
```

Fade Test (Script)	
Script	FadeTest
Fade Out Time	10

默认5秒时间，在Inspector上可以修改。

将 BoardColor 的 alpha 值设置为 GUI 本身的每一帧 alpha 值。StartColor 设置最开始完全不透明的颜色，而 LastColor 设置为完全透明的颜色。

创建1px的小黑板。

通过脚本生成最初覆盖整个 GUI 的黑板。这个图像是 1x1 像素的点状图像。TextureFormat.ARGB32 是格式名称。代表了这是具有 32bit 的 RGB 和 A=alpha Channel 的 1px 的图像。False 代表了不需要 MIPMAP。（MIPMAP 是当纹理图像逐渐变小时，逐渐使用低像素图像的一种机制）

```
function Update () {
    if (NowTime < FadeOutTime){
        NowTime += Time.deltaTime;
        if (NowTime >= FadeOutTime){
            BoardColor = LastColor; // 到了设置的时间后，变成完全透明
        } else {
            BoardColor = Color.Lerp(StartColor,LastColor, NowTime/FadeOutTime);
        }
    }
}
function OnGUI(){
    if( BoardColor.a != 0 ){
        GUI.color =  BoardColor; // 更改 GUI 的颜色（渐渐变淡）
        GUI.DrawTexture( Rect( 0, 0, Screen.width, Screen.height ), TxBLACK );
    }
}
```

为NowTime添加deltaTime，在到达已设置的时间段后，更改BoardColor。

渲染界面，让1px的黑色图像铺满屏幕。

像上方这样编写，就能完成淡出、跳转下一场景的脚本。这次是用Update更新BoardColor的，其实这样的地方用协同程序的话会更好。关于协同程序，请参考第四章的P.242。

将这个脚本贴在场景中的任意一个GameObject上，就能在启动该场景时，从黑色淡入。非常方便吧。实现准备好这个脚本，可以作为方便的脚本组件用在任何程序中。即使是遗产项目，也不会有遗憾了。只不过，编写脚本确实有点麻烦。

【副摄像机的影像会显示在小窗口上】
请参考P.217

与其他摄像机的影像重合

在这里，我们实验一下更加简单粗暴的方法。在第四章，我们提到过主摄像机和副摄像机的话题。就是那个**副摄像机的影像会显示在小窗口上**※的内容。如果利用摄像机影像重合的原理，来做淡出效果的话，怎么样？先在副摄像机的前面，覆盖一个黑色的GameObject，然后使其渐渐变得透明。不用脚本，用动画效果也不错。连LOGO等内容，也能这样表现。虽然这个方法很原始，不过确实也能用。

Hi~ 大家看得到吗?
还没有。
Logo
0.5
渐渐变淡。

由于副摄像机与主摄像机完全重合，所以当LOGO消失时，副摄像机就什么都拍不到了。这样的话就一辈子也看不到主摄像机拍摄的影像。所以，在副摄像机的摄像机组件设置中，将Clear Flags设置为Depth only，就能让摄像机只拍摄到位于空间中的物体。接下来，将Projection从Perspective设置为Orthographic，变成正交摄影，显示的物体没有远近距离感。然后Size中，让黑板和LOGO慢慢复原，将Depth设置为1。这样副摄像机就变成只能拍摄黑板和LOGO的摄像机，可以与Main Camera合成了。

然后，将LOGO和黑板的材质的Rendering Mode设置为Fade。将这2个的消失时间稍微错开的话，就能做出下面的动画效果。颜色的变化可以通过Animation的时间线来实现。这样不用编程就能演绎出细致的效果。虽然LOGO和黑板消失了，不过在这里放置可以作为按钮的物体的话，就能形成GUI界面。

需要将背后的板和LOGO的Standard Shader的设置选为Fade。

将 Rendering Mode 设置为 Fade 的话，通过 Albedo 的 Alpha 值就能如实反映透明度了。

在嵌套的黑板和LOGO中，创建动画。

动画结束后，可以用脚本将这个摄像机或LOGO的GameObject删除。

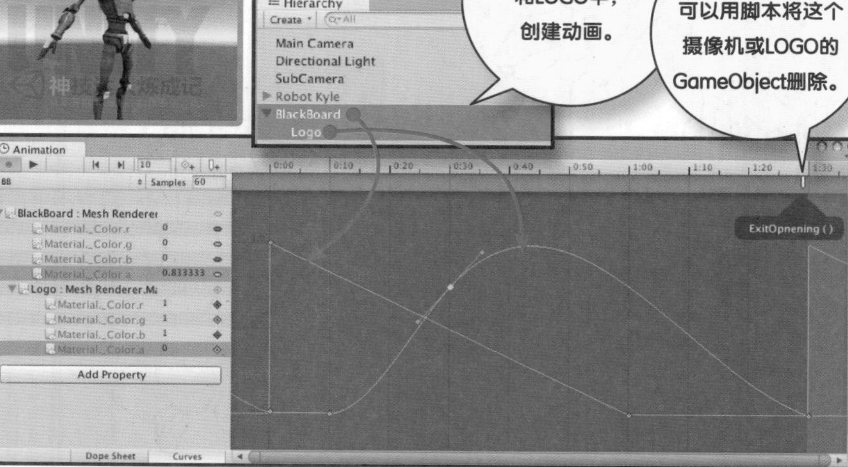

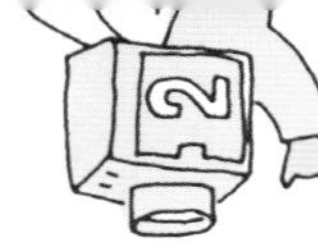

显示 Map 的手法

经常在FPS※等中，有小窗显示Map图像的情况。这是以自己的位置为中心，显示导航性质的地图。其实，用2个摄像机的话，就能简单地再现。将Main Camera作为FPS或TPS视角，然后做个小窗，将自己头顶上垂直向下看到Orthographic（无透视）摄像机拍摄到的图像在小窗中显示即可。举个例子，我们试着给第一章中制作的Ethan添加地图吧。

上空中，Map专用的摄像机。正对着下方。用脚本追踪角色的x和y。

这部分是从上方拍摄的摄像机中的图像。

【FPS】这是指第一人称视角射击游戏（First Person Shooting）。相对地，TPS是第三人称视角射击游戏（Third Person Shooting）。本页中的伊桑君就属于后者TPS。

```
#pragma strict
var TargetCharactor:GameObject;
function LateUpdate () {
        transform.position.x = TargetCharactor.transform.position.x;
        transform.position.z = TargetCharactor.transform.position.z;
}
```

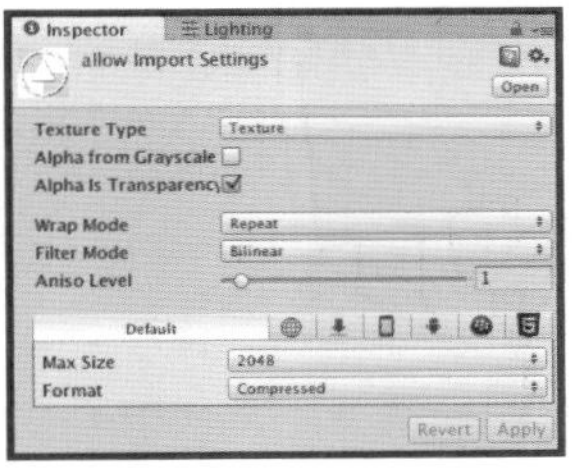

在这里再加一道手续。虽然现在可以从上空往下看，但是人物很小，难以看到。如左图一样，准备图像。在伊桑君的层级之下插入3D对象的板=Quad，设置它的材质，并将其水平放置。位置放在伊桑君的腰部。光用语言描述，不容易理解吧。是这样的感觉。从上空的摄像机看，只有这个标志。从Main Camera看就只能看到伊桑君了。

放在EthanBody的下方。

好像肩膀上有什么东西……

我早就看到了。

为了从特定的摄像机看到特定的GameObject，需要设置Camera的Culling Mask。只能从上空的Map Camera看到的标志（UI层），以及只能从地上的Main Camera看到的伊桑君（Player层）。如此一来，它移动的话，就会如下图一样，地图和主摄像机能看到的东西也随之发生改变。地图的图像就覆盖在地面Terrain上了。

将这个板的层设置为UI，将伊桑君的层更改为新建添加※的Player层。

从 MainCamera 中只能看到伊桑君

从 MapCamera 中只能看到三角标志

【新建添加】添加层是从 Layer 的下拉菜单的最下方 Add Layer 中操作。

虽然可以像这样用2个以上的摄像机来制作界面，但是难点是显示的大小。由于智能手机和PC游戏等分辨率不同，所以就必须还像前面说过的一样，从Screen类中调出画面大小，考虑比例，配置按钮等。可能会很麻烦。

所以，接下来将要登场的就是，大家期待已久的**uGUI**了。终于出场了。

这样行吗?
露出来了一点
HIGH SCORE
MAP
2

将 Texture Type 修改为 Sprite（2D and UI），将 Sprite Mode 改为 Single，然后点击 Apply。

使用 uGUI（Unity UI）

之前我们用OnGUI将遗产项目GUI进行了编程。我们当时说过，这是在场景内的GameObject贴在3D的场景影像上一样，随着每次Update而生成按钮或者生成内容，所以处理器任务可能会太重。并且还提到了，如果不喜欢这一点的话，可以使用NGUI※收费的Asset，在场景中制作界面。其实从Unity4.6开始就导入了新的GUI系统。那就是我们称为Unity UI（uGUI），也就是UI的组件群。

【NGUI】虽然也有很多优点，比如可以进行详细设置等，但如果不是一直使用 NGUI 的用户，使用 uGUI 也是 OK 的。

举个例子，我们就简单地在屏幕上放一个LOGO吧。准备PNG等透明背景的图片。在这里我们使用的是本书的LOGO的PNG图片。让LOGO图片大小为512×512px，在项目浏览器上选择，然后如左上方图片所显示，在Inspector上设置**Sprite（2D and UI）**后，点击Apply。

诶哟！妈呀！

然后，在Hierarchy中，点击UI > Image进行选择。于是，场景中就配置了**3个GameObject**。正中间是白色的四方块。从Kyle的角度来看，这是个超级大的板子。

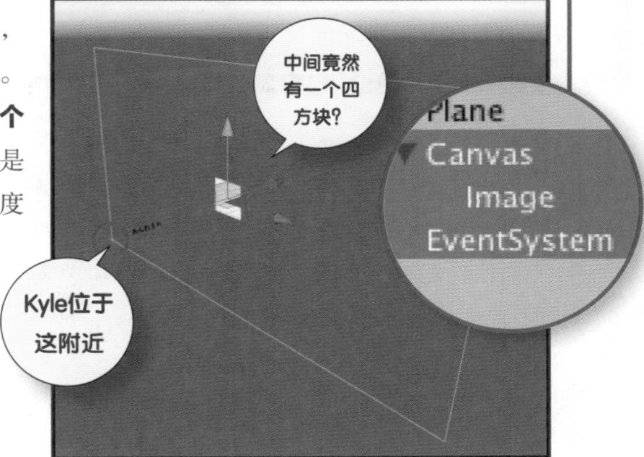

这个巨大的四边形是名为**Canvas（画布）**的特殊物体。虽然所有的Game-Object上一定会附加Transform组件，但这个Canvas附加的是却**Rect Transform**。Rect = Rectangle，是指**矩形**。正如我们所看到的，现在处于灰色状态，不能更改数值，让我们来看一下其中Width和Height的数值。在这个示例中，是1280和720。因为Kyle身高1.8m，所以非常巨大。这些数值代表什么呢？代表现在显示的Game View的分辨率。因为1像素代表1m，所以显得很大。我们来看一下游戏视图。中间有一个白色的四方块。这是刚才添加的Canvas层级下面的空白的Image。这个四方形就位于1280m和720m的正中央。咦？看上去也不大嘛！

在 Hierarchy 上添加的 3 个 Game-Object 中的另一个是 "EventSystem"，负责管理键盘、鼠标或者操作杆等 Unity 的输入。

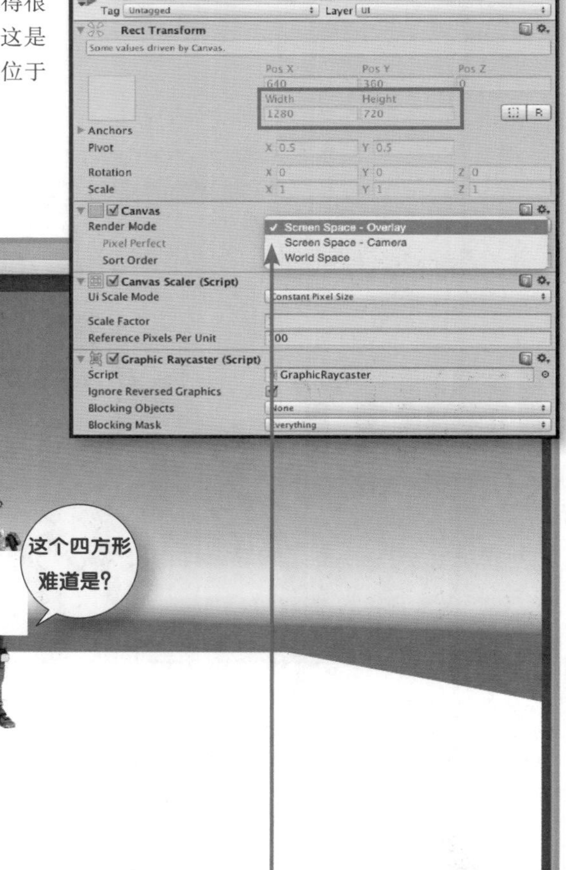

可能你会有点混淆，难以理解，其实可以将Canvas与Main Camera中拍摄的实际世界，当作两个平行世界。在Canvas的世界中，单位就是界面里的分辨率。二者都是被放置在世界的中心点上，所以重合的部分是可以显示在场景视图中的，但你可以认为它们相互是没有关系的。而且，在当前的渲染模式**Screen Space – Overlay**中，Canvas的大小就是屏幕的分辨率，白色方块的Image就像前面尝试过的副摄像机的LOGO一样重叠在上面。

空的 GameObject 可以代替文件夹这样分开。可以用 Option（ALT）+ Shift + A 就能将任意一个禁用，也可以移动位置。

在这个白色的方块上，我们也添加一样的LOGO吧。

【Rendering Base】指的是显示摄像机拍摄到的东西。相对的是，Dot by Dot（点对点）。

【准备最大分辨率的】即使素材太大，在 Inspector 上也能缩小尺寸，所以不用太担心，事先就准备大分辨率的吧。

Screen Space - Overlay 的情况

在Hierarchy中选择Canvas下面的Image。在Inspector中Image组件的Source Image中，设置刚才准备的LOGO图像。刚才的白色方块就变成了LOGO。

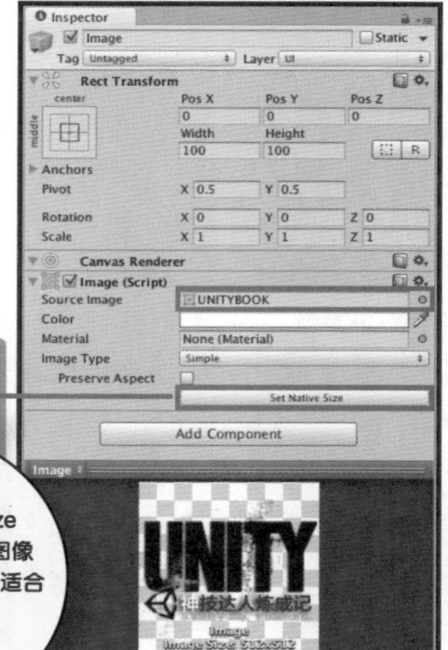

点击Set Native Size的话，就能将素材图像的像素放大或缩小到适合当前画面的尺寸。
神技达人炼成记
从零开始学Unity，制作原创游戏。

接下来，单击Set Native Size，能将图像放大或缩小到画面的分辨率。

通常在Rendering Base※的Unity中设计界面的时候，虽然可以不用太在意图像的像素数，但像素大的会兼容小的，所以对于有内存问题的素材来说，只要事先准备最大分辨率的※就可以了。

在实际的场景中，会是以下这种情况，正如刚才所说的，不用太在意缩放。

即使 uGUI 的部分对着 Kyle 所在的左下角，拍摄世界的 Main Camera 上也不会显示当下状态的 UI，所以不用担心。

不过，感觉在同一个场景中一起编辑操作，有点奇怪。

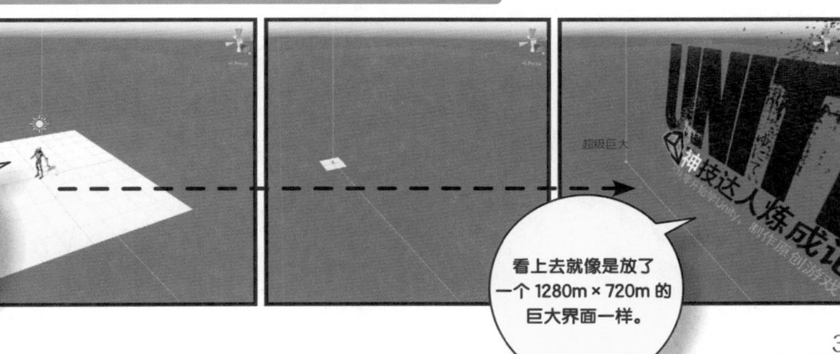

从身高 1.8m 的 Kyle 开始一直拉远视距，缩小图像的话……
超级巨大
看上去就像是放了一个 1280m × 720m 的巨大界面一样。

用Rect Tool，将场景视图上的2D开关打开。

编辑UI的时候，最好先设置Pivot和Local。

Main Camera拍摄到的东西，会先汇总到层级中。

所选中的对象的矩形是可以更改的。拖拽小蓝点与小蓝点之间的边，就可以沿着这个方向更改尺寸。

以这个蓝色的圆圈为中心进行旋转。这个圆圈的位置也是可以通过拖拽来移动的。

相对于自身区域的位置 x:0.5、y:0.5，意思是它的正中心就是旋转的中心。

接下来，更改Image的显示大小和位置。将场景视图的2D开关开启后，场景辅助工具（Scene Gizmo）就消失了，切换成Z轴位于内侧的正面视图了。在Hierarchy上选择Image，选中工具条最右侧的**Rect Tool**后，Image的各个区域就会显示出蓝色的小点儿，分别抓住这些小蓝点就能更改图像的形状。而且，让鼠标稍微离开这个小蓝点的话，还能令矩形旋转。旋转的中心位置有个蓝色的双重圆圈，这叫作**Pivot**（锚点）。Pivot也是将这个Image固定在Canvas的矩形上特定位置的基准点。

请看一下Inspector的Rect Transform。不同于Canvas，这个Rect Transform是可以更改数值的。Pivot项的X轴和Y轴都是0.5，意思是说图像本身所占范围的X轴和Y轴大小分别是1.0，它位于中心位置。因为这个图像的宽度是512像素，所以X轴距离左端256像素。刚才说旋转是选择的Z轴，所以Z轴的数值产生了变化。

接下来，在这个LOGO的后面铺上**背景图像**。为此，先准备这样一张256像素的小正方形图像，然后设置为**Sprite（2D and UI）**。这么小一张图像就能将背景全部覆盖吗？

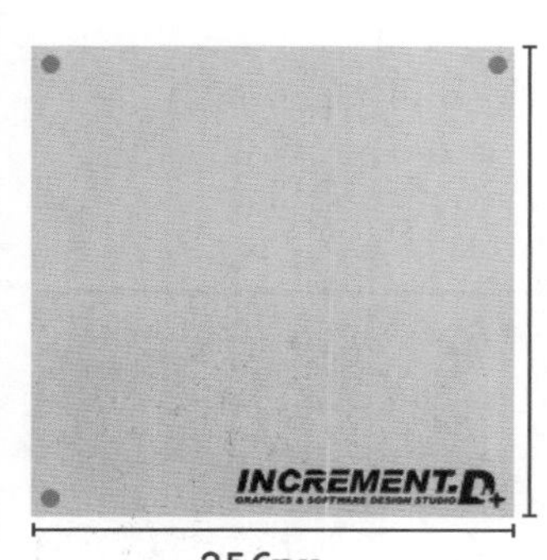

UNITY
我在做 UI
不用担心 UI。好像我的邻居在做呢。
UNITY
啊！我已经没用了吗?

现在，在只放置了LOGO的Canvas上再添加一个Image。在Hierarchy上右击鼠标，选择UI > Image。于是，创建出名为Image 1的GameObject，将其与LOGO一样设置为背景图像。这样，在LOGO上面就好像覆盖了一层黄色的背景图像。再将Image 1放大到整个Canvas。使用Rect工具※，就能立即放大到与1280×720的Canvas相同大小。用鼠标拖拽能够捕捉Canvas的line，所以也能很容易地放大到整个Canvas。因为原本是很小的图像，所以放大后图像向上方拉伸得严重变形，右下方的LOGO变得模糊不清了。而且，书的标题也被遮盖起来了。姑且从游戏视图上看，这个图像是布满Canvas了。

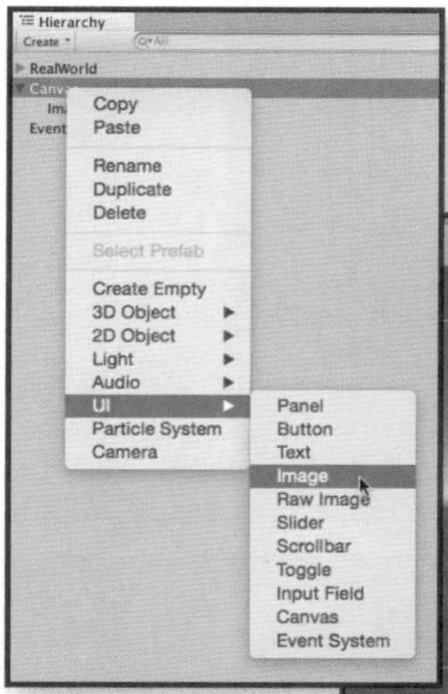

【Rect 工具】就是这个。

将LOGO遮盖起来了。
720px
1280px
由于将原本 256px 的正方形放大，所以这部分 LOGO 显得模糊不清了。

接下来将这个GameObject的名字修改为BG，并且，更改它在Hierarchy上的显示顺序吧。其实，在Hierarchy上显示的Canvas中的GameObject，位于层级上方的GameObject在Canvas上更靠近内侧。按照左侧的操作，将中央的LOGO移动到前面来。

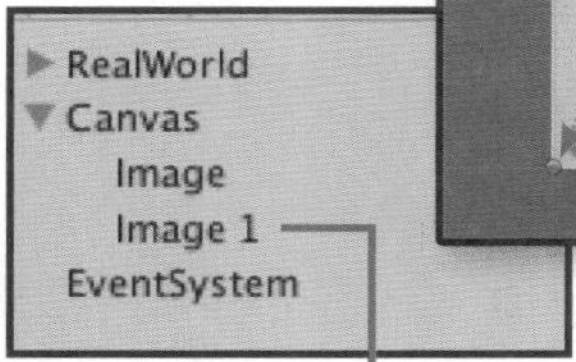

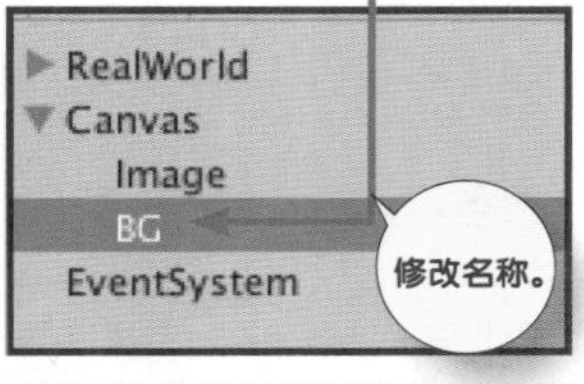

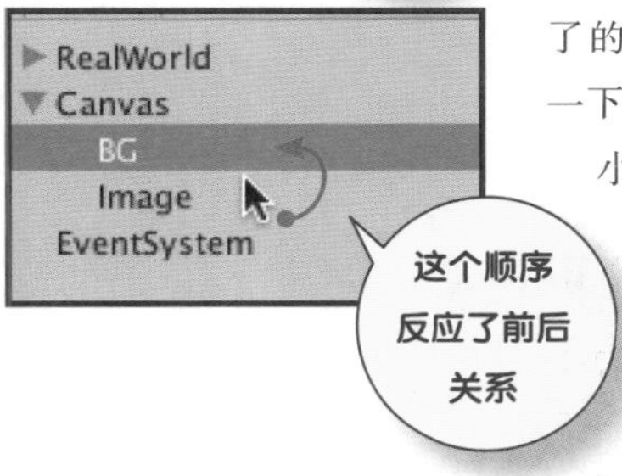

接下来，将被拉长了的右下角LOGO处理一下。其他几个角上有小圆点的图案●，这也是由于过度拉长而出现的污点。因此，在**项目浏览器中，选中图像，在Inspector上稍微修改一下属性**。

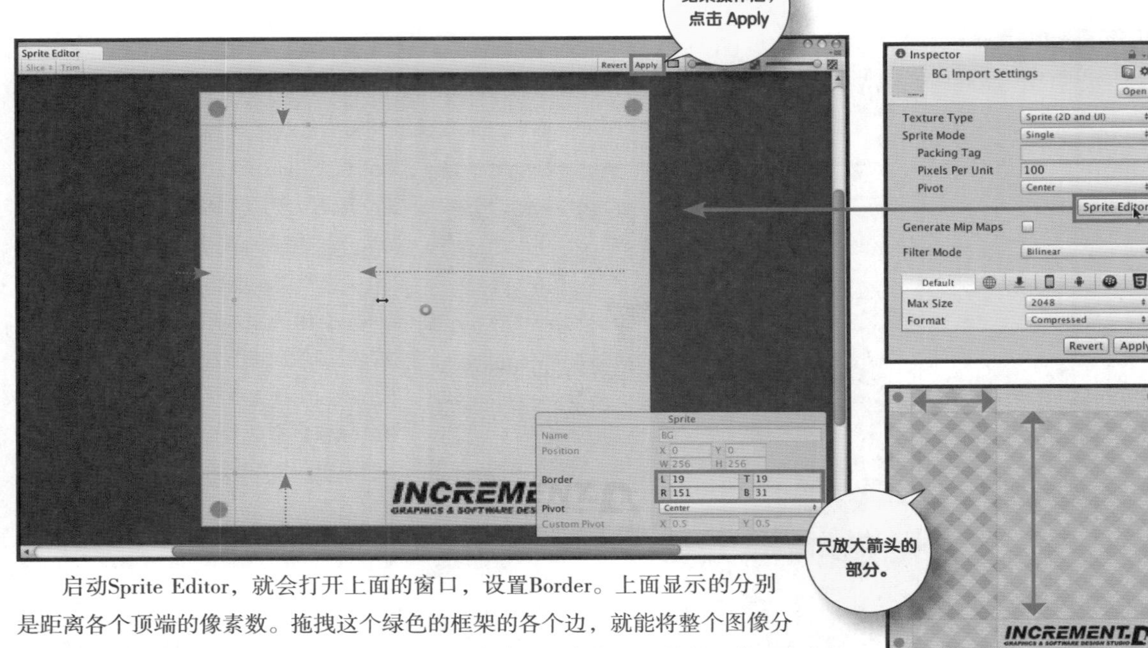

启动Sprite Editor，就会打开上面的窗口，设置Border。上面显示的分别是距离各个顶端的像素数。拖拽这个绿色的框架的各个边，就能将整个图像分配成9块区域，避开了角落的●圆圈和LOGO。点击右上方的Apply按钮，将这个布局反映到场景中。这样就不会移动着9块区域中四个角落所在的区域，而只会拉伸其他部分了。按照这样操作，效果就很好了。

不过，现在是屏幕尺寸1280×720的状态，如果是1920×1080呢？如果将游戏视图改为这个尺寸的话，就会变成下面这样了。这样就不是背景了。那么，就只能使用Screen类，通过脚本来控制了吗？

并非如此。

使用 Anchor

这里有一个奇怪的图标。

你注意到了吗？场景视图中有一个奇怪的图标。有一个四个三角形构成的图标，并不是之前常见的形状。其实这个叫作Anchor（锚点）。Anchor意思是船的锚。也就是说，这个是不能动的！这样说起来，可能不容易理解。那么，我们**选中背景GameObject“BG”**，再看一下Inspector吧。

点击左侧位置，就会显示名为Anchor Presets的下拉列表。现在，正中央的横轴center、纵轴middle是被选中的状态。请直接按Option（ALT）键。样子有一些更改。然后点击右下方。再看场景视图的话，就会发现背景BG放大到整个Canvas了。

按着Option（ALT）键的同时……
点击这里

刚才的Anchor变成什么样子了呢？4个三角分开了，布满了Canvas。这里究竟发生了什么呢？这次，我们在游戏视图中试着修改界面大小吧。

1080px
1920px
试着更改界面大小等。
在Free Aspect中设置自由尺寸。
480 × 640
LOGO都保持相同的大小。

中间LOGO的大小是固定的，但背景会根据界面的分辨率来伸缩。因为通过Sprite Editor做出了9块区域，所以右下角的LOGO和其他角落的●依然存在，没有损伤分辨率。这个背景的锚点现在全部分布在Canvas的矩形的各个角上。并且，背景图像已经铺满了整个Canvas。锚点的三角放在Canvas的角上，现在距离为零，与背景矩形的角完全相连，也就是将背景图像放大到Canvas的尺寸。

右上角的锚点

Canvas 区域

BG

如果让背景的边缘稍微靠Canvas内侧的话，依然是将锚点放在Canvas的角上，将背景图像稍微向内侧缩小。这样的话，即使修改Canvas的大小，Anchor与背景的角也会**保持在一定距离**进行放大缩小。

也就是说，自己的锚点与自己的矩形的角保持固定的距离。锚点的位置会根据Canvas的大小而更改。如果，不要这样，而是**想根据上下左右的比例来决定背景大小**的话呢？这个时候，就一定要修改锚点插入的位置了。请看下一页左上方的图。

右上角的锚点

Canvas 区域

锚点与角的距离是固定的。

就好像是用金属棒一样将二者连接起来了。

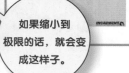

BG

如果缩小到极限的话，就会变成这样子。

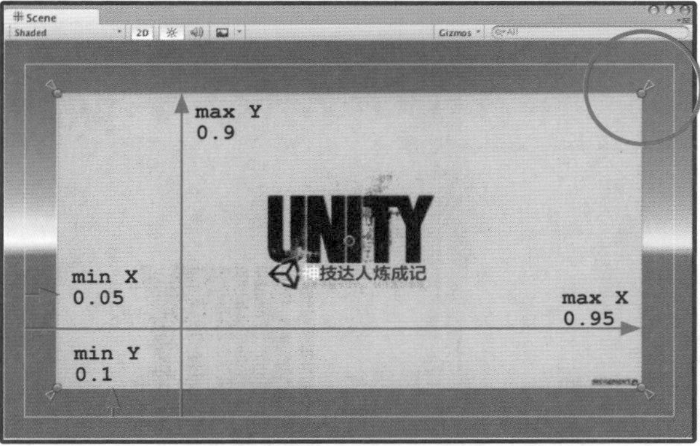

你知道不同之处了吗？这次锚点设置的位置与背景BG的矩形相同。这个锚点不仅能在场景中通过拖拽来编辑，还能在Inspector下方的部位，通过数值来进行设置。

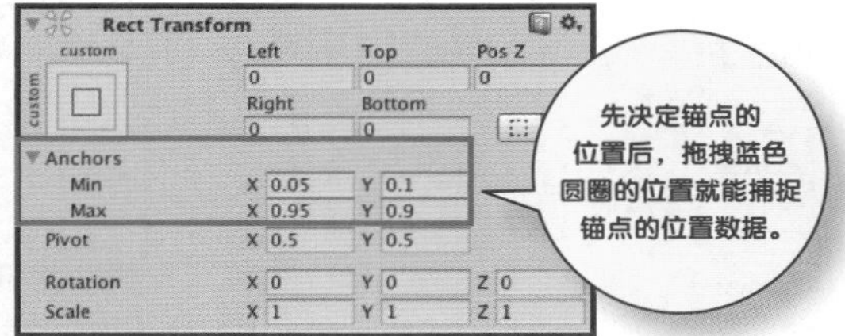

左上方图中，可以让锚点分别按照左右5%、上下10%的比例将背景嵌入Canvas内侧。与左手页中的不同之处是，锚点的位置是根据Canvas大小的相对位置来移动，而结合这个位置，背景的角也会进行移动。

这次将正中央的LOGO按照左右比例来更改尺寸吧。选择显示LOGO的Image，将锚点的X设置为Min:0.3、Max:0.7。也就是说，让LOGO的宽度占左右宽距的40%。

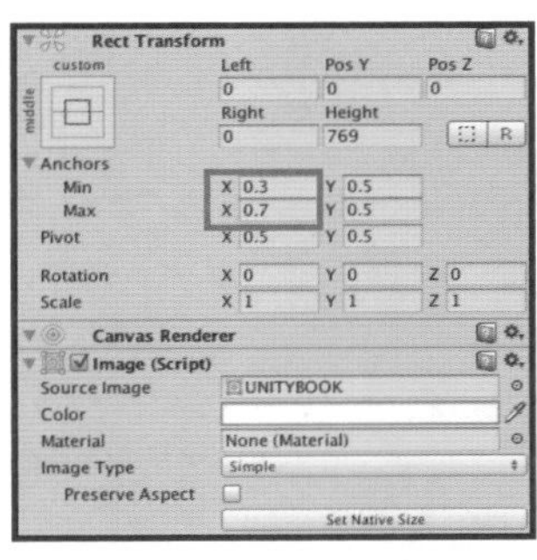

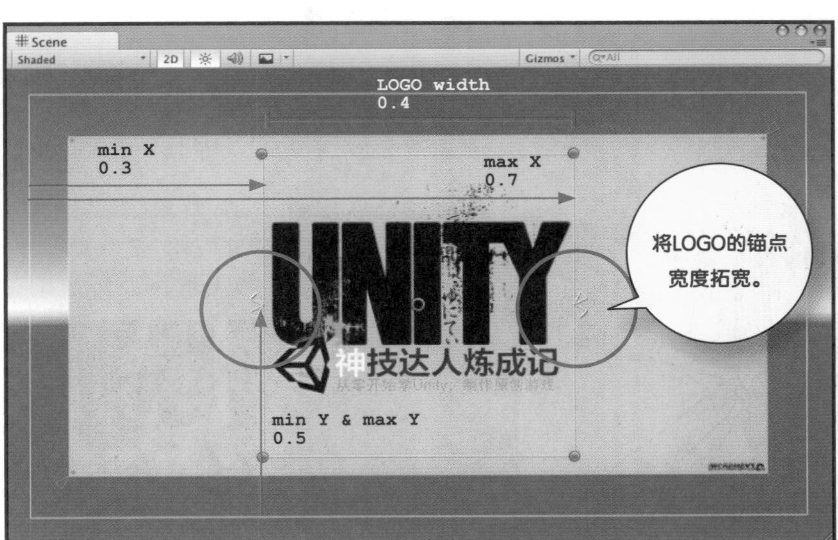

就这样尝试各种尺寸，你会发现图像的上下高度变形了。这可让人高兴不起来。虽然横向变成了左右宽度的40%，但是我们希望上下高度保持原有的比例相应缩小。

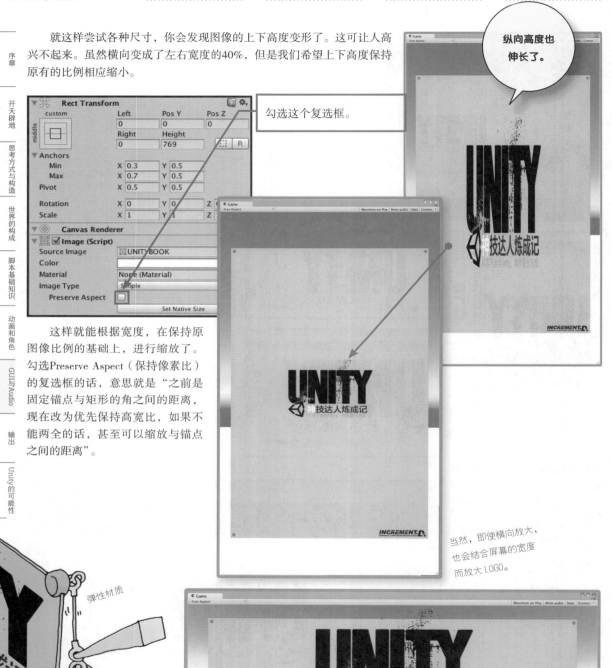

纵向高度也伸长了。

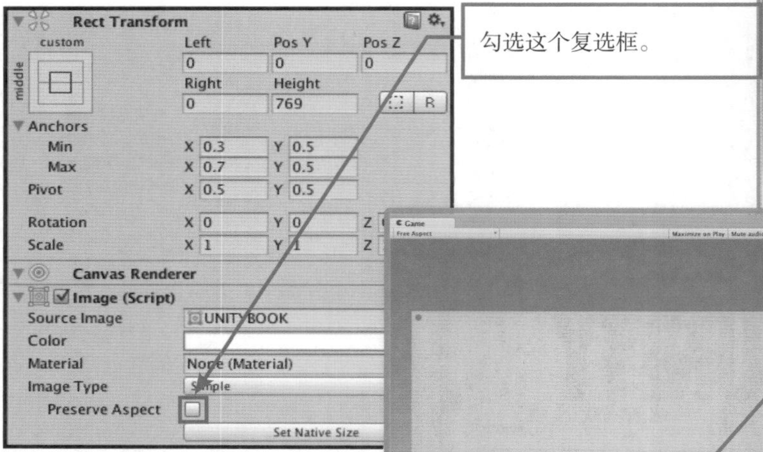

勾选这个复选框。

这样就能根据宽度，在保持原图像比例的基础上，进行缩放了。勾选Preserve Aspect（保持像素比）的复选框的话，意思就是“之前是固定锚点与矩形的角之间的距离，现在改为优先保持高宽比，如果不能两全的话，甚至可以缩放与锚点之间的距离”。

当然，即使横向放大，也会结合屏幕的宽度而放大LOGO。

关于uGUI的配置，我们整理一下要点。

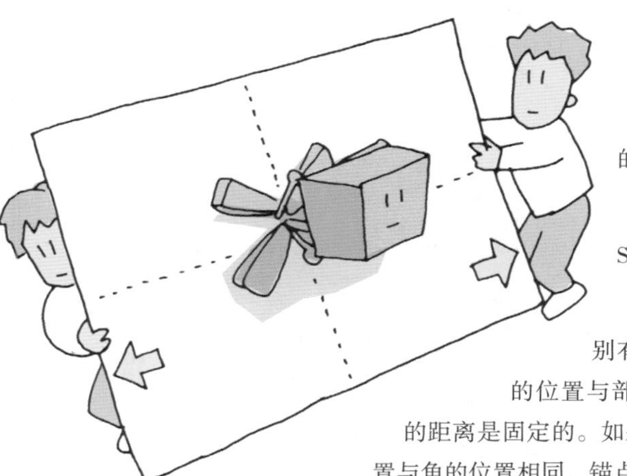

●最初的Canvas会根据屏幕尺寸而缩放。可以试着在游戏视图中更改尺寸。

●UI在Hierarchy上，Canvas之下的排列顺序决定了对象的前后。位于上方的对象靠内侧，位于下方的则靠近前方。

●想要像框架似的保持图像四个角的分辨率，可以用Sprite Editor分割成9块。

●UI的部件分别有锚点，4个锚点的位置与部件所在矩形的角的距离是固定的。如果事先让锚点的位置与角的位置相同，锚点就能根据Canvas的大小变化而更改位置，同样缩放距离。从预设（见下一页）中，可以选择锚点经常会使用的内容。

●锚点的位置以Canvas的矩形的比例※为基准进行移动。

●如果不想更改Image的比例的话，就勾选Preserve Aspect的复选框。

【矩形的比例】也可以说是相对于Canvas 的矩形的矩阵。

【易懂的说明】指下面的项目。特意写一本书，却让读者去看官网上的操作指南。对不起！作者还是欠缺修行。不过，那上面的介绍真的很容易明白。

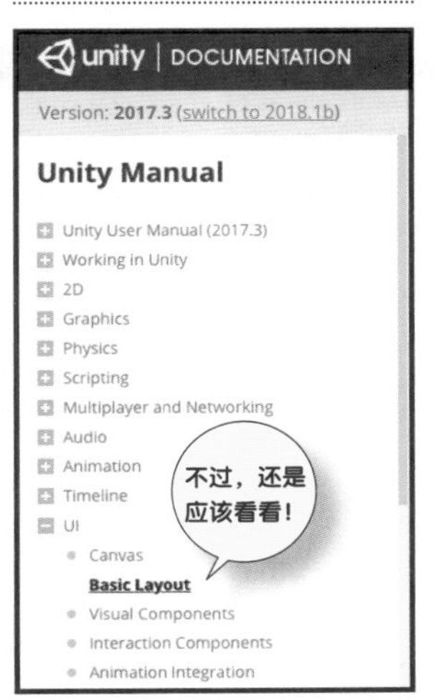

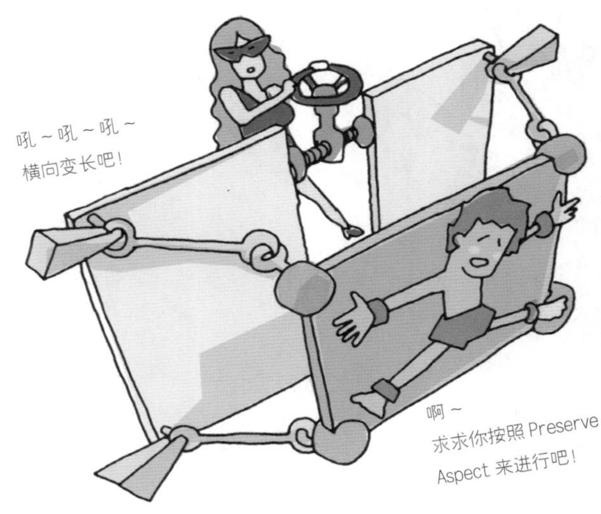

吼～吼～吼～
横向变长吧！
啊～
求求你按照 Preserve Aspect 来进行吧！

关于锚点的使用方法，在静态的书籍中难以表达清楚，在Unity官方操作指南中，UI > Basic Layout中，利用动态GIF做出了**易懂的说明**※，值得学习。

https://docs.unity3d.com/Manual/UIBasicLayout.html

锚点的预设

锚点与UI布局的关系，一开始学习并不熟悉，不过通常只用预设也足够了，所以在这里介绍预设的使用方法。下面针对这个下拉列表中的图像进行说明。

首先，默认的是处于正中间的状态。这代表了4个锚点都聚集在Canvas的中央。也就是说，无论Canvas的高宽比如何变化，从中央到UI的矩形的四个角的距离都不变，所以中央部分能保持大小完全不变的状态。而这周围的8个图分别代表了偏向4个角或者4个边中的哪个位置。即**内侧的9个是将4个锚点全部固定在相同位置**的，所以无论向哪个方向移动，UI对象的尺寸依然保持相同位置，大小不会更改。

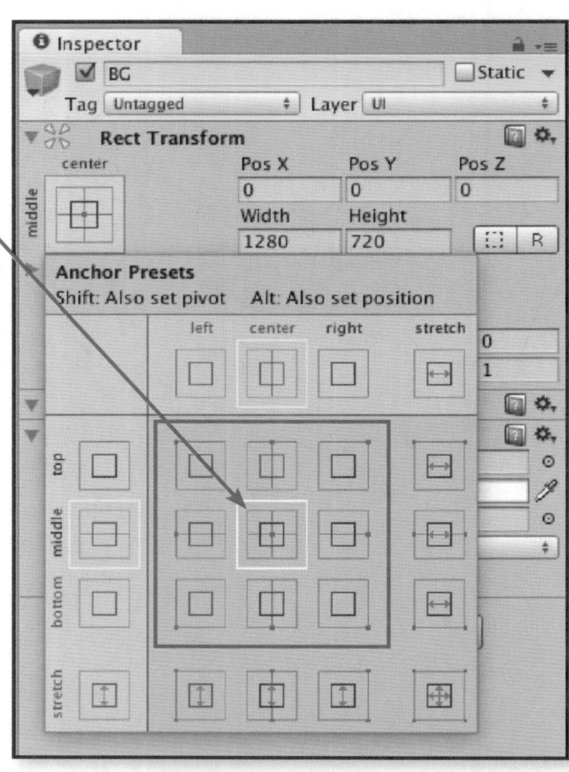

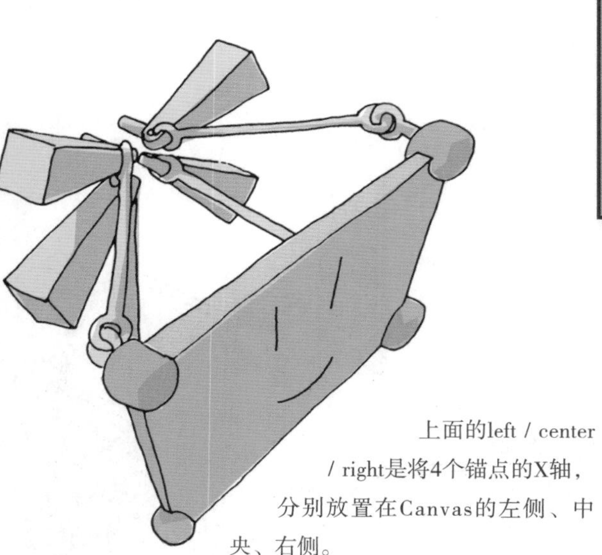

上面的left / center / right是将4个锚点的X轴，分别放置在Canvas的左侧、中央、右侧。

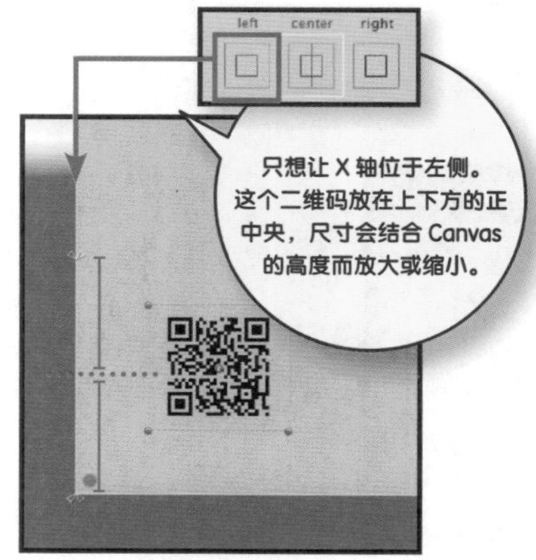

当Y轴处于任意位置，但并不希望对象移动的时候等，会使用这个按钮。右侧图中，在距离下方一定距离的方框内，在上下高度的中央位置放置了二维码，这就是不希望二维码被随意移动。

同样地，左侧的bottom / middle / top也一样，代表了Y轴分别位于Canvas的底边、中央、上边。

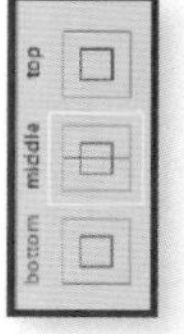

接下来是stretch即缩放。蓝色的箭头代表了缩放。右侧的缩放按钮分别设置将4个锚点左右分开，放在Canvas的宽上。UI的横轴会与Canvas的宽度保持一定比例进行变化。同样地，下方的缩放按钮是将锚点上下分开，与Canvas的上下高度保持一定比例，缩放UI的纵轴。

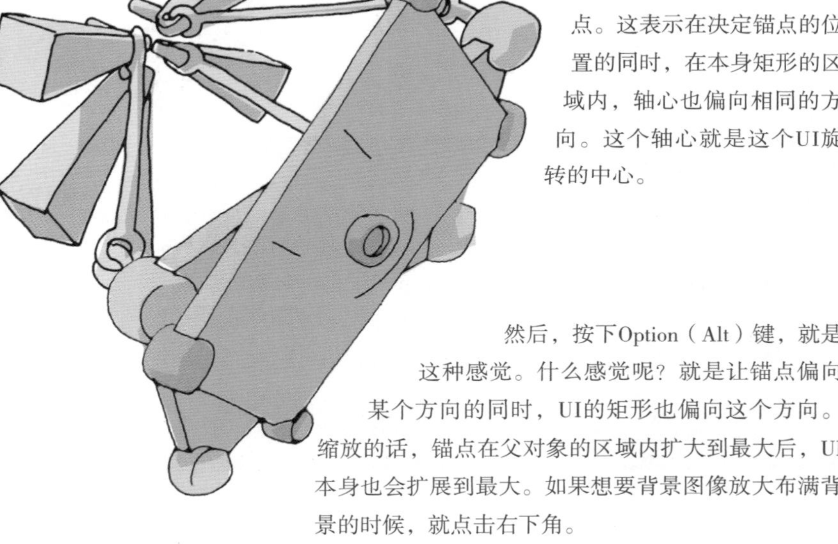

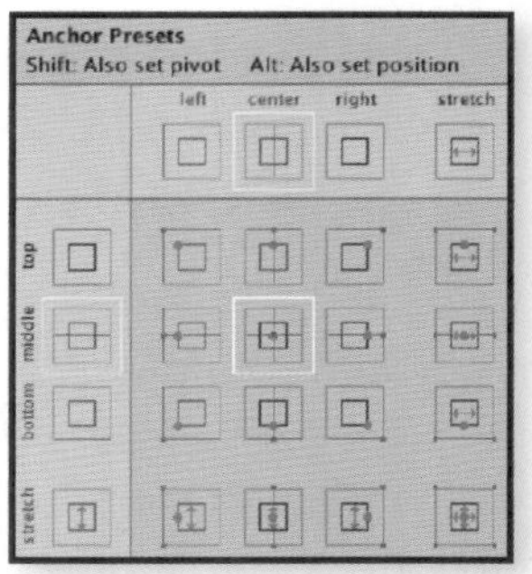

然后，试着按下Shift键看一看。按下后，就会出现蓝色的小圆点。这表示在决定锚点的位置的同时，在本身矩形的区域内，轴心也偏向相同的方向。这个轴心就是这个UI旋转的中心。

然后，按下Option（Alt）键，就是这种感觉。什么感觉呢？就是让锚点偏向某个方向的同时，UI的矩形也偏向这个方向。缩放的话，锚点在父对象的区域内扩大到最大后，UI本身也会扩展到最大。如果想要背景图像放大布满背景的时候，就点击右下角。

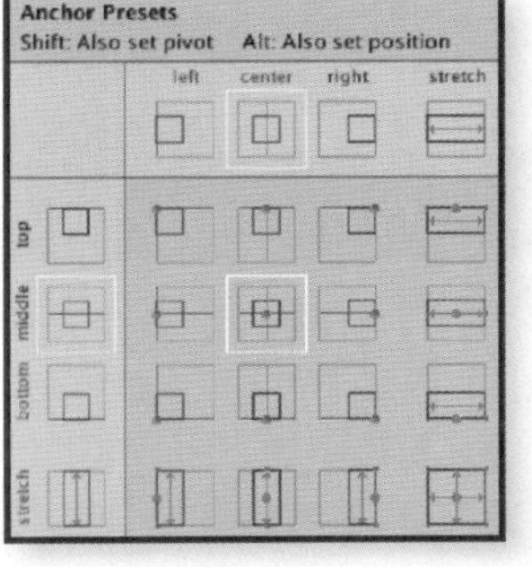

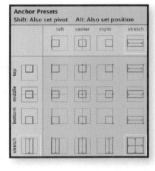

最后，如果同时按住Shift + Option （Alt）键的话，连Pivot的位置也一起更改，并且，让Pivot的位置靠向锚点的位置，这相当于将上面的2个都做到了。

只不过，在UI系统中，对于本来就复杂的锚点，还要考虑轴心的问题，说实话，确定让初学者容易觉得糊涂。但如果用习惯了的话，却是很好用，所以就多多练习，努力习惯吧。现在我们再用这些预设，安排界面，再操作看看。

配置并使用按钮

前面在布局上，介绍了Image的配置方法，但从界面的角度来说，还要配置各种部件。最容易理解的就是按钮。

Button

在Hierarchy的UI中选择Button，在Canvas中创建出一个非常清晰的按钮UI。我们在Hierarchy中看一下。其中有一个子对象，里面有Text。这里显示的是默认文本“Button”。只是简单的文本，不需要的话可以删除。此外还能在按钮中添加其他的装饰对象。

添加了按钮之后，将锚点设置在 Canvas 的左上角，将锚点右侧的 2 个移动到按钮右侧，按钮宽度最多可以延伸到 Canvas 同等宽度。

想让这个文本靠左对齐。

虽然一开始按钮以固定大小被放置在中央位置，但能以Canvas的左上角为基准，更改锚点让界面的宽进行伸缩。按照右图的顺序修改，就能让这个按钮只受Canvas宽的尺寸影响进行缩放。其中的文字Button，如果想让它靠左固定的话，就在Hierarchy上选择Text。如右下图，将锚点设置在左侧中央位置，让文本段落（Paragraph）靠左排列（Alignment）。这样文字就靠向最左侧了，用Rect Tool在左侧适度空出空间。这样即使按钮因Canvas尺寸变化而横

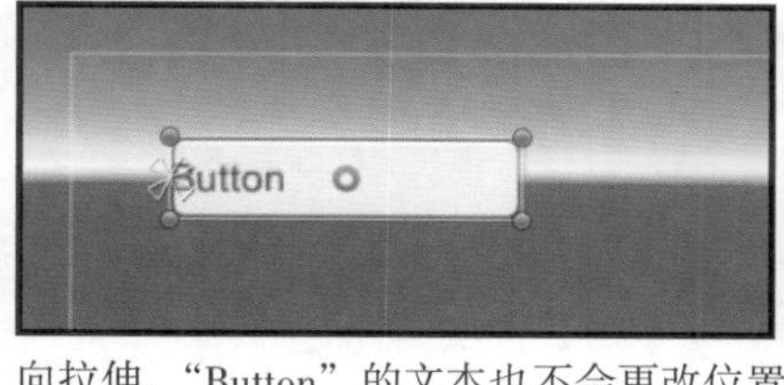

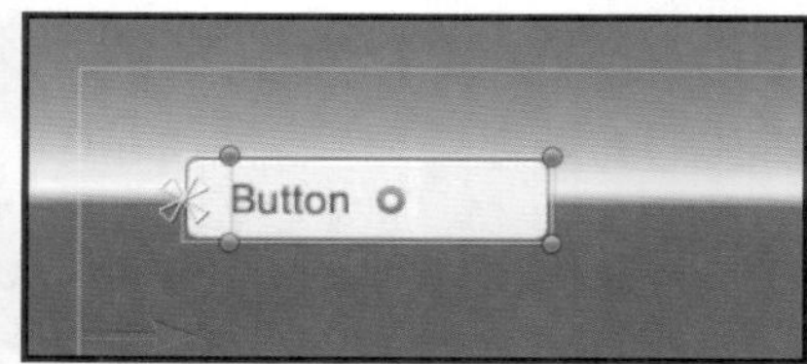

向拉伸，“Button”的文本也不会更改位置。在这里需要大家记住，当锚点是子物体时，可以设置相对父物体的位置。

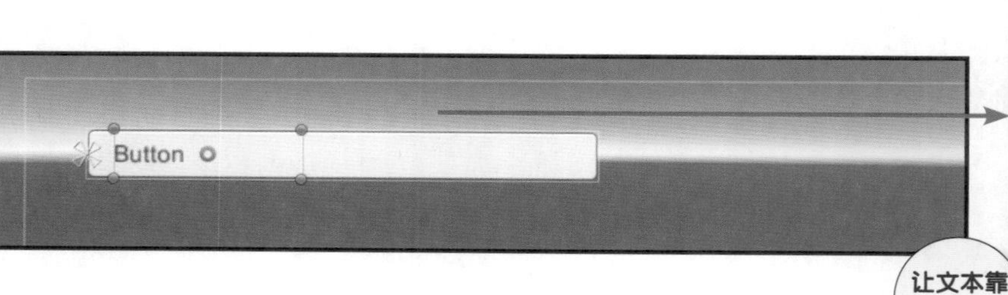

让文本靠向左侧。

播放一下试试看，按一下，按钮就变成灰色，呈现为被按下的状态。以后再介绍自定义按钮的外观，现在先来掌握它的功能吧。

还记得左侧的Cube吗？在本章一开始操作过，Unity中有一个之前版本的遗产GUI的按钮，可以暂停或者播放随机更改颜色和旋转的立方体。将**OnGUI**改造成了**ToggleState**函数。调用该函数，就会在停止和运行动作之间切换状态。那么，从这个UI的Button如何调用该函数呢？在选中Button的状态下，看一下Inspector的Button组件。最下方的On Click（ ）项显示List is Empty。在这里，请点击下方的+按钮。

然后，在左下方的框中指定GameObject为Cube。从下拉菜单中选择左侧脚本（Kurukuru），再从子菜单中选择Toggle-State()。

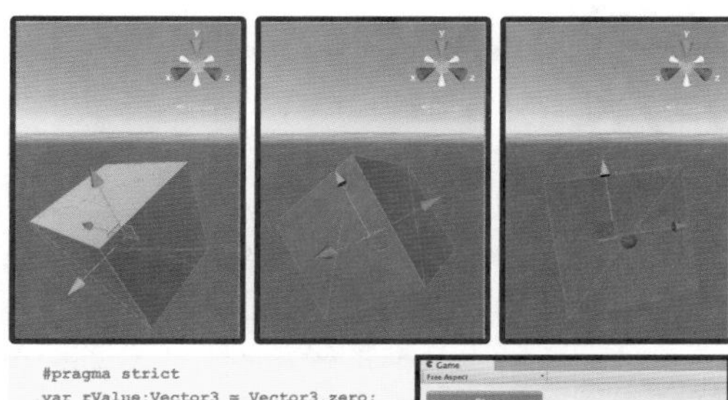

```
#pragma strict
var rValue:Vector3 = Vector3.zero;
var cList: Color[];
function Start () {
      Invoke("ChangeState",1f);
}
function Update () {
      transform.Rotate(rValue);
}
function ChangeState(){
      RotateChange();
      ColorChange();
      Invoke("ChangeState",Random.Range(1f,2f));
}
function RotateChange(){
      var rX : float = Random.Range(-1f,1f);
      var rY : float = Random.Range(-1f,1f);
      var rZ : float = Random.Range(-1f,1f);
      rValue = new Vector3(rX,rY,rZ);
}
function ColorChange(){
      var rColorIndex:int = Random.Range(0,cList.Length-1);
      GetComponent(Renderer).material.color = cList[rColorIndex];
}
function ToggleState(){
      if(rValue == Vector3.zero){
         ChangeState();
      } else {
         rValue = Vector3.zero;
         CancelInvoke();
      }
}
```

这个按钮和用遗产项目GUI试过的一样，可以ON/OFF控制旋转。

这部分内容和P.293一样

用OnGUI替换它。

指定Cube……

点击+按钮，添加动作。

这是脚本组件。

可以选择已经定义过的函数。

再运行看看。Cube的旋转停止了吗？如此一来，不用特别在Button上编写脚本组件，只要通过Inspector简单指定其他GameObject，就能调用函数了。

序章
开天辟地
思考方式与构造
世界的构成
脚本基础知识
动画和角色
GUI与Audio
输出
Unity的可能性
使用『玩playMaker™』插件
优化和Professional版
附录

但这并不是只能调用函数。比如，我们想按下按钮后，播放声音，就是按键音。一起来实现一下吧。需要用到Audio文件，如果没有的话，就从Asset Store中找一下吧。如果查找免费的话，就会找到右侧的Asset，在这里我们就导入这个使用。

对这个UI部件Button，通过Add Component来添加Audio Source（音频源）。关于Audio，我们在第四章中介绍过。通过用脚本指定GameObject上附带的Audio Source组件，运行Play()来播放[※]。不过在UI中，没有必要使用脚本。从读取的声音中，选择喜欢的**SE**[※]，设置到添加的Audio Source中。因为在第四章中涉及了，所以在右手页的专栏中，对Audio Source进行了简要介绍。AudioClip是指定读取的音频文件，即音频剪辑。在第四章中也设置过，不过为了再次播放时不自动播放声音，我们先取消**Play On Awake**。

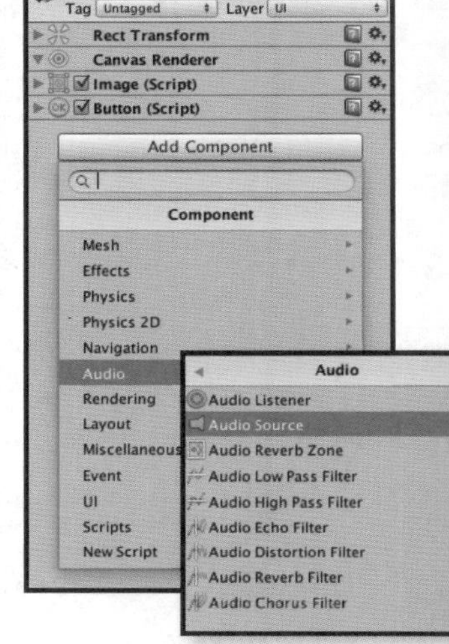

【介绍过】请参考 P.250。

【SE】Sound Effect，也就是音效。

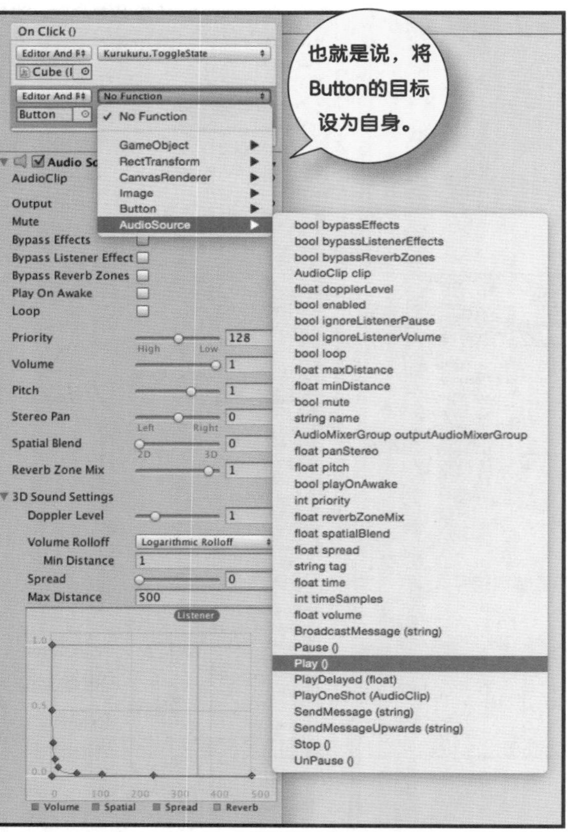

那么，我们通过点击按钮来播放一下这个声音。在刚才On Click()项目的列表中，点击+，从中选择AudioSource，设置Play()。

好了，这样按下按钮之后，就能播放声音了。很简单吧。

【Audio Mixer】请参考 P.324。了解之后，就不会想要指定 Output 了。

【Reverb Zone】混响区。可以设置在澡堂子或洞穴中声音回响似的区域。更细致的设置，可以通过 Audio Mixer 来控制。

COLUMN:Audio Source

AudioClip 是剪辑已读取的音频文件。关于音频文件的读取设置，请参照下图。**Output** 是指将声音通过什么输出。使用从 Unity5 开始添加的 Audio Mixer※ 功能时需要设置，但在这个 UI 中不使用。保持 None 就可以。**Mute** 是即使播放声音也会是静音，这个属性主要通过脚本来控制。**Bypass Effects** 让组件上添加的效果无效，**Bypass Listener Effects** 是让 Audio Mixer 上添加的效果无效。**Bypass Reverb Zones** 正如其名，让 Reverb（混响）Zone※ 的效果无效。**Play On Awake** 如果开启的话，那么一旦场景被读取就会自动播放。**Loop** 正如其名，是让声音循环播放。

Priority 设置的是与场景中其他声音的优先权，如果是 0 的话，优先权最高，该声音不会被跳过。**Volume** 是音量，**Pitch** 可以更改播放的音调值。**Stereo Pan** 设置左右的声道占比，**Spatial Blend** 则能通过滑动条来切换 2D 音源和 3D 音源。设置为 1，则完全是 3D 音源。例如，靠近 3D 音源的话，想要让声音变大。但如果想要无论距离多远都还能听到微弱声音的话，就设置为 0.99，适度使用 2D 音源。

3D Sound Settings 的 **Doppler Level** 可以设置多普勒效果。就像急救车的报警器一样，渐渐接近音源和渐渐离开音源时，会更改声音的音调。下面的 **Volume Rolloff** 是预设声音淡出的变化的。

我们可以选择 **Logarithmic Rolloff** 和 **Linear Rolloff**，而 **Custom Rolloff** 则可以自由编辑衰减曲线。可以在 **Min** 和 **Max Distance** 之间，设置变化。**Spread** 设置声音在空间中的传播角度，通常为 0 即可。如果设置成 180 度的话，就不知道在哪里播放了。

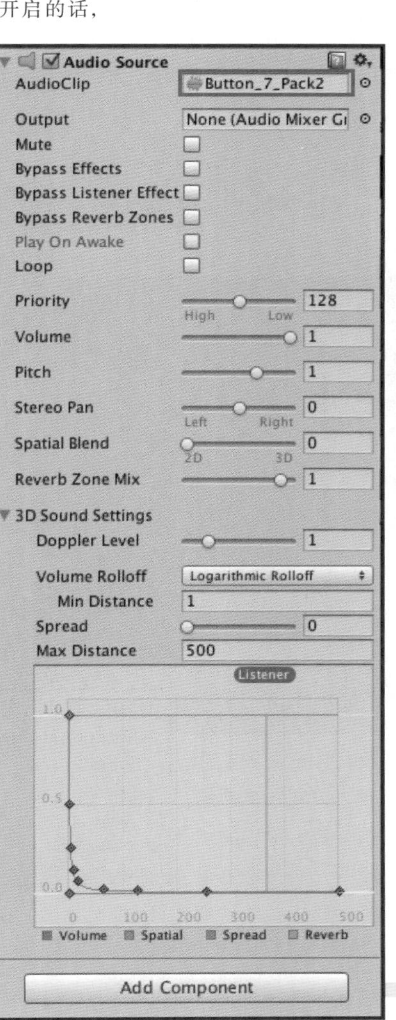

如果可以单声道播放的话，就选择 Force To Mono。如果选择了 Load in Background，那么场景运行播放过程中会加载到内存。如果没有选择 Preload Audio Data，第一次播放时会写入内存，可能会发生卡顿。所以如果有的声音可能用不到的话，为了节省内存，就会选择此项。是否是 3D 音源的复选框一直被沿用到 Unity4，之后就没有这个选项了。可以通过设置 Audio Source 上的 Spatial Blend 来进行控制。

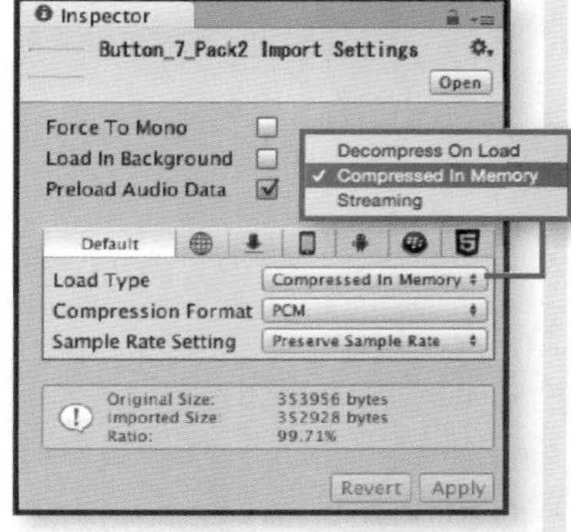

音频的质量设置（Quality Setting）可以在各个平台上分别设置。Load Type 可以从 3 种类型中选择。一开始的 Decompress On Load 是第一次加载，是将压缩的数据在内存上解压缩。长的背景音乐等会占用大量内存，所以请不要使用。可以在这里先设置 SE（Sound Effect）等。如果音频文件本身比较大的话，可以使用 Compressed In Memory，以压缩状态存在内存上。

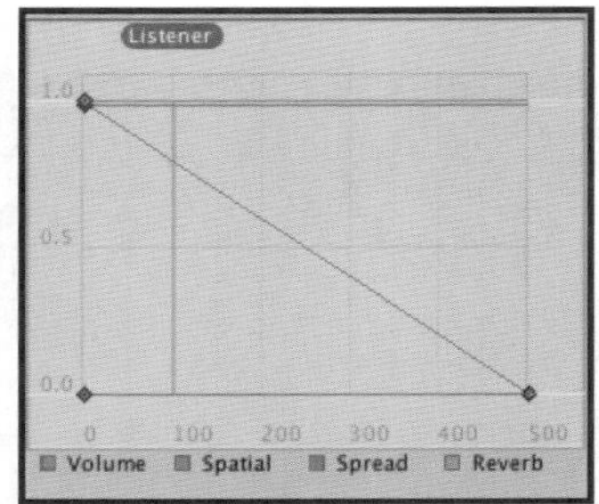

使用滑动条

在游戏进行中，有时会以ESC（退出键）等形式显示设置界面。如果是在射击类等游戏中，就是那个暂停游戏，更改控制器的敏感度，或者更改背景音乐或音效的音量的东西。

在这里我们假设有一个旋转的Cube。现在，是以每秒绕着Y轴旋转一周的速度在旋转。脚本如下：

准备一个叫作 OnSLIDE 的用户自定义函数，将数值（浮点型数值）传递到参数中，就能更改旋转圈数。例如，传递 2.0 的话，就会让速度加倍，变成 0.5 秒旋转 1 圈；如果传递 0.5 的话，就以 2 秒的速度旋转 1 圈。

```
#pragma strict
private var rotateValue:float = 1.0f;
function Update () {
      transform.Rotate(0,Time.deltaTime*360*rotateValue,0);
}
public function OnSLIDE(_value:float) {
      rotateValue = _value;
}
```

使用上面的**OnSLIDE**用户自定义函数，制作一个更改旋转速度的界面。首先创建背景板。为了在操作显示过程中，也能看到场景，将这个背景板的颜色设置为半透明。

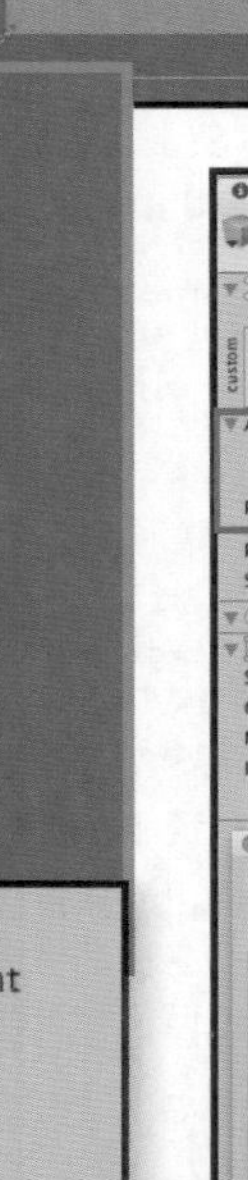

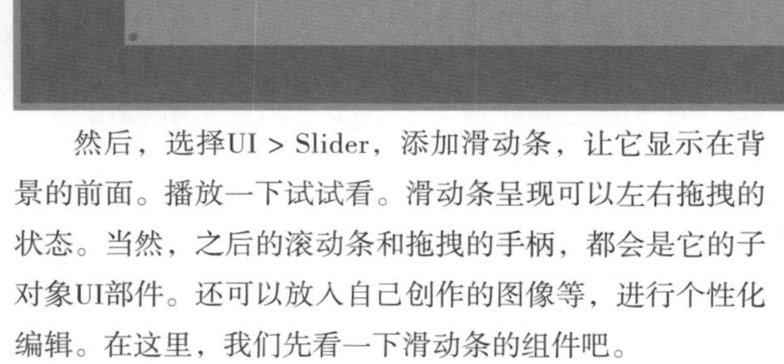

然后，选择UI > Slider，添加滑动条，让它显示在背景的前面。播放一下试试看。滑动条呈现可以左右拖拽的状态。当然，之后的滚动条和拖拽的手柄，都会是它的子对象UI部件。还可以放入自己创作的图像等，进行个性化编辑。在这里，我们先看一下滑动条的组件吧。

默认的Transition中设置的是Color Tint。下面是颜色的设置。Pressed Color设置拖拽手柄时的颜色变化。有很多种颜色，可以按照喜好旋转。这个Slider的结构是，在本身的层级之下，有Fill Area和Handle Slide Area两个Rect Transform的UI对象。各自的下面还有叫作Fill的条块部分和叫作Handle的手柄部分的图像。在这里不做详细介绍了，不过使用熟练之后，可以在这部分自定义出自己独特的部件，制成库文件灵活使用。

Navigation一项，常见于在电脑游戏等游戏中，用箭头按键（方向键）在多个按钮之间移动的界面。可以指定移动的逻辑※。在本实验中，界面上只有1个滑动条，所以不使用。

在这里，Min Value和Max Value很重要。根据滑动条的位置，将之间的值作为该滑动条持有的Value。如果勾选了Whole Numbers的复选框，则会以整数值捕捉数值。这次使用0~1之间的浮点型数值，所以没有关系。然后看最下面。和Button时很像吧。On Value Changed是当滑动条的值变化时，执行的事件。在这里，点击这个+之前，先为UI的Slider添加以下脚本组件（我为其命名为SliderEvent.js）。

【移动的逻辑】用于有多个按钮的时候。在Explicit中设置的话，就能利用键盘上的四个方向的箭头按键，详细设定移动到哪个UI上。

事先勾选了Visualize选项的话，就会显示出迁移的轨迹线。

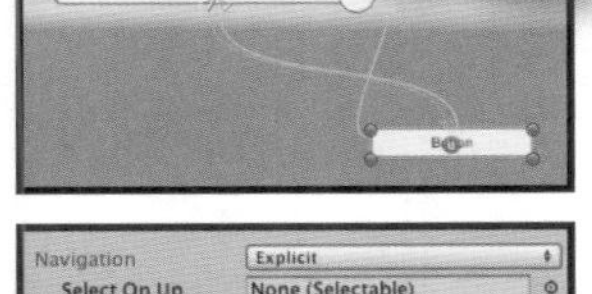

声明使用UI时，使用import的UnityEngine.UI。

寻找到并引用旋转的Cube，当滑动条发生更改时，用滑动条的value做参数，调用OnSLIDE。

```
#pragma strict
 import UnityEngine.UI;
  private var mySlider:Slider;
 private var myCube:GameObject;
function Start () {
     myCube = GameObject.Find("Cube");
     mySlider = GetComponent(Slider);
}
function OnSliderValueChanged(){
     myCube.SendMessage("OnSLIDE", mySlider.value);
}
```

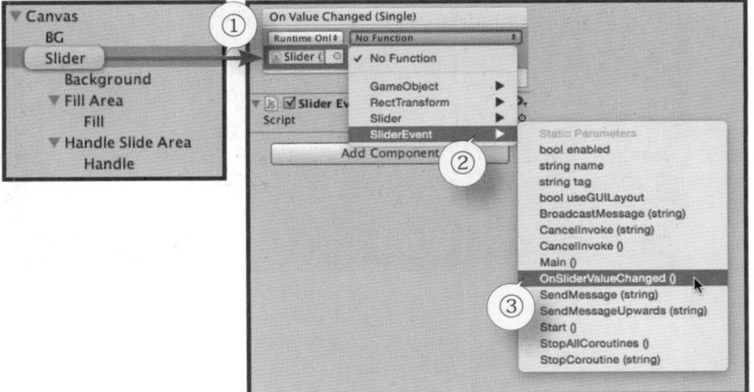

然后，点击+设置。将目标指定①Slider本身，在下拉列表中有脚本组件②SliderEvent，从里面选择上面的用户自定义函数OnSlider-ValueChanged③。这样再播放，移动滑动条就能改变正在旋转着的Cube速度。

用 ESC 键控制 Canvas 显示 / 不显示

虽然可以用滑动条控制，但这个界面一直显示在前面。我们让它能够收放吧。基本上就是通过禁用Canvas让它消失，允许则显示出来。与右图的复选框勾选/取消的情况一样。在这里需要一个司管这个功能的脚本。因为Canvas被禁用的话，就什么都动不了了，所以我们先在其他GameObject上贴这个脚本。新建一个空的GameObject，如往常一样，命名为“GameManager”。贴上以下脚本内容，作为管理脚本。

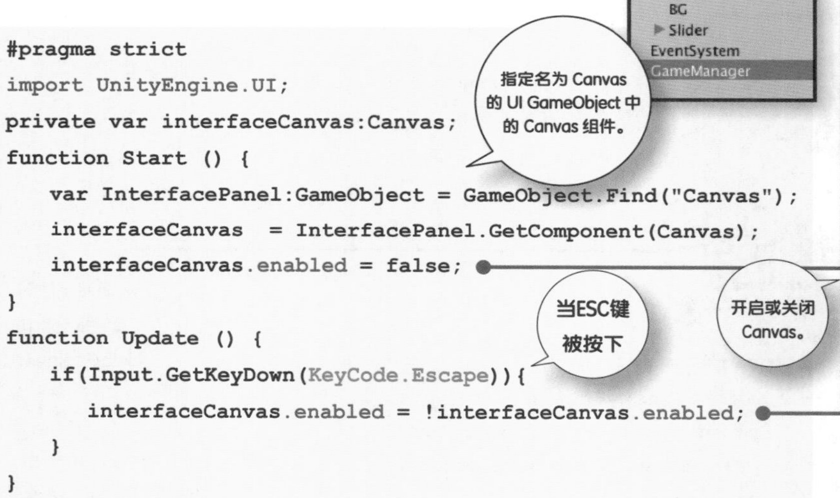

```
#pragma strict
import UnityEngine.UI;
private var interfaceCanvas:Canvas;
function Start () {
    var InterfacePanel:GameObject = GameObject.Find("Canvas");
    interfaceCanvas  = InterfacePanel.GetComponent(Canvas);
    interfaceCanvas.enabled = false;
}
function Update () {
    if(Input.GetKeyDown(KeyCode.Escape)){
       interfaceCanvas.enabled = !interfaceCanvas.enabled;
    }
}
```

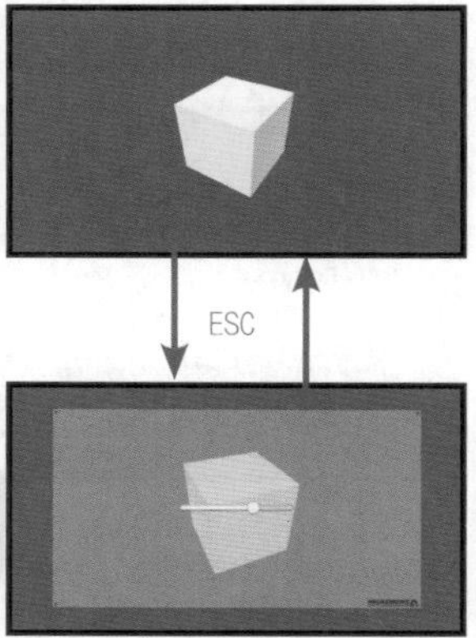

这样按下ESC键，界面就立即弹出了。再按一次ESC键，界面消失。这样仅仅做到了实用性，有点无聊。可能你想让界面轻轻地弹出、轻轻地消失。因为UI的对象也是GameObject，所以可以设置动画。让动画动起来的触发器作为变量，通过控制这个变量，就能在弹出的瞬间添加效果。

在这里我们换一个方法，只用脚本来控制试试看。这里也会用到方便的iTween※。当显示/不显示的时候，用缩小/放大略带黄色的背景板的形式来表现。从Asset Store中下载iTween并导入，将上方的脚本替换为下一页的写法。

【iTween】关于 iTween，在第四章中介绍过。请参考 P.232。

先引用 Canvas 中的 BG。

Main Camera
Directional Light
Cube
▼ Canvas
BG
▶ Slider
EventSystem
GameManager

```
#pragma strict
import UnityEngine.UI;
private var interfaceCanvas:Canvas;
private var BG:GameObject;
function Start () {
    var InterfacePanel:GameObject = GameObject.Find("Canvas");
    interfaceCanvas  = InterfacePanel.GetComponent(Canvas);
    interfaceCanvas.enabled = false;
    BG = InterfacePanel.transform.Find("BG").gameObject;
}
function Update () {
    if(Input.GetKeyDown(KeyCode.Escape)){
      if (!interfaceCanvas.enabled){
          interfaceCanvas.enabled = true;
          BG.transform.localScale = Vector3(0.9f,0.9f,0.9f);
          iTween.ScaleTo(BG, iTween.Hash(
              "scale", new Vector3(1.0f, 1.0f, 1.0f),
              "time", 0.7f,
              "easetype","easeOutBack"));
      } else {
          BG.transform.localScale = Vector3(1.0f, 1.0f, 1.0f);
          iTween.ScaleTo(BG, iTween.Hash(
              "scale", new Vector3(0.9f,0.9f,0.9f),
              "time", 0.7f,
              "easetype","easeInBack"));
          Invoke("Done",0.7f);
      }
    }
}
function Done(){
    interfaceCanvas.enabled =  false;
}
```

如果 ESC 键被按下，

与 iTween 同时执行 Done。

非同时消失。

①当 Canvas 没有显示时，enabled 为 true，就显示了，BG 的大小缩小到 90%，用 iTween 动画在 0.7 秒之内放大到 100%。easetype 为 easeOutBack 是最后稍微超过但又弹回似的动作。

②当 Canvas 正在显示时，将 BG 的大小设置为 100% 后，用 iTween 动画使其在 0.7 秒内缩小到 90%。easetype 为 easeOutBack 是在最后有一个仿佛要蓄势似的稍微冲过头再返回的动作。

这样就能在打开时，通过0.7秒的动画展开了。看上去就像轻轻地弹出，轻轻地关闭似的。基本上，这样就可以了。但若想更加严谨，可能你会想到，若瞬间敲了两次按键会怎样呢？如果是在①进行的过程中，会一瞬间将要显示Canvas但很快又执行②，所以就关闭了。如果是在Canvas关闭的状态下按了两次的话，就会再次执行②，虽然在0.7秒之间会稍微有异样，但并不影响画面。如果要添加动画效果，需要考虑到游戏玩家在玩的过程中会有什么动作。设置变量，在动画过程中不响应动作等，如不像上方例子中使用**Invoke**，而是在iTween的Hash中设置**“oncomplete”**※，在动画结束时调用函数。诸如此类，有的情况下，需要下一些功夫。

【在 iTween 的 Hash 中设置“oncomplete”】这样设置时所调出的函数，由于对象 BG 上贴着脚本组件，就只能选取这里已定义的函数。解说起来有点复杂，所以在本项中就使用 Invoke，在一个脚本内完成了。

序章
开天辟地
思考方式与构造
世界的构成
脚本基础知识
动画和角色
GUI与Audio
输出
Unity的可能性
使用『玩playMaker™』插件
优化和Professional版
附录

利用 Audio Mixer 控制

虽然第六章主要介绍uGUI， 不过在这里大家对Audio也了解一下吧。刚才是用ESC键控制界面显示，我们试着思考一下在显示的过程中，更改BGM或环境音※吧。可以在显示对话框时，关掉声音，不过在这里我们试着**用Lowpass filter（低通滤波器）让声音稍微变小**。

首先在Asset Store中查找免费的※BGM或环境音。BGM或环境音等有很多免费的，任选一个就可以。此处我们下载了右侧有点喧闹的BGM。为了在背景中播放，新建了一个空的GameObject命名为BgAudioLoop，添加Audio Source组件。并且，在AudioClip上添加自己喜欢的Audio。在该Audio的检视面板中，将Loop的复选框勾上后，直接播放就能让BGM循环播放了。

接下来准备Audio Mixer。在项目浏览器上，从菜单中选择创建Audio Mixer命名为“MainMixer”。并且，双击该项目或者从Window菜单中打开Audio Mixer以显示内容。

【环境音】Ambient Sound 又译作氛围音。在一个仿佛什么都没有的环境中，隐隐可以听到的声音，将这样的声音加入游戏中的话，能增加真实感。现在，你仿佛置身在没有声音的房间中，但请静下心来倾听。是不是就能听到有电脑的风扇声、冰箱的声音、流水声、窗外的汽车声了呢？

用这样的也可以。

【免费的】顺便说一下，从Asset Store中查找免费项目时，选中分类后，可以按照价格筛选。

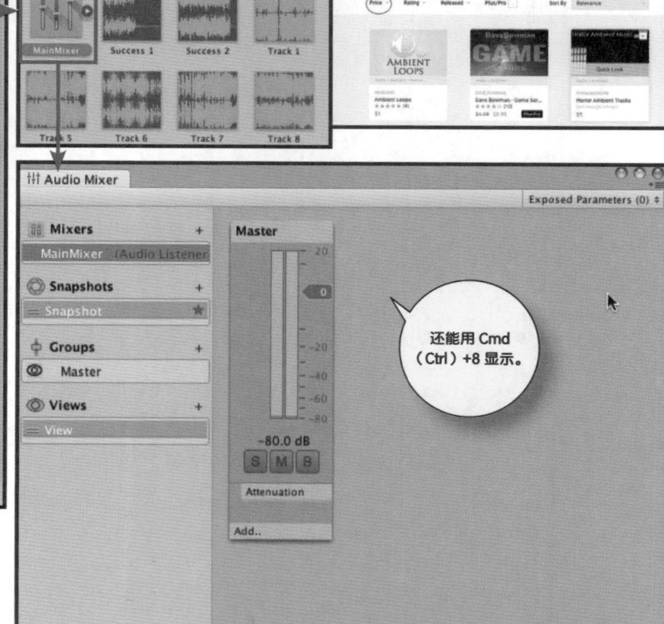

然后，在刚才贴上了音频的GamObject BgAudioLoop的Audio Source的Output中设置MainMixer。再播放一次试试。

开始播放后，Mixer窗口的上方会出现**Edit in Play Mode**的按钮，点击该按钮。然后更改Master的音量试试。Unity编辑器如果在播放过程中更改操作的话，一旦停止播放就不会再响应，而是回到原来的设置了。但声音方面，如果不是在播放中的话，就不清楚调整的程度，所以才会有这个Edit in Play Mode的特殊按钮存在。

可以一边播放一边调整音量。这个究竟做了什么呢？其实就是让MainMixer的Master负责音量控制的功能，设置音量大小。

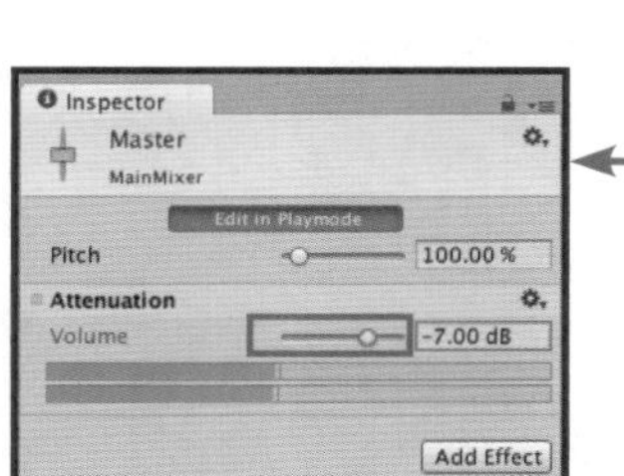

现在是手动设置的，当然也能通过脚本来控制音量。在选中Master的状态下，看一下检视面板。这个Attenuation（衰减）的效果只设置了一个。Attenuation上有一个Volume属性的滑块。这是音量。虽然现在只有一个，但可以在这里重叠多个音效。Echo（回声）或Reverb（混响）等效果，或者用吉他弹奏的Distortion（变形）效果等。要让声音减弱的话，就使用**Lowpass**效果，让波长数值高的部分衰减。

在这部分，我们通过ESC键显示界面后，**只让BGM**声音降低。也就是说，其他按钮音或移动滑块时的声音等效果不动。左侧是为UI的滑块添加声音。每当滑块的值变化时，会发出“吱吱”拉拉链的声音。因为不想让这个声音变小。所以在Mixer中添加2个群组，分别命名为BGM和SE，并设置为Master的子层级。

MASTER
SE 就是我
SE
BGM
BGM 交给我吧
还能做 Lowpass

点击Audio Mixer窗口中Groups左上角的+，就能在Master层级之下，添加一个子层级群组。再点击一下，则在其之下一层级添加群组。在这个界面内，可以通过拖拽&释放的方式让群组在层级之间移动。如右图，将创建的2个群组作为Master的子层级，分别命名为BGM和SE，而且，只对BGM添加Lowpass效果。

点击2次+按钮。

用鼠标抓住该项，就能在层级之间移动。名称也会更改。

点击Add...，添加Lowpass。

我们修改一下刚才在Master中设置的2个Audio的Output吧。这只能对BGM添加Lowpass效果。播放后，在**Edit in Play Mode**状态下，设置Lowpass的调整比例。有2个参数，Cutoff freq是减掉的波长数的阈值，调整这一项可以调整声音的憋闷感。Resonance是共鸣，这一项先保持1.00吧。如右图所示，分别设置没有憋闷感的状态和有憋闷感的状态。

那么，这个参数可以用脚本来控制吗？当然可以。只不过，如果是更加复杂的组合，编写脚本会很辛苦。所以，这里介绍一个Snapshots（快照）。在Snapshots项的后面点击一下+，再添加一个项目，分别命名为BASE和SUB。BASE的后面带有☆标志（默认）。而且，播放后，再在Edit in Play Mode中选择BASE后，BGM的参数就呈右图上方的状态了。然后选择SUB，参数就与右图下方一致了。

音量适当下调的闷声状态

在这个状态下，点击BASE和SUB，试着切换。可以看到参数设置会被记录下来。也就是说，不是一一更改参数数值，而是以这个Snapshots的名称从脚本中指定，更加简单。

关于Audio Effect，本书中不介绍了。可以看线上教程，自己多多尝试，就知道哪一项有什么效果了。需要自己亲身体验积累经验。

现在感觉很不错了。
记下来吧！
啊！大神啊！

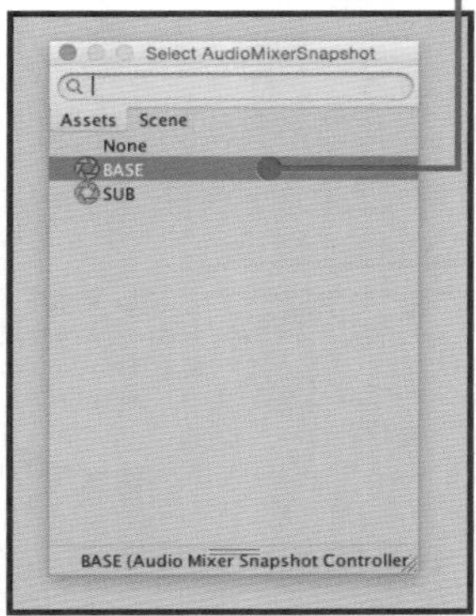

对于开启/关闭GameManager上贴的界面的脚本，我们来改造一下吧。添加的内容只有5行。需要在检视面板上，设置参数。如左图所示，指定对话框。

```
#pragma strict
import UnityEngine.UI;
import UnityEngine.Audio;
private var interfaceCanvas:Canvas;
private var BG:GameObject;
public var BASESS:AudioMixerSnapshot;
public var SUBSS:AudioMixerSnapshot;
function Start () {
   var InterfacePanel:GameObject = GameObject.Find("Canvas");
   interfaceCanvas  = InterfacePanel.GetComponent(Canvas);
   interfaceCanvas.enabled = false;
   BG = InterfacePanel.transform.Find("BG").gameObject;
}
function Update () {
   if(Input.GetKeyDown(KeyCode.Escape)){
      if (!interfaceCanvas.enabled){
         interfaceCanvas.enabled = true;
         BG.transform.localScale = Vector3(0.9f,0.9f,0.9f);
         iTween.ScaleTo(BG, iTween.Hash(
            "scale", new Vector3(1.0f, 1.0f, 1.0f),
            "time", 0.7f,
            "easetype","easeOutBack"));
         SUBSS.TransitionTo(0.7f);
      } else {

         BG.transform.localScale = Vector3(1.0f, 1.0f, 1.0f);
         iTween.ScaleTo(BG, iTween.Hash(
            "scale", new Vector3(0.9f,0.9f,0.9f),
            "time", 0.7f,
            "easetype","easeInBack"));
         BASESS.TransitionTo(0.7f);
         Invoke("Done",0.7f);

      }
   }
}
function Done(){
   interfaceCanvas.enabled =  false;
}
```

指定Snapshot的变量

用0.7秒将音频转化为Snapshot的状态。

这样播放后，按下ESC键打开界面，能更改BGM。用ESC键关闭界面后，又回到原来的状态了。操作顺利流畅。

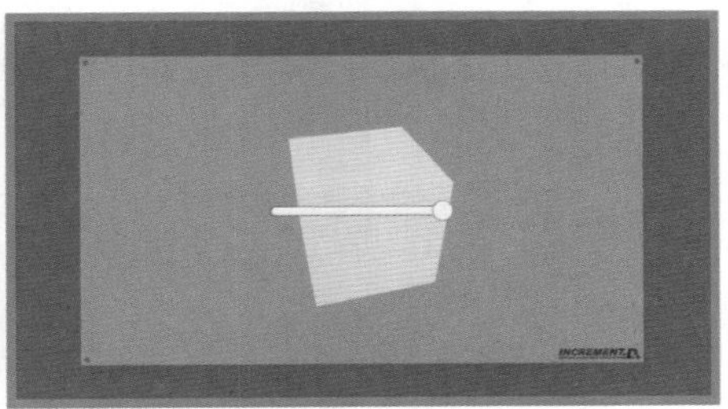

其他模式的 GUI

直到这里，我们用的Canvas的GUI都是会占据整个界面的。用Canvas渲染模式是**Screen Space - Overlay**，也可以认为它是之前占据整个界面的遗产GUI的替代品。其实，虽然在Hierarchy上没有显示，但有uGUI专用的Camera用Orthographic（即正交摄像机，没有透视，直接拍摄）拍摄Canvas下面的UI部件。由于遗产GUI是在渲染摄像机视频之后，再逐帧渲染GUI的部件，所以有处理的上限。不过，uGUI所做的事情只不过是用摄像机拍下世界中发生的一部分事情。

uGUI还有2个Render Mode。

一个是**Screen Space - Camera**。这是利用Hierarchy面板上存在的摄像机来显示UI。在这个模式下，如果在场景中该摄像机移动的话，则对面的Canvas也会配合移动，所以从外观上看，与Overlay差不多。摄像机拍摄的所有区域都是Canvas，这一点与Overlay也一样。那么不同之处呢？那就是摄像机是Perspective模式（也可以使用）。举个例子，虽然很少会使用，不过如果将唯一的一个Main Camera指定为Canvas的摄像机的话，状态就如右图所示。世界中的东西会出现在Canvas UI的前面。如果想要像Overlay一样，让UI出现在前面的话，可以创建专用相机，将Depth值设置得大于Main Camera即可。

因为这个模式是Perspective，所以可以将Canvas中的UI部件配置为立体效果。

例如，如果将 Render Camera 设置为 Main Camera 的话……

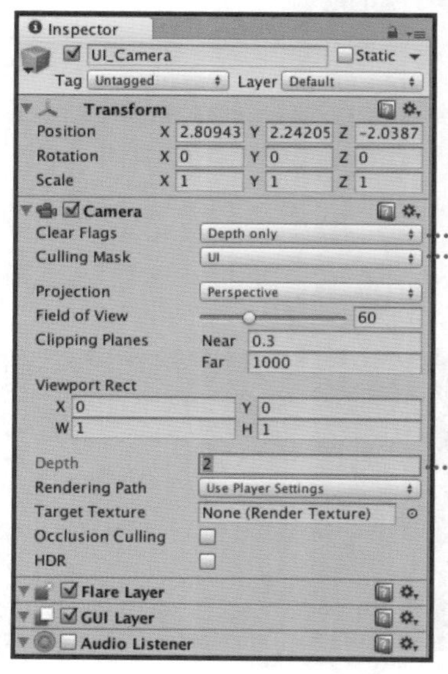

先将 UI 用的摄像机的 Clear Flags 设置为 Depth only，将 Culling Mask 设置为 UI。

然后，通过增大 Depth 数值，就能显示在其他摄像机前面了。

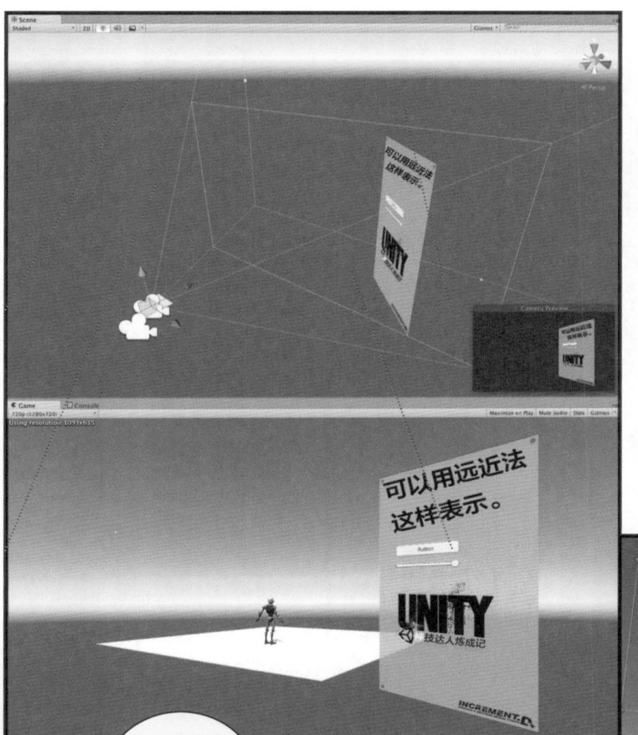

还能创建这样的倾斜界面。做着动画效果的同时显示这样的界面，会显得很高级吧。

另一个Render Mode是**World Space**。这个模式将Canvas与场景中平面的对象一样处理。由于在其他模式中，Canvas是占满屏幕空间使用的，所以其大小和长宽比等依靠分辨率，Rect Transform的信息部分会变灰色，无法更改（参考左页右上方的图）。但这个World Space不同，可以将Canvas像精灵一样设置。

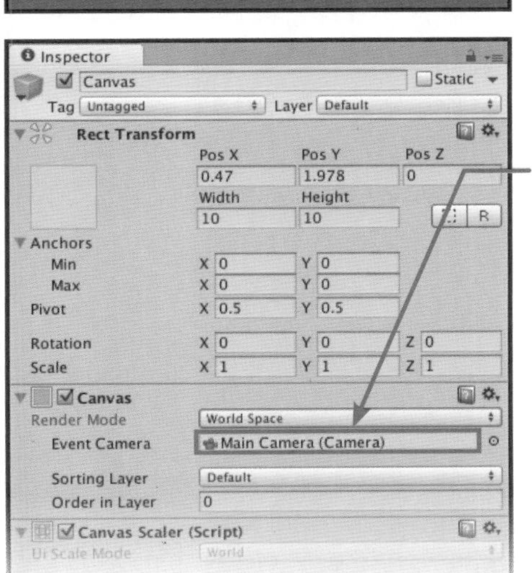

当然，画布下面的层级中配置的按钮或图像等，也可以和其他Render Mode一样布局。只是，按钮等有交互元素的UI部件，需要指定是从哪个摄像机的视角看到并点击的，所以要将Canvas组件的Event Camera项目，设置到通常拍摄场景的Main Camera或者拍摄UI的Camera等摄像机上。

World Space有很多用处。比如，用血条来显示角色的HP；打倒敌人时显示获得分数等。

GUI 与 Audio 总结

本章内容结束了。若要介绍uGUI与Audio的所有功能，像本书这么厚的书，可能还要分别写出满满干货的两大本。关于uGUI只介绍了Button和Slider，此外还有输入栏、滚动条、文本框等UI部件。虽然功能各不相同，但如果接触一下，读者就能自己把握大体功能了。请结合网上的教程试试看。uGUI中难度大的还是Anchor或Pivot的关系性，掌握了这部分，就没有那么恐怖了。

但是，Audio是真恐怖。毕竟书是无法发出声音※的，音频的效果数量众多、各自的参数和功能也很复杂。在本章只介绍了通俗易懂的Lowpass。关于Effect，虽然网上文件中也简单介绍，但只是读一读的话，很难知道会是怎样的效果……用什么参数声音会如何变化，在纸上或者网上很难说清楚。只有一个学习的方法，那就是需要自己多试试，多体验一下。从简单易懂的开始尝试吧。

【无法发出声音】样本数据等内容可在本书的支持网站上下载，请见谅。详情请参考 P.12。

关于Audio Mixer，只介绍了Snapshot。但如果灵活运用好Snapshot的话，就能在很多情景中使用。例如，角色走进家，关上门瞬间的声音变化；打开窗户的瞬间，外界的声音变清晰了；潜入水中或者从水中露出头时，又或者在射击游戏中自己被击倒时，表现一段时间内Lowpass越来越强的效果等。只要细心使用音频，就能大大增加游戏的真实感。

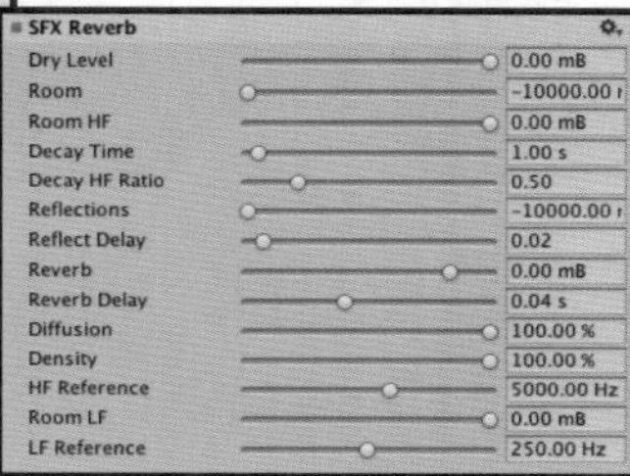

要想熟练运用这么多参数，必须掌握与 Audio 相关的专业知识。

直到本章结束，我们大致介绍了用Unity创建游戏世界的所有要素。第三章是3D材质的制作方法、光源，第四章是运用脚本控制的基本知识、第五章是动画控制的基本知识，以及本章关于UI和音频的基本知识。虽然还不能豪言壮语地说“好啦！现在你就能创作作品了”，但可以尽量多尝试制作项目，并把作品给更多人看。下一章，我们就介绍如何将作品公开。

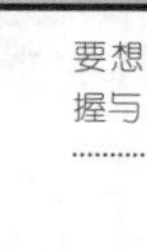

第七章
输出

Unity 所制作的项目的输出方法。
还包括对 iOS 和 Android 应用程序的测试进行说明。

Unity 的输出位置

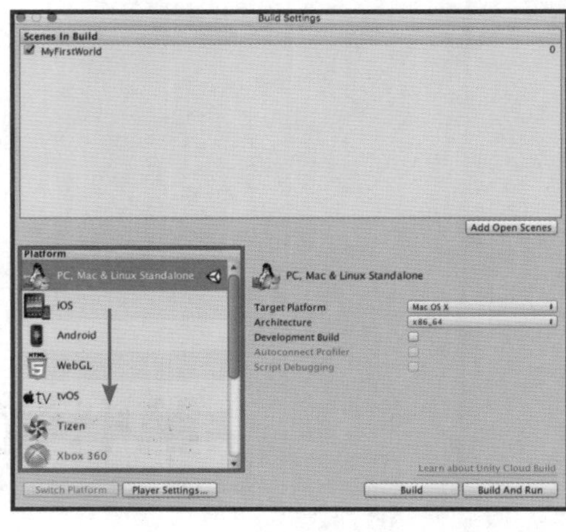

现在我们能够创造世界了，也能够在Unity编辑器上进行播放，并且还可以在游戏中进行玩耍，那么接下来就要进行输出了。比如想让别人玩自己做的游戏，再比如制作游戏是你的一项工作，那就需要进行提交。如果是放在商店出售的个人开发的游戏的话，万一大受欢迎你还可以挣到一点小钱。如果你是学生，想把自己制作的游戏带去给可对游戏进行销售的游戏制作商或游戏公司，就必须以某种形式输出为可供试玩的应用程序。

其实到目前为止我们已经在不知不觉中做过一些练习了，Unity的同一个项目中也会出现选择各种输出位置的情况。打开Build Setting的对话框，当移动场景时，会将必要的场景添加到上方的Scenes In Build对话框或者替换顺序，这里需要注意的是左下方的Platform。可输出的Platform的种类如右图所示。右图的项目中有Xbox 360、PS4等用于用户游戏机的项目，显示为灰色，实际上如果是游戏开发公司的话，可以通过咨询Unity来实现输出。

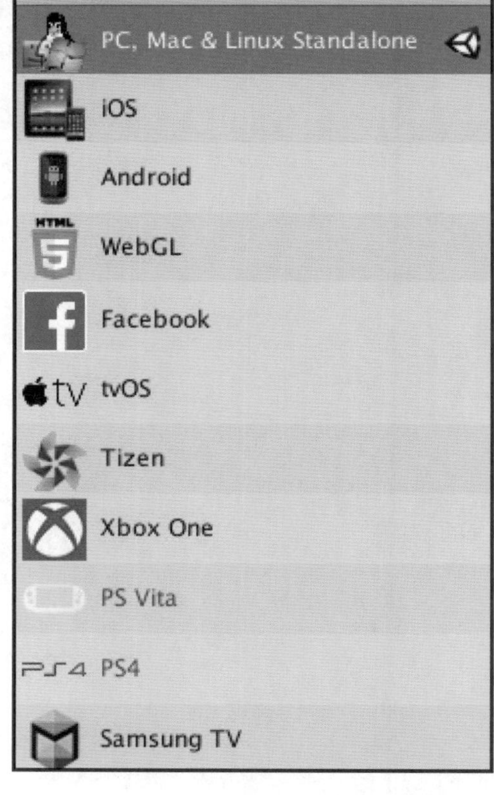

PC、Mac&Linux Standalone是直接用于电脑的单机播放器。**iOS、Android**是面向便携客户端的，**WebGL**是面向兼容WebGL的浏览器的，Facebook是面向与Facebook合作的Windows Gameroom的，此外还有发布WebGL的游戏内容、Apple TV用的**tvOS**，和作为新OS而探索Tizen等输出方法，但大部分在现阶段并没什么关系。**Xbox One**一开始就是可用状态，虽然它也是用于用户游戏机的，但如果能参加ID@Xbox这一独立游戏开发项目，就可以使用Unity进行开发。关于Xbox One，顺便提一下，能在Windows 10的PC机、平板电脑和Xbox One等通用的应用程序，亦被称为UWP（Universal Windows Platform）应用，也可以发布到**Windows Store**上。此外还有Nintendo Switch、PS Vita、PS4等，这些都是开发公司等已经独立签约许可证的用户游戏机可以使用的，对于普通用户来说是比较遥远的存在。**Samsung TV**可以写出用于智能电视的应用程序。

切换平台

通常新建一个项目后，会像上一页的图中那样，设置了PC、Mac&Linux Standalone。使用Mac OS或Windows开发，都可以制作出各平台的单机应用程序。Unity的项目，如果制作好的话，一个源文件就可以实现同一个游戏的多平台输出。例如，单机版、iOS版、Android版以及Web Player版。

输出时，从左边的Platform列表中选择想要输出的环境，变为可用状态后单击Switch Platform按钮。例如，切换到iOS后，会显示出一个正在进行作业的进度条。因为Asset的内容，有时可能需要等待很长时间。那么，究竟在进行一些什么作业呢？

例如，选择Web Player，单击Switch Platform。

大家都知道Unity项目的文件夹下有一个Assets文件夹，该Assets文件夹下的文件群，有的放置在了场景中，还有的作为组件附加到了GameObject中，把这些写出到应用程序中时，并不是直接使用这些文件群。例如，以Texture为例，像左图中那样要在Import Settings中对**原文件**进行详细设置。原图像尺寸为1024×1024，在左边的Import Settings中最大设置为512。iOS的话，最大尺寸为256，需要进行更强的压缩，可单独进行设置。也就是说，这个设置不损坏Assets下的原文件，是为实现各平台所用而进行的转换设置。通常初次Build执行文件之时所生成的应用程序所用数据，第二次以后只要Import Setting没有变化就只转换必需的文件。因此，在按下切换平台的Switch Platform按钮时，会将它整个转换※为新Platform所用文件。

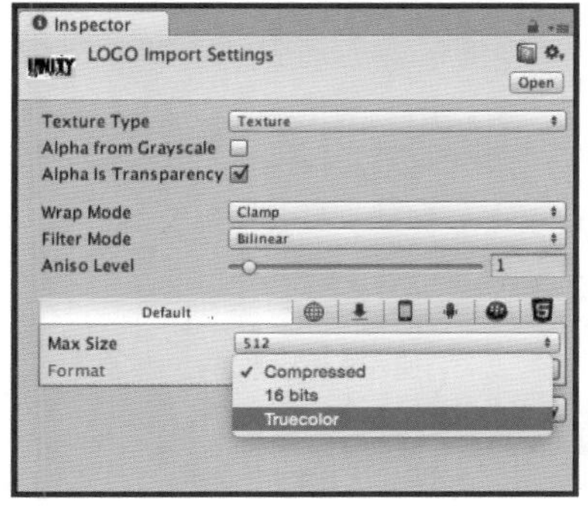

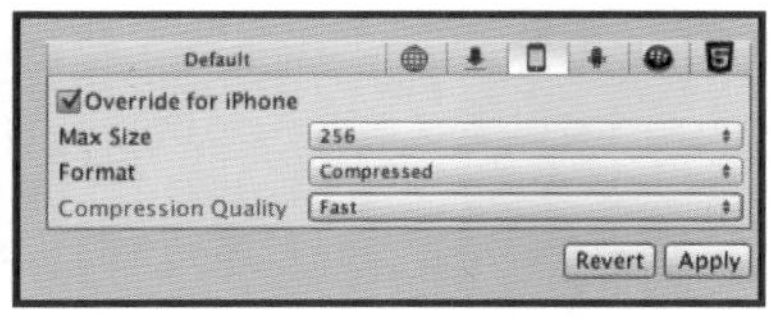

【整个转换】不执行Switch Platform也可以进行开发，在最后输出时再执行Switch Platform。有的Assets可以很大程度上减少作业时间，非常方便。详细内容可参考附录P.437。

了解 Player Settings

首先来看一下写出为单机播放器时的Player Settings。单击Build Settings对话框的Player Settings…按钮或者执行Edit菜单的Project Settings > Player即可进行显示。这里的Inspector中最上方显示的项目为**General Settings**，这是关于项目的全局设置，只有这个设置是所有平台的共通设置。

在**Company Name**※中输入公司名称或团体名称，如果是个人的话可以考虑输入姓名、商号。

Product Name是实际显示出的游戏名称。如果是手机应用程序的话，主画面中名称会和图标并排显示，因此需要注意字数，能够全部显示出的为6个全角文字。多于这个数量的话会在图标下方以“五个字以后…”这样的方式进行显示。

Default Icon可事先进行设置。只是，手机等的固定尺寸有多个，可以分别单独进行覆盖。暂且加入1024 × 1024大小的正方形图像吧。之后，这个图像将在Import Settings中用作Texture和Sprite所设置的图像，所以事先不要压缩图像。这样图标也设置好了。

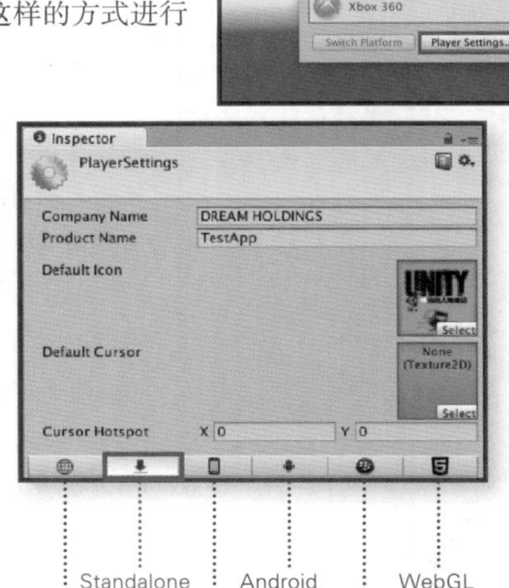

Default Cursor可以在使用鼠标中的平台中进行使用。想用原创的图像来表现鼠标时，可以在这里加入图像。这个鼠标可后续通过脚本根据需要进行变更。

```
Cursor.SetCursor(myCursorTxture, Vector2.zero, CursorMode.Auto);
```

Cursor Hotspot从该鼠标图像的左上起以像素为单位表示鼠标的作用点。通常为左肩X:0 Y:0。

【Company Name】中所设置的名称与保存于PC中的偏好设置文件相关联。例如，Mac下，Macintosh HD/（用户名）/Library（隐藏文件夹）/Preference/中创建了名为unity.<Company Name>.<Product Name>.plist的隐藏文件。只是一个XML格式的设置文件，无须关注它的大小，如果一直进行作业的话将会出现大量这样的文件。Windows下可以通过注册表编辑器进行编辑或删除。

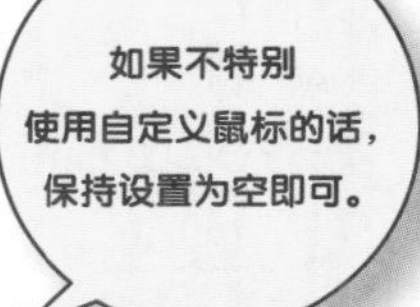

如果不特别
使用自定义鼠标的话，
保持设置为空即可。

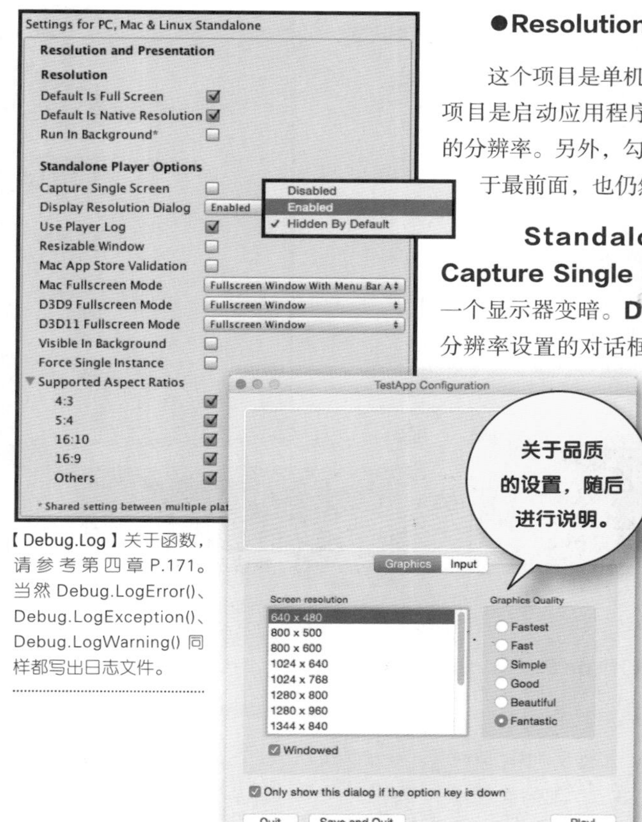

【Debug.Log】关于函数，请参考第四章P.171。当然Debug.LogError()、Debug.LogException()、Debug.LogWarning()同样都写出日志文件。

●Resolution and Presentation

这个项目是单机应用程序中所用到的动作的相关设置。**Resolution**项目是启动应用程序时的设置。默认可设置为全屏播放或符合屏幕尺寸的分辨率。另外，勾选**Run in Background**后，即便应用程序没有位于最前面，也仍然在后台运行。

Standalone Player Options为运行时的动作设置。**Capture Single Screen**为多显示器环境下进行播放时，设置是否有一个显示器变暗。**Display Resolution Dialog**设置一开始是否显示分辨率设置的对话框。**Disable**为不显示，**Enabled**为显示。还有最后的**Hidden By Default**，默认不显示，但当启动时按下Option（Alt）时就会显示分辨率设置对话框。届时，对话框的左下方**Only show this dialog if the option key is down**…仍保持原样，勾选后只在按下Option（Alt）键时进行显示。如果去掉该勾选的话，那么下次就会打开分辨率设置对话框。

User Player Log用于设置是否写出Log文件。关于写出位置，Mac OS下写出到Macintosh HD/（用户名）/Library（隐藏文件夹）/Logs/Unity/文件夹下。写出内容为**Debug.Log()**※函数，这个函数我们无意中使用过很多次，这里是作为文件写出的，并不是只写出到控制台哦。在Unity编辑器运行时的Debug Log将会追记到其目录内的Editor.log中，单机播放器的日志将会追记到Player.log中。如果不引用该日志文件，则**应去掉勾选**。因为要读写文件，所以计算机的性能将会下降。另外，如果您计划将您的应用程序递交到Mac App Store中，向iTunes Connect递交申请时，如果没去掉这个勾选，将不会通过审查。

Resizable Window在Windows中打开时，设置是否可以调整窗口的大小。

Mac App Store Validation向iTunes Connect申请时可进行勾选，启用收据验证。关于Mac App Store的申请，请参考如下URL。（https://docs.unity3d.com/Manual/HOWTO-PortToAppleMacStore.html）

Mac Fullscreen Mode为Mac的设置。**D3D9**和**D3D11**指的是Windows的Direct 3D，可以选择各自的Window模式。**Visible In Background**选项表示保持窗口的全屏，**Force Single Instance**强制相同应用程序只可启动一个。

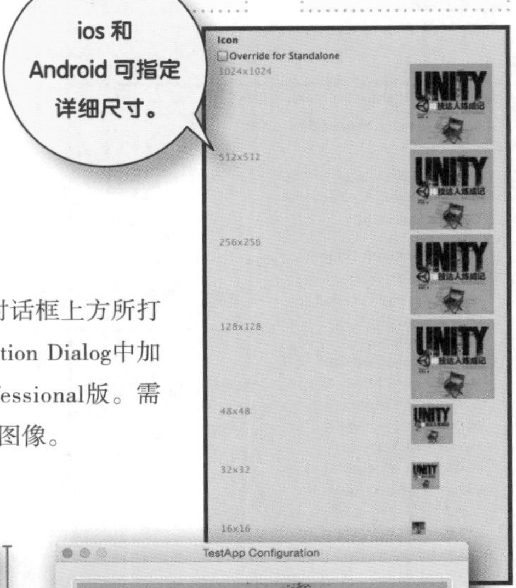

ios 和 Android 可指定详细尺寸。

●Icons

可以另行覆盖原始的Default Icon的尺寸。所需的尺寸有1024、512、256、128、64、32、16这7种图标。

●Splash Image

单机播放器中对该位置所进行的设置，即为对刚才指定分辨率对话框上方所打开的空间所进行的设置。通过在这里加上横幅就可以在刚才的Resolution Dialog中加入横幅。但是，仅限于Professional版。需准备尺寸为432×163像素的图像。

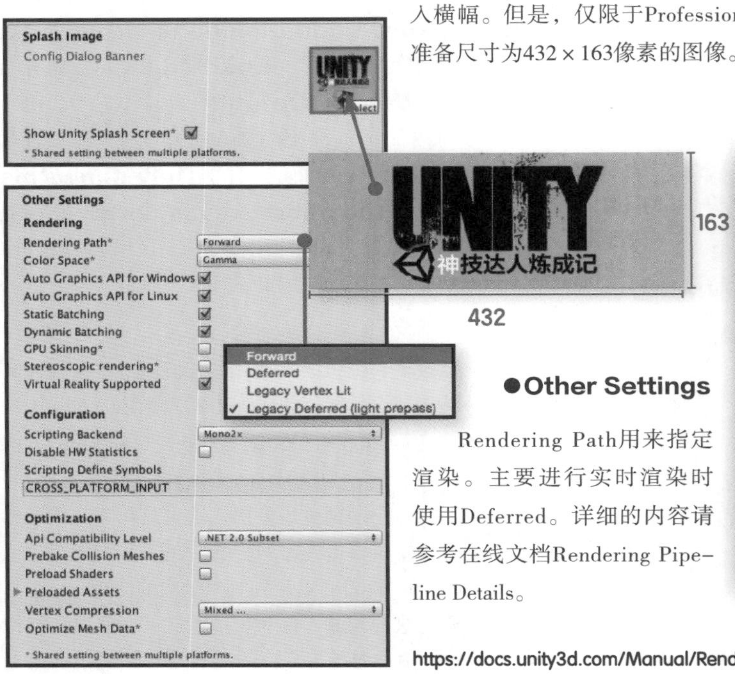

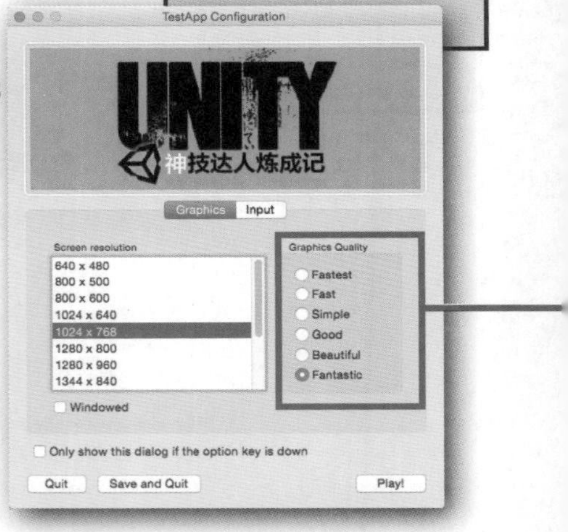

163

432

●Other Settings

Rendering Path用来指定渲染。主要进行实时渲染时使用Deferred。详细的内容请参考在线文档Rendering Pipeline Details。

https://docs.unity3d.com/Manual/Rendering-Tech.html

去掉**Auto Graphics API for Windows**的勾选后，现在就可以从Direct3D11或Direct3D9中指定对应的API了。**Linux**同样有OpenGL2或OpenGLCore两个对应的选择。**Static Batching**是在渲染画面时，将GameObject设置为Static，要求渲染引擎的API对**拥有相同材质**※的对象进行完全一致的渲染。**Dynamic Batching**是动态搜索使用了相同材质的组集中执行DrawCall。对全部相同（而且是没有使用阴影的对象等），例如对一些比较简单的同样的角色大量散乱※出现时有效。**GPU Skinning、Stereoscopic rendering**也用于设置是否开启D3D11功能。

这些家伙的材质都一样，对它们进行了一样的渲染。

一个一个地拜托给 GPU 君就太麻烦了。

【拥有相同材质】为了拥有相同材质，将多个纹理进行组合汇集到 UV 纹理贴图集中即可。

【散乱的】需要一些细致的条件，这就比较深奥了。详情请参考在线手册的 DrawCall Batching 项。https://docs.unity3d.com/Manual/DrawCallBatching.html

●Configuration

Disable HW Statistics只在Pro版中允许勾选，拒绝发送硬件统计数据。那，是偷偷发送一些信息吗？不是的，不会发送隐私政策中所记载的信息及相关个人信息，请放心。汇集这些数据的信息可以在左侧的网站中进行查阅。

Scripting Define Symbols为平台依赖编译中所用到的独特符号，详细内容将在之后的P.347中进行说明。

●Optimization

Api Compatibility Level可选择.NET 2.0 Subset和.NET 2.0。Unity的脚本是基于Microsoft.NET的，通常所有项目中不需要的项目有很多，基本上选择Subset后所挑选出的API就足够了。需要其他的API时，可以切换到完整版的.NET进行使用。对Arduino※经由串行端口进行控制将在本书的第八章中进行少量说明。

【Arduino】一个小小的基板。请参考 P.380。

Prebake Collision Meshes在读取场景前事先做好物理计算准备的相关设置。**Preload Shaders**通过预先读取，在需要着色器程序时进行调用，避免了卡顿，但是内存从一开始就在消耗了。**Preload Assets**把尺寸设置为0以上后就可以指定Asset，因此可把想要先行读取并缓存的Prehab等加入此处。

以上大体上对写出到单机播放器时的Player Settings进行了介绍。每个平台的设置会有些细微的不同，因此接下来是对其他平台中需要特别注意的事项所进行的说明，Unity自身更新版本时所出现的细微更改也在此列。在线文档中也经常因添加内容而发生变更，版本升级通知及更新内容尽可能地都浏览一下吧。

品质设置

大致就是这些平台了，只要不是需要和硬件一起交给博物馆的案子，用户就可以在各平台进行播放。CPU比较慢的机型或者图形板※比较弱的机型中，最好确保帧率，就算多少要牺牲一点播放时的美观。例如，该单机播放器中，以单选按钮的形式设置了从Fastest到Fantastic这6个等级的Level品质预设供用户选择。

【图形板】装载了安装于 PC 中的 Radeon 和 GeForce 的 GPU 的图形板。

分别进行选择后，希望哪里发生什么样的变化，可以自己进行详细的设置，也可以更改各自的名称。（也可以改成中文）可以通过选择Edit菜单的Project Settings > Quality分别进行详细设置，Inspector中会进行如下显示，分别进行选择，变更内容来决定各平台的默认选择。设置为默认选择的品质会变成绿色。

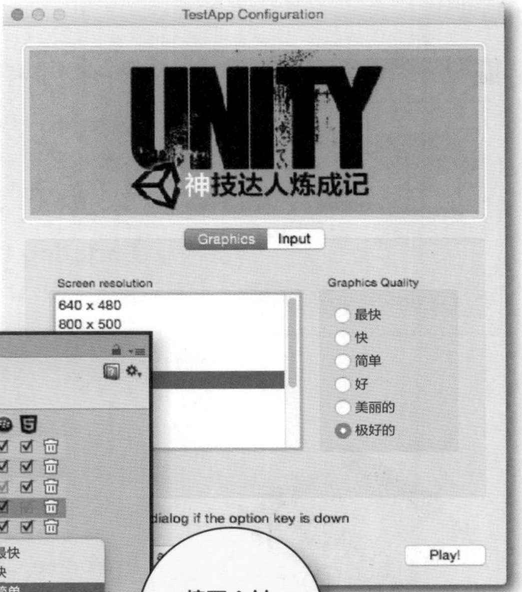

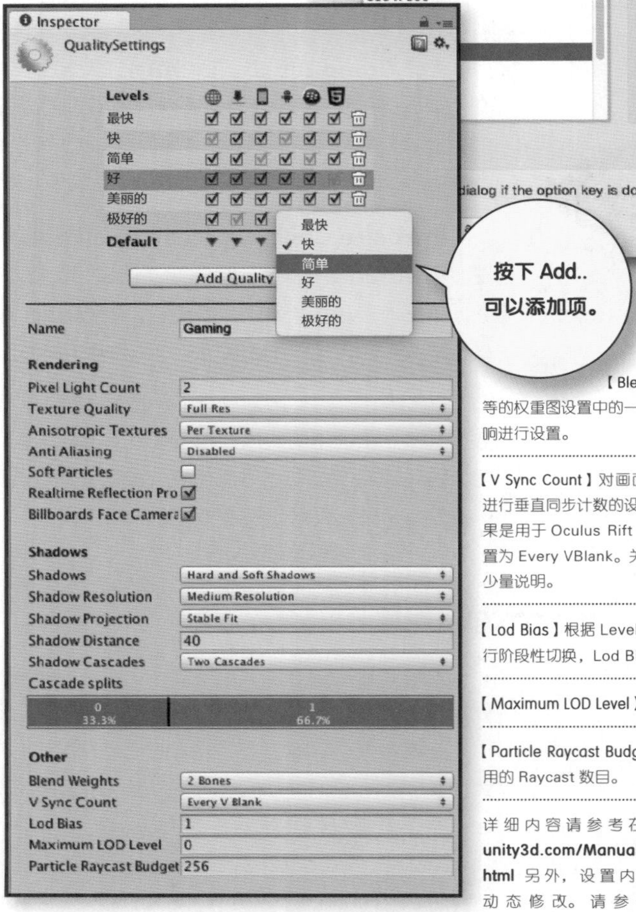

按下 Add..
可以添加项。

【Pixel Light Count】通过限制像素灯的数量，来限制影响一个像素的灯的数量。会影响 Light 组件的优先度。

【Texture Quality】通常在 Full Res，设备规格水平较低，需要将就时进行设置。Full Res（全分辨率）、Half Res（1/2 分辨率）、Quarter Res（1/4 分辨率）、Eighth Res（1/8 分辨率）

【Anisotropic Texture】在视线角度考虑多边形的方向，执行最佳的纹理处理。面向装载有优质图形板的人群。

【Anti Aliasing】抗锯齿处理，除非设备规格非常良好，否则选择 Disable 即可。

【Soft Particles】粒子通常只是在板状多边形上粘贴像烟雾一样的东西并散乱放置。因此它嵌入墙壁时，一眼就能看出是嵌入了图。Soft Particles 功能能够对此进行柔化处理。

【Realtime Reflection Probe】是否允许实时反射探头。Reflection Probe 请参考 P.153。

【Billboards Face Camera Position】是否允许广告牌面向摄像机位置。

【Shadows】是否有阴影，是只显示硬阴影，还是也显示软阴影。

【Shadow Resolution】阴影的分辨率。

【Shadow Projection】Close Fit 渲染较高分辨率的阴影，但是如果相机稍微发生移动时，阴影也会轻微摆动，适用于晃动较小的情况。Stable Fit 渲染的阴影分辨率较低，不过相机移动时不会发生摆动。

Shadow Distance】当前的设置为超出 40m 的阴影不会被渲染。

【Shadow Cascades】可设置为 0、2、4。

【Cascade splits】可设置为 0、2、4。是否对分辨率等级进行详细设置。

详细内容可以参考如下网址。Directional light shadows
https://docs.unity3d.com/Manual/DirLightShadows.html

【Blend Weights】对 3D 角色等的权重图设置中的一个顶点会受几个骨骼的影响进行设置。

【V Sync Count】对画面的刷新率和程序的 FPS 进行垂直同步计数的设置。受图形板的影响，如果是用于 Oculus Rift 开发的内容的话，可以设置为 Every VBlank。关于 Oculus 第八章中会有少量说明。

【Lod Bias】根据 Level of Details 距离对网格进行阶段性切换，Lod Bias 为该功能的参数。

【Maximum LOD Level】设置 LoD 的最大级别。

【Particle Raycast Budget】设置粒子碰撞判定所用的 Raycast 数目。

详细内容请参考在线文档。**https://docs.unity3d.com/Manual/class-QualitySettings.html** 另外，设置内容可以从程序中进行动态修改。请参考 QualitySettings 类项目。**https://docs.unity3d.com/Documentation/ScriptReference/ QualitySettings.html**

进行 Build

这么多的设置，对于初学者来说全部不懂也是完全OK的。本页之前有5页背景色是黄色的内容，这5页的内容如果全部都不懂的话就不能完成Build，所以可以读一遍，在需要的时候返回去看一下就好了。暂时就先用默认设置写出看看吧。悄悄告诉你，笔者也会经常感叹“咦？这里还有这样的设置”※，所以各位读者也大可不必担心自己掌握得不够多。

我们来试着进行一下Build。在Build Settings对话框中，将所使用场景从项目浏览器等中拖拽&释放到Scenes In Build框中进行添加。这里有一个小窍门，如果能把项目浏览器的Assets内的目录整理一下那最好不过了。如果你不知不觉中添加了一堆凌乱的内容，到头来都不知道哪里有什么。（嗯，笔者就是这样的）这种时候，可以在项目浏览器中进行过滤显示。而且，也可以把要搜索的项目通过★添加到Favorites中。如果你经常在Assets中到处东找西找，可以记住这个方法。

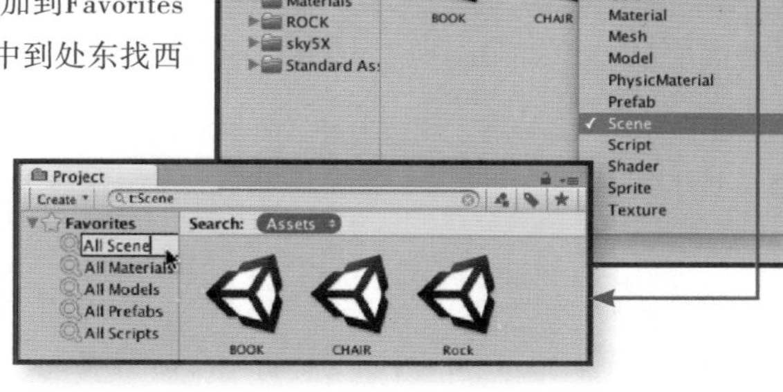

选择对话框中的Target Platform，设置Architecture。x86兼容32bit和64bit，x86_64为64bit的专用应用程序。

接下来是**Development Build**，勾选后就可以使用Profiler※了，Profiler将在第十章进行少量说明。勾选Autoconnect Profiler后，所制作的应用程序启动后，Unity编辑器内将自动启动Profiler。勾选Script Debugging后，将通过MonoDevelop对运行进行调试，通过断点等对程序的运行进行详细检查。

选择Build And Run后创建执行文件，之后进行启动。

【这里还有这样的设置】曾经笔者想让Soft Particles变得更好看一些，去掉了一个勾选居然就实现了。

【Profiler】详细内容请参考P.426。即使不勾选Autoconnect Profiler，也可以在Unity的编辑器中进行指定并进行性能分析。

对应多平台的游戏设计

切换平台就是在切换最终输出的文件形式，以最优的形式为它们准备好各自所用到的图像等Asset为它们所用。关于单机版的Mac OS X和Windows，Direct 3D的差别等虽然是细微的，但是开发基本上是一样的，在最后Build时可以写出为它们中的任意一个。但是，同样一个游戏，想输出为Mac版、Windows版还有iOS版、Android版，也就是手机版时该怎么办呢？

这是用在手机上的，
所以压缩到这个程度了。
Mobile
请放在那儿吧。
用在PC上的，
这么多够了吗？

单机版和手机版很大的不同在于CPU和图形表现力。也就是说，手机版总是不免带给人比较意犹未尽略带遗憾的感觉。但是，游戏并不能只是画面有趣，还必须玩起来有意思。假设不存在性能方面的问题，那么接下来必须考虑的就是交互方式了。在平板电脑上游戏时，不能指望用键盘输入。TPS※这类游戏，在单机版中可以用方向键进行移动，通过鼠标来四下看看。但是在平板电脑中制作这类游戏时，就需要点击地面并使用NavMesh来移动到所点击的位置，不然制作起来就非常麻烦棘手了。

做这种混合开发时，我认为可以把共同用到的内容进行预设，创建用来编辑的场景时分别制作用于手机和电脑的游戏场景，就不需要费两次功夫了。

【TPS】Third Person Shooting。以第三人称的视角所进行的游戏。

触摸画面时的不同

考虑一下在一个场景内切换交互方式。TPS制作起来有点大手笔，我们来做一个简单的例子吧。

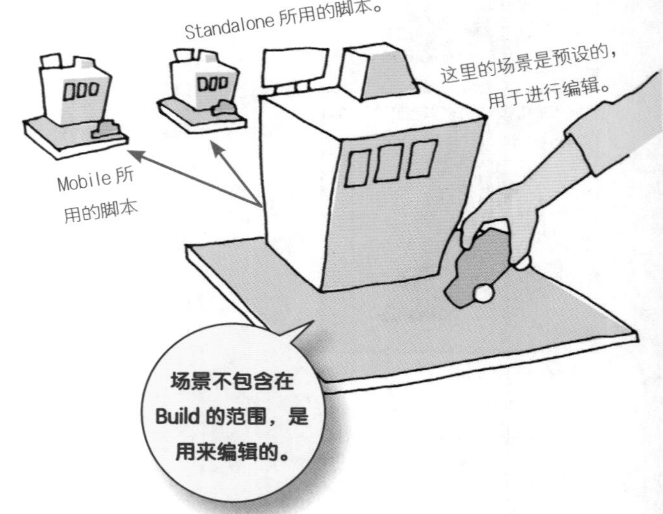
Standalone 所用的脚本。
这里的场景是预设的，
用于进行编辑。
Mobile 所
用的脚本
场景不包含在
Build 的范围，是
用来编辑的。

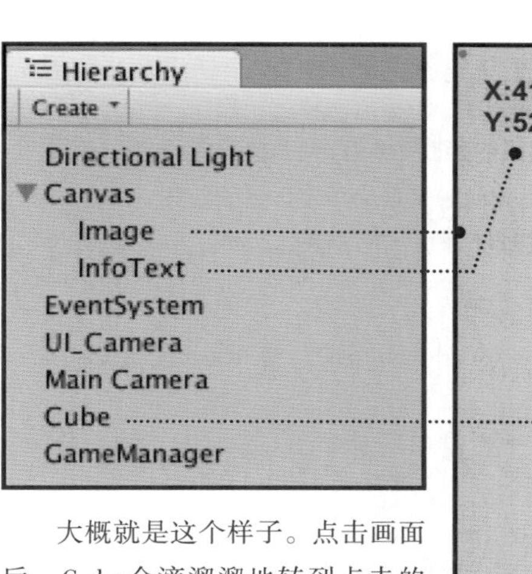

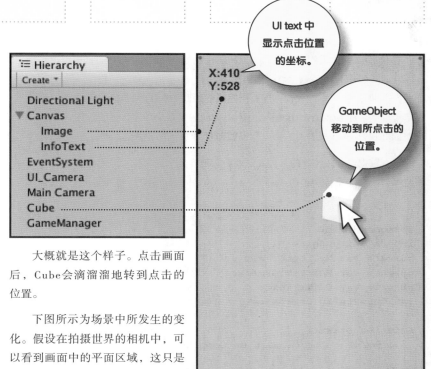

大概就是这个样子。点击画面后，Cube会滴溜溜地转到点击的位置。

下图所示为场景中所发生的变化。假设在拍摄世界的相机中，可以看到画面中的平面区域，这只是概念性的表示，并不代表相机中会看到它出现在特定的位置。只是为了说明才将屏幕空间相机四角锥的某个四角横截面显示出来。点击后，假设从那个地点到相机观看的那一侧的距离为**10m**，就是要将Cube移动到那个位置，将画布放到背景层，该画布上放置有黄色背景板和名为infoText的UI Text。

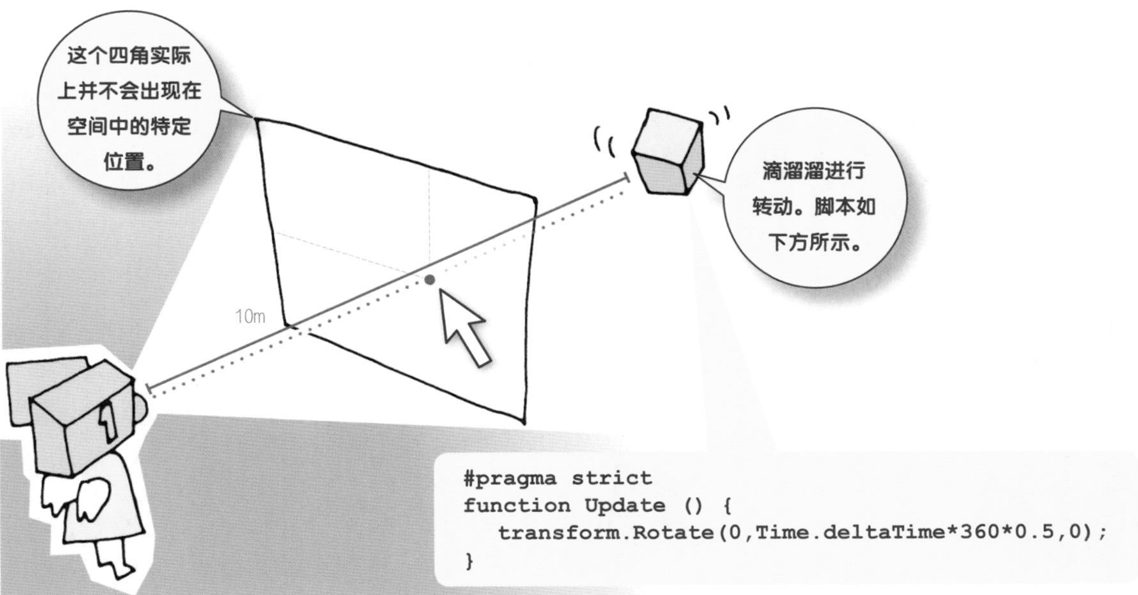


```
#pragma strict
function Update () {
   transform.Rotate(0,Time.deltaTime*360*0.5,0);
}
```

有的函数可以获取在界面上双击的位置的坐标。使用Input.mousePosition函数，获取画面中所点击位置的Vector3型的数据。假设从画面的左下起延伸出X轴、Y轴，还有**距相机的距离为0**的Z轴，换言之就是局部坐标系。**Input.mousePosition**获取的就是局部坐标系的位置。为Z轴赋值后，从相机看过去，坐标**呈放射状**向那个方向**移动**。

这个数据是比较特殊的，因此需要将它转换成全局坐标。为此，需要将数据作为自变量传递给Camera的ScreenToWorldPoint函数，就可以获取全局坐标。

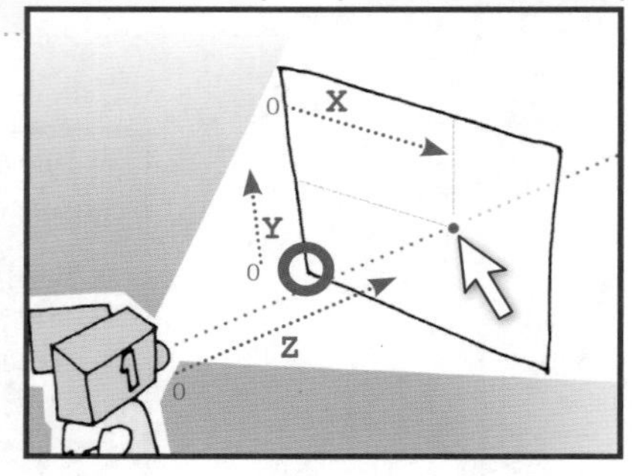

X和Y的值是依据屏幕尺寸所得出的数值。右上点的坐标中X为Screen.Width，Y为Screen.Height。

```
#pragma strict
import UnityEngine.UI;
private var MyCube:GameObject;
private var MainCam:Camera;
private var UITxt:Text;
var CubePrefab:GameObject;// 在 Inspector 中指定 Prefab

function Start () {
   MainCam = Camera.main.GetComponent(Camera);
   // 从 Main Camera 中获取相机组件
   UITxt = GameObject.Find("InfoText").GetComponent(Text);
   MyCube = Instantiate(CubePrefab);
   MyCube.GetComponent(Renderer).enabled = false;// 设置 MyCube 在什么情况下消失
}

function Update () {
   if (Input.GetMouseButton(0)){// 如果按下了鼠标左键
      var MPOS = Input.mousePosition; // 获取鼠标的位置
      MPOS.z = 10f; // 将画面中鼠标的内侧位置（Z 轴）设置为 10m
      var SCRPOS:Vector3 = MainCam.ScreenToWorldPoint(MPOS);// 获取全局坐标
      MyCube.transform.position = SCRPOS; // 将 Cube 移动到所点位置
      MyCube.GetComponent(Renderer).enabled = true; // 显示 Cube
      UITxt.text = ("X:" + MPOS.x + "\nY:"+ MPOS.y); // 将坐标文本写出到 UI 中
   } else { // 如果没有按下鼠标左键，则 Cube 消失
      MyCube.GetComponent(Renderer).enabled = false;
      UITxt.text = "";
   }
}
```

准备GameObject下的内容，在Inspector中放入Prefab。

\n为换行符号。

X:410
Y:528

进行播放，按下鼠标，按下鼠标期间，Cube滴溜溜进行转动。

然后直接将这个程序写出为iOS版。

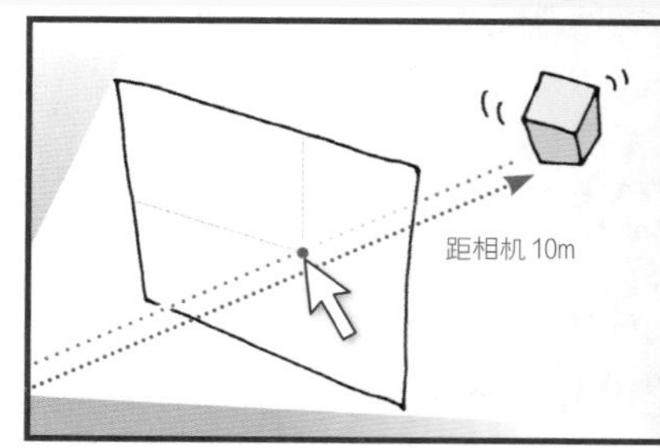

乍一看，移动得很正常。试着放2根手指在屏幕上，看起来好像是移动到了两根手指的中点位置，放3根手指的话又是移动到正中间。有点奇怪啊。这是因为手机可以获取多个点击，这样鼠标位置就变成这样的结果了。

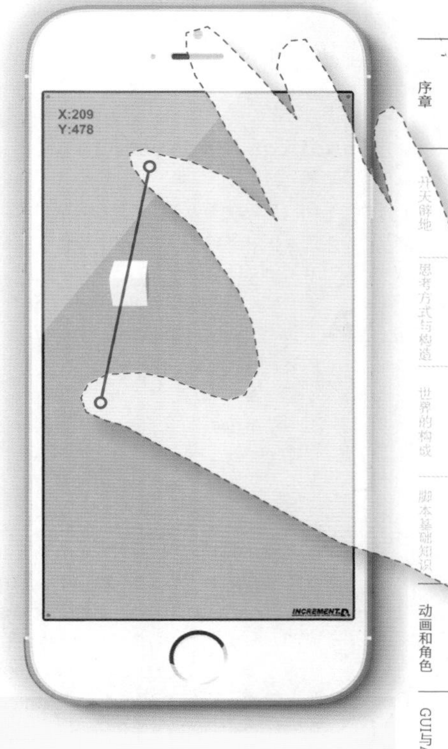

实现多个点击

我们来稍微改良一下。这里我们设置为最多可以获取5指的位置。为此要准备5个Cube的Prefab并准备几个Cube变量，名称一直排列到Cube5。

```
#pragma strict
import UnityEngine.UI;
private var MainCam:Camera;
private var UITxt:Text;
private var Cube5:GameObject[];
var CubePrefab:GameObject;// 在 Inspector 上指定 Prefab
function Start () {
	MainCam = Camera.main.GetComponent(Camera);
	UITxt = GameObject.Find("InfoText").GetComponent(Text);
	Cube5 = new GameObject[5];// 将内容物体的数量设置为 5 个
	for (var i=0;i<5;i++){// 反复进行 5 次
		var c:GameObject =  Instantiate(CubePrefab);// 生成 Prefab 实例
		Cube5[i] = c;// 放入数组
		c.GetComponent(Renderer).enabled = false;// 消除
	}
}
```

Start函数就显得有点乱糟糟了，不过只是在内容中加入了5个Cube的Prefab实例，没有什么大的不同。接下来对Update函数进行改造。

然后，来修改Update。把刚才单机所用脚本中的A部分的处理注释掉。

```
function Update () {
    /*
    if (Input.GetMouseButtonDown(0)){
        var MPOS = Input.mousePosition;
        MPOS.z = 10f;
        var SCRPOS:Vector3 = MainCam.ScreenToWorldPoint(MPOS);
        MyCube.transform.position = SCRPOS;
        UITxt.text = ("X:" + MPOS.x + "\nY:"+ MPOS.y);
    } else {
        MyCube.GetComponent(Renderer).enabled = false;
        UITxt.text = "";
    }
    */
    var i:int = 0;
    for each (var t in Input.touches){
        if (t.phase == TouchPhase.Began || t.phase == TouchPhase.Moved){
            var TPOS:Vector3 =  new Vector3(t.position.x, t.position.y,10f);
            var SCRPOS:Vector3 = MainCam.ScreenToWorldPoint(TPOS);
            Cube5[i].GetComponent(Renderer).enabled = true;
            Cube5[i].transform.position = SCRPOS;
        }
        i++;
        if (i==5)
            break;
    }
    if (i<4){
        for (var i2 = i;i<5;i++){
            Cube5[i].GetComponent(Renderer).enabled = false;
        }
    }
    UITxt.text = "Touch:"+Input.touchCount;
}
```

（图中标注：A、B）

每次都进行注释就有点麻烦了。

仅显示触摸的数量，不显示位置，同样显示Cube。

触摸的 phase，在这个 Update 时开始触摸或手指正在移动时为 true。

触摸的 position 为 Vector2 型，因此创建一个添加了 Z 值的 Vector3 型变量。

最多判定 5 个，超出的话忽略。

如果有不需要的 Cube，删除。

这段代码简单来说就是：只在触摸到的手指位置排列放置Cube，除此之外的都删除。

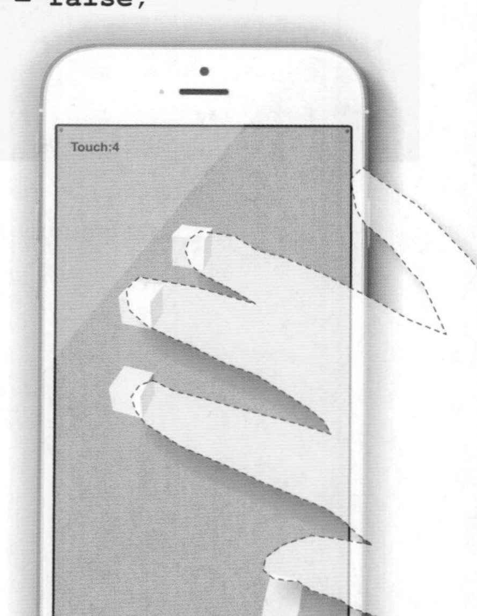

对，就是这样。文本中可以显示当前有几根手指在触摸平面。这样，单机版和手机版两个版本就完成了。但是，还要对项目进行一些别的修改后方可进行输出。这样的话，就要取消脚本A的注释，来注释掉B……**不用这么麻烦的**，根据平台在程序内进行分支吧。

进行分支后，update函数就有点长了，因此为各个处理汇总出一个用户定义函数吧。

改良版

因为是在 Mac 中进行开发，所以它的编辑器和 Mac/Windows 单机播放器的情况 =A。

```
function Update () {
        if ( Application.platform == RuntimePlatform.OSXEditor ||
             Application.platform == RuntimePlatform.OSXPlayer ||
             Application.platform == RuntimePlatform..WindowsPlayer)){
A ·········· STANDALONE(); // 汇总了单机版的处理
        } else {
B ·········· MOBILE(); // 其他是只以 iOS 和 Android 为前提制作的 =B
        }
}

private function STANDALONE(){
    if (Input.GetMouseButton(0)){
        var MPOS = Input.mousePosition;
        MPOS.z = 10f;
A       var SCRPOS:Vector3 = MainCam.ScreenToWorldPoint(MPOS);
        Cube5[0].GetComponent(Renderer).enabled = true;
        Cube5[0].transform.position = SCRPOS; // 只使用 5 个 Cube 的第一个
        UITxt.text = ("X:" + MPOS.x + "\nY:"+ MPOS.y);
    } else {
        Cube5[0].GetComponent(Renderer).enabled = false;
        UITxt.text = "";
    }
}

private function MOBILE(){
    var i:int = 0;
    for each (var t in Input.touches){
        if (t.phase == TouchPhase.Began || t.phase == TouchPhase.Moved){
            var TPOS:Vector3 =  new Vector3(t.position.x, t.position.y,10f);
            var SCRPOS:Vector3 = MainCam.ScreenToWorldPoint(TPOS);
B           Cube5[i].GetComponent(Renderer).enabled = true;
            Cube5[i].transform.position = SCRPOS;
        }
        i++;
        if (i==5)
            break;
    }
    if (i<4){
        for (var i2 = i;i<5;i++){
            Cube5[i].GetComponent(Renderer).enabled = false;
        }
    }
    UITxt.text = "Touch:"+Input.touchCount;
}
```

单机版的话只使用 0 号。

0 1 2 3 Cube5

单机播放器时，只使用第一个Cube，手机的情况下最多使用5个Cube。

上述脚本中有各种槽点。如果是单机版的话，原本不用制作 5 个 Cube 也是可以的，Update 中也没必要每次都调用 Application.platform。这个脚本是用来解释说明的，因此敬请见谅了。如果你能注意到我说的这些问题，说明你的脚本水平有提高哦，很棒。

这样，即便要切换输出平台，这个脚本组件也可以直接拿来使用而无须编辑。跨多平台时，可以通过调用Application.platform来实现分支。该函数返回的值会成为RuntimePlatform的变量之一，可以通过上述那样进行比较来实现判定。一览表见下页。

RuntimePlatform变量一览表。今后应该还会有所增加。

nintendo 3DS 也发布了对应的变量。

OSXEditor ----------	Mac OS X 上的 Unity 编辑器
OSXPlayer ----------	Mac OS X 播放器
WindowsPlayer ------	Windows 播放器
OSXWebPlayer ------	Mac OS X 上的 Web Player
OSXDashboardPlayer -	Mac OS X 的 Dashboard 播放器
WindowsWebPlayer ---	Windows 上的 Web Player
WindowsEditor -------	Windows 上的 Unity 编辑器
IPhonePlayer --------	iOS 播放器
XBOX360 ----------	Xbox360 播放器
PS3 ---------------	PlayStation 3 播放器
Android ------------	Android 播放器
LinuxPlayer ---------	Linux 播放器
FlashPlayer ---------	Flash 播放器
WP8Player ----------	Windows Phone 8 播放器
PSP2 --------------	Vita 播放器
PS4 ---------------	PlayStation 4 播放器
PSMPlayer ---------	PSM 播放器
XboxOne -----------	Xbox One 播放器
SamsungTVPlayer ----	Samsung Smart TV 播放器

使用平台依赖编译

之前的说明中，我们通过脚本对播放的平台有所了解。还有一种更为方便和切实的方法，那就是平台依赖编译。之前的3个函数编写如下。

```
function Update () {
#if UNITY_EDITOR || UNITY_STANDALONE
    STANDALONE();
#elif UNITY_IPHONE || UNITY_ANDROID
    MOBILE();
#endif
}
#if UNITY_EDITOR || UNITY_STANDALONE
function STANDALONE(){ 略 };
#elif UNITY_IPHONE || UNITY_ANDROID
function MOBILE(){ 略 };
#endif
```

是 #elif 而不是 #elseif，请注意。

通过开头带有#的if内容可以结合环境跳转至相关编译。这样可以不用把不相干的信息带至内存中，心情上也比较清爽。另外，还可以对在其他环境中报错的项目进行分支。见下页的一览表。

```
UNITY_EDITOR ----------- Unity 编辑器(Windows/Mac)
UNITY_EDITOR_WIN ------ Windows 的 Unity 编辑器
UNITY_EDITOR_OSX ------ Mac OS X 的 Unity 编辑器
UNITY_STANDALONE_OSX - Mac OS 单机应用程序
UNITY_STANDALONE_WIN - Windows 单机应用程序
UNITY_STANDALONE_LINUX Linux 单机应用程序
UNITY_STANDALONE ----- 单机应用程序
UNITY_WEBPLAYER ------ Web Player
UNITY_WII --------------- Wii
UNITY_IOS -------------- iOS
UNITY_IPHONE ---------- 不推荐。可以用 UNITY_iOS 代替使用
UNITY_ANDROID --------- Android
UNITY_PS3 -------------- PlayStation 3
UNITY_PS4 -------------- PlayStation 4
UNITY_XBOX360 --------- Xbox 360
UNITY_XBOXONE --------- Xbox One
UNITY_BLACKBERRY ----- BlackBerry10
UNITY_WP8 ------------- Windows Phone 8
UNITY_METRO ----------- Windows Store 应用程序
UNITY_WEBGL ----------- WebGL 的平台宏定义
```

除了进行平台分支以外，还可以对Unity的版本等进行分支。总的来说，这些内容是面向Asset Store所用的Editor程序的开发者的。详细内容请参考在线文档。

https://docs.unity3d.com/Manual/PlatformDependentCompilation.html

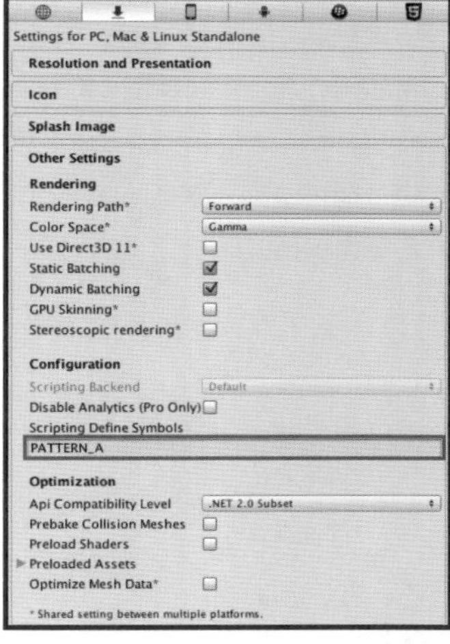

对了，还有一个比较方便的功能。例如，你想试一下脚本的**PATTERN_A**和**PATTERN_B**。本来的话，要将这些程序全部重写并进行测试或者设置某些变量的flag并进行分支，但如果涉及到多个脚本文件的话，那就太费事了。

这时，使用Player Settings的Other Settings中的**Scripting Define Symbols**，就可以执行任意的编译分支。P.337中有过一些介绍。使用所设置的符号，像编写平台分支那样进行编写，进行必要的编译。

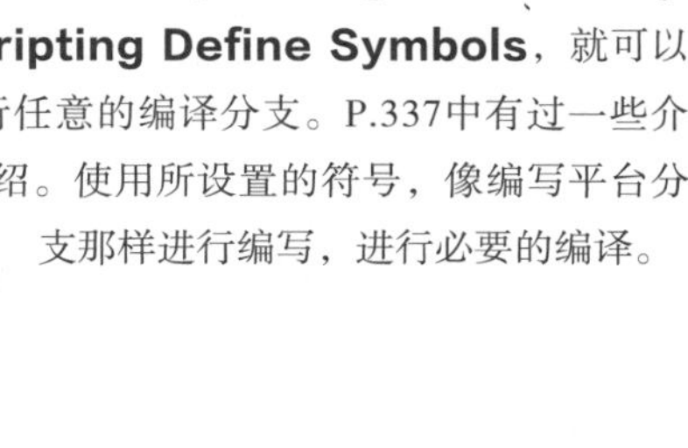

一个一个地重写，太麻烦了。

手机应用程序的输出

Unity的免费版都具备可以标准输出到Windows Phone 8和BlackBerry手机的功能。本书中就iOS和Android进行说明。

首先，我们分析一下它们的不同。在不花钱进行开发这层意义上，Android似乎更为灵活。多少都需要一些小技巧※，但制作出的Android应用程序可以直接作为**野生APP**※进行发布，也可以用于商业。如果是iOS，想要进行发布就必须放到ITunes Store店面中。为此还需要通过Apple的审查※，审查有时候需要花费大量时间。当然也可以安装用作测试的**AdHoc**※，但是终归是自己公司用作测试的，如果把它用到活动中或者放到终端中进行提交的话，就会构成违约，会被解除Apple的Developer。如果想制作不用提交到iTunes商店的应用程序，比如公司内部使用的应用程序，又比如汽车经销商要在顾客面前做汽车报价时所使用的iPad应用程序，此时，可以把Apple的Developer注册为iOS Enterprise Program，就可以开发本公司所用的应用程序了。每年的注册金为299美元，还是比较贵的，但是可以无须Apple的审查，所以可以自由开发。

【小技巧】终端允许野生 App。详情可以参考 Android 的开发。

【野生 App】可能听起来不太好听，是指不通过官方商店。

【Apple 的审查】Apple 的审查是非常严格的。不只针对违反公共秩序和道德、Bug 的内容，还会对交互和概念等提出 NG。店面中很少有那些无趣的 App，品质维护得很好。

【AdHoc】用于一定目的。

https://developer.apple.com/cn/programs/enterprise/

应该开发为iOS，还是Android？它的决定因素是什么呢？举个例子，假设要在博物馆内部使用※的出借终端上使用博物馆向导App，这样一来就存在一个问题，那就是返回到主画面的问题？制作Android平板的App的话，下方一定会有主页按钮，且无法将其消除。IPad的话本身就具有物理按钮。按下就可以返回主画面，然后就可以启动别的应用程序了。这怎么行呢？iOS中会有一个便利的功能。那就是访问指南的Kiosk Mode。一按这个Home画面就要求输入4位数的密码，因此就不能随意回到主画面了。而在Android中，也有一种比较暴力的做法※，那就是把分配给Home键的App作为定义App，这不是不可以，但这样的自定义有风险，那就是可能再也回不去了。从这个意义上讲，还是推荐使用iOS，因为它更为灵活。

【博物馆内部使用】如果是 iOS 的话，很多都是以这种形式发布的：APP 可以在 iTunes Store 中正常下载，一到博物馆，功能就会被解除，从而可以在馆内使用。

【暴力做法】这种做法太暴力了，这里就不进行介绍了，自己检索一下就能找到。无论如何也想这么做的人，就自己试着做做吧！责任自负哦。其实有些 APP 你一关闭它马上重新打开，使用这种 APP 可能是更明智的选择。只不过瞬间就会回到首页。

【Xcode 也请进行安装】Xcode 可以从 Mac App Store 中进行免费下载。

准备 iOS 的开发

要创建iOS应用程序需要注册Apple的Developer，如果有Apple ID，可以在自己的iphone上进行测试。基本的开发条件是必须要在Mac下。Mac中也可以写出Windows应用程序，笔者身边不乏用Mac开发的例子。开发的准备如下。步骤经常会有变化，因此本书中只**粗略地说明一下概念**。

推荐通过 Safari 访问 iOS 的 Developer 网站。

https://developer.apple.com/cn/programs

① 成为Apple iOS Developer

要成为iOS Developer需获取iCloud账户，用该账户注册Developer。iOS Developer每年的费用为99美元，为此，需要有Apple ID。从左边的网站中就可以一步一步地完成注册。Xcode也请进行安装※。

② 访问iOS Dev Center

点击Certificates、Identifiers&Profiler进行各种注册。首先从App IDs项目中注册应用程序的ID。ID推荐Reverse domain。例如，jp.myCompany.myAppname类似这样。一旦创建就无法删除，因此（②a）用于测试时，将jp.myCompany.*等作为Wildcard App ID进行注册，开发时将星号部分设置为喜欢的应用程序名称，就可以在测试机上进行测试了。（②b）然后将自己的iPhone和iPad终端的**UDID**注册到**Devices**中。（②c）UDID是终端固有的ID，在Mac的ITunes中点击序列号部位，就会显示出UDID，可以直接复制粘贴来进行注册。

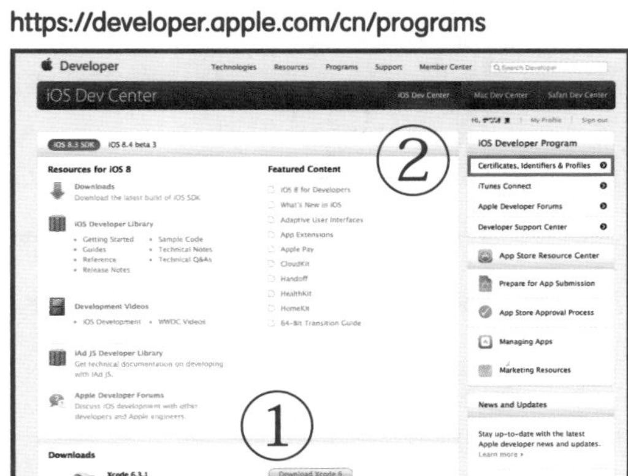

http://developer.apple.com/devcenter/ios/index.action

②c

单击这个部分，会变为 UDID。看起来似乎无法进行选择，但是是可以进行复制的。

②b

UDID

启动Xcode就可以连接iPhone来确认设备信息。在Devices对话框中将会显示所连接的终端。右边位置的Identifier和UDID相同，也可以从这里进行复制。

在连接 iPhone 的状态下，选择 Xcode 的 Window 菜单 > Devices。

UDID

Xcode

③ 创建Provisioning Profile

创建Provisioning Profile。这个名称并不耳熟的文件有什么用处呢，简单来说就是之前创建的App ID（**jp.myCompany.my-Appname**这样的）和它的功能列表（例如使用Game Center的功能、使用内购In-App Purchase等），以及开发测试用到的UDIF的关联文件。

按下上图的+按钮，因为是用于测试，所以选择Development的iOS App Development。通过Continue选择接下来要注册的App ID，在接下来显示的Select certificates的项目中注册Developer账号，选择接下来可测试的已注册的设备，下载生成的配置文件。

双击后会自动注册到Xcode中，这样就可以开发应用程序了。

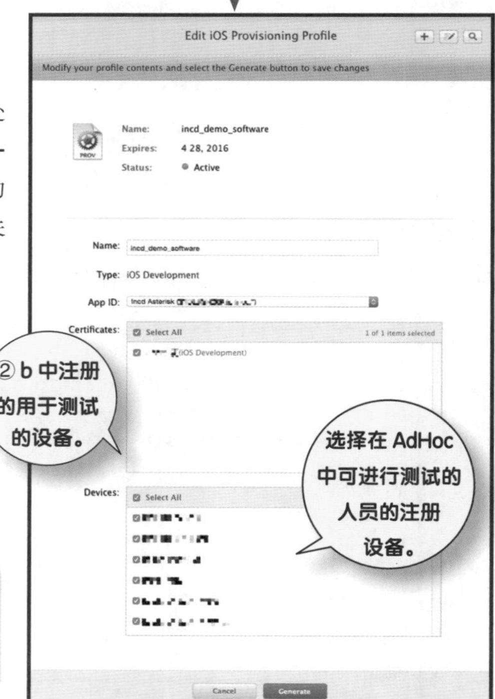

在 Unity 中进行 iOS 应用程序的写出

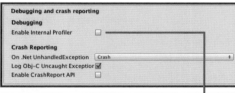

返回Unity。在Player Settings中对iOS应用程序的写出进行设置。设置的项目与之前单机应用程序的有所不同。由于篇幅的限制，这里只进行一个大概的说明。首先，**Resolution and Presentation**部分是用于设置画面的旋转的，Auto Rotation是对允许的朝向进行设置。另外，还可以设置是否显示Status Bar和加载时滴溜溜旋转的Indicator。**Disable Depth and Stencil**可以设置是否关闭深度勾选和模版缓冲这些处理属性，这是和着色器相关的，一般不用勾选。

接下来是关于Icon的，iOS有专用尺寸，为180、152、144、120、114、76、72、57的正方形。可以覆盖最上方默认图标的设置，因此可以根据尺寸进行别的设计。Prerendered Icon功能在旧版iOS中可将光泽效果和斜角自动添加到图标中。

Splash Image也需要详细的尺寸。关于尺寸，像左图中那样，鼠标滚过时会显示出分辨率。

Debugging and crash reporting在Xcode中进行监视状态时设置。需要在Xcode的调试区域显示详细报告时，勾选Internal Profiler。这个区域是面向开发者和对iOS开发很熟悉的人设置的，他们看到报告信息就能够知道哪里出了问题。初学者可以暂时不用了解太多。

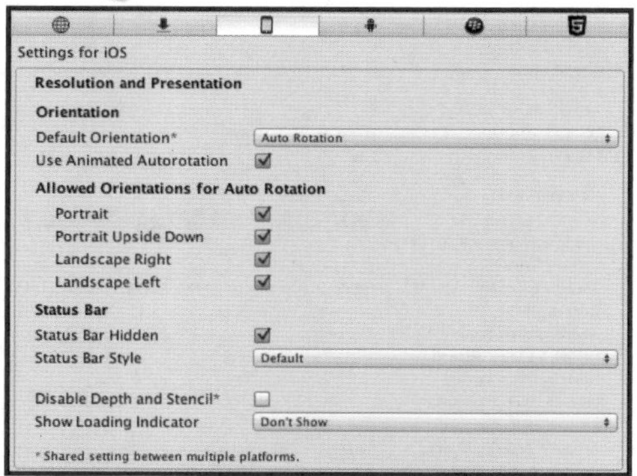

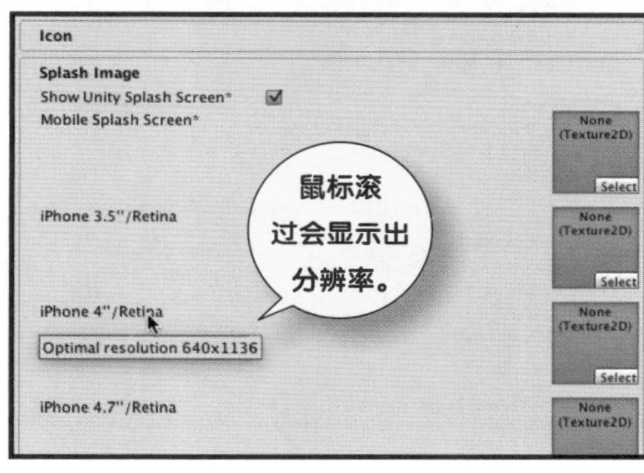

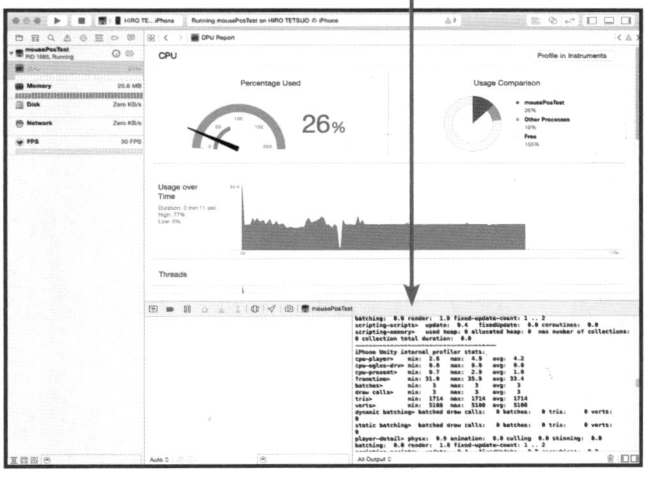

iPhone 3.5" Retina	640×960
iPhone 4" Retina	640×1136
iPhone 4.7" Retina	750×1334
iPhone 5.5" Retina	1242×2208
iPhone 5.5" Landscape Retina	2208×1242
iPad Portrait	768×1024
iPad Landscape	1024×768
iPad Portrait Retina	1536×2048
iPad Landscape Retina	2048×1536

Other Settings中有很多设置项目，首先在Rendering项目中根据性能设置**Rendering Path**。Deferred是最奢华的渲染方法。渲染的详细内容请参考下面的URL。**https://docs.unity3d.com/Manual/Rendering-Tech.html**

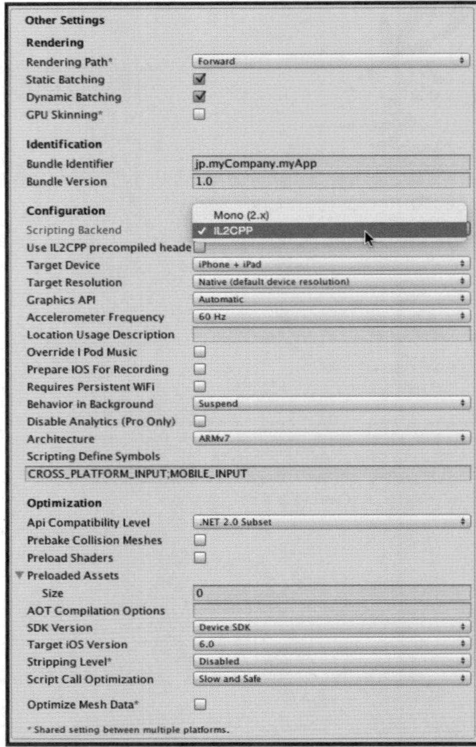

Bundle Identifier项目是在iOS Dev Center中所指定的ID。如果可以使用Wildcard（通配符），可以将最后的通配符设置为自己喜欢的内容。修改后，将作为另外的程序安装到iPhone中。下方的版本可以自己指定。

Configuration中比较重要的是**Scripting Backend**项。这里选择**IL2CPP**。IL2CPP系统可以将Unity应用程序输出为64bit。事实上，现在发布到App Store中的应用程序，如果不是64bit的话就无法通过Apple的审查。如果是用iOS Enterprise Program制作的，在自己公司内部使用的应用程序，可以不选择IL2CPP，因为这样的应用程序无须提交Apple审查。

Target Device，从字面意思就可以看出它是用来选择iPhone还是iPad，抑或是两者都兼容的。只设置了iPhone时，如果在iPad中打开的话就会变成放大模式。勾选**Override iPod Music**后，应用程序一启动，正在播放的音乐就会停止。**Requires Persistent WiFi**是用来设置是否需要连接WiFi的。**Behavior In Background**设置为Suspend后，按下home键或者跳转到其他任务中后，再次启动应用程序后可以继续刚才的运行。设置为Exit后，视为重新启动。

Optimization项目中，**SDK Version**设置为Device SDK的话，将会写出到所连接的iPhone和iPad等中，Simulator SDK为写出到Xcode Simulator中。通过我们介绍的这些设置※应该就差不多可以进行输出了。单击Build Settings 对话框的Build，写出iOS项目。

【我们介绍的这些设置】其他设置可以参考在线文档。**https://docs.unity3d.com/Manual/class-PlayerSettingsiOS.html**

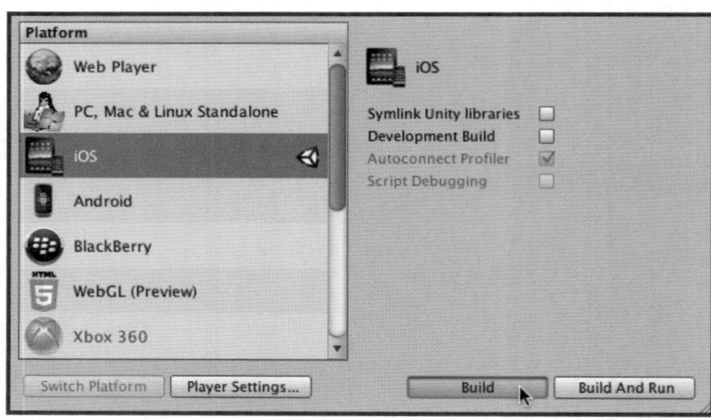

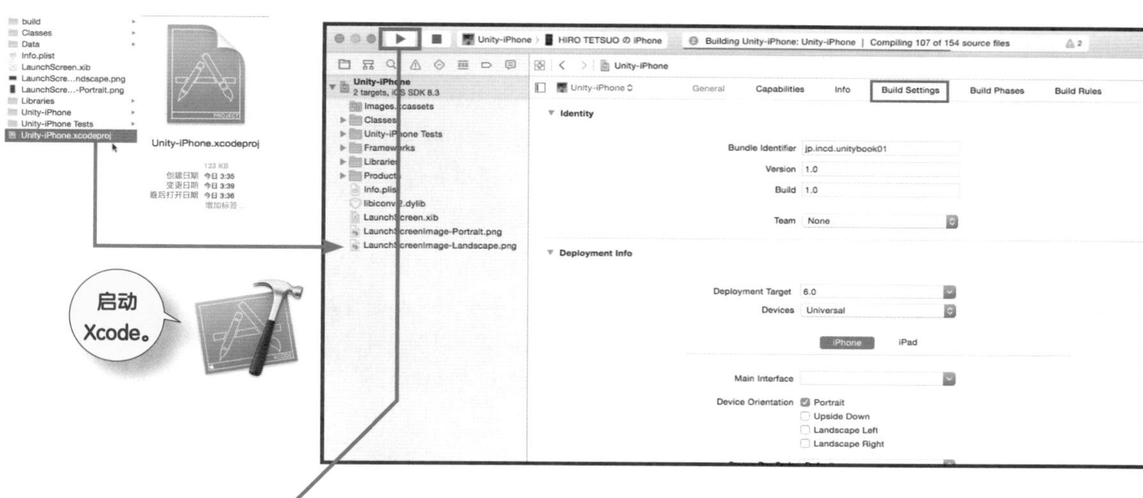

在输出的Xcode项目文件夹中有一个Unity-iPhone.xcodeproj文件。双击，Xcode启动，出现项目窗口。实际输出发布到商店的应用程序时，可在窗口的Build Settings中设置Code signing等，并执行Product菜单的Archive。然后，从Organizer窗口写出用于AdHoc的后缀为ipa的文件，或者上传到AppStore用于直接销售。

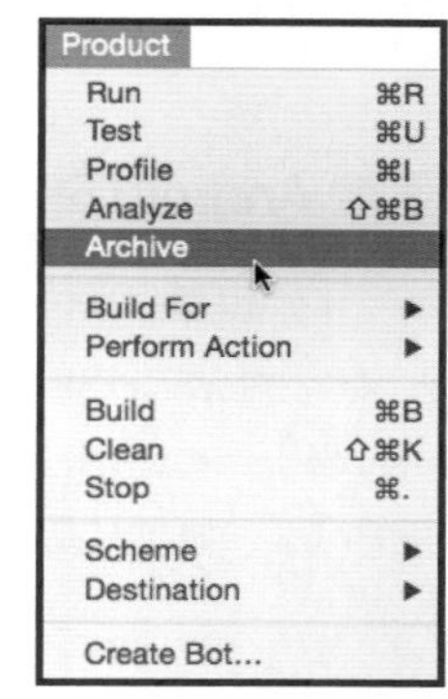

按下上述窗口的▶执行按钮，就会将自己制作的应用程序传送到所连接的iPhone、iPad，这时就能够进行测试了。

看到自己制作的应用程序在自己的手机或平板上运行，是不是很激动呢。

以上是在Unity中的步骤。关于向App Store申请，和Unity之外的其他应用程序是一样的。可以在Developer网站中参考可下载的Apple的官方资料。

创建 Android 应用程序

Android应用程序的创建与iOS相比，门槛没那么高，可以直接从Unity输出，非常方便。不同于iOS，创建的程序无须通过正式的Google Play Store，可以将输出的apk文件进行发布，还可以在朋友的Android设备中进行运行，也可以通过web进行发布。

不通过Google Play Store的应用程序称为“野生应用程序”。如果是自己制作的应用程序倒没关系，通常为了防止一些恶意开发的程序在大众之间流通，Android设备默认限制了无法安装Google Play Store之外的应用程序。开发者关闭这个限制就可以试用自己的应用程序了。根据Android的型号和OS的版本，项目名称也是有区别的。

① 设置>安全>允许安装来自未知来源的应用。

② 设置>开发者选项>打开USB调试。

通过这些操作就可以安装未知来源的应用程序了，因此可以直接安装Unity所制作的应用程序。

下载 Android SDK

开发Android应用程序时，首先必须的要素就是Android SDK。Windows时，有时也需要JDK，因此如果没有安装JDK※的话可进行安装。Android SDK要访问**http://developer.android.com/index.html**，从Develop>Tools>Download中下载最新的SDK。如果只是用于Unity，应该会有一个SDK Only项，可以下载解压到任意位置。

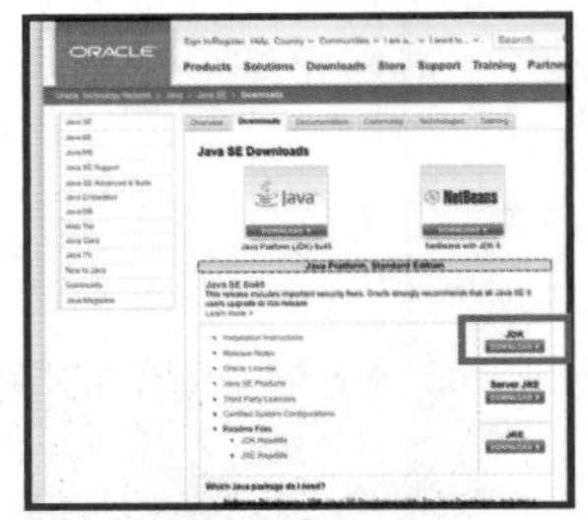

【安装 JDK】可以从如下网址进行JDK的安装。http://www.oracle.com/technetwork/java/javase/downloads/index.html

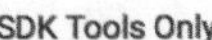

If you prefer to use a different IDE or run the tools from the command line or with build scripts, you can instead download the stand-alone Android SDK Tools. These packages provide the basic SDK tools for app development, without an IDE. Also see the SDK tools release notes.

Platform	Package	Size	SHA-1 Checksum
Windows	installer_r24.2-windows.exe (Recommended)	107849819 bytes	e764ea93aa72766737f9be3b9fb3e42d879ab599
	android-sdk_r24.2-windows.zip	155944165 bytes	2611ed9a6080f4838f1d4e55172801714a8a169b
Mac OS X	android-sdk_r24.2-macosx.zip	88949635 bytes	256c9bf642f56242d963c090d147de7402733451
Linux	android-sdk_r24.2-linux.tgz	168119905 bytes	1a29f9827ef395a96db629209b0e38d5e2dd8089

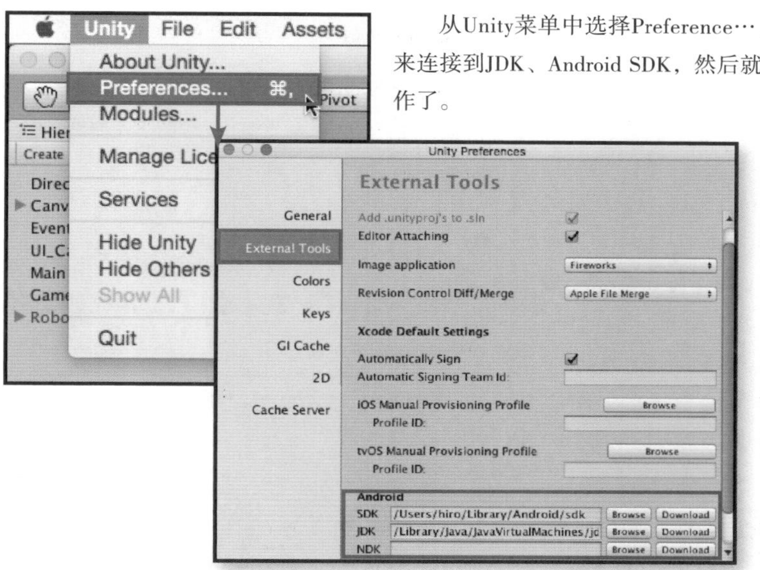

从Unity菜单中选择Preference…，在External Tools项目中指定各文件夹来连接到JDK、Android SDK，然后就可以用USB连接Android终端进行写出操作了。

把Build Settings的Platform变更为Android，试着写出之前创建的应用程序。写出之前，我们来看一下它的Player Setting。

Resolution and Presentation项目与iOS版相似。选择32-bit Display Buffer的话多少会消耗内存，但是却可以避免画面的扭曲。

Icon为192、144、96、72、48、36。当最下方的Enable Android Banner为允许输出用于Android TV的内容时，加入320 × 180的图像。

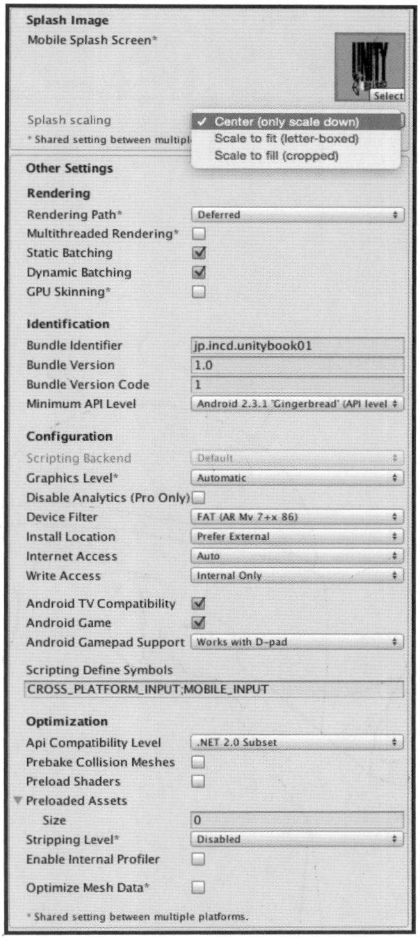

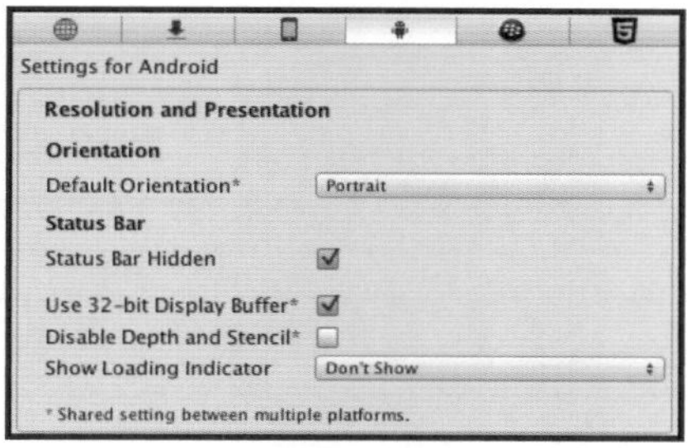

Splash Image为启动时所显示的画面，可以在下拉菜单中设置如何放置图像。Center（only scale down）仅在图像超出范围时缩小图像以适应画面。Scale to fit（letter-boxed）为符合画面尺寸，设置纵横两边哪一方为长边。短的那一边的空白将用黑色填满。在制作黑色背景的启动画面时经常会使用到。Scale to fill（cropped）为符合画面尺寸，设置纵横两边哪一方为短边。长边无法放入画面中的部分将直接被裁切。

Other Settings与iOS的感觉类似。在Mininum API Level中选择对应的Android OS。要实现在Android TV的播放，需对其进行勾选。电视为Android TV时就可以玩用Unity所制作的游戏，此时需要有兼容的游戏控制器。

创建 Keystore 文件

接下来我们来看一下最后一个设置Publishing Settings。向Google Play递交申请的Android应用程序中必须插入Keystore文件。Keystore文件是一个证明性文件，说明是哪个组织或机构的哪个人或哪个小组制作了这个应用程序。在测试、实验或者发布产品时创建一个自己用的Keystore文件吧。有一点需要注意[※]，后面也会提到，那就是**向Google Play Store发布应用程序后这个文件就不能修改了**。步骤如下：勾选Creat New Keystore，然后按下Browse Keystore按钮，将会出现一个对话框，保存文件至任意位置。然后输入Keystore password和Confirm password，接着从Alias项中选择Creat a new key，在显示出的界面中对各个项目进行填写。

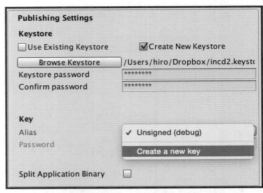

Publishing Settings
Keystore
Use Existing Keystore ☑Create New Keystore
Browse Keystore /Users/hiro/Dropbox/incd2.keystc
Keystore password ********
Confirm password ********
Key
Alias ✓ Unsigned (debug) / Create a new key
Password
Split Application Binary

Create a new key
Key Creation
Alias: test
Password: ********
Confirm: ********
Validity (years): 50
First and Last Name: Testuo Hiro
Organizational Unit: Increment-d
Organization: DREAM HOLDINGS Co,. Ltd.
City or Locality: Fukuoka
State or Province: Fukuoka
Country Code (XX): jp
Create Key

项目名称	内容	示例
别名	Key 的名称	Test
密码	输入密码	
确认	再次输入密码	
Validity（years）	有效年数：100 年或 1000 年都可以	50
First and Last Name	作者名	Your name
组织单位	输入组织单位名称（可以不输入）	MyTeam
组织	输入组织名称（可以不输入）	MyCompany
City or Locality	城镇（可以不输入）	Fukuoka-city
State or Province	县（可以不输入）	Fukuoka
Country Code	中国的话为 cn	cn

【需要注意】请绝对不要丢失。

输入完成后保存，现在可以从Alias菜单中选择了。选择后在下方输入同样的密码。这样准备工作就完成了。连接Android设备进行输出吧。安装到Android测试终端有如下两种方法。一种就是直接像这样连接到电脑，执行Build and Run，马上就会启动。如果测试机在你手边，做完这些操作就OK了。另外一种方法就是以.apk文件的方式写出，复制到终端中并执行，接着Android中就会启动安装包进行安装。复制到终端时，可以复制文件，也可以通过FTP上传至服务器，然后在终端上通过浏览器进行下载。

Android 没什么问题吧。你不说好的话我不能离开呢。
这是 Keystore。好了好了！

制作 Android 时的注意事项

【基本上不会】iOS 中按下 Home 键就会返回主页，应用程序通常就会处于暂停（停顿）状态。在 Player settings 的 Other Settings 中将 Behavior in Background 设置为 Exit 时，应用程序就会结束了。去掉 OnApplicationQuit 的勾选时就会接收 OnApplicationPause 事件，就可以进行一些别的操作。

【除了 Home 键】和 iOS 一样，Android 中当通过 Home 键跳转到后台时，就不能获取 OnApplicationQuit 了，但是在 Unity 中使用 Android 的本机代码就可以轻松实现。这些内容是面向 Android 程序员的，所以本书不做说明，如果你想对 Android 进行更深层次的尝试，可以学习一下。笔者把这些任务都委托给了优秀的开发人员。

同样是手机，但iOS和Android终端中有一个决定性的不同之处。对，就是Home键和它的伙伴们。iOS中不管有没有按下Home键，应用程序基本上不会※接收到事件。但是，Android中除了Home键※还有其他按键，通常为MENU按键和Back按键。使用GetKey函数，就可以像普通键盘那样接收事件。

```
function Update(){
    if (Input.GetKey(KeyCode.Escape)){
        Application.Quit();
    } else if (Input.GetKey(KeyCode.Menu)){
        // 用于调用设置画面等
    }
}
```

这样就可以分别对应各个按键了。脚本随后也可以在用Back按键实现程序内的画面转移时进行使用。

Android中要注意的是manifest中的设置。Android manifest是通过写有设置的XML文件，事先对某个应用程序进行声明，比如某个程序“要使用相机哦~或者是要使用GPS哦~”，这样在Google Play Store中下载应用程序时，就会接收到“这个应用程序要访问相机”之类的信息，然后才能安装。例如，要使用AR应用程序，文件中会描述是否使用自动对焦，是否访问因特网之类的。

本书中没有对Manifest.xml的书写方法进行详细说明，可以参考官方文档。（英文）http://developer.android.com/intl/ja/guide/topics/manifest/manifest-intro.html

我不用相机，
也不联网。
必须要做的事。
所以，请放心
安装吧。

向 Play Store 申请

与iOS相同，要在Google Play中有偿或无偿发布应用程序时需要注册Developer。使用Google账号从https://play.google.com/apps/publish/signup/中进行注册。年使用费为$25，比iOS要便宜得多。

注册Developer以后就可以访问开发者控制台了。

从Unity的Build Settings面板中按下Build按钮进行写出，写出的apk文件可以上传至控制台进行管理。也可以在写出apk文件之前，按下“添加新的应用程序”，只作发布到商店的准备。根据控制台的要求准备应用的说明、范畴、画面截图等，从APK项目中进行Alpha版、Beta版、成品版的阶段性上传。

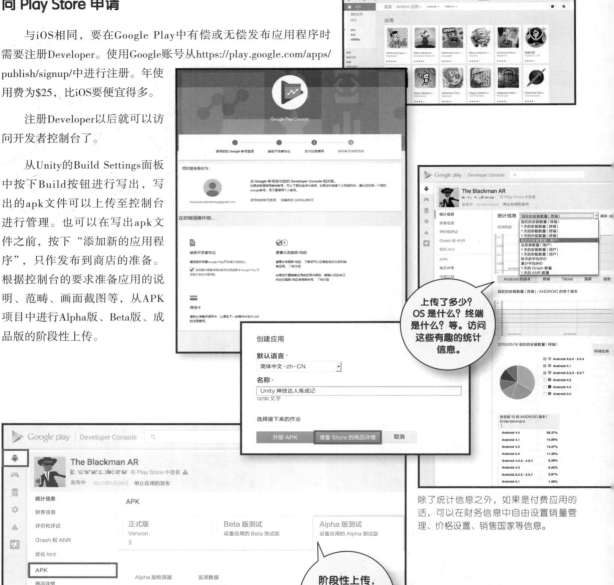

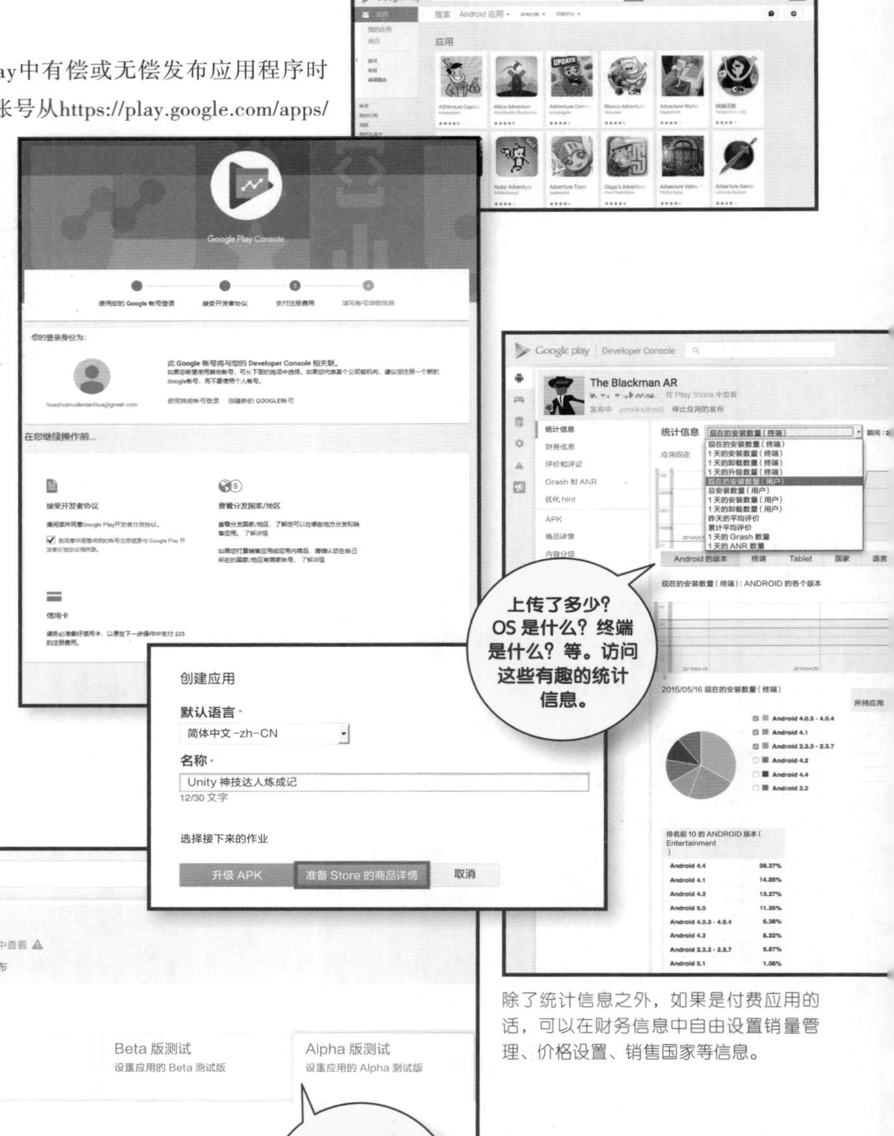

上传了多少？OS是什么？终端是什么？等。访问这些有趣的统计信息。
阶段性上传，可以向测试用户进行发布。

除了统计信息之外，如果是付费应用的话，可以在财务信息中自由设置销量管理、价格设置、销售国家等信息。

Rendering
Rendering Path* Deferred
Multithreaded Rendering*
Static Batching
Dynamic Batching
GPU Skinning*

Identification
Bundle Identifier jp.inco
Bundle Version 1.0
Bundle Version Code 1
Minimum API Level Android 2.3.1 'Ginge

Player Settings 的Other Settings 中填写的Bundle Version Code 为所上传的构建编号。

这个阶段性上传着实是一个很棒的功能。例如，仅把坐在一起进行开发的小组同仁的组作为包含了Alpha版、客户端负责人的Beta版的小组加入Google+小组，Google+小组的创建是很简单的。通常，在Play Store所购买的应用程序其版本升级都是自动进行更新的，同样这个Alpha版、Beta版也可以面向注册的测试用户进行自动更新。如果更新Alpha版的构建的话，会在开发小组全员的终端进行更新，在组内得到“OK”的认可后，将其升级至Beta版。然后会向注册了Beta版的测试用户发送“同意升级为产品版吗？”，得到肯定后将其升级至产品版。然后发布到Play Store，进行版本升级并向已下载了旧版本的终端发送消息。

不好吗?

挺好的。

Android还有一个优势，不同于iOS，无须花费审查时间。有时，申请后几个小时就可以进行发布。iOS也有快的时候，大概需要2周时间。这一点上，在有发布期限的项目上，Android无疑是便利的。

COLUMN:Unity Cloud Build

从 Unity5 开始，出现了 Unity Cloud Build 服务，可以免费进行使用。付费使用为 \$25/ 月。对于用 Git 等来管理项目的人来说是个好消息。在库浏览器上提交项目后，通过设置可以实现 Unity 对项目的监视，将项目在云端进行构建并发送给测试用户，全程都是自动完成的，这个结构使用起来很方便。编译是服务器来进行的，说得极端一点，即便你手边只有 Windows 电脑，也可以构建 iOS 应用程序。初学者们可能不懂什么是 Git？库又是什么。本书只是介绍一下。详细内容还请参考右侧的 URL。顺便说一下，笔者使用的是可以免费使用私有库的 Bitbucket。**https://bitbucket.org/**

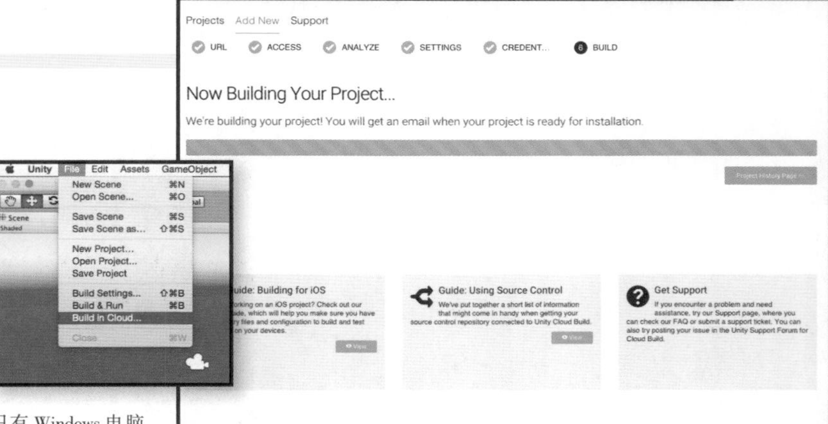

https://build.cloud.unity3d.com/landing/

其他输出

从Unity5开始，期待已久的输出到WebGL得以实现。要在Web浏览器中显示，需使用插件，Web Player最为合适。如果是通过互联网进行发布，比起WebGL，其性能还有表现力是有绝对优势的。只是带插件发布似乎越来越不受欢迎了，用途可能只限于一些号称“虽然有插件，但是也并不麻烦”的画展式网站等中。顺便说一下，右击Web Player可以实现全屏模式播放，图像的压缩比率虽然不能与单机版的品质相提并论，但是画面品质也是很不错的。

虽然还是Preview版，但WebGL版在兼容的浏览器下，有些可能也会有很好的品质表现，将来说不定会取代Web Player。当下对于阴影的表现方面还是有点弱的，还是比较适合简单的图形。

另外，也可以进行面向Xbox One的游戏开发，只是只有提供了Active状态的SDK才可以输出为WebGL。条件限于有过一些开发经验的法人，如果有想要发售的游戏企划，请务必进行注册报名。请日本语员工进行游戏的概要审查，也支持向本国的审查发送申请，开发得到批准后会提供开发套件。

想要了解详细内容，请注册Microsoft账号访问一下ID@Xbox。

https://www.xbox.com/zh-cn/Developers/id?source=lp

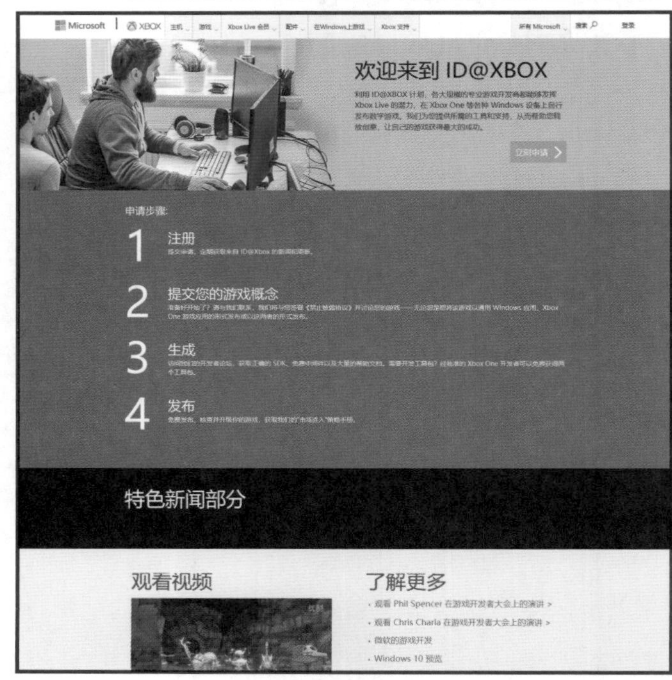

第八章
Unity 的可能性

为 Unity 拓展更多可能性的技术、设备。

什么都能做哦！
不过如果改良了工具的话，
能做出更棒的东西哦！

一窥 Editor Script 的内容

本章介绍Unity还能做哪些事情，而不是单纯的技术技巧。**Unity是打着游戏开发环境民主化**※的旗号开发并免费开放，来获得用户的。因为在此之前的游戏开发制作环境是由大游戏公司独自开发的**内部工具**，不是社会上个人就能接触到的非专业产品。

我们说过Unity是框架，就好比盖房子时，建造队的卡车可以很方便地装基本工具等设备，**普通人也能购买**。盖平房时方便使用的工具，在盖二层公寓、仓库或者狗舍等时也很有用，但是可能盖不了高楼或大桥。因为那就需要大型的吊车或者自动倾卸卡车了。只有大型建筑公司才有的专用机械=**内部工具**，有了这样的内部工具才能做大工程。那么小建造队就做不到了吗？并非如此，这时出现了编辑脚本（Editor Script）。其实就是Unity框架。它的厉害之处是，可以自己扩展。将建造队的轻型卡车改造成500马力后，也能安装吊车。

【民主化】听起来有点夸张，但Unity最初确实为了向普通用户开放游戏制作而开发的，主张民主。

因为本书为入门级的书籍，所以只简单地展示一下“入口”。你知道吗？Unity中有两种脚本，运行时脚本和编辑脚本。所谓的**运行**时（Runtime）就是在第四章中学过的，是为了在场景播放过程中，即**运行**时执行的脚本。Flash的ActionScript等也一样。那么编辑脚本是什么呢？其实这是在Unity编辑器本身创立的时候就开始执行，为了扩展功能的脚本。在Asset Store中售卖的特别界面工具类asset就是用这种编辑脚本创建的。如果是使用Unity偏向于图像操作的人，也许一辈子也不会用到。但如果是偏向程序设计的人，对此会兴趣盎然的。因为，可以对自己的工具进行改造扩展。

没有卖的，
就自己做吧。

方便多了。

我们来简单体验一下编辑脚本（Editor Script）吧。在空的GameObject中添加以下脚本。

```
#pragma strict
function Start () {
    Invoke("StopEditor", 3f);
}
function StopEditor () {
    EditorApplication.isPlaying = false;
}
```

好啦！这就是你初次体验的编辑脚本。运行播放这个场景的话，3秒后会自动停止播放。实际上是在运行时执行的，对编辑器所在的类EditorApplication下达“停止动作”的命令。就好像站在舞台上唱歌的偶像歌手，对工作人员喊“音乐停一下”，有点任性的感觉。

接下来试着做一下原始菜单。刚才做的停止播放的脚本是贴在GameObject上的，所以如果不播放当然不会执行。不过Unity编辑器是从启动就开始工作的。这里使用的是编辑脚本。因此，需要在**Assets下面创建以Editor**※**为名称的文件夹**。然后在其中创建脚本。文件名就设置为**InstallMyMenu.js**※吧。

```
#pragma strict
@MenuItem ("MyMenu/Hello Editor %e")
static function Open () {
    Debug.Log (" 欢迎来到编辑脚本的世界 ");
}
```

声明了@MenuItem，之后的一个函数会被执行。

保存之后，返回再看一下菜单。原始菜单就被安装上了。按照上方的格式书写的话，还能使用快捷键，执行后会在控制台上输出字符串。

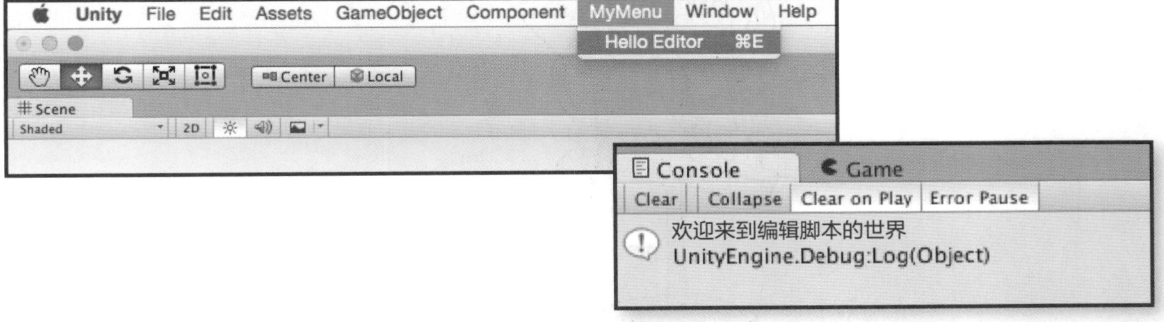

【Editor】是特殊名称的文件夹，当然其中的脚本会作为 Editor 脚本使用。该文件夹创建在 Assets 下面的任何位置都可以。而且在多个不同场合有 Editor 文件夹也 OK。

【.js】虽然不知道有多少人用 JavaScript 编写 Editor，但这是可以写的。只不过，虽然没经过调查搜集数据，但我个人估计可能有 99% 的人使用 C# 编写。

然后是从这个菜单中选择，以显示自定义窗口。文件夹名称设置为CustomMenu.js。这个脚本本身也兼备Window的类。虽然是JavaScript，但因为继承了EditorWindow类，所以用**通常可以省略不写**※的**class**来声明※一下。

Welcome to Editor

欢迎来到编辑脚本的世界

```
#pragma strict
class CustomMenu extends EditorWindow {
  static var window : EditorWindow;
  @MenuItem("MyMenu/Custom Window %w")
  static function  Open() {
    window = EditorWindow.GetWindow(CustomMenu, true, "Welcome to Editor");
  }
  function OnGUI(){
    GUI.Label( Rect(10, 10, 200, 20), "欢迎来到编辑脚本的世界" );
  }
}
```

将这个脚本文件保存在Editor文件夹内，就创建了MyMenu > CustomWindow，运行则会打开小窗口。到这里有改造Unity的感觉了吧。虽然在本书中只是做到这些，但大家可以通过改造Unity框架，自己做出原本没有的功能或方便的工具。如果做出的作品使用很方便的话，可以在团队内共享，也能在Asset Store上出售。

在Asset Store中出售的很多工具，就是利用Unity的编辑脚本制作的。

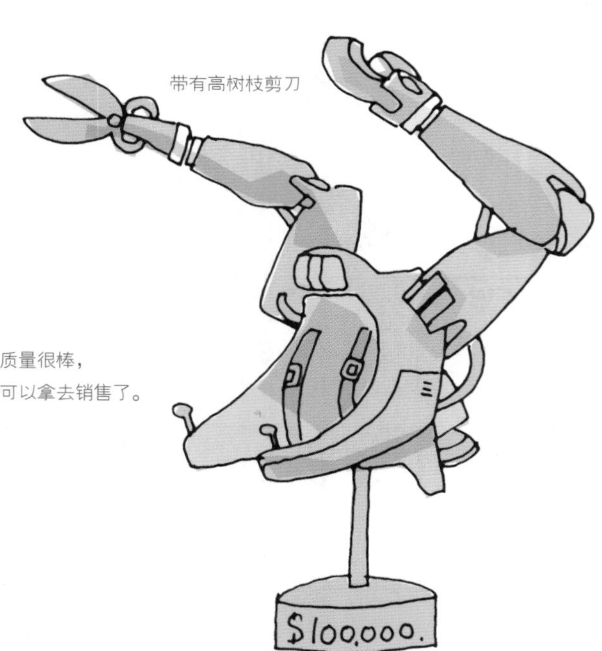
带有高树枝剪刀
质量很棒，
可以拿去销售了。
$100,000.

【**通常可以省略不写**】如果省略的话，如果是 JavaScript，则会继承所有 MonoBehavior，所以在这里需要表述清楚。

【**用 class 来声明**】JavaScript 也可以像 C# 一样声明类。详细内容请参考第四章（P.258）。

如果将这个脚本稍作改造，很快就能制作出方便的扩展工具，例如，在 Unity 操作中，“很想知道**今年是不是闰年**？”时，可以很快告诉你（笑）。

Oculus Rift 的革命

这就是很火的Oculus Rift，由美国Oculus VR公司发售，面向开发者的HMD※设备，对Unity感兴趣的人一定都知道的著名设备。2013年春最初推出的版本，通称DK1※，单只目镜的分辨率是宽512 × 高800，戴上之后看的话，仿佛“忘了戴眼镜”，有左右视角差的立体感※，绝佳的视野和与头部的一致性，让玩家沉浸在一个前所未有的世界中。

据说DK1生产了7万多台，在本书执笔的时候，正在向开发者们推广基于开发代码Cryastal Cove开发的更高性能、更高分辨率的设备DK2。虽说是面向开发者，不过登录之后，谁都能购买。DK1中只是结合头部朝向的动作，在DK2中通过在箱体中埋入LED，使用从外侧监视设备的头部追踪摄像机，可以辨识头部位置了。缓解了动作延迟※，从而大大改善了与人体感觉之间的差异，很大程度上减弱了“Oculus虽然好玩，但头晕”的印象。2016年开始发售的性能最好的**RIFT**产品版以及竞争对手的SONY的**PSVR**、HTC公司的**Vive**的真正VR终端、还有Samsung的**GearVR**、Carl Zeiss的**ZEISS VR One**等智能手机吸入式的设备等，今后VR沉浸式内容制作的需求也会增多。此外，运行Windows 10的VR与AR结合的MR（Mixed Reallity）终端设备**Microsoft Hololens**※也备受关注。

关于立体图像，虽然在本书中没有进行介绍，不过人们从很久以前就学会了利用视差感体验立体感。在游戏世界中加入立体视觉设备是任天堂虚拟男孩（Virtual Boy），大约20年前还是孩子的大叔们可能还记得吧。虽然并不是站在一点环顾四周似的沉浸式立体感，但对于当时来说，也是如Oculus Rift一样前沿的设备，可以一窥未来了。

【HMD】Head Mount Display（头戴式可视设备）的缩略语。

【通称 DK1】相对于 DK2，人们通常称之为 DK1。

【立体图像】利用两只眼睛的视线差而实现立体效果的立体图像自古就有，而被称为 stereo camera 的立体摄像机也是从 19 世纪 40 年代就存在了。在计算机之前的立体图像，笔者非常喜欢故·赤濑川原平先生的《立体日记双眼的哲学》和被尊崇为设计师大神的杉浦康平先生《立体地看〈星星的书〉》。

【Latency】指显示延迟。当头晃动时，影像变化的速度如果与实际有差别的话，人的大脑会觉得晕。

【巨大投资】好像是 122 亿元。

【Microsoft Hololens】已经正式公布可以用 Unity 开发了，很快就能打造出更完美的世界了。https://www.microsoft.com/zh-cn/hololens/

登录网址，点击“加入购物车”。

https://www.oculus.com/

Rift的产品版目前只适用于Windows的台式机，Mac用户可能要等一下了。清晰度方面，DK2的分辨率从单眼960×1080提升到1080×1200，并且刷新频率高达90Hz。

而DK1只能用Unity 4x时期带有后期处理功能的Pro版才能制作体验，将渲染的图像加工成实时图像。而Unity5中的Pro版和Personal版在功能上没有差别，所以即使用免费版也能体验自己创作的世界。只不过，需要显卡的规格是GTX970以上的高分辨率PC。

右上方的图是Oculus Rift DK2的配置，主要有图中的这些东西。①Oculus主体和配适器，还有附带的USB和HDMI。②电源配适器。③SYNC线缆。④头部跟踪用的红外线摄像机。⑤摄像机用的充电USB。线缆有点多，其实，如果只要体验视觉效果的话，只在电脑上插入①主体的USB和HDMI也可以。笔者也是，为了在开发过程中简单看一下，就只用这么多。连接了器材之后，首先需要的是Oculus Runtime。虽然在DK1中不需要，但是在DK2中，需要安装这个Runtime。如果用Mac OS使用DK2的话，需要安装ver.0.6以下的Runtime。所需软件可以从Oculus VR的官方网站https://developer.oculus.com/下载最新版本。安装指导中有一个RiftConfigUtil的应用，启动后能调整用户身高等各种数据。点击Show Demo Scene，就能体验到下方这样坐在桌前的演示了。电脑的界面也呈镜像状态，仔细看的话在曲线歪斜的边缘，RGB有点偏色。

https://developer.oculus.com/

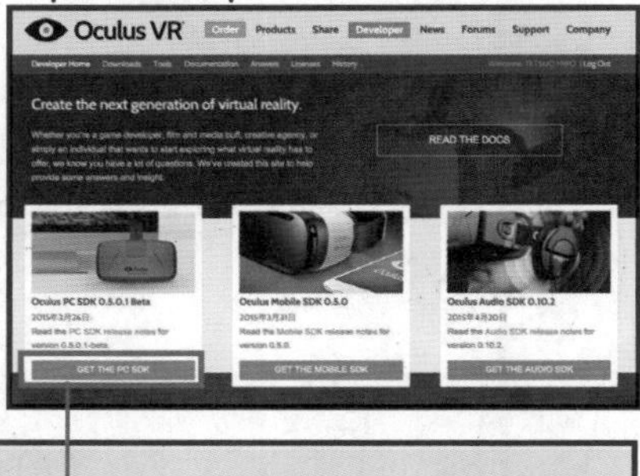

Oculus Runtime for OS X　0.5.0.1-beta　Runtime

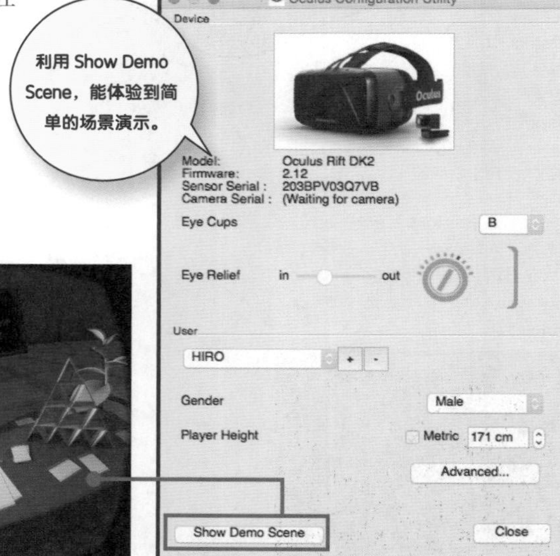

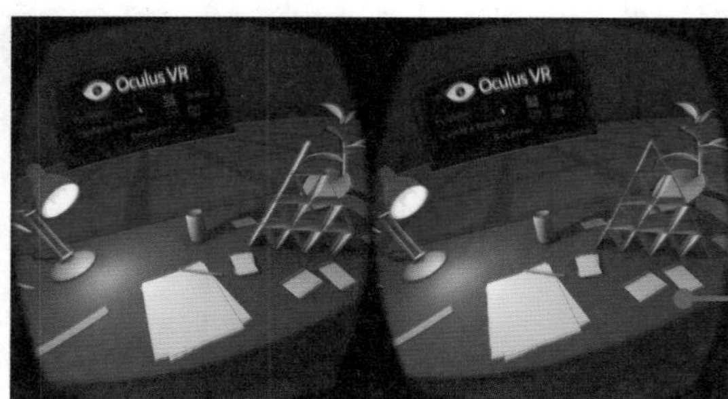

其实这种色差变化也是故意而为之的。其实Oculus的绝妙之一就在于此。这是因为在Oculus中，将眼前显示的影像使用镜片扭曲显示以充满整个视野，显示的图像按照反方向扭曲，会让视线所达到的范围更自然。并且，用镜片导致的色差也是为了事先向偏差相反的方向扭曲，从而接近自然的视觉效果。

Oculus的SDK很善于运用这种扭曲，用户不用特别在意。下面介绍一下步骤。首先，在刚才的网站上下载最新版的SKD。

Unity 4 Integration	0.5.0.1-beta	Integration		2015年3月26日	2.74 MB	

- Documentation
  - Oculus_Best_Practices_Guide.pdf
  - Oculus_Developer_Guide.pdf
  - Oculus_Health_and_Safety_Warnings.pdf
  - OculusUnityIntegrationGuide.pdf
- OculusUnityIntegration.unitypackage

解压缩后，就进入了左侧这个文件夹，仔细阅读Documentation※之后，双击OculusUnityIntegration.unitypackage启动，在Unity的项目中就会安装OVR和PlugIns两个文件夹。然后将OVR/Prefabs/OVRPlayerController拖拽&释放到场景中。

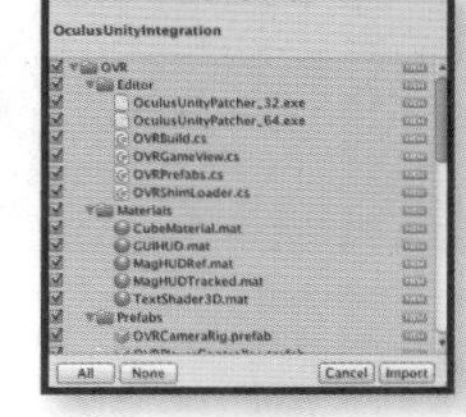

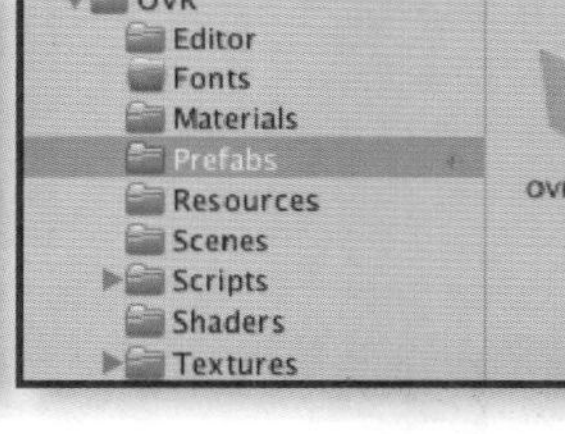

【Documentation】中反复强调了要重视延迟。对于Oculus来说非常重要。此外，Heals and Safety中写到，有1/4000比例的人会癫痫发作，需要注意，不适合13岁以下儿童使用。以前是7岁，现在提高了年龄限制。需要注意的事项很多，经常保持关注最新版本吧。

就启动了。基本上就是这个步骤。

可以裸眼看立体图的人，拿着本书，稍微伸开手臂，用右眼看右侧图、左眼看左侧图※就会感觉Kyle胸前的瓷砖似的质感更加真实了。虽然本书的书名是“成为造物主”，但还能亲临自己创作的世界中！是不是很棒呢？虽然只要购买了Oculus可以从Oculus Share※的网站上下载很多开发者们公开的样本设计，但在自己创作的世界中行走！这才是最爽的。

【用右眼看右侧图、左眼看左侧图】如果觉得困难的话，可以用个垫子或信封等东西在两眼中间做一个隔板来看。

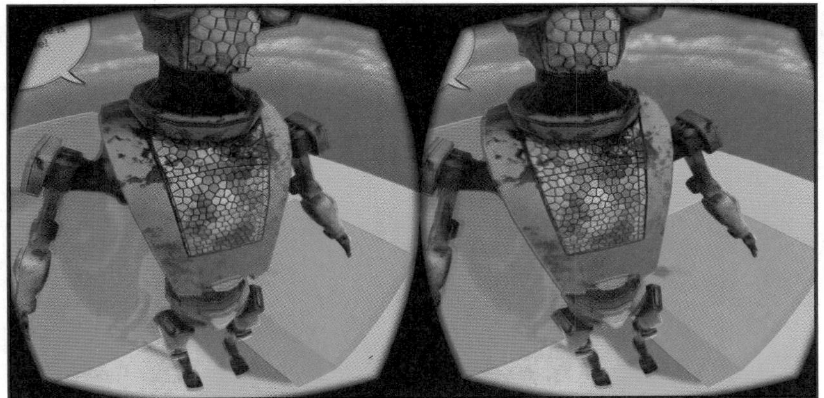

而且，还这么简单。你注意到了吗，到现在为止还没有用脚本呢。

【Oculus Share】只要是Oculus用户就能玩的内容下载网站。你也试着将作品在这里申请登录吧？ https://share.oculus.com/

技术上的难点是确保用户能舒适移动的帧率。人们公认应该确保帧率为每秒75次。用Oculus需要面对眩晕感。人一旦感觉眼前与自己设想的现实不同，就会产生眩晕感。由于开发者是接触并玩Oculus的，渐渐习惯了，也就不会觉得晕了，所以需要注意这一点。因此在制作时，可能需要积极运用第十章中介绍的Light mapping※或LoD※等来提升效率。不论怎样，我还是很期待看到Oculus不断进化，在产品版之外，不断推出新项目。

【Light mapping】指事先将光与影拷成纹理，不再实时计算光线，提高了效率。请参考 P.420。

【LoD】Level of Details。近距离物品和远方物品，分配不同的多面数和纹理的清晰度，从而节省渲染的成本、提高效率。

2004 年推出的高木敏光先生的 CRIMSON ROOM DECADE，堪称“逃脱游戏”的代名词了，现在正进行 VR 化的工作。以超赞的质量让那个密室在 10 多年后重现了。Mac App Store 版 / Steam 版也是由笔者的团队开发的。2015 年夏天在国立新美术馆等地展示了 VR 版。Xbox One 和 Windows Store 的 UWP 版也在积极开发中。

大和战舰上带的这个也叫测距仪，是利用左右视差来判断距离的东西。最上方的房间不是船长室，而是可以旋转、测量距离的设计指挥所。不是船长室。重要的事说2遍。

看上去都很怀旧

用 Oculus 重现大和战舰的伟大项目也在进行，非常期待。笔者对仁志野六八先生的“大和战舰虚拟现实复原计划”给予了支持！

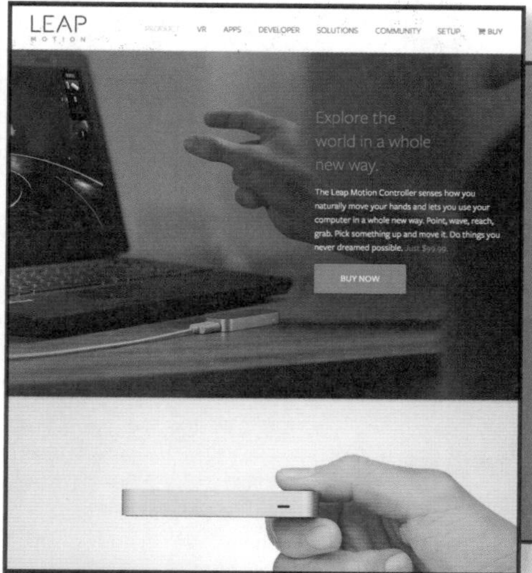

https://www.leapmotion.com/

用 Leap Motion 来感应手

Leap Motion是与电脑的USB链接，能感应双手的设备。这也是个很有趣的设备。Leap Motion的设备本身在Amazon上花1000多元就能购买。还推出了Unity也能用的演示，只要安装驱动器后，连接上就立即能使用。能以相当高的精度捕捉手掌和手指的动作，可以制作出真实感强的软件，好像将手伸入眼前的世界中一样。

此外，还推出了与前面介绍的Oculus联动的机制，发售了可以安装到HMD上的专用配适器。组装起来后，不仅能利用Oculus进入到自己创建的世界中，还能显示自己的手。也有基础的红外线摄像机，可以在Oculus的视野中重叠上黑白色的现实影像。可以预见到将来会开发彩色的VR Leap Motion了。

关于用Unity开发的文件，请查看以下网址。

https://www.leapmotion.com/product/vr

https://developer.leapmotion.com/unity/

使用 Vuforia 开发 AR 应用程序

VR之后就是AR※了。对于本书的读者们，这个趋势已经是不用多说的了。用Unity做的AR应用程序有很多。在开发方面，最好的就是Qualcomm公司的Vuforia。到了ver.4后，许可的形式有一些变化，虽然带有一些条件※，但基本上是免费的，可以使用。收费版的功能也很强，具有杰出优势※。因为在以前，用其他引擎开发一个应用就需要花费好几万元。

识别物体！这就是未来！

对用摄像机识别的东西进行标记并且追踪。

https://www.qualcomm.com/products/vuforia

What your app can see.

Using the Vuforia platform, your app can see a wide variety of things, and we continuing to work on expanding our recognition capabilities all the time.

① Objects

识别图像。

② 识别圆柱体。

本书中使用的就是这个！

③

Images

Images with sufficient detail including magazines, advertisements, and product packaging can be recognized. The Vuforia Target Manager helps you analyze and improve your images to optimize your app's performance.

Learn More

User-Defined Images

User-defined images give users the ability to create basic AR experiences that work anywhere. It's as simple as taking a picture of an everyday object, such as a book page, poster or magazine.

Learn More

④

Cylinders

Cylinders such as bottles, cans, cups and mugs can be recognized.

Learn More

⑤

Text

Supports English word recognition from a standard database of ~100,000 words or custom vocabulary defined by the de...

识别字母！

识别正方体、立方体。

⑥

Boxes

Simple boxes with flat side details can be...

⑦

VuMarks

VuMarks allow the freedom for a brand conscious design while simp... as an AR target. VuMark also provi... method for encoding data such as a product serial number

Learn More

使用框架标记。

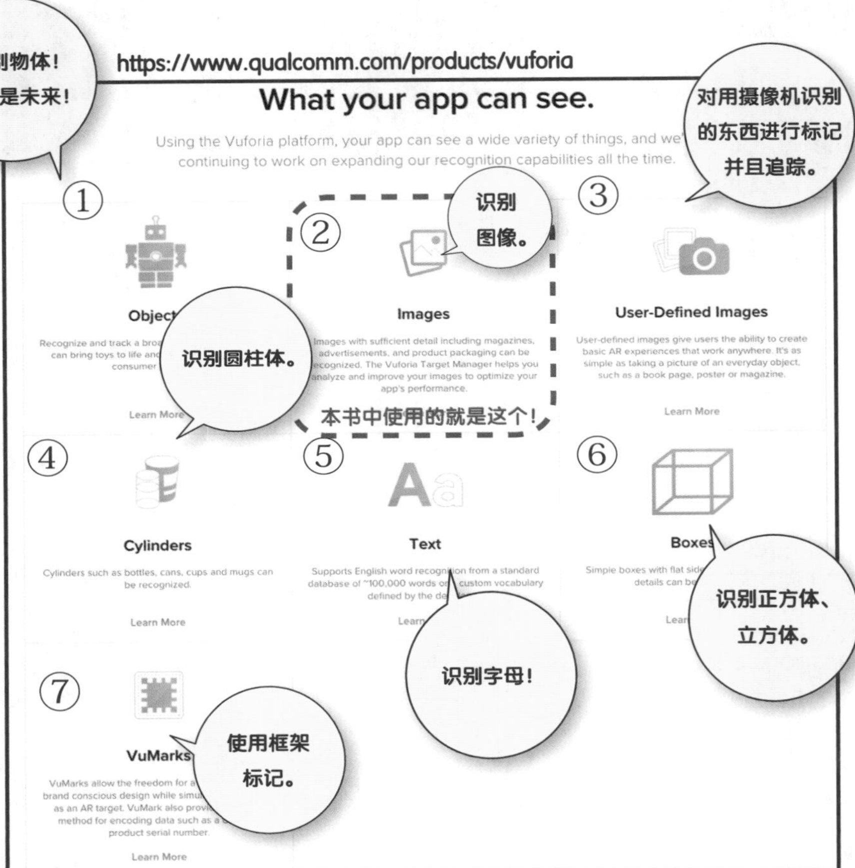

简单解释一下AR，原理就是摄像机从显示的影像中，实时寻找被称为“Marker”的、有特定特征的图像。识别出来后，就将以此为基准的3D空间，不断结合影像显示出来（追踪），也就是说持续移动摄像机的位置。所以通过AR应用程序来看，就好像在那个位置有用Unity制作的※物体存在。

【AR】指 Augmented Reality 增强现实技术。

【带有一些条件】在免费版中，Vuforia 的水印只在当天第一次启动时显示，第二次之后就不再显示了。云识别每个月最多只能识别 1000 次。

【杰出优势】可以设置一个应用程序 499 美元的经典套餐和根据每月登录数量，99~999 美元 / 月的弹性套餐。License 也会有变化，详情请查看官网。

① Objects：识别追踪真实物体的技术。

② Images：AR 一般用矩形（四方形）的 Marker（标记）。这是最常见的形式，也是本书中会介绍的部分。

③ User-Defined Images：捕捉实时影像，可以当时对这个平面进行标记并追踪。

④ Cylinders：使用圆柱形标记的 AR，与箱形一样。可以识别瓶子或罐子等。上下都有盖子部分可以正确识别，不过例如酒瓶等瓶盖没有了，只要标签与 Marker 匹配也能识别。

⑤ Text：可以识别字母。

⑥ Boxes：使用箱形六面标记的 AR。对立方体、正方体的位置关系可以持续追踪。还能表现出箱子内侧的 GameObject 旋转时的状态等。

⑦ VuMarks：将特定的框作为标记，无论内侧放入什么图像都可以。很难做成标记的 LOGO 等图像，适合用这个方法。这个标记已经收录了 512 个，还能应对有多个识别物的情况。

【用 Unity 制作的】Vuforia 引擎并不是专用 Unity 的，还提供 iOS 和 Android 本地的代码。

【Smart Terrain™】通过在影像中辨识的形状，生成地形的功能。例如，将桌面上叠放的书本变成山丘等，可以实时生成地面 =Terrain。

【Cloud Recognition】是标记的云服务。也适用于将来标记不断增加的情况。

Vuforia还能识别立方体、正方体等箱形标记和瓶子罐子等圆柱体。虽然目前只是字母，不过也是能识别文字了。而且，还有Frame Markers，无论在框中放入什么图像，都能以此框为基准进行识别。Vuforia目前（ver.4.0.x）所能做的内容请见上一页。此外，还能实现将Smart Terrain™※的桌上物体地形化的功能；将标记信息本身放在云中，可以之后添加的Cloud Recognition※等更高的功能。

连设计也是原创的 Marker 制作出来了。

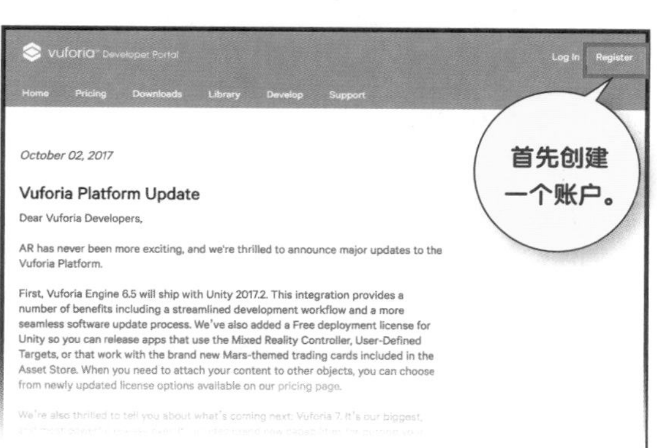

还有实现不用智能手机界面的按钮，而是伸开手，在追踪标记的现实空间配置虚拟按钮，按下按钮等。未来将会增加更多功能，值得期待。那么就去 https://developer.vuforia.com/ 网址上体验一下吧。

①首先，需要有一个开发者账户，所以点击这个页面右上角的“Register”，填写表格，注册开发者。然后登录，先下载SDK。

① 注册 Developer 账户，并登录。下载 SDK，导入项目。

② 用License Manager创建新“License”。

③ 在Target manager中创建新“Database”。

④ 在“Database”中注册标记图像。

⑤ 下载“Database”，导入到 Unity 中使用。

导入项目。

将标记 DB 导入到项目中。

在Downloads标签中，点击Download Unity Extension，这是Android和iOS通用的SDK。

同意License信息之后，下载SDK（Software Development Kit）。SDK是Unity的软件包文件，只要双击就能导入到当前打开的Unity项目中。这个SDK会频繁地将更新通知邮件发送到注册地址，届时请注意**导入最新版本**※。

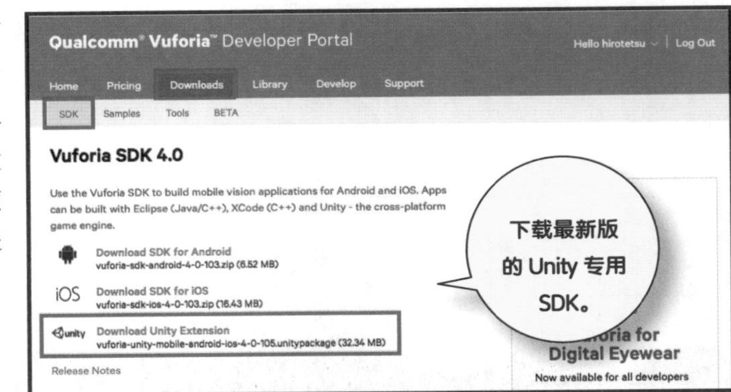

【导入最新版本】话虽如此，但从经验上判断，Unity 的版本升级中，Vuf-oria 使用的 API 格式等经常会有变化，与 Vuforia 更新升级的时间也不同，所以最好事先确保有双方的多个版本。

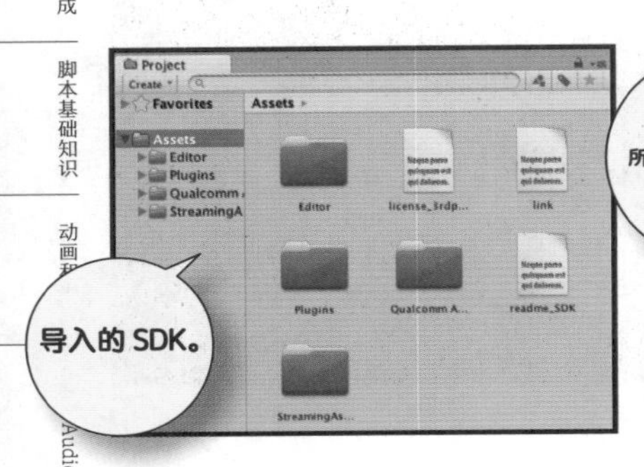

之后会用到，所以记下来此处的宽度吧。

②
用 License Manager 创建新“License”。

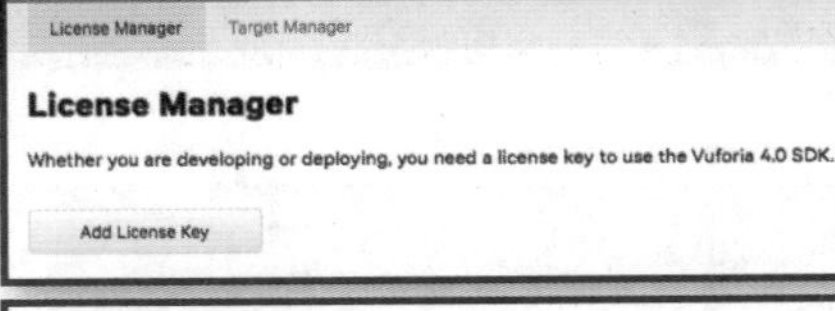

我们来使用本书的封面，试验一下做AR的流程吧。本次用作标记的图像是用Adobe Illustrator画出来的。需要是jpeg或者24bit的png格式。

②首先在License Manager上注册应用程序的License。License的名称=应用程序的名称即可。然后选择Mobile。License Key（授权密钥）选择Starter的话，就是免费版了。点击Next按钮，阅读规则，勾选确认复选框，点击Confirm，就创建出一个License。

https://developer.vuforia.com/pricing

展开License Key后，会如右侧显示出固定字符串，这个之后在Unity中会使用。

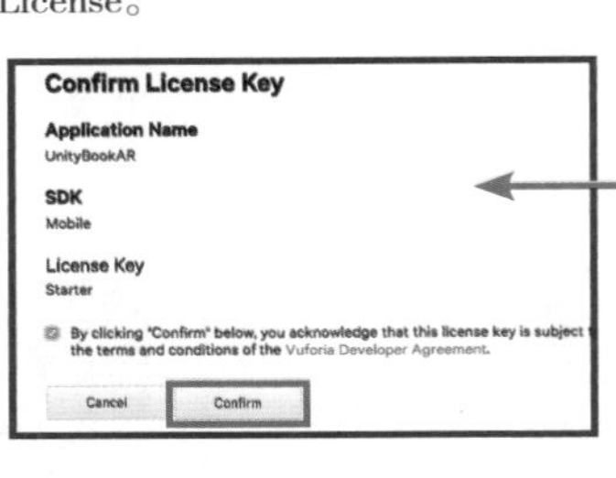

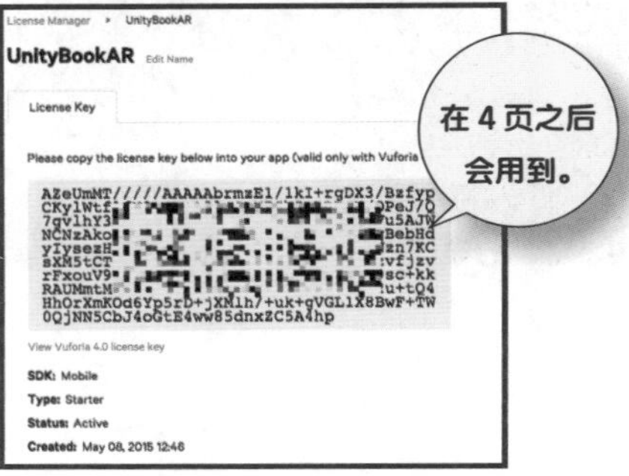

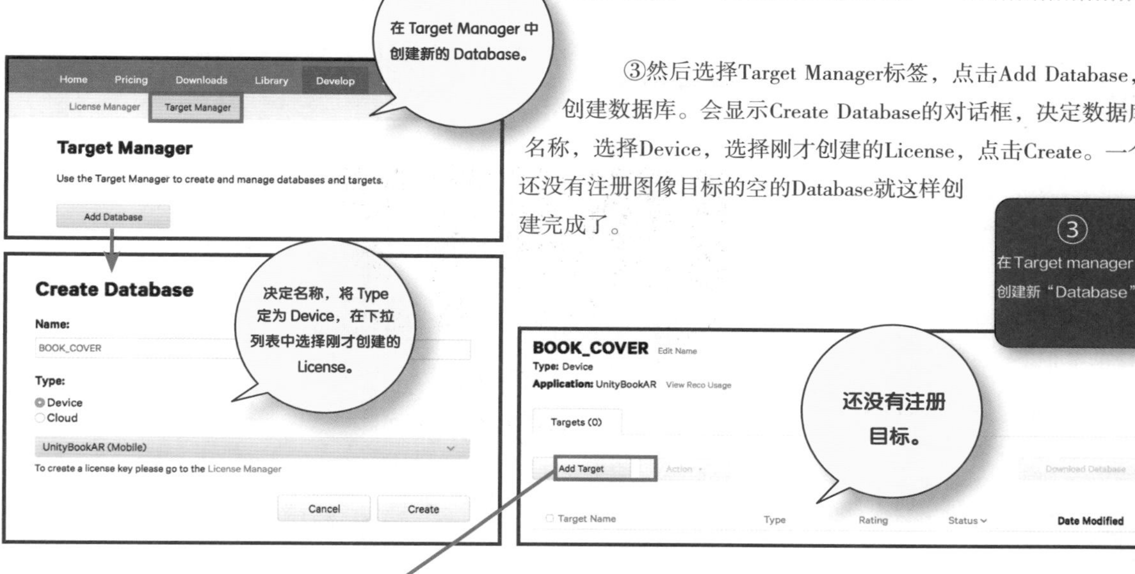

③然后选择Target Manager标签，点击Add Database，创建数据库。会显示Create Database的对话框，决定数据库名称，选择Device，选择刚才创建的License，点击Create。一个还没有注册图像目标的空的Database就这样创建完成了。

③
在Target manager中创建新“Database”。

④在这里注册想要标记的图像。决定标记的名称，输入尺寸（宽度）后，上传图像文件。这个图像文件不需要特别高的分辨率。例如，如果想要将A4传单大小的图像作为标记的话，宽度500px就足够了。

④
在“Database”中注册标记图像。

注册标记时，决定名称，指定类型。选择了标准的Single Image后，输入图像的宽度。然后指定已经保存的图像，点击Add。这样就做好了标记。

这是标记名称。

收到了五颗星。

满分。获得了五颗星。适合作为标记的图像，有几个关键点。在标记详细信息的左下角，点击Show Features，就会显示出该图像上的拐角点=特点。这些+的分布方式，决定了辨识的难易度。关键点是：

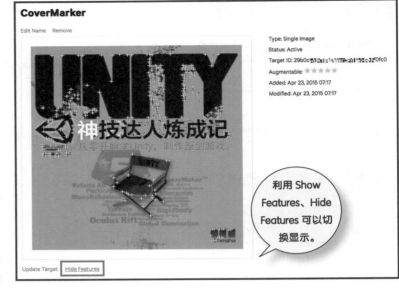

CoverMarker
Edit Name　Remove
Type: Single Image
Status: Active
Target ID: 29b0c…0fc0
Augmentable:
Added: Apr 23, 2015 07:17
Modified: Apr 23, 2015 07:17
Update Target　Hide Features
利用 Show Features、Hide Features 可以切换显示。

1. 有对比性的图像。这是理所当然的，但不包括颜色信息。

2. 有很多“角”。Vuforia的标记只将有对比行的角作为重点来识别。曲线的个数即使有对比性也与没有一样。

3. 想要标记矩形，则全面都是重点。不适用于重视空间感的设计。不过Vuforia非常优秀，即使只有标记的一部分，只要能在影像中发现，就能识别出来。当然了，空白部分即使拍摄到也无法判别出来的。

4. 图形不存在。像棋盘等图形反而很难判断。如有这样的图形，由于识别的地方太多而迷惑，所以会拖后腿。

⑤如果评定的星级在三颗星以上还能识别，尽量选择四颗星以上的。注册了目标之后，接下来就要准备放到Unity中了。首先，在Target Name左侧的复选框打上钩。

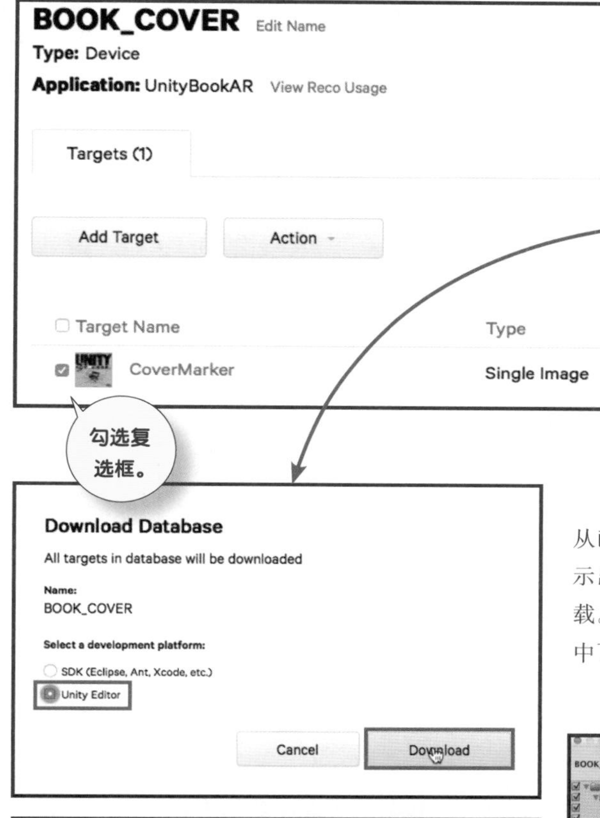

虽然这次我们只有一个目标，但也可以个别选择目标，从已创建的数据库中下载。点击“Download Database”，显示出要选择哪个平台，这里我们选择Unity Editor，开始下载。下载完成后，双击软件包文件，就添加到Unity的项目中了。

然后返回Unity。首先要做的是添加到Vuforia专用的ARCamera的Prefab场景中。你可以将其看作是AR专用的特殊摄像机。

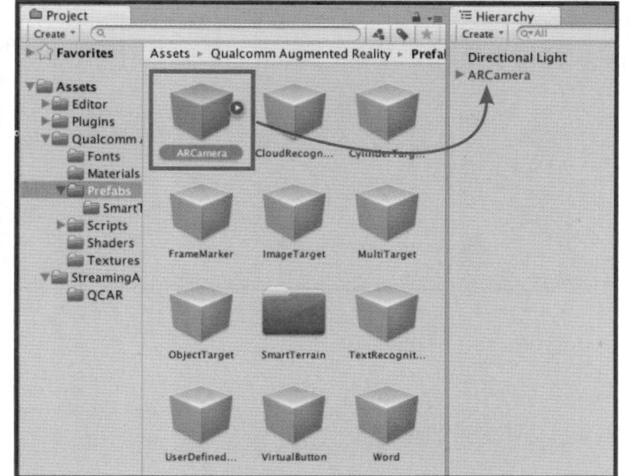

从Assets/Augmented Reality / Prefabs /中，将ARCamera拖拽&释放到场景中。不需要Main Camera，所以舍弃了。场景中只有Directional Light和ARCamera。

在选中ARCamera的状态下，显示Inspector。

接下来是设置已读取的标记数据。在ARCamera“QCAR Behaviour”中输入4页之前获得的App License Key，会显示“Data Set Load Behaviour”中读取的数据，将这个复选框和下面的Activate都勾选上。虽然这次只安装了一个目标数据库，但其实Unity项目中可以安装多个目标数据库。只不过目标数据库增多，从影像中查找的东西也会随之增加，根据需要决定这个复选框是激活还是禁用，这可以通过脚本来控制，以减轻运行负荷。

这次我们将Assets / Augmented Reality / Prefabs /中的Image Target的Prefab拖拽&释放到场景中。然后在场景中选中Image Target的状态下，更改Inspector的设置。

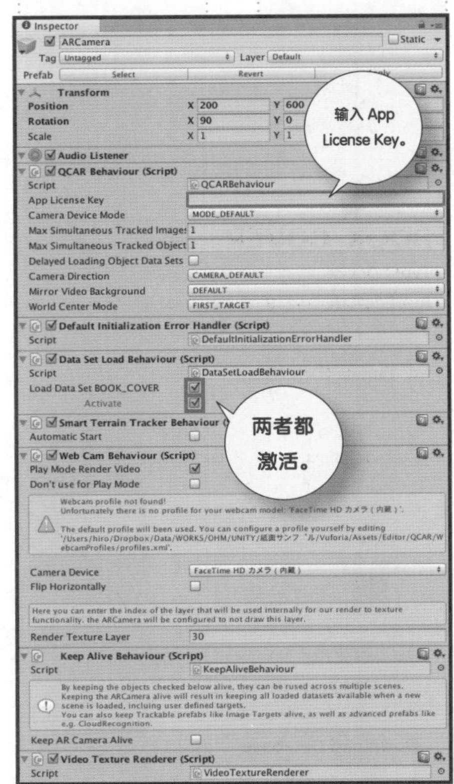

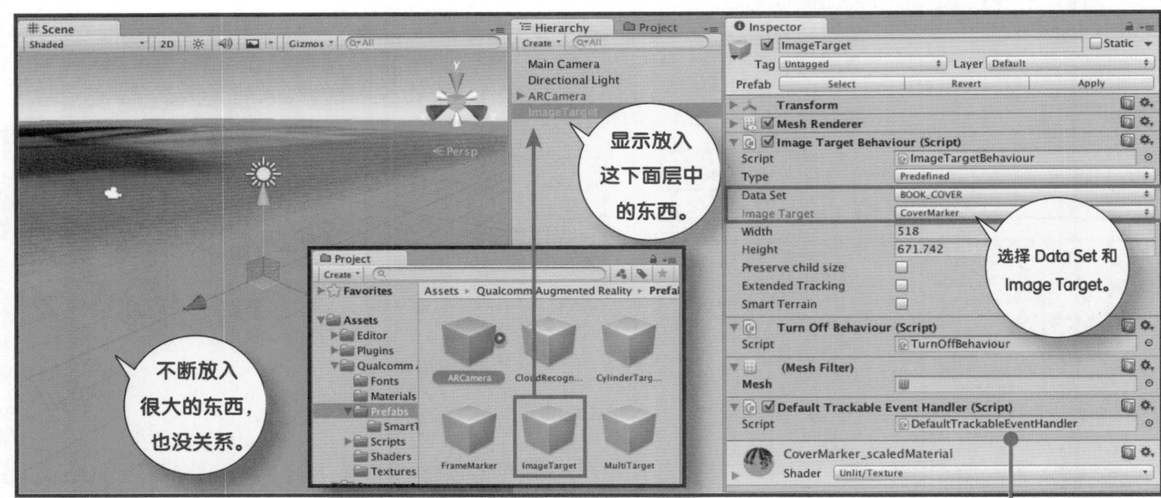

想要让这个Image Target显示什么，就进行什么样的设置。什么都可以。这个示范模拟的是本书的封面平躺摆放在书店中的样子，在上面显示出第三章出场的Kyle。将辨识出这个Image Target时想要显示的GameObject全部放到ImageTarget下面的层中。通过放入下面的层中，就能制作辨识的时候显示该对象了。

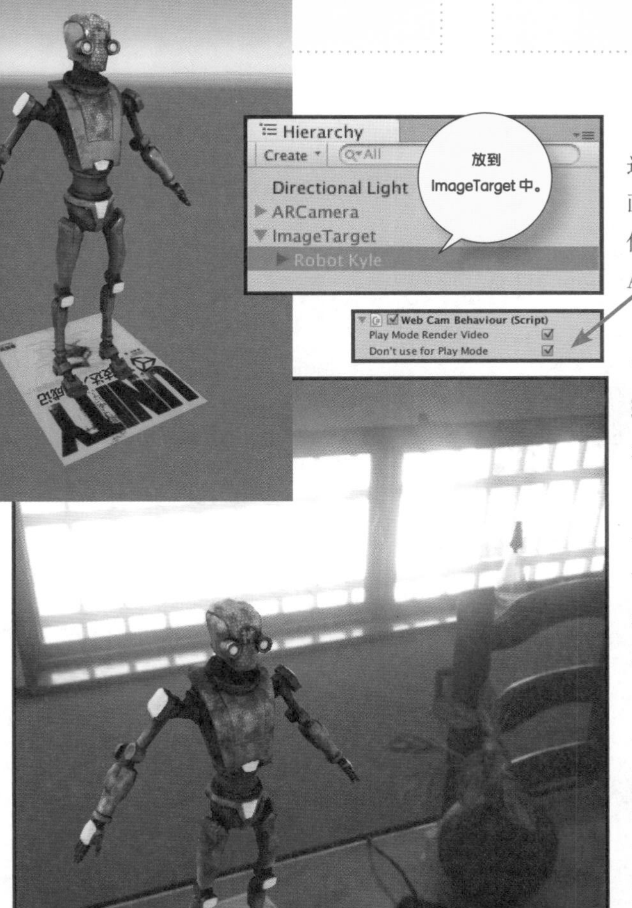

如果开发用的电脑带有Web摄像机的话，就能通过运行Unity进行测试。运行后，试着用手拿着标记在画面中透射。这个功能虽然方便，但如果摄像机的影像正在开发过程中的话，可能也会妨碍，这个时候在ARCamera属性中勾选不用Web相机即可。

构建到iOS或Android中，安装到实体机中，就成了AR应用程序了。可能你会觉得手续挺麻烦，**但你发现了吗？直到这里还是没有编程**！突然意识到，Kyle是突然出现的。

Kyle的GameObject只是放在当前ImageTarget下面一层了，如果这是会舞动的Kyle，那么即使不用AR辨识标记，启动时它就在场景内的某处开始跳舞了。只是，如果只显示静止状态的话，这样也可以，不过还是希望当它被识别出来的瞬间再开始有动作。

我想要当这本书的封面标记被从摄像机影像中辨识出来时，Kyle的GameObject从封面上慢慢产生。解除辨识的话，再重置归位，每次被识别时都显示同样的动画。为了有动画效果，需要事先从Asset Store下载安装iTween※。然后在Inspector中查看Kyle的父对象GameObject的ImageTarget。其中有名为Default Trackable Event Handler的组件，打开Script。

如果是收费套餐的话，这个水印是可以去掉的。

【iTween】请参考第四章 P.232。

【Default Trackable Event Handler】本书中将这个文件直接替换了，其实可以复制这个文件，自定义的。如果不这样的话，将新 SDK 重写的话，就会返回原来的状态了！

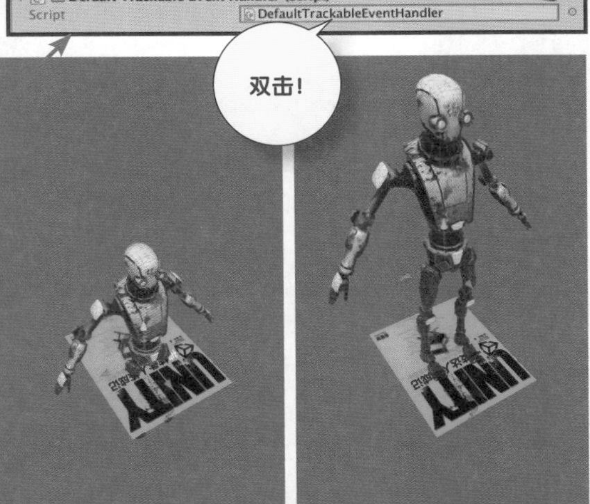

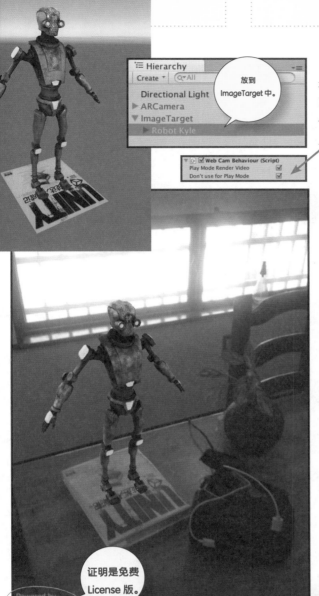

打开的脚本是用C#写的，在其中的以下两个函数中，分别添加一行编码。这样就能在查找到目标时和忽视时调用BroadcastMessage※。

【BroadcastMessage】是发送给目标对象所属层以下的所有 GameObject 的事件消息。

```
private void OnTrackingFound()
{
        Renderer[] rendererComponents = GetComponentsInChildren<Renderer>(true);
        Collider[] colliderComponents = GetComponentsInChildren<Collider>(true);
        // Enable rendering:
        foreach (Renderer component in rendererComponents)
        {
                component.enabled = true;
        }
        // Enable colliders:
        foreach (Collider component in colliderComponents)
        {
                component.enabled = true;
        }
        Debug.Log("Trackable " + mTrackableBehaviour.TrackableName + " found");
        BroadcastMessage ("OnFindTarget", mTrackableBehaviour.TrackableName);
}
private void OnTrackingLost()
{
        Renderer[] rendererComponents = GetComponentsInChildren<Renderer>(true);
        Collider[] colliderComponents = GetComponentsInChildren<Collider>(true);
        // Disable rendering:
        foreach (Renderer component in rendererComponents)
        {
                component.enabled = false;
        }
        // Disable colliders:
        foreach (Collider component in colliderComponents)
        {
                component.enabled = false;
        }
        Debug.Log("Trackable " + mTrackableBehaviour.TrackableName + " lost");
        BroadcastMessage ("OnLostTarget", mTrackableBehaviour.TrackableName);
}
```

以发现的标记名称的字符串做参数，喊出“找到啦”！

在这里面写入标记名称“CoverMarker”。

同样地，也喊出“不见啦”！

然后创建Kyle接受指令的脚本KyleController.js。这样每次AR识别到时，Kyle就从下面出来了。

```
#pragma strict
function Start () {
      HideKyle(); //启动时，潜藏在下面
}
function HideKyle(){
      iTween.stop(gameObject); //iTween 启动后取消
      transform.position = new Vector3(0,-2,0);
}
function  AppKyle () { //回到站在书上的位置
      iTween.MoveTo(gameObject,iTween.Hash("y",0,"time",2,"easetype","easeOutBack"));
}
function OnFindTarget(_targetName:String){ //找到了目标
      if (_targetName == "CoverMarker")
            AppKyle ();
}
function OnLostTarget(_targetName:String){ //目标丢失了
      if (_targetName == "CoverMarker")
            HideKyle ();
}
```

这样构建的话，辨识到的时候，Kyle会从下面出现……但还是有点奇怪。完全不是从埋藏的地方冒出来的感觉。它一下子就站在书上了。当然会这样了，因为对象会显示在摄像机的影像上，所以没办法。

那怎么办呢？在这里可以使用天狗的隐身蓑衣。啊，这么说显得老气横秋了吧。简单地说，就是可以做一堵墙，让人看不到对面的GameObject。在项目浏览器上创建一个新的材质，将其Shader更改为**DepthMask**。DepthMask是安装Vuforia SDK时一起安装的着色器，在这个着色器另一面的东西都不会显示出来了。然后为了遮盖标记表面以下的东西，创建一个Cube，并贴上这个新材质。于是，就好像是从标记之处慢慢冒出来似的了。很有意思吧！

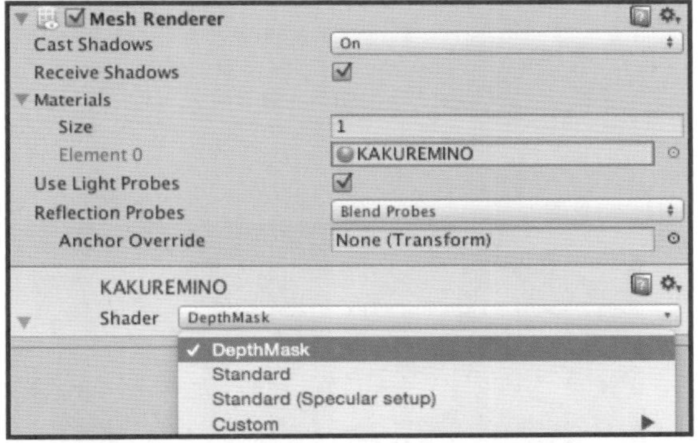

Vuforia中还有立方体、圆柱形的目标、登录云显示的方法、Object辨识等，有很多有趣的功能，本书介绍不完。可以免费尝试，请一定要亲自挑战一下！

http://www.arduino.cc/

用 Arduino 玩

你知道叫作Arduino的微型计算机底板吗？大概两百元，谁都能买的手掌大小的小型电路板。用USB连接这个电路板就能在内存中写入简单的程序玩。可以从官方网站上下载Arduino专用编辑器（Mac / Windows / Linux），编辑的程序就能通过USB写入微型计算机底板，然后还能控制各种连接的传感器；或者与Wi-Fi的模块连接，接到互联网上；用蓝牙做些事情等，可以有很多作为。与Unity一起玩的话，可以从Unity**发出**控制信号进行控制，也能**接收**从Arduino连接的传感器发出的信息。

前者的情况例如，与Oculus一起使用，在Oculus中打开门，迎面吹来风的情景，通过给电风扇接上电源来实现，或者太阳光照射过来的情景用加热器来表现等，通过控制机器能实现很有意思的效果。

后者的情况比如，与人体感应传感器等设备联动，有人来到面前就开口说话的接待机器人；用CDS光传感器感知光线，进而更改Skybox，让场景与现实世界联系起来；又或者使用3轴加速传感器做游戏控制器等。

连接Arduino要使用USB。对于PC端和Arduino端都有端口和数据往来交换的区域，分别叫作输入缓冲器和输出缓冲器。往返的数据为字符串。获取进入到输入缓冲器中的数据，将放入输出缓冲器中的数据送出等，好像邮递员似的高速往返，这就是通过USB实现的串行通信。

首先，我们做一下从Arduino端接收信息的收件箱吧。

笔者的团队在以前演示的时候，曾经自己化身 Kyle，做了地面崩裂的实时演示。当时，临时想到开电风扇，尝试之后效果超棒！！不过当时没有做到电源控制，如果用 Arduino 和家庭用的电源继电器来做，就更好了。

Oculus VR
体验区
这个瞬间！
开始吹风。
哦！
电风扇。
其实是这个家伙
按的开关。
咔嚓

验证

上传

串口监视器

sketch_LED2 | Arduino 1.8.4

保存

打开

新建

```
void loop() {
  serialInputChk();
  if(sw){
    digitalWrite(13, 
    delay(500);
    digitalWrite(13, LO
    delay(500);
  } else {
    delay(1000);
  }

}

bool serialInputChk(){
  if( Serial.available() ) {
    char mode = Serial.read();
    switch (mode) {
      case '0' :
      sw = !sw;
    }
  }
}
```

初始化

检查串口
如果放入了 '0'
则切换 sw

13 号 LED

保存完成。

27 Arduino/Genuino Uno 在 COM1

13 号 LED 旁边，贴着 RX 和 DV 标签的小 LED 是确认串口通信用的 LED。RX 用于收信，DX 用于送信。从电脑发送过来文字的话，RX 会瞬间亮起来。

【WaitForSecond ( )】请参考 P.243。

打开Arduino的工具，就会显示出这样一个小的编辑器。这个程序叫作Sketch。写法很像C#。首先用一开始的setup初始化，用loop实现看见邮箱中放入数字**“0”**的字符串，就让变量**sw**的**true/false**切换。**Loop**相当于Unity中的**Update**。这个sketch表述的是，当变量**sw**为**true**时，13号LED会每隔0.5秒闪烁2次，为**false**时，不闪烁等待1秒。**delay**类似于在协同程序中经常使用的**WaitForSecond ( )**[※]，参数是毫秒。

要运行这个，需要将sketch写入与USB连接的Arduino的小内存中。点击左上方第2个按钮“上传”，就能传输过去，可以立即运行了。

因为**sw**中最开始为**true**，所以LED持续闪烁灯光。如果为Arduino接上交流电的话，就成了拔掉USB也能执行动作的独立程序。

现在编辑向Unity端传输的脚本吧。在返回Unity之前，需要确认一件事情。这个USB与哪个端口连接，对于Unity端使用程序来说是很重要的。显示出Arduino菜单中的工具 > 端口的子菜单，其中只有一项写着“Arduino Uno[※]”的地方被勾选出来了。将之前的字符串存储下来。

在Unity端，点击界面后，会向Arduino发送**“0”**，Arduino端接收到后，会切换**sw**开启/禁用的机制。**“0”**虽然没有特殊意义，但如果需要分支进行很多处理时，在写sketch时可以通过更改这个字符串，增加分支。下一页的脚本可以直接贴在空的GameObject上运行，不过使用串行端口的话，有一个条件。

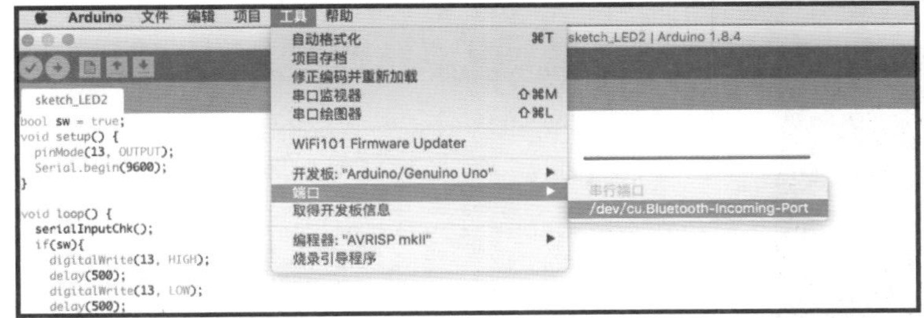

【Arduino Uno】Arduino 也有很多种。Uno 是其中最受欢迎的机型。

从File菜单中打开Build Settings，点击Player Settings按钮。在Other Settings的下方，从Optimization的**Api Compatibility Level**的下拉列表中将.NET 2.0更改为.NET 2.0。Unity的脚本是基于Microsoft的.NET※的，可能是觉得并非全部都需要，所以将一部分作为Subset默认使用了。在这里使用的System.IO.Ports的名称空间，并没有被放在Subset中，为了“所有都使用，全部出来吧”，所以我们进行的这项设置。这项设置更改的是输出文件大小。这样改后的应用尺寸比较小，不用太担心。就这样点击鼠标就能切换更改。

Inspector
PlayerSettings
Company Name: DREAM HOLDIGS
Product Name: ArduinoTest
Default Icon
Disable Analytics (Pro Only)
Scripting Define Symbols
Optimization
Api Compatibility Level: ✓ .NET 2.0 / .NET 2.0 Subset
Prebake Collision Meshes
Preload Shaders
Preloaded Assets
Optimize Mesh Data*
* Shared setting between multiple platforms.

不仅限于Arduino。所谓控制外部机器，就是用这种串行通信交换特定协议，以进行控制。例如，使用投币器（不到七百元就能买到），我也能开游戏中心了。自己想要做的项目会越来越多。

http://docs.unity3d.com/410/Documentation/ScriptReference/MonoCompatibility.html

IAsyncResult BeginRead (Byte[] buffer, Int32 offset, Int32 count, AsyncCallback cback, Object state)	Search MSDN	.NET 2.0	2.0 subset	Web player	Micro
IAsyncResult BeginWrite (Byte[] buffer, Int32 offset, Int32 count, AsyncCallback cback, Object state)	Search MSDN	.NET 2.0	2.0 subset	Web player	Micro
Int32 EndRead (IAsyncResult async_result)	Search MSDN	.NET 2.0	2.0 subset	Web player	Micro
Void EndWrite (IAsyncResult async_result)	Search MSDN	.NET 2.0	2.0 subset	Web player	Micro
• Namespace System.IO.Ports					
Class: SerialErrorReceivedEventArgs (namespace System.IO.Ports, assembly System)	Search MSDN	.NET 2.0	2.0 subset	Web player	Micro
Members: SerialError EventType { get; }	Search MSDN	.NET 2.0	2.0 subset	Web player	Micro
Class: SerialPinChangedEventArgs (namespace System.IO.Ports, assembly System)	Search MSDN	.NET 2.0	2.0 subs		
Members: SerialPinChange EventType { get; }	Search MSDN	.NET 2.0	2.0		

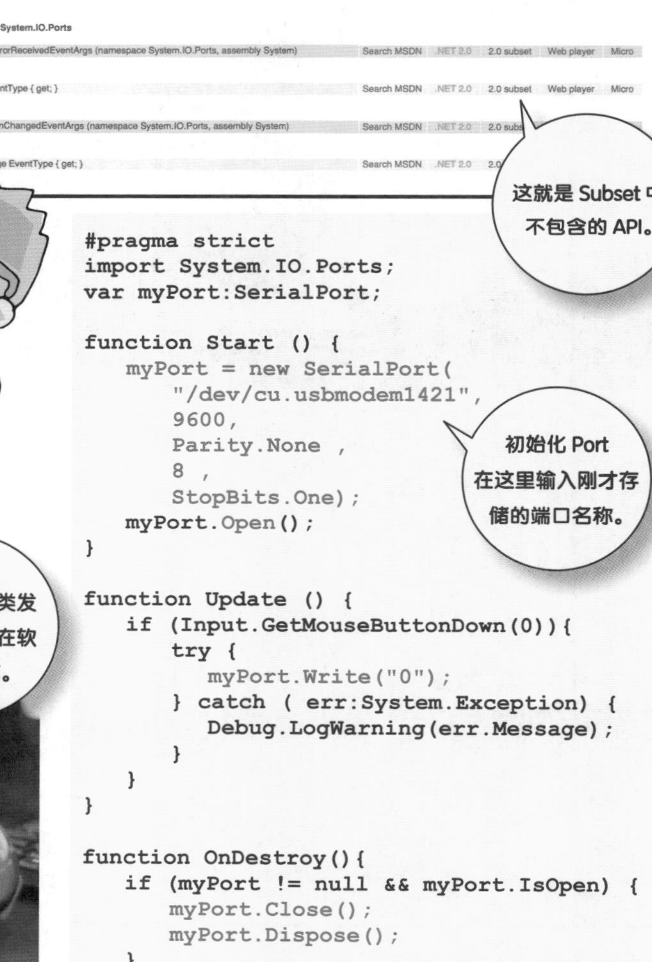

这就是 Subset 中不包含的 API。
初始化 Port 在这里输入刚才存储的端口名称。


```
#pragma strict
import System.IO.Ports;
var myPort:SerialPort;

function Start () {
   myPort = new SerialPort(
      "/dev/cu.usbmodem1421",
      9600,
      Parity.None ,
      8 ,
      StopBits.One);
   myPort.Open();
}

function Update () {
   if (Input.GetMouseButtonDown(0)){
      try {
         myPort.Write("0");
      } catch ( err:System.Exception) {
         Debug.LogWarning(err.Message);
      }
   }
}

function OnDestroy(){
   if (myPort != null && myPort.IsOpen) {
      myPort.Close();
      myPort.Dispose();
   }
}
```

更改硬币种类发送的文字，在软件上收信。

【基于 .NET】所以，比起 JavaScript，更多函数是在 C# 中常见的。

第九章
使用“玩 playMaker playMaker^{TM}”插件

本章对 playMaker^{TM} 进行说明，它可以不用编程来制作游戏。
这是一个付费资源，对会编程的人来说用起来可能反倒比较麻烦。
但是，对那些抵触编程的人来说不失为一个学习编程的好途径。

什么是玩（playMaker™）

我的朋友们之间叫这个“玩”，弄不清是 PlayMaker 还是 playMaker，本书中写成了是 playMaker™，在菜单或窗口中显示为 PlayMaker。

对编程初学者来说，看过第四章的脚本内容后，可能会觉得泄气吧。要是读一些只与脚本相关的书籍，兴许还可以再稍微进步一点。但是不管咋说，死记硬背是逃不掉的，所以初学者总是一边担心着自己能不能跟得上，一边在写着程序。

这里要介绍的是Hutong Games LLC的playMaker™，它是Asset Store中一个非常重要的付费资源，所以可能很多读者都见过。简单来说就是无代码编程，是非常棒的资源。第五章中我们学习过Mecanim，是把各种状态连接起来，playMaker™的界面和这个非常相似。在各种GameObject中加入这个组件，然后只要把各状态之间进行连接，就像把游戏场景进行了编程一样。

【$95】2015 年 4 月的价格。虽说 $95，但是功能强大，性价比还是很高的。很少出售，因此不要错过购买时机哦。

http://u3d.as/1Az

这个资源价值**$95**，为什么要如此强烈推荐一个付费资源呢？除了“不用代码”就可以进行编程之外，还有一个理由，那就是“**可以记住游戏对象做了什么样的改动**”。那些熟悉Unity脚本的人非常清楚对组件的某个变量所进行的处理以及处理的结果如何，因此这个资源对他们来说没什么购买的必要。要达到他们这样的水平，需要反复进行编程并尝试所有的方法，一遍一遍地翻阅API的参考，经历种种不易后，终于恍然大悟“啊，原来是这样啊”。经验的累积是必需的，这样的技术水平大概需要达到Unity10段的样子。

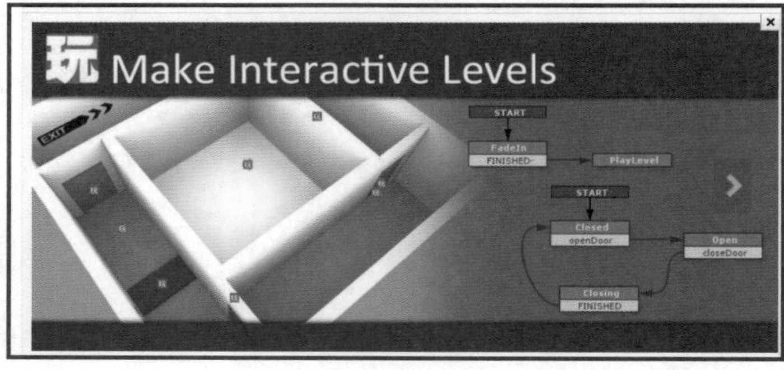

这些学习可以成为一个不错的磨炼，但是一开始总会觉得四处碰壁，还可能会觉得日暮途穷，陷入“我不适合编程”的低落中。**没有经验的人编程是很难的，这是理所当然的事。**和学外语是一样的，你将会在playMaker™中体验到它如同翻译一般的作用。

比如，想做一个点击一下门就开了的程序，第四章中我们做过了。使用**Raycast**，为门设置点击，将碰到门轴的GameObject迅速转动30度左右。做法我们已经知道了，写起来就没问题了。

但是，这是我第一次编程啊。使用**Raycast**固然好，但是该如何找到那个碰到门轴（门轴为门的父级）的对象呢。虽然觉得能够做到，但是从何处开始进行查找比较好呢？初学者不懂这个是很正常的。这时就轮到playMaker™出场了。

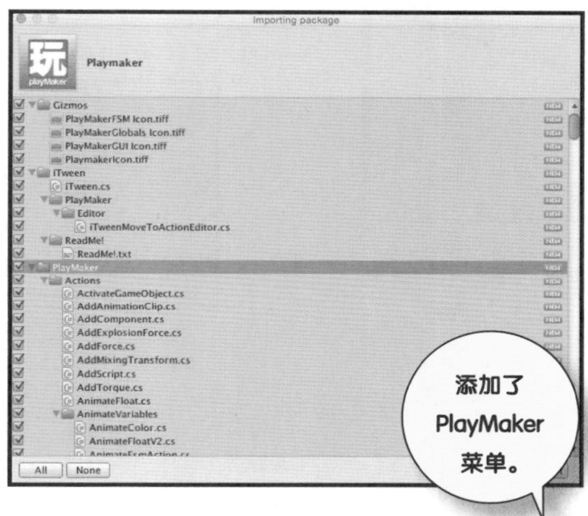
Importing package
Playmaker
添加了
PlayMaker
菜单。

首先，我们来了解一下playMaker™是什么吧。因为有的人用得惯，有的人用不惯，所以先不用急着购买。

从Asset Store中安装playMaker™时，在安装对话框中选择ALL。安装完成后就会发现主菜单中添加了playMaker™，选择PlayMaker Editor。

同时还显示出了 Welcome 面板，可以看一下这些内容。

这是 PlayMaker 编辑器，大部分的作业都是在这里进行设置的。

不需要这个画面，暂且关掉它。

Add-Ons，不属于标配内容，可以下载一些标准中没有安装的附加功能，第三方制作的各种 Action 等。

显示不为中文时，可以从环境设置中选择为中文。

接下来选择PlayMaker菜单 > Editor Windows > Action Browser。将Action Browser混入右端。

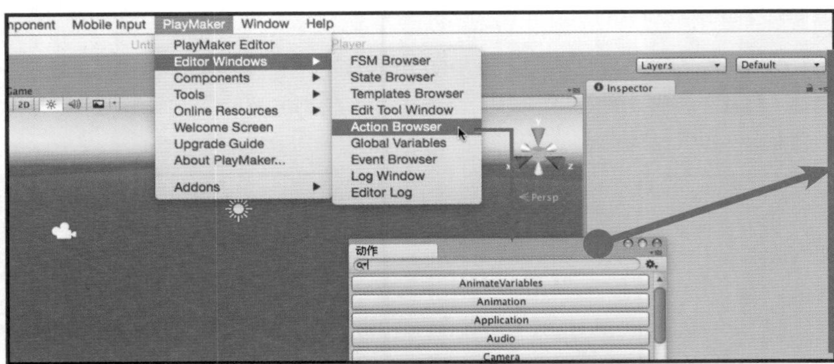

经常会用到的特殊布局，可以通过Save Layout…进行保存，很方便。

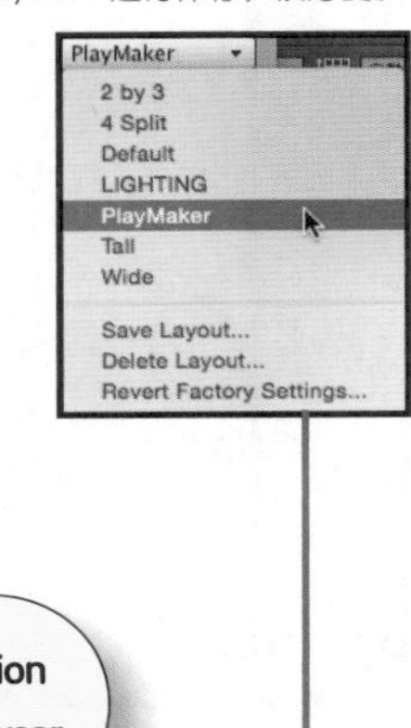

这只是一个例子，因为这种布局使用起来可能比较方便。这样，准备工作就完成了。PlayMaker编辑器放在了左下方。

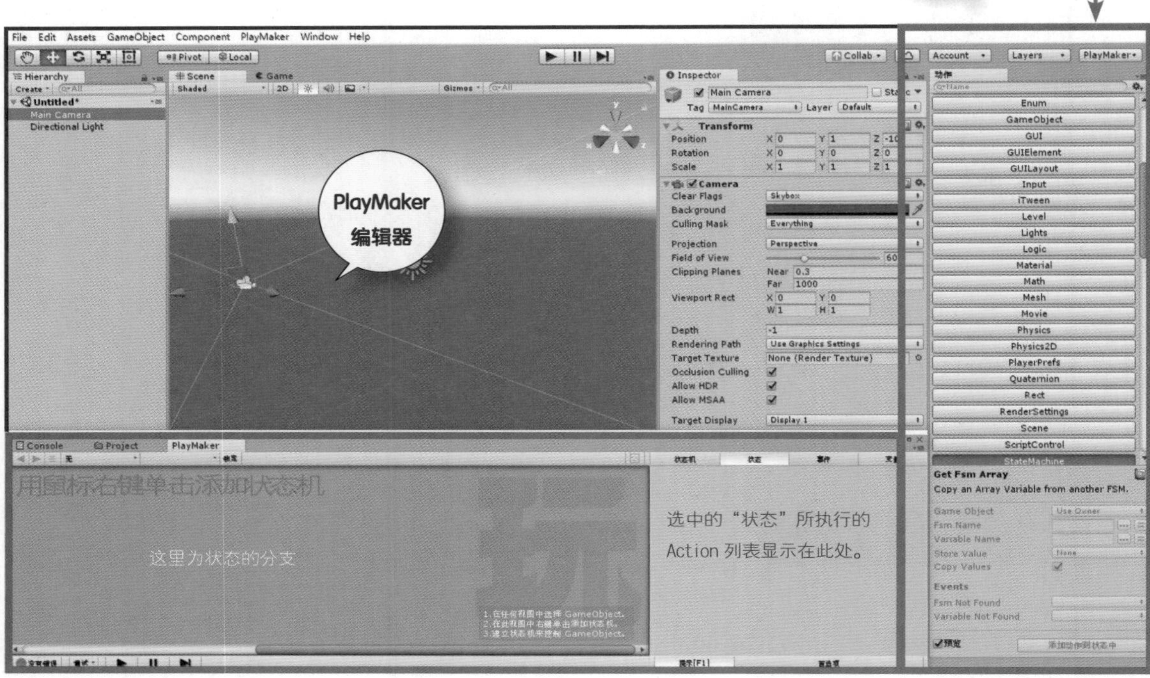

玩：尝试简单的分支

现在，我们来做一个简单的示例吧。首先来做一个点击后会有反应的按钮吧。点击后转动，再次点击停止，这样一个在**“停止状态”**和**“转动状态”**之间来回的示例。

首先在场景中放置一个Cube。然后在选中该Cube的状态下，在左下方的PlayerMaker编辑器中右击执行“添加**状态机**”。之后，会发生一些变化。首先是Cube组件中添加了Play Maker FSM，Hierarchy中项目的右侧多了一个“玩”的记号。而且，PlayMaker编辑器中，“**添加状态迁移**”中放置了**状态**“State 1”，其上还附有一个START。

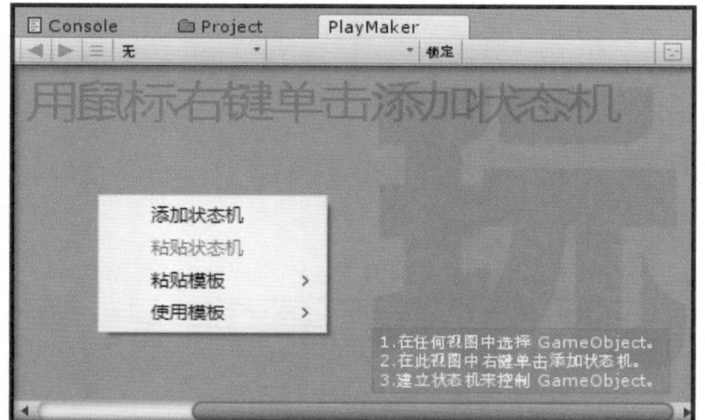

再说一遍，**状态迁移中**添加了一个名为State1的**状态**。

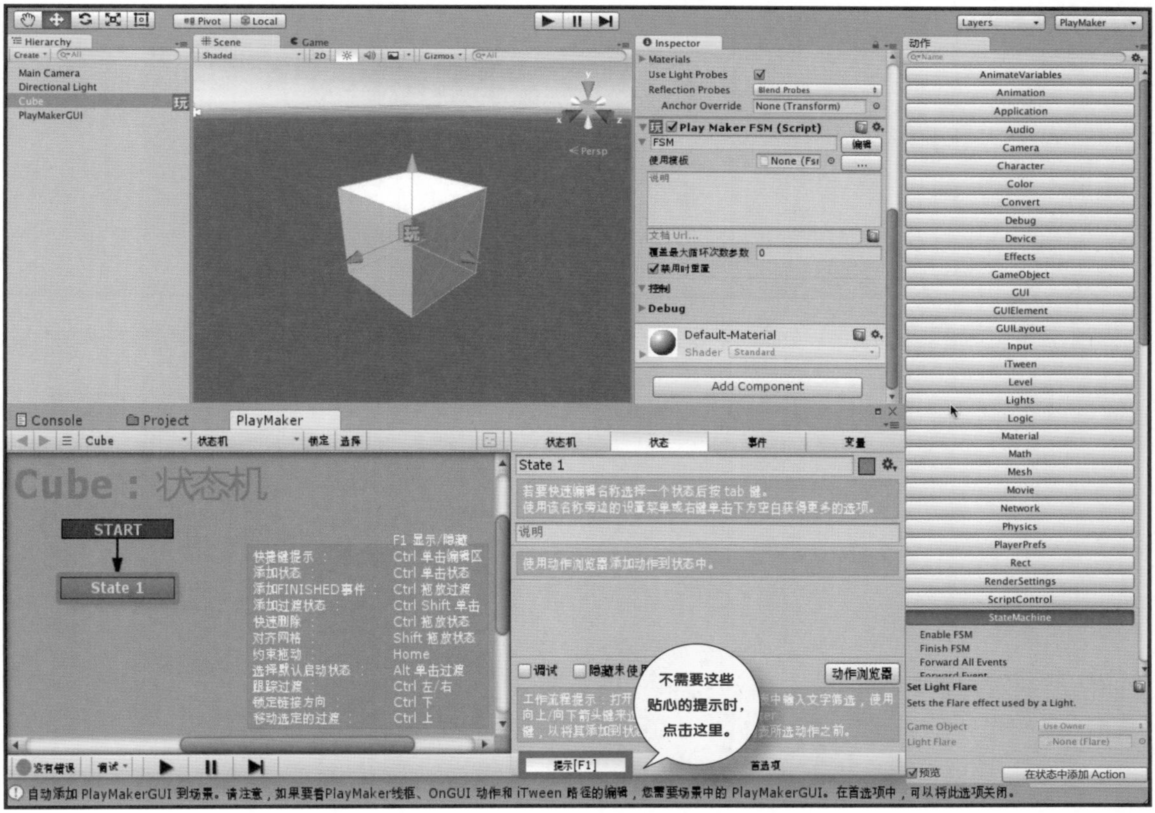

不需要这些贴心的提示时，点击这里。

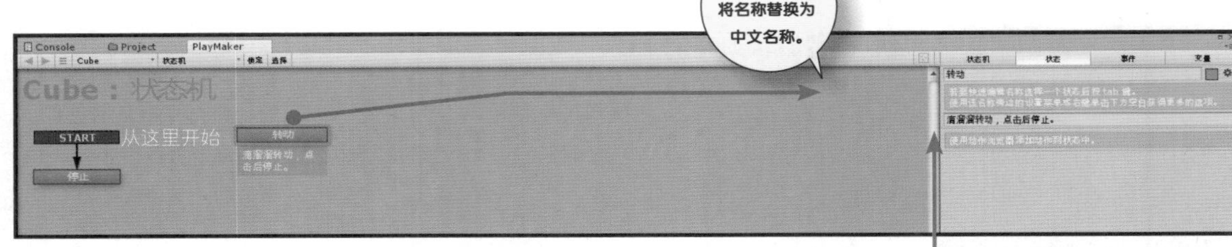

再为状态迁移添加一个状态，修改这两个状态的名称，输入说明※。选择后，可以在右侧的栏中的“状态”中修改名称和说明。接下来，通过Start，停留在**状态：停止**。右击**状态：停止**来创建迁移事件，使它转移至**状态：转动**。

【说明】有需要的话可以填写。

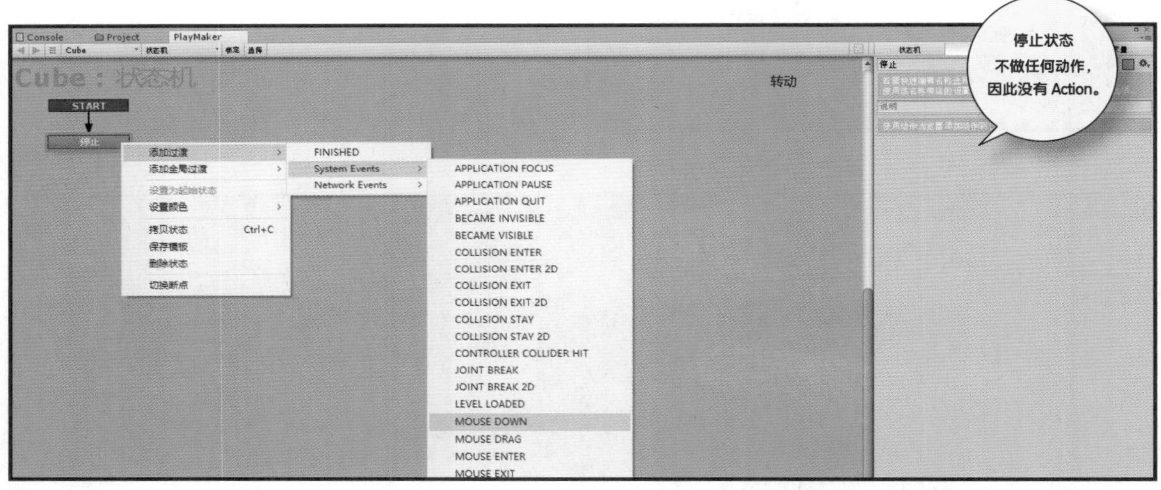

然后会成为右图中带红色警告图标的状态，如果不去管它的话就会发生错误。这是因为加上了迁移事件却没有为它指定转移目标。接下来，我们从写有MOUSE DOWN的浅灰色部分起拖拽鼠标，操作和Mecanim相似。

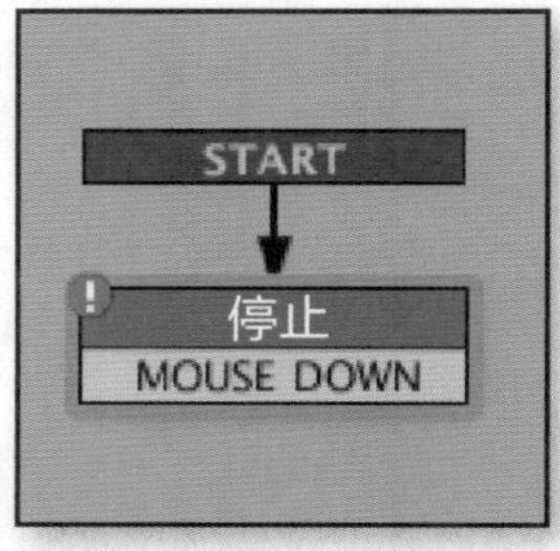

出现这个感叹号时，表示有未设置的项目。

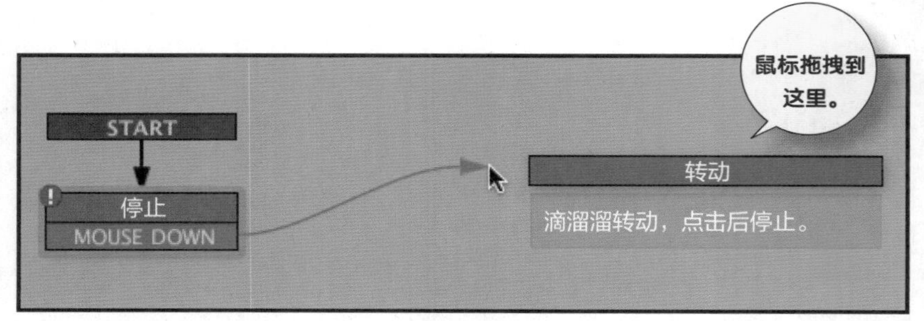

同样的 MOUSE DOWN，状态不同迁移也不同。

START

停止

MOUSE DOWN

转动

MOUSE DOWN

滴溜溜转动，点击后停止。

从**状态：转动**移动至**状态：停止**，也是从MOUSE DOWN进行连线。这条线称为**迁移**。于是**转动**就必须迁移到不转动。脚本还记得吗？

```
transform.Rotate(0,Time.deltaTime*360/10,0);
```

从Action Browser中选择和脚本执行相同内容的Action。在Action Browser找到Rotate，**对，就是这个。**

诶？找不到。嗯，Action Browser中种类繁多，要从里面找出需要的内容，不熟悉的话是非常难的。本来是为了方便，这下却找不到，反而显得本末倒置了。不过，不必担心，在这个浏览器的最上方有搜索框，在这里胡乱输入单词的话就会检索出一些内容。

只需要输入Rota…就会检索出一些要素和种类，这样就能找到了。**Rotate!** 没错，就是它了。

在状态迁移面板中选中**状态：转动**的状态下，双击Rotate。这样，Rotate就会添加到状态中了。尝试修改它的参数。单击Y Angle右侧的四角按钮，原先为“None”的下拉菜单变成了一个**输入栏**[※]，输入10。

【输入栏】这是一个切换按钮，可以选择在值中使用变量或是输入数值。

接着勾选Per Second。

试着进行播放。

Rotate

Game Object	Use Owner
Vector	None
X Angle	None
Y Angle	10
Z Angle	None
Space	Self
Per Second	✓
Every Frame	✓
Late Update	
Fixed Update	

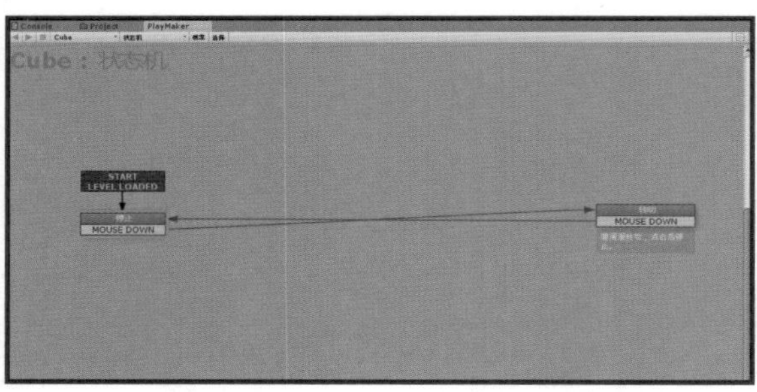

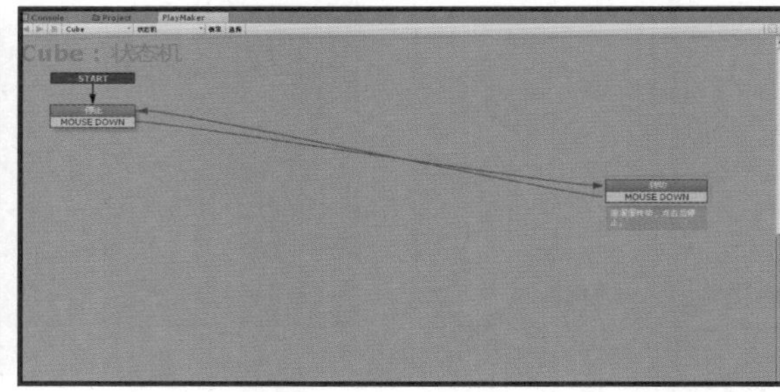

转了起来。每次点击Cube时，都会在其中切换“状态”。这就是playMaker™。通过拖拽和设置参数，就可以实现对立方体的控制。

接下来，我们来进行一些别的内容。

转动
自己会去向何方?
即使用同一个事件,
目的地也会不同。

玩：通过 iTween 进行移动

这次我们来试着进行移动。例如，将一个物体轮流移动到3个位置，而且动作流畅的话就非常棒了。现在场景中实际上放置了3个对象。

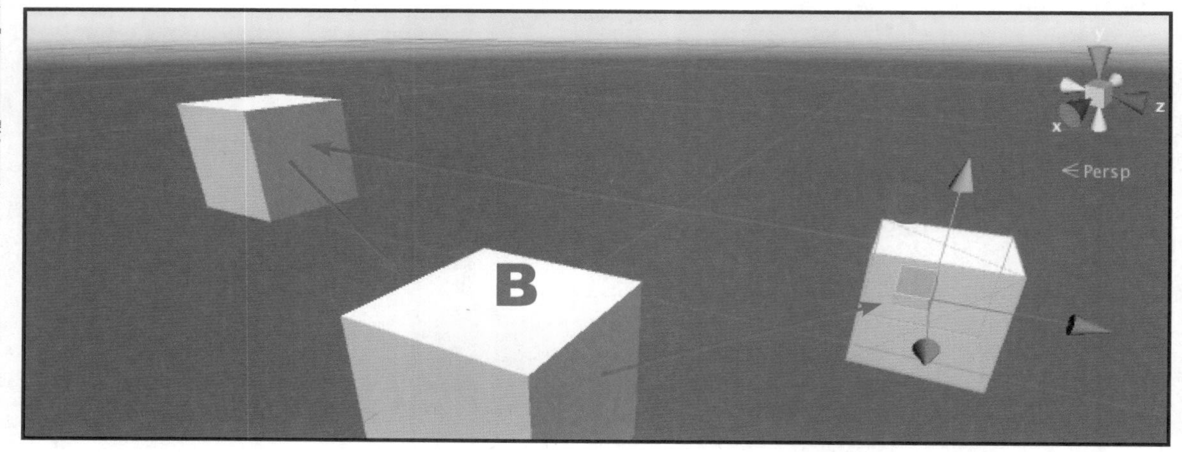

主角
由它来移动

用 Move…
搜索出类似的
内容。

A、B、C 箱只是用于决定位置的

动作
Move
Animation
Remove Mixing Transform
Character
Controller Move
Controller Simple Move
iTween
I Tween Move Add
I Tween Move By
I Tween Move From
I Tween Move To
I Tween Move Update
Network
NetworkView Remove RPCs

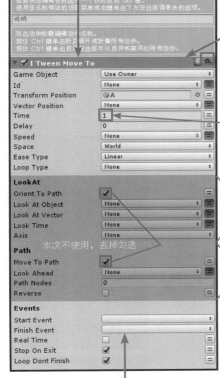

接着，我们来添加一个游戏对象，使得物体分别移动到三个位置，这无疑是一个主角般的游戏对象。这个主角首先移动到A位置，然后缓缓地流畅地移动到B位置，接着是C位置。移动到A后以每秒移动3个位置来进行循环。

为这个主角添加状态机。

将一开始的状态命名为“初始化”，然后为主角游戏对象设置“使A移动”。在Action中搜索“Move…”，在iTween中有一个**I Tween Move to**，这就是“移动”，将它添加到“初始化”状态中。关闭I Tween Move to的第三个参数**Transform Position**右侧的切换按钮，就变为了放入GameObject的输入框，从Hierarchy中将A拖拽至其中。还会用到其他参数，Time设置为1秒，由于没有延迟，所以将Delay设置为0，Ease Type设置为Linear（直线）、Loop设置为无。

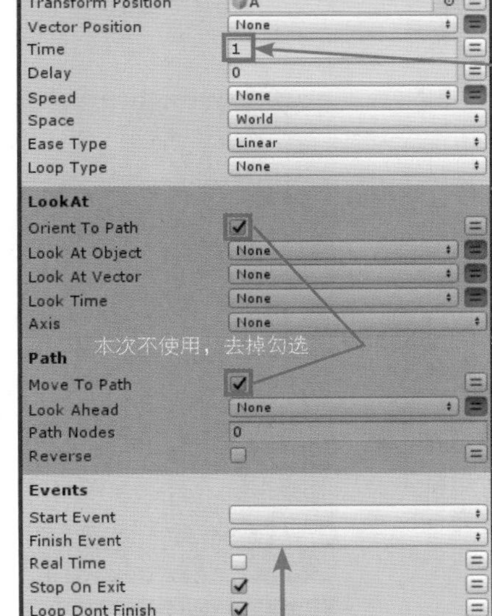

Hierarchy
Create
C
A
Main Camera
Directional Light
B
Cube 3
PlayMakerGUI

从 Hierarchy 中进行拖拽 & 释放。

表示要去向这个游戏对象的位置

这些设置可以完成“自己花费1秒的时间以一定的速度移动到A位置，结束后调用事件FINISHED”。接下来，来看一下要实现依次转动所进行的状态迁移。

最后，去掉用于决定位置的 GameObject 的 Mesh Renderer 的勾选，就可以实现只有主角在这 3 个位置移动。

白色的箱子可以为不可见。

动画的动作结束后，分别为它们一个一个添加过渡——FINISHED，这样，主角就可以在各个状态中来回进行了。

Cube 3：状态机
START
初始化 FINISHED
从 A 到 B FINISHED
从 B 到 C FINISHED
从 C 到 A FINISHED

说完了怎么做，还需要设置很多内容，是不是觉得反而麻烦了呢。对于不想费尽力气写脚本的初学者来说，熟悉之后就可以刷刷刷地进行设置并能够加入交互和动作。

这里用于移动的iTween，实际上原本是无偿发布，是Unity中用于控制变量的类库。在第四章中门的关开中我们已经使用过了，类似Flash的Tweener。用于移动和旋转的时候多一些，它比较擅长的是能够在各种移动之间进行切换。

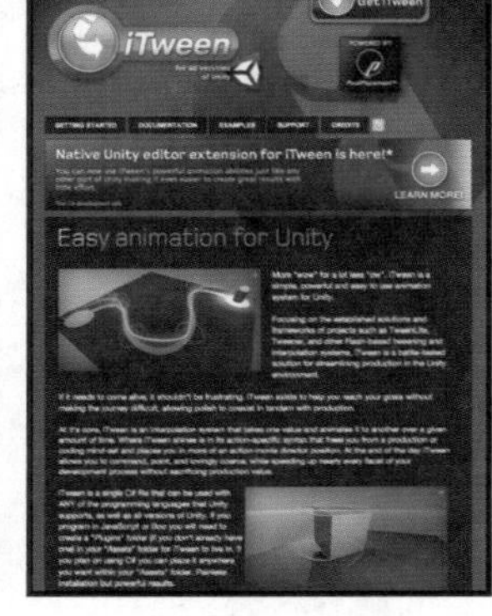

Ease Type 的图像可以从它的本家iTween网站访问如下测试网站链接。
http://www.robertpenner.com/easing/easing_demo.html

在刚才的移动中，Ease Type项目中使用了Linear直线移动，是以一定的速度进行移动的。在playMaker™的移动中，Ease Type的下拉菜单下有非常多的类型（见左图）。

Ease In Quad
Ease Out Quad
Ease In Out Quad
Ease In Cubic
Ease Out Cubic
Ease In Out Cubic
Ease In Quart
Ease Out Quart
Ease In Out Quart
Ease In Quint
Ease Out Quint
Ease In Out Quint
Ease In Sine
Ease Out Sine
Ease In Out Sine
Ease In Expo
Ease Out Expo
Ease In Out Expo
Ease In Circ
Ease Out Circ
Ease In Out Circ
✓ Linear
Spring
Ease In Bounce
Ease Out Bounce
Ease In Out Bounce ①
Ease In Back
Ease Out Back ②
Ease In Out Back ③
Ease In Elastic
Ease Out Elastic
Ease In Out Elastic
Punch

越往上动作越柔和
越往下动作越激烈
跳跃系列
走过站系列

从它们各自的名称上多少就能明白它们的含义。从In进入，逐渐变快，Out为到达时，逐渐变慢。

从InOut两者进入时是逐渐变快，到中间达到顶峰，然后逐渐变慢。Linear上方的项目，因其强度不同而出现多套方案，而它下方项目所表现出的曲线弧度就比较大了。

Linear下方的项目有像Spring那样晃动的，还有在到达地点时跳跃的，还有超出目的地又返回的类型。可以多多尝试一下，非常有趣。

附录 P.438 中有一览图像，可以参考一下。

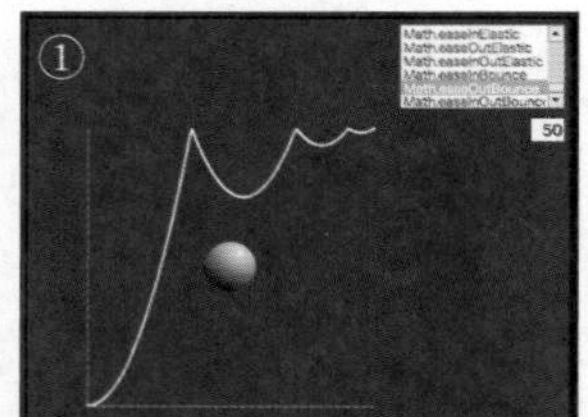

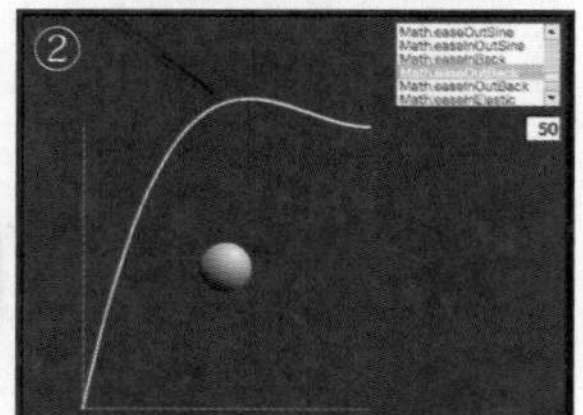

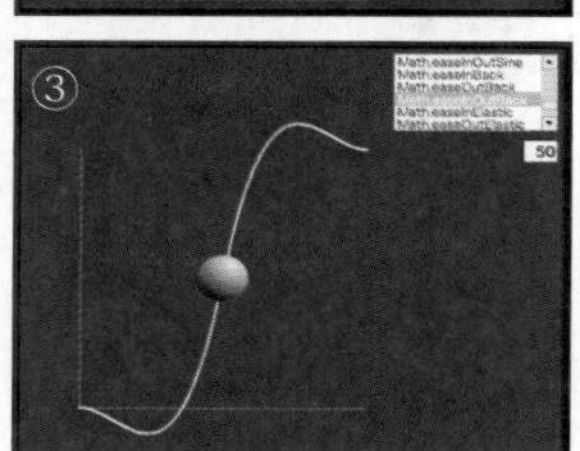

【状态】右击，在显示出的“设置颜色”中就可以修改显示的颜色。

玩：获取事件并进行动作

playmaker™中，在“状态”中执行的内容全部结束会进入下一个状态。或者，像鼠标切换示例中那样，通过“等待点击”移动至下一个状态。像这样，“状态”各自都拥有迁移事件，捕捉到该事件后就会进入下面的内容。

下图中，分别为“BLUE”、“RED”、“GREEN”，这3个状态只设置了“修改材质颜色”的动作。START连接在BLUE上，执行后BLUE马上变为了蓝色，并没有发生其他的变化，这个START称为START事件。

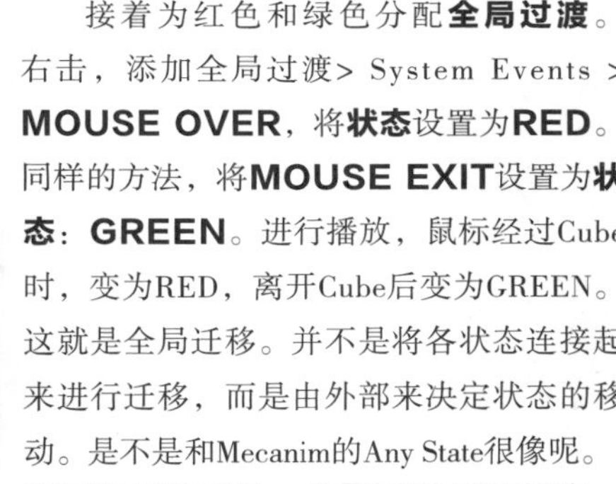

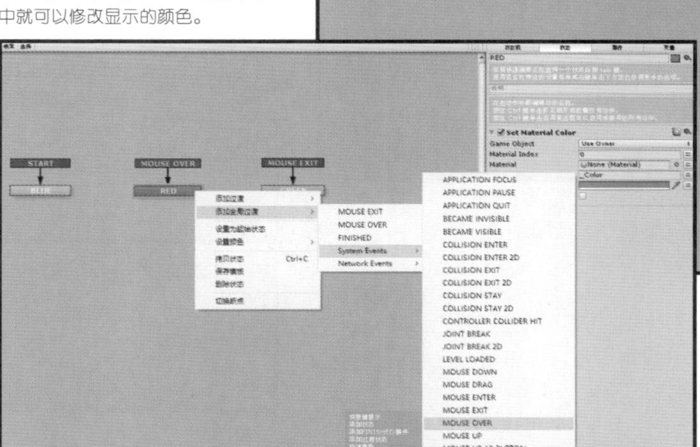

接着为红色和绿色分配**全局过渡**。右击，添加全局过渡> System Events > **MOUSE OVER**，将**状态**设置为**RED**。同样的方法，将**MOUSE EXIT**设置为**状态**：**GREEN**。进行播放，鼠标经过Cube时，变为RED，离开Cube后变为GREEN。这就是全局迁移。并不是将各状态连接起来进行迁移，而是由外部来决定状态的移动。是不是和Mecanim的Any State很像呢。

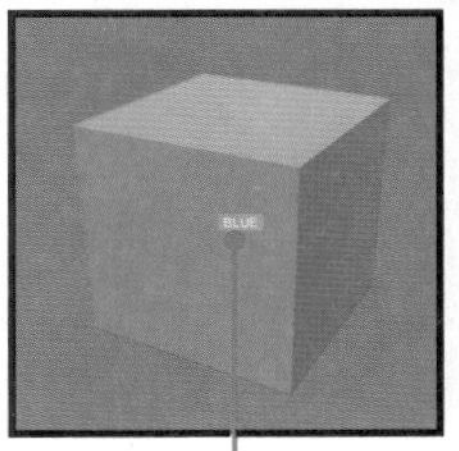

在设置中去掉勾选，就可以去掉该状态过渡的名称。

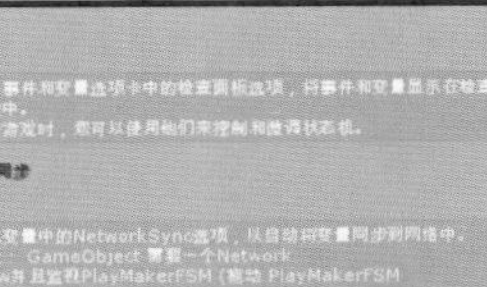

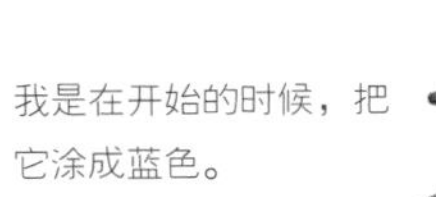

我是在开始的时候，把它涂成蓝色。

我是在鼠标经过的时候把它涂成红色。

我是在鼠标 EXIT 时把它涂成绿色。

当前，我们是从System Events中捕捉到与鼠标相关的全局事件来进行全局过渡的。也可以自己来制作属于自己的事件，将“BLUE”、“RED”、“GREEN”这样的原创的事件通过事件标签进行添加。勾选左侧的复选框后将作为全局事件被加入。加入后，可以通过PlayMaker菜单的Editor Windows > Event Browser打开事件一览进行确认。

然后将使用所添加的全局事件，在状态迁移中作为全局迁移加入，如下图所示。

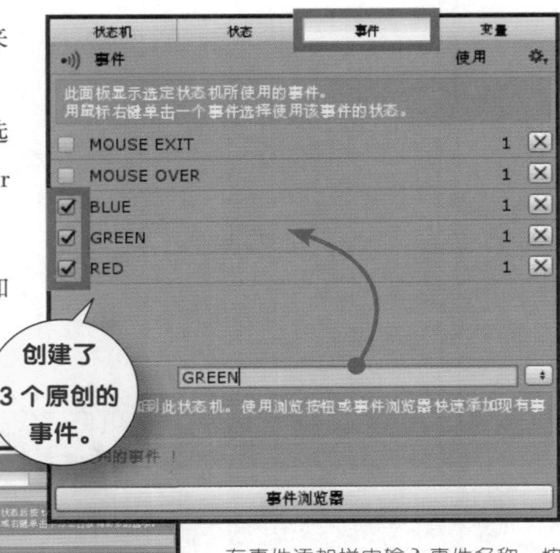

在事件添加栏中输入事件名称，按下 ENTER 就添加了事件。然后勾选左边的复选框后就可以作为全局事件来使用了。

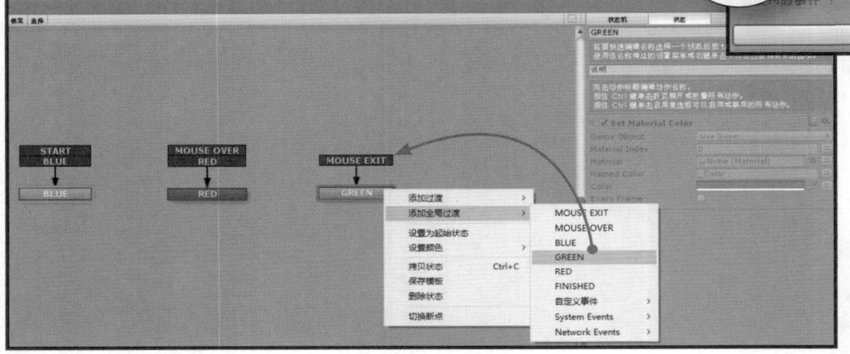

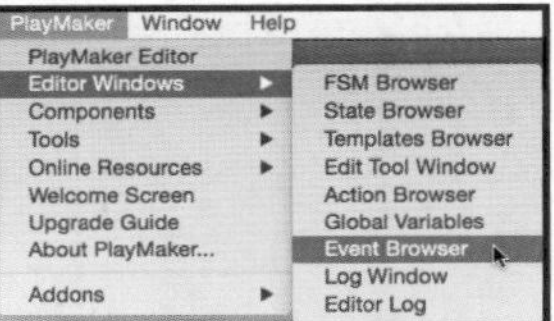

这样，听到颜色名称的事件时，就可以更改颜色了。那么，在哪里“叫”这些颜色名称呢?

我们来制作另外一个随机调用“BLUE”、“RED”、“GREEN”的“玩”吧。在舞台上放置一个空的GameObject并为它添加状态迁移。每秒大声叫一次它们中的任一个全局事件。

我是在开始的时候，把它涂成蓝色。在听到BLUE 时也涂成蓝色。

我是在鼠标经过的时候把它涂成红色。在听到 RED 时也涂成红色。
诶?
叫谁呢?

我是在鼠标 EXIT 时把它涂成绿色。在听到 GREEN 时也涂成绿色。

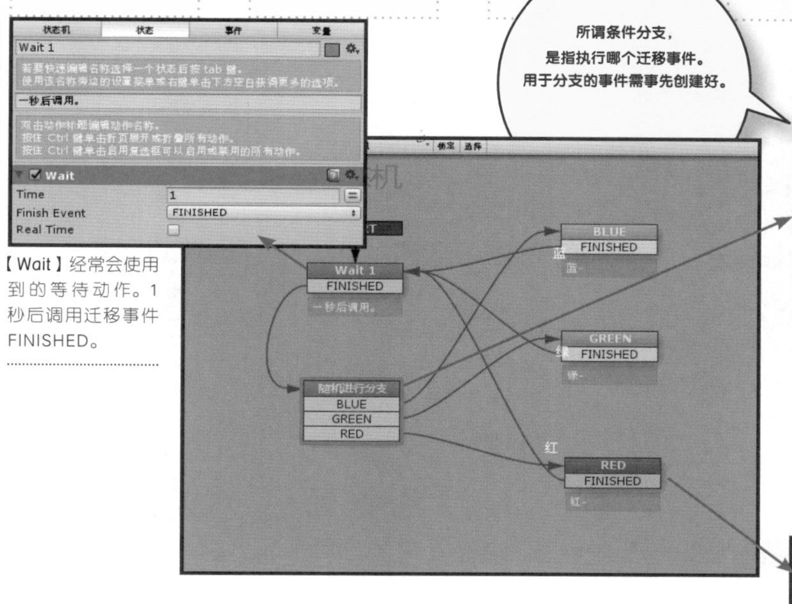

【Wait】经常会使用到的等待动作。1秒后调用迁移事件FINISHED。

【Send Random Event】到达该状态后，调用3个局部事件，移动到对应的迁移状态。通过Weight可以修改发生率。

【SendEvent】通过将事件目标设置为Broadcast All，就可以在整个场景调用“RED”了。当然，有时最好像下图中那样指定个别目标。这样最好。

这样，即便不滚动鼠标，每秒也都会发生颜色变化。用Broadcast All这种粗枝大叶的方法来**随意调用**右上图中的**Send Random Event**※动作指定的事件。不指定目标，将信息发送至场景中所有贴有playMaker™的“状态迁移”，如果其中存在全局迁移，就会发生状态的转移。

当然，也是可以指定目标来进行执行的，这样的话最好。为什么呢？这是因为，如果恰巧在别的状态迁移中使用了全局迁移的事件名称，那么就有可能发生意想不到的动作。根据情况来制作吧。

我们来稍微复习一下。PlayMaker™的“状态迁移”的英文为**FSM**（Finite State Machine），其基本结构如下。

这是状态机。

①**START事件。**FSM中必须要设置一个START状态。想把其他状态设置为START时，右击从显示出的下拉菜单中将该状态恢复**初始状态**。

②**状态（State）**是用来表示自身当前处于什么状况，状态中装满了各种动作，或者什么都不放。在播放过程中，一定会在状态迁移的某处变为激活状态。

③**迁移事件（TRANSITION EVENT）**是指在该状态时调用该事件来进行迁移。由于迁移事件附着在不同的状态中，所以可以创建只在特定状态下才发生反应的事件。

④**迁移（TRANSITION）**是从一个迁移事件到下一个状态所连的线。

⑤**全局迁移（GLOBAL TRANSITION）**，即便某状态下没有迁移事件，当行至此处时直接发生迁移，与有没有连接迁移线没有关系。

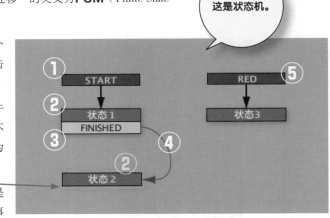

GO_NEXT
欢迎光临，请稍等……啊
说 GO_NEXT 后您再出来
人家说了
GO_NEXT 了呀
和我们没关系，我们这里是等待“结束”。
诶！
RUNNING
BAR
FINISHED
FINISHED
GO_NEXT
BAR 状态设置了 GO_NEXT 事件。
这里没有 GO_NEXT 事件。

玩：动作种类一览

PlayMaker™中为我们准备了大量的动作。介绍起来的话，都够编成一整本PlayMaker™的书了。因此这里只对它的种类进行介绍。由于来自第三方所追加的Add-on也在不断增加，这里只介绍基本的种类。

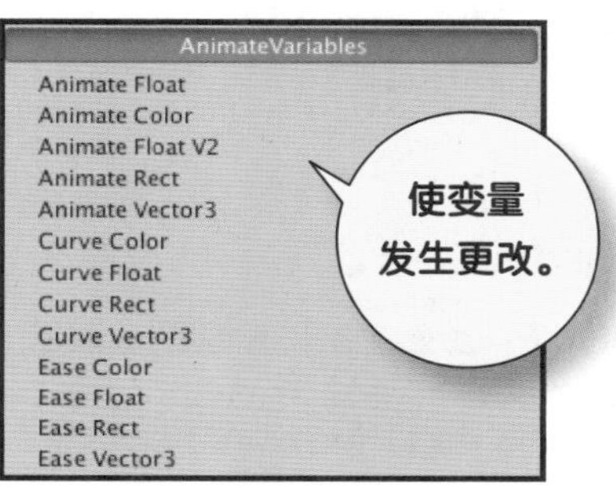

AnimateVariables

将变量或者一些值制成动画。

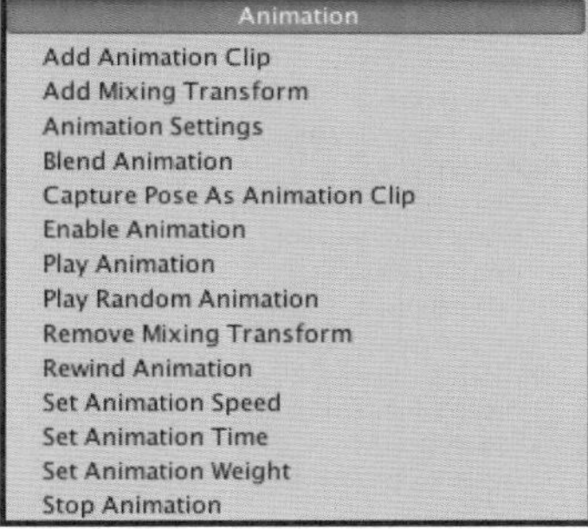

Animation

有关 Animation 组件的控制。
※ 并不是 Animator 组件。

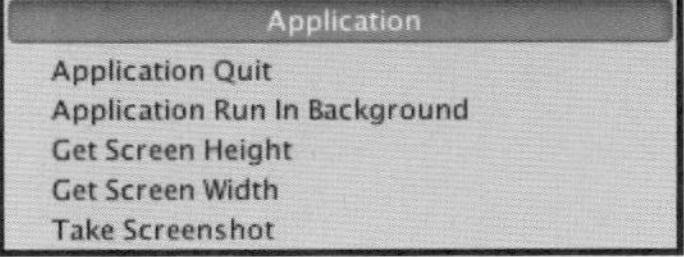

Application

应用程序动作相关和尺寸相关。Take Screenshot 是极具个性的动作，可将画面截图保存到 MyPicture 文件夹中。

Audio

与声音播放相关的动作。

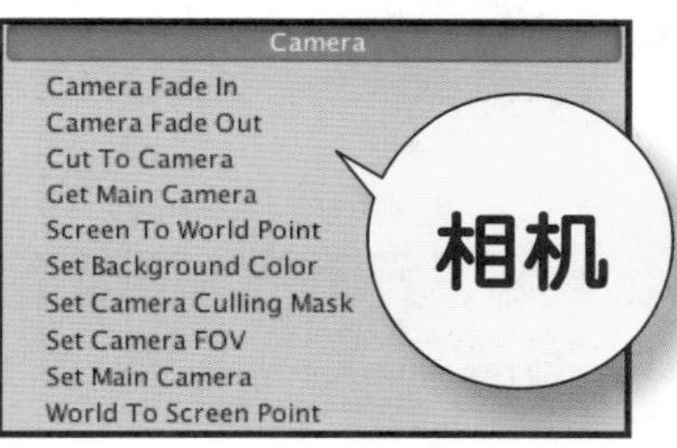

Camera

相机相关。Fade Out 等使用起来很方便。

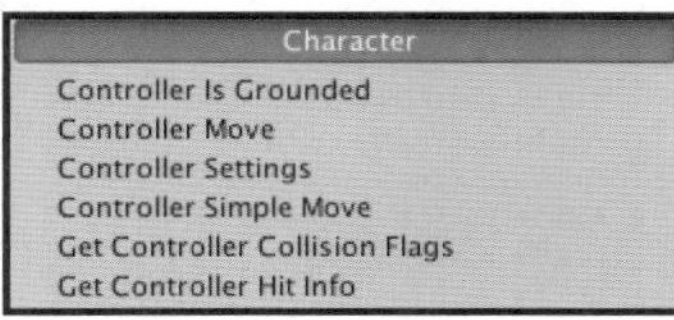

Character

Character Controller 相关。

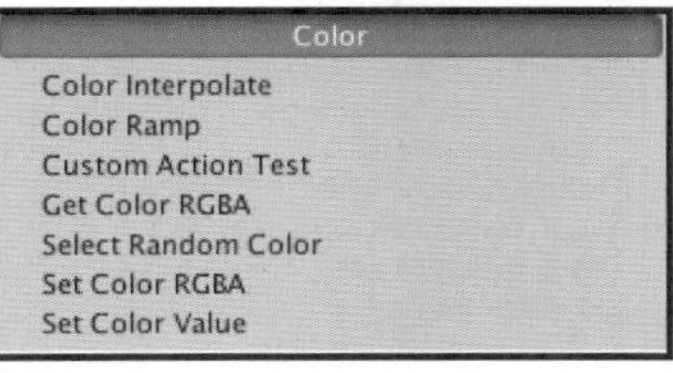

Color

颜色相关。在 FSM 中定义 Color 型变量进行使用。

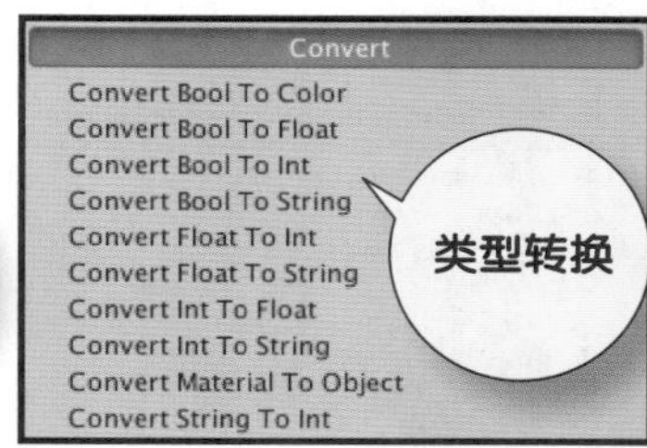

Convert

用于转换变量类型。例如要在文本输入框中输入数字等时进行转换，必须输入字符串类型之外的变量。

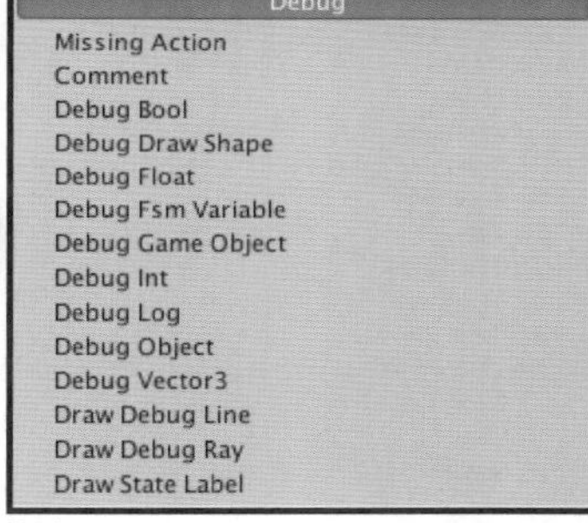

Debug

调试系统。用于向控制台写出字符串。

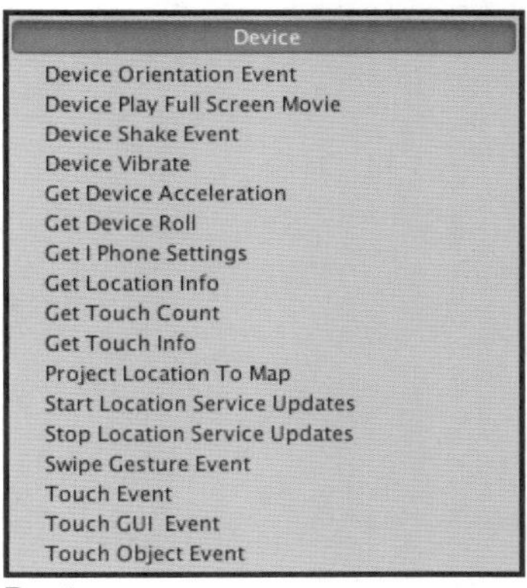

Device

在手机等终端所使用的动作。

闪闪发光。

Effects
Blink
Flicker

Effects

Blink 以一定的间隔，切换 Renderer 的活动和非活动状态，使 GameObject 闪烁。Flicker 就像是即将断电的荧光灯那样来回开关，出现一闪一闪的效果。

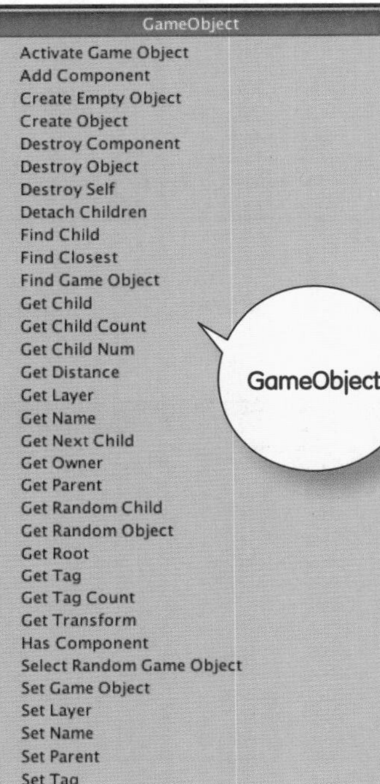

GameObject

与 GameObject 相关的便利的动作。寻找引用或者获取 tag 放入变量中等，这个项目群会经常被使用到。

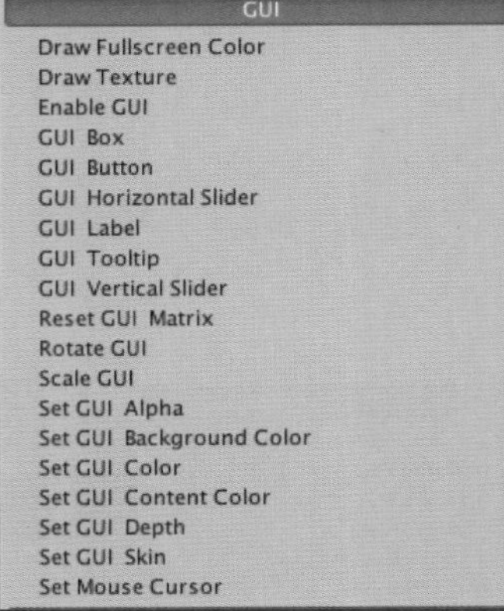

GUI

不是 uGUI，而是关于 Legacy GUI Layer 的动作。

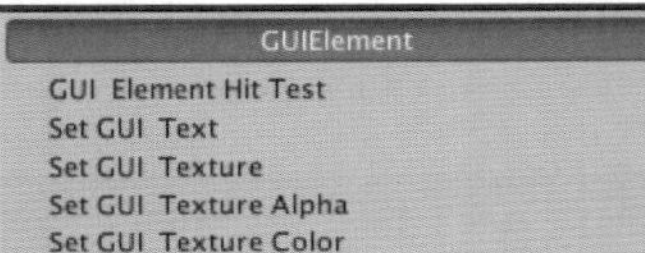

GUIElement

用于变更 GUI Texture 等内容的动作。

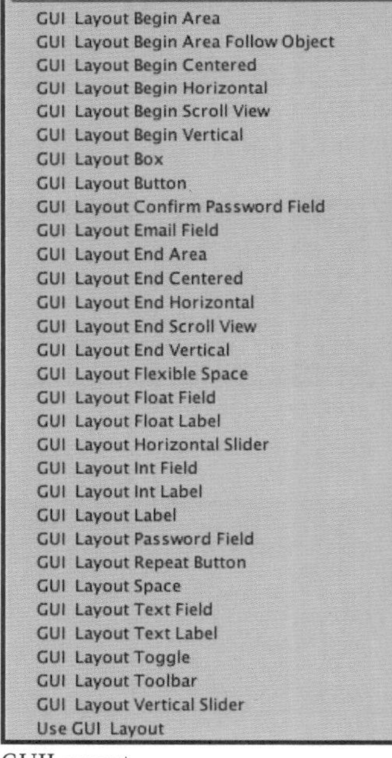

GUILayout

与 GUILayout 的放置相关动作。

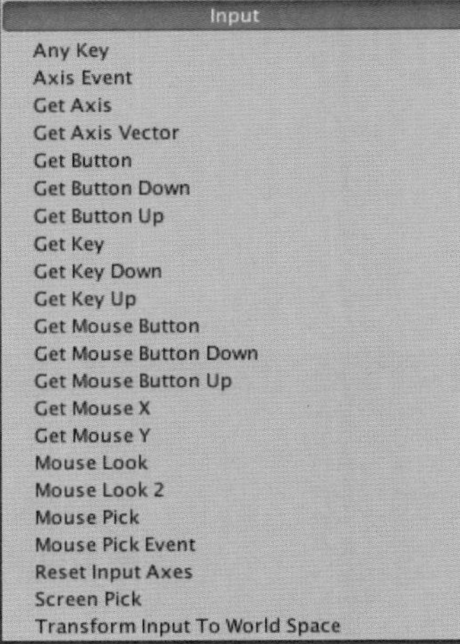

Input

获取键盘或鼠标所输入信息的动作。

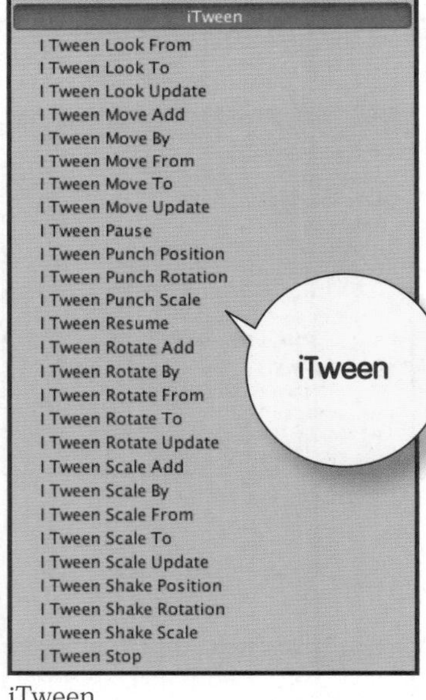

iTween

使用了 iTWeen 后流畅的 Transform 动作。

Level

Dont Destroy On Load
Load Level
Load Level Num
Restart Level

Level

与场景移动等相关的动作。为 GameObject 设置 Dont Destroy On Load 后，即便跨场景也不会消失。经常会在粘贴 BGM 时使用。

Lights

对 Light 组件的控制。在通过变量等控制灯光时使用。

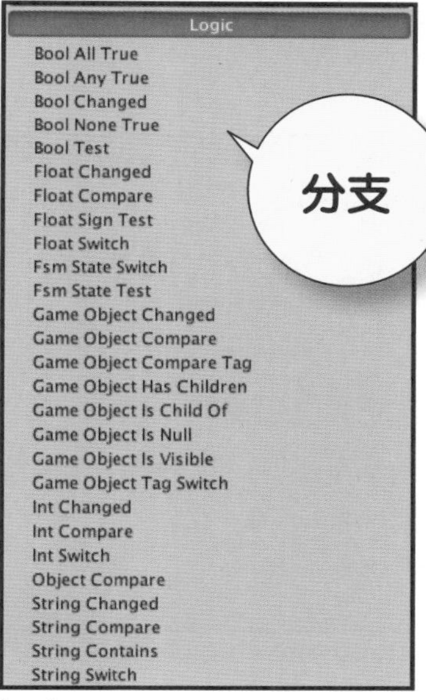

Logic

通过状态迁移的条件分支等分别发出事件并选择迁移时的逻辑相关动作。

Material

与材质属性相关的动作。

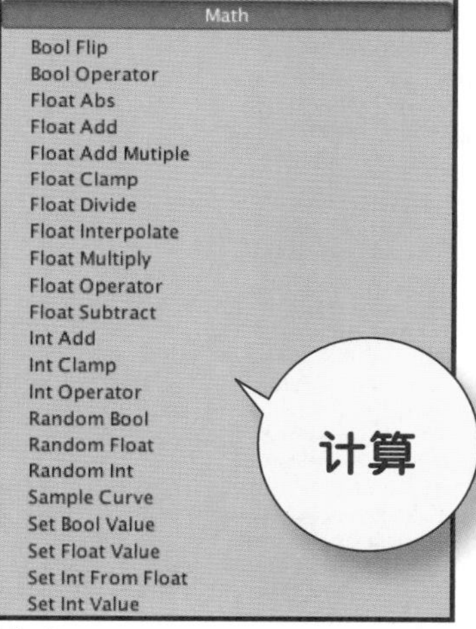

Math

数学计算中所使用的动作。

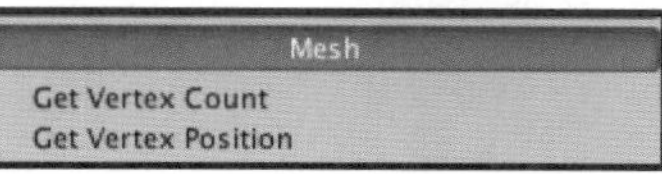

Mesh

Get Vertex Count 可获取 Mesh 的顶点数。Get Vertex Position 可获取指定 index 的顶点位置。例如 Cube Mesh，因为 3 角多边形有 12 个，所以它的顶点数为 24 个。

Movie

控制 Movie Texture 的功能。

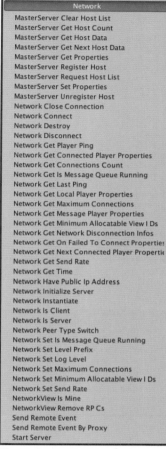

Network

MasterServer Clear Host List
MasterServer Get Host Count
MasterServer Get Host Data
MasterServer Get Next Host Data
MasterServer Get Properties
MasterServer Register Host
MasterServer Request Host List
MasterServer Set Properties
MasterServer Unregister Host
Network Close Connection
Network Connect
Network Destroy
Network Disconnect
Network Get Player Ping
Network Get Connected Player Properties
Network Get Connections Count
Network Get Is Message Queue Running
Network Get Last Ping
Network Get Local Player Properties
Network Get Maximum Connections
Network Get Message Player Properties
Network Get Minimum Allocatable View I Ds
Network Get Network Disconnection Infos
Network Get On Failed To Connect Propertie:
Network Get Next Connected Player Propertie
Network Get Send Rate
Network Get Time
Network Have Public Ip Address
Network Initialize Server
Network Instantiate
Network Is Client
Network Is Server
Network Peer Type Switch
Network Set Is Message Queue Running
Network Set Level Prefix
Network Set Log Level
Network Set Maximum Connections
Network Set Minimum Allocatable View I Ds
Network Set Send Rate
NetworkView Is Mine
NetworkView Remove RP Cs
Send Remote Event
Send Remote Event By Proxy
Start Server

Network

与网络游戏等相关的动作。

Physics

Add Explosion Force
Add Force
Add Torque
Collision Event
Explosion
Get Collision Info
Get Mass
Get Raycast Hit Info
Get Speed
Get Trigger Info
Get Velocity
Is Kinematic
Is Sleeping
Raycast
Set Drag
Set Gravity
Set Is Kinematic
Set Joint Connected Body
Set Mass
Set Velocity
Sleep
Trigger Event
Use Gravity
Wake All Rigid Bodies
Wake Up

Physics

与物理引擎相关的动作。会经常使用到 Add Force 等。

PlayerPrefs

PlayerPrefs Delete All
PlayerPrefs Delete Key
PlayerPrefs Get Float
PlayerPrefs Get Int
PlayerPrefs Get String
PlayerPrefs Has Key
PlayerPrefs Set Float
PlayerPrefs Set Int
PlayerPrefs Set String

PlayerPrefs

与数据保存相关的动作。可以保存游戏数据。

Rect

Get Rect Fields
Rect Contains
Set Rect Fields
Set Rect Value

Rect

与矩形信息相关的动作。

RenderSettings

Enable Fog
Set Ambient Light
Set Flare Strength
Set Fog Color
Set Fog Density
Set Halo Strength
Set Skybox

RenderSettings

与渲染设置相关的动作。

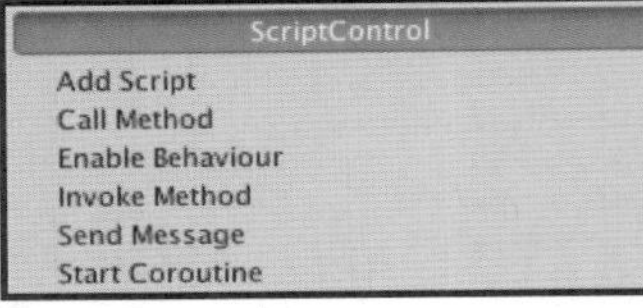

ScriptControl

为 Script 组件发送信息。

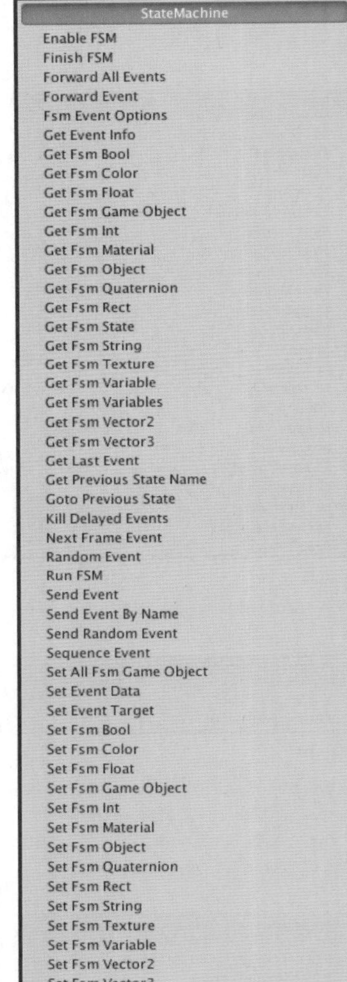

StateMachine

与 playMaker™ 的状态迁移（FSM）相关的动作。

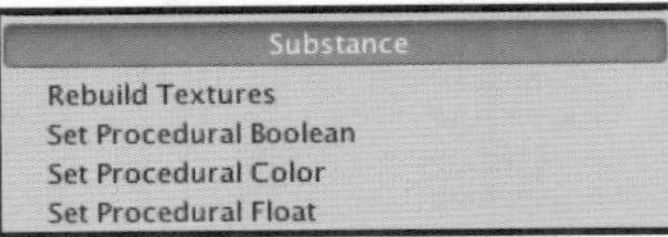

String

与字符串相关的动作。

Substance

Rebuild Textures
Set Procedural Boolean
Set Procedural Color
Set Procedural Float

Substance

与物质的质感相关的动作。

Time

Get System Date Time
Get Time Info
Per Second
Scale Time

Time

控制时间的动作。

Transform

Get Angle To Target
Get Position
Get Rotation
Get Scale
Inverse Transform Direction
Inverse Transform Point
Look At
Move Towards
Rotate
Set Position
Set Random Rotation
Set Rotation
Set Scale
Smooth Follow Action
Smooth Look At
Smooth Look At Direction
Transform Direction
Transform Point
Translate

Transform

访问 Transform 信息。

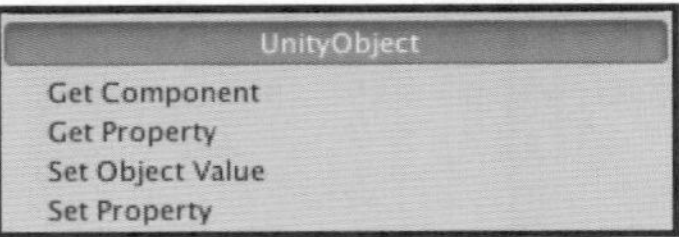

UnityObject

从 Unity 组件等中设置或获取内容。SetProperty 在下页中可以看到，将组件拖拽至状态中就可以进行设置。

Vector3

Get Vector3 XYZ
Get Vector Length
Select Random Vector3
Set Vector3 Value
Set Vector3 XYZ
Vector3 Add
Vector3 Add XYZ
Vector3 Clamp Magnitude
Vector3 High Pass Filter
Vector3 Interpolate
Vector3 Invert
Vector3 Lerp
Vector3 Low Pass Filter
Vector3 Multiply
Vector3 Normalize
Vector3 Operator
Vector3 Per Second
Vector3 Rotate Towards
Vector3 Subtract

Vector3

与 Vector3（三维）相关的动作。用于计算的函数，主要是将计算结果储存到变量中。

Web Player

将从 URL 请求所返回的信息储存到变量中的一种结构。可在 CGI、图像的读取等操作中使用。

玩：变更组件信息

playmaker™的Action Browser中为我们准备了各式各样的动作，大部分你想实现的目的，都可以在这里面找到相应的动作。但是，万一没有你想要的动作呢？或者有，但是找不到？这里有一个非常方便的方法。在UnityObject类别中有一个Set Property，可以解析GameObject或其中的组件，可以设置或者获取它的值。设置方法如下。

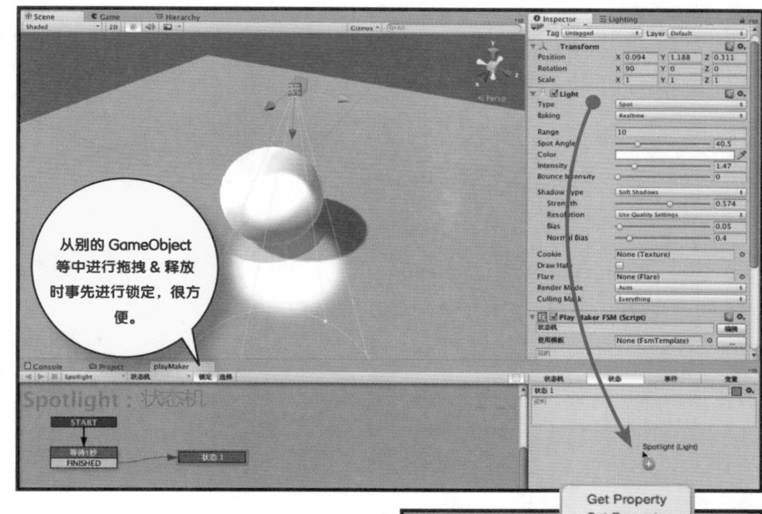

例如将这个Spotlight中的Light组件拖拽至“状态”中。接着显示出一个下拉菜单，选择Set Property后，等于分配了Set Property动作，它所指定的目标对象的可访问信息就可以从下拉菜单中进行选择和设置。在Unity中进行编程，换言之，就是控制GameObject或组件的值，这些以前我们介绍过，这个操作也正是在完成这样的操作。

开始这步后，我想你就会慢慢明白哪个组件能够做哪些处理了，这也是实际进行编程时的预习工作。比起完全不知道有什么属性，Set Property可以说是一个学习的捷径了吧。

TIPS：可以自由变更状态中所设置的动作名称。可设置为中文

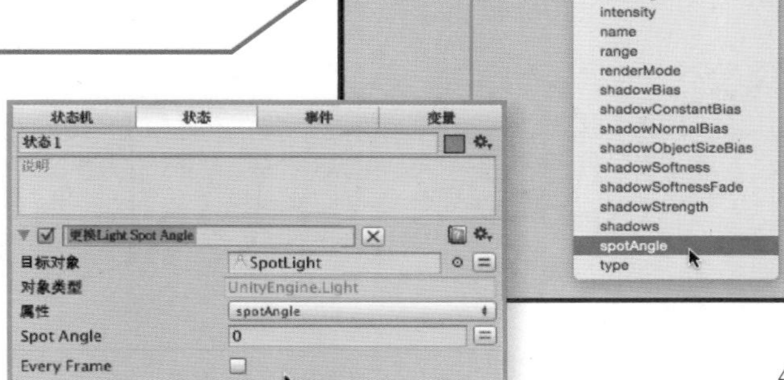

玩：通过变量进行条件分支

在之前的示例中，调用了随机迁移事件来转移到下一个状态。如果写成脚本的话，就可以单纯用if语句对随机函数的结果进行条件判定来更改材质的颜色，代码如下。**熟练的话**※，还是写代码要省事得多。

【熟练的话】实际上，学习脚本是一件快乐的事。但是在学习脚本之前对从哪里开始，怎么入手这些问题完全没有头绪。使用 playMaker™ 的话，就会慢慢地了解到什么组件具有什么属性。就可以借此来思考一下“脚本该从何处着手”这样的问题。

```
var RandomInt = Random.Range(0,3);
if (RandomInt == 0){
    renderer.material.color = Color.blue;
} else if (RandomInt == 1){
    renderer.material.color = Color.red;
} else {
    renderer.material.color = Color.green;
}
```

我们再次来梳理一下playMaker™中的条件分支方法。

这次所做的示例是，点击后开始慢慢变大，第5次点击时消失。同样创建Cube，制作状态迁移。在制作迁移之前，在该状态迁移内创建2个变量。首先是计算点击次数的**CLICK_COUNT**，变量类型为整数int，从0开始。接着是用于更改物体缩放的**MY_SCALE**，变量类型为浮点型，从1.0开始。

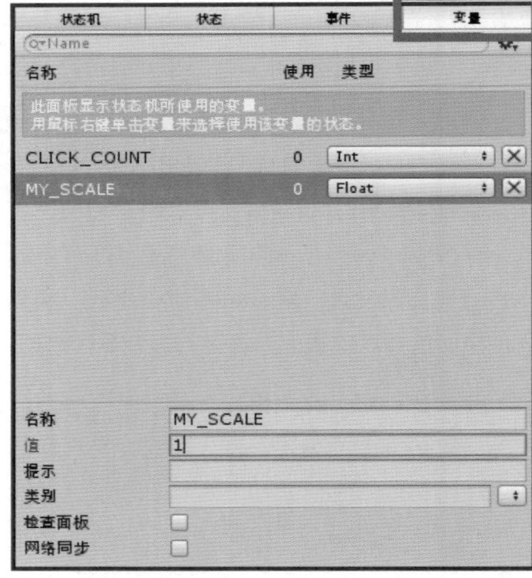

单击变量选卡，打开变量，在下方的输入框中输入变量名称，选择类型后按下添加按钮。

到此准备工作完成，接下来制作状态迁移。

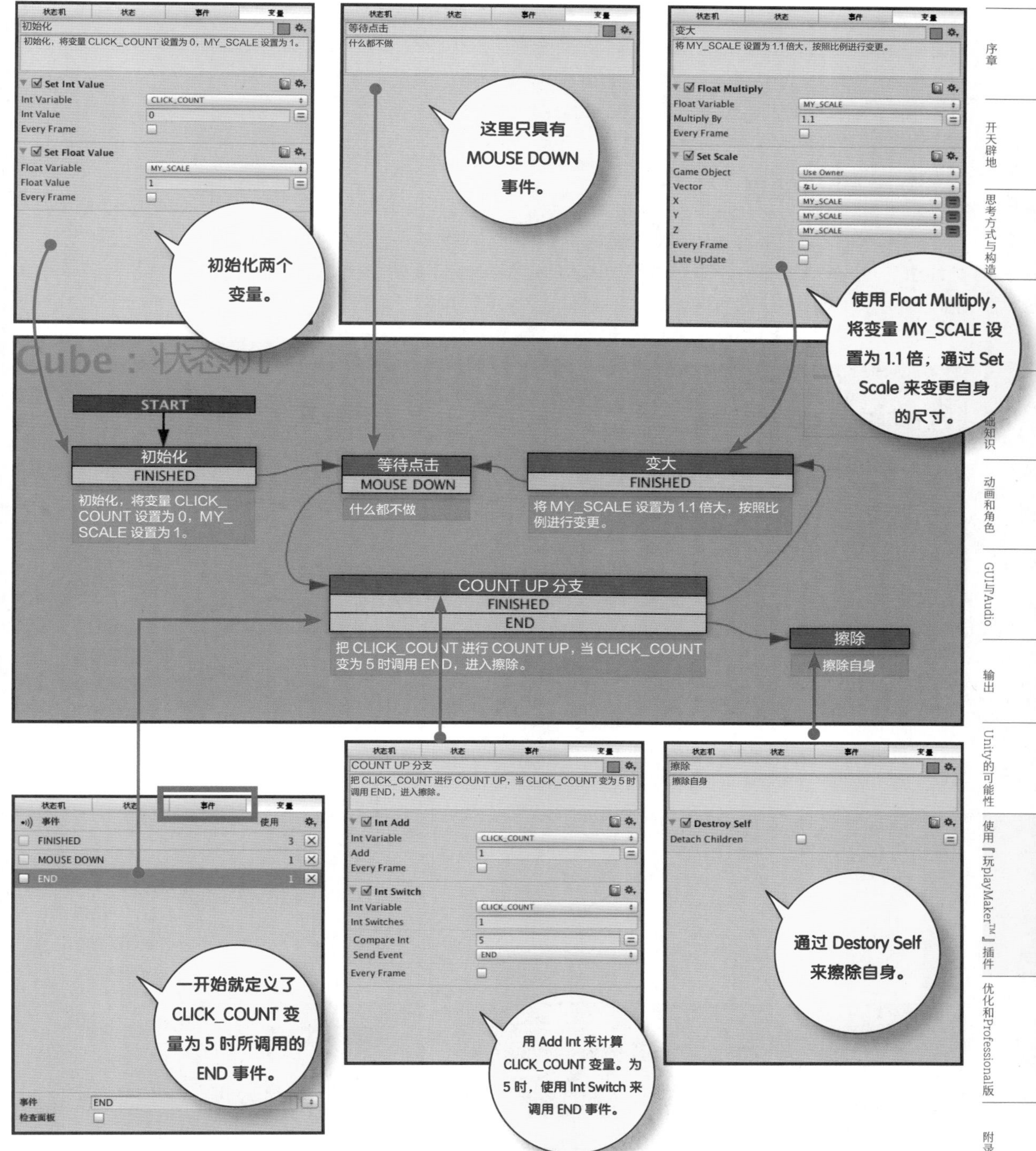
状态机 状态 事件 变量
初始化
初始化，将变量 CLICK_COUNT 设置为 0，MY_SCALE 设置为 1。
Set Int Value
Int Variable CLICK_COUNT
Int Value 0
Every Frame
Set Float Value
Float Variable MY_SCALE
Float Value 1
Every Frame
初始化两个变量。
等待点击
什么都不做
这里只具有 MOUSE DOWN 事件。
变大
将 MY_SCALE 设置为 1.1 倍大，按照比例进行变更。
Float Multiply
Float Variable MY_SCALE
Multiply By 1.1
Every Frame
Set Scale
Game Object Use Owner
Vector なし
X MY_SCALE
Y MY_SCALE
Z MY_SCALE
Every Frame
Late Update
使用 Float Multiply，将变量 MY_SCALE 设置为 1.1 倍，通过 Set Scale 来变更自身的尺寸。
Cube：状态机
START
初始化
FINISHED
初始化，将变量 CLICK_COUNT 设置为 0，MY_SCALE 设置为 1。
等待点击
MOUSE DOWN
什么都不做
变大
FINISHED
将 MY_SCALE 设置为 1.1 倍大，按照比例进行变更。
COUNT UP 分支
FINISHED
END
把 CLICK_COUNT 进行 COUNT UP，当 CLICK_COUNT 变为 5 时调用 END，进入擦除。
擦除
擦除自身
状态机 状态 事件 变量
事件 使用
FINISHED 3
MOUSE DOWN 1
END 1
一开始就定义了 CLICK_COUNT 变量为 5 时所调用的 END 事件。
事件 END
检查面板
COUNT UP 分支
把 CLICK_COUNT 进行 COUNT UP，当 CLICK_COUNT 变为 5 时调用 END，进入擦除。
Int Add
Int Variable CLICK_COUNT
Add 1
Every Frame
Int Switch
Int Variable CLICK_COUNT
Int Switches 1
Compare Int 5
Send Event END
Every Frame
用 Add Int 来计算 CLICK_COUNT 变量。为 5 时，使用 Int Switch 来调用 END 事件。
擦除
擦除自身
Destroy Self
Detach Children
通过 Destory Self 来擦除自身。

动起来了吧？最后要是能加入粒子，或者使用iTween系的动作来加入每次点击时就变大的动作就更有趣了。使用脚本实际上是很轻松的，但进行上面提到的渲染时，就不得不学习实现这些的脚本技巧。使用playMaker™的话，撇开花时间这点它还是比较直观的，可以马上就进行尝试实现，这是它的优点。

玩：从脚本进行通信

不写一句脚本，只用playMaker™状态机就可以制作所有的游戏也是有可能的，**努力的话**。但是，越复杂的东西，完全使用playMaker™制作的话还是很麻烦的。变量的计算，脚本只要一行※就可以搞定，用playMaker™状态机的话就要大费周章了。

【只要一行】一开始学习脚本的时候我们已经尝试过。参考 P.183。

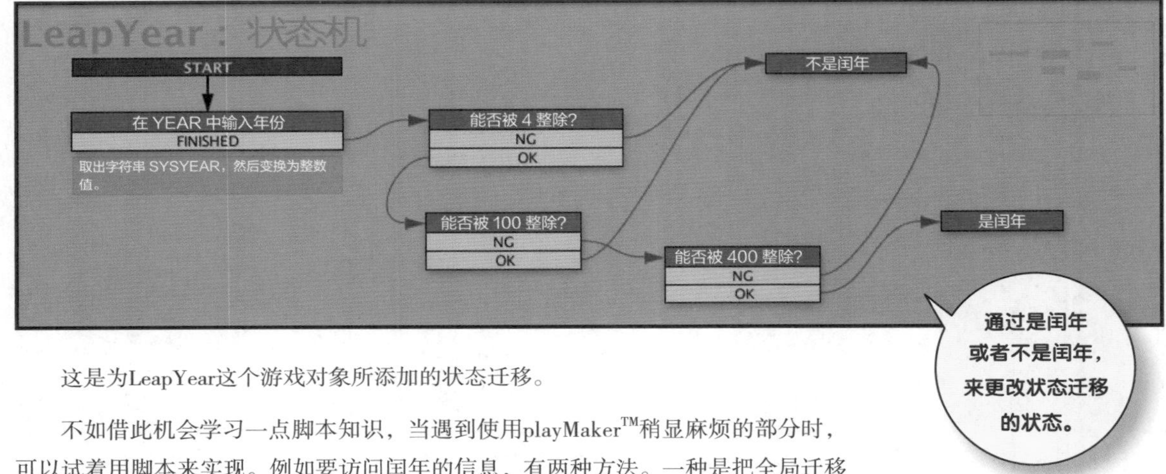

通过是闰年或者不是闰年，来更改状态迁移的状态。

这是为LeapYear这个游戏对象所添加的状态迁移。

不如借此机会学习一点脚本知识，当遇到使用playMaker™稍显麻烦的部分时，可以试着用脚本来实现。例如要访问闰年的信息，有两种方法。一种是把全局迁移事件（或一般的迁移事件）发送到状态迁移，还有一种是改写状态迁移中变量（或者全局变量）的内容。首先，来看第一种方法，LeapYear的状态迁移只需要如下这些就可以了。

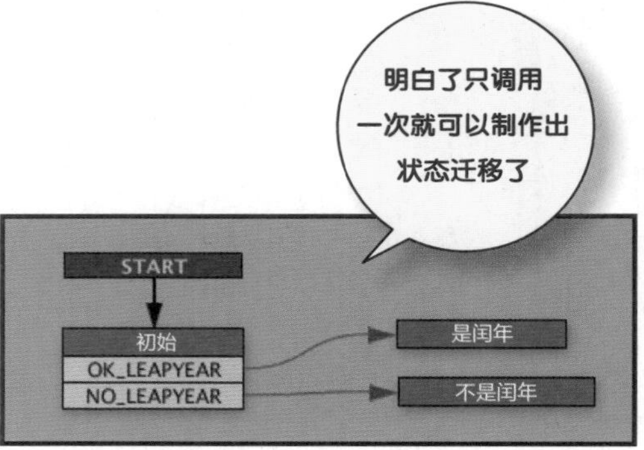

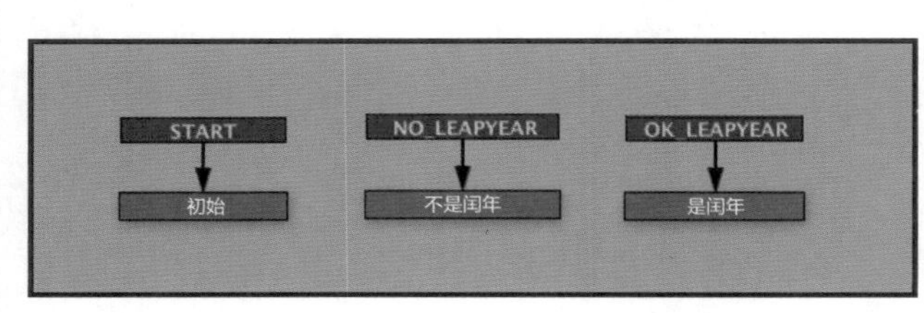

使用 C# 时，要在一开始定义 using HutongGames; 这个命名空间。

```
#pragma strict
function Start () {
    if (URUU3(System.DateTime.Now.Year)){
        PlayMakerFSM.BroadcastEvent("OK_LEAPYEAR");
    } else {
        PlayMakerFSM.BroadcastEvent("NO_LEAPYEAR");
    }
}
function URUU3(y:int):boolean{
  return y % 4 ==0 && (y % 100 != 0 || y % 400 == 0);
}
```

这是名为BroadcastEvent的事件信息，就是那个大声叫某个人的示例。在所有添加了playMaker™状态迁移的GameObject中，但凡能够获取到**OK_LEAPYEAR**或者**NO_LEAPYEAR**的就能对它做出响应。

意料之外的简单吧？只需要通过字符串来调用全局迁移事件即可。大致说来，因为BroadcastEvent可以“听到”场景中所有的状态迁移，如此一来，若是这种不被其他所用的**独一无二的迁移事件**名称的话就没有什么问题，但可以说比较杂※。其实它真的是一个很方便的事件，可以对场景中存在的**大量的状态迁移**（FSM）进行“大喊”，无论是**调用它们之中的谁**※，比如“该移动场景了~”、“停止了哦~”、“按下Android的Home键了哦~”。明白获取信息的为一个人的话，就可以这么认为：“**请只和我说哦！**”那么我们就来试一下只对添加于自身的状态迁移发送事件的方法。还是使用更改材质颜色的示例，把通过鼠标事件变为红色和绿色的迁移事件去掉※。

【**杂**】如果实现仅为全局迁移事件（或者迁移事件）设置了独一无二的名称，那么就不会出现由别的状态迁移来接收信息并采取行动的状态，因此“大喊”也没关系。其实我还有点这样的想法：原本就是面向初学者的内容，所以只需要记住这些。

【**调用它们之中的谁**】这和通过呼叫 BLUE 或 RED 的 SendEvent 动作来选择 Broadcast All 选项的示例是基本相同的。

【**去掉**】右击全局迁移事件部分进行删除。

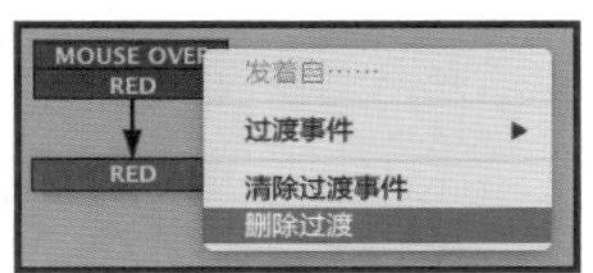

Cube : 状态机

START BLUE → BLUE
RED → RED
GREEN → GREEN

序章
开天辟地
思考方式与构造
世界的构成
脚本基础知识
动画和角色
GUI与Audio
输出
Unity的可能性
使用『玩playMaker™』插件
优化和Professional版
附录

```
#pragma strict
function Start () {
    InvokeRepeating("COLOR_CHANGE", 1f,1f);
}
function COLOR_CHANGE():void{
    var RandomInt = Random.Range(0,3);
    var MyFSM:PlayMakerFSM = GetComponent(PlayMakerFSM);
    if (RandomInt == 0){
        MyFSM.Fsm.Event("BLUE");
    } else if (RandomInt == 1){
        MyFSM.Fsm.Event("RED");
    } else {
        MyFSM.Fsm.Event("GREEN");
    }
}
```

这样，就可以只针对自身的状态迁移每隔一秒发送其中一个事件了。一般这样就可以了。

另外，如果要更改变量的话可以按如下进行操作。例如，在状态迁移的变量选卡中定义TODAY这一字符串类型的变量※。

【字符串类型的变量】不为字符串时，分别使用这些函数。

GetFsmFloat（变量名称）
GetFsmInt（变量名称）
GetFsmBool（变量名称）
GetFsmString（变量名称）
GetFsmVector2（变量名称）
GetFsmVector3（变量名称）
GetFsmRect（变量名称）
GetFsmQuaternion（变量名称）
GetFsmColor（变量名称）
GetFsmGameObject（变量名称）
GetFsmMaterial（变量名称）
GetFsmTexture（变量名称）
GetFsmObject（变量名称）

```
#pragma strict
function Start(){
    var FSM:PlayMakerFSM = GetComponent(PlayMakerFSM);
    var N:Date = System.DateTime.Now;
    var DateString:String = "今天是"+N.Year +"年"+N.Month +"月"+N.Day+"日";
    FSM.FsmVariables.GetFsmString("TODAY").Value = DateString;
}
```

获取变量时，同样要在上述部分取出值，接收取出的值。

将变量设置为全局变量时也是一样的。

```
    FSM.FsmVariables.GlobalVariables.GetFsmString("TODAY").Value =
DateString;
```

玩：向脚本通信

前面介绍了从脚本访问playMaker™状态迁移的方法。接下来，我们来看一下从状态迁移中如何调用添加在自身GameObject的脚本中的函数。最简单的方法是使用Send Message动作。

脚本编写如下。

从 Action Browser 中的 ScriptControl 中选择 Send Message。

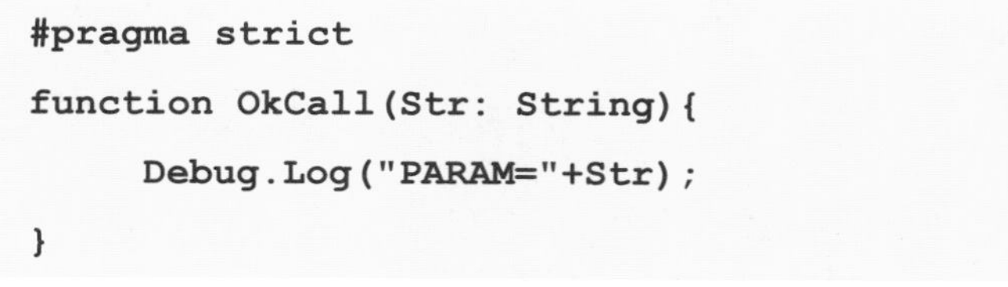

```
#pragma strict
function OkCall(Str: String){
    Debug.Log("PARAM="+Str);
}
```

为状态添加Send Message动作。通过设置该动作来调用添加在自身的脚本组件中的函数，传递自变量。当明白这些后，混入脚本就没那么可怕了。

可以访问各种脚本组件信息，比如 GameObject 的其他引用，或者更改 Delivery 的发送方法。

就连会写脚本的我现在有时候也使用“玩”。playMaker™的优点是在系统中完成一切。说得复杂点，其实就是在状态迁移中进行的所有的设置都只能在**HutongGame**的命名空间类内运行，不会多管闲事。例如，变量名不会和自己所写的脚本冲突。像这样，只要不是明目张胆的通信就不会相互干扰。精神上稍显轻松。如果想稍微加一点情节时，就需要加把劲写相关的脚本了，考虑到这一点，还是用“玩”更轻松。playMaker™之所以受欢迎，其原因就在这里。

缺点的话，这种结构推广起来很麻烦，在一众想极力省去麻烦的运动员般的程序中，它的速度堪忧，但也不是那种令人特别担忧的程度。

玩：使 2 种状态迁移动起来

实际上，在playMaker™中，可以为一个GameObject添加2种以上的状态迁移。只是，非要把2种完全不一样的内容强加到1个状态迁移中是一件非常麻烦的事。因此，如果有可分割的内容的话，就把它们分成2部分吧。下图为START后，每秒旋转40度的状态迁移。

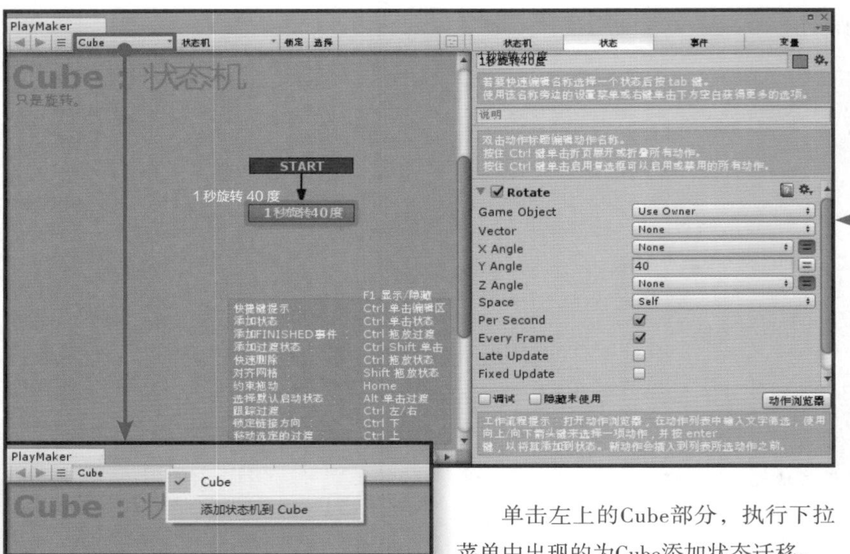

单击左上的Cube部分，执行下拉菜单中出现的为Cube添加状态迁移。

这样就创建了一个FSM2（不是状态迁移2哦）的状态迁移。Inspector中显示有2个“玩”组件，这样就可以同时执行两个不同的内容了。比如，在滴溜溜旋转的同时，点击鼠标后放大，松开鼠标后又成为同样的大小。我们为另一个状态迁移只设置点击后大小发生变化的内容。

播放，游戏视图中会显示出该状态名称。
这个 GameObject 中有 2 个状态迁移，显示为 2 行。可以分别通过各自组件的设置来进行关闭。还不如说最后不得不全部关闭。单独关闭时，可以去掉下图的复选框勾选。

想一次关闭全部时，添加到场景中的 PlayMakerGUI 中的组件的调试项目中有一个复选框项目“渲染活动状态标签”，去掉它的勾选。

很顺利地运转起来了。

玩：使用模板

playmaker™的一些具有代表性的使用方法就说明的差不多了。playmaker™中还为我们准备了一个很方便的结构，那就是模板功能。右击状态迁移画面，在显示出的下拉菜单中有一个“保存模板”的项目。在同一个项目中，如果有一个内容被反复使用，那就可以把它以模板的形式固定下来，这样一来就可以省时省事，也可以实现跨场景使用。然后在新建状态迁移时，可以在一开始就选择模板，这样基本上就无须修改，可以直接复制动作了。

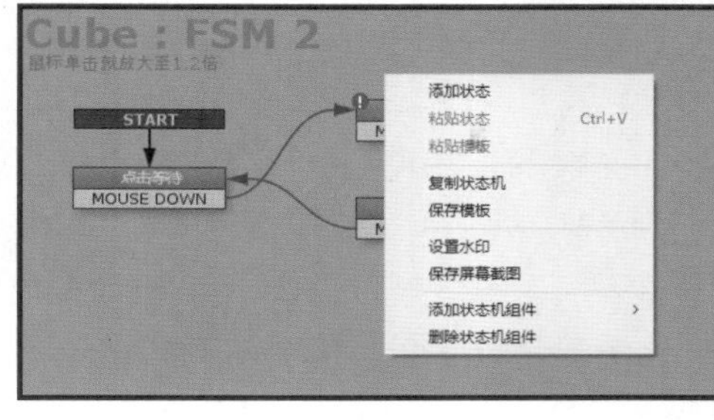

有效利用模板的意义在于，比起一个复杂的状态迁移，将多个简单的状态迁移重叠使用要更好。

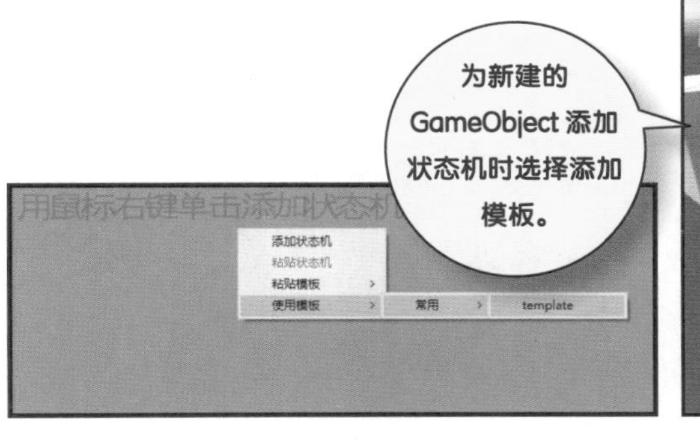

玩：“用了还不如不用”和诀窍

最高分是 1172，
那第 5 位就是 0 了……
第 3 位是 1 对嘛……
0
1
1
7
2

指的是playMaker™的用途。不写脚本的话能做到何种程度呢？一开始我们可以进行一些尝试，但是一旦遇到一些比较复杂的状态迁移时，说实在的就有点力所不及了。因为不能一下子就看出要为状态中添加什么样的动作，所以就需要通过标题和说明性的文字来梳理清楚。比如，要传递一个整数值的最高分，像右图那样，要变更5个游戏对象的数字图像来显示得分。这个最高分各个位置上的数字是几？然后还要选择该数字所对应的材质的图像文件名，并为每个位数改换图像，这些即便写成脚本也是非常麻烦的。

把这种情况用状态迁移进行管理，有可能就是右图那样。看起来**一团乱**啊。

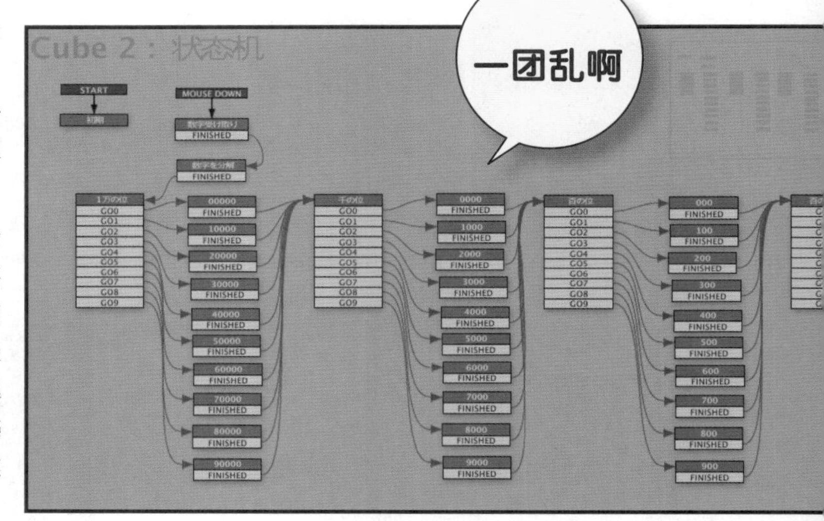

正确答案是，使用预设，该预设中只有一个改换1个数字图像的状态迁移，准备5个这样的预设。然后，再制作另外的状态迁移用来分别发送和管理各位上的数字，或者可以的话使用脚本。

总之，制作那些看也看不懂的状态迁移是不可取的。编程首先是要有条理清晰的设计然后再编程，使用playMaker™制作就不同了，通过慢慢的紧凑的连接，“哇~动起来了，动起来了”，给人留下的印象多是这样的感觉，然后自己也搞不懂原理。对，笔者……就是……这样。

另外，一个状态中也可以重叠多个动作，但是一个状态中放入太多动作的话后面找起来也是很麻烦的。还不如熟练使用，在这个过程中慢慢地学会写脚本来得快呢！这样一来学习会上一个台阶。不过，即便能够刷刷刷地写出脚本，有时候可能也会觉得“这里用playMaker™比较方便呢”。

P.401 下方的 TIPS 介绍了动作的命名方法。

用“玩”做就好了呀
~ 刷刷刷的 ~
这种态度来使用“玩”
是很危险的吧。

第十章
优化和 Professional 版

本章将介绍标准优化技巧，以便玩得更加舒适惬意。
此外，还将介绍几个在 Unity4.x 时只有 Professional 版才有的几个功能。

Personal 版和 Professional 版

实际上，到了Unity5，UnityPersonal版和Professional版在功能上的差异几乎消失殆尽。在4.x以及更早的版本中，有些功能只有购买了昂贵※的Professional版才能使用，比如接下来要介绍的Image Effect、Level of Details等功能，以及可将部分应用程序做成外部文件的AssetBundle※等。（虽说附有限制条件，但Unity的免费发布还是让我惊讶不已）接下来，咱们就介绍一下这次终于可以免费使用的优化功能及其他功能。因为本书主要面向初学者，所以有些功能可能暂时还用不上，只要你心中知道有这样的功能就够了。

关于Personal版和Professional版的区别，在Unity的Web网站上有一个比较表。

	针对爱好者 Plus加强版 1 年预付费为每月~¥ 160 ，每月付费为 ¥ 219 订阅加强版 了解更多 ›	对于团队和自由职业者 Pro专业版 每月¥ 798 订阅专业版 了解更多 ›	针对新手 Personal个人版 适用于年收入或启动资金（募集或自筹）不超过 10 万美元的用户。 尝试一下 了解更多 ›
经济资格	我或我的公司的年收入或募集资金不超过 20 万美元	对年收入或启动资金没有限制	我或我的公司的年度收入或募集的资金不到 10 万美元
限时优惠	仅针对 1 年预付费订阅 每个席位可从以下资源中选择一项资源： Amplify Shader Editor Behavior Designer Gaia Odin PuppetMaster UMotion Pro	每个席位从以下资源中选择三个资源： Amplify Shader Editor Behavior Designer Gaia Odin PuppetMaster UMotion Pro	
Unity Teams Advanced		✓ 最多三个席位 （价值 ¥ 720）	
25GB 免费云存储空间	✓ 仅针对 1 年预付费计划 （价值 ¥ 420）	✓ 包含在 Teams Advanced 中	
Unity Success Advisor服务	✓ 有限访问	✓ 优先访问	
"Unity 游戏开发课程"	✓ 仅针对 1 年预付费计划 （价值 ¥ 924）	针对初学者或中间级别设计。如果您希望访问，请在购买之后联系 Unity 成功顾问。	
Asset Store 订阅用户8折活动	✓	✓	
实时虚拟培训八折优惠		✓ 每课节省 ¥ 510	

乍一看，Personal 版好像有很多限制……但功能上几乎没有限制。

【AssetBundle】虽然多少需要写点儿编辑脚本，但在例如店里给要下载的应用程序瘦身时，以及为避免每次升级都要向店里申请而从网上下载时，可以使用 AssetBundle。详情见这里。

【昂贵】虽说如此，但若在工作中用，也算不上贵。3DCG 和影像编辑合成专业工具，这些软件即使到现在也是动辄花费好几万。笔者也曾花重金入手了 3ds Max，但完全用不惯，最后只好去用 MODO，说起来都是泪。

既然功能基本相同，那使用Personal版不就好了吗？除了功能以外，在进行选择时，年销售额也是一个条件。年销售额在10万美元的个人或者公司不能使用Personal，翻倍达到20万美元的个人或公司不能使用Plus。10万美元的话，根据汇率大概不到1200万日元左右的样子，独自经营事业的人可能有很多都超过了这个数，但是如果只赚那么多的话，价格算便宜的，对你钱包里的数来说是非常便宜的价格了。感谢Unity。

作为本书目标读者的独立开发人，如字面意思所示，等你能以此“专业”来赚钱的时候再来考虑Professional版也不迟。估计本书大部分读者接下来要做的就是大量反复的练习，你们无须因为是Personal版就耿耿于怀。Plus版也就是每个月去吃一次烤鸡肉串的花费吧。

在最后这一章中，将介绍几个让Ver.4.x后的免费版用户喜上眉梢的优化和渲染功能。

玩转 Image Effect

Image Effect，它是自Unity5开始非Professional版也可以使用的代表性功能之一。它是一个用于照相机的组件，是Standard Assets之一，选择菜单Assets>Import Package>Effects，读取Image Effect，即可使用。

接下来，**选择**※**Main Camera**，然后在其检视器中按下Add Component按钮，即可追加Image Effects项，从中选择希望追加的特效即可。该Effect群通过一个名为Post Process EX的Unity引擎，对一次实时绘制的图像进行逐帧加工并显示。也就是说，有些类型的特效，可能会花费很大的开销※，也许最好不要用于移动设备。反之，如果处理能力允许，也可以叠用多个特效。

具体效果如何，最好还是实际做一下看看。在这里，只是大体汇总介绍一下有哪些特效。汇总特效的方法与上述菜单稍有不同，各个特效的详细情况见官方线上文档※。

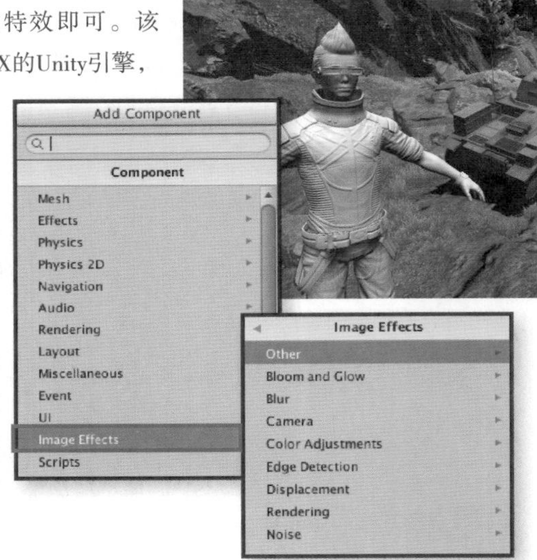

【选择 Main Camera】该 Image Effect 群需要与相机组件一起使用。

【开销】在绘制上需要更多作业，说的时尚点儿就是开销增加。

【线上文档】图像特效参见这里。https://docs.unity3d.com/Manual/Comp-Image Effects.html

泛光系列

Bloom，即泛光特效，类似于惺忪睡眼微微张开所见的视觉效果。调整 Threshold（阈值），即可设置希望亮度达到的亮度区域。除上述两种外，还有一种 Bloom 特效，即 Bloom Optimized。该特效有一个名为 Blur Iterations（直译为模糊迭代）的滑动条，并且具有类似照相机镜头的柔光滤镜效果。Sun Shafts，即阳光照射特效，如同太阳光从画面里面向画面照射的效果。

Antialiasing，即抗锯齿特效，特效如其名，具有抗锯齿功能。需要通过下拉列表选择算法，而选择哪种算法，这需要根据微妙的效果差异和处理速度来决定。一般来说，FXAA 用于高速机器，而 SSAA 则属于轻便处理。

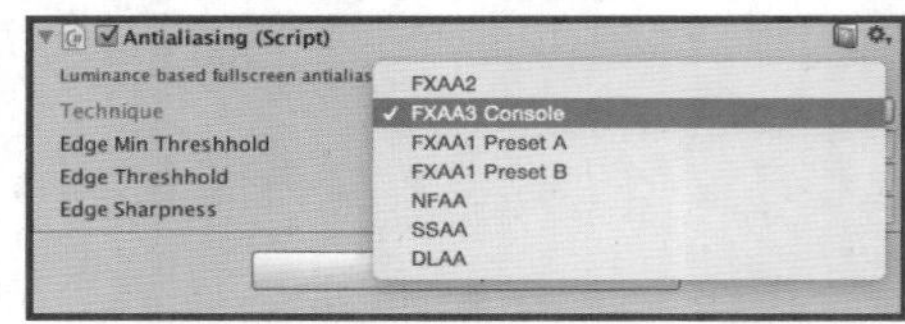

Screen Overlay 可以在画面中对影像进行重叠。

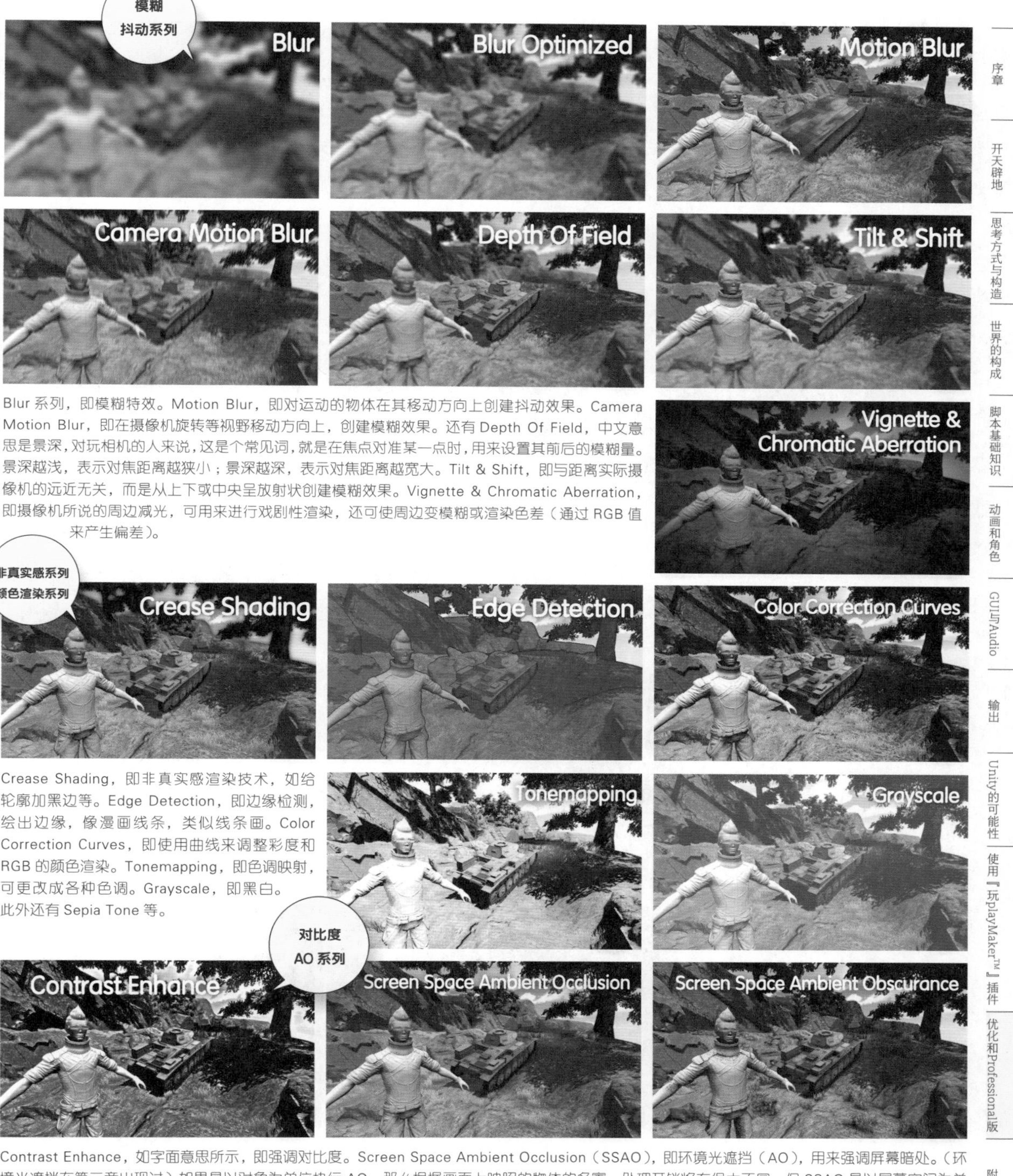

Blur 系列，即模糊特效。Motion Blur，即对运动的物体在其移动方向上创建抖动效果。Camera Motion Blur，即在摄像机旋转等视野移动方向上，创建模糊效果。还有 Depth Of Field，中文意思是景深，对玩相机的人来说，这是个常见词，就是在焦点对准某一点时，用来设置其前后的模糊量。景深越浅，表示对焦距离越狭小；景深越深，表示对焦距离越宽大。Tilt & Shift，即与距离实际摄像机的远近无关，而是从上下或中央呈放射状创建模糊效果。Vignette & Chromatic Aberration，即摄像机所说的周边减光，可用来进行戏剧性渲染，还可使周边变模糊或渲染色差（通过 RGB 值来产生偏差）。

Crease Shading，即非真实感渲染技术，如给轮廓加黑边等。Edge Detection，即边缘检测，绘出边缘，像漫画线条，类似线条画。Color Correction Curves，即使用曲线来调整彩度和 RGB 的颜色渲染。Tonemapping，即色调映射，可更改成各种色调。Grayscale，即黑白。此外还有 Sepia Tone 等。

Contrast Enhance，如字面意思所示，即强调对比度。Screen Space Ambient Occlusion（SSAO），即环境光遮挡（AO），用来强调屏幕暗处。（环境光遮挡在第三章出现过）如果是以对象为单位执行 AO，那么根据画面上映照的物体的多寡，处理开销将有很大不同。但 SSAO 是以屏幕空间为单位执行，与以对象为单位来执行相比，处理开销比较均匀。Screen Space Ambient Obscurance，是其改良型，根据参数和图像卡的情况，可以稍微快速一点儿显示。

Noise，如字面意思所示，即噪波。Noise And Grain，即噪点和颗粒特效，如图电视机的雪花噪声。Noise And Scratches，即噪点和擦痕特效，可以重现类似胶卷出现擦痕的效果。

Global Fog，即全局雾气特效，可对远景处的东西上色以渲染距离感。

变形系列包括 Fisheye、Twirl、Vortex 等。Fisheye，即鱼眼镜头特效，它与真正的鱼眼镜头稍有不同，不会越往中央越扩展。Twirl，即旋转扭曲特效，可将整个图像扭曲。Vortex，即旋涡特效，可以自中央开始往外打旋。

除上述外，在Unity 5Personal版中，Image Effects系列（Asset Store中有售）也可以免费使用了，这是首次免费使用。好功能有好几个，笔者本人向您推荐Colorful image effect等，因为它们既易上手又功能丰富。

用 Projector 来投影

下载Standard Assets中的Effects后，不仅可以使用Image Effects，而且还可以使用Projector来投影。在文件夹Projectors下的Prefab中的BloblightProjictor中设置图像后，即可对该图像进行投影，宛如真正的投影仪。实际上，除光外，还可以对影子进行投影。因此，在移动游戏等中，希望降低游戏负荷，但还想给主角投影时，即可使用Projector，将黑色圆圈等作为虚拟影子，从角色的正上方进行投影。

通过 Level of Details 使近处详细显示

总想把世间万物细致入微地绘制出来。但如果是远景呢？有些东西无论如何也看不清楚，就没必要事无巨细的绘制出来了吧。比如乍一看完全相同的这些建筑物，实际情况是左下角的建筑绘制得最为详细，越往右往里，省略的细节越多。几乎看不清楚了对吧？接下来，咱们把这三个建筑物并列展示一下，如下图所示。细看就会发现，不是梯子没了，就是烟囱的顶端没了。像这样，将远处的建筑物省去细节，或将映射数据的分辨率降低，貌似可以降低绘制负担。与左下方的图像相比，在右上方的建筑物素材上设置的图像要小得多。

但是，如果角色走到了远处建筑物的附近呢？粗制滥造的情况岂不是就露馅儿了？为此，专门准备了Level of details，简称LoD，它是一个非常方便的组件。比如，我们可以事先准备三个阶段的模型，然后根据其距离摄像机的远近自动切换。

首先需要做的是，创建一个空的Game Object并配置到场景中。然后对此Game Object进行Add Component。从Rendering类别中选择LOD Group，即可追加如下组件。

在该组件中，条带有4种颜色。最右侧是“Culled”，表示该距离下“看不见了”。恰好为建筑物准备了三种模型，因此可以将该建筑物的预设模型，按其细节由细到粗的顺序，从项目浏览器上，分别拖拽到LOD 0、LOD 1、LOD 2上。或者单击各颜色的条带处，会在下面显示一个名为Renderenes的框，单击该框的Add按钮，也可进行追加。然后，左右拖动该相机的按钮，即可通过场景预览的方式来模拟不同距离下的情况。

各阈值位置可通过拖拽来更改。

也可从项目浏览器进行拖放。

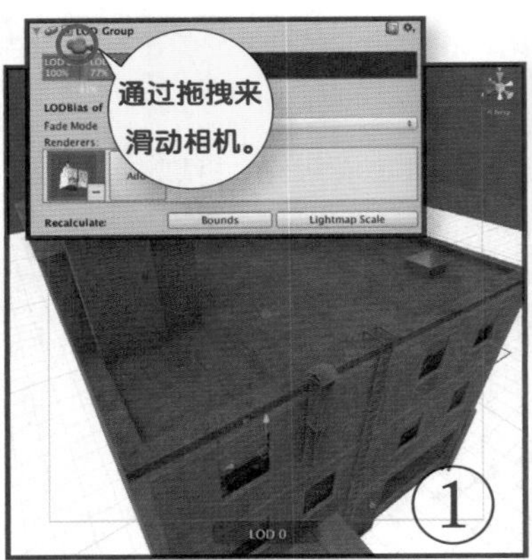

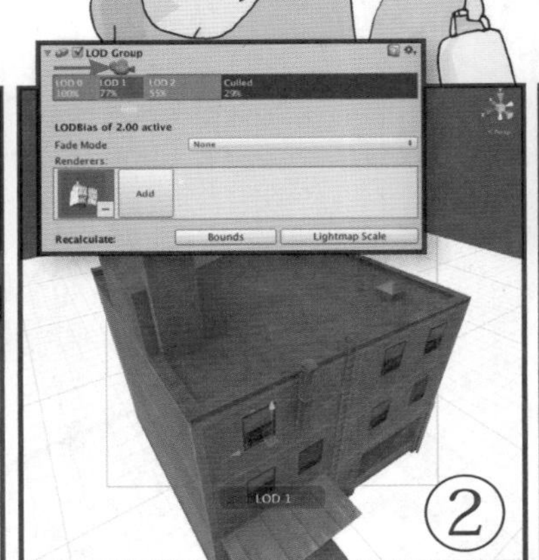

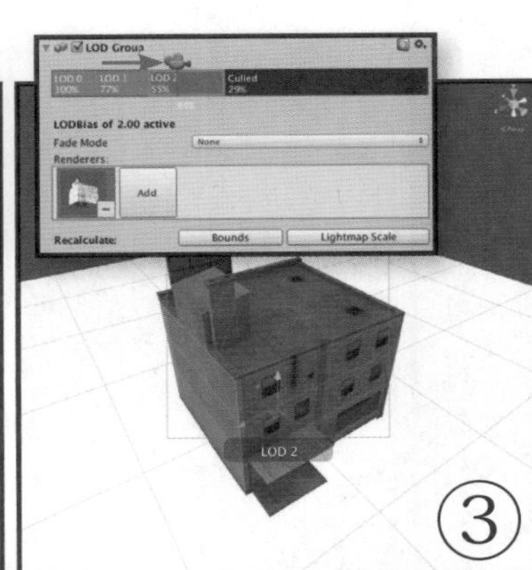

至此，LoD设置完毕。如此一来，远处的东西就成为简单的网状物，负担稍有减轻。除此之外，对树木等也提前做好设置，即可尽量在不牺牲真实感的情况下，降低CPU或GPU的处理负担。下面介绍其他降低负荷的方式。

通过 Occlusion Culling 仅显示可见部分

假设绘制了一条这样的街道。对于建筑物和树木，要是能使用LOD Group以便按照距离来节约开销，那该多好啊。在这里，咱们让第一章现身的**FPSController同学**再次出场，让他巡视一下这条街道。选择菜单Assets>Import Packages>Characters，安装试用套装。

对于 RCP. Retro City Pack 这个价值 35 美元的资产，将着色器更改为 Standard，然后作为样例来用。

在角色的前方，展现出这样的景色。

但是，请想一想，Unity的场景说到底是把相机看到的东西展现出来。相机未拍到的部分没有什么用。也就是说，当前处于后面的建筑物们可以说是无须绘制。**Occlusion Culling**即可实现这种情况。

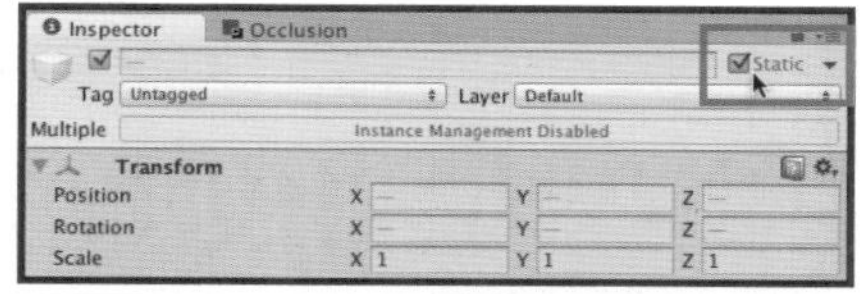

首先要做准备工作。选择所有建筑物，然后勾选检视器右上角的Static复选框。如果同时选择了带有层结构的内容，那么会弹出一个类似“子Game Object也全部设为Static吗？”的对话框。**这一Static属性**表示：该Game Object将不再四处走动了。为何需要这么做，稍后将进行说明。

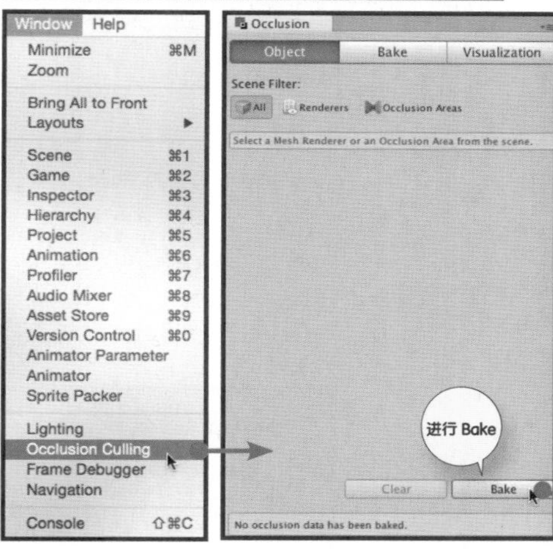

接下来咱们实际操作看看。从Window菜单中选择Occlusion Culling，则显示右侧所示的Occlusion选项卡，单击该选项卡右下方的**Bake**按钮。乍一看，好像什么都没有发生，但进行场景预览就会发现，好像蓝色四边框渐渐地覆盖了一切。这是什么情况?先等它处理※完再播放一下试试看吧。

【本处理】是否结束，可通过右下角正在执行的后台处理↓进度条来确认。

5/11 Clustering | 15 jobs

播放一下即可看到，在游戏视图上，景色没有什么变化。但在场景视图上，我们可以看到，只有进入摄像机视野范围内的大楼才显示出来。如果想用脚本来实现这种效果，那么需要使用碰撞器和**Raycast**※之类的，逐帧进行计算并做出判断：你消失，你显示。或者需要由你本人亲自出马，做出判断：从摄像机中看，若建筑物本身**看得见则显示，看不见则消失**※等。如此一来，负担反而加重。于是，Occiusion Culling登场了，它将空间分割※成一定大小的蓝色区域，然后对其进行Bake（烘焙），即将其与静态的游戏对象关联起来。如此一来，播放时摄像机的处理就轻便多了，它只需**判断将哪些蓝色区域纳入视野范围内**，然后决定各个区域所关联的游戏对象显示/不显示即可。Bake，就是烘焙，在感觉上类似于事先刻录CD，事先刻入眼睛等。因此，在**"静止不动的东西"这一前提**下，大楼这一Game Object必须得事先设置为Static※。

【Raycast】参见第 235 页。

【**看得见则显示，看不见则消失**】为 MonoBehaviour 准备的事件中，OnBecameVisible、OnBecameInvisible 是根据是否进入摄像机视野范围内而发生的。

【**分割**】就是聚类的意思。

【**必须得事先设置为 Static**】对此进行烘焙后，故意将其中一座大楼移动到别处，那么仍然会出现相同的情况，即大楼原先所在的位置被摄像机照到时才显示，大楼原先所在的位置若跑到摄像机视野范围外则消失。

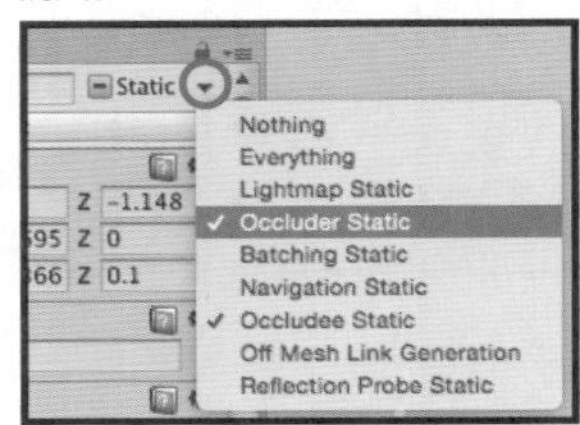

另外，在这里，勾选了 Static 复选框。但实际上，如果只是 Occlusion Culling，那么通过勾选 Static 复选框旁边的 Occlusder Static 和 Occludee Static 这两项，也是可以使用 Occlusion Culling 的。

使用 Light mapping 来节约光的计算

光源用来控制光照，光源越多，越能渲染每个角落的照明效果。这固然很有趣，但负担也会相应地加重。而Light mapping则可以对其进行颇具戏剧性的减负。简单来讲就是，看上去像是用光源来照亮或形成影子，但实际上是画上去的，因此**光源在那傻呆着就行**。什么？有光源却不用？咱们来简单地试试看吧。

Piano 和椅子在 Asset Store 中是免费的，可下载使用。

这里创建了一个简单的房间，房间里有地板，三面有墙，中央有一架钢琴和一把椅子，还有一棵树。不使用Directional Light，因而弃之。代之以配置三个光源：一个是Point Light（点光源），两个是更改了颜色的聚光灯。暂且以PianoRoom为名来保存所创建的场景。

接下来，从Window菜单选择Lighting。显示Lighting设置选项卡※后，选择上部中央的Scene。滑动Ambient Intensity的滑块，即可调整亮度。Ambient Intensity，即环境光，它与Light组件无关，用于调整所设Game Object整体的亮度。紧挨其上的Ambient Source 设置成Skybox了，因此所设天空光线的颜色反映到了环境光中。设置调整好后，就可以进行下一步了，即将Game Object设置成Static，这与前面的Occlusion Culling相同。

对于光源和摄像机以外的所有东西，都创建了空的GameObject（命名为Room）并建立了层级。在选择了Room的状态下，在检视面板中，勾选右侧的复选框，则会弹出对话框“想把您的孩子们也设置为静态吗？”，选择“Yes，Change Children”。

【Lighting 设置选项卡】请参考 P.150 Lighting 设置项目。

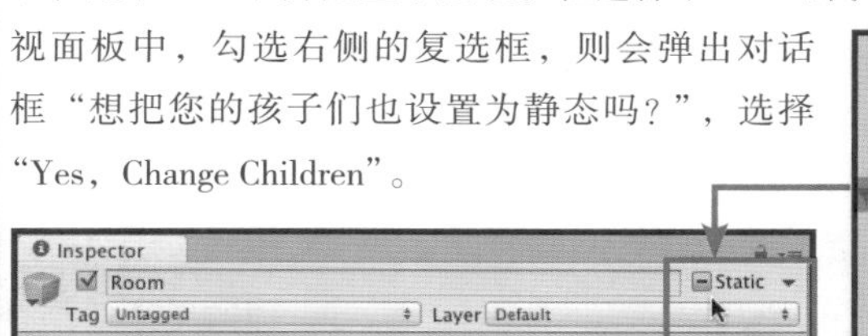

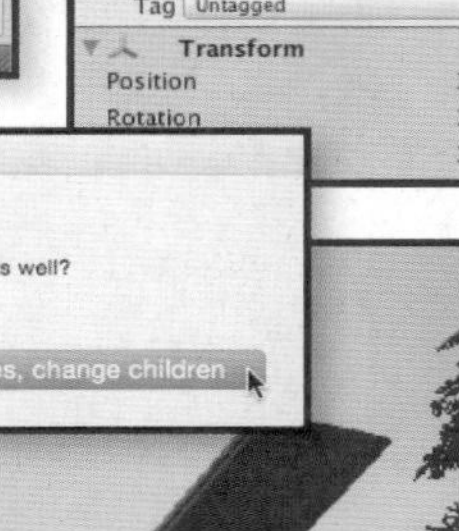

Change Static Flags
Do you want to enable the static flags for all the child objects as well?
No, this object only
Cancel
Yes, change children

Room 以下全部设置成静态。

单击右侧的三角形，选择 Lightmap Static，这也是可以的。

仿佛听到了少年们在弹奏。

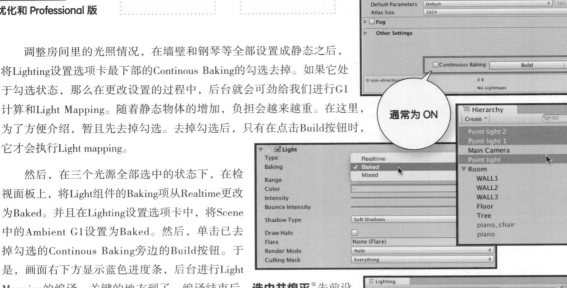

调整房间里的光照情况，在墙壁和钢琴等全部设置成静态之后，将Lighting设置选项卡最下部的Continous Baking的勾选去掉。如果它处于勾选状态，那么在更改设置的过程中，后台就会可劲给我们进行G1计算和Light Mapping。随着静态物体的增加，负担会越来越重。在这里，为了方便介绍，暂且先去掉勾选。去掉勾选后，只有在点击Build按钮时，它才会执行Light mapping。

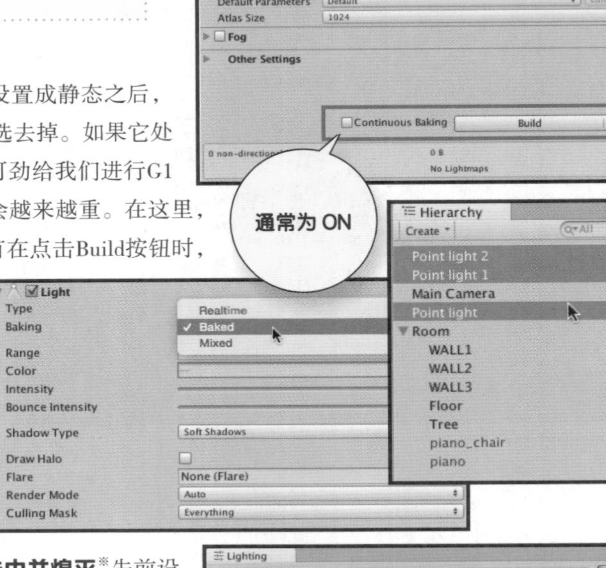
通常为 ON

然后，在三个光源全部选中的状态下，在检视面板上，将Light组件的Baking项从Realtime更改为Baked。并且在Lighting设置选项卡中，将Scene中的Ambient G1设置为Baked。然后，单击已去掉勾选的Continous Baking旁边的Build按钮。于是，画面右下方显示蓝色进度条，后台进行Light Mapping的编译。关键的地方到了。编译结束后，**选中并熄灭**※先前设置为Bake的**三个光源**。现在，整个世界连一个光源都没有了。没有了光源，但世界依旧亮堂堂，钢琴和椅子仍然有阴影，带色的点光源一如既往地照射着，墙壁上感觉依然映出了点光源的光。然而，整个世界连一个光源也没有。之所以看起来如同有光源照射，但实际上是在墙壁、地板和钢琴键盘上着色了。真的假的？

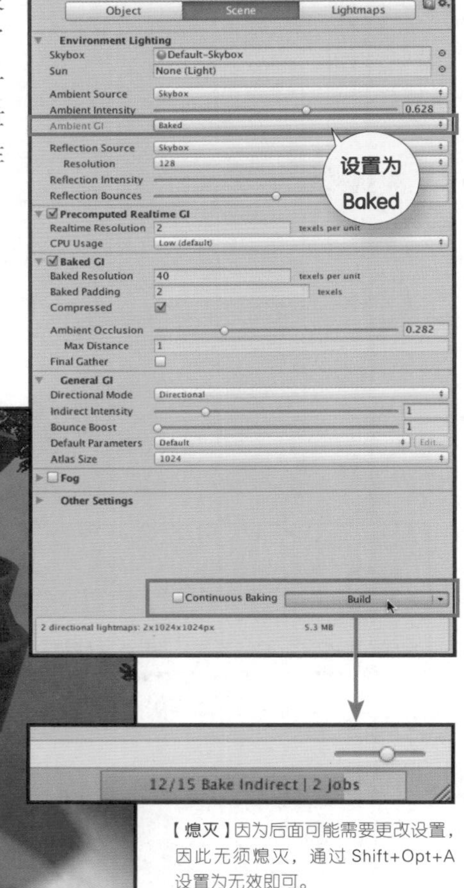
设置为
Baked
12/15 Bake Indirect | 2 jobs

一个光源
也没有。

【熄灭】因为后面可能需要更改设置，因此无须熄灭，通过 Shift+Opt+A 设置为无效即可。

影子留下了印记!

如图所示，将椅子和钢琴移开，就能明白这是怎么回事了。椅子和钢琴虽然移开了，但影子却没有移动。影子仍然留在了原来的地方。该场景是以PianoRoom为名来保存的，查看一下项目浏览器视图，可以发现有一个名为PianoRoom的文件夹，其中保存有通过Light mapping生成的数据。也就是说，通过这个Build按钮，进行了GI计算并生成了这组文件。查看这些文件可知，如左图所示，创建了一组通过光源计算得出的图像群。

PianoRoom文件夹中生成的文件。

【伊桑君】从Assets菜单，通过Import Package characters，就可以把这个家伙请进来。参阅第73页。

如此一来，在该场景中就**无须进行光的计算**了。在移动设备等中，希望尽可能地降低运行开销时，可以积极主动地使用这个Light mapping。

使用 Light Probe Group

使先前灭掉的光源在保持Baked的状态下复活，另外制作一个点光源。同样将其设置为Baked，然后按下Build按钮，执行Light mapping。

这次将光的照射范围（Range）设置为极小（2m左右），并使光稍微变强。接下来，把**伊桑君**※放进去，让他四处走动试试。希望伊桑君走近亮闪闪的粉红色地带时也能变得粉粉的。结果可想而知：这个粉色光源被设置成了Baked，无法实时起作用，而且地板上的光也只不过是一张图片，因此伊桑君不可能变粉。把伊桑君设置成Static怎么样？不行，如果把他烘焙成粉色的，那么不管他走到哪里，都会一直粉粉的。

那该怎么办呢？单将粉色光源变成实时的？如果你的设备允许的话也不是不可以。希望尽量降低开销的话，有请Light Probe Group上场。

拖动该旋钮
也可以变更光的
照射范围。

伊桑君黑漆漆的，这是为什么？请仔细想一想。现在这个世界上没有“实时光源”。只有一个昏暗的Ambient Light光照耀着这个世界。

希望沾上点儿粉气却沾不上。

所谓Light Probe，其实就是一个信息，它会告诉你：如果处在**这个位置**的话，会有大约这么多的光从这个方向照射过来。可能有人会问了：什么！那不就等于原封不动地计算光源的光吗？其实并不是这么回事。Light Probe，它会对纷繁芜杂的光线信息进行**汇总整理**※。要移动的Game Object，它会根据与这多个Light Probe之间的距离的组合，接收颜色和光线信息，然后计算出自己的显示方式。

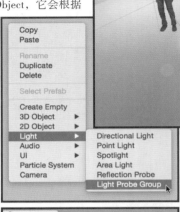

在场景中配置一个Light Probe Group，即可创建一个由8个球体=Light Probe构成的组，8个球体用线连在一起。每个球体都可以自由设置在任意位置，这些球体都放置在关键位置。可是需要通过如下方式增加Probe数量：在检视面板中按下Add Probe按钮，或者通过Duplicate Selected按钮进行复制等。设置后，同样通过Lighting设置选项卡最下方的按钮进行编译。这之后，伊桑君到处走动时，就可以接受到光线颜色的影响了。

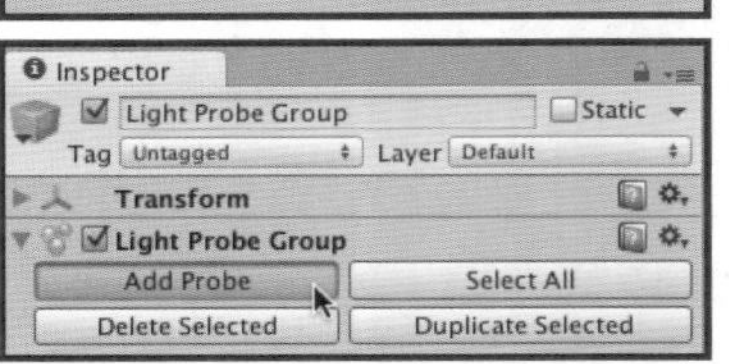

【汇总整理】也许你还是会疑惑：这跟原封不动地计算光线不就是一样一样的吗？其实，你想想看，一种情况是所有光源错综复杂地交织在一起，自己不得不考虑如何显示，而另一种情况是只分析对自己有影响的 Light Probe 即可。这两种情况在计算开销上是大不相同的。

Light Probe之间以线相连，形成三角形。因此Game Object仅靠如下信息即可更改色调：该Game Object处于哪个三角形中※，形成该三角形的3个Light Probe拥有怎样的光线。

【处于哪个三角形中】当然也有处于多个三角形中的情况。对于想要详细更改的地方，增加 Light Probe 密度即可，反之则降低密度。

如果脱离了这个三角形区域，就不再受到这个粉色浓厚的 Light Probe 的影响了。

K同学，
你要去哪里?
麻麻，我要放弃
Static了，因为
会受到影响。

伊桑君四处走动的时候，伊桑君的正中央会出现一个球体。在距离该球体最近的，或区域范围内的多个Light Probe相连而成的三角形中，至少有一个会被选中，伊桑君的显示会随这些三角形的Probe信息变化而异。

Light mapping，它是节省光源计算开销的手段之一。类似于用虚拟方法来渲染光的骗人画，在真实性上，确实比不上无烘焙的真实光源。因此，在使用实时光源的同时，仅对那些用烘焙即可的地方，进行汇总烘焙就行了。

噗噗~~
同志们，庆祝活动马
上就要开始了。
甭啰唆了。
我要实时去。
为此CPU还是GPU什么的必须
足够强大才行!

通过⌘ +7
来显示 Profiler
Windows
中用 CTL+7

尽量火力全开
减少损耗！

通过 Profiler 来优化

自Unity5起，Profiler在免费版中也可以使用了。

在内容逐渐完善的过程中，运行内容所用的PC和设备的规格会在极大程度上左右着我们的心情，因此是一个非常重要的因素。如果是博物馆内容等，因为可以限定用来运行的PC，所以可以在实际机器上进行测试。但如果是Android应用程序等，不可能进行所有实际机器的测试。因此在开发时，努力削减负担以免质量下降，这是非常重要的。在本章中，已经介绍过下面这些功能：Image Effects等功能，他们虽然会加重处理负担，但能进行五彩缤纷的渲染；LoD，它用于去除多余的GameObject；Light mapping等，它们能极力节省光源的处理。此外，对于要舍弃什么，要重视什么，脚本有没有因为for语句而产生额外负担等，这些情况可以使用Profiler进行检查。

可以检查的项目如右侧所示。

①CPU使用率②GPU使用率③渲染负荷④内存使用量⑤音频情况⑥物理计算⑦物理计算（二维）。

使用方法是，在打开Profiler的状态下，播放正在编辑的内容，或运行Development Build写出的应用程序，或者通过特定的IP地址指定正在播放的应用程序。

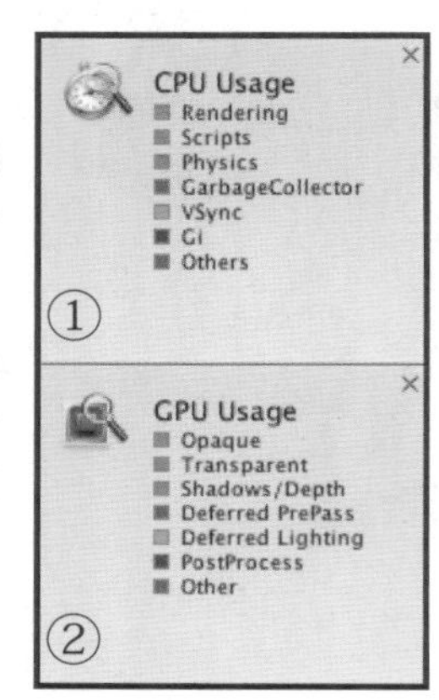

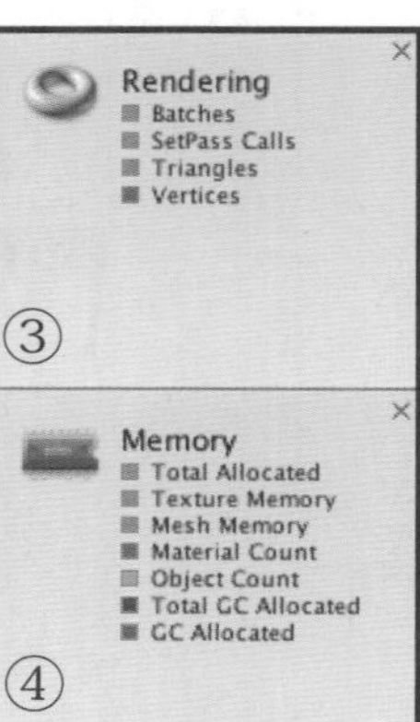

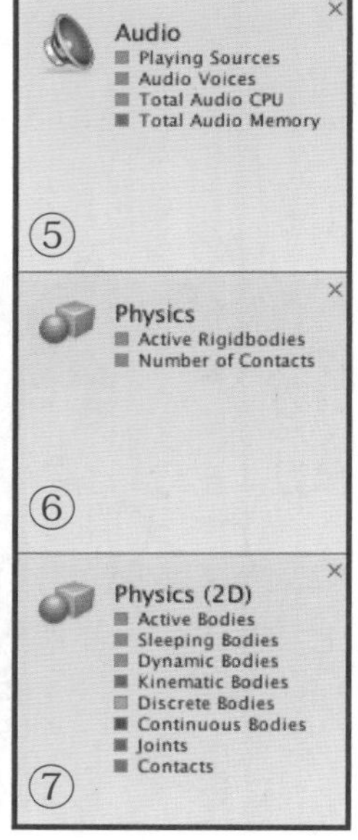

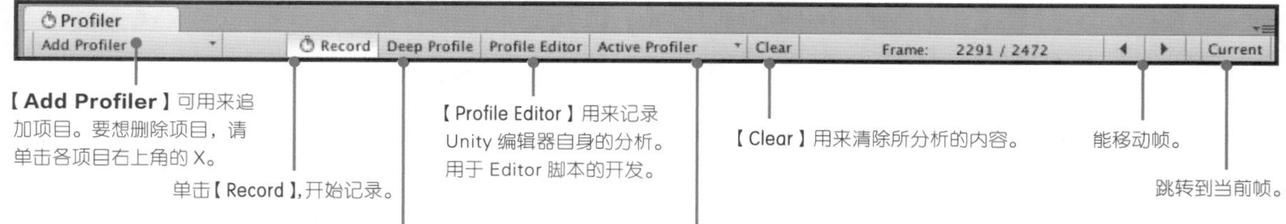

【Add Profiler】可用来追加项目。要想删除项目，请单击各项目右上角的X。

单击【Record】，开始记录。

【Profile Editor】用来记录Unity编辑器自身的分析。用于Editor脚本的开发。

【Clear】用来清除所分析的内容。

能移动帧。

跳转到当前帧。

单击【Deep Profile】，则执行包含所有脚本进程的记录。该处理负荷很重，因此仅在无论如何也想知道脚本执行时机等时才使用。如果只想在你介意的特定位置执行分析，在脚本中植入Profier.BeginSample和Profier.EndSample即可。它们不是Development Build，而是编译后即被忽略，这会比较便利。

【Active Profiler】指定同一PC中正在运行的应用程序，或指定IP，即可进行其他（iOS等）程序的分析。要分析的程序需要事先在Build Setting对话框中勾选[Development Build]复选框。

如此一来，即可自动进行分析。负荷高的地方会在图表中突出显示，据此可以确认该处有没有冗余作业，从而可以促进优化。单击这部分的帧，即可显示出该帧中执行的项目。

这个部分是复选框，可以对显示进行切换。

通过单击来选择任务。

TimeLine 模式

启动 Frame Debugger。

顶点数等

rcp_building_05_LOD_01 subset 0
14726 verts, 28872 indices

将显示模式改为Timeline，即可显示该帧中发生过哪些任务。单击即可显示相应处理用了几毫秒。单击右上角的Current按钮，即可移动到当前帧，从而继续显示最新的帧。

此时Frame Debugger按钮被激活，单击则显示Frame Debug选项卡。可在该选项卡中逐一细致地进行各项检查。甚至可以检查如下内容：在该帧中GameObject、网格是以怎样的顺序显示的？网格的顶点有几个？这就叫作各个击破。

所谓的3D绘制，会大量耗费CPU和绘制引擎。所谓由引擎来绘制，就是由OpenGL、Direct3D等执行绘制，但向绘制引擎发出绘制请求即“请画这个”的是CPU。绘制引擎有多强大，这直接决定了处理速度有多快，但该CPU调用API这一作业是一个很大的额外负担。CPU会对场景中的东西逐一调查并调用其API，但也可以基于绘制调用批处理的思路，采用下面的构造：将同类东西整个打包，然后大大咧咧地扔给绘制引擎，告诉引擎“这个和这个，使用的是相同的材料”。这种构造能够大大缩减CPU的开销。详情参见在线文档中的绘制调用批处理一项。

https://docs.unity3d.com/Manual/DrawCallBatching.html

字真多呀。

Movie Texture 和 Render Texture

关于优化就先讲到这里。接下来再介绍两个在Unity4.xPersonal版中无法使用的功能。Movie Texture，其功能如其名，可以从影片文件中创建影片纹理。此时，系统中需装有QuickTime。支持的文件类型有：.mov，.mpg，.mpeg，.mp4，.avi，.asf等。将影片文件读入项目后，例如在场景中配置3D Object>Quad※，然后将如下脚本粘贴进去。

【Quad】它不同于常用于地板的Plane。它是一个四角形的板，仅由两个三角形构成。由于放到舞台上是面向 z 轴的，当看不到时就旋转一下吧。

```
#pragma strict
var MyMovie : MovieTexture;
function Start () {
GetComponent.<Renderer>().material.mainTexture = MyMovie;
        movTexture.loop = true;
        movTexture.Play();
}
```

Quad 的纵横比最好事先与影片的纵横比保持一致。

将读入的影片拖放到检视面板的参数中。此后，仅进行播放即可在该板中播放影片。

Render Texture，可将摄像机组件拍摄的东西原封不动的作为视频以用作纹理。它不需要什么脚本。首先，①在项目浏览器中创建一个Render Texture。②然后使用Quad等将创建的Render Texture设置为纹理。③然后在场景中创建一个摄像机，在其控件的④Target Texture中拖入所创建的Render texture以进行设置。仅此几步即可实时显示视频，在监控器等中使用应该很有趣。

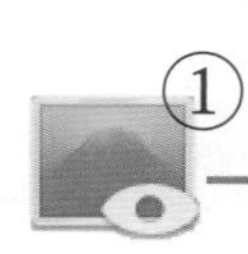

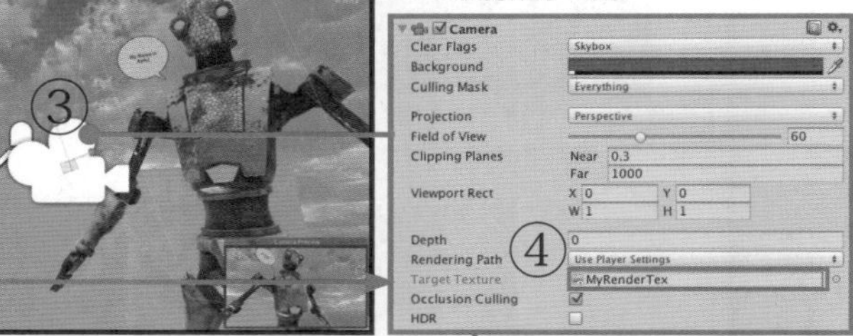

Render Texture 的分辨率可通过检视面板更改。

到此为止，本章介绍的主要内容是：在Unity4.x及其之前的版本中只有Professional版才能使用的主要功能。Unity5真是大方啊，大方的令人担心：购买Professional版的人不会变少了吧？

关于许可证，请务必确认以下内容。Unity Pro 和 Unity Personal 软件使用许可协议版本 5。https://unity3d.com/cn/legal/terms-of-service

用 Professional 版有什么好处

说实话，这本书是我在Unity 4的时候开始写的。Unity 5发布的时候，我着实吃了一惊，因为Professional版和Personal版竟然功能相同了。由于工作中要用，我老早就购买了Professional版。像“可以使用Image Effect”等，很多功能原本只有Professional版才有的……现在Professional版和Personal版真的功能相同了？

对于正在用免费版学习的个体户来说，这真是个喜讯。因为无论你是专业人士还是非专业人士，都可以按相同规格来制作作品了。尽管如此，也许终有一天，你无论如何也得购买Professional版。那到底是什么时候呢？

简单地说，就是你将作品拿来卖的时候。年销售额达到100000美元的组织不得使用Personal版。100000美元，按我开始写这本书时的汇率来算，接近人民币70万元。这对于单打独斗的游戏程序员来说，可能是几家欢乐几家愁。而对于两人以上的个体户或法人，可能几乎都卡在这个条件上。

即便如此，购买Professional版也会有两个惊喜。

首先，你可以选择只有Professional版才有的酷酷的黑色编辑器皮肤。（笑）当然，你也可以使用灰色皮肤，在Personal版中也能用灰色皮肤。

编辑器皮肤酷酷的颜色，其从视觉舒适度上讲，制作作品可能更加容易，但制作出的作品并没什么两样。Personal版也无所谓，尽管拿去制作游戏并大赚※一笔吧，等公司销售额超过70万元再说吧！！这也没有什么不妥的。然而……

还有一个功能，那就是“哎呀，此处非Professional版不可呀”。

别处都无所谓，只在此处！可否大方点儿！！

该功能就是启动页。

比如iOS用的启动页，非Professional版无法设置。否则就会如右图所示，在最开始显示Powered By Unity。不就是在最初的场景中出现闪屏状的东西吗？这有什么呀，很酷呀！可是，这等于告诉懂门道的人，“没用Professional版呢吧你”？

如果你是在工作中使用，可能会让客户觉得：这个徽标，是怎么回事？正因为这样，在一般情况下，如果是用于商业，还得用Professional版。如果你现在还是一个小公司的小小制作员，公司尚未买Professional版，那你就用Personal版偷偷的先练着，等练得差不多了，就去告诉**老板**※，“我能做出这样的东西了”。这时老板可能会觉得：许可证费用什么的，那还不是小菜一碟！

此处若是Professional 版就能反映设置※。

但是，如果拿到本书的你是学生，或者是年轻个体户，抑或是中学生，那你甭管有没有启动页，尽管拿来制作并发布你超级有趣的游戏吧！iOS和Android的Professional版，共计需要3万多元呢。有时间去打工赚这份钱，还不如用Unity来制作游戏。如果你做的游戏超级有趣，那么许可证费用什么的，肯定就是小菜一碟了，并且世人※也不会对你的才华视而不见的。就用免费版向前冲吧！

Unity5，它是一把赛车钥匙。现在，你可以无偿得到它了！

【大赚】即便是用 Personal 版赚的，也完全没问题。

【老板】如果你是单打独斗的个体户，那么老板可能就是你家娘子。

【世人】现在到处都需要立刻就能投入战斗的 Unity 人才。编程专家和 3D 专家好找，但 Unity 专家是两者都会，并且还会加语音和脚本，而且还懂设计。一个人单打独斗就能制作出有趣的游戏，说的就是这样的人。

【若是 Professional 版就能反映设置】该设置在 Player Settings 的介绍中出现过，见第 336 页。

附录

介绍一些方便的外部工具
介绍一些方便的 Asset
iTween easetype 一览

一些方便的外部工具 & 推荐的 Assets

用Unity需要熟练使用各种各样的外部工具，还要备齐资源。首先是用于3D建模的工具，第三章有过少量介绍。必须对Blender、MODO以及ZBrush等这些宛如重型坦克一样的高阶工具应用自如。如此一来，也可以对Unity5的Standard着色器中所必须的UV贴图图像进行单独渲染了。但是，也不必做到那个层次，毕竟3D建模工具只在创建※形状和UV，以及Albedo图像和Normal贴图图像时使用，而其他提升品质的工作可以交给别的工具来完成。

【只在创建】之后的角色骨骼绑定也要用到3D工具。

SUBSTANCE PAINTER

这里首先要介绍的工具是allegorithmic公司出品的SUBSTANCE三兄弟中的老二，PAINTER。用一句话来概括，就像给塑料模型做涂装一样的一种可进行涂色工具，使用起来很方便。如果事先用3D建模工具准备好Mesh（形状）制作和所烘焙的凹凸的详细法线信息，也就是Normal贴图的话，比起分别用各种3D建模工具作业展现得更为细腻逼真。

https://www.allegorithmic.com/

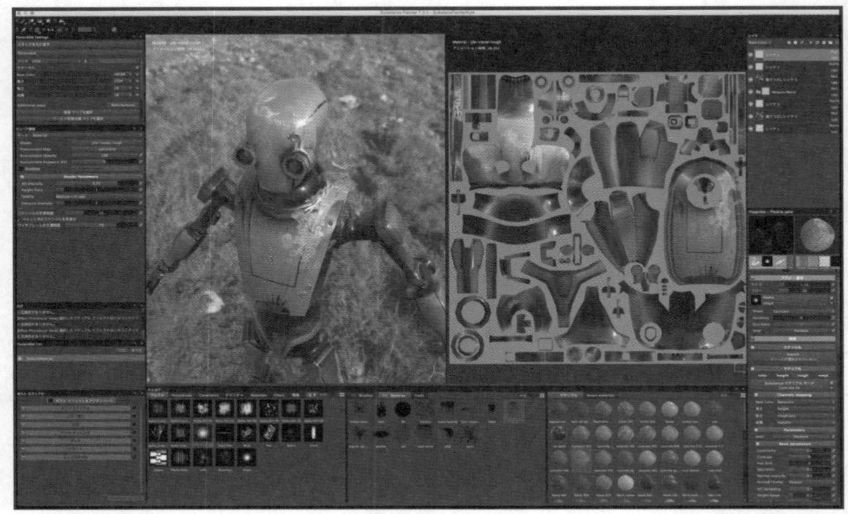

说到SUBSTANCE PAINTER的对手3D-Coat 4.5，不仅可以进行涂色，还具有重新拓扑等其他内容丰富的功能，就是界面可能有点不好上手。

http://3d-coat.com/

这是我的办公室，完成这本书后我想做很多东西。生活中我们涂装时，是不可能也经不住重做的，也没有层次，可以说是非常麻烦的。但我们用 PAINTER，即便出现多次试行错误，也不妨碍我们另外在别的层次进行作业，非常有趣。

涂装用的工具，给人的感觉正是这样。可以想象一下，买来塑料模型并进行组装和涂装。塑料模型中有细小的铆钉、铸模等，在纹理的地方用了Normal贴图。通过PAINTER工具，可以直接为上述3D、2D（UV展开图）两者进行涂色。涂色时除了可以选择多种“笔”之外，还安装有粒子画刷这个划时代的工具。角落里积攒的污垢、下雨留下的水垢以及指纹印记等这些难以用画刷描画的内容都可以PAINTER来实现。还有擦伤或者手垢导致出油的地方，以及暗沉的部位等，都可以通过真实的涂装来展现自然的感觉。

由于PAINTER可以像Photoshop那样通过重叠层次来控制效果，因此会出现多次试行错误。还有，角落的位置会有掉漆或者划痕造成的掉漆，像这种复杂的表现也是可以通过参数设置来实现作业的。最终，可以写出多张图像为Unity5的Standard Shader所用。

SUBSTANCE DESIGNER 5

这个工具同样是SUBSTANCE系列的，是更为周到的长子，可以进行更为复杂的处理。如果说PAINTER是重叠涂抹工具的话，这个DESIGNER可以说是把某个对象各种素材组装起来进行输出的工具。只用PAINTER不能完全表现的复杂结构，或者是载入可携带参数的着色器，用DESIGNER都可以创建。也就是说，接连受到损伤的伤痕累累的铠甲、经年累月慢慢生锈的车等这样的表现，都可以从脚本中通过参数来实现控制。

【Curvature Map】曲率贴图。弯折角度越大的地方处理能力越强。用于表现棱角有磨损的部位。

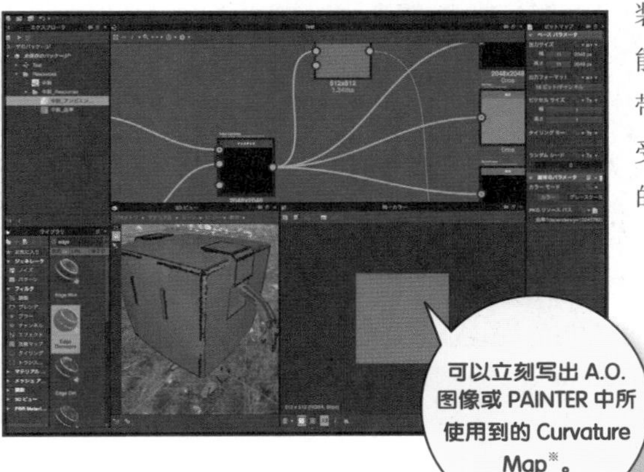

可以立刻写出 A.O. 图像或 PAINTER 中所使用到的 Curvature Map※。

SUBSTANCE B2M

B2M=Bitmap2Material是SUBSTANCE 三兄弟系列中最小的。可以从普通的照片中写出以Normal贴图为首的各种纹理，是一种特殊化的工具。在创建Terrain的地面纹理花纹或者墙壁混凝土贴图时非常方便。使用Tiling的功能，可以做出像右图那样的**在任何图像中**都可以重复使用的瓷砖花纹。这个工具在素材的制作中对Unity用户大有帮助。

SUBSTANCE 三兄弟indies版※在Asset Store或Steam中成套出售，价格非常便宜，因此如果你想尝试消遣一下的话，值得推荐。

http://store.steampowered.com/sub/62715/

【indies 版】可在 Steam 中以 774 元（2018/11 月）的价格购得 Substance Indie Pack 套装。或者可选择订阅类型的 SUBSTANCE LIVE，每月进行支付。Indie 版的话，年销售额超过 $10000 的盈利团体不得使用，可以使用各普通版本。不满 $10000 的话可用于商用。

【PBS】基于物理的着色。详情请参考第三章（P.148）。

Marmoset Toolbag2

这也是一款老字号的PBS※制作工具。对于加入了UV贴图且设置了材质的FBX等的建模数据可进行各种设置。与SUBSTANCE系列相比，可以简单设置后写出。另外，从ver.2.07起，开始兼容可在Web中进行确认的MARMOSET VIEWER，使得品质的确认和Gallery的制作变得简单。

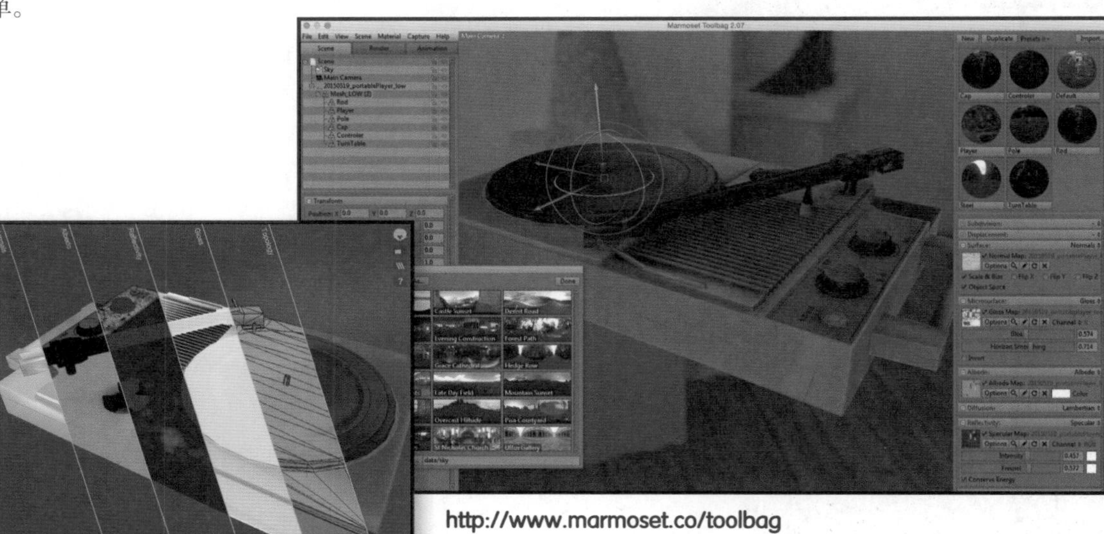

http://www.marmoset.co/toolbag

Toolbag2 当前售价为 $129（2015/5 月）。

可以分材质进行设置。

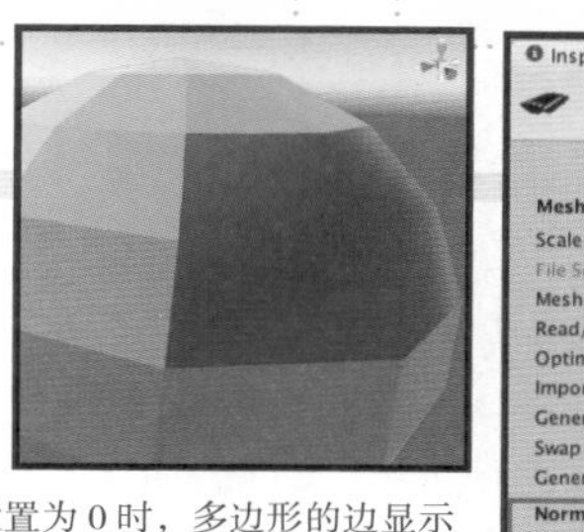

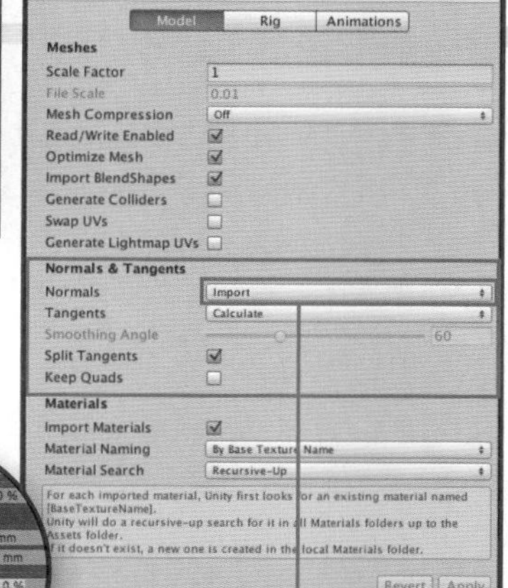

COLUMN:Smoothing Angle

介绍完 SUBSTANCE 系列后来看一个小 Tips 吧。每个 3D 工具的设置都不尽相同，FBX 可以具备各材质的个别 SMOOTHING ANGLE 信息。当 Smoothing Angle 设置为 0 时，多边形的边显示得非常明快，设置角度时，调整角度的数值以使读取不卡顿。从读取的 FBX 文件的 Inspector 中的 Model 选卡中，像右图中那样设置为 Import 后，将会反映出通过 3D 工具所设置的各材质的信息，设置为 Calculate 后，就可以在 Unity 中（为网格整体）通过滑块进行设置了。下面是两个极端的示例，右图是分别为各材质进行设置所反映出的结果，左图是设置为 Calculate 后，在 Unity 中进行了整体设置的结果。

MODO 的设置

结果有很大的不同。

【Kinect】Xbox 所用的人体识别终端。本书中没有对它进行说明，可以直接在 Unity 进行使用，是非常有趣的设备。

其他推荐

由于篇幅限制，除了材质生成之外还有几个我个人想推荐的工具。**Reallusion IClone5**和**3DX change5**可以为进行了骨骼绑定的角色加入任意的动作，还可以写出文件供Unity使用。使用Microsoft的**Kinect**※可以捕捉人的动作并进行使用。

（https://www.reallusion.com/）

©anno lab

上图是 2013 年 10 月在冲绳儿童王国机器人展中展出的机器人，可以识别人的 pose 并进行动作来游戏的“代入装束 konec+us（connectors）”。孩子们排队观看。（anno lab 制作）

用 Xchange 5 导入 FBX。

Terragen 3也非常有意思，是一款景观模拟软件，可以生成全景图像。用它渲染出的图像可以在Unity的Skybox等中实现利用。**（http://planetside.co.uk/products/terragen3）**

介绍一些方便的 Asset

接下来，在Asset Store中挥霍无度的我要独断地向你们介绍推荐一些付费Asset了。Asset Store中发售的好物层出不穷，本书中仅介绍一下2015年春的一些经典款吧。第九章用了一整章的篇幅介绍了我个人最喜欢的playMaker™，Asset中还有其他各种优秀的经典款。

首先，介绍一下**Camera Path Animator**。一般要制作相机的飞行相机动画的话，要在Camera的GameObject中设置动画并变更Transform的信息。使用这个Asset，就可以在系统中创建相机路径，之后不仅可以随意变更相机通过的路径，还可以不用编程就能设置相机的动作。

Image Effect系列中要推荐的是**SE Natural Bloom & Dirty Lens**。美丽的光线扩散和它是否投影到了眼前这块脏了的玻璃上，像这样的情境都可以渲染得很真实。第十章中所介绍的**Colorful**也属于Image Effect系列中的经典款。

Physics（物理）系列中比较有趣的有**Ultimate Rope Editor**。本书中没有对物理系列中的Joint相关内容进行过说明，绳索一类的制作起来稍费工夫。需要制作一些悬挂于细绳之下的物体，一拉就会掉下来的吊桥之类的物体时，使用Ultimate Rope Editor资源可以轻而易举地实现。

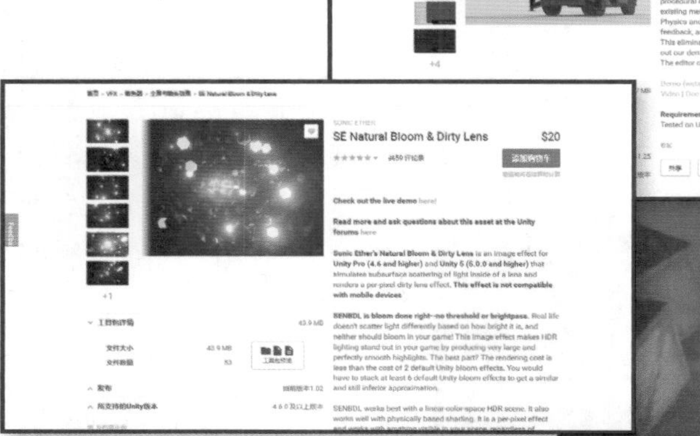

在切换多个平台进行输出的项目中，例如把iOS和Android放在同一个项目中，而且切换作业比较多的情况下，推荐使用**Fast Platform Switch**。通常，Unity切换平台后要从资源中重新构建写出时用到的内容，将它进行缓存。虽然说明中写到是以10倍的速度进行切换的，但是我们却可以感受到是以100倍的速度进行切换的。另外，如果平台很多的话，处理起来非常麻烦的当属图标和启动画面的文件群。如果你每次都要在Web中搜索启动画面的尺寸，那么向你推荐**Draconus Icon Manager**。可以从1个Photoshop素材等中一气呵成般生成启动画面。Windows Phone和BlackBerry中也兼容。

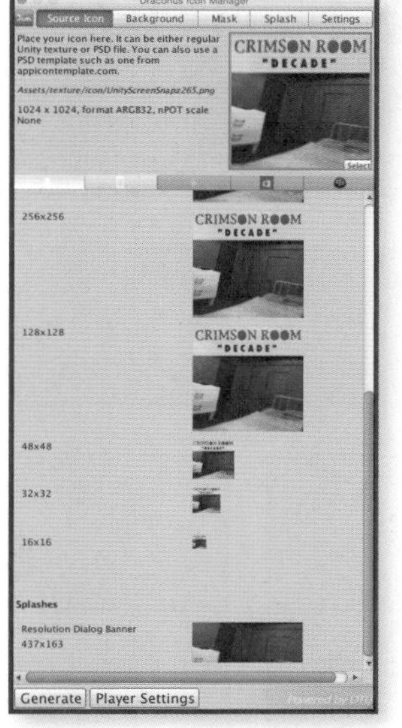

接下来是本书中基本没有介绍过的粒子系列。为什么没有进行介绍呢？因为它参数数量非常庞大，而我们的篇幅很有限。实际我们用到的粒子在Asset Store中多如牛毛，我们可以购买其中几个好看的，对它的内容进行分解、自定义，慢慢就会明白个中奥义。这里介绍的是**粒子系统。Particle Playground和Hayate 3 Particle Turbulence**可以将粒子汇聚到网格的顶点处进行表现，还可以实现像旋涡那样进行流动的粒子效果。前者中有一个LIVE MANIPULATION结构，可以制作避开粒子流动的墙壁。

在生成Terrain时，道路看起来过于朴素。所以我们最后要推荐的是生成道路的**EasyRoads 3D Pro**。像在Terrain中打桩一样，用曲线尺画出曲线，设置倾斜角和路边的尺寸，设置护栏等，进行构建后就会随着Terrain进行变形。制作环状道路时也很方便。值得期待的是v3可以实现十字路口和交通转盘。

https://kharma.unity3d.com/jp/#!/content/469

两页的篇幅，只能介绍这些“没有不行”系列的Assets了。其他还有很多，日文原版书的官方Facebook页中会不定期发布通知，感兴趣的读者可去浏览一下。

iTween 的 easetype 一览

本书中多次出场的经典中的经典，iTween，是通过脚本来在动画中执行真实动作的Asset，不使用Animation的时间线就可以控制GameObject。iTween的动作中一般必须指定easetype。它的动作路线见如下一览表。iTween的详细内容请参考官方网站。

http://itween.pixelplacement.com/index.php

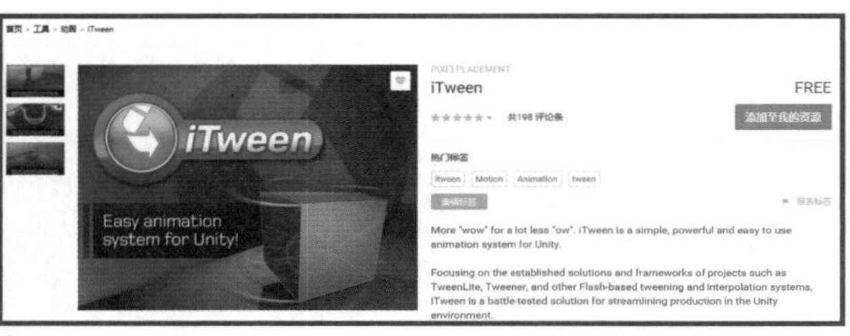

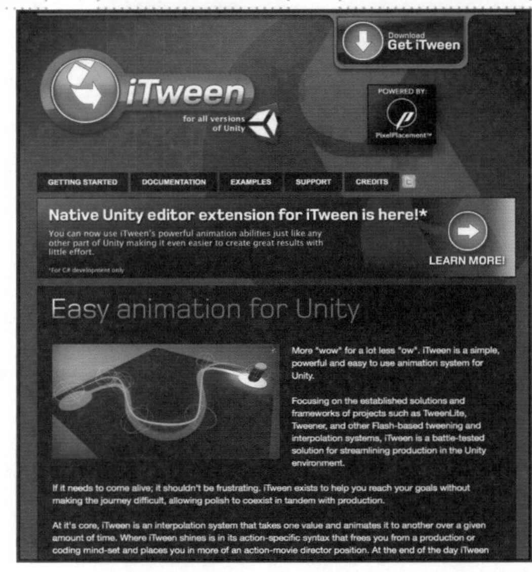

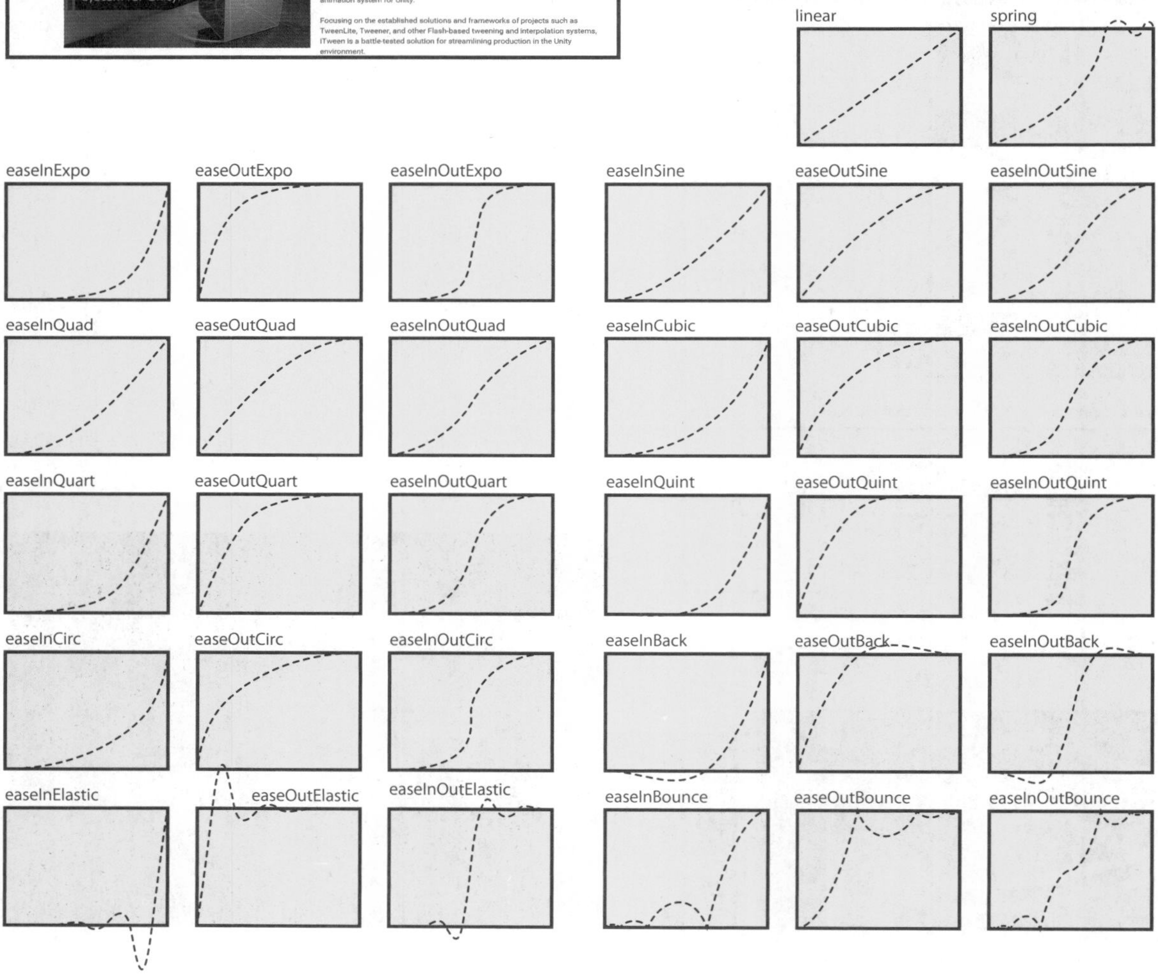

linear　spring

easeInExpo　easeOutExpo　easeInOutExpo　easeInSine　easeOutSine　easeInOutSine

easeInQuad　easeOutQuad　easeInOutQuad　easeInCubic　easeOutCubic　easeInOutCubic

easeInQuart　easeOutQuart　easeInOutQuart　easeInQuint　easeOutQuint　easeInOutQuint

easeInCirc　easeOutCirc　easeInOutCirc　easeInBack　easeOutBack　easeInOutBack

easeInElastic　easeOutElastic　easeInOutElastic　easeInBounce　easeOutBounce　easeInOutBounce

INDEX

符号

数字

英文字母

A

B

C

J

K

L

M

N

O

E

O

KA

KI

KU

KE

KO

SA

SHI

SU

SE

SO

TA

TI

TSU

TE

Sketchfab
在智能手机 iPhone 上可以看到。

【UV 加工】展示时使用的 Unity 项目。

谢辞

其实策划这本《神技达人炼成记》还是 Unity4 的时候。历时 2 年多编写的这本圣家族大教堂般的书，其实笔者本人还亲自担任封面设计、画插图、还用 Adobe InDesign 进行编辑排版和 DTP，全是一人亲力亲为制作的。担当编辑宇津被任性的我反复更改主意，“封面也用 UV 加工 ※ 比较好 ~~”，长期拖延最终交稿时，还给予我莫大的包容和支持。在出版社里也是我强有力的后盾。无法想象他帮我抵挡了多大的压力，感谢之情无以言表。说到这里，我想起来在将近 20 年前，第一次与 Ohmsha 合作的时候，我和现在已经是董事长的村上，夜晚在幕张的皇家酒店一边哭着一边看校样，那情景就好像是发生在昨天一样，历历在目。时代在前进啊。（只有我没有进步吧）

在我写本书期间，我原本应该做的工作和繁冗文章的校对工作，INCREMENT-D 团队的木场先生和和田先生都毫无怨言地给予我帮助，感谢他们及其家人，还有小 P。在我专注撰写本书的时候，我们 DREAM HOLDINGS 株式会社的同仁们一直给我支持和帮助。对大家我也是无法用语言表达我的感谢之情。

还有 20 多年来的好朋友 TAKAGISM 的高木敏光先生，毫无保留地提供角色素材以及对原稿的建议。我们一起制作的 CRIMSON ROOM DECADE 在本书中也做了介绍，希望在本书出版之后，在世界范围内让大家玩起来。近期，我们再一起去九州露营吧。还感谢将宝贵的角色借给我使用的 VivaGraphics 的泉川直树先生；给我刊登许可的绘本作家畠山刚一、anno lab。感谢在 Oculus 部分允许我介绍的仁志野六八先生，期待大作战舰大和 VR 游戏。真的非常感谢。

然后是对我完全不回家也没有一句怨言的妻子，和疏于照顾的两个孩子，说一声对不起。还有我尚未见面，可能会和本书同时出生的女儿。一半原因是在为你而努力。期待与你见面。

还有我深夜回家，让我放松舒缓压力的 3 只猫咪们，谢谢你们。

不过，最感谢的是各位读者。感谢你们买了这本字多、唠叨、难懂，却价格还不低的书。即使我拙劣的解说帮助不大，如果你们因为本书而喜欢上了 Unity，通过网上教程或者其他书进一步学习，做出了不起的作品面世的话，那也是我的荣幸。这本书中包含了这么多的爱。

最后，感谢制作了 Unity 的 Unity 人员，就此搁笔。

2015 年 6 月某日

DREAM HOLDINGS

TAKAGISM Inc.

作者 Profile

曾经担任平面设计师，之后在福冈 / 东京等地从事各种数字内容制作，1998 年在福冈独立创业，成立“INCREMENT.D”。2014 年加入株式会社 DREAM HOLDINGS。工作涉及内容有 Web、智能手机、数字广告标牌、活动庆典内容、各种推广、使用 Flash AIR 或 Unity 开发的面向手机 /PC/Xbox One 等终端的游戏应用程序、影像策划、使用 Oculus Rift 的 VR 制作等。

接受在日本全国范围内的各种制作业务、约稿等咨询。如有需要，请联系左边的 Facebook 账号。

DREAM HOLDINGS 株式会社董事
INCREMENT-D 董事长

https://www.facebook.com/tetsuo.hiro
咨询请联系上方 Facebook 账号，请自行决定是否加关注。

日文原版书的资料支持网站

日文原版书在官方支持网站上提供了示例文件，感兴趣的读者可进入下列网址进行下载。此外，从该网站上还可转到官方Facebook页面，有分享新资讯、更新信息、方便资源的报道等相关信息更新。与此同时，读者还可加入QQ读者群（632669737），在群文件中进行相关示例文件的下载。

http://unity.incd2.jp/

接下来，去哪里呢?

律师声明

侵权举报电话

版权登记号：01-2018-6910

图书在版编目（CIP）数据

Unity神技达人炼成记：成为游戏世界的造物主：无需编程创造全新游戏世界：全彩印刷 /（日）广铁夫著；王娜，李利译．— 北京：中国青年出版社，2019. 3
ISBN 978-7-5153-5478-1
I.①U… II.①广… ②王… ③李… III. ①游戏程序-程序设计
IV. ①TP317.6
中国版本图书馆CIP数据核字（2019）第010575号

策划编辑　张　鹏
责任编辑　张　军
封面设计　（日）广铁夫

Unity神技达人炼成记——成为游戏世界的造物主：无需编程创造全新游戏世界（全彩印刷）

（日）广铁夫 著　王娜　李利 译

出版发行：中国青年出版社
地　　址：北京市东四十二条21号
邮政编码：100708
电　　话：（010）50856188 / 50856189
传　　真：（010）50856111
企　　划：北京中青雄狮数码传媒科技有限公司
印　　刷：北京瑞禾彩色印刷有限公司
开　　本：787 x 1092　1/16
印　　张：28
版　　次：2019年6月北京第1版
印　　次：2019年6月第1次印刷
书　　号：ISBN 978-7-5153-5478-1
定　　价：168.00元
（附赠独家秘料，含本书案例文件+游戏设计素材等海量学习资源）

本书如有印装质量等问题，请与本社联系
电话：（010）50856188 / 50856189
读者来信：reader@cypmedia.com
投稿邮箱：author@cypmedia.com
如有其他问题请访问我们的网站：http://www.cypmedia.com